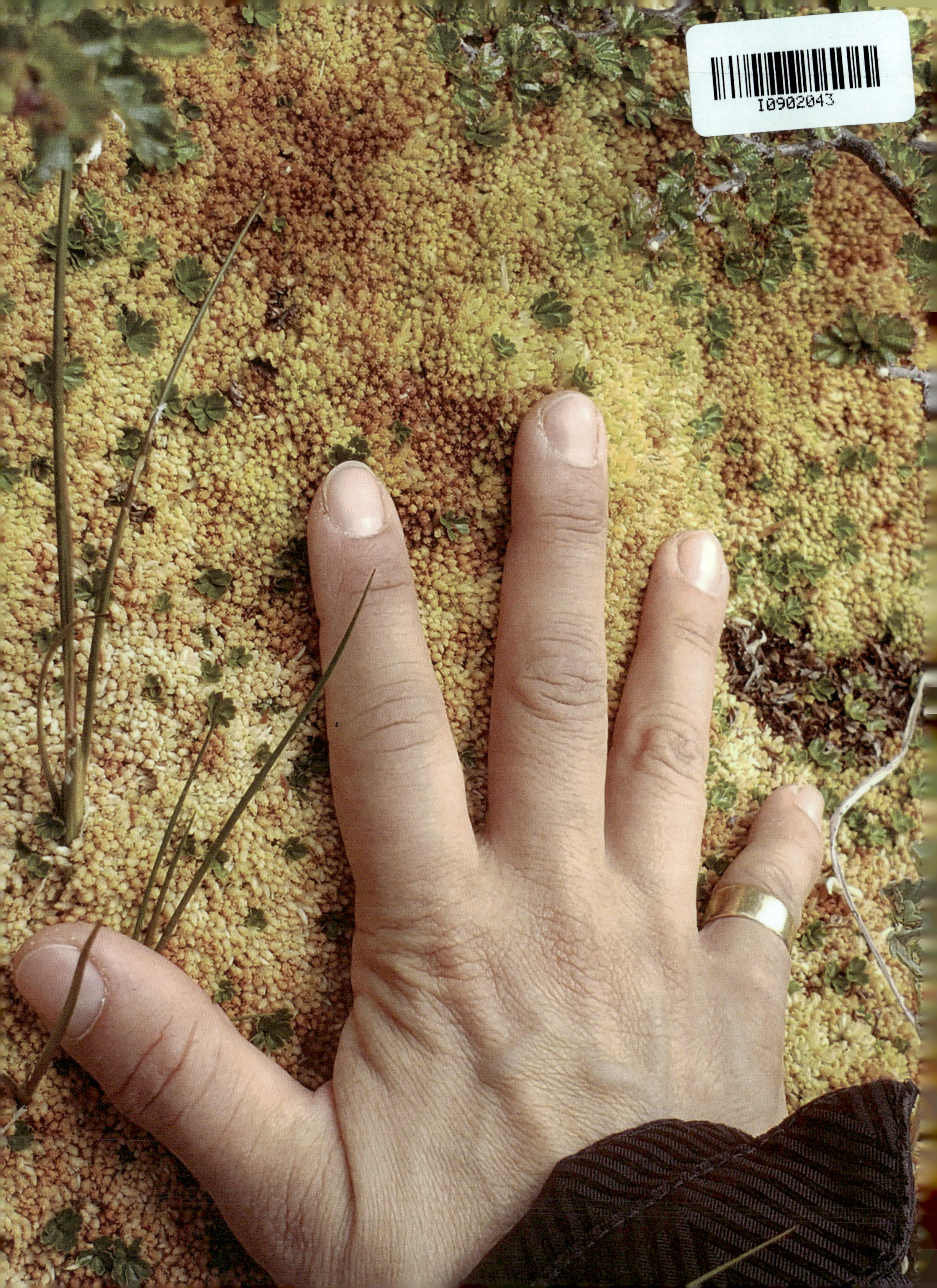

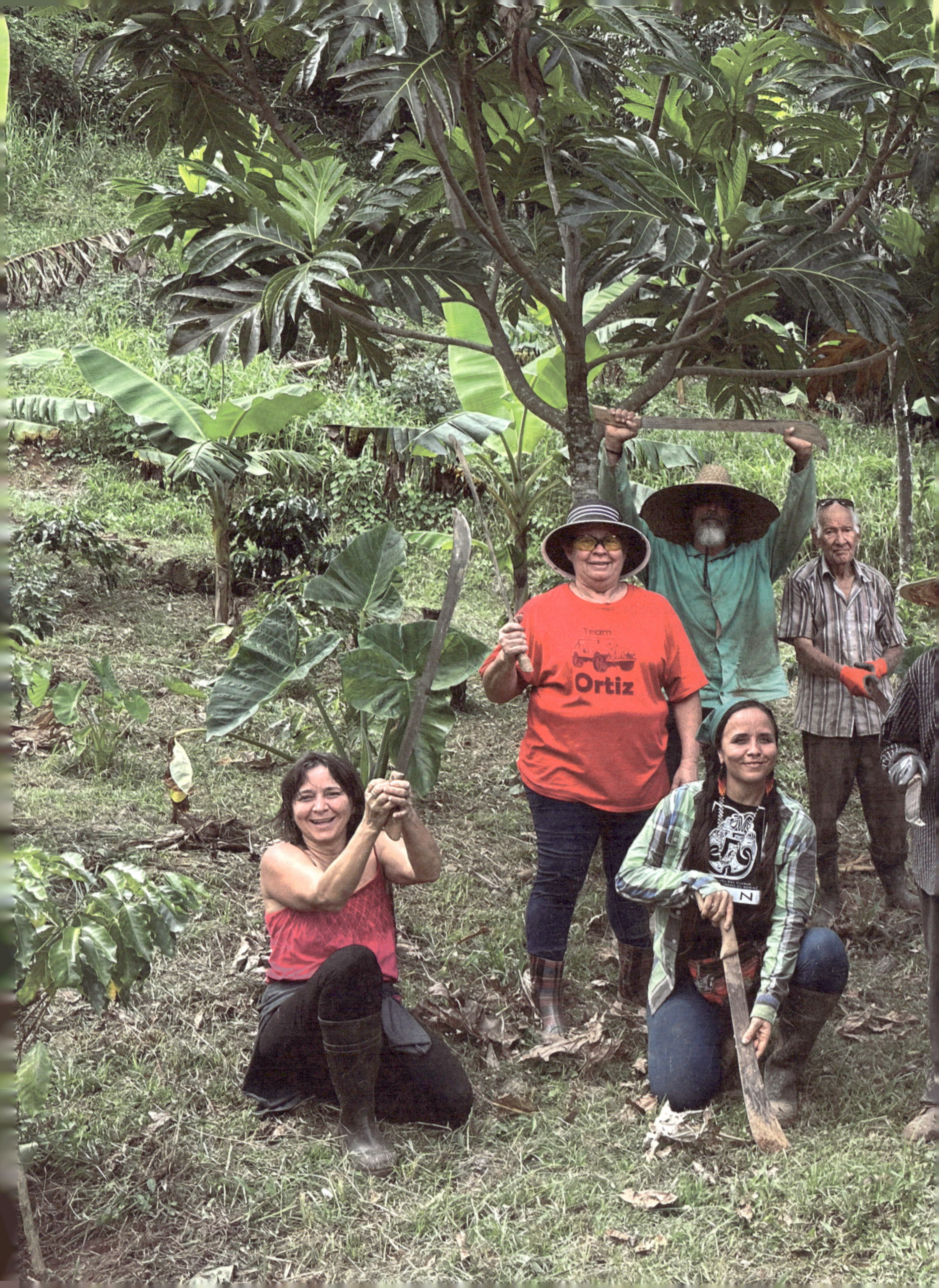
Team
Ortiz

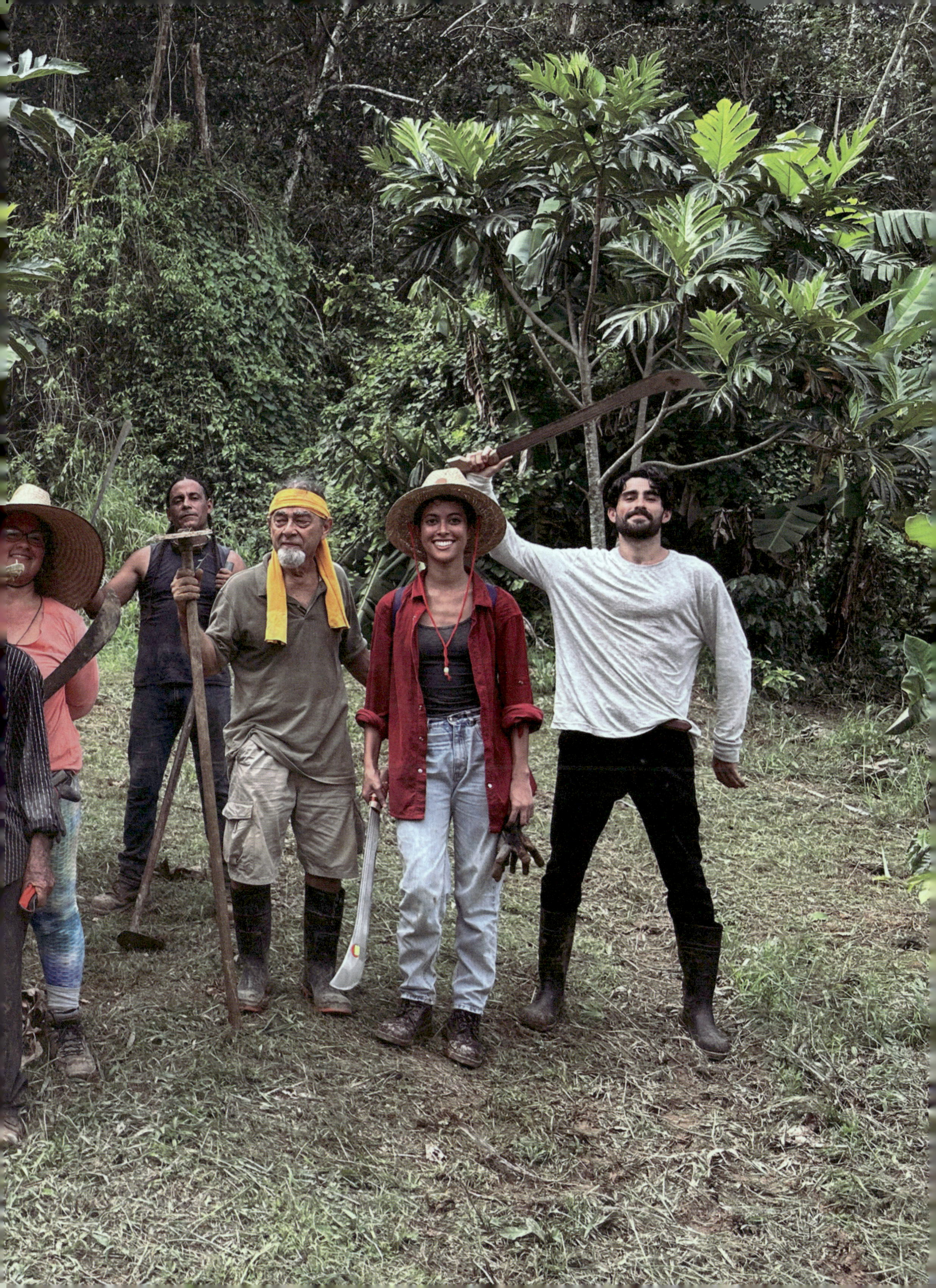

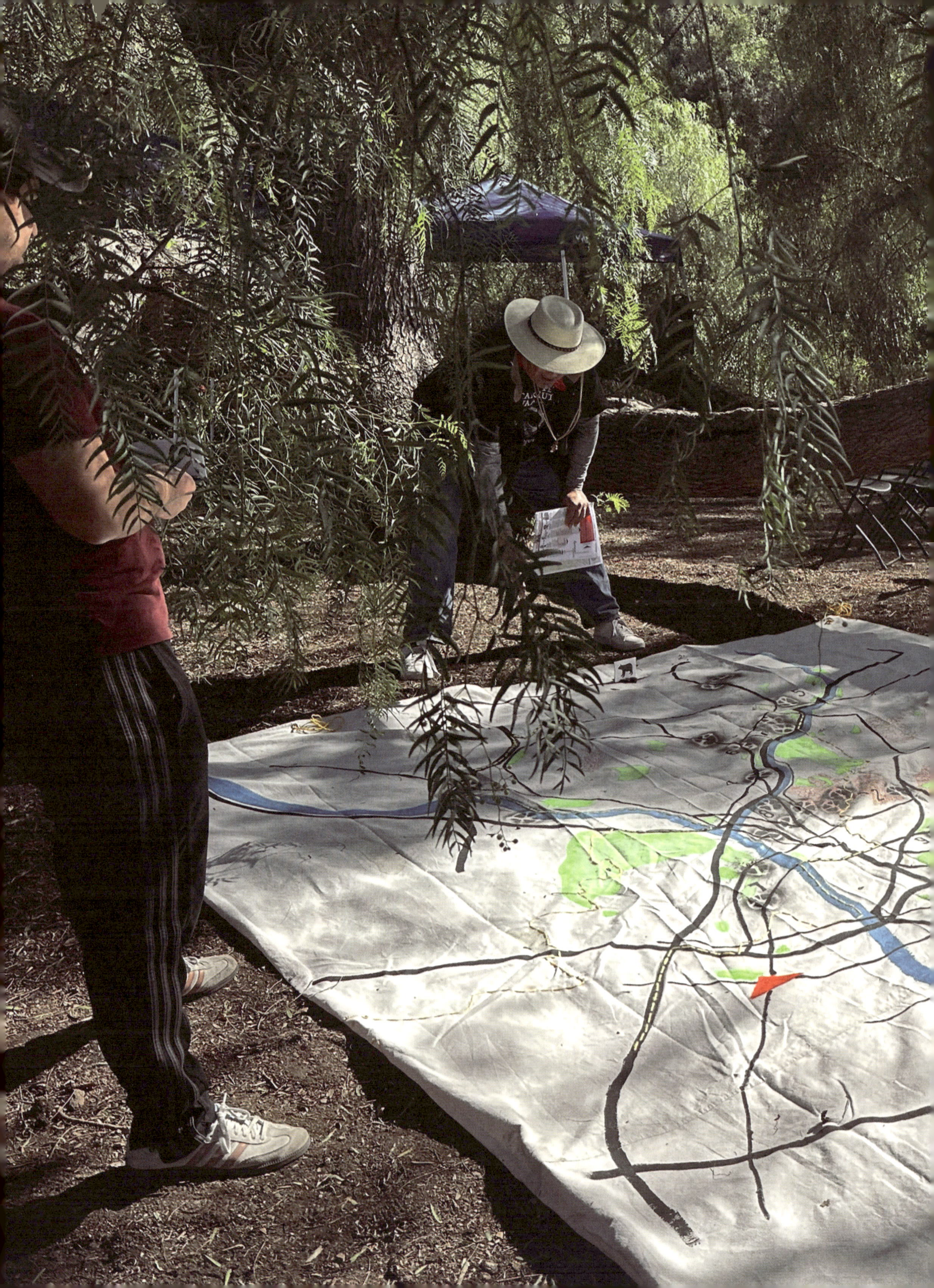

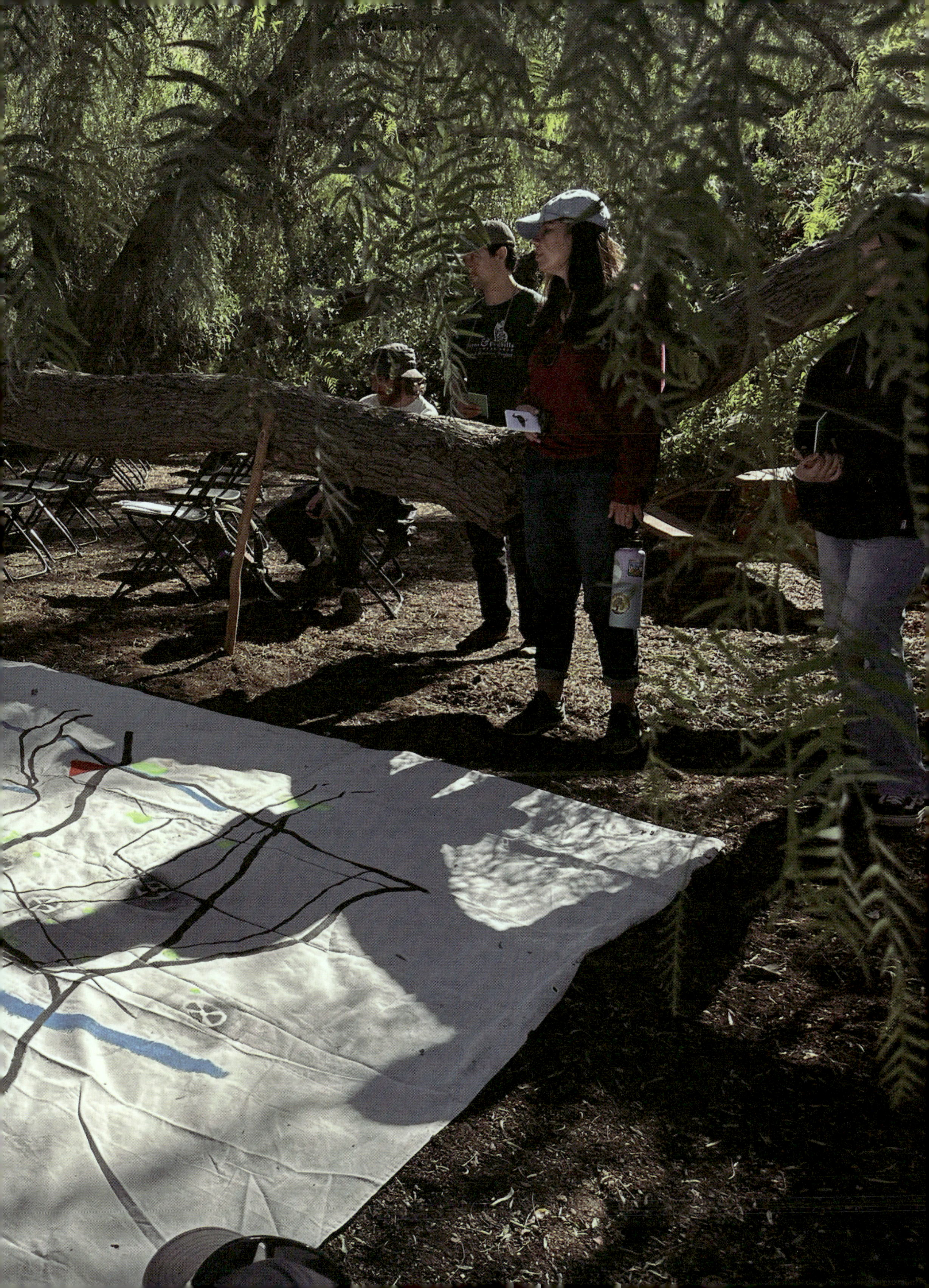

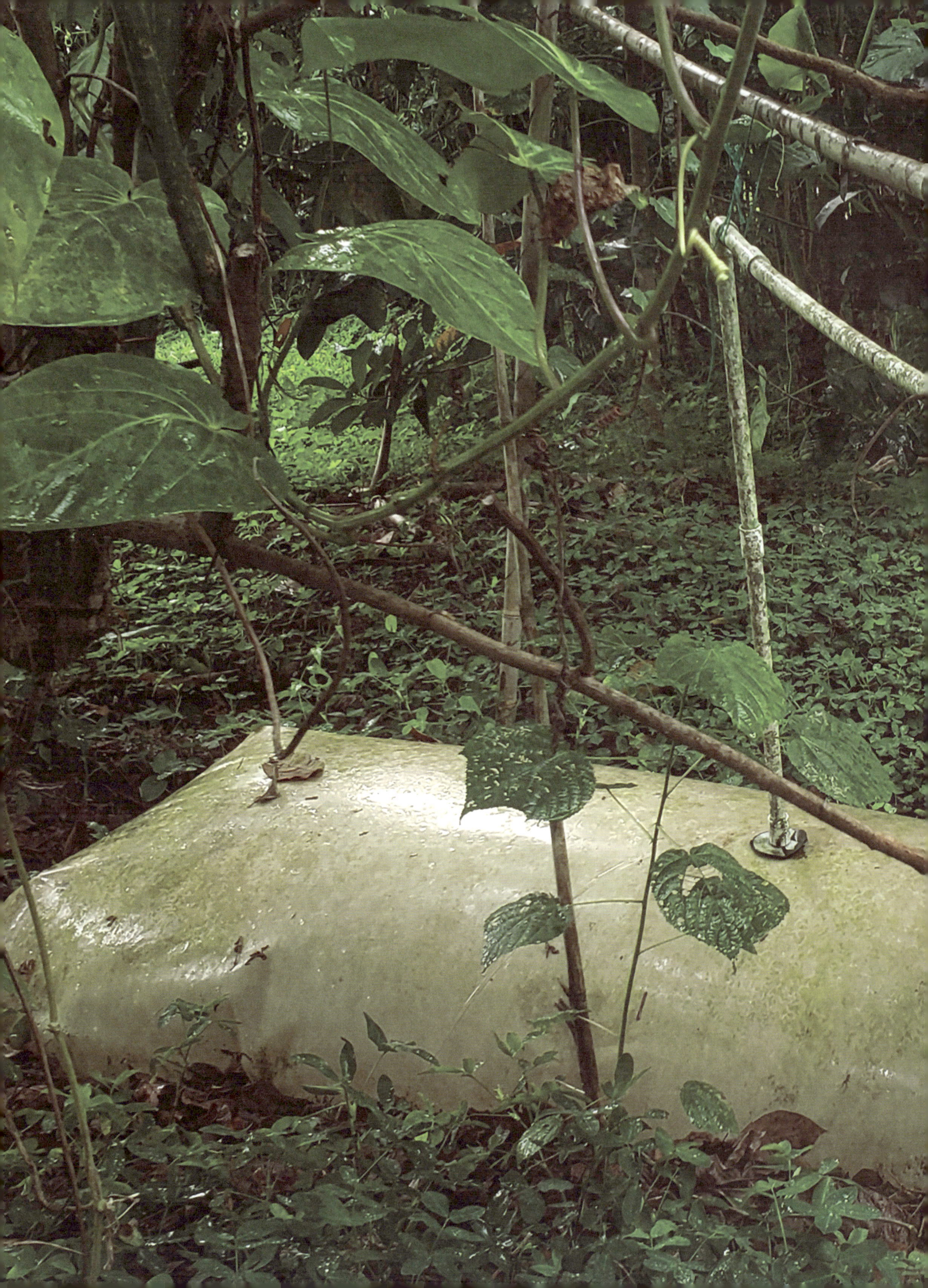

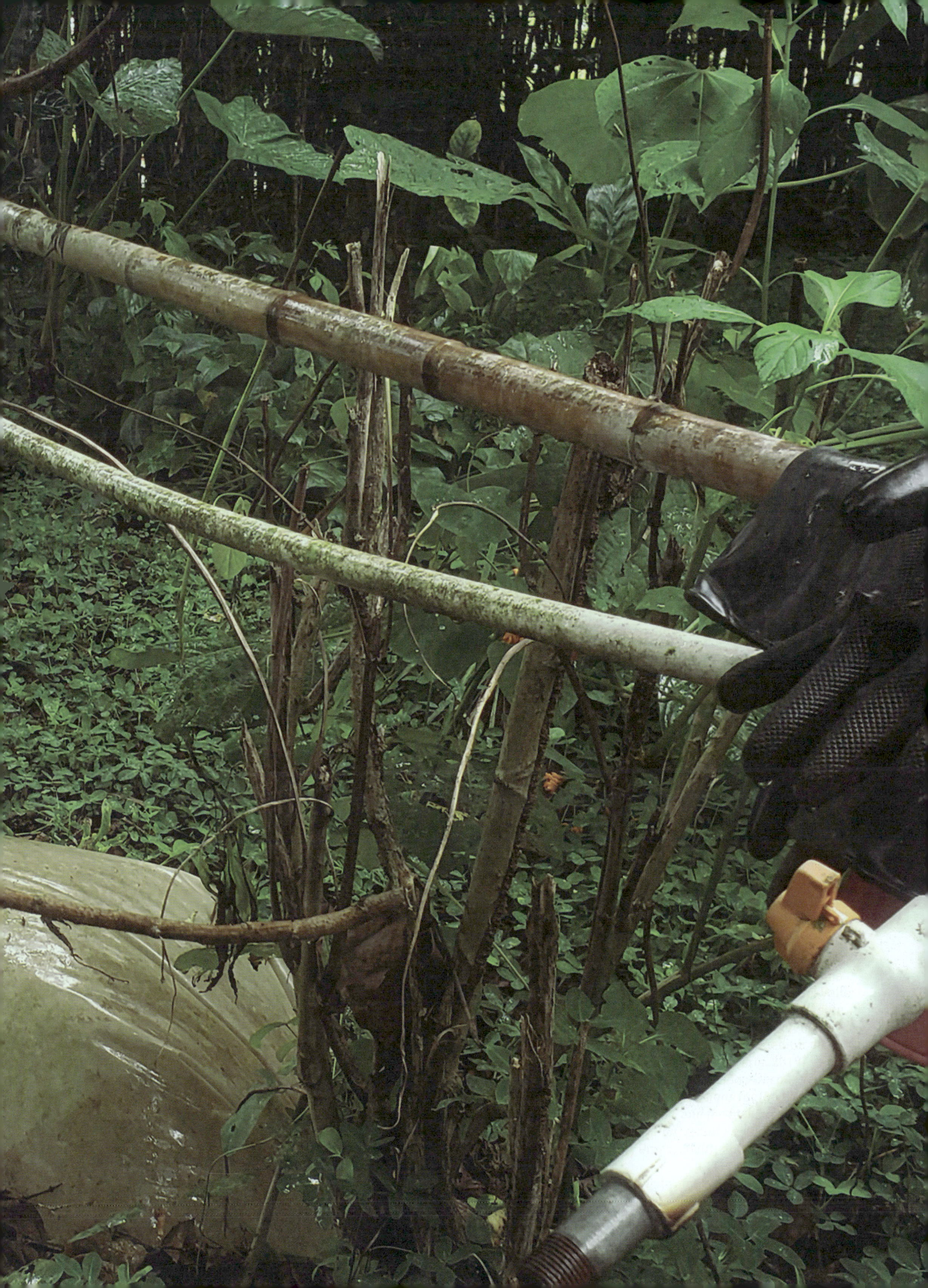

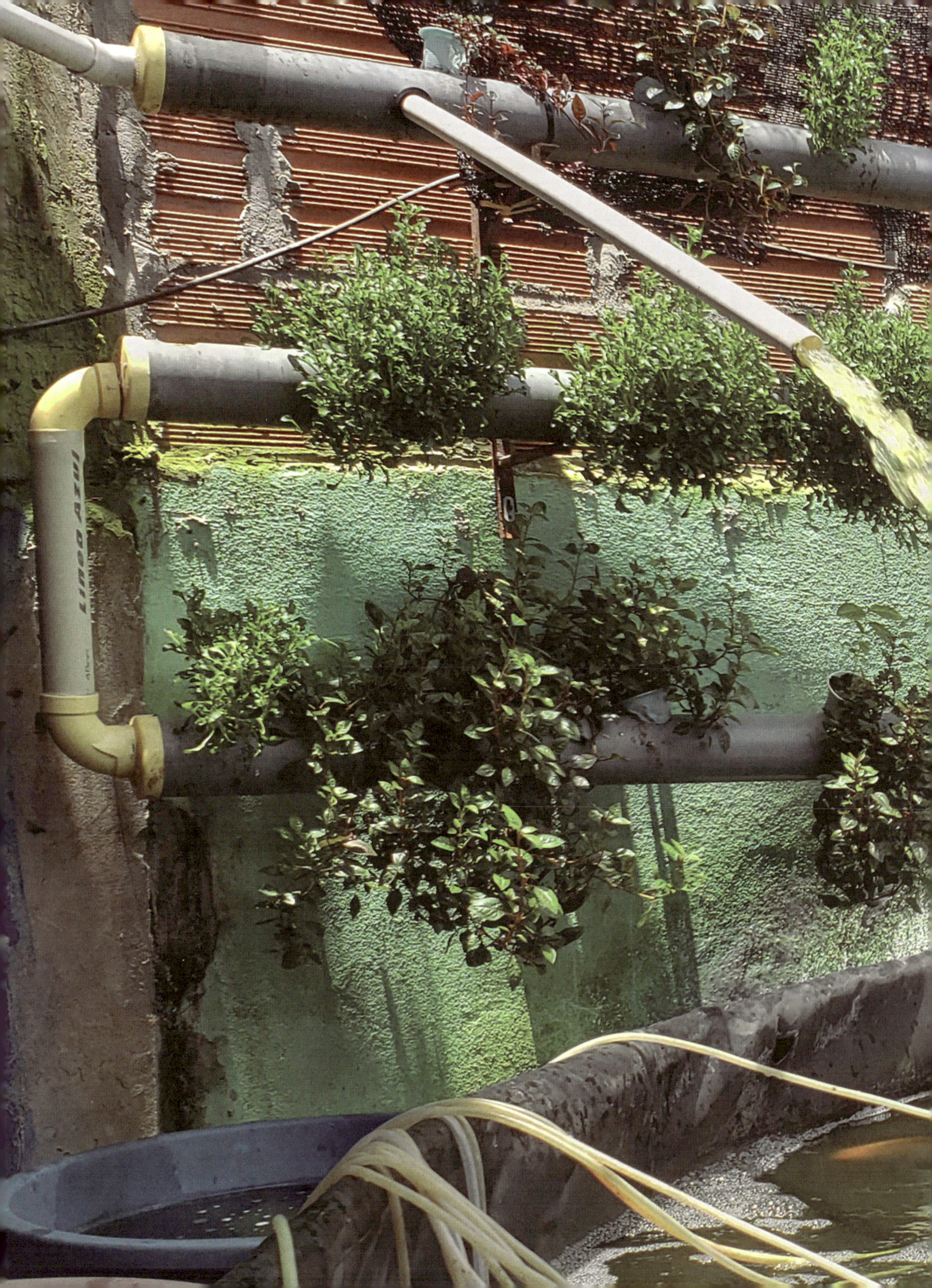
Linea Azul

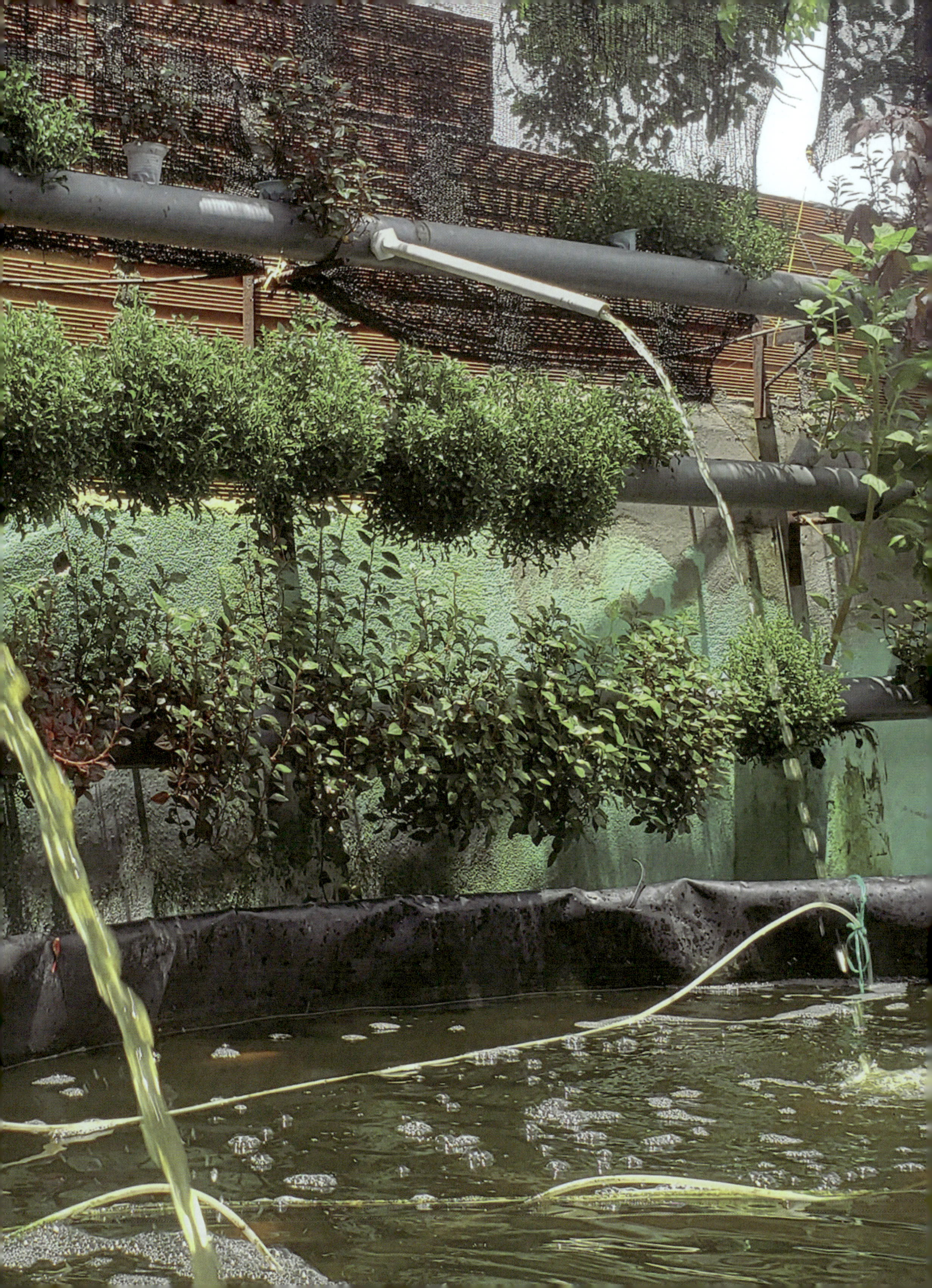

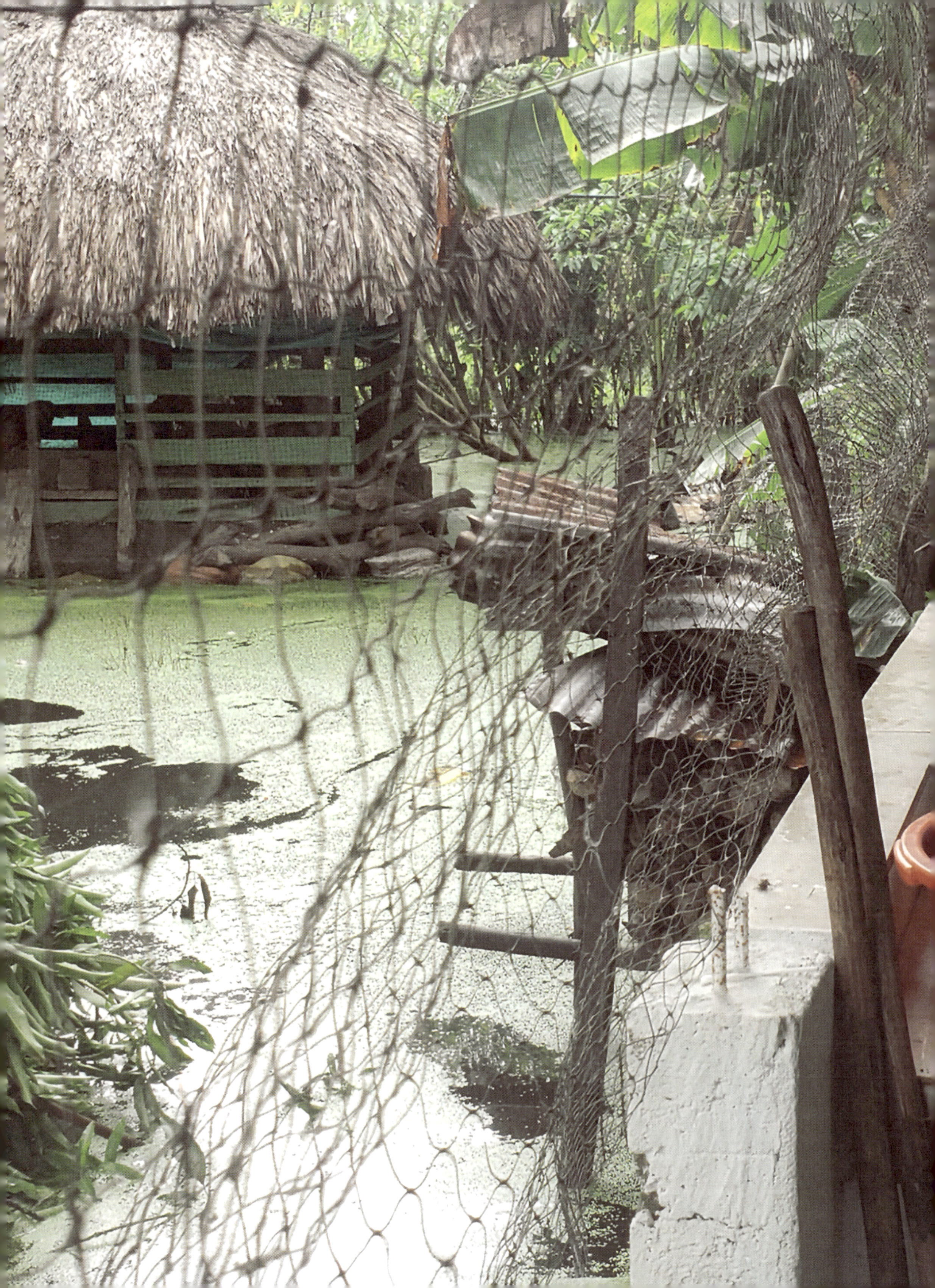

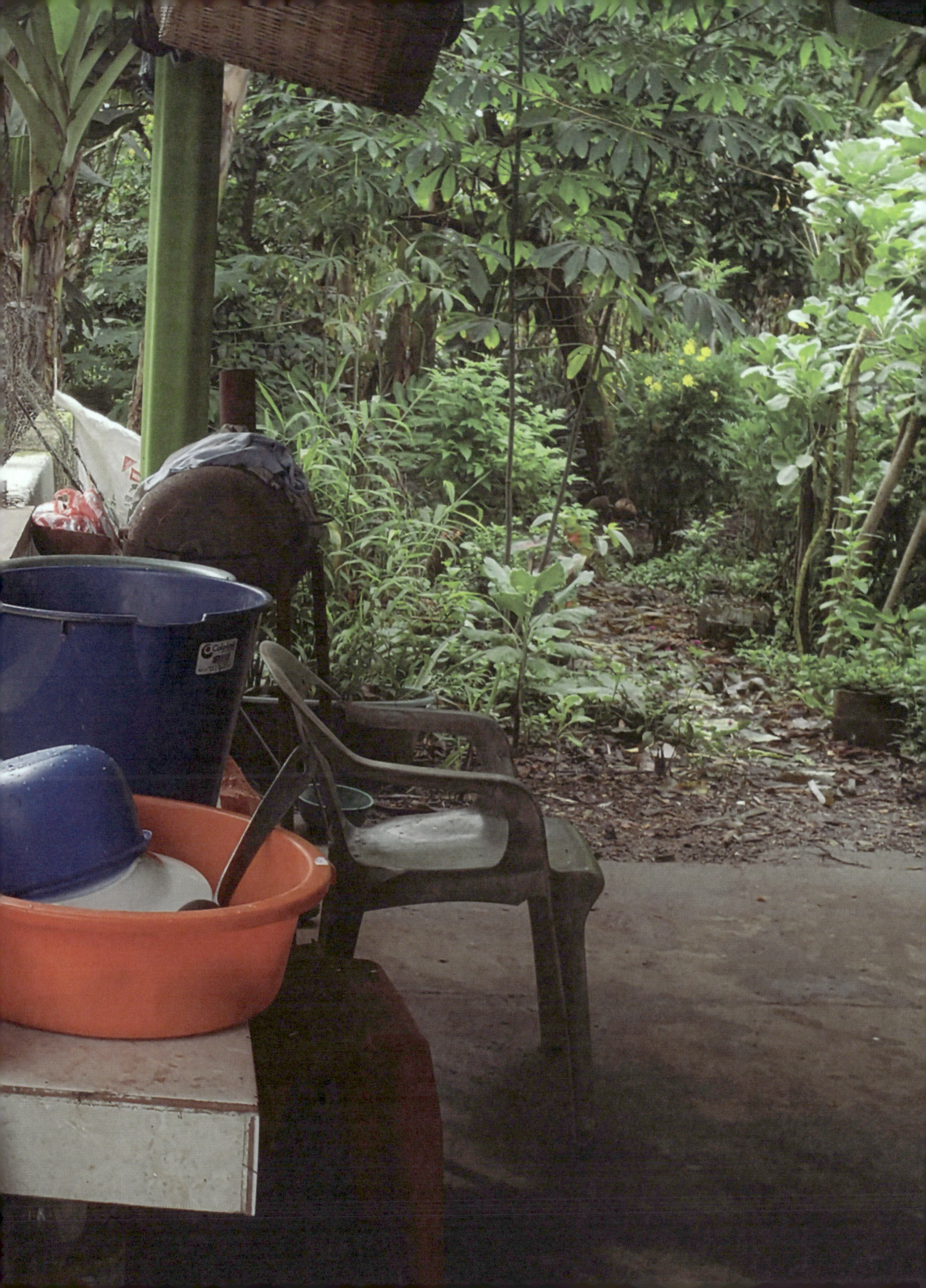

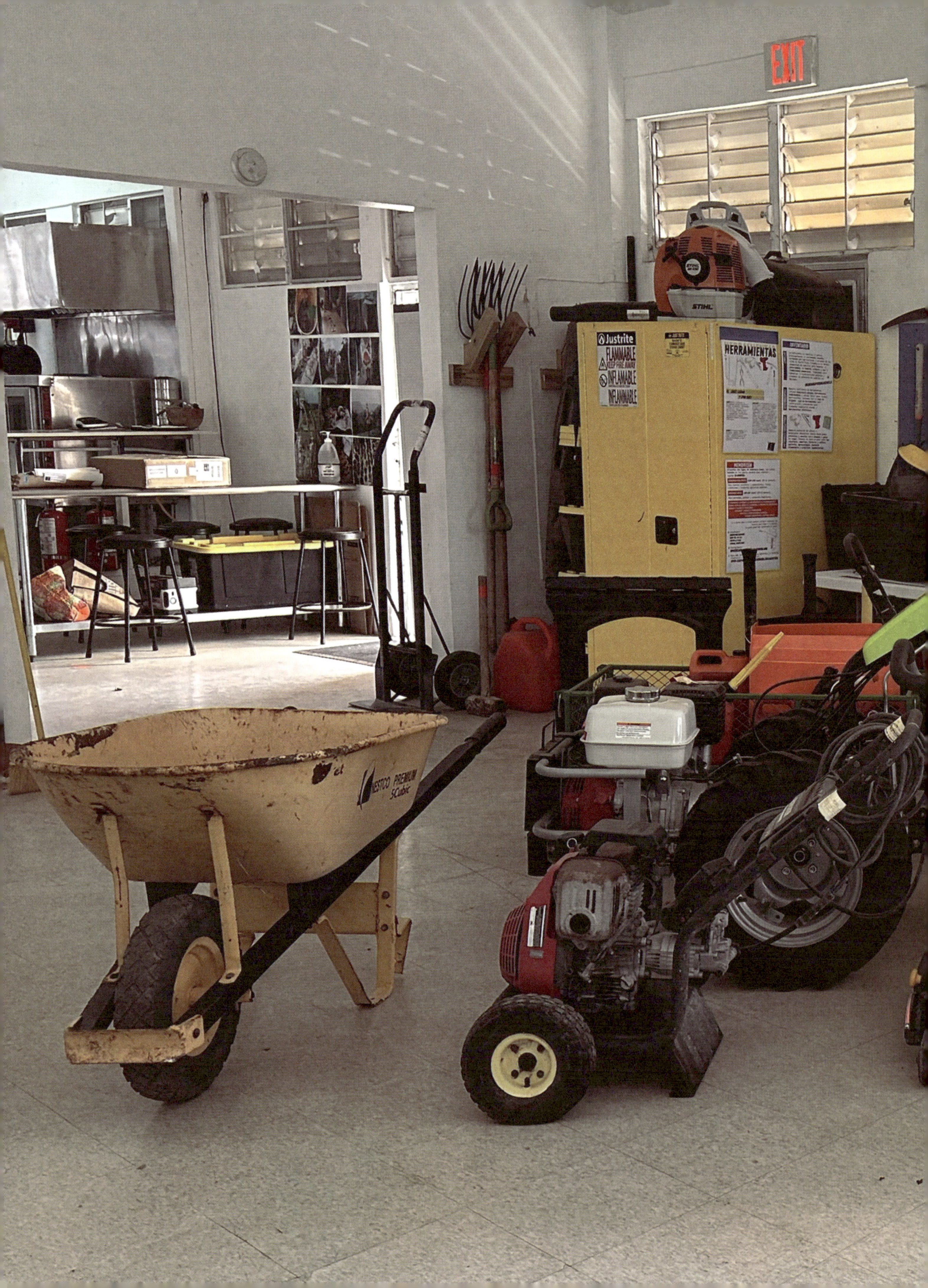
EXIT
STIHL
Justrite
FLAMMABLE
KEEP FIRE AWAY
INFLAMABLE
INFLAMMABLE
HERRAMIENTAS

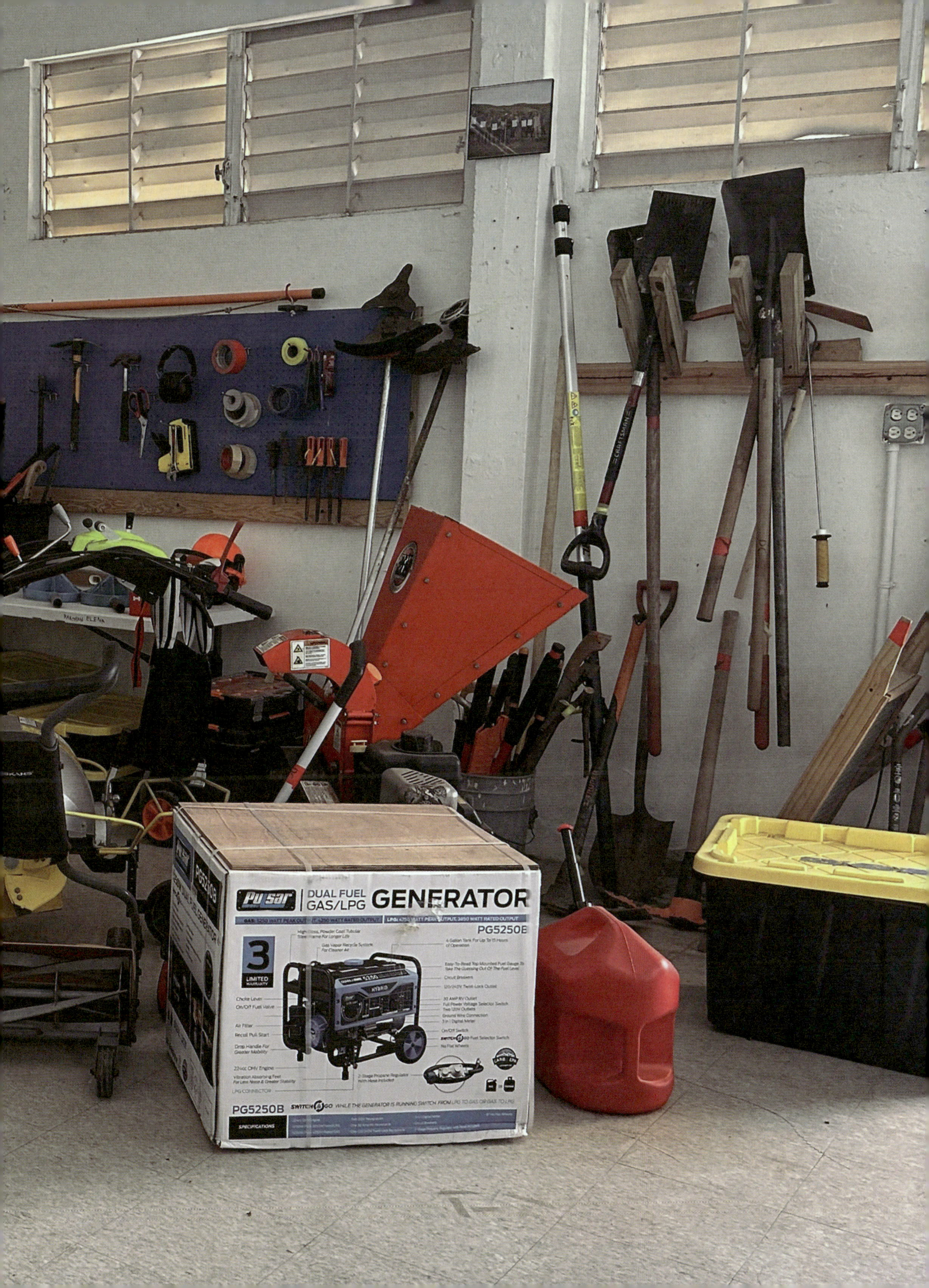
Pulsar
DUAL FUEL
GAS/LPG
GENERATOR
PG5250B
3
LIMITED
HYBRID
PG5250B
SWITCH&GO
CRAFTSMAN

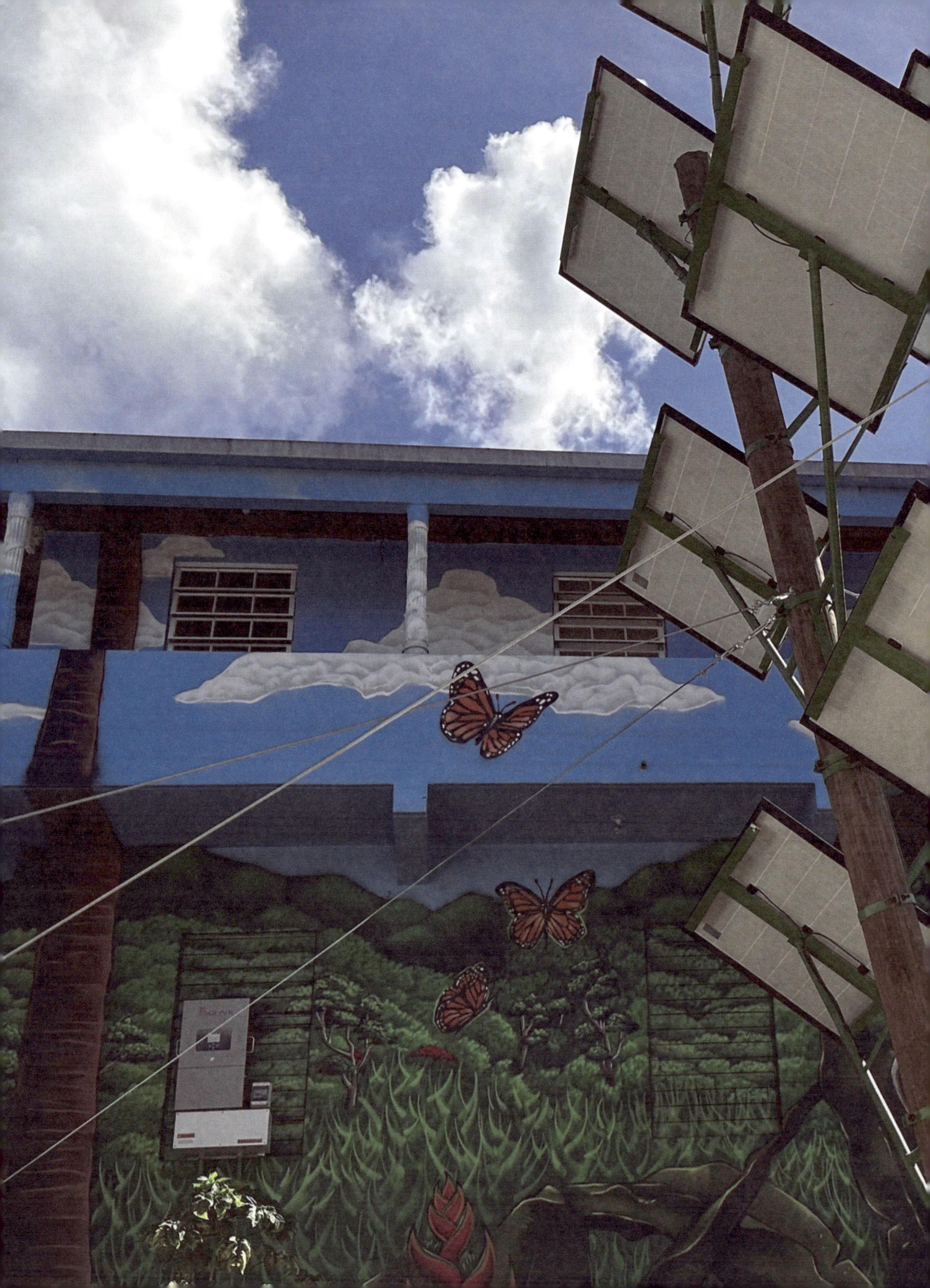

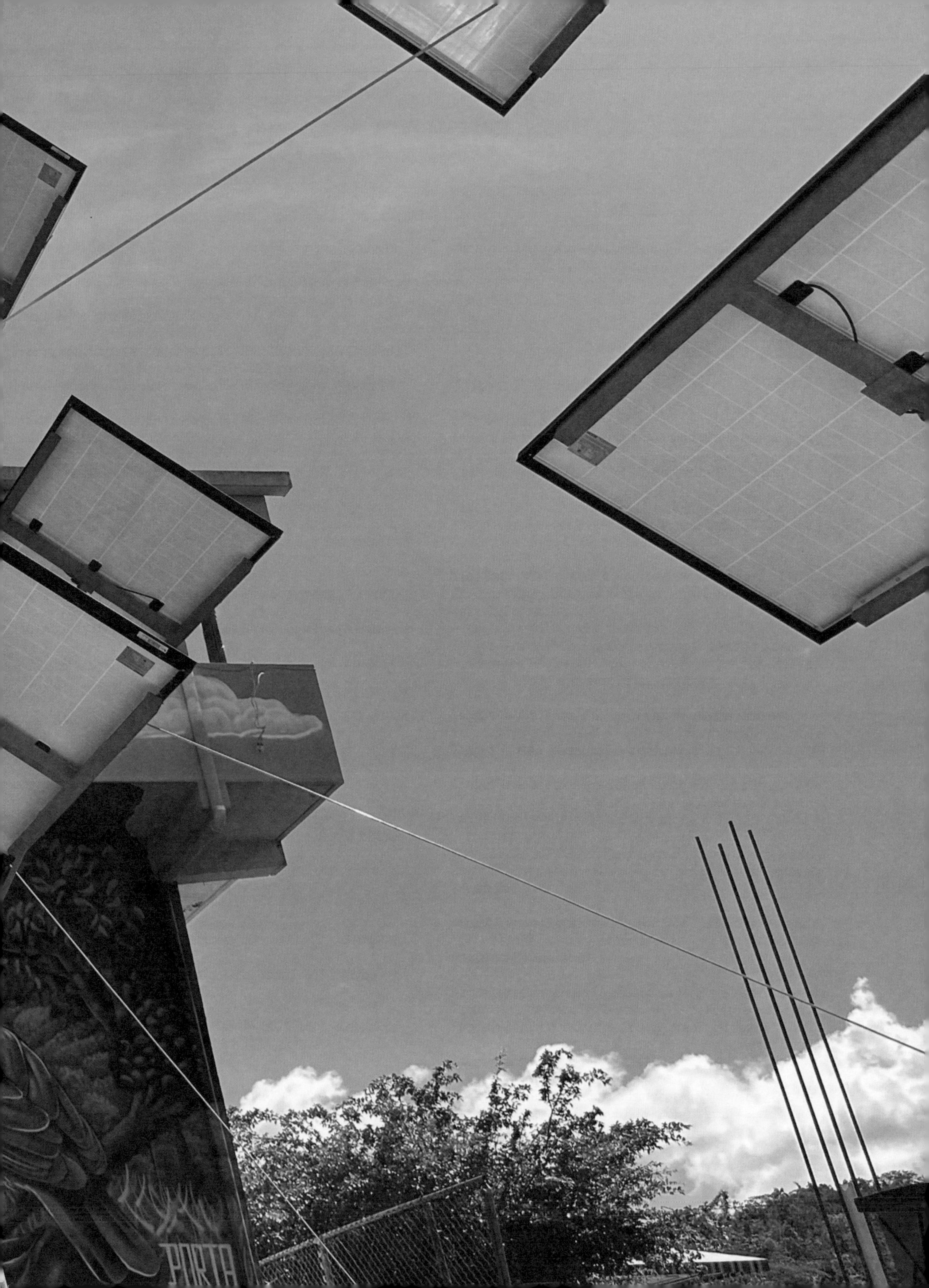
PORTA

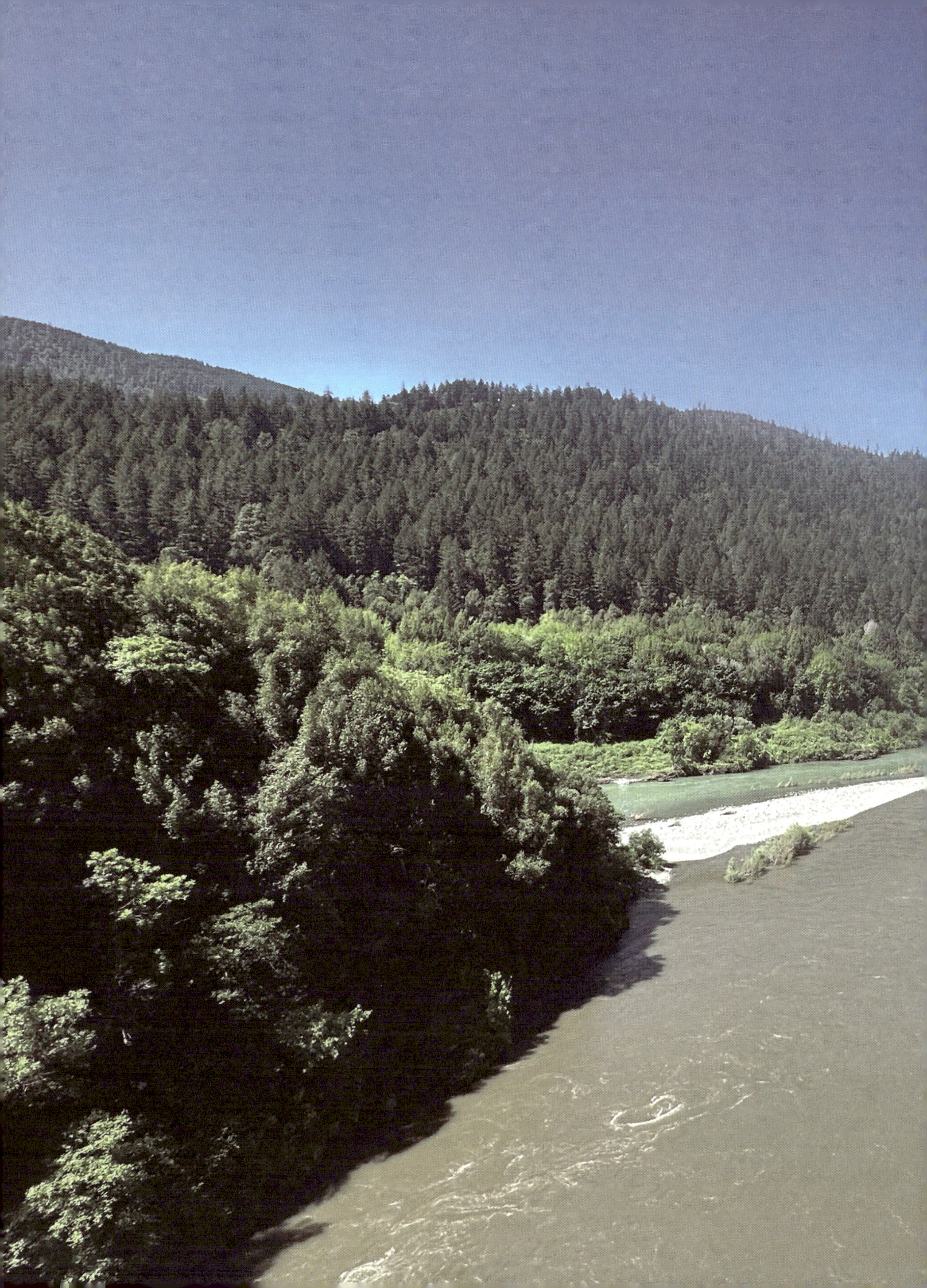

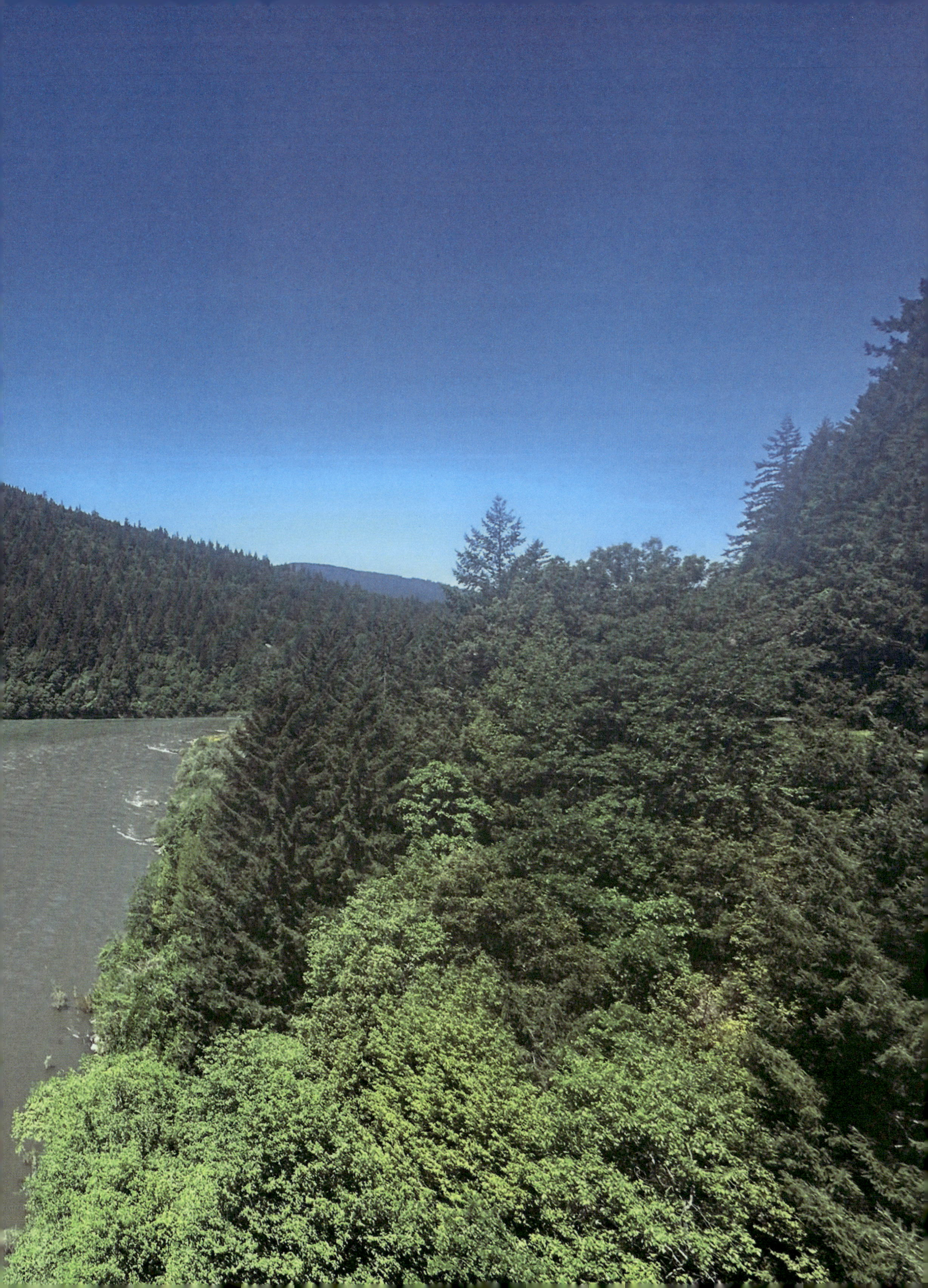

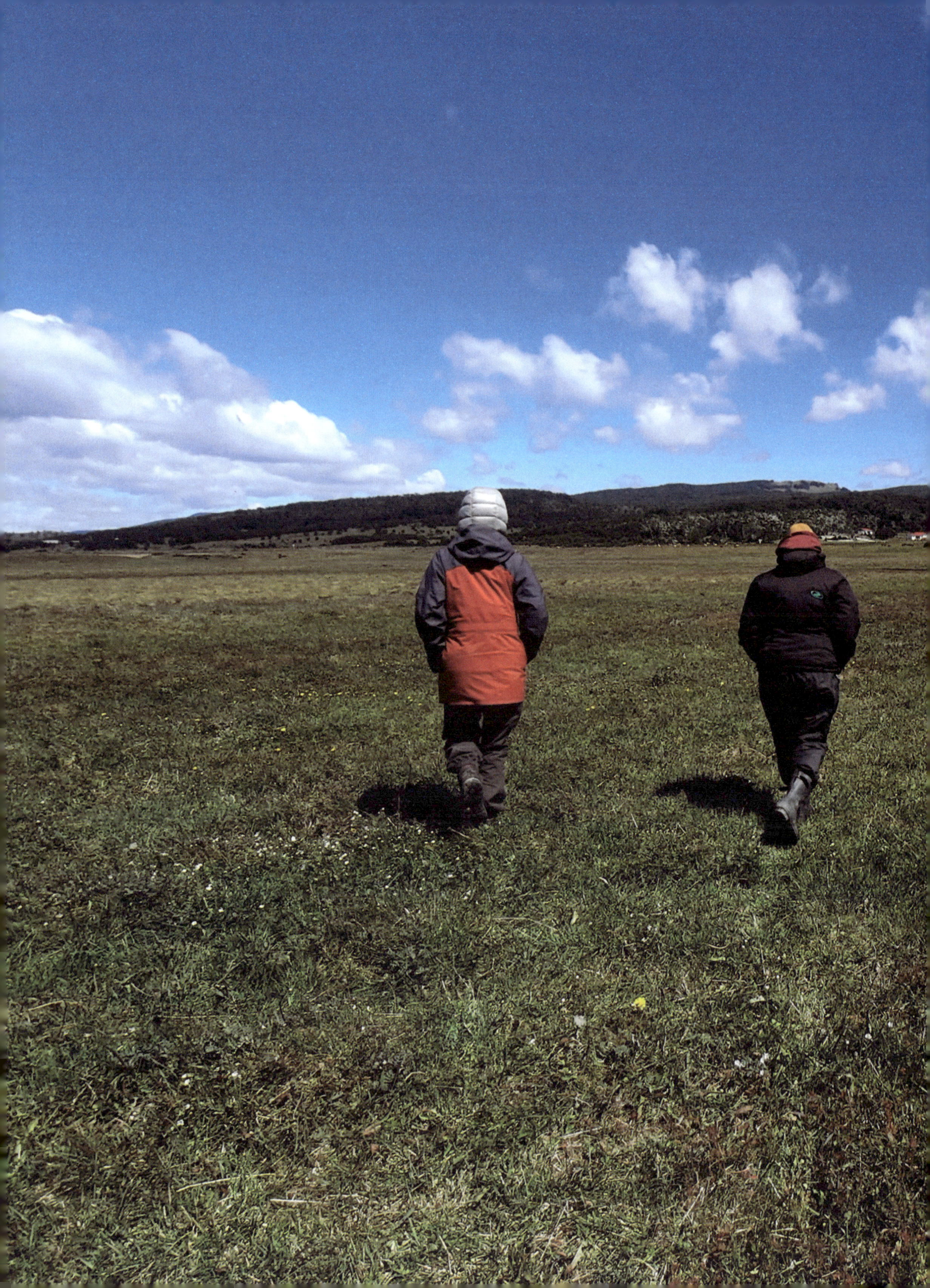

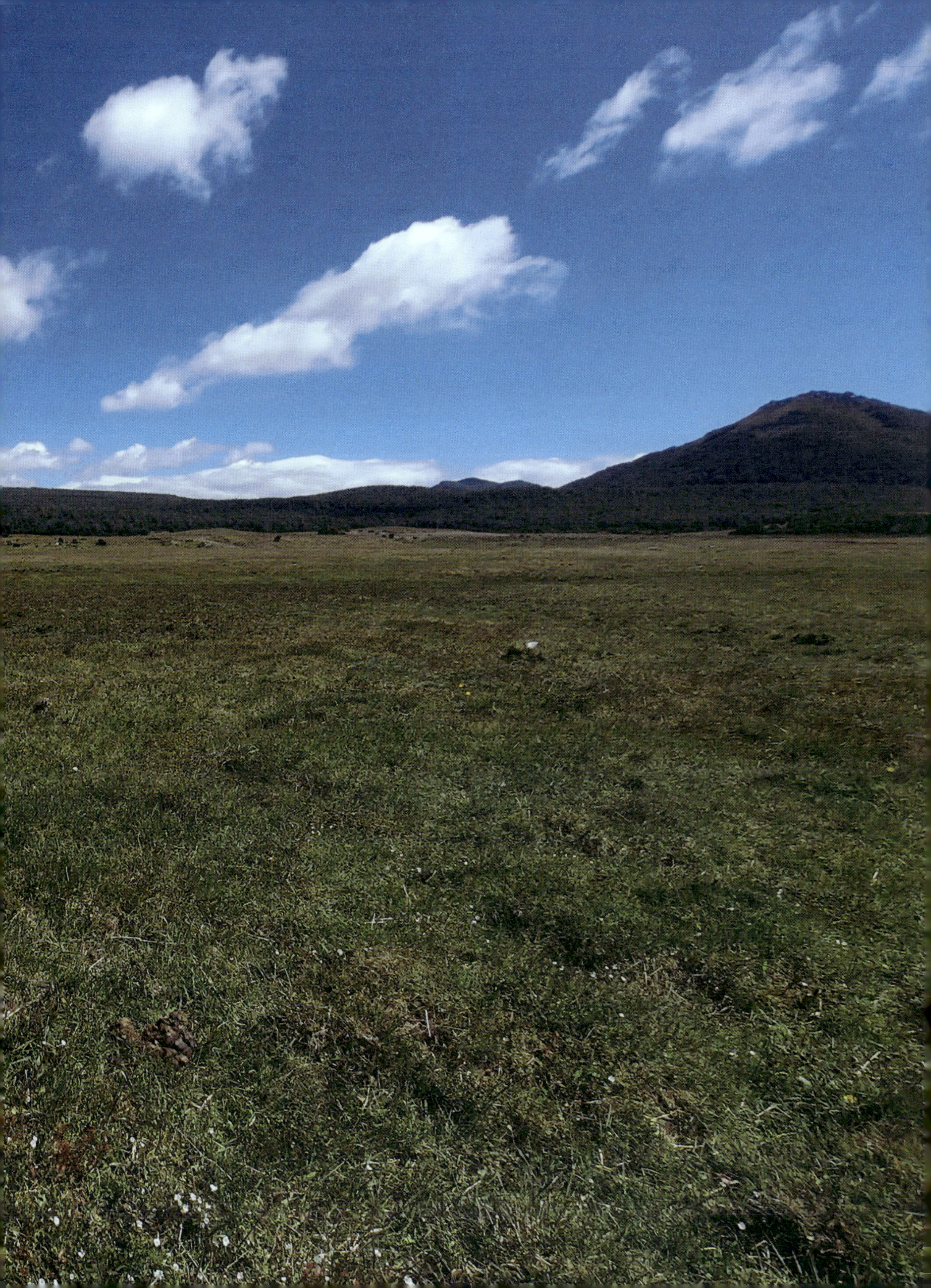

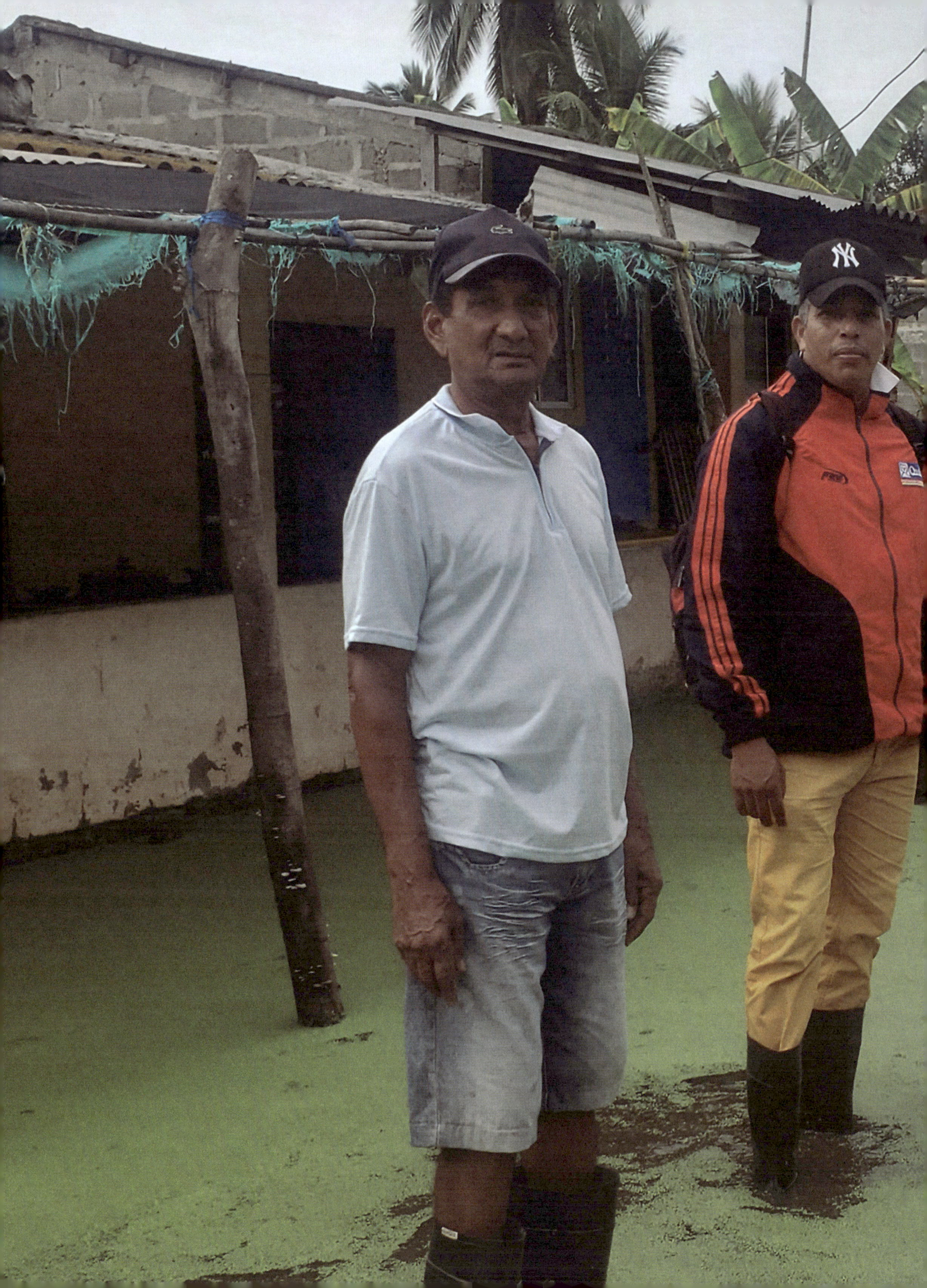

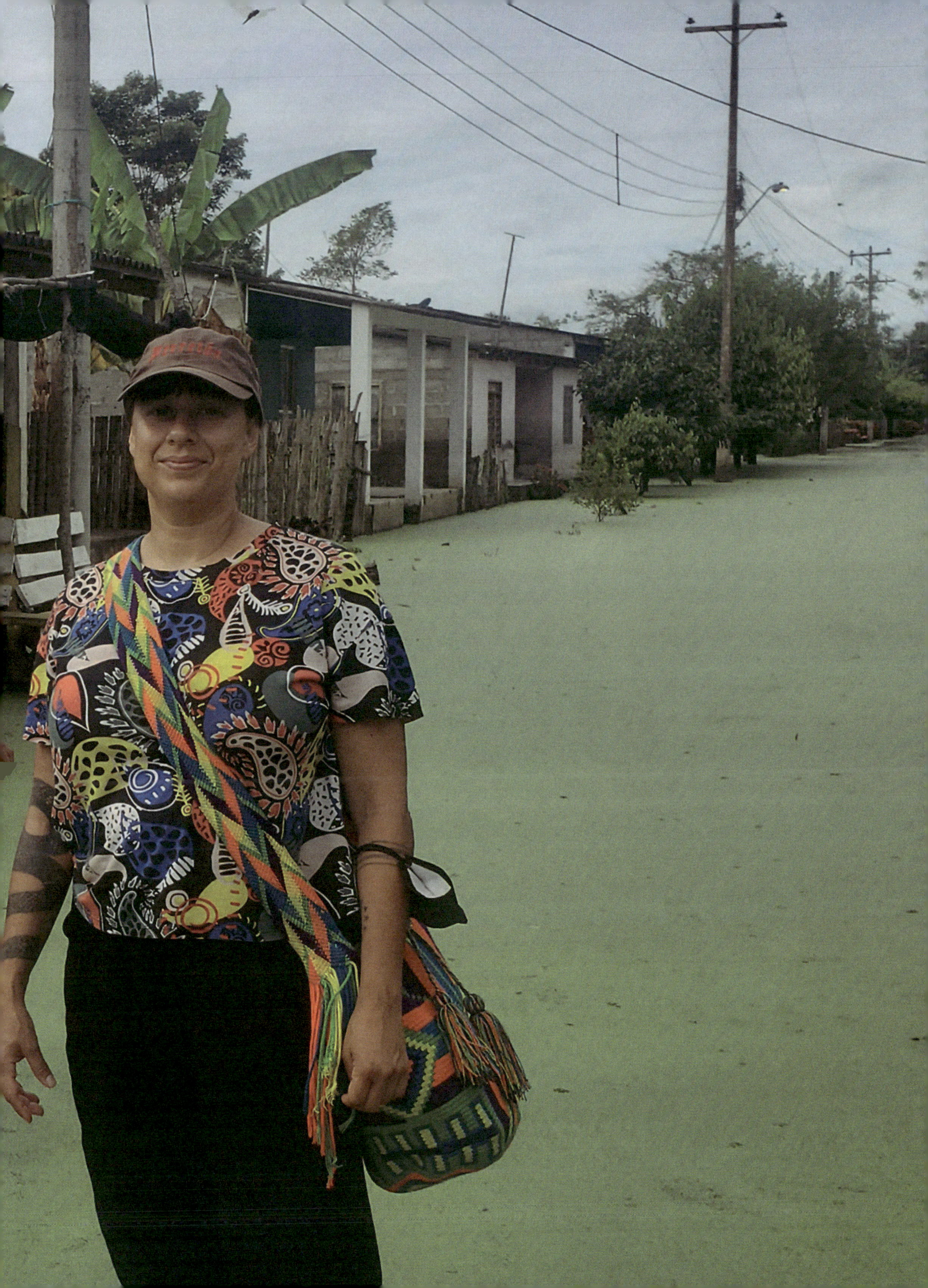

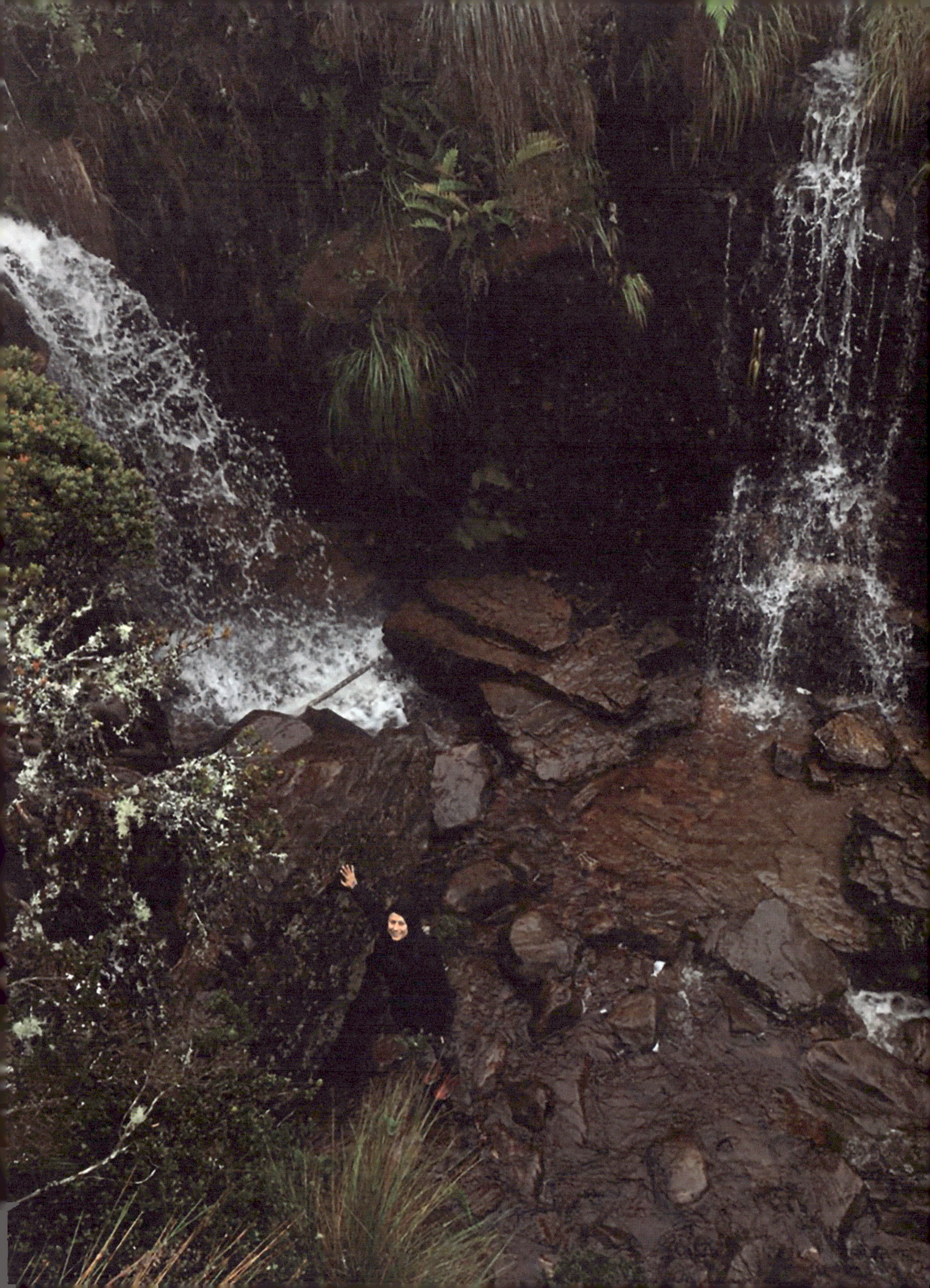

SITUAMOS LA VIDA EN EL CENTRO

CAROLINA CAYCEDO

WE PLACE LIFE AT THE CENTER

CAROLINA CAYCEDO
JOSEPH DANIEL VALENCIA

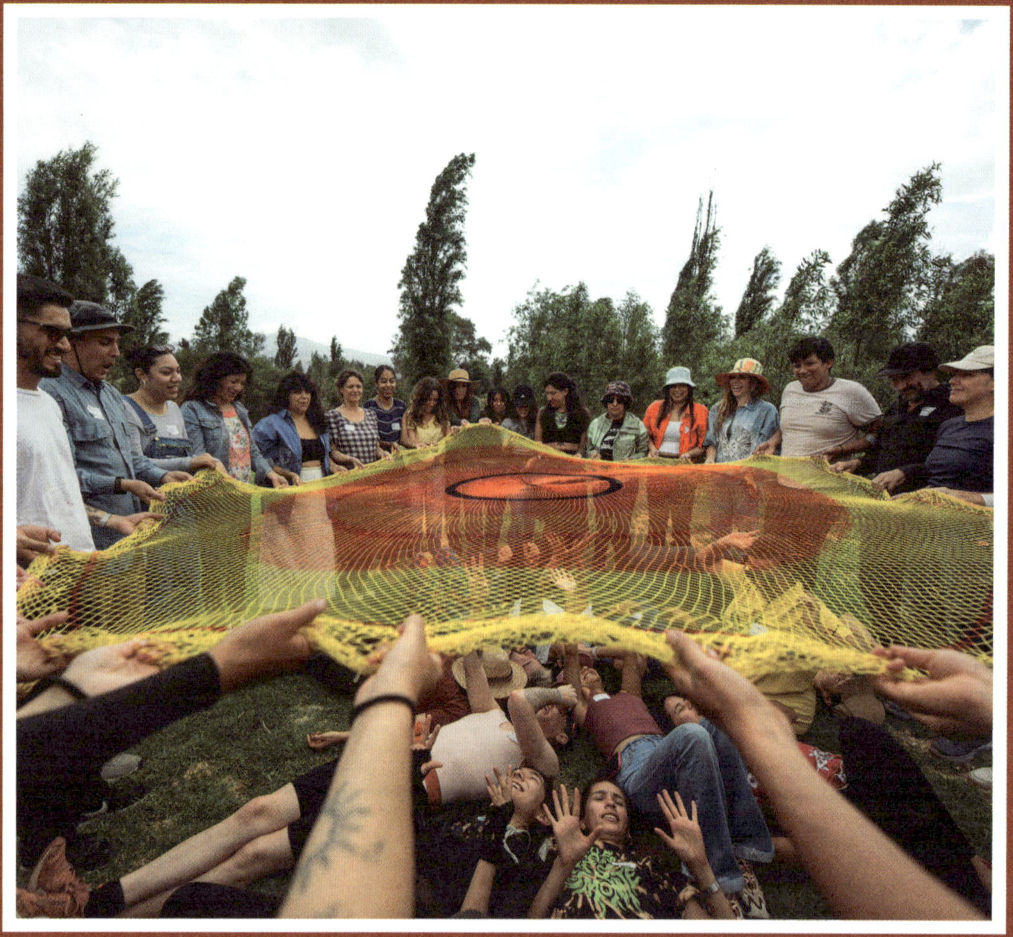

EDITORS' NOTE

This publication highlights diverse artistic practices, environmental struggles, and just transition efforts in our home continent of the Americas. We honor and preserve the cultural context of each idea, process, and community represented in the project to the best of our abilities, while also considering how we can learn from each other to nurture a more collective, social, and environmental agenda for our hemisphere. The bilingual design places the North and South in dialogue across the book's pages. We compiled a glossary that reflects the ancestral, scientific, and grassroots perspectives of our contributors and their approaches to knowledge co-creation. These keywords are featured **in bold** throughout the book.

We take this opportunity to thank the many Indigenous people who have supported this project, in particular the Acjachemen and Tongva advisors and collaborators of Southern California, whose lands we currently occupy. The development of this region, and the Americas at large, is rooted in the violent removal of Indigenous peoples, the exploitation of natural resources for capitalist markets, and the gentrification that displaces natives, working-class people, and communities of color under the guise of progress. We link these global systems of oppression with the ongoing genocide and dispossession of the Palestinian people, underscoring the urgent need to dismantle colonial and militaristic structures and regenerate sacred relationships between peoples, lands, and waters.

NOTA EDITORIAL

Esta publicación destaca diversas prácticas artísticas, luchas ambientales y esfuerzos para una transición justa en nuestro continente americano. Honramos y preservamos el contexto cultural de cada idea, proceso y comunidad representados en el proyecto de la mejor manera posible, a la vez que consideramos cómo podemos aprender unos de otros para nutrir una agenda más colectiva y socioambiental para nuestro hemisferio. El diseño bilingüe pone en diálogo al Norte y al Sur a través de las páginas del libro. Compilamos un glosario que refleja las perspectivas ancestrales, científicas y de base de nuestros colaboradores, así como sus enfoques hacia la cocreación del conocimiento. Las palabras clave aparecen en **negrita** a lo largo del libro.

Aprovechamos esta oportunidad para agradecer a las personas indígenas que han apoyado este proyecto, en particular a los asesores y colaboradores Acjachemen y Tongva del sur de California, cuyos territorios ocupamos actualmente. El desarrollo de esta región, y de las Américas en general, tiene sus raíces en la expulsión violenta de los pueblos originarios, la explotación de recursos naturales para mercados capitalistas y la gentrificación que desplaza a personas nativas, la clase trabajadora y comunidades racializadas bajo la apariencia de progreso. Vinculamos estos sistemas globales de opresión con el genocidio y la desposesión del pueblo palestino, enfatizando la urgente necesidad de desmantelar estructuras coloniales y militaristas y regenerar las relaciones sagradas entre pueblos, tierras y aguas.

CONTENTS

CONTENIDOS

FOREWORD

It is a privilege to present *We Place Life at the Center*, an exhibition catalog and collective resource that invites us to reimagine our place in the world and foster a deeper connection with nature and one another. When I first arrived at the Vincent Price Art Museum (VPAM) in 2021, research for *We Place Life at the Center* was already underway. Taking on this significant initiative, I found myself deeply invested on professional, personal, and political levels. Social justice campaigns and movements have always influenced my work as an artist, curator, and arts administrator. I am a vocal critic of the extractive, neoliberal, capitalist systems that prioritize short-term profits over the well-being of our environment and marginalized communities. These systems, I believe, are responsible for widespread environmental destruction, social inequity, and the growing disconnect between our communities and the natural resources on which we all depend. As we face the escalating challenges of climate change, it becomes clear that such systems are unsustainable. This publication offers hopeful alternatives to these extractive systems, bringing together essays and materials that encourage interdisciplinary engagement between the arts and sciences.

At the heart of this project is the work of Carolina Caycedo, a Los Angeles-based Colombian artist whose commitment to **environmental justice** has led her to create connections between art, science, and grassroots activism across the Americas. Carolina's work reminds us that the planetary crisis we face is not only an environmental issue but also a cultural and social one. It requires that we rethink our relationships with the earth and each other, as well as actively participate in creating sustainable and just futures.

Developing *We Place Life at the Center* at VPAM on the East Los Angeles College (ELAC) campus has been essential for this expansive project's success. ELAC, along with its students and local communities, has a long history of activism, including hosting anti-war rallies and events during the Chicano Moratorium in the early 1970s. It's fitting that we host a project that addresses a crisis for our generation. It is my hope that our campus community will continue this legacy of activism by engaging with climate issues and taking action both locally and globally.

PRÓLOGO

Es un privilegio presentar *Situamos la vida en el centro*, una publicación y un recurso colectivo que nos invita a reimaginar nuestro lugar en el mundo y fomentar una conexión más profunda con la naturaleza y con los demás. Cuando comencé como director del Vincent Price Art Museum (VPAM) en 2021, la investigación para *Situamos la vida en el centro* ya estaba en marcha. Al asumir esta importante iniciativa, me encontré profundamente involucrado a nivel profesional, personal y político. Las campañas y movimientos por la justicia social siempre han influido en mi trabajo como artista, curador y gestor cultural. Soy abiertamente crítico abierto a los sistemas capitalistas, neoliberales y extractivos, que priorizan las ganancias a corto plazo sobre el bienestar de nuestro medio ambiente y de las comunidades marginadas. Soy de la opinión de que estos sistemas son responsables de una amplia degradación ambiental, de la desigualdad social y de la creciente desconexión entre nuestras comunidades y los recursos naturales de los que todes dependemos. A medida que enfrentamos los crecientes desafíos del cambio climático, queda claro que tales sistemas son insostenibles. Este libro ofrece alternativas esperanzadoras a estos sistemas extractivos, reuniendo ensayos y materiales que estimulan el compromiso interdisciplinario entre las artes y las ciencias.

En el núcleo de este proyecto se encuentra el trabajo artístico de Carolina Caycedo, una artista colombiana radicada en Los Ángeles, cuyo compromiso con la **justicia ambiental** la ha llevado a establecer conexiones entre el arte, la ciencia y el activismo de base en todo el continente americano. El trabajo de Carolina nos recuerda que la crisis planetaria que enfrentamos no es sólo una cuestión ambiental, sino también cultural y social, que requiere que reconsideremos las relaciones entre nosotres y con la tierra, y que participemos activamente en la creación de futuros sostenibles y justos.

Desarrollar *Situamos la vida en el centro* en el VPAM, en el campus del East Los Angeles College (ELAC), ha sido esencial para el éxito de este proyecto expansivo. ELAC, junto con sus estudiantes y comunidades locales, tiene una larga historia de activismo, incluida la organización de manifestaciones y eventos contra la guerra, durante La Moratoria Nacional Chicana a principios de la década de 1970. Es apropiado que organicemos un proyecto que aborda la crisis de nuestra generación. Tengo la esperanza de que nuestra comunidad universitaria continúe con este legado de activismo, comprometiéndose con las cuestiones climáticas y tomando medidas a nivel local y global.

One of the most exciting aspects of this project was the opportunity to partner with students and colleagues at ELAC. Led by VPAM and as part of *We Place Life at the Center's* educational platform, the college offered a new interdisciplinary course and travel program to Xochimilco in Mexico City. Here, ELAC students actively participated in the exhibition's research, development, implementation, and public programs.

We Place Life at the Center builds upon years of green initiatives at our institution, from the creation of our LEED Gold-certified museum, which features sustainable practices such as low-water fixtures, a cool roof, and the use of recycled materials in construction, to our recent landscaping, drainage, and biofiltration efforts, which will improve water quality, reduce pollutants entering the Rio Hondo, and enhance campus green spaces with native plants, thereby mitigating the local urban heat island effect. In this way, the project aligns with and reflects our shared commitment to a sustainable future.

This project is more than an exhibition, publication, or educational platform—it is a call to action. We invite you to join a growing movement of people who place life at the center of their work and daily actions. Whether you are an artist, scholar, activist, or simply someone who cares about the future of our planet, we all have a role to play in this paradigm shift. Together, we can revive millennia-old ecological practices and develop new strategies that prevent irreversible damage to our communities and planet and ensure that we leave a better world for future generations. Let's start this transformation together, rethinking how we interact with the world and each other through justice, community, and deep respect for our planet.

Steven Y. Wong
Director
Vincent Price Art Museum

Uno de los aspectos más interesantes de este proyecto fue la oportunidad de colaborar con estudiantes y colegas del ELAC. Dirigido por VPAM, y como parte de la plataforma educativa del proyecto, la universidad ofreció un nuevo curso interdisciplinario y un programa de viaje a Xochimilco, en la Ciudad de México. En este contexto, los estudiantes de ELAC participaron activamente en la investigación, el desarrollo y la implementación de los programas públicos de la exposición.

Situamos la vida en el centro se apoya en años de iniciativas ecológicas en nuestra institución, desde la creación de nuestro museo con certificación LEED Gold, que contempla prácticas sustentables como tuberías de bajo consumo de agua, un techo frío y el uso de materiales reciclados en sus instalaciones; hasta nuestros recientes esfuerzos de paisajismo, drenaje y biofiltración, que mejorarán la calidad del agua y reducirán los contaminantes que ingresan al río Hondo, y mejorarán los espacios verdes del campus con plantas nativas, mitigando así el efecto de isla de calor urbano local. De esta manera, el proyecto se alinea y refleja nuestro compromiso compartido por un futuro sostenible.

Más que una exposición, publicación o plataforma educativa, éste es un llamado a la acción. Les invitamos a unirse a un creciente movimiento de personas que sitúan la vida en el centro de su trabajo y acciones diarias. Ya seas un artista, una académica, un activista o simplemente alguien que se preocupa por el futuro de nuestro planeta, todos tenemos un papel que desempeñar en este cambio de paradigma. Juntes, podemos revivir prácticas ecológicas milenarias y desarrollar nuevas estrategias que prevengan daños irreversibles a nuestras comunidades y al planeta, y garanticen que dejemos un mundo mejor para las generaciones futuras. Comencemos juntes esta transformación, repensando cómo interactuamos con el mundo y entre nosotros, a través de la justicia, la comunidad y el profundo respeto por nuestro planeta.

Steven Y. Wong
Director
Vincent Price Art Museum

FOREWORD

Many contemporary artists have assumed an active role in resisting the impacts of environmental degradation, understanding that art, in its capacity to communicate and to motivate thought and reflection, can mobilize collective action and bring invisible struggles to light. Starting in the 1980s and 90s, a movement of artistic practices, particularly in Latin America, began to integrate messaging around social, environmental, and political justice with greater emphasis. A notable commonality in these practices is the way in which artists and communities have united to offer a collective response to ecological and social crises affecting their territories. Together they have documented claims against the threats of displacement and land dispossession as well as contamination caused by mining, deforestation, the construction of dams, and massive urbanization projects.

Born in London, England, and of Colombian descent, Carolina Caycedo is one of the most prominent figures in contemporary art and a strong defender of environmental and social rights. Her interdisciplinary artistic practice encompasses a wide variety of media, from drawing and sculpture to video and performance. The exhibition *We Place Life at the Center* serves as a platform for the intersection of art, science, and **environmental justice** in Latin America. This exhibition project, which comes together in the present publication and an educational program, aims to promote dialogue, exchange, and cooperation between Carolina's artistic practice and social processes, organizations, and movements that lead relational models and circular, solidarity-based, and equitable models of consumption. Carolina Caycedo has addressed crucial issues like the defense of territory and water resources, **food sovereignty**, and just energy transitions, always with deep criticism for systems of power that perpetuate excessive capitalism through the exploitation of natural resources and gentrification. The exhibition *We Place Life at the Center*, curated by Joseph Daniel Valencia, highlights characteristic approaches in Carolina Caycedo's work: one emphasis is on ancestral knowledge as an alternative to dominant scientific solutions; another focus is the preservation of water resources, seeds, and vital ecosystems. Finally, it emphatically demonstrates the connection between art and activism against **extractivism** and the ecological crisis, with projects related to struggles for **environmental justice** in the Pacific Northwest, Puerto Rico, Brazil, Chile, and Colombia.

Following a partnership with the Vincent Price Art Museum (VPAM) in California, the exhibition will travel to the Museo de Arte Miguel Urrutia (MAMU) of the Banco de la República (Bogotá, Colombia), where it will be on display from April to July 2025. The MAMU is a leading exhibition space for contemporary art in Colombia, and with this exhibition it reinforces its commitment to critical reflection on the region's environmental and social issues. The Banco de la República permanent art collection contains the following works by Carolina Caycedo: the collage *Cornelius Norbertus Gijsbrechts y Alberto Saldarriaga Roa* (2012), the sculptural ensemble *Dammed Landscape* (2013), the installation *Plomo y brea*

PRÓLOGO

Muchos artistas contemporáneos han asumido un papel activo en la resistencia contra los impactos de la degradación ambiental, comprendiendo que el arte —en su capacidad de comunicar y motivar pensamiento y reflexión— puede movilizar acciones colectivas y hacer visibles luchas invisibilizadas. A partir de las décadas de 1980 y 1990, algunas prácticas artísticas, particularmente en Lationoamérica, comenzaron a integrar con mayor énfasis consignas de justicia social, ambiental y política. Uno de sus principales puntos de convergencia es la manera en que los artistas y las comunidades se han unido para ofrecer una respuesta colectiva ante las crisis ecológicas y sociales que atraviesan sus territorios, pues han documentado los reclamos ante las amenazas del desplazamiento y despojo de tierras, y la contaminación a causa de la minería, la deforestación, la construcción de represas o proyectos de urbanización masiva.

Nacida en Londres, Inglaterra, y con ascendencia colombiana, Carolina Caycedo es una de las figuras más destacadas del arte contemporáneo y una firme defensora de los derechos ambientales y sociales. Su práctica artística, de carácter interdisciplinario, abarca una amplia variedad de medios, desde el dibujo y la escultura, hasta el video y la *performance*. La exposición *Situamos la vida en el centro* se presenta como una plataforma para el encuentro entre el arte, la ciencia y la **justicia ambiental** en Latinoamérica. Este proyecto expositivo, que se consolida con la presente publicación y un programa educativo, tiene como objetivo fomentar el diálogo, el intercambio y la cooperación entre la práctica artística de Carolina con procesos sociales, organizaciones y movimientos que lideran modelos relacionales y de consumo circulares, solidarios y equitativos. Carolina Caycedo ha abordado temas cruciales como la defensa del territorio y los recursos hídricos, la **soberanía alimentaria** y las transiciones energéticas justas, siempre con una crítica profunda a las estructuras de poder que perpetúan el capitalismo desmedido con la explotación de los recursos naturales y la gentrificación. En la exposición *Situamos la vida en el centro*, curada por Joseph Daniel Valencia, se ponen en evidencia algunas formas características del trabajo de Carolina Caycedo: por una parte, destacan los conocimientos ancestrales como alternativas a las soluciones científicas dominantes; por la otra, se enfoca la preservación de recursos hídricos, semillas y ecosistemas vitales. De manera enfática, se muestra la conexión entre arte y activismo en contra del **extractivismo** y la crisis ecológica, con proyectos vinculados a luchas por la **justicia ambiental** en el noroeste del Pacífico, Puerto Rico, Brasil, Chile y Colombia.

Tras una alianza con el Vincent Price Art Museum (VPAM), California, el proyecto se llevará a cabo en el Museo de Arte Miguel Urrutia (MAMU) del Banco de la República (Bogotá, Colombia) entre abril y julio de 2025. El MAMU es un espacio de exhibición referente del arte contemporáneo en Colombia que, con esta muestra, refuerza su compromiso con la reflexión crítica sobre los problemas ambientales y sociales de la región. La Colección de Arte del Banco de la

(2018), and six drawings from the series *Retrato de plantas* (2021). With the exception of the collage, the other collected works will be included in the MAMU exhibition.

Particularly, *Retrato de plantas* exemplifies the artist's working methodologies: it consists of a set of drawings depicting plants native to various regions of Colombia, some of which are endangered and others of which are used by ancestral communities in midwifery processes (*Frailejón, Canelo de los Andaquíes, Salvia Roja de la Sierra Nevada, Salvarrial, Anamú, Venturosa, Nacedera, Maracuyá*, and *Corocito*). Each drawing comes with instructions for replication as a mural, to be made in public and educational spaces as many times as necessary and in collaboration with local artists, cultural managers, and students, in order to foster the creation of networks for exchange, conversation, and emotional connection around botanical knowledge. To date, this activity has been carried out at the Banco de la República Cultural Center in the town of Honda. In the drawing series, the artist's graphic gestures explore multiple dimensions of understanding each plant, digging into their healing and spiritual properties. By creating murals in public spaces, the goal is to recognize the wellness these plants offer to our bodies, emphasizing the mural-making process as a collaborative act and a symbolic connection between human and nonhuman entities.

What truly distinguishes Carolina Caycedo's work is the emphasis on collaboration with local communities and activists which she integrates into her creative processes, as well as with animal, plant, or mineral species. For her, art is not just a means of individual expression but also a collective tool for action and social change. In this sense, her works are constructed as spaces for dialogue, creating platforms to make visible the struggles of those defending their territory and environment in demand of their sovereignty. The artist approaches her projects by meticulously collecting data and information while simultaneously establishing relationships of mutual exchange and learning with the beings and territories she visits. Thus, artistic creation becomes an act of reciprocity. Decolonial conservation strategies and cultural, ritual, and artistic practices that educate and mobilize people are fundamental in this process. The exhibition *We Place Life at the Center* invites us to rethink our relationship with nature, to question the violent and outdated structures that perpetuate the ecological crisis, and to recognize that collective action, inspired and promoted by artistic creativity, is essential for ensuring a more just, equitable, and sustainable future.

Nicolás Gómez Echeverri
Director
Arts and Other Collections Unit
Office of Cultural Affairs
Banco de la República, Colombia

República conserva las siguientes obras de la artista: el *collage Cornelius Norbertus Gijsbrechts y Alberto Saldarriaga Roa* (2012), el conjunto escultórico *Dammed Landscape* (2013), la instalación *Plomo y brea* (2018) y seis dibujos de la serie *Retrato de plantas* (2021). Salvo la primera, las demás obras formarán parte del proyecto expositivo en el MAMU.

En particular, la serie *Retrato de plantas* ejemplifica muy bien las metodologías de trabajo de la artista. Se trata de un conjunto de dibujos que ilustran plantas endémicas de diferentes regiones de Colombia, algunas de ellas en peligro de extinción y otras usadas por comunidades ancestrales en procesos de partería (*Frailejón*, *Canelo de los Andaquíes*, *Salvia Roja de la Sierra Nevada*, *Salvarrial*, *Anamú*, *Venturosa*, *Nacedera*, *Maracuyá y Corocito*); cada uno de los dibujos cuenta con su respectivo instructivo para ser replicado como un mural, las veces que sea, en espacios públicos y educativos, junto con otros artistas locales, gestores culturales y estudiantes, para fomentar así el tejido de redes de intercambio, conversación y lazos afectivos en torno al conocimiento botánico. Hasta el momento, esta actividad se ha llevado a cabo en el Centro Cultural del Banco de la República en la población de Honda. En la serie de dibujos, el gesto gráfico de la artista explora múltiples dimensiones de comprensión de cada planta, indagando sus propiedades curativas y espirituales. Con la realización de los murales en espacios públicos se pretende reconocer el bienestar que estas plantas ofrecen a nuestros cuerpos, enfatizando el proceso de ejecución del mural como un acto colaborativo y de vinculación simbólica entre entes humanos y no humanos.

Lo que verdaderamente distingue la obra de Carolina Caycedo es el énfasis en la colaboración y el trabajo conjunto con comunidades locales y activistas que vincula a sus procesos creativos, así como también con especies animales, vegetales o minerales. Para ella, el arte no sólo es un medio de expresión individual, sino también una herramienta colectiva para la acción y el cambio social. En este sentido, sus obras se construyen como espacios de diálogo y visibilización de las luchas de aquellos que defienden su territorio y su entorno, en reclamo de su soberanía. Para el abordaje de sus proyectos, la artista recopila datos e información de manera meticulosa, pero también establece vínculos de intercambio y aprendizaje con los seres y territorios que visita. Así, la creación artística se convierte en un acto de reciprocidad. En este proceso, son fundamentales las estrategias de conservación descoloniales y las prácticas culturales, rituales y artísticas que educan y movilizan a las personas. La exposición *Situamos la vida en el centro* nos invita a repensar nuestra relación con la naturaleza, a cuestionar las estructuras violentas y obsoletas que perpetúan la crisis ecológica, y a reconocer que la acción colectiva, inspirada y promovida por la creatividad artística, es fundamental para asegurar un futuro más justo, equitativo y sostenible.

Nicolás Gómez Echeverri
Director
Unidad de Artes y Otras Colecciones
Subgerencia Cultural
Banco de la República, Colombia

WE PLACE LIFE AT THE CENTER

AN INTRODUCTION TO THE PROJECT AND ITS PLATFORMS

Carolina Caycedo and Joseph Daniel Valencia

It is about going further than a change in the energy matrix; the planetary crisis demands radical cultural transformations from us. In other words, to rethink our relationships with nature and between human beings.[1]

— Tatiana Roa Avendaño

SITUAMOS LA VIDA EN EL CENTRO

UNA INTRODUCCIÓN AL PROYECTO Y SUS PLATAFORMAS

Carolina Caycedo y Joseph Daniel Valencia

Se trata, por tanto, de ir más lejos que un cambio en la matriz energética; la crisis planetaria, que amenaza todas las formas de vida del planeta, nos exige transformaciones culturales radicales. Es decir, replantear las relaciones con la naturaleza y entre los seres humanos.[1]

– Tatiana Roa Avendaño

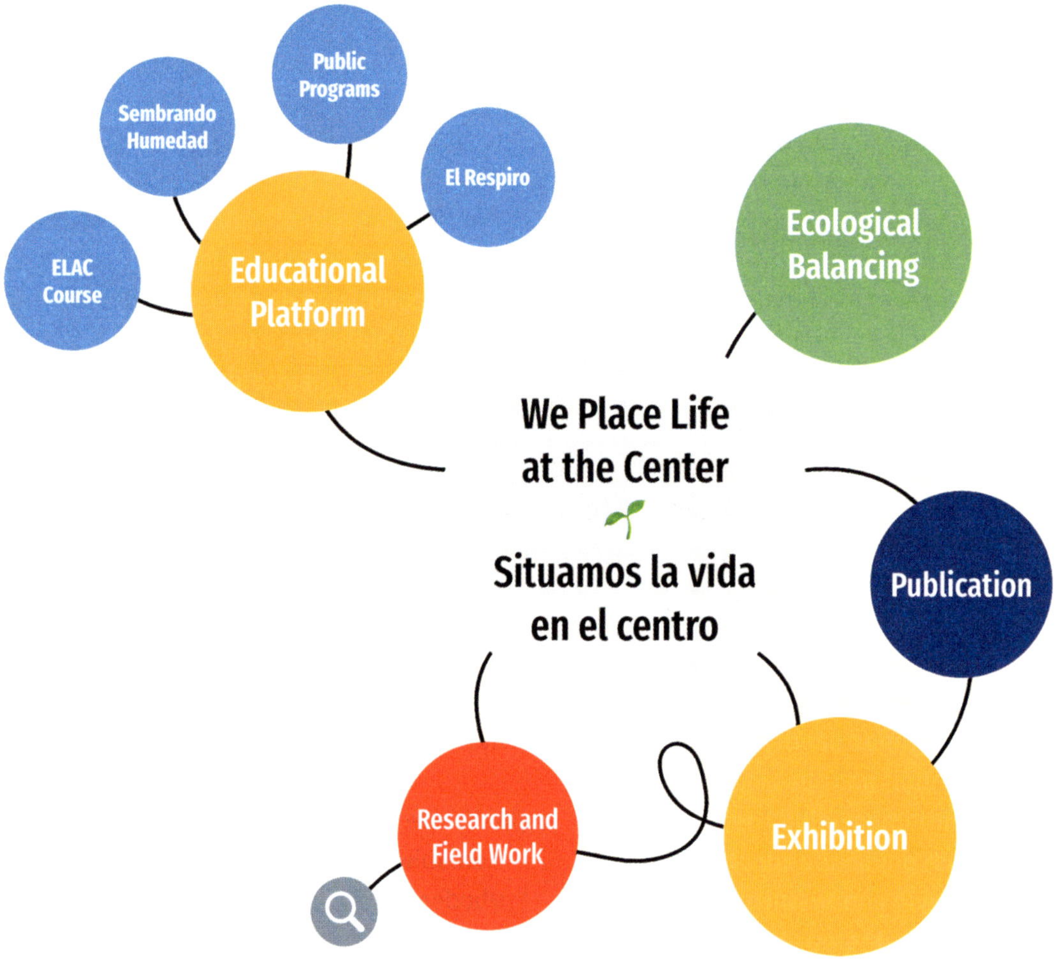

Visualization of the project and its platforms, design by Joseph Daniel Valencia.
Visualización del proyecto y sus plataformas, diseño de Joseph Daniel Valencia.

We Place Life at the Center is both this book's title and the name of the multi-platform art and **environmental justice** project presented as part of PST ART: *Art & Science Collide*, a Getty initiative. *We Place Life at the Center* stems from the work of Los Angeles-based Colombian artist Carolina Caycedo, whose art and research engage with the interrelated issues of water and land stewardship, **food sovereignty**, and fair and just energy transition. Building upon four years of research and field work in frontline communities across the United States, Latin America, and the Caribbean, the project promotes alternative solutions to the global climate crisis rooted in ecofeminism and **environmental justice**. An ambitious, public-facing, and deeply educational project, *We Place Life at the Center* nurtures networks of learning, solidarity, and action between different processes, organizations, and social movements that are leading **eco-social transition** efforts in the Western Hemisphere.

This jointly written introduction engages with both first-person and collective modes of authorship and introduces the project's major themes and platforms from the perspective of a lead artist, museum curator, and project collaborators.

Carolina Caycedo (CC): *We Place Life at the Center* continues the research and community engagement initiated through my long-term project *Be Dammed* (2012–ongoing), which investigates the effects that large dams have on socio-ecological systems across the Americas. This new body of work shifts focus from the social and environmental consequences of energy infrastructures on impacted communities to the resistances and transitions these communities shape in response. This shift attends, in part, to a personal need to reposition myself from a place of loss and grief to a place of abundance and joy. Most importantly, it reflects agenda developments in the very movements

[1] Tatiana Roa Avendaño, "Soberanía y autonomía energética. Treinta años de debates alrededor de asuntos cruciales," in *Energías para la transición: Reflexiones y relatos*, Tatiana Roa Avendaño (comp.), Centro Nacional Salud, Ambiente y Trabajo Agua Viva-Amigos de la Tierra Colombia/ Fundación Heinrich Böll, Oficina Bogotá, Bogotá, 2021, 61.

Situamos la vida en el centro es el título de este libro y el nombre del proyecto artístico y de **justicia ambiental** presentado como parte de PST ART: *Art & Science Collide*, una iniciativa del Getty. La propuesta, que se despliega en múltiples plataformas, surge de la trayectoria de Carolina Caycedo, artista colombiana radicada en Los Ángeles, cuyo arte e investigación son cercanos a temas que se interrelacionan, como la custodia del agua y de la tierra, la **soberanía alimentaria** y la transición energética justa y equitativa. Sobre la base de cuatro años de investigación y trabajo de campo en comunidades afectadas en Estados Unidos, Latinoamérica y el Caribe, el proyecto se erige para promover soluciones alternativas a la crisis climática global arraigadas en el ecofeminismo y la **justicia ambiental**. Este planteamiento ambicioso, orientado al público y esencialmente educativo, nutre redes de aprendizaje, solidaridad y acción entre procesos, organizaciones y movimientos sociales que lideran esfuerzos de **transición ecosocial** en el hemisferio occidental.

Esta introducción escrita en conjunto recupera la autoría en primera persona y en colectivo para comentar los principales temas y plataformas del proyecto desde la perspectiva de una artista principal, un curador y las personas que colaboraron.

Carolina Caycedo (CC): *Situamos la vida en el centro* da continuidad a la investigación y la participación comunitaria que comenzó con mi proyecto de larga duración *Represa represión,* o *Be Dammed* (2012 a la fecha), que examina los efectos de las grandes represas en los sistemas socioecológicos de las Américas. Este nuevo cuerpo de trabajo cambia de enfoque: de las consecuencias sociales y ambientales de las infraestructuras energéticas a las resistencias y transiciones que las comunidades afectadas configuran como respuesta. Este cambio es motivado, en parte, por la necesidad personal de reposicionarme: de un lugar de pérdida y dolor a otro de abundancia y gozo. Lo más importante es que refleja la evolución de la agenda de los movimientos sociales que he acompañado a lo largo de los años. Estas comunidades y sus movilizaciones son conscientes de la inminencia del calentamiento global y el colapso climático, y han experimentado en carne propia cómo el capitalismo verde, con sus soluciones falsas, exacerba las dinámicas de poder desiguales y coloniales entre el Norte y el Sur Globales. Los movimientos de base han encabezado y construido procesos de regeneración ecológica, transformación ecosocial y transiciones energéticas que verdaderamente atienden sus necesidades comunitarias y ecosistémicas.[2]
Como artista, mi alcance geográfico latinoamericano concentrado en Abya Yala también se amplió a uno hemisférico al incorporar los diálogos con movimientos, colectivos, artistas, activistas y personas del ámbito de la ciencia que trabajan en Turtle Island, o Norteamérica. Como visitante en el territorio Tongva no cedido, encarno todo tipo de relaciones problemáticas y alegres entre el norte y el sur, y asumo la responsabilidad de fomentar la solidaridad y la acción entre los lugares de los que vengo y los que habito.

Esta expansión geográfica también es resultado del apoyo sostenido de varias instituciones culturales e iniciativas de financiamiento, incluido el PST ART del Getty, que han facilitado recursos y estructuras para conocer a fondo y trabajar con el contexto socioambiental local. En ese sentido, *Situamos la vida en el centro* se convirtió en una oportunidad para seguir impulsando el intercambio entre Los Ángeles y Latinoamérica, un objetivo clave de la edición 2017-2018 de Pacific Standard Time: *LA/LA.*

[1] Tatiana Roa Avendaño, "Soberanía y autonomía energética. Treinta años de debates alrededor de asuntos cruciales", en *Energías para la transición: Reflexiones y relatos*, Tatiana Roa Avendaño, Centro Nacional Salud, Ambiente y Trabajo Agua Viva-Amigos de la Tierra Colombia/ Fundación Heinrich Böll-Oficina Bogotá, Bogotá, 2021, p. 61.

[2] Este proyecto hace hincapié en los procesos y las posibilidades de ampliar las nociones de energía y transición. Sólo en Colombia, los diversos movimientos y enfoques de la transición energética reflejan contextos y necesidades locales y regionales específicos. Para una excelente antología sobre este tema, la publicación de la nota 1. Disponible en línea: https://co.boell.org/sites/default/files/2021-06/Energías%20para%20la%20transición.pdf.

I have accompanied throughout the years. These communities and movements are plenty aware of global warming and climate collapse's urgency, and they have experienced firsthand how green capitalism, with its false solutions, only exacerbates the unequal and colonial power dynamics between the Global North and South. Grassroots movements have spearheaded and constructed processes of ecological regeneration, eco-social transformation, and energy transitions that truly respond to their community and ecosystemic needs.[2]

As an artist, my geographical scope also widened from an Abya Yala and Latin American focus to a hemispheric one, incorporating dialogues with movements, collectives, scientists, artists, and activists working across Turtle Island (North America). As a visitor in unceded Tongva land, I embody all sorts of problematic and joyful relationships between the North and South. I carry the responsibility to nurture solidarity and action between the places I come from and the places I inhabit.

This geographical expansion is also the result of sustained support from various cultural institutions and funding initiatives, including Getty's PST ART, which have facilitated resources and structures to learn about and address my local socio-environmental context. In that sense, *We Place Life at the Center* also became an opportunity to continue fostering exchange between Los Angeles and Latin America, a key goal of PST: *LA/LA's* 2017–2018 iteration.

Joseph Daniel Valencia (JDV): As a curator focused on the contemporary art and politics of the Americas, and having led a PST: *LA/LA* project, I am individually and institutionally committed to supporting and exhibiting Latin American and Latinx art. The premise of PST ART: *Art & Science Collide* provided us with an exciting opportunity to continue uplifting Latin American and Latinx artists and ideas under a framework that challenges and decenters Western notions of art and science, while also studying where these two areas intersect, diverge, and make space for social justice and decolonial strategies. This project leverages Caycedo's expansive network to create new opportunities for learning and action for artists, environmentalists, students, and community members within Los Angeles and across the Americas.

Platform 1. Research and Field Work

CC: Between 2020 and 2024, I conducted a series of field work visits that relied upon networks of affection and solidarity. These materialized many dreams and desires stemming from questions about art's contribution to **environmental justice** movements in the Americas and its ability to facilitate meaningful connections between land and water protectors working in different territories and contexts.

This continental and hemispheric approach responded to the urgent need for allies and companions from diverse geographical contexts in tackling the energy, climate, and socio-environmental crises far beyond the current capitalist model. In addition to witnessing an impressive growth of Land Back movements across Greater Los Angeles in California, I visited the Snake and Klamath river basins in the Pacific Northwest and the Sonora and the Chihuahuan deserts in the American Southwest. I spent time in the wetlands of Xochimilco in Mexico City, in the marshlands of the Lower Sinú river in Northern Colombia, and in the peat bogs of Karukinka in Tierra del Fuego, Chile. I returned to the jungle region of Chocó on the Colombian Pacific Coast, and to my former home, the Caribbean island of Borikén. I revisited the mountain cities of Bucaramanga, Medellín, and Bogotá, the lower Magdalena and lower Cauca river valleys, and the dry tropical forests of Huila, Tolima, and Santander regions across the Colombian Andes.

The goal of this research phase was to map how energy transitions (the shift from a fossil fuel-based energy grid to a renewable one that produces limited

[2] This project emphasizes the processes and possibilities for expanding notions of energy and transition. In Colombia alone, the wide-ranging movements and approaches to energy transition reflect local and regionally specific contexts and needs. For an excellent anthology on this topic, see Tatiana Roa Avendaño, "Soberanía y autonomía energética. Treinta años de debates alrededor de asuntos cruciales," in *Energías para la transición: Reflexiones y relatos*. Bogotá: Censat Agua Viva, la Fundación and Heinrich Böll, and Ediciones Antropos, 2021. Available online: https://co.boell.org/sites/default/files/2021-06/Energías%20para%20la%20transición.pdf.

Joseph Daniel Valencia (JDV): Como curador concentrado en el arte contemporáneo y la política de nuestro continente, y después de liderar Pacific Standard Time: *LA/LA*, estoy comprometido individual e institucionalmente a apoyar y exhibir el arte latinoamericano y latino. La premisa de PST ART: *Art & Science Collide* nos brindó un espacio fascinante para seguir celebrando las ideas y a les artistas latinoamericanes y latines en un marco que desafía y descentraliza las nociones occidentales de arte y ciencia, al mismo tiempo que estudiamos en qué puntos convergen, divergen y dan pie a la justicia social y las estrategias descoloniales. El proyecto aprovecha la amplia red de Caycedo para crear momentos de aprendizaje y acción para artistas, ambientalistas, estudiantes y miembros de la comunidad en Los Ángeles y el continente americano.

Plataforma 1. Investigación y trabajo de campo

CC: Entre 2020 y 2024, hice una serie de viajes de trabajo de campo que se apoyaron en redes de afecto y solidaridad. Estas visitas materializaron muchos sueños y deseos que surgieron de preguntarme cuál era la contribución del arte a los movimientos de **justicia ambiental** en las Américas y qué tanto facilita conexiones significativas entre defensores de la tierra y el agua en varios territorios y contextos.

Este enfoque continental y hemisférico fue una respuesta a la necesidad urgente de tener aliades y compañeres de contextos geográficos diversos para enfrentar las crisis energética, climática y socioambiental más allá del modelo capitalista actual. Además de presenciar el impresionante crecimiento de los movimientos de Land Back —rematriación— en el área metropolitana de Los Ángeles, visité las cuencas de los ríos Snake y Klamath en el noroeste del Pacífico, y los desiertos de Sonora y Chihuahua en el suroeste de Estados Unidos. Pasé unos días en los humedales de Xochimilco, en la Ciudad de México; en las ciénagas del bajo Sinú, en el norte de Colombia, y en las turberas de Karukinka, en Tierra del Fuego, Chile. Regresé a la región selvática del Chocó, en la costa del Pacífico colombiano, y a mi antiguo hogar, la isla caribeña de Borikén. Visité de nuevo las ciudades montañosas de Bucaramanga, Medellín y Bogotá, los valles del bajo Magdalena y el bajo Cauca, y los bosques secos tropicales de los departamentos del Huila, Tolima y Santander que atraviesan los Andes colombianos.

El objetivo de esta fase de la investigación fue mapear las transiciones energéticas —el cambio de una red energética basada en combustibles fósiles a una renovable que produce menos emisiones de carbono— y ver cómo tomaban forma en contextos rurales y urbanos. Sin embargo, este postulado resultó reduccionista a medida que avancé en el trabajo de campo y comprendí que la energía no es sólo electricidad, sino el sustento fundamental de la vida en el planeta.

Aprendí que nuestra primera y principal fuente de energía son los alimentos, y que debemos tener acceso a la tierra, proteger el agua y preservar nuestras semillas para producirlos. Mi noción de transición se amplió a un periodo de cambio en el que podemos imaginar y construir nuevas formas de producción y distribución de energía, pero también desmantelar infraestructuras obsoletas, monolíticas y violentas, y revitalizar tecnologías ancestrales para la gestión de los ecosistemas. El lenguaje en torno a las soluciones que proponen las transiciones energéticas se vincula a contextos políticos específicos, por ejemplo, los actos de autosuficiencia energética llamados "insurrecciones energéticas" en Borikén —siendo Puerto Rico una colonia de Estados Unidos— en Colombia se conocen como "energías comunitarias". Al mismo tiempo que las mujeres indígenas de Turtle Island lideran movimientos de rematriación para restaurar los conocimientos ontológicos y epistemológicos, y las relaciones sagradas entre los pueblos nativos y sus tierras ancestrales,[3] las sobrevivientes de la guerra, las poblaciones campesinas y las comunidades racializadas en Colombia participan en la **reexistencia**, una práctica que contrarresta la necropolítica del sistema dirigente y retoma la memoria ambiental

[3] Sabina Vaught y Heather Shotton, "Rematriation of Indigenous Epistemologies in Education", Office of the Senior Vice President and Provost Presidential Dream Course, The University of Oklahoma, 2019. https://www.ou.edu/dreamcourse/past-courses/fall-2019/rematriation-of-Indigenous-epistemologies-in-education.

carbon emissions) were taking shape across rural and urban contexts in the Americas. However, this postulate proved itself reductionist as I progressed in the field work and understood that energy does not limit itself to electricity, but it is the ultimate sustenance for life on our planet.

I learned that our first and foremost source of energy is food, and that to grow our own food we must have access to land, protect water, and save our own seeds. My notion of "transition" was expanded as a period of change where we imagine and build new ways of energy production and distribution, but also dismantle obsolete, monolithic, and violent infrastructures and revitalize ancestral technologies for ecosystem management. The language around solutions for energy transitions is tied to specific political contexts: acts of energy self-sufficiency called "energy insurrections" in Borikén (Puerto Rico being a colony of the U.S.) are known in Colombia as "communitarian energies." At the same time that Indigenous women in Turtle Island lead rematriation movements to restore ontological and epistemological knowledges and sacred relationships between Native peoples and their ancestral lands,[3] war survivors, *campesinos*, and racialized communities in Colombia engage in *re-existencia*, or **re-existence**, a counter-practice to the establishment's necropolitics, where environmental and historical memory become tools for recognition, pedagogy, justice, political exercise, and healing.

I refer to my practice of field work as "spiritual field work," as I rigorously collect data and gather information, but also forge personal relationships with the lands, waters, and peoples[4] I visit and learn from, offering reciprocity through the production of artworks, exhibitions, and publications. Spiritual field work has allowed me to witness the diverse methods in which human, solar, wind, hydro, and food-based energies are harvested, put into action, and distributed at local and community levels. Land Back and Mother Earth liberation movements, **food and seed sovereignty**, the appropriation and democratization of **community science** and technology, localized climate policy frameworks, decolonial conservation strategies, and the practice of cultural, ritual, and artistic expressions to educate and mobilize people all play a role in this work.

JDV: Our research advisors deeply inspired, shaped, and redirected the project's scope, beginning with our application drafts and continuing throughout the course of the research, development, and implementation phases. At the inception stage Dr. Djuradj Babic, former STEM Dean at East Los Angeles College (ELAC), and Pilar Tompkins Rivas, former director at the Vincent Price Art Museum (VPAM), provided scientific and curatorial advice that served as structural foundations for the project. Visual cultural scholars Macarena Gomez-Barris and T. J. Demos shed light on how to prioritize aspects of the initial expansive research plan, and reminded us that capitalism (including in the art world) drives our planet's environmental crises. Local Indigenous advisors—including educator, artist/activist, and cofounder of the Ti'at Society Cindi Alvitre (Tongva/Gabrielino) and Executive Director and Founder of Sacred Places Institute for Indigenous Peoples Angela Mooney D'Arcy (Acjachemen/Juaneño)—offered teachings for an **ecological balancing** reciprocal with Southern California lands and peoples and with local **environmental justice** initiatives. Colombian environmental activists Arturo Escobar and Tatiana Roa Avendaño and interdisciplinary artist-researchers Bárbara Santos and Camila Marambio have been steady collaborators, generously sharing their networks, writing for this publication, and participating in the virtual and in-person convenings.

Platform 2. ELAC Course

JDV: The first component of our educational platform was a specialized course and travel program offered by VPAM in collaboration with the ELAC Department of Anthropology, Geography, and Geology, Department of Art, and the Center for Global Education and Engagement. Co-taught with Professor Chrissy

[3] "Rematriation of Indigenous Epistemologies in Education," Office of the Senior Vice President and Provost Presidential Dream Course Archive 2019, The University of Oklahoma, accessed August 15, 2024, https://www.ou.edu/dreamcourse/past-courses/fall-2019/rematriation-of-Indigenous-epistemologies-in-education.

[4] human, animal, plant, mineral.

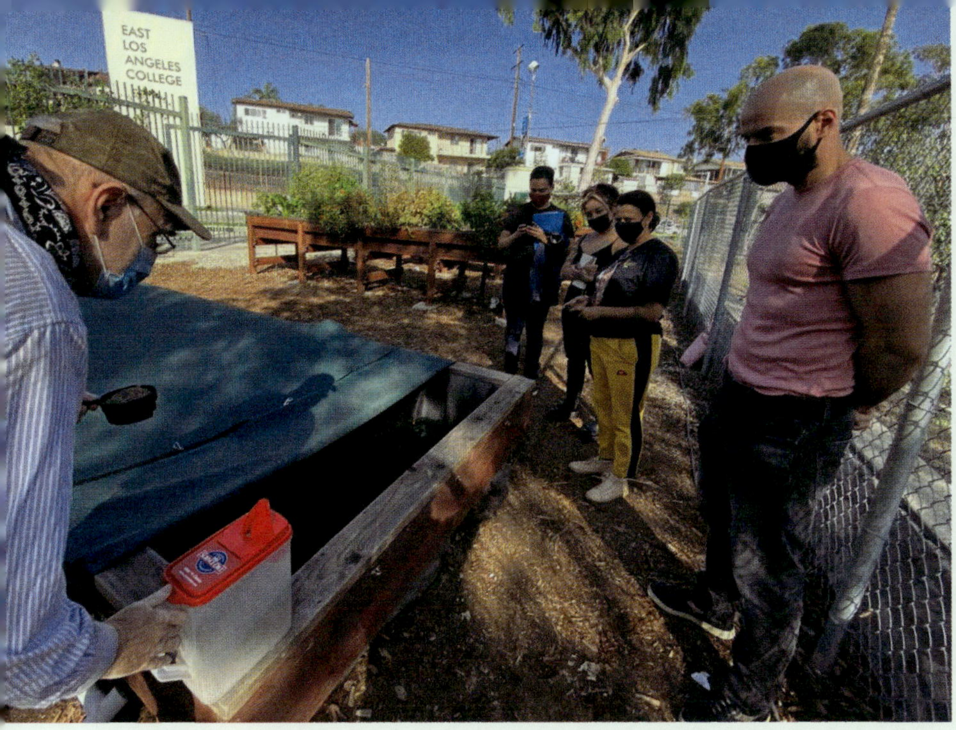

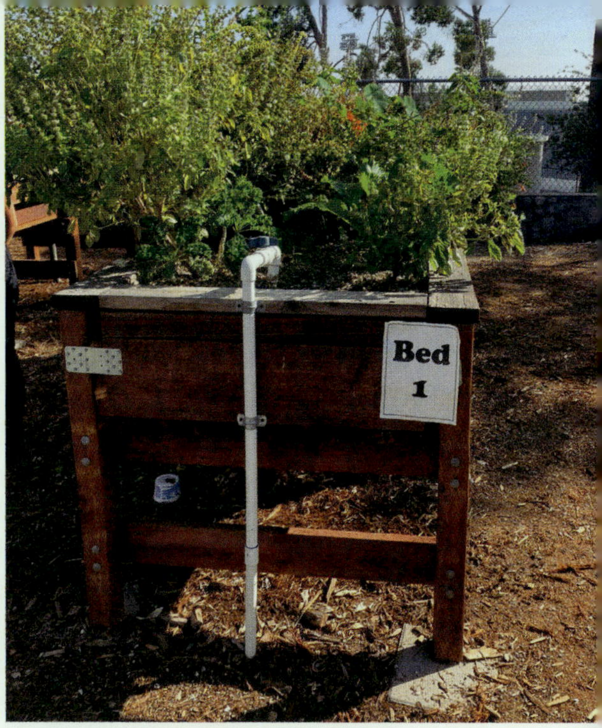

Visita de investigación al Jardín Acuapónico y Laboratorio de Aprendizaje de Ciencias de ELAC con el doctor Djuradj Babic y el coordinador y maestro jardinero Mark Swicegood, noviembre de 2021. En la foto: Joseph Daniel Valencia, Dr. Babic, Jocelyn Lopez-Anleu, Mark Swicegood y Carolina Caycedo. Fotos de Steven Wong.
Research site visit to the ELAC Aquaponics Garden and Science Learning Lab with Dr. Djuradj Babic and master gardener and site coordinator Mark Swicegood, November 2021. Pictured: Joseph Daniel Valencia, Dr. Babic, Jocelyn Lopez-Anleu, Carolina Caycedo, and Mark Swicegood. Photos by Steven Wong.

e histórica como herramienta de reconocimiento, pedagogía, justicia, ejercicio político y sanación.

Me refiero a mi práctica como "trabajo de campo espiritual" porque recopilo datos e información de manera rigurosa, pero también forjo relaciones personales con los territorios, las aguas y los seres —humanos, animales, vegetales, minerales— que visito y de los que aprendo, y a los que ofrezco reciprocidad con la producción de obras de arte, exposiciones y publicaciones. El trabajo de campo espiritual me ha permitido ser testigo de una diversidad de métodos para cosechar, poner en marcha y distribuir energías humanas, solares, eólicas, hidroeléctricas y alimentarias en los ámbitos local y comunitario. Los movimientos de rematriación y liberación de la Madre Tierra, la **soberanía alimentaria** y de semillas, la apropiación y democratización de la ciencia y la tecnología comunitarias, las políticas medioambientales locales, las estrategias de conservación descoloniales y la práctica de expresiones culturales, rituales y artísticas que educan y movilizan a las personas juegan un papel fundamental.

JDV: Contamos con asesores que inspiraron, dieron forma y redirigieron el alcance del proyecto, primero en los borradores de las solicitudes de becas y luego en las fases de investigación, desarrollo e implementación. En la etapa inicial, el doctor Djuradj Babic, exdecano de ciencia, tecnología, ingeniería y matemáticas en el East Los Angeles College (ELAC), y Pilar Tompkins Rivas, exdirectora del Vincent Price Art Museum (VPAM), brindaron asesoría científica y curatorial que conformó la estructura de la propuesta. Macarena Gómez-Barris y T. J. Demos, académicos de la cultura visual, arrojaron luz sobre cómo priorizar aspectos del expansivo plan de investigación inicial y nos recordaron que el capitalismo, incluso en el mundo del arte, impulsa las crisis ambientales del planeta. Las asesoras indígenas locales Cindi Alvitre, del pueblo Tongva-Gabrielino, educadora, artista, activista y cofundadora de la Ti'at Society, y Angela Mooney D'Arcy, del pueblo Acjachemen-Juaneño, directora ejecutiva y fundadora del Sacred Places Institute for Indigenous Peoples, ofrecieron enseñanzas para alcanzar un **equilibrio ecológico** recíproco con las tierras y los pueblos del sur de California, y con las iniciativas locales de **justicia ambiental**. Los activistas ambientales colombianos Arturo Escobar y Tatiana Roa Avendaño, y las artistas e investigadoras interdisciplinarias Bárbara Santos y Camila Marambio colaboraron de manera constante compartiendo con generosidad sus redes, participando en los encuentros virtuales y presenciales, y escribiendo para esta publicación.

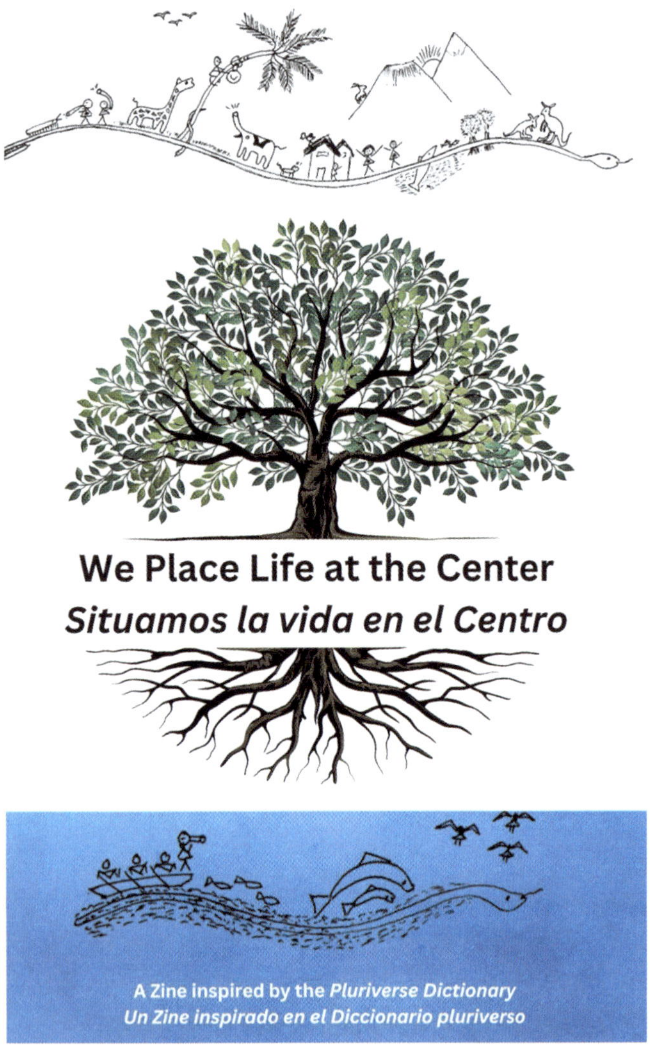

Index / Índice

Zine cover and index, design by Joseph Daniel Valencia.
Cubierta e índice del fanzine, diseño de Joseph Daniel Valencia.

Sepulveda, this course took the exhibition's artworks and themes as a starting point for a broader analysis of how capitalism and colonialism have shaped the fields of art history and environmental science, which have each promoted **extractivist** views toward nature and its resources.[5] A core course pillar was recognizing the inherent value of **Traditional Ecological Knowledge** and Indigenous technologies, with ancestral worldviews and practices serving as critical alternatives to technocratic and scientific understandings of the natural world.

To design the course, Chrissy and I called upon our interdisciplinary training: mine in contemporary art, Latin American and Latinx studies, and museum studies, and hers in biocultural anthropology, scientific inquiry, and Native American studies. Together we led a seminar-style course consisting of weekly readings, guest lectures, and site visits, including to the ELAC Aquaponics Garden and Science Learning Lab, and to Meztli Projects, an Indigenous arts and culture collaborative based in Los Angeles. We read *Braiding Sweetgrass*[6] by Robin Wall Kimmerer to learn the teachings of reciprocity and the importance of

5 Recent scholarship that addresses these points includes: Macarena Gómez-Barris. *The Extractive Zone: Social Ecologies and Decolonial Perspectives*, 1st ed. Durham: Duke University Press, 2017. https://doi.org/10.1515/9780822372561; which includes a chapter on Caycedo's work; Alan C. Braddock and Karl Kusserow, *Nature's Nation: American Art and Environment*, Princeton University Art Museum, Princeton, 2018; Tiffany Kaewen Dang, "Decolonizing Landscape," *Landscape Research* 46 (7): 1004-1016, 2021, doi: https://doi.org/10.1080/01426397.2021.1935820; Franklin Ginn, "Decolonizing Environmental Humanities," *Environmental Humanities* 15 (3): 2-7, 2023, doi: https://doi.org/10.1215/22011919-10745946.

6 Robin Wall Kimmerer, *Braiding Sweetgrass: Indigenous Wisdom, Scientific Knowledge, and the Teachings of Plants* (Minneapolis: Milkweed Editions, 2013).

Plataforma 2. Curso en ELAC

JDV: Los primeros componentes de nuestra plataforma educativa fueron un curso especializado y un programa de viajes, organizados por el VPAM en colaboración con los departamentos de Antropología, Geografía y Geología, y de Arte, y el Centro para la Educación y el Compromiso Global del ELAC. Impartido junto a la profesora Chrissy Sepulveda, el curso tomó las obras de arte y los temas de la exposición como punto de partida para analizar cómo el capitalismo y el colonialismo han dado forma a la historia del arte y las ciencias ambientales, disciplinas que han promovido visiones **extractivistas** hacia la naturaleza y sus recursos.[4] Un pilar esencial del curso fue reconocer el valor inherente del **Conocimiento Ecológico Tradicional (CET)** y las tecnologías indígenas, cuyas visiones del mundo y prácticas ancestrales son alternativas críticas a la comprensión tecnocrática y científica del mundo natural.

Para diseñar el curso, Sepulveda y yo recurrimos a nuestra formación interdisciplinaria: la mía en arte contemporáneo, estudios latinoamericanos y latinos, y museología, y la de ella en antropología biocultural, investigación científica y estudios nativo-americanos. Dirigimos un curso en modalidad de seminario, que consistió en lecturas semanales, conferencias y visitas a sitios como el Jardín de Acuaponía y el Laboratorio de Aprendizaje de Ciencias del ELAC, y Meztli Projects, una propuesta colaborativa entre arte y cultura indígena con sede en Los Ángeles. Leímos *Una trenza de hierba sagrada*, de Robin Wall Kimmerer, para aprender las enseñanzas de la reciprocidad y la importancia de personificar y valorar a nuestros parientes vegetales.[5] También leímos *As Long as Grass Grows*, de Dina Gilio-Whitaker, que nos ayudó a trazar el trayecto de la lucha indígena por la **justicia ambiental** en Estados Unidos, desde la colonización hasta la movilización de Standing Rock, con énfasis en los impactos del **colonialismo de asentamientos** en la biodiversidad y las **transiciones ecosociales**.[6] Por último, revisamos *Pluriverso: Un diccionario del posdesarrollo*, que nos proporcionó conceptos clave que proponen "alternativas radicales al desarrollo" y nos empujó a desafiar las soluciones convencionales y superficiales a la crisis climática.[7] Los estudiantes crearon un fanzine colaborativo inspirado en el *Diccionario*, que incluye respuestas creativas a conceptos clave como **pluriverso**, transiciones civilizatorias, **espiritualidad de la tierra**, **extractivismo**, **neoextractivismo**, **justicia ambiental**, **decrecimiento** y **Buen Vivir.** Estas lecturas, las discusiones y las tareas creativas tendieron puentes de conocimiento y de visiones del mundo de Turtle Island y Abya Yala, y nos permitieron construir un vocabulario compartido y comprender cómo podemos expresar un mundo más sabio ecológicamente y socialmente justo.

Un componente relevante del curso fue el viaje a la Ciudad de México, organizado en colaboración con la asociación artística Ruta del Castor.[8] Durante el programa de cinco días, que se detalla más adelante, les estudiantes conocieron los restos del sistema mesoamericano agrícola a gran escala de Xochimilco y su degradación prolongada debido al colonialismo, el desarrollo moderno y el ecoturismo. Al regresar a Los Ángeles, participaron en una práctica final de museología en la que Sepulveda y yo les enseñamos cómo aplicar el conocimiento de los temas del curso a las funciones curatoriales y programáticas del museo. Este curso fue transformador para les estudiantes, el profesorado, el personal del museo y les colaboradores que ayudaron a crear comunidad y conciencia sobre la importancia del arte, la **justicia ambiental** y la reconexión con el mundo natural.

[4] Para más información, véase Macarena Gómez-Barris, *The Extractive Zone: Social Ecologies and Decolonial Perspectives*, Duke University Press, Durham, 2017, doi: https://doi.org/10.1515/9780822372561, que incluye un capítulo sobre la obra de Caycedo; Alan C. Braddock y Karl Kusserow, *Nature's Nation: American Art and Environment*, Princeton University Art Museum, Princeton, 2018; Tiffany Kaewen Dang, "Decolonizing Landscape", *Landscape Research* 46 (7): 1004-10016, 2021, doi: https://doi.org/10.1080/01426397.2021.1935820; Franklin Ginn, "Decolonizing Environmental Humanities", *Environmental Humanities* 15 (3): 2-7, 2023, doi: https://doi.org/10.1215/22011919-10745946.

[5] Robin Wall Kimmerer, *Una trenza de hierba sagrada*, Capitán Swing, Madrid, 2021.

[6] Dina Gilio-Whitaker, *As Long as Grass Grows*, Beacon Press, Boston, 2019.

[7] Ashish Kothari, Ariel Salleh, Arturo Escobar, Federico Demaria y Alberto Acosta (coords.), *Pluriverso: Un diccionario del posdesarrollo*, Icaria, Barcelona, 2019.

[8] Ruta del Castor es una asociación sin fines de lucro que surge del compromiso e interés por el arte y la política. Sus proyectos reflejan el papel del artista como agente social y el diálogo que el arte fomenta en el espacio común.

personifying and valuing our plant relatives. We also read *As Long as Grass Grows*[7] by Dina Gilio-Whitaker, which helped us trace the Indigenous fight for **environmental justice** in the US from colonization to Standing Rock, emphasizing the impacts of **settler colonialism** on biodiversity and **eco-social transitions**. And finally, the *Pluriverse Dictionary*[8] provided us with important keywords and concepts that proposed "radical alternatives to development" and helped us challenge mainstream and superficial solutions to the climate crisis. Students created a collaborative zine inspired by the *Pluriverse Dictionary*, which included creative responses to keywords such as the "**pluriverse**," "civilizational transitions," "**earth spirituality**," "**extractivism**," "**neo-extractivism**," "**environmental justice**," "**degrowth**," and "***Buen Vivir***". Together these readings, discussions, and creative assignments formed bridges of knowledge and worldviews from Turtle Island and Abya Yala, and allowed us to build a shared vocabulary and understanding of how we could manifest a more ecologically wise and socially just world.

A major component of the course was a trip to Mexico City, organized in collaboration with arts organization Ruta del Castor.[9] During the five-day program, further described in the next section, students witnessed the remnants of the large-scale Mesoamerican agriculture system of Xochimilco and its longstanding degradation due to colonialism, modern development, and eco-tourism. Upon returning to Los Angeles, they participated in a final museum studies practicum, wherein Chrissy and I taught students how to apply knowledge of course topics to the museum's curatorial and programmatic functions. Overall, this course was transformational for students and for the faculty, museum staff, and collaborators who helped build community and awareness around the importance of art, **environmental justice**, and reconnecting with the natural world.

Platform 3. *Sowing Moisture*

CC: *Sowing Moisture*, the second component of our educational platform, was an extension of the ELAC Course and an international *encuentro* or gathering held in Mexico City and the lacustrine zone of Xochimilco, from April 1 to 5, 2024. Students, artists, activists, educators, scientists, farmers, and neighbors from Xochimilco gathered in the contested waters and chinampas[10] of Xochimilco under the question "Which waters do you belong to?", not to speak *about* this particular territory, but to learn *from* it. A carefully curated series of events and activities began at the Museo Tamayo with a film program focused on Jalisco's Santiago River, one of the most polluted in Mexico. The subsequent day, a smaller crowd met in Chapultepec Park at the Carcamo de Dolores, a hydraulic infrastructure and art museum,[11] to eat a collaborative meal and reenact the ecosystemic connections between the four basins surrounding Mexico City. In the final days of the *encuentro*, we gathered at the chinampa of Humedalia, A.C.[12] in Cuemanco, an educational center dedicated to the ecological restoration and sustainability of wetlands. As a collective body, we traveled through the canals, made art, journaled, danced, cooked,

7 Dina Gilio-Whitaker, *As Long as Grass Grows: The Indigenous Fight for Environmental Justice, from Colonization to Standing Rock* (Boston: Beacon Press, 2019).

8 Ashish Kothari et al., *Pluriverse: A Post-Development Dictionary* (New Delhi: Tulika Books, 2019).

9 Ruta del Castor is a nonprofit organization that arises from the commitment and interest in art and politics. Our projects reflect the role of the artist as a social agent and the dialogue that art fosters in the common space.

10 Chinampa, from the Nahualt *chināmitl* meaning "in the fence of reeds," is an agricultural technique which relies on small, rectangular areas of fertile arable land built upon the shallow lake beds in the Valley of Mexico and Lake Xochimilco. Their proportions allow for moisture retention and the conservation of wetlands which are a complex ecosystem with beneficial effects on the climate and air quality of Mexico City. The United Nations designated it a Globally Important Agricultural Heritage System in 2018.

11 Participants visited Diego Rivera's interior mural *Agua, el origen de la vida* (1951) and the exterior fountain dedicated to Tlaloc, the Mesoamerican god of rain and earthly fertility. The building, by architect Ricardo Rivas, was constructed to commemorate the end of works of the Lerma Hydraulic System, which still supplies water to Mexico City today.

12 Humedalia, A.C. (website), accessed August 15, 2024, https://www.humedalia.org/.

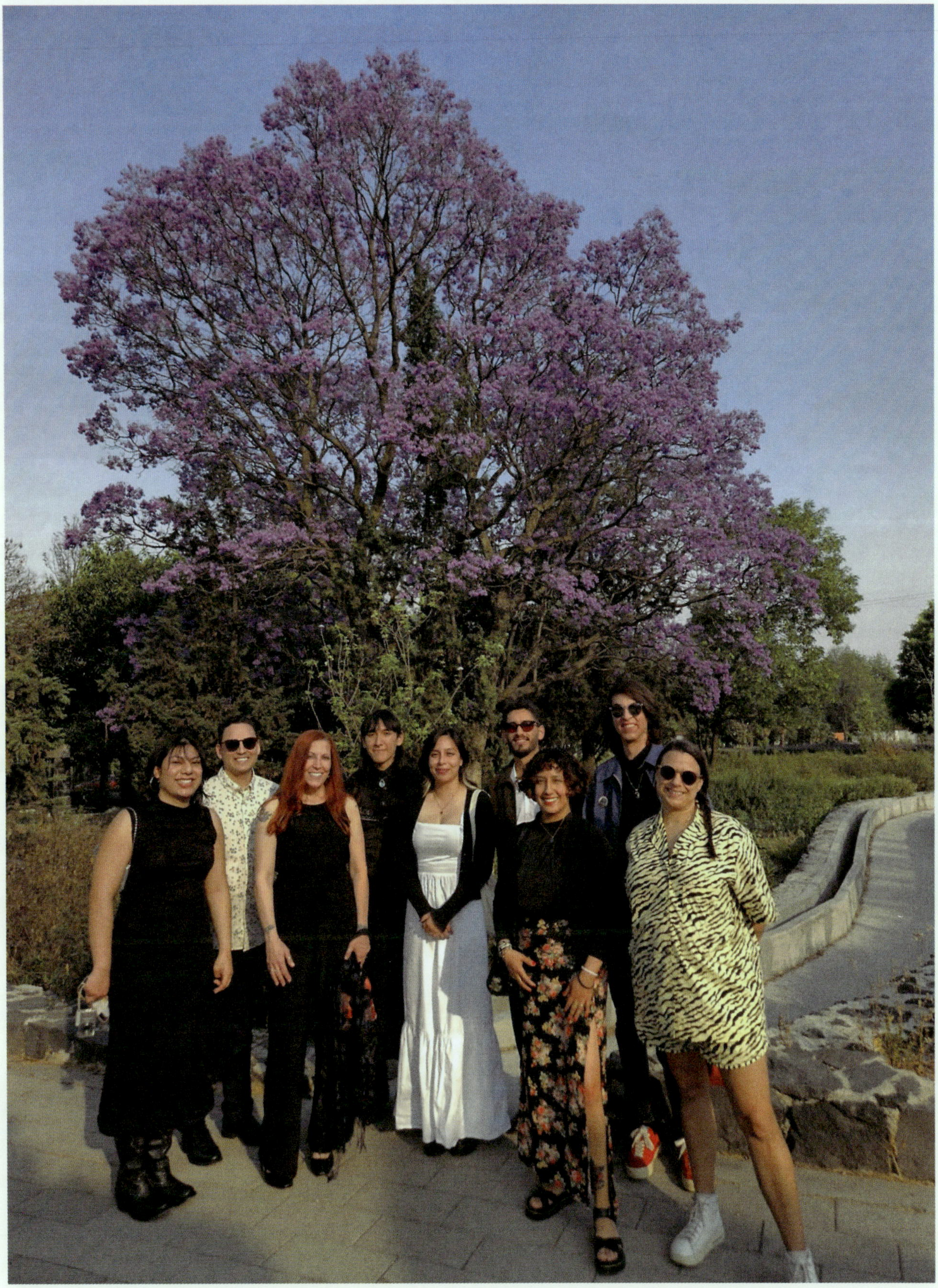

Delegación del East Los Angeles College en el Bosque de Chapultepec, Ciudad de México, como parte de *Sembrando humedad*, abril de 2024. De izquierda a derecha: Anaid Garcia, Joseph Daniel Valencia, Chrissy Sepulveda, gobbi lynn, Yajaira Vilchis-Alvarez, Jimmy Saldivar, Mariela Bárcenas, Matthew Vera y Carolina Caycedo. Foto por Jonathan Frankel.
East Los Angeles College delegation at Chapultepec Park in Mexico City as part of *Sowing Moisture*, April 2024. From left to right: Anaid Garcia, Joseph Daniel Valencia, Chrissy Sepulveda, gobbi lynn, Yajaira Vilchis-Alvarez, Jimmy Saldivar, Mariela Barcenas, Matthew Vera, and Carolina Caycedo. Photo by Jonathan Frankel.

rested, and did rituals.[13] We cared for each other's stories and struggles, we listened to the ahuejotes[14] and to the plants we harvested, we prayed for rain to alleviate the drought, and we regenerated our pacts with land and water. As a final gesture, we transmitted audio and sound recordings of our week's activities with Radio Nopal,[15] allowing us the opportunity to share and deepen the program's dialogues.

Platform 4. Exhibition

JDV: Through research, field work, and intellectual debates around art and **environmental justice** in the Americas, several participating artists, environmental movements, project advisors, and students guided one of the project's most significant platforms: an exhibition at the Vincent Price Art Museum at East Los Angeles College. Presented across two floors of the museum's galleries, the exhibition assembles new works by Caycedo, several of which were created as a result of the project's research and field work and are on view for the first time, alongside artworks from artists and environmental movements within Caycedo's network. My role as the exhibition's curator and publication co-editor has been highly collaborative and open to shifting the terms of engagement and hierarchies between curator and artist, fine art and folk or community art, as well as conventional curatorial methods. We see the exhibition not merely as a showcase of one artist's work but as a visualization of Caycedo's research and networks that provide a dynamic space for knowledge sharing and reflection across communities and geographies.

The exhibition's first thematic section, *Visualizing Ecologies*, presents a group of artworks that decenter Western notions of art and the environment. Caycedo's *Water Portraits* (2015–ongoing) and *Plant Portraits* (2021–ongoing) provocatively reorient the Western portraiture tradition toward nonhuman living beings such as rivers, waterfalls, and a diverse cast of plants of bio-cultural significance. Each of Caycedo's portrait series highlights the agency of their subjects while simultaneously asking viewers to re-examine their own relationships with them. Artist Mercedes Dorame creates dynamic photographs and installations that call upon her Tongva ancestry and ancestral connection to land and sky. Photographs in the exhibition reflect Dorame's interest in collaborating with the environment and serve as ecological portraits and portals that help expand our perception, experience, and imagination of Indigenous peoples and their enduring role as stewards of the natural world. Additional artworks in the gallery reflect the artistic expressions of environmental advocacy groups in Los Angeles and Colombia, emphasizing the reconsideration of landscape, territory, and competing methods of inhabitation and usage across urban and rural contexts. The Colombian group of fishers and *campesinos* known as El Movimiento Social en Defensa de los ríos Sogamoso y Chucurí is represented through a group of *arpilleras* depicting embroidered images of birds and macroinvertebrates. These *arpilleras* provide a record of the Santander's biodiversity and signal a community-led effort to build scientific knowledge and an environmental historical memory of life at the Sogamoso and Chucurí Rivers before the region's dams were built.[16] Botanical illustrations and activist graphics associated with the work of Coyotl + Macehualli of Northeast Los Angeles promote environmental conservation as a way of fighting for housing security, land reclamation, and climate justice. As members seek to defend, preserve, and remediate the hills of El Sereno and Northeast

[13] We participated in a range of artistic, scientific, and culturally specific activities. For a full list of participants and activities please refer to the program in Ruta de Castor spread (276-277).

[14] The ahuejote (*Salix bonplandiana*) is a type of native willow tree commonly planted along the chinampas in Xochimilco to anchor them to the lake floor. Ahuejotes perform multiple functions, including acting as a living fence and a wind and insect barrier, in addition to holding the soil within the chinampa plots.

[15] Radio Nopal (website), accessed August 15, 2024, https://www.radionopal.com/. Radio Nopal is a collective Internet radio station, located in the San Rafael neighborhood of Mexico City. They use mensajito.mx to broadcast, a free-tech device that allows an internet radio station without the use of computers.

[16] The *arpillera* technique originated in Chile during the Pinochet dictatorship, when mothers and wives of political prisoners created screens to subvert censorship and denounce violations practiced during the regime. Here, people affected by dams in Latin America use the same technique and visual language to document their environment and denounce the violence they and the natural world have suffered.

Plataforma 3. *Sembrando humedad*

CC: El segundo elemento de nuestra plataforma educativa fue *Sembrando humedad*, un encuentro internacional celebrado del 1 al 5 de abril de 2024 en la Ciudad de México, en la zona lacustre de Xochimilco, como extensión del programa del ELAC. Estudiantes, artistas, activistas, educadores, científicos, agricultores y vecinos se reunieron en las disputadas aguas y chinampas[9] para responder a la pregunta ¿a qué aguas perteneces? El objetivo no era hablar de este territorio en particular, sino aprender de él. Los eventos y actividades cuidadosamente seleccionados arrancaron en el Museo Tamayo con proyecciones de cine centradas en el río Santiago, en Jalisco, uno de los más contaminados de México. Al día siguiente, un grupo más pequeño se congregó en el Cárcamo de Dolores, en el Bosque de Chapultepec, una obra de ingeniería que conjuga arte y una instalación hidráulica,[10] para compartir una comida colaborativa y recrear las conexiones ecosistémicas entre las cuatro cuencas que rodean la Ciudad de México. En los últimos días, nos encontramos en Cuemanco, en la chinampa de Humedalia, A. C.,[11] un centro educativo dedicado a la restauración ecológica y la sostenibilidad de los humedales. Como cuerpo colectivo, viajamos por los canales, hicimos arte, escribimos un diario, bailamos, cocinamos, descansamos e hicimos rituales.[12] Nos interesamos por las historias y las luchas de los demás, escuchamos a los ahuejotes[13] y a las plantas que cosechamos, rezamos para que la lluvia aliviara la sequía y regeneramos nuestros pactos con la tierra y el agua. Como gesto final, transmitimos las grabaciones de audio de nuestra semana de actividades por Radio Nopal,[14] lo que propició la ocasión para compartir y profundizar en los diálogos del programa educativo.

Plataforma 4. Exposición

JDV: Por medio de la investigación, el trabajo de campo y los debates intelectuales en torno al arte y la **justicia ambiental** en el continente americano, varios artistas, movimientos ambientalistas, asesores y estudiantes guiaron una de las plataformas más significativas del proyecto: una exposición en el VPAM, del ELAC. La exhibición se despliega en dos pisos del museo y reúne obras nuevas de Caycedo —algunas son fruto de la investigación y el trabajo de campo y se muestran por primera vez— y contribuciones de artistas y movimientos defensores del medio ambiente que forman parte de la red de la artista. Mi papel como curador de la exposición y coeditor de la publicación ha sido de colaboración y apertura hacia la transformación de las relaciones y las jerarquías entre curador y artista, entre las bellas artes y el arte popular o comunitario, así como hacia los métodos convencionales de curaduría. Vemos la exposición no sólo como una oportunidad para mostrar la labor de una artista, sino como una manera de visualizar su investigación y sus redes, que proporciona un espacio dinámico para el intercambio de conocimientos y la reflexión entre comunidades y geografías.

La primera sección temática de la exposición, *Visualizando ecologías*, presenta un grupo de creaciones que desplazan del centro las nociones

[9] Chinampa, del náhualt *chinamitl* que significa "en la cerca de cañas," es una técnica agrícola mesoamericana que se desarrolla en pequeñas áreas rectangulares de tierra fértil construidas sobre los lechos poco profundos de los lagos del Valle de México y Xochimilco. Sus proporciones permiten la retención de humedad y la conservación de los humedales, un ecosistema complejo con efectos beneficiosos para el clima y la calidad del aire de la Ciudad de México. La Organización de las Naciones Unidas para la Alimentación y la Agricultura lo designaron Sistema Importante del Patrimonio Agrícola Mundial en 2018.

[10] Los participantes visitaron el mural de Diego Rivera, "El agua, origen de la vida en la tierra" (1951) y la fuente exterior dedicada a Tláloc, el dios mesoamericano de la lluvia y la fertilidad terrenal. El edificio, diseñado por el arquitecto Ricardo Rivas, fue construido para conmemorar el fin de las obras del Sistema Hidráulico de Lerma, que sigue abasteciendo de agua a la Ciudad de México.

[11] Humedalia, A. C., https://www.humedalia.org.

[12] Participamos en actividades artísticas, científicas y culturalmente específicas. Para consultar la lista completa de participantes y actividades, véase el programa de Ruta del Castor (278-279).

[13] El ahuejote (*Salix bonplandiana*) es un tipo de sauce nativo que por lo regular se planta en los bordes de las chinampas de Xochimilco para anclarlas al fondo del lago. Estos árboles cumplen varias funciones, como ser una cerca viviente y una barrera contra el viento y los insectos, además de sostener el suelo dentro de las chinampas.

[14] Radio Nopal, https://www.radionopal.com/, es una estación de radio colectiva ubicada en la colonia San Rafael, en la Ciudad de México. Utiliza Mensajito, https://mensajito.mx/, un transmisor de radio por internet de tecnología libre que no requiere el uso de computadoras convencionales.

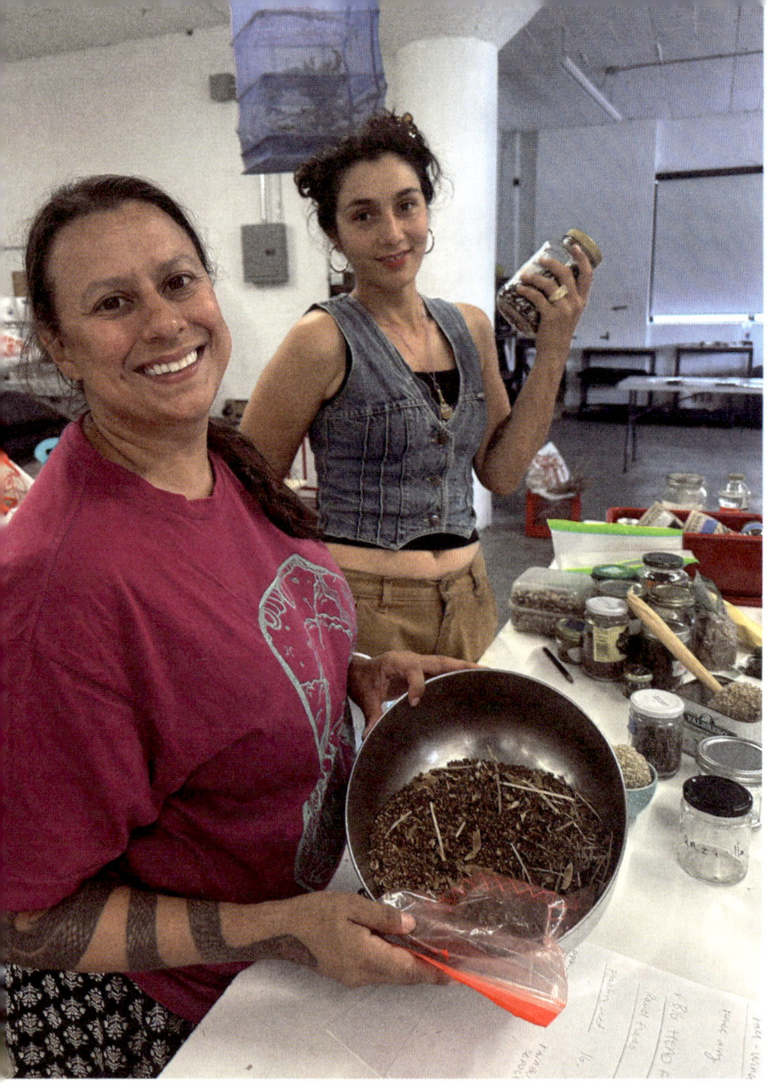

Carolina Caycedo and seed custodian Azita Banu develop the art installation *Life at the Center*, 2024. Photo by Sean Grattan.
Carolina Caycedo y la guardiana de semillas Azita Banu desarrollan la instalación *Vida en el centro*, 2024. Foto de Sean Grattan.

Los Angeles, the group has used art as a powerful tool to educate and mobilize communities against the overdevelopment, gentrification, and displacement of their communities.

The second thematic section, *Planting Promises*, invites reflection on the natural world's interconnectivity and our shared responsibility in its stewardship. In Caycedo's *Sembrando humedad* (2023), a video addition to her *Plant Portraits* series, the artist focuses her attention on peat moss, or *Sphagnum magellanicum*, a powerful carbon-capturing plant that stores 30% of the organic carbon accumulated in the planet's soils.[17] Because peat moss ecosystems have experienced significant degradation over time, their longevity as an indispensable tool to combat environmental changes and anthropogenic disturbances is at risk. Caycedo's montage of peat moss footage, compiled during the artist's 2022 research visit to the peatlands of Karukinka in Tierra del Fuego,[18] speaks to the practicalities and poetics of preserving its ecosystems. Chants from Selk'nam poet and activist Hema'ny Molina Vargas accompany the footage and sonically guide viewers across this vital wetland, serving as a purposeful allusion to the idea of planting and growing water for the future. *Life at the Center* (2024), a newly commissioned installation by Caycedo and seed custodian Azita Banu, focuses on seeds as a symbol of promise, growth, and regeneration. The installation, which includes hundreds of locally grown seeds, was activated throughout the exhibition's duration, culminating with a seed exchange program for visitors. The artworks across this thematic section serve as the root and foundation of the exhibition, where we plant both seeds and the promise for a transition to more just and collective stewardship of the natural world.

The third thematic section, *Resistance and Transitions*, showcases the strong alliance between Caycedo's practice and the artistic expressions of global environmental networks. Here, Caycedo's ecological research intersects with her involvement in eco-processes and social movements within the Americas, including dam decommissioning processes in the Pacific Northwest, **energy sovereignties** in post-hurricane Puerto Rico, **eco-social transition** processes in Colombia, and peat bog conservation in Tierra del Fuego. Artists represented in this section include Annelia Hillman (Yurok) and Paul Robert Wolf Wilson (Klamath and Modoc), whose artworks represent the visual activism and documentation of the Klamath River Renewal Project, one of the largest dam removal and river revitalization projects in the U.S.; and Juan José López Negrete, a photographer who has documented the community-developed **agroecological** systems of ASPROCIG (The Association of Fishermen, Farmers, Indigenous and Afrodescendant Community), which have successfully mitigated rising water levels and

[17] To learn more about the scientific benefits of peat moss, see Patricio A. Pacheco-Cancino et al. "*Sphagnum mosses*, the impact of disturbances and anthropogenic management actions on their ecological role in CO2 fluxes generated in peatland ecosystems," Global Change Biology 30, no. e16972 (2024): 1–21, https://doi.org/10.1111/gcb.16972.

[18] This visit was hosted by the Ensayos-Nomadic Collective Research, and WildLife Conservation Society WCS Chile.

occidentales de arte y medio ambiente. Los *Retratos del agua* (2015 a la fecha) y los *Retratos de plantas* (2021 a la fecha) de Caycedo reorientan de manera provocativa la tradición del retrato occidental hacia seres vivos no humanos, como ríos, cascadas y una gama de plantas de importancia biocultural. Cada serie destaca la agencia de sus sujetos y al mismo tiempo pide a los espectadores reexaminar sus relaciones con ellos. La artista Mercedes Dorame hace fotografías y crea con ellas instalaciones dinámicas que interpelan su ascendencia Tongva y su conexión ancestral con la tierra y el cielo. Sus imágenes manifiestan su interés por colaborar con el medio ambiente y funcionan como retratos y portales ecológicos que ayudan a expandir nuestra percepción, vivencia e imaginación de los pueblos indígenas y su papel constante como custodios del mundo natural. Las demás obras de la galería reflejan las expresiones artísticas de grupos que defienden el medio ambiente en Los Ángeles y Colombia, y hacen hincapié en la reconsideración del paisaje y el territorio, y los métodos de habitarlos y utilizarlos que compiten en contextos urbanos y rurales. El grupo colombiano de pescadores y campesinos conocido como Movimiento Social en Defensa de los ríos Sogamoso y Chucurí se hace presente con una serie de arpilleras con bordados de aves y macroinvertebrados, que son un registro de la biodiversidad de Santander y apuntan al esfuerzo liderado por la comunidad para construir conocimiento científico y una memoria histórica ambiental de la vida en estos ríos antes de la construcción de las represas de la región.[15] Las ilustraciones botánicas y los gráficos activistas ligados al trabajo de Coyotl + Macehualli promueven la conservación del medio ambiente como una forma de luchar por la seguridad de la vivienda, la recuperación de tierras y la justicia climática. Al mismo tiempo que los miembros de la organización buscan defender, preservar y sanear las colinas de El Sereno y el noreste de Los Ángeles, el grupo ha utilizado el arte como una herramienta poderosa para educar y movilizar a las comunidades contra el desarrollo excesivo, la gentrificación y el desplazamiento de sus comunidades.

La segunda sección temática, *Sembrando promesas*, invita a la reflexión sobre nuestra responsabilidad en la custodia del mundo natural en todas sus formas. En *Sembrando humedad* (2023), una pieza en video de la serie *Retratos de plantas*, Caycedo centra su atención en el musgo *Sphagnum magellanicum*, una planta poderosa que captura carbono y ha almacenado hasta 30% del carbono orgánico acumulado en los suelos del planeta.[16] Debido a que las turberas han experimentado un deterioro significativo a lo largo del tiempo, su supervivencia como herramienta indispensable para combatir los cambios ambientales y los daños antropogénicos está en riesgo. El montaje de Caycedo consiste en filmaciones de las turberas recopiladas en 2022, durante su visita de investigación a Karukinka, Tierra del Fuego,[17] y señala las cuestiones prácticas y las poéticas de la preservación de ese ecosistema. Los cantos de la poeta y activista Hema'ny Molina, del pueblo Selk'nam, acompañan las imágenes y guían a los espectadores por este humedal vital, como una alusión intencionada a la idea de plantar y cultivar agua para el futuro.

La instalación *Life at the Center* (2024) es una nueva comisión y colaboración entre Caycedo y la guardiana de semillas Azita Banu, que se centra en las simientes como símbolo de promesa, crecimiento y regeneración. La obra, que incluye cientos de semillas cultivadas localmente, se activó durante todo el periodo de exhibición y culminó con un programa de intercambio de semillas para los visitantes. Las piezas de esta sección sirven como raíz y base de la exposición, en la que sembramos tanto las semillas como la promesa de una transición hacia una gestión más justa y colectiva del mundo natural.

15 La técnica de la arpillera se originó en Chile durante la dictadura de Augusto Pinochet, cuando madres y esposas de presos políticos crearon estos textiles para subvertir la censura y denunciar las violaciones practicadas durante el régimen. Las personas afectadas por las represas hidroeléctricas en Latinoamérica utilizan la misma técnica y este lenguaje visual para documentar su entorno y denunciar la violencia que ellas y el mundo natural han sufrido.

16 Para conocer más sobre los beneficios de las turberas, véase Patricio A. Pacheco-Cancino, Rubén F. Carrillo-López, Armando Sepúlveda-Jáuregui y Marcelo A. Somos-Valenzuela, "*Sphagnum* mosses, the impact of disturbances and anthropogenic management actions on their ecological role in CO_2 fluxes generated in peatland ecosystems", *Global Change Biology* 30, e16972 (2024), doi: https://doi.org/10.1111/gcb.16972.

17 La visita fue organizada por Ensayos-Investigación Colectiva Nómade y la Wildlife Conservation Society Chile.

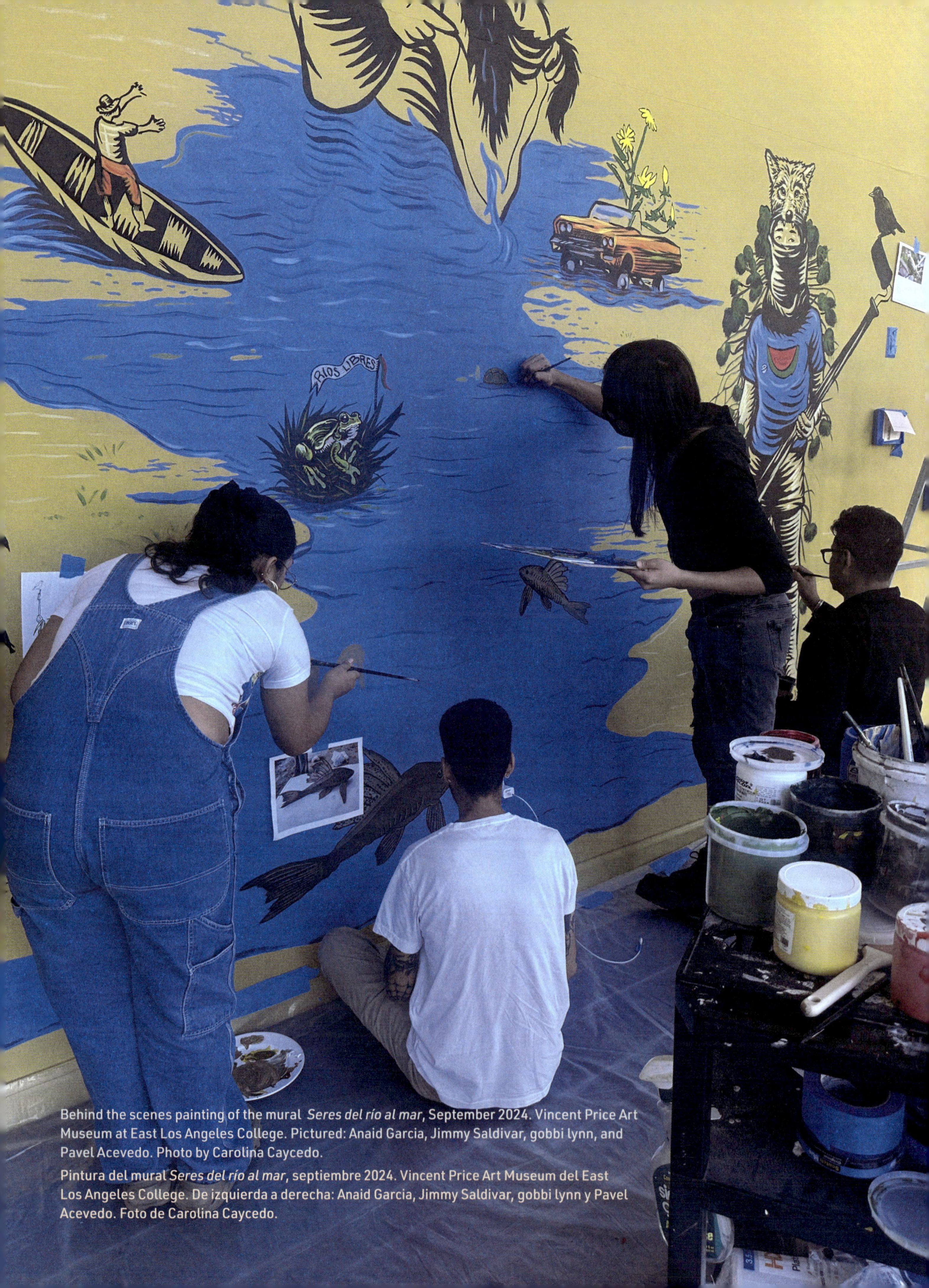

Behind the scenes painting of the mural *Seres del río al mar*, September 2024. Vincent Price Art Museum at East Los Angeles College. Pictured: Anaid Garcia, Jimmy Saldivar, gobbi lynn, and Pavel Acevedo. Photo by Carolina Caycedo.

Pintura del mural *Seres del río al mar*, septiembre 2024. Vincent Price Art Museum del East Los Angeles College. De izquierda a derecha: Anaid Garcia, Jimmy Saldivar, gobbi lynn y Pavel Acevedo. Foto de Carolina Caycedo.

La tercera sección temática, ***Resistencia y transiciones***, muestra la sólida alianza entre la práctica de Caycedo y las expresiones artísticas de las redes ambientales globales. La investigación ecológica de la artista se cruza con su participación en procesos y movimientos sociales y medioambientales de las Américas, como el desmantelamiento de represas en el noroeste del Pacífico, las **soberanías energéticas** en Puerto Rico después del huracán, las **transiciones ecosociales** en Colombia y la conservación de turberas en Tierra del Fuego. La sección presenta artistas como Annelia Hillman, de la tribu Yurok, y Paul Robert Wolf Wilson, de las tribus Klamath y Modoc, cuyas contribuciones son una muestra del activismo visual y la documentación del Klamath River Renewal Project, uno de los planes de desmantelamiento de represas y revitalización de ríos más grande de Estados Unidos; y el fotógrafo Juan José López Negrette, que ha registrado los sistemas **agroecológicos** desarrollados por la Asociación de Pescadores Campesinos Indígenas y Afrodescendientes para el Desarrollo Comunitario de la Ciénaga Grande del Bajo Sinú (ASPROCIG), en Colombia, que han mitigado el aumento del nivel del agua y garantizado la **soberanía alimentaria** de miles de familias en comunidades rurales de la región. Se exhiben también varias arpilleras creadas por artistas del Movimento dos Atingidos por Barragens (MAB) —movimiento de personas afectadas por represas— en Brasil, que utilizan este formato artístico para mostrar una visión colectiva y crítica sobre el **extractivismo** en Sudamérica y el Sur Global. Estas obras de arte, y las organizaciones y movimientos sociales que las crean, son herramientas poderosas al servicio de los esfuerzos de resistencia y transición, y ponen en alto a las comunidades del continente americano que encarnan la **transición ecosocial**.

Varias de las creaciones de Caycedo se inspiran o resuenan profundamente con los proyectos mencionados. La instalación *Bionave Flotilla* (2024), una escultura en forma de cohete espacial hecha con el tubo de vinilo de un biodigestor, equipara las tecnologías y la estética de movimientos ambientales como la Red Colombiana de Energía de la Biomasa (RedBioCol). El video *Fuel to Fire* (2023) ilustra cómo la investigación y el trabajo de campo moldean su práctica artística. Esta obra destaca la importancia individual y ritual de mantener el **equilibrio ecológico** de la tierra al documentar un pagamento de oro a un cuerpo de agua para el Páramo Santurbán, un ecosistema desprotegido en el noroeste de Colombia, conocido por sus codiciados depósitos de oro. Mientras los espectadores observan cómo las manos y los cuerpos se relacionan con el mineral y lo devuelven al río, Caycedo nos recuerda la relevancia de la reciprocidad y el cuidado por encima de la lógica de la propiedad y la extracción.

En otro cuerpo de trabajo, Caycedo dibuja hierro, indio, titanio, zinc y cromo para conformar el segundo volumen de su serie *Mineral intensivo* (2023 a la fecha). Creados como respuesta al informe del Banco Mundial *Minerals for Climate Action: The Mineral Intensity of the Clean Energy Transition* —Minerales para la acción climática: El uso intensivo de minerales en la transición a energías limpias— los dibujos critican el incremento en la extracción de minerales del Sur Global para abastecer las tecnologías de supuesta energía limpia en los países del Norte Global.[18] Caycedo nos reta a enfrentar la lógica y la normalización del **extractivismo**, y hace un llamado a una **transición ecosocial** que priorice el trato justo y equitativo de los seres humanos, las naciones y las ecologías.[19] Por último, *Seres del río al mar* (2024), un nuevo mural colaborativo entre Los Ángeles y Colombia, representa las ecologías y los problemas de **justicia ambiental** de dos lugares relevantes para la artista: el este de Los Ángeles, donde vive, y Colombia, donde creció. Esta obra colaborativa fue creada a lo largo de una serie de intercambios en línea y en persona entre el VPAM, Caycedo, estudiantes del curso del ELAC, artistas y protectores del agua de Seres de Río, en Colombia, y el artista y facilitador

[18] Kristen Hund, Daniele La Porta, Thao P. Fabregas, Tim Laing y John Drexhage, *Minerals for Climate Action: The Mineral Intensity of the Clean Energy Transition*, Banco Mundial, Washington, D. C., 2020.

[19] El desafío de Caycedo se alinea con las demandas del "Manifiesto de los pueblos del Sur: por una transición energética justa y popular", Pacto Ecosocial e Intercultural del Sur, 9 de febrero de 2023, https://pactoecosocialdelsur.com/manifiesto-de-los-pueblos-del-sur-por-una-transicion-energetica-justa-y-popular-2/.

ensured **food sovereignty** for thousands of families in rural communities of the Ciénaga Grande del Bajo Sinú region of Colombia. Additionally, several *arpilleras* created by artists of MAB (Movement of People Affected by Dams) in Brazil showcase the artistic format's use in presenting a collective and critical view on **extractivism** across South America and the Global South. These artworks and the diverse organizations and social movements from which they originate serve as powerful tools in service of resistance and transition efforts and highlight frontline communities across the Americas that embody **eco-social transition**.

Several of Caycedo's included artworks are inspired by or profoundly resonate with the aforementioned works. The *Bionave Flotilla* installation (2024), which is a rocket ship sculpture made from a vinyl biodigester tube, parallels the technologies and aesthetics of environmental movements such as RedBioCol (The Colombian Biomass Energy Network). *Fuel to Fire* (2023) illustrates how Caycedo's research and field work shapes her artistic practice. This single-channel video depicting a pagamento or payback of gold to a body of water for the Páramo de Santurbán, an unprotected moorland ecosystem in northwestern Colombia known for its sought-after gold deposits, highlights individual and ritual importance in upholding the earth's **ecological balance**. As viewers witness hands and bodies engaging with gold and returning it to the river, Caycedo reminds them of the importance of reciprocity and care over the logic of ownership and extraction.

In another body of work, Caycedo's drawings of iron, indium, titanium, zinc, and chromium form the second volume of her *Mineral Intensive* series (2023–ongoing). Developed in response to the World Bank report *Minerals for Climate Action: The Mineral Intensity of the Clean Energy Transition*, these drawings critique the increased extraction of minerals from the Global South in the name of "clean energy" technologies.[19] Caycedo challenges us to confront the logic and standardization of **extractivism**, calling instead for an **eco-social transition** that prioritizes fair and just treatment of humans, nations, and ecologies.[20] Lastly, a new Los Angeles/Colombia collaborative mural, *Seres del río al mar* (2024) depicts the ecologies and **environmental justice** issues of two locations of significance to Caycedo: Los Angeles's Eastside, where the artist lives, and Colombia, where she was raised. The collaborative artwork was created through a series of online and in-person exchanges between VPAM, Caycedo, ELAC students from the project's specialized course, artists/water protectors of Seres de Río in Colombia, and artist/facilitator Pavel Acevedo. The resulting mural highlights hemispheric solidarities and collective struggles to protect our lands, waters, and communities.

Platform 5. Publication

CC and JDV: This book is a compendium and important platform of the project, aiming to foster innovative and rigorous art historical and scientific discourse through curatorial, theoretical, and practical essays and assorted materials. We conceptualize it as a workbook that visualizes the project's research, artworks, issues, and affiliated organizations. The introduction provides a broad overview and includes exhibition materials such as an artwork checklist and exhibition photography. Each subsequent chapter bridges existing materials with newly commissioned texts from leading artists, activists, scholars, and scientists, a majority of whom are women. As co-editors, we wanted to honor featured communities and follow their lead in creating, preserving, and circulating knowledge.

Chapter 1, "Talking With/Talking Back: Art and Environmental Movements in the Americas," foregrounds the importance of art and visual strategies to mobilize communities against larger issues of **settler colonialism**, **extractivism**, overdevelopment, and gentrification. Maria Wills Londoño's essay investigates how Caycedo's work over the past decade engages with ecological processes and **environmental justice** movements, highlighting art as a platform for the creation of environmental and historical memory.

[19] Kristen Hund et al., *Minerals for Climate Action: The Mineral Intensity of the Clean Energy Transition*, (Washington, DC: The World Bank, 2020).

[20] "Manifesto from the Peoples of the South: For an Ecosocial Energy Transition," *Pacto EcoSocial e Internacional del Sur*, February 9, 2023, https://pactoecosocialdelsur.com/manifesto-for-an-ecosocial-energy-transition-from-the-peoples-of-the-south/. Caycedo's challenge to viewers is in line with demands of this manifesto.

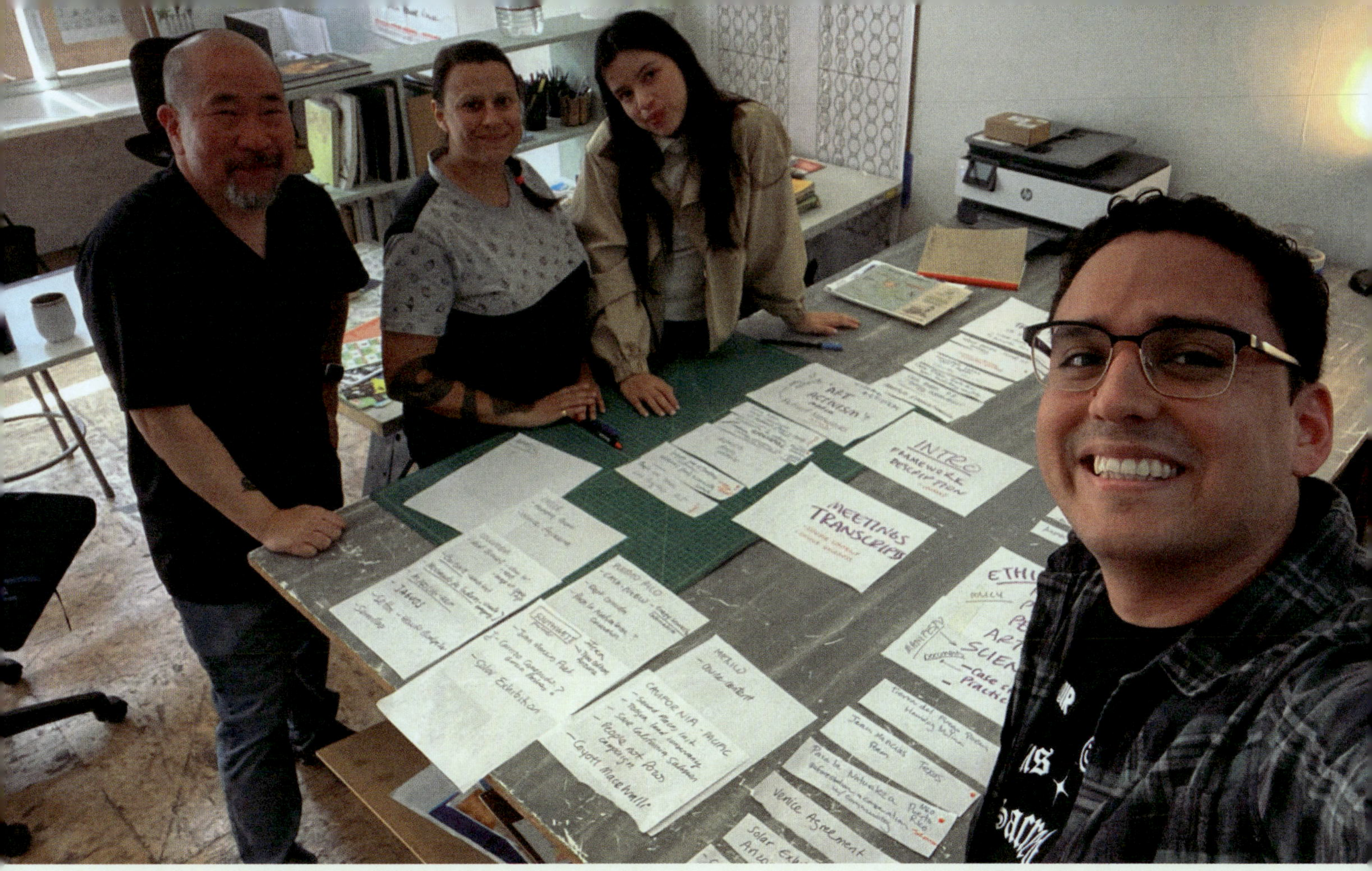

Reunión del equipo editorial para planificar cada capítulo del libro, 2023. De izquierda a derecha: Steven Wong, Carolina Caycedo, Nahui García y Joseph Daniel Valencia. Foto de Joseph Daniel Valencia.
Editorial team meeting to plan each chapter of the book, 2023. From left to right: Steven Wong, Carolina Caycedo, Nahui Garcia, and Joseph Daniel Valencia. Photo by Joseph Daniel Valencia.

Pavel Acevedo. El mural destaca las solidaridades en el hemisferio y las luchas colectivas para proteger nuestras tierras, aguas y comunidades.

Plataforma 5. Publicación

CC y JDV: Este libro es un compendio y una plataforma esencial del proyecto, que busca abrir un discurso innovador y riguroso acerca de la historia y la ciencia por medio de ensayos curatoriales, teóricos y prácticos y la reproducción de obras y textos. Lo conceptualizamos como un cuaderno de trabajo que visualiza la investigación, las obras de arte, los temas y las organizaciones afiliadas. Esta introducción proporciona una visión general e incluye elementos de la exposición, como la lista de obra y el registro fotográfico. En cada capítulo se tienden puentes entre piezas existentes y textos comisionados a artistas, activistas y personas de los ámbitos académico y científico, en su mayoría mujeres. Como coeditores, queríamos honrar a las comunidades que presentamos y seguir su ejemplo en la creación, preservación y circulación del conocimiento.

En el capítulo 1, "Hablar con/hablar contra: arte y movimientos medioambientales en las Américas", se pone en primer plano la importancia del arte y las estrategias visuales para movilizar a las comunidades contra grandes problemas como el **colonialismo de asentamientos**, el **extractivismo**, el desarrollo excesivo y la gentrificación. En su ensayo, María Wills Londoño reseña cómo el trabajo de Caycedo se ha relacionado durante la última década con procesos ecológicos y movimientos de **justicia ambiental**, y reitera que el arte es una plataforma para la creación de memoria ambiental e histórica.

El capítulo 2, "Conocimiento encarnado y **ciencia comunitaria**", reúne información de grupos indígenas, artísticos y científicos de nuestro continente. Llama la atención sobre la trascendencia de la producción de conocimiento de base, como el plan de estudios de **CET** de Save California Salmon y los avances de ASPROCIG, el Departamento de la Comida, Grupo Semillas y RedBioCol en la implementación de soluciones de energía alternativa. En su dinámica conversación, los artistas indígenas de Los Ángeles Mercedes Dorame,

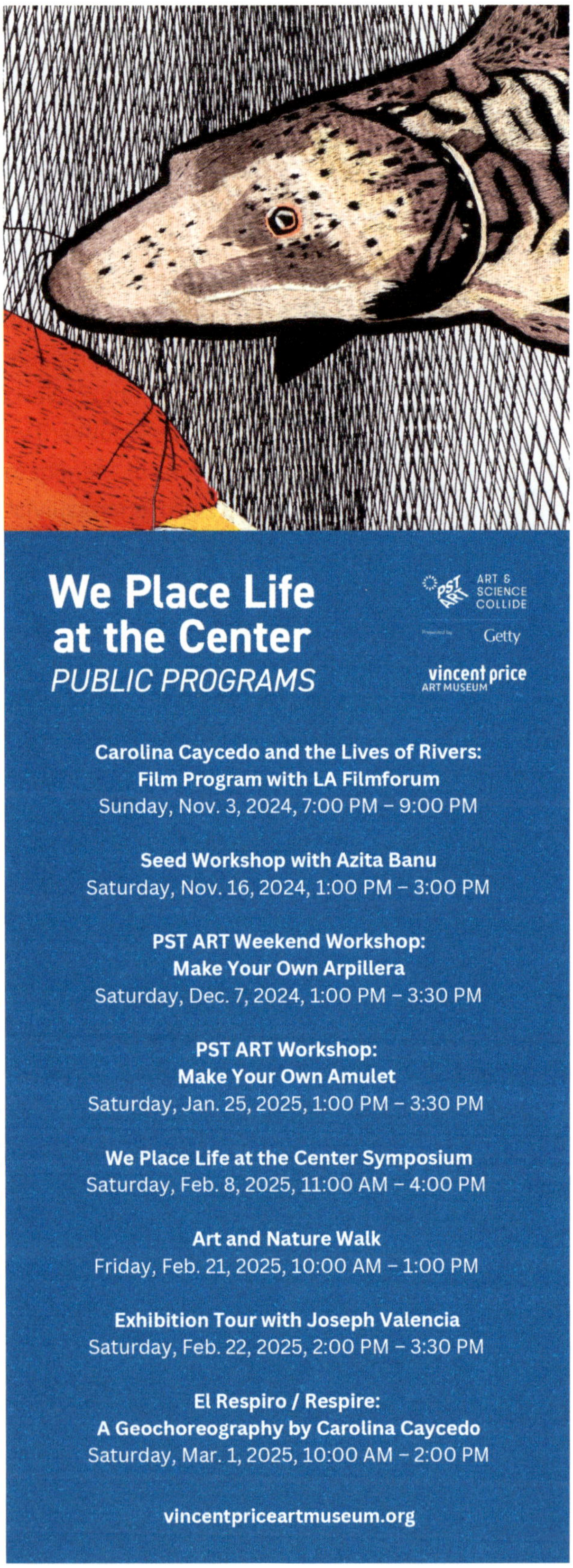

We Place Life at The Center Public Programs Flyer 2024/2025. Courtesy of The Vincent Price Art Museum.
Volante de los programas públicos 2024-2025 de *Situamos la vida en el centro*. Cortesía del Vincent Price Arts Museum.

Chapter 2, "Embodied Knowledge and **Community Science**," assembles materials from Indigenous, artistic, and scientific groups across the Americas. It calls attention to the importance of grassroots knowledge production, including Save California Salmon's **Traditional Ecological Knowledge (TEK)** curriculum and ASPROCIG, Departamento de la Comida, Grupo Semillas, and RedBioCol's advancements in implementing alternative energy solutions. In their dynamic conversation, Los Angeles Indigenous artists Mercedes Dorame (Tongva) and Joel Garcia (Huichol) reflect on their relationships with art, science, and Native wisdom, while also acknowledging the growing acceptance of **Indigenous Ecological Knowledge** within mainstream socio-environmental discourse.

Chapter 3, "Ethics for Our Mother Earth," poses an important question: How can we imagine and enact a new set of ethics, agreements, and protocols that consider ecologies and the natural world on par with humans? A trio of Chilean women, Camila Marambio, Hema'ny Molina Vargas, and Bárbara Saavedra, weave together their individual perspectives as an artist, Indigenous leader, and conservation biologist to reflect on the specificities of preserving Tierra del Fuego's peat moss ecosystems. Accompanying materials such as The Venice Agreement (2022) and *BARE HAKO - Libro Mujeres Río Pirá Paraná* (2022) illuminate paths toward more ethical stewardship of our planet.

Chapter 4, "**Eco-social Transitions**," visualizes how human and ecologically minded transitions are already taking place in frontline communities across the Americas. In their joint essay, Diana Bernal, maria campo, and Arturo Escobar discuss their activism and scholarship on Colombia's Cauca River Valley. Their text focuses on how autonomous transition design can serve as a global case study beyond its local contexts. Additional reproduced materials consider the complexity of approaches to energy transition, with contributions from Comunidades SETAA and Casa Pueblo, among others.

These chapters dive deep into the project's subject matter and highlight the diverse artists and environmental movements that make up *We Place Life at the Center*. We hope that this publication becomes

del pueblo Tongva, y Joel Garcia, huichol, discurren sobre sus relaciones con el arte, la ciencia y la sabiduría nativa, al mismo tiempo que reconocen la creciente aceptación del **Conocimiento Ecológico Indígena (CEI)** en el discurso socioambiental dominante.

En el capítulo 3, "Éticas para nuestra Madre Tierra", se plantea una pregunta: ¿cómo imaginar y promulgar un nuevo conjunto de éticas, acuerdos y protocolos que consideren como iguales las ecologías, el mundo natural y los humanos? Un trío de mujeres chilenas, Camila Marambio, Hema'ny Molina y Bárbara Saavedra, tejen sus perspectivas individuales —como artista, líder indígena y bióloga conservacionista, respectivamente— para reflexionar sobre las especificidades de la preservación de las turberas de Tierra del Fuego. Materiales complementarios como el *Acuerdo de Venecia* (2022) y el libro *~Kii Rɨkɨ Bare Hako: Las Madres de Semilla*, de las mujeres del río Pirá Paraná (2022), iluminan los caminos hacia una conservación más ética de nuestro planeta.

En el capítulo 4, "Transiciones ecosociales", se muestra que las transiciones humanas y ecológicas ya están teniendo lugar en algunas comunidades de las Américas. En su ensayo conjunto, maria campo, Diana Bernal y Arturo Escobar discuten su activismo y conocimiento sobre el valle del río Cauca, en Colombia. Exponen que el "diseño autónomo de transiciones" puede ser un estudio de caso global, más allá de su contexto local. Otras contribuciones consideran la complejidad de los enfoques de la transición energética, como las contribuciones de las Comunidades Sembradoras de Territorios, Aguas y Autonomías (SETAA) y Casa Pueblo, entre otros.

Estos ensayos y los materiales que los acompañan profundizan en los temas del proyecto y destacan la labor de les artistas y movimientos ambientales que conforman *Situamos la vida en el centro*. Esperamos que esta publicación se convierta en un recurso crítico y un punto de partida para fortalecer el compromiso con la intersección entre el arte, la ciencia y la **transición ecosocial**.

Plataforma 6. Programas públicos

JDV: Los programas públicos fueron el tercer componente de nuestra plataforma educativa y dieron la oportunidad al público de participar en persona y en línea, y vincularse con les artistas, los movimientos ambientales y los temas de la exhibición.

Debido a que el VPAM está dentro del campus del ELAC, era crucial integrar a la comunidad estudiantil en la investigación, el desarrollo y la ejecución tanto de la exhibición como de los programas públicos. Como una de sus tareas de fin de curso, les estudiantes desarrollaron propuestas, como charlas de artistas, recorridos por exposiciones, proyecciones de películas, talleres artísticos y de intercambio de semillas, actividades guiadas por estudiantes y eventos adicionales fuera del campus organizados en colaboración con socios institucionales y comunitarios.

Plataforma 7. El Respiro/Respire

Un jardín comienza con una semilla
y una visión alimentada con la luz del sol.
– Lido Pimienta

CC: Los sueños siempre han sido parte importante de mi práctica. El trabajo de campo y la investigación permean inevitablemente el espacio de mis sueños, en el que las personas que he conocido y las comunidades de las que he aprendido se unen para establecer relaciones duraderas que fortalecen las luchas de unas y otras. En este proyecto, mi práctica artística consistió en gran medida en facilitar encuentros para compartir experiencias y estrategias, por ejemplo, entre Hema'ny Molina, del pueblo Selk'nam, y Christa Mancias, de la tribu Carrizo/Comecrudo, que han contrarrestado las narrativas sobre la extinción de sus pueblos.

Además del curso en ELAC, *Sembrando humedad* y los programas públicos del VPAM, organizamos *El Respiro/Respire*,[20] una reunión internacional de científicos comunitarios, artistas y líderes ambientales de todo el continente americano. Este evento marcará

[20] "Respirar" es una señal de la recuperación de la esperanza, el coraje o la fuerza después de un periodo de dificultades.

a critical resource and starting point for further engagement with the intersection of art, science, and **eco-social transition**.

Platform 6. Public Programs

JDV: Public programs formed our educational program's third component and provided in-person and online opportunities for the public to engage with the project's exhibition, artists, environmental movements, and themes.

Because VPAM is a campus art museum, it was important for the project to integrate ELAC students in the research, development, and execution of both the exhibition and public programming. As part of their final course assignments, ELAC students developed event proposals that formed the basis of the museum's public program series. These include artist talks, exhibition walk-throughs, film screenings, art and seed exchange workshops, student-led programs, and additional off-site events presented in collaboration with institutional and community partners.

Platform 7. El Respiro / Respire

Un jardín comienza con una semilla,
y una visión alimentada por la luz del sol.
– Lido Pimienta

CC: Dreams have always been an important part of my practice. Field work and research inevitably permeate my dream space, where people I've met and communities I've learned from unite to establish lasting relationships that strengthen each other's struggles. Much of my art practice in this project consisted of facilitating gatherings where people such as Hema'ny Molina Vargas (Selk'nam) and Christa Mancias (Carrizo/Comecrudo), who have both overturned narratives of their people's extinction, could come together to share experiences and strategies.

In addition to the ELAC Course, *Sowing Moisture*, and VPAM Public Programs, we have organized *El Respiro / Respire*,[21] an international gathering of stakeholders that included community scientists, artists, and grassroots environmental leaders from across the Americas. This final component will mark the culmination of the project and will take place at the University of Southern California (USC) Wrigley Marine Science Center on Catalina Island and other locations across Los Angeles in February 2025. The agenda and focus themes for *El Respiro / Respire* were collectively imagined and designed during a series of seven virtual preparatory meetings dedicated to the following thematic axes:

- Community Arts and Sciences: frontline collectives using art, **Traditional Ecological Knowledge** (**TEK**), and people's science for community education and data collection.
- Water Is Life: equitable access to water, community infrastructures, and hydro dam decommissioning.
- Autonomous Lands: rematriation, Land Back, Indigenous and community-led conservancy, and Indigenous leadership in NGO conservancy practices.
- Communitarian Energies: community-based alternative models of energy production, energy insurrections, and just energy transitions.
- **Food Sovereignty**: the right to access nutrient-rich food, seed custodianship, **agroecology**, and socioecology.
- Environmental Memory: remembering the past to move forward, nature as a victim and survivor of violences, and healing practices to restore land, water, and community.
- Climate Emergency: policies and protocols for grassroots and institutional decision making, mutual aid, and action plans.

Because of international travel's carbon emission implications and geopolitical challenges, *El Respiro / Respire* was conceived as a hybrid (virtual and in-person) meeting. The week-long program encompasses a four-day gathering at Catalina Island, field visits with local participant organizations, a public panel, and a participatory *Geochoreography* performance, presented as part of the USC Visions and Voices initiative. Participants used their bodies to write "Transición justa ahora" and "Just Transition Now," which were photographed from above with

[21] "Respire" signals the recovery of hope, courage, or strength after a time of difficulty.

la culminación del proyecto y tendrá lugar en febrero de 2025, en el Wrigley Marine Science Center, de la University of Southern California (USC) en la isla Catalina y otros lugares de Los Ángeles. La agenda y los temas de *El Respiro/Respire* se imaginaron y se diseñaron en colectivo durante siete conversaciones virtuales de preparación dedicadas a los siguientes ejes temáticos:

- Artes y ciencias comunitarias: colectivos que utilizan el arte, el **CET** y la ciencia popular para la educación de la comunidad y la recopilación de datos.
- Aguas para la vida: acceso equitativo al agua, infraestructuras comunitarias y desmantelamiento de represas hidroeléctricas.
- Territorios autónomos: rematriación, devolución de tierras, conservación liderada por indígenas y por la comunidad, y liderazgo indígena en las prácticas de conservación de las organizaciones no gubernamentales.
- Energías comunitarias: modelos alternativos comunitarios de producción de energía, insurrecciones energéticas y transiciones energéticas justas.
- **Soberanía alimentaria**: derecho al acceso a alimentos nutritivos, custodia de semillas, **agroecología** y socioecología.
- Memoria ambiental: recordar el pasado para avanzar, la naturaleza como víctima y sobreviviente de violencias, y prácticas de sanación para restaurar la tierra, el agua y la comunidad.
- Emergencia climática: políticas y protocolos para la toma de decisiones institucionales y de base, ayuda mutua y planes de acción.

Debido a las emisiones de carbono de los viajes internacionales y los desafíos geopolíticos, *El Respiro/Respire* se concibió como una reunión virtual y presencial. El programa de una semana abarcará una agenda de cuatro días en la isla Catalina, visitas a organizaciones locales participantes, un panel público y la *performance* participativa *Geocoreografía*, presentada por la iniciativa USC Visions & Voices, en la que los participantes usarán sus cuerpos para escribir las frases "Transición justa ahora" y "Just Transition Now", que serán fotografiadas desde arriba con un dron. Las imágenes se compartirán libremente para amplificar el llamado del colectivo a la acción.[21] Las juntas virtuales de preparación y el encuentro en persona en la isla Catalina fueron diseñados y facilitados con Diana Figueroa y Jorge Caycedo de la Fundación Cultural Libre Colibrí.[22] El programa público USC Visions & Voices fue diseñado y facilitado con Allison Agsten, curadora del Wrigley Institute for Environment and Sustainability, de la USC.

Plataforma 8. Equilibrio ecológico

JDV: Nos comprometemos a utilizar la exposición y sus plataformas para crear conciencia sobre el cambio climático y los problemas de **justicia ambiental** en Los Ángeles y el continente americano. Creemos en el apoyo directo a las organizaciones indígenas y de **justicia ambiental** de nuestra región, y hemos proporcionado fondos sin restricciones como parte de un **equilibrio ecológico**, un proceso guiado por nuestra asesora Angela Mooney D'Arcy.[23] Estos esfuerzos orientados a la comunidad se alejan de las iniciativas de compensación de carbono convencionales y con intereses económicos, como la compra de bonos de carbono. Aunque esta propuesta es la primera de su tipo implementada en el museo, esperamos que abra el camino para futuros esfuerzos de **equilibrio ecológico**.

Por otro lado, el VPAM participó en PST ART Climate Impact Program, en el que rastreamos, evaluamos y redujimos el impacto climático del proyecto en todas sus fases: desde la investigación y el desarrollo,

[21] Este programa cuenta con el apoyo del premio Anonymous Was A Woman, el Soros Arts Fellowship, el Institute for Arts and Sciences de la University of California Santa Cruz y el Wrigley Institute for Environment and Sustainability de la USC.

[22] La Fundación Cultural Libre Colibrí se fundó en 2013 con el objetivo de ampliar el acceso a la cultura de las infancias en comunidades urbanas y rurales de Colombia. Por medio de la educación, la creación artística, la gestión cultural y el fomento a la lectura, se facilitan experiencias conscientes y sensibles y se contribuye a la apropiación de prácticas y discursos que fortalezcan los lazos comunitarios con un enfoque intergeneracional y de construcción de paz. https://fundacionlibrecolibri.blogspot.com/p/quienes-somos.html.

[23] Las organizaciones beneficiarias son Coyotl + Macehualli, East Yard Communities for Environmental Justice (EYCEJ), Sacred Places Institute for Indigenous Peoples (SPI), The Tongva Taraxat Paxaavxa Conservancy (TTPC).

a drone. The resulting images will be shared freely to amplify the collective's call to action.[22] The virtual preparatory meetings and the in-person gathering at Catalina Island were co-designed and co-facilitated with Diana Figueroa and Jorge Caycedo from the Fundación Cultural Colectivo Libre Colibrí.[23] The Visions and Voices public program was co-designed and co-facilitated with Allison Agsten, curator at USC's Wrigley Institute for Environment and Sustainability.

Platform 8. Ecological Balancing

JDV: We stand committed to using the exhibition and its platforms to raise awareness of climate change and **environmental justice** issues in Los Angeles and across the Americas. We believe in directly supporting Indigenous and **environmental justice** organizations within our region, and have provided unrestricted funds as part of an **ecological balancing**, a process guided by project research advisor Angela Mooney D'Arcy.[24] These community-focused efforts steer away from mainstream and economically driven carbon-offset initiatives such as buying carbon credits. Although this initiative is the first of its kind implemented at the museum, we sincerely hope it will pave the way for future **ecological balancing** efforts.

Additionally, the museum participated in the PST ART Climate Impact Program, where we tracked, evaluated, and reduced our project's climate impact across phases: from research and development through exhibition, educational programs, publication, travel, and conclusion. Our museum and campus, as members of the Los Angeles Community College District, continue to develop sustainable practices that align with district and statewide climate initiatives, including the ELAC Climate Action Plan and LACCD Clean Energy and Sustainability Resolution (2020), which commits to achieving 100% renewable energy utilization by 2030 and becoming 100% carbon-free by 2040. These efforts provide a significant opportunity to offset this project's climate impact in ways that resonate with our individual and collective practices.

Platform 9. Conclusion

CC and JDV: We Place Life at the Center comes to fruition amidst global climate crises and an acceleration of uneven power dynamics that exacerbate the Global North's ecological debt to the Global South. At the same time, the project derives from and deeply resonates with many grassroots, regional, national, and international efforts that establish and promote ecofeminist and **environmental justice** oriented solutions to these crises. In the contemporary moment, where we see women, environmentalists, and Indigenous and Black leaders ascending to governmental positions across the hemisphere, we call for these leaders to place their governments in dialogue with grassroots-level organizers.[25] While this project and its platforms by no means conclude our research or complete this body of work, we consider this publication a physical representation of our sustained commitment to these issues. We must continue to reimagine, design, and enact a global energy system that places life at its center.

22 This program is supported by an Anonymous Was a Woman Award, the Soros Art Fellowship "Art, Land, and Public Memory," the Institute for Arts and Sciences at UC Santa Cruz, and the Wrigley Institute for Environment and Sustainability of the University of Southern California.

23 The Fundación Cultural Colectivo Libre Colibrí (Libre Colibrí Foundation) was founded in 2013 with the aim of expanding children's cultural access in urban and rural communities across Colombia. Through education, artistic creation, cultural management, and reading support, the foundation enables conscious and sensitive experiences and contributes to the appropriation of practices and discourses that strengthen community ties from an intergenerational and peace-building approach. "Quienes Somos," Fundación Cultural Colectivo Libre Colibrí, accessed August 19, 2024, https://fundacionlibrecolibri.blogspot.com/p/quienes-somos.html.

24 Beneficiary organizations are Coyotl + Macehualli, East Yard Communities for Environmental Justice (EYCEJ), Sacred Places Institute for Indigenous Peoples (SPI), and the Tongva Taraxat Paxaavxa Conservancy (TTPC).

25 Some of these leaders include U.S. Secretary of the Interior Deb Haaland, the first Native American to serve as a cabinet executive, Mexican President Claudia Sheinbaum, who is trained as an energy engineer, Colombian Vice President Francia Márquez, an Afro-Colombian environmental activist and lawyer, and our very own project research advisor Tatiana Roa-Avendaño, Vice-Minister for Environmental Land Management in the Ministry of Environment and Sustainable Development, Colombia.

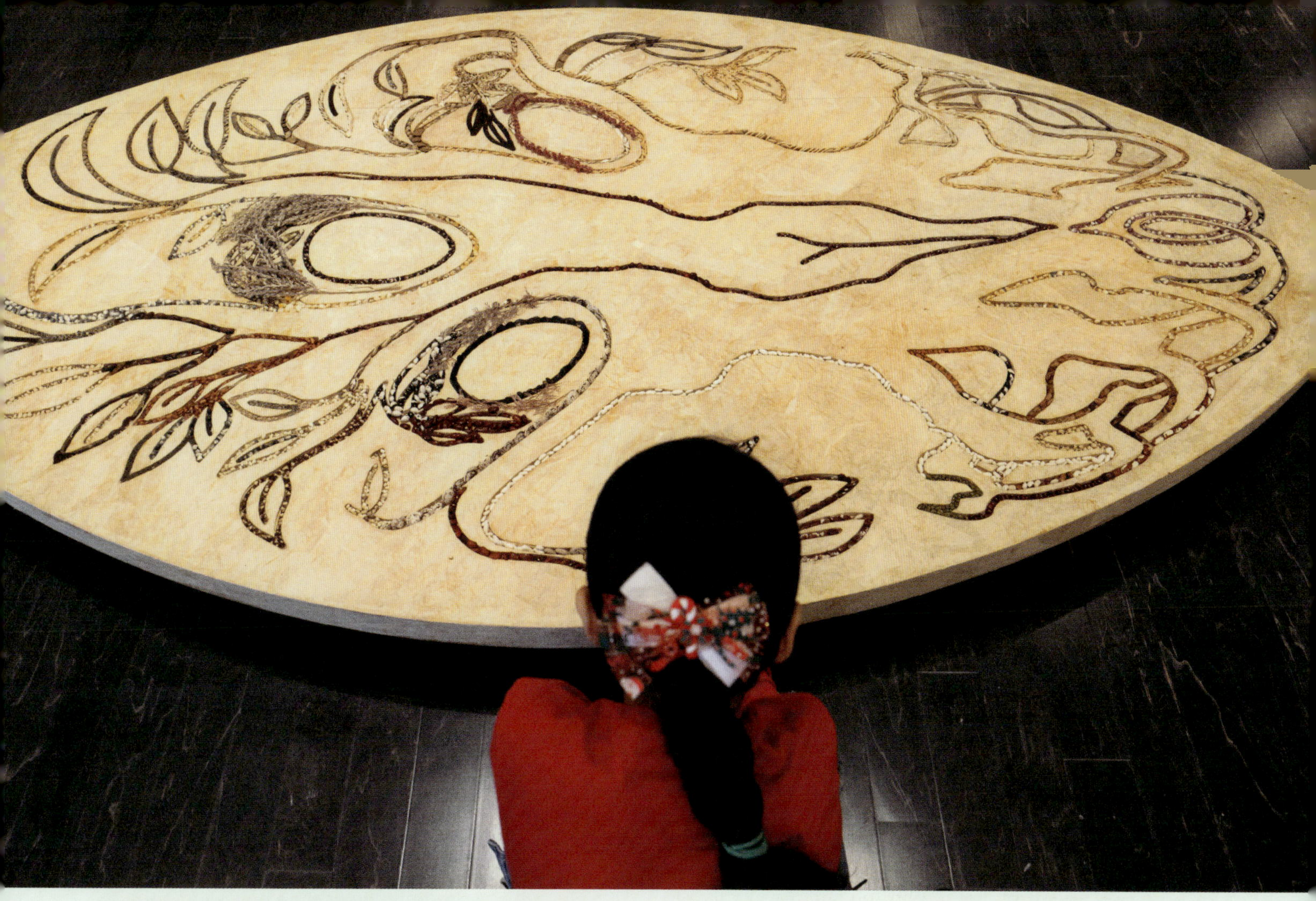

Vistas de la exposición en VPAM. Foto de Monica Orozco.
Exhibition view at VPAM. Photo by Monica Orozco.

hasta la exposición, los programas educativos, la publicación, los viajes y el cierre. El museo y el campus, como miembros de Los Angeles Community College District (LACCD), desarrollan prácticas sostenibles que se alinean con las iniciativas climáticas del distrito y el estado, como el ELAC Climate Action Plan y la Resolución de Energía Limpia y Sostenibilidad de LACCD (2020), que se compromete a utilizar 100% de energía renovable para 2030 y ser 100% libre de carbono para 2040. Estos esfuerzos brindan una oportunidad significativa en concordancia con nuestras prácticas individuales y colectivas para compensar el impacto climático de nuestro trabajo.

Plataforma 9. Conclusión

CC y JDV: *Situamos la vida en el centro* se materializa en medio de las crisis climáticas globales y la aceleración de dinámicas de poder desiguales que exacerban la deuda ecológica del Norte Global con el Sur Global. Al mismo tiempo, el proyecto resuena y se deriva de numerosos esfuerzos locales, regionales, nacionales e internacionales que ponen en marcha y promueven soluciones ecofeministas, orientadas a la **justicia ambiental**. En el momento actual, vemos mujeres ambientalistas y líderes indígenas y negras ascender a puestos de poder en todo el hemisferio. Las convocamos a entablar un diálogo entre sus gobiernos y las organizaciones de base comunitarias.[24] Si bien esta propuesta y sus plataformas no son la conclusión de nuestra investigación ni completan este cuerpo de trabajo, consideramos que esta publicación es una representación física de nuestro compromiso sostenido con estos temas. Sigamos reimaginando, diseñando y promulgando un sistema energético global que sitúe la vida en el centro.

[24] Por ejemplo, Deb Haaland, secretaria del Interior de Estados Unidos, primera indígena estadounidense en formar parte del gabinete; Claudia Sheinbaum, presidenta de México de 2024 a 2030, con formación en ingeniería energética; Francia Márquez, vicepresidenta de Colombia, activista ambiental y abogada afrocolombiana, y Tatiana Roa Avendaño, nuestra asesora de investigación, viceministra de Ordenamiento Ambiental del Territorio en el Ministerio de Ambiente y Desarrollo Sostenible de Colombia.

EXHIBITION VIEWS

VISTAS DE LA EXPOSICIÓN

VINCENT PRICE ART MUSEUM

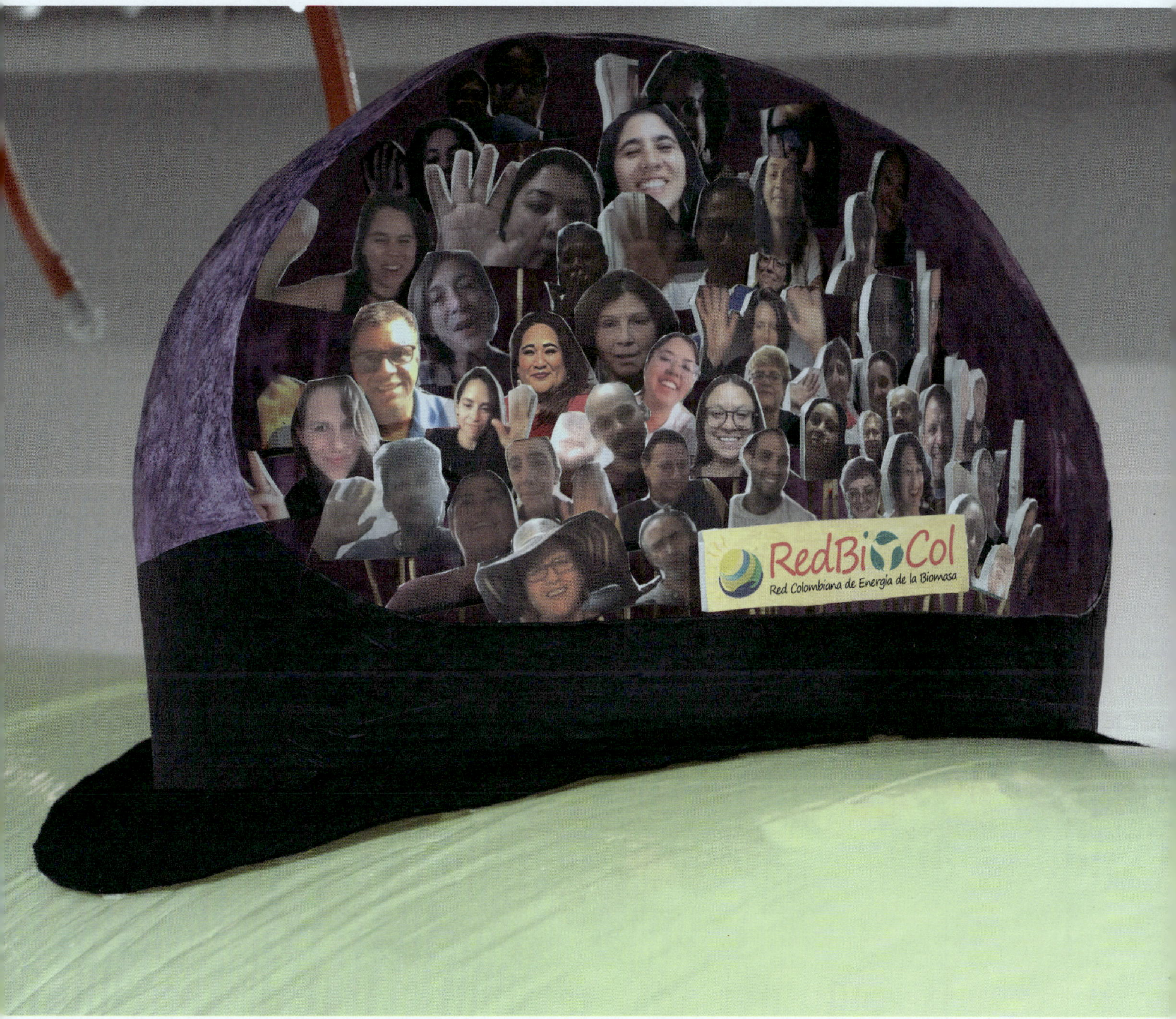
RedBioCol
Red Colombiana de Energía de la Biomasa

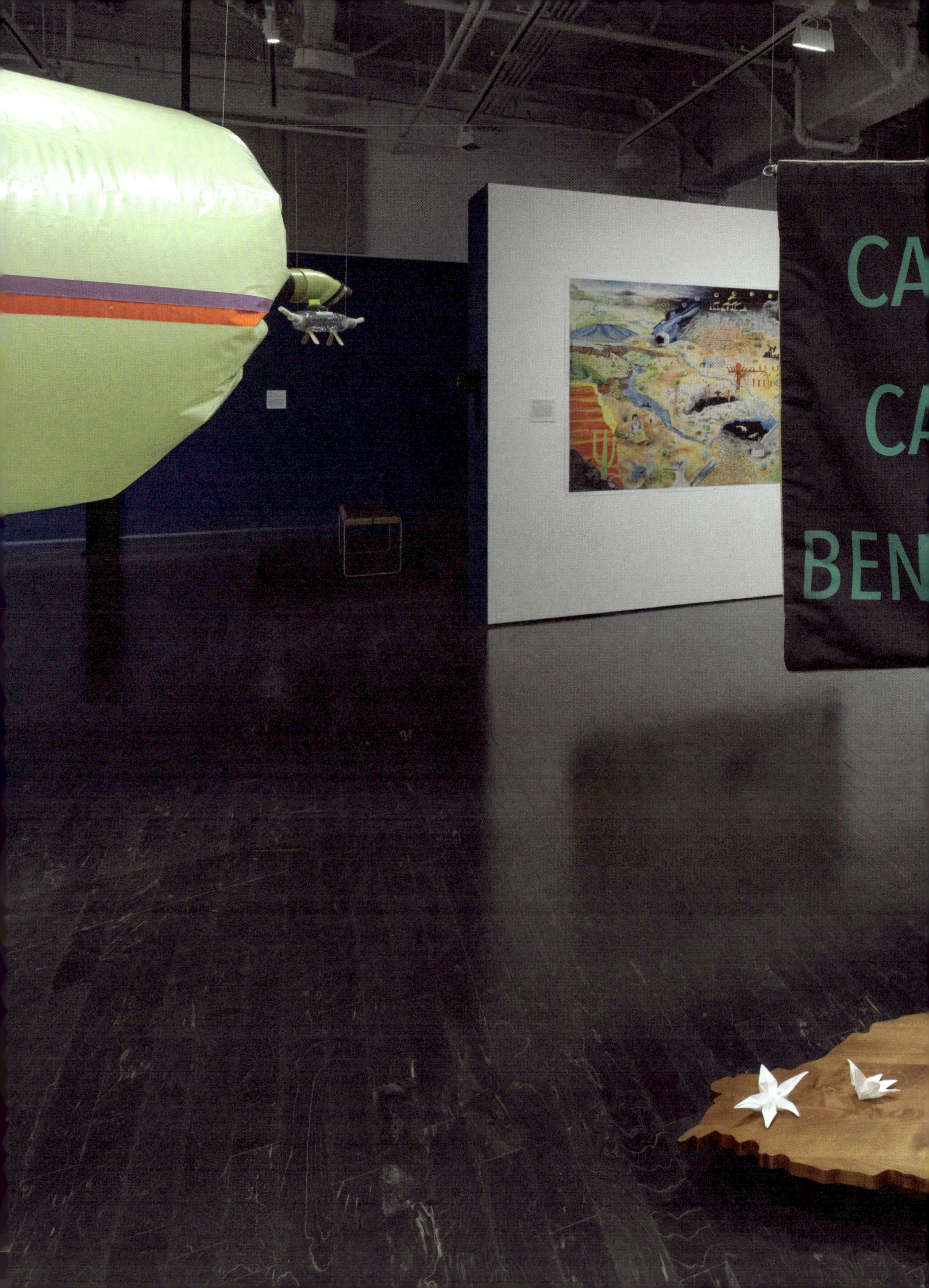
CA
CA
BEN

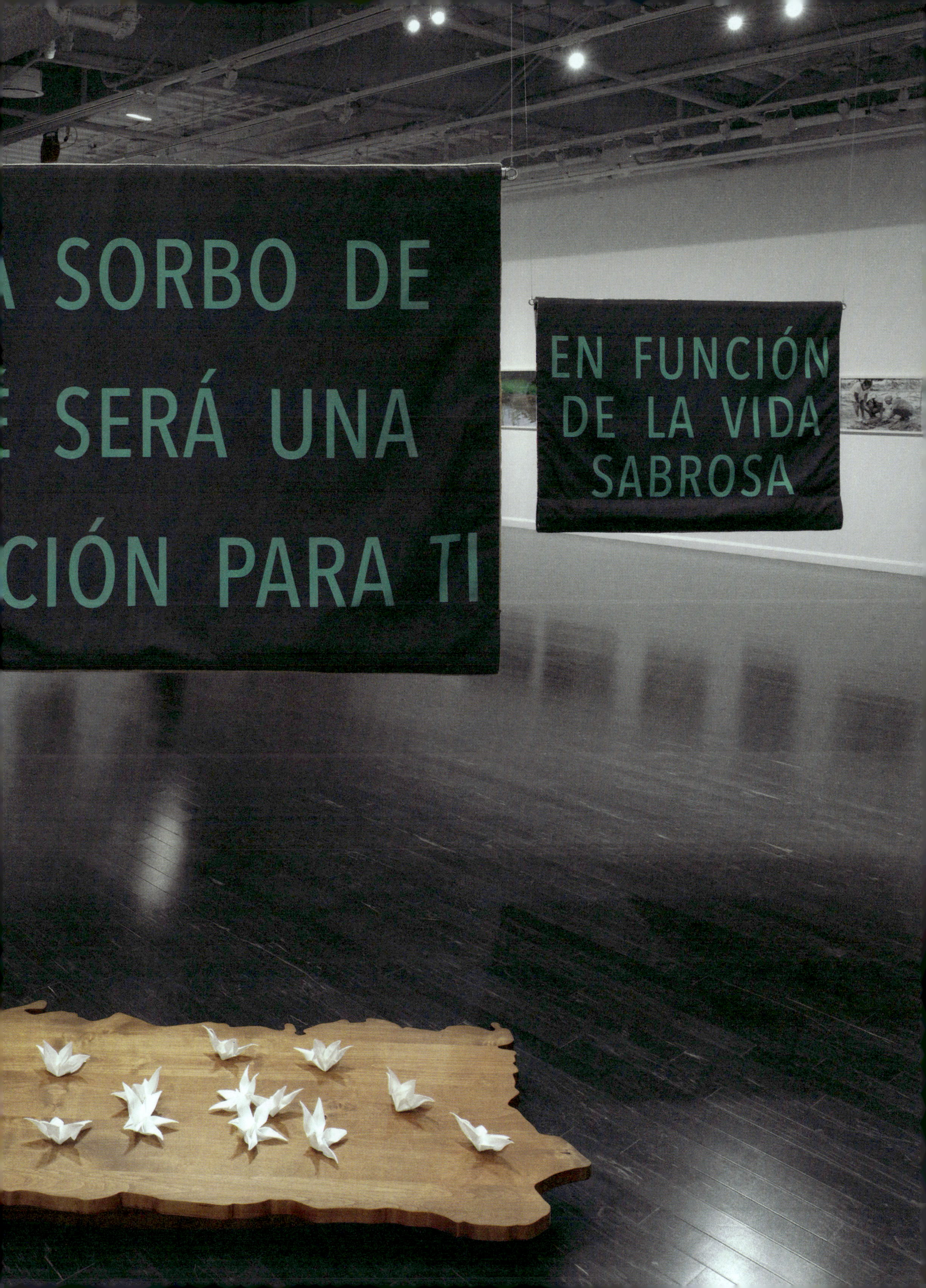
A SORBO DE
É SERÁ UNA
CIÓN PARA TI
EN FUNCIÓN
DE LA VIDA
SABROSA

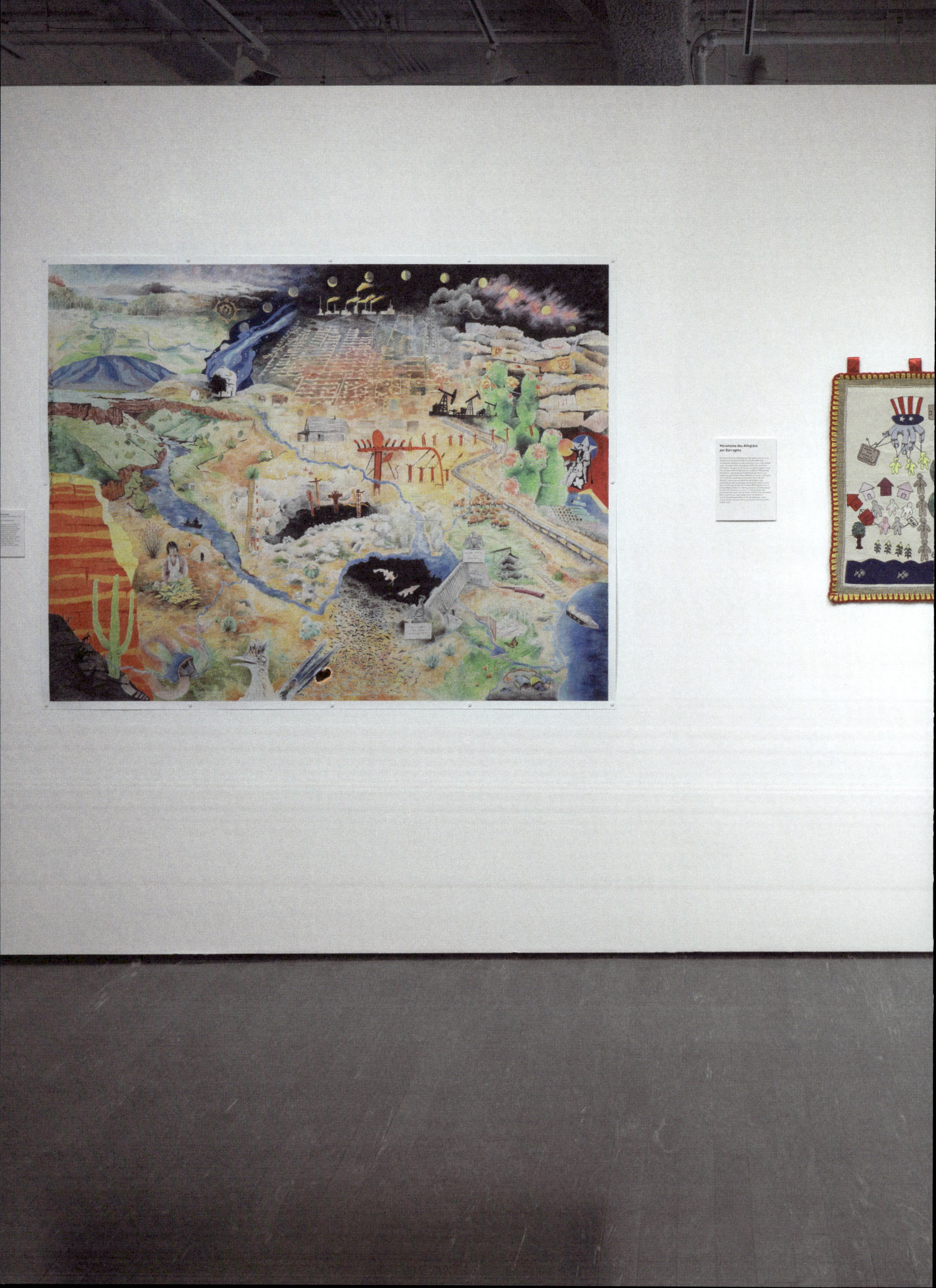
Movimento dos Atingidos
por Barragens

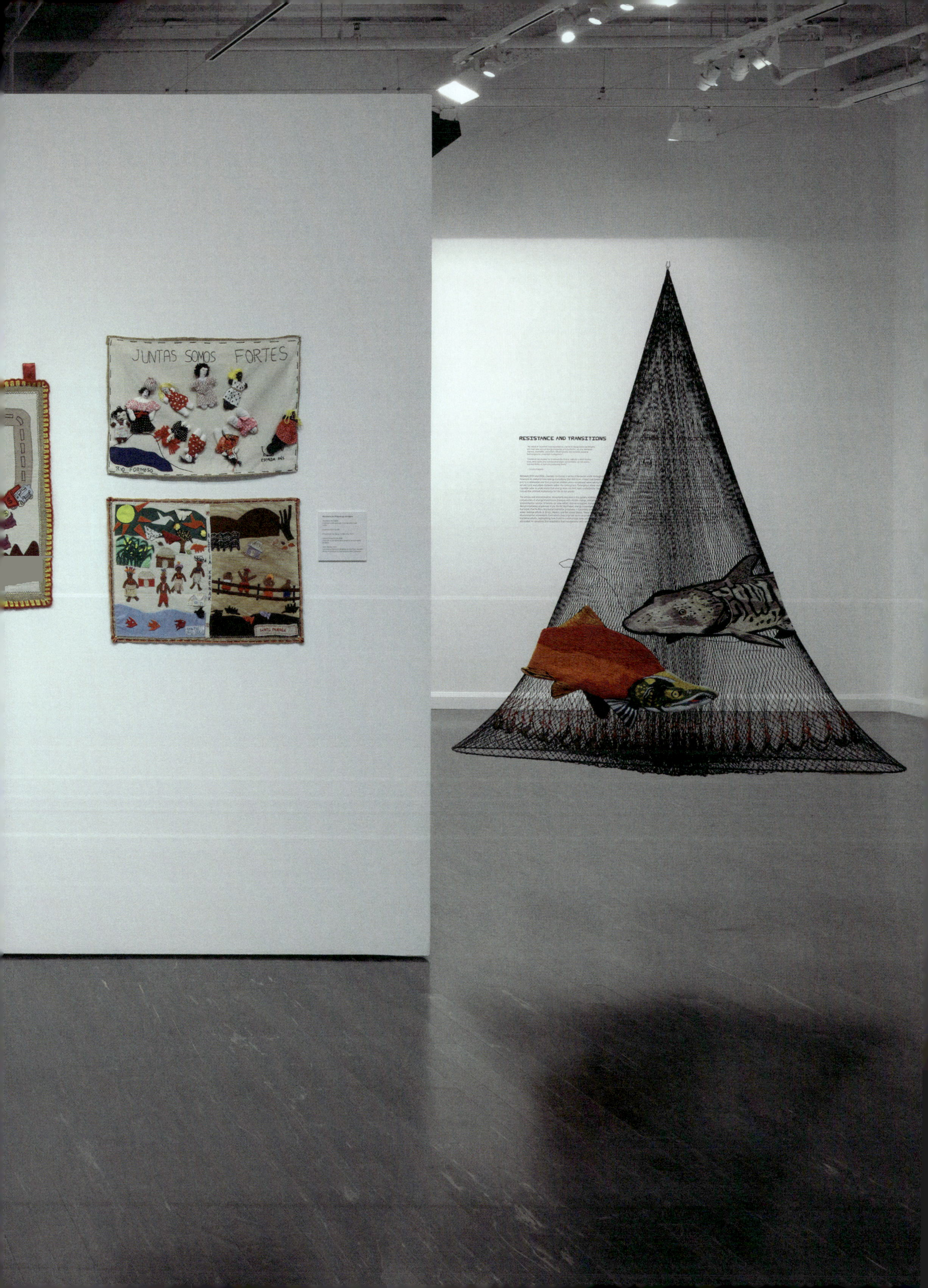
JUNTAS SOMOS FORTES
RIO FORMOSO
RESISTANCE AND TRANSITIONS

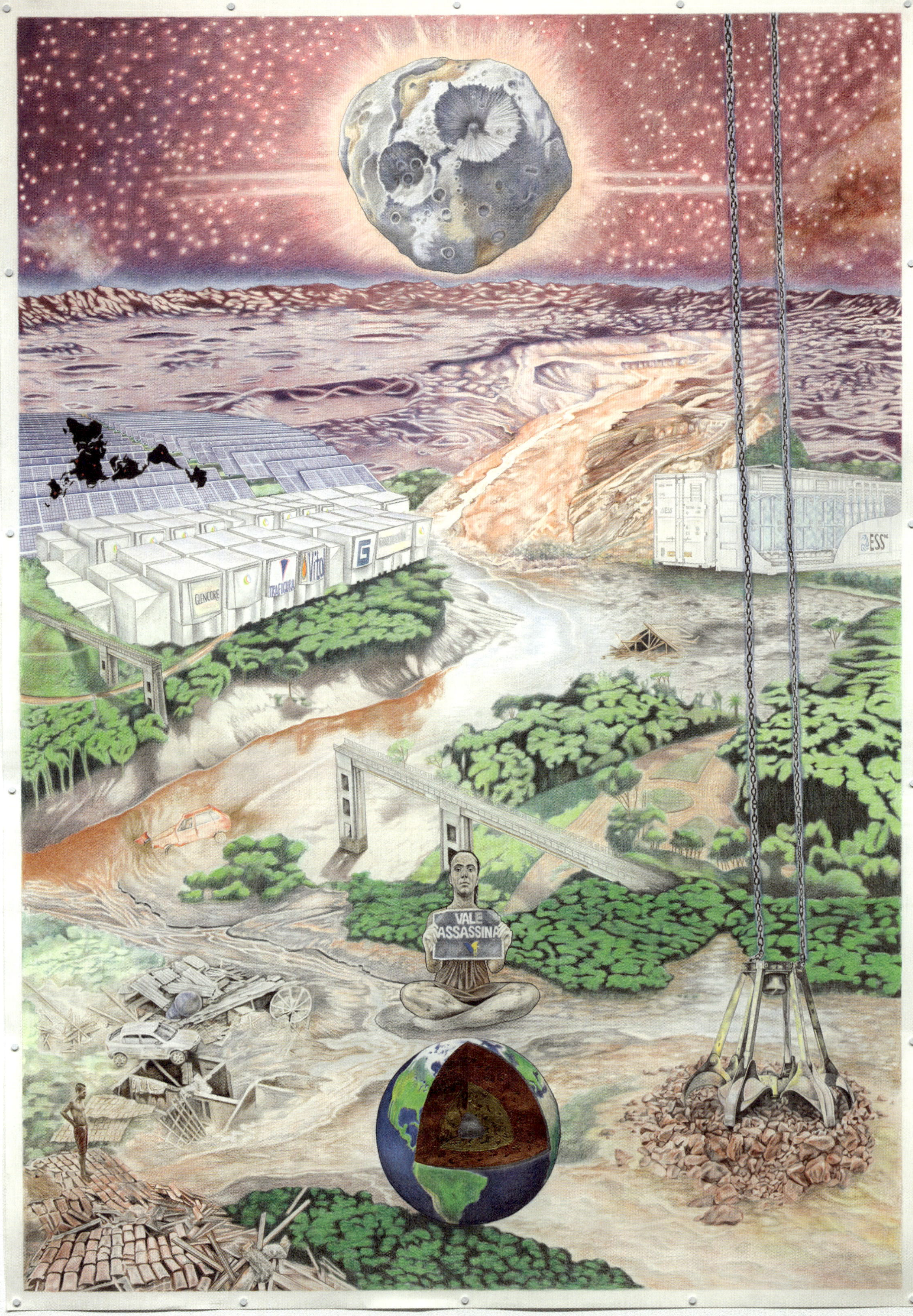
VALE
ASSASSINA

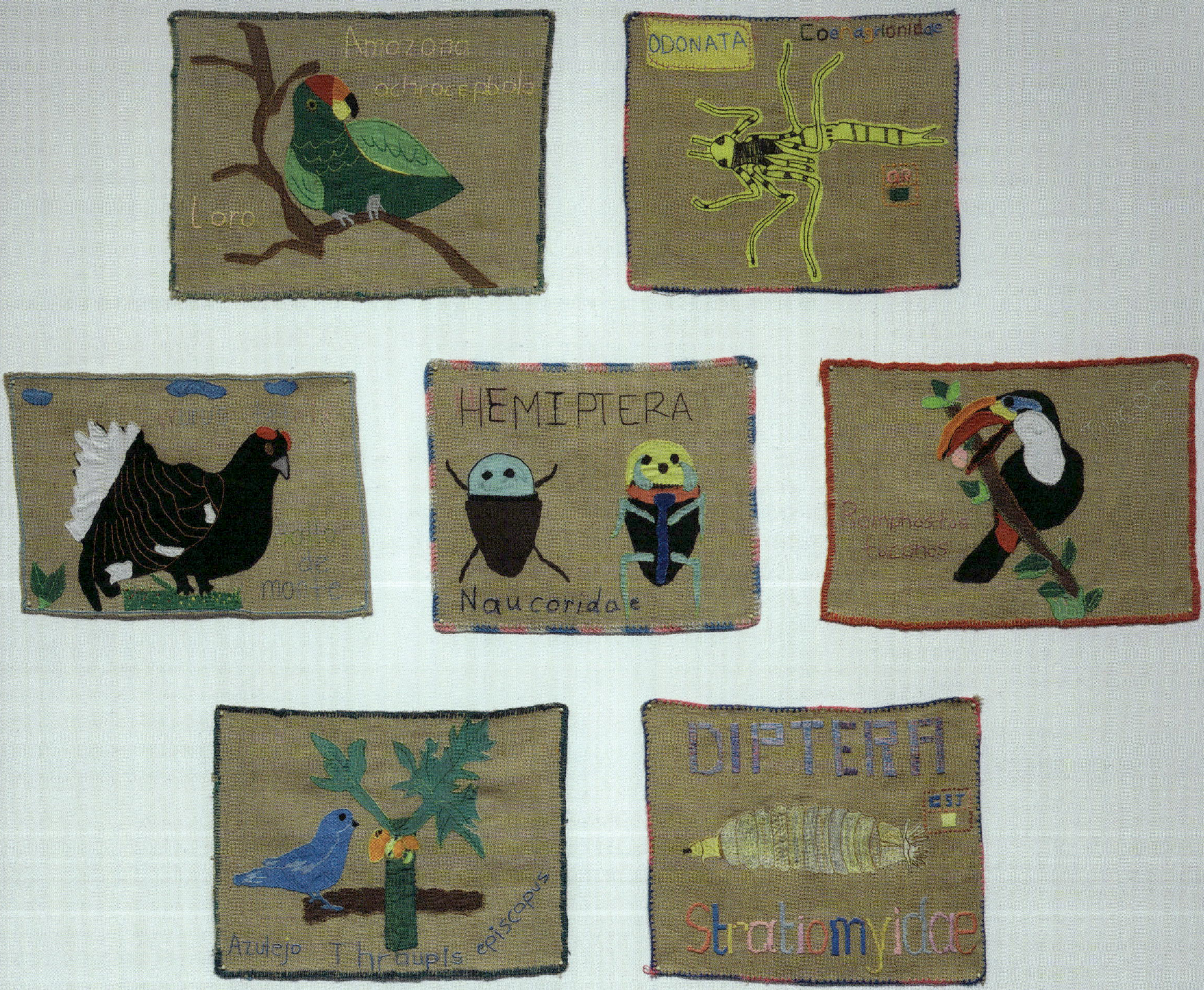
Amazona
Loro
ODONATA
HEMIPTERA
Naucoridae
Tucan
Azulejo
episcopus
DIPTERA
Stratiomyidae

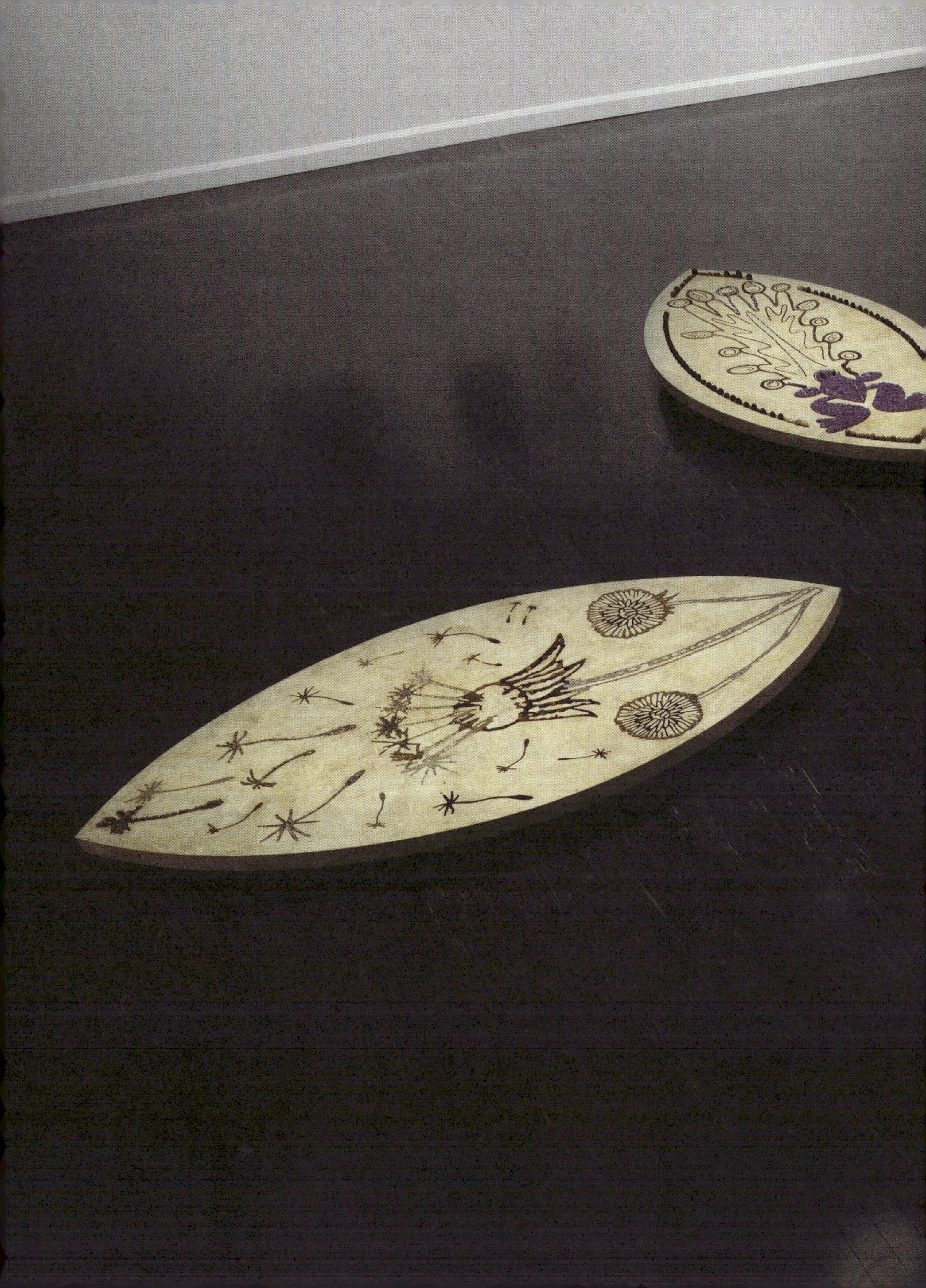

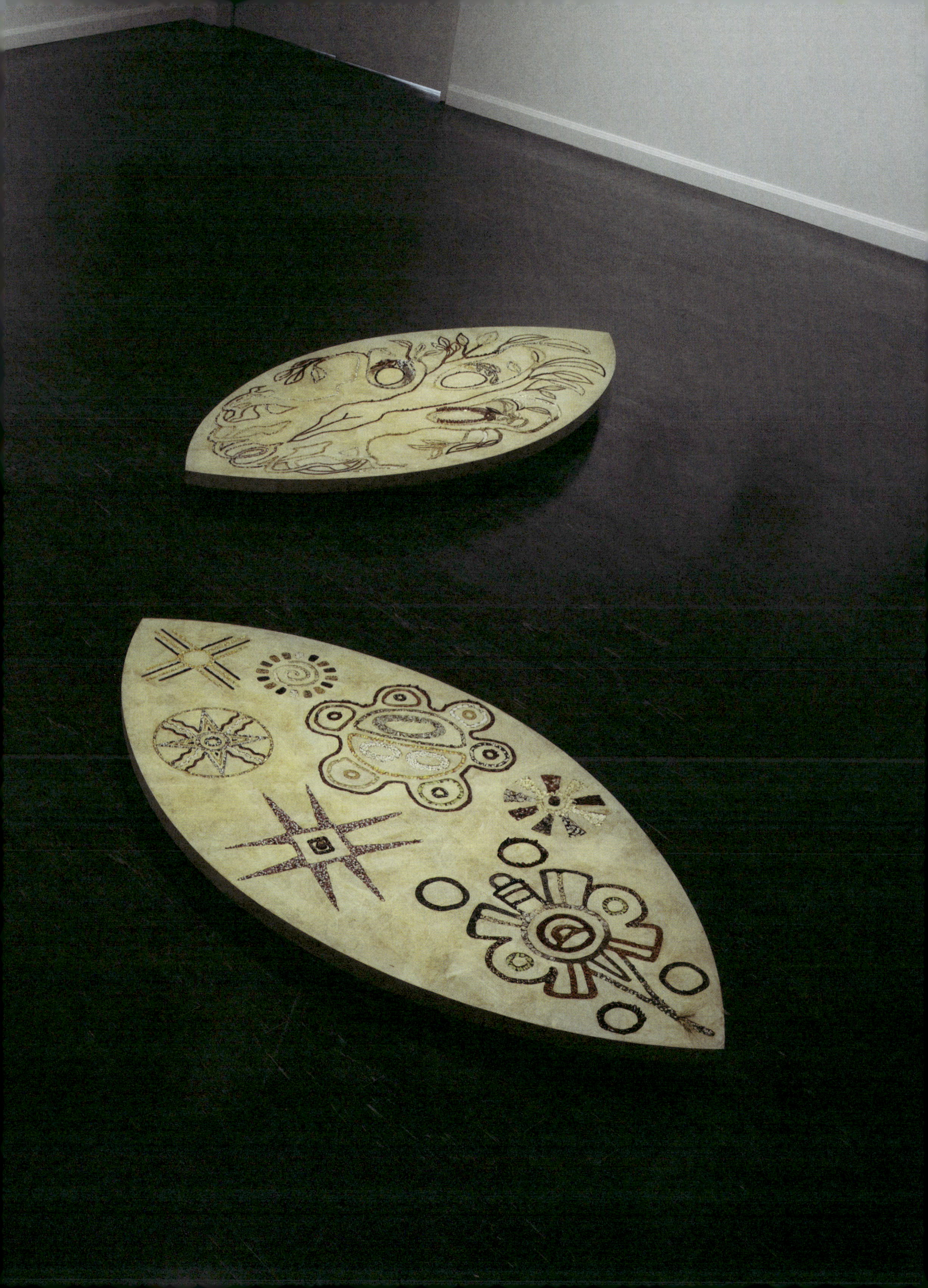

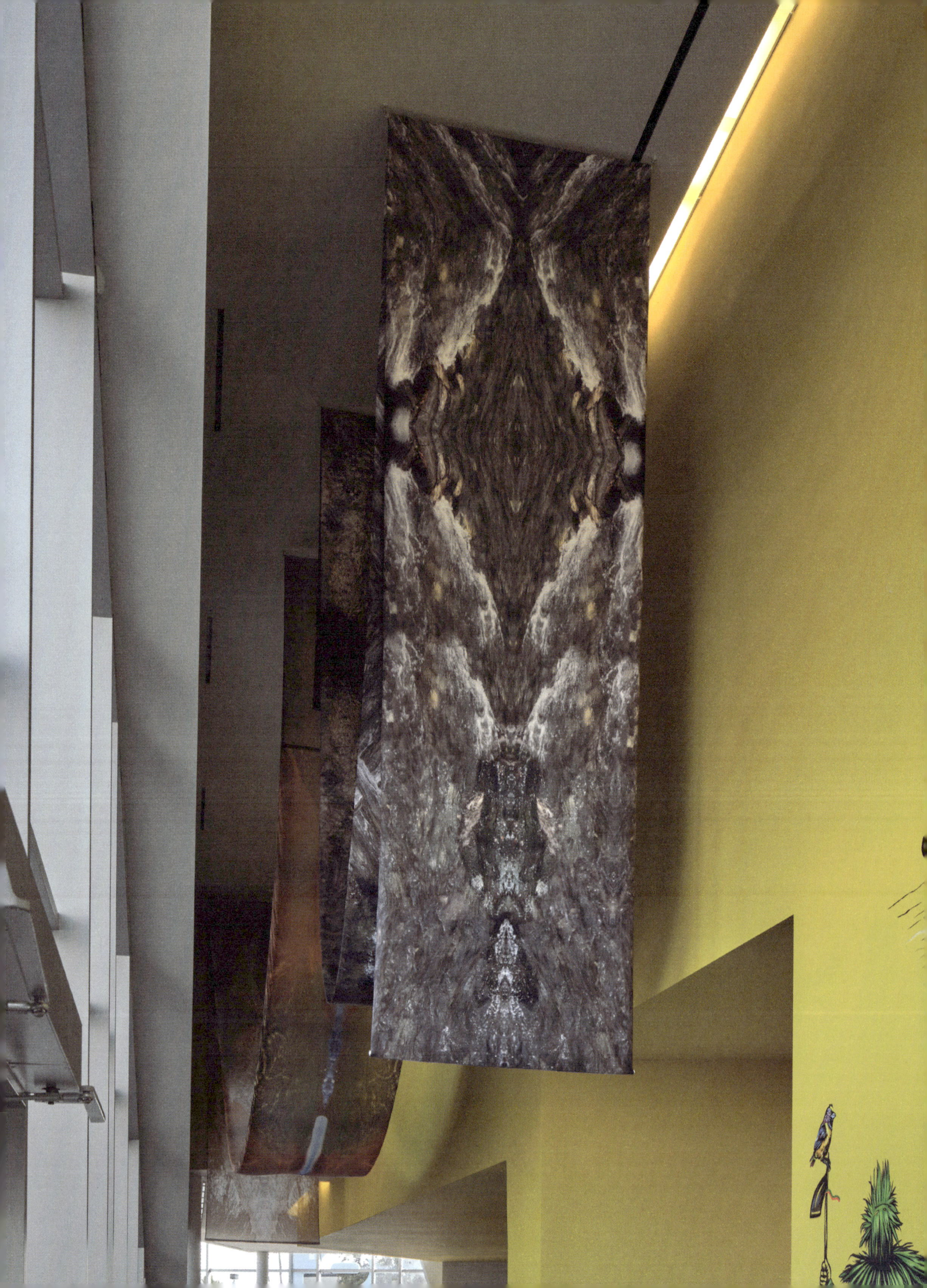

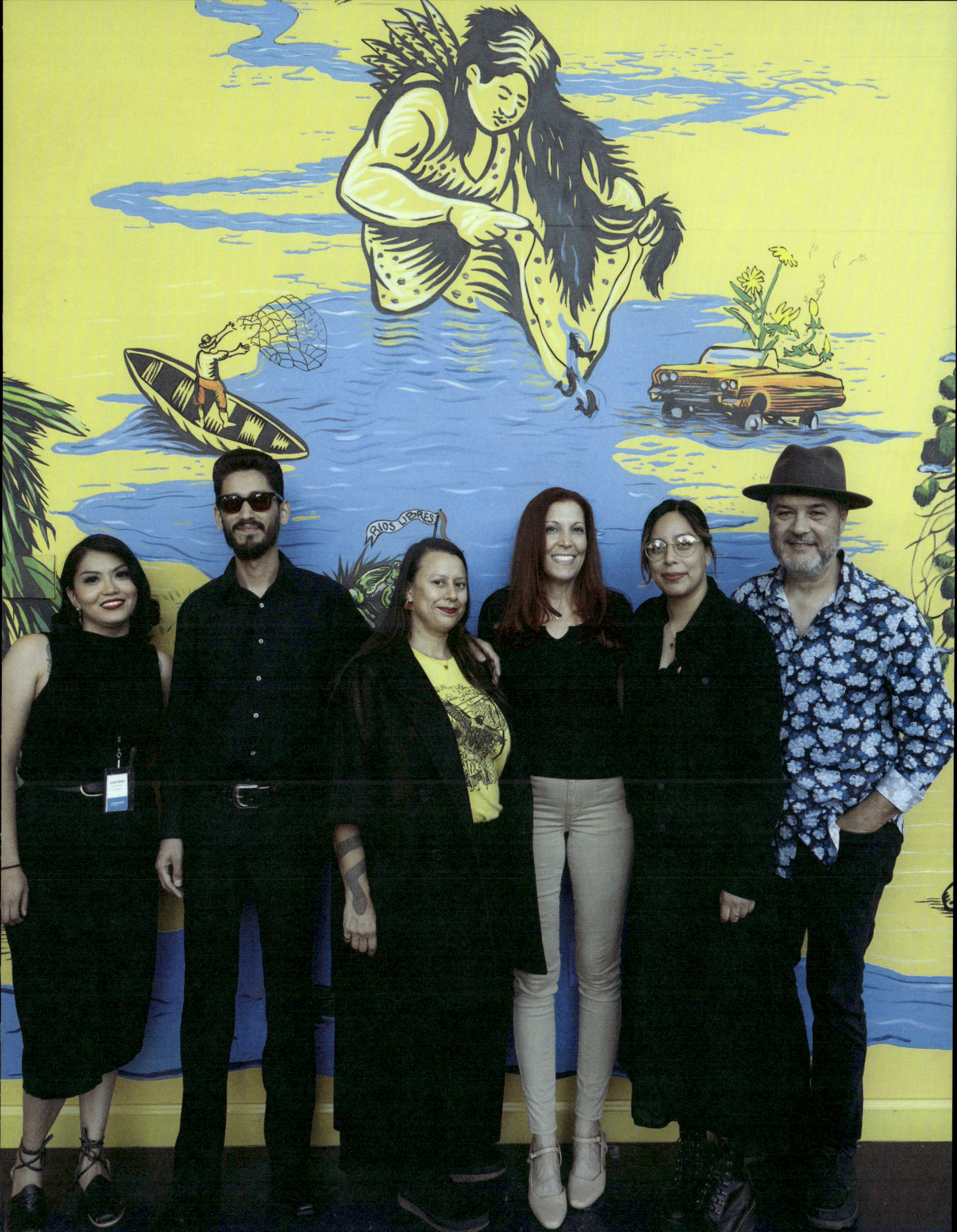
RIOS LIBRES

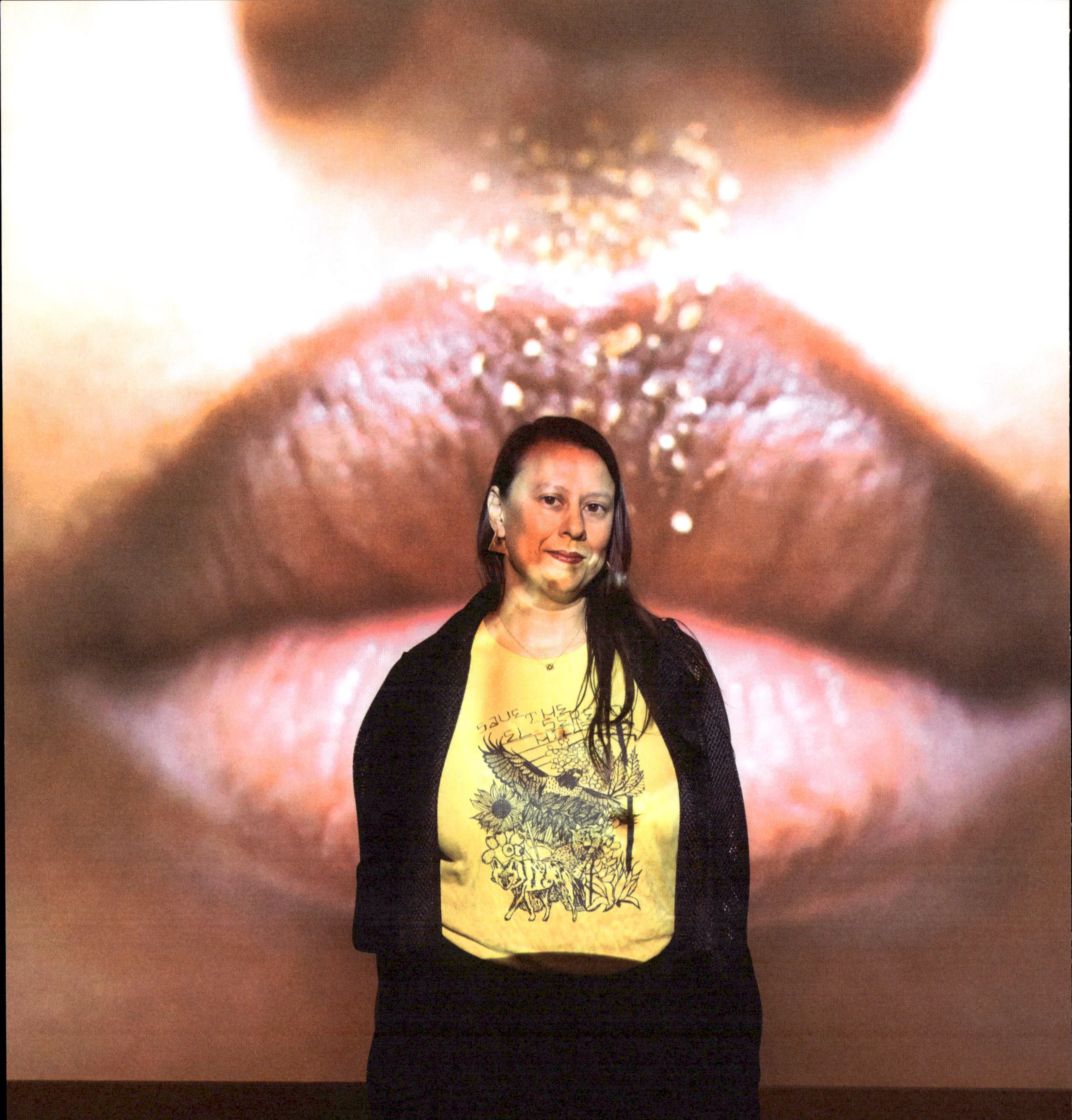

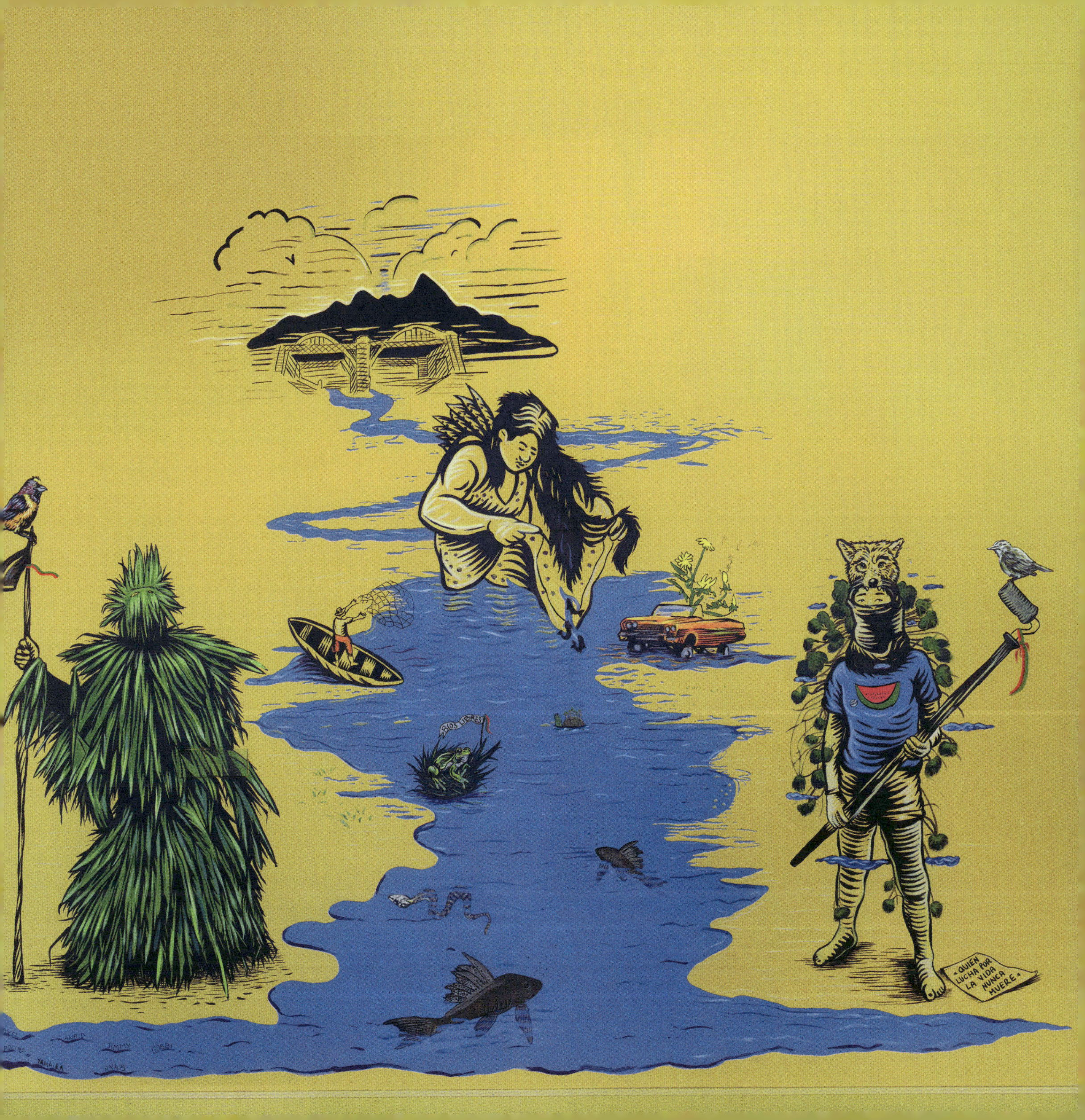
RIOS LIBRES
QUIEN LUCHA POR LA VIDA NUNCA MUERE
ANRID
JIMMY
YAHAIRA
ANAIS

TALKING WITH / TALKING BACK

ART AND THE ENVIRONMENTAL MOVEMENTS IN THE AMERICAS

HABLAR CON / HABLAR CONTRA

ARTE Y MOVIMIENTOS MEDIOAMBIENTALES EN LAS AMÉRICAS

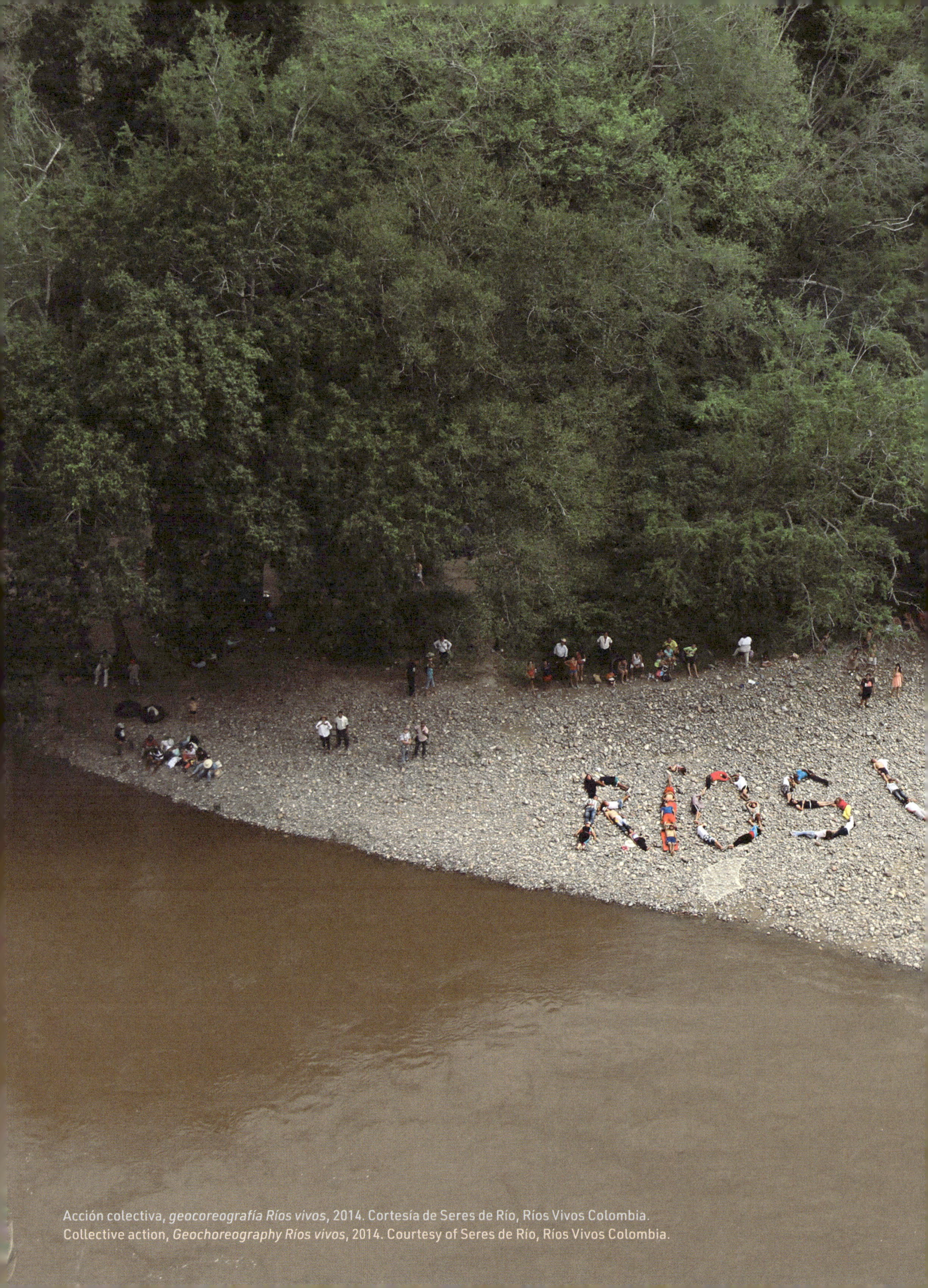

Acción colectiva, *geocoreografía Ríos vivos*, 2014. Cortesía de Seres de Río, Ríos Vivos Colombia.
Collective action, *Geochoreography Ríos vivos*, 2014. Courtesy of Seres de Río, Ríos Vivos Colombia.

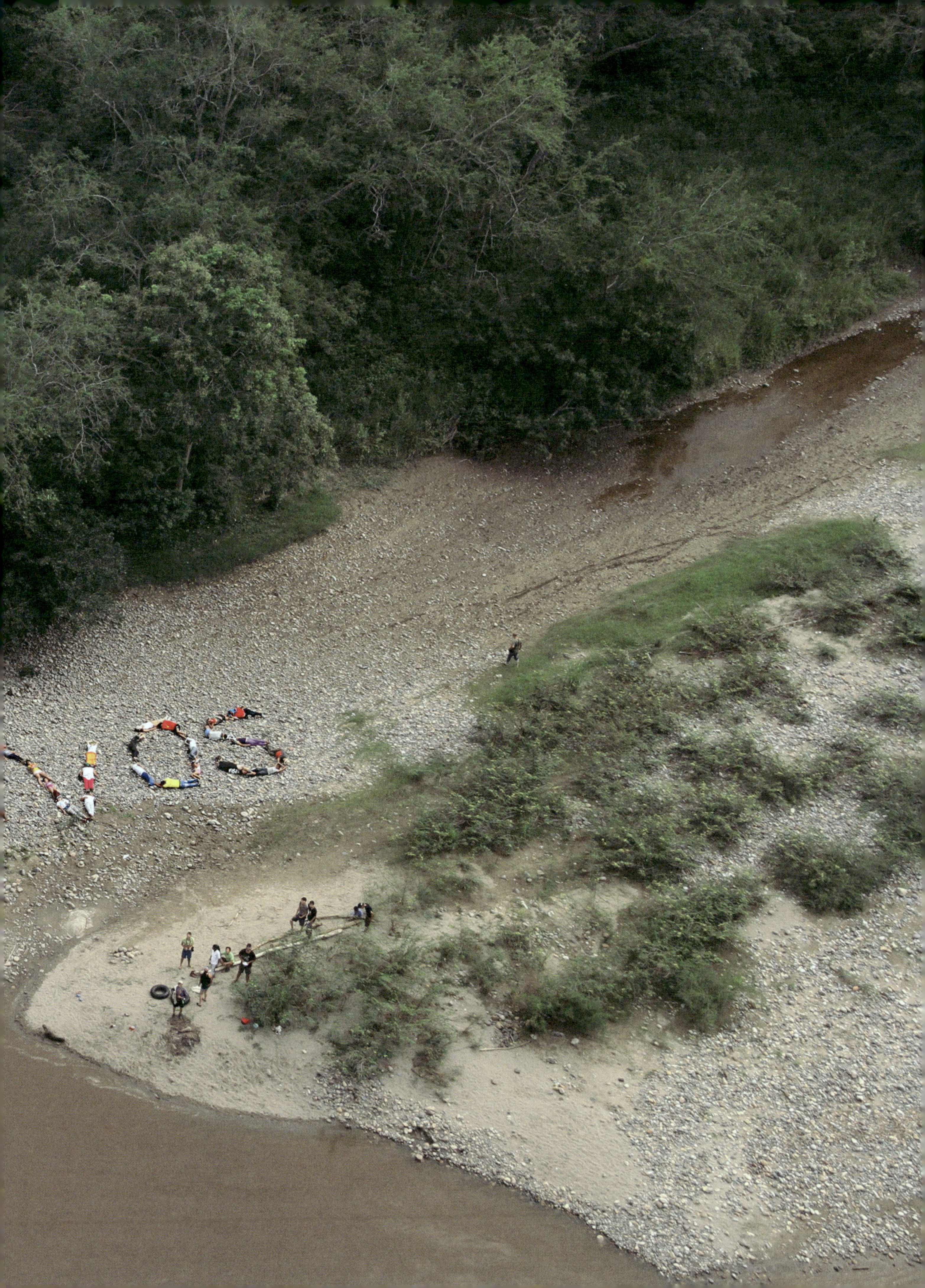

SOLIDARITIES AND RECIPROCITIES

CAROLINA CAYCEDO'S METHODOLOGIES TO REINVENT RELATIONSHIPS AMONG ART, SOCIETY, AND NATURE

María Wills Londoño

This essay on Carolina Caycedo's work seeks to reflect on the process of overcoming individualism to create and make room for reciprocity, crossings, dialogues, active listening, and, above all, to promote the construction of a world made up of many worlds,[1] through art grounded in solidarity and affection. Caycedo bases her practice largely on collaboration with communities and territories in situ. Although her creative process might resemble ethnographic fieldwork, for Caycedo, the possibilities within the social sciences and academia are very limited.

SOLIDARIDADES Y RECIPROCIDADES

CAROLINA CAYCEDO Y SUS METODOLOGÍAS PARA REINVENTAR LA RELACIÓN ENTRE ARTE, SOCIEDAD Y NATURALEZA

María Wills Londoño

En este escrito sobre la obra de Carolina Caycedo se pretende reflexionar sobre la superación del individualismo para crear y abrir espacio para las reciprocidades, los cruces, los diálogos, los procesos de escucha y sobre todo impulsar desde el arte la construcción de un mundo con muchos mundos,[1] cuyos puntos de partida sean la solidaridad y el afecto. La artista basa su práctica en gran medida en la colaboración en territorios y con comunidades. Aunque su proceso creativo podría asemejarse al trabajo de campo de la etnografía, para Caycedo las posibilidades de las ciencias sociales y la academia son muy limitadas.

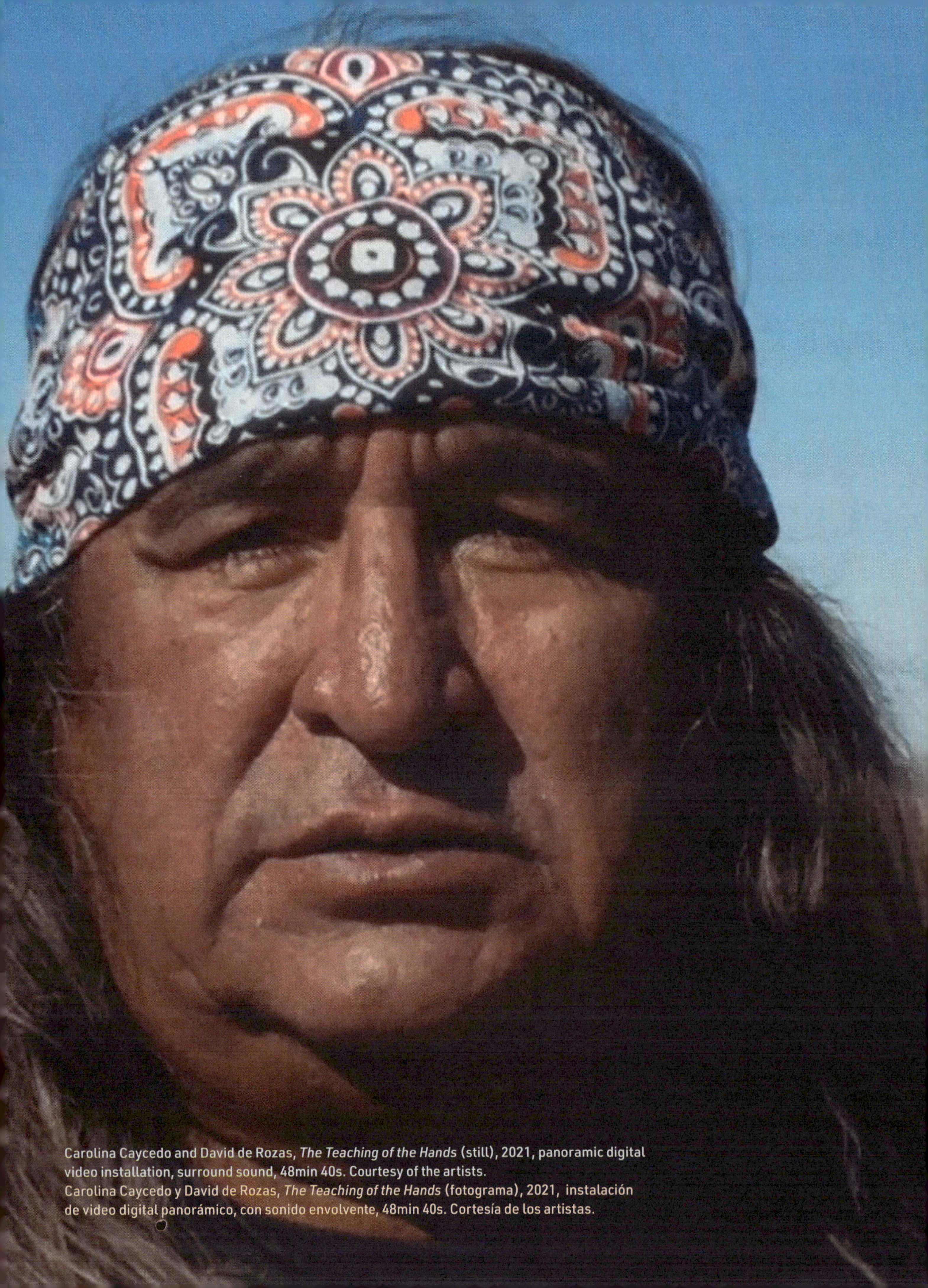

Carolina Caycedo and David de Rozas, *The Teaching of the Hands* (still), 2021, panoramic digital video installation, surround sound, 48min 40s. Courtesy of the artists.
Carolina Caycedo y David de Rozas, *The Teaching of the Hands* (fotograma), 2021, instalación de video digital panorámico, con sonido envolvente, 48min 40s. Cortesía de los artistas.

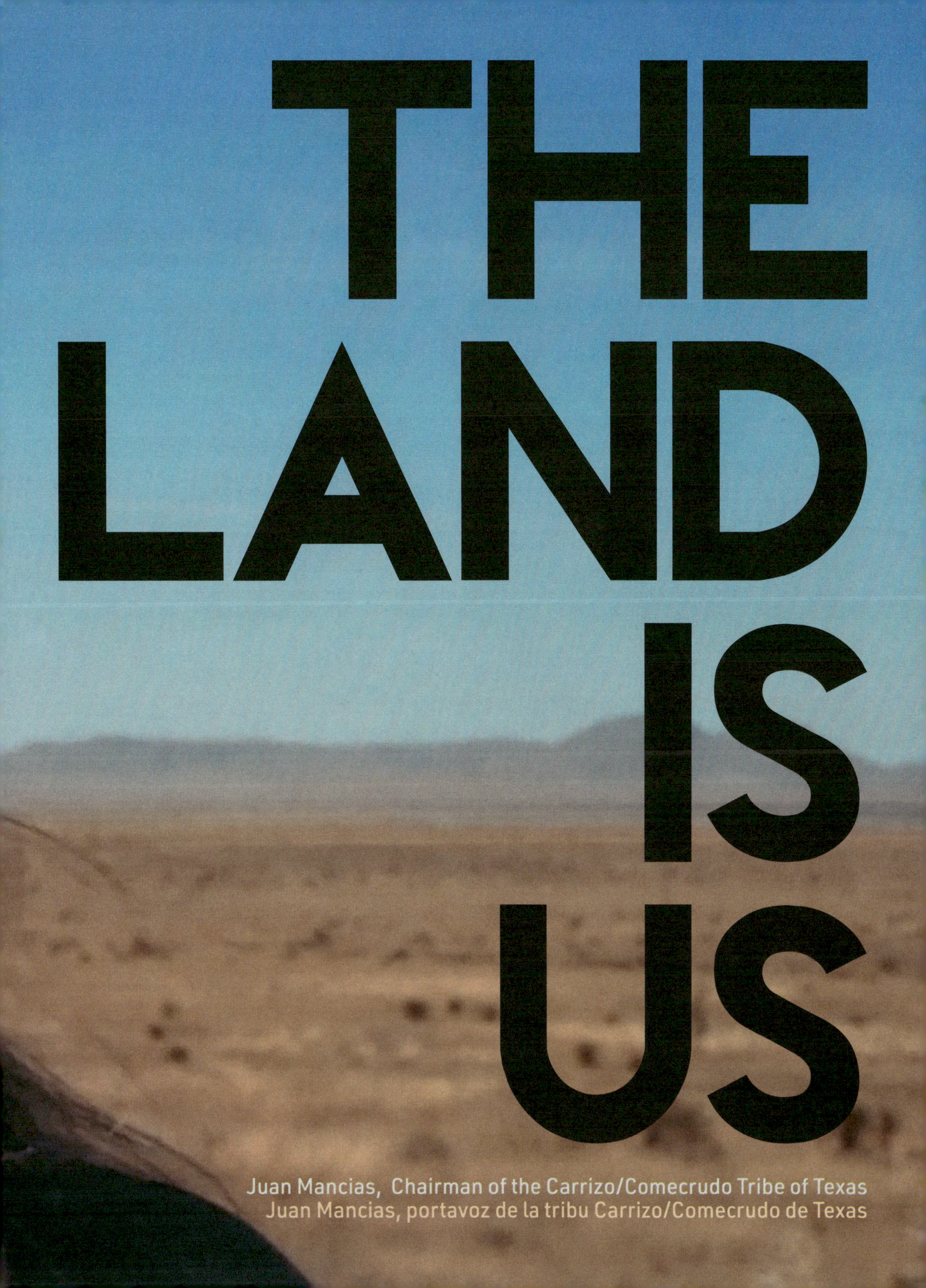

THE LAND IS US

Juan Mancias, Chairman of the Carrizo/Comecrudo Tribe of Texas
Juan Mancias, portavoz de la tribu Carrizo/Comecrudo de Texas

There are many different ways to take up the experience of a community or an environment as an artist-researcher. When opening the door to collectivities affected by **extractivist** dynamics, the subtle but radical differences in initial approach are of the utmost importance. The essence of Caycedo's work is to know, from the beginning, that the creative experience should give something back to that environment. Therefore, art is a tool that should nurture networks of solidarity. Her methodology is radical in that it seeks to come up with ways of developing art that break with traditional disciplinary parameters. This artistic practice is strengthened by collective struggles against displacement and exploitation caused by mining and deforestation, and it responds to the real needs of territories.

The dark side of Eurocentrism arises from an excessive ambition for appropriation, intensified by the processes of colonization. From there, modernity asserts itself, with private property being an essential element: the dichotomy between what is one's own—and what is not—in today's consumer society refers to values of ambition and greed related to production and exploitation. The perversion of capitalism imposes a single vision of wealth that triggers environmental crises and deepens anxieties at an accelerated pace. In truth, wealth is something else entirely.

One of the thinkers who has marked Caycedo's trajectory, Arturo Escobar, says that, in order to open ourselves up to pluralistic thoughts, we need to disassociate ourselves from essentialist Western understandings, and we should no longer uphold absolute truths about the way we comprehend society:

> This understanding of the world is much broader than the Western understanding of the world. This means that the transformation of the world, and the transitions toward the **pluriverse**, or the transformations illuminated by *campesino*, Indigenous, and Afro-descendant activists, can occur (in fact are occurring) through paths unthinkable from the perspective of Eurocentric theories.[2]

Caycedo's ethical and aesthetic proposal reveals ways of thinking that nurture an existence in which the human loses its hierarchical standing and Mother Earth is conceived as the essential entity. In this framework, interspecies collectives, of which we are a part, coexist, and science and technology can contribute new intelligences to avoid extinction. The earth—its rivers, mountains, and seas—assumes a personality and creates a set of relationships in which the human does not dominate, but rather enables movements and energies that can generate new ontologies.

In her series such as *Be Dammed*, *Cosmotarrayas*, and *Geochoreographies*, the connection with the territory is proposed based on a new ethic that formulates that the use we give to the world and its resources is the same utility we give ourselves. "The land is us," says Juan Mancias, spokesperson for the Carrizo/Comecrudo tribe, with whom Carolina has collaborated. From this premise, a diverse geopolitics is created, one that invites us to go to the origins, and to try to remember a time before territories were divided into nations.

This account of Carolina Caycedo's practice aims to highlight how works of art can be understood as relationships between people, where the artist can support an existing struggle with the possibility of aligning **environmental justice** and self-determination with shared creativity. Care is the most important tool in the artist's work. It functions in places that elude the categories and rationality behind contemporary conceptual art to come closer to tenderness and affection.

As a migrant artist, it is clear that Carolina's center is not in hegemonic places of the art world, even though her work is exhibited in highly regarded museums and art institutions. Her goal is to operate in motion; she moves from place to place in order to understand

[1] The anthropologist Marisol de la Cadena proposes a standpoint that comes from a communal relationship with nature: the world is not divided into parts that may or may not come together. In reality, we are a whole and, therefore, from within this wholeness, similar or diverse groups and ways of thinking can coexist. Marisol de la Cadena, "Indigenous Cosmopolitics in the Andes: Conceptual Reflections Beyond 'Politics'," *Tabula Rasa*, no. 33 (January-March 2020): 273-311, https://doi.org/10.25058/20112742.n33.10.

[2] Arturo Escobar, *Designs for the Pluriverse: Radical Interdependence, Autonomy, and the Making of Worlds* (Durham and London: Duke University Press, 2018), 68.

Hay diversas maneras de retomar la experiencia de una comunidad o un entorno como creadora o investigadora. Al abrir la puerta hacia colectividades afectadas por situaciones **extractivistas**, las sutiles pero radicales diferencias en esa intención inicial son trascendentes. La esencia en el trabajo de Caycedo es saber desde el comienzo que la experiencia creativa devolverá algo a ese entorno. El arte es por ello una herramienta para nutrir redes de solidaridad. Su metodología es radical porque busca inventar formas de desarrollar las artes que rompan los parámetros tradicionales de las disciplinas y que se fortalezcan con las luchas comunitarias contra los desplazamientos y la explotación por minería y deforestación, y respondan a las necesidades reales de los territorios.

El lado oscuro del eurocentrismo surge de una ambición desmedida de apropiación que se intensifica a partir de los procesos de colonización y desde allí la modernidad se afirma con la propiedad privada como elemento esencial; la dicotomía entre lo propio y lo ajeno en la sociedad de consumo actual remite a valores de ambición y codicia relacionados con la producción y la explotación. La perversión del capitalismo impone una sola visión de riqueza que desencadena crisis ambientales y profundas ansiedades a un ritmo acelerado. Pero la riqueza es en realidad otra cosa.

Dice Arturo Escobar, uno de los pensadores que ha marcado la trayectoria de Caycedo, que es necesario desvincularse de entendimientos occidentales esencialistas y evitar prolongar verdades absolutas sobre la manera en que entendemos la sociedad para abrirnos a pensamientos plurales:

> El entendimiento del mundo es mucho más amplio que el entendimiento occidental del mundo. Esto significa que la transformación del mundo y las transiciones hacia el **pluriverso**, o las transformaciones iluminadas por activistas campesinos, indígenas y afrodescendientes, pueden ocurrir (de hecho están ocurriendo) a través de vías impensables desde las teorías eurocéntricas.[2]

La propuesta ética y estética de Caycedo revela formas de pensamiento que alimentan un existir en el que el humano pierde su jerarquía y se concibe a la Madre Tierra como el ente esencial en el que los colectivos interespecies de los que hacemos parte coexisten y en el que la ciencia y la tecnología pueden aportar a nuevas inteligencias que eviten la extinción. La tierra, sus ríos, montañas, mares, asumen una personalidad y crean un conjunto de relaciones en las que el humano no domina, sino que habilita movimientos y energías para nuevas ontologías.

En obras como *Represa represión* (*Be Dammed*), *Cosmotarrayas o Geocoreografías* (*Geochoreographies*) se propone la conexión con el territorio con base en una nueva ética que formula que el uso que le demos al mundo y sus recursos es el mismo que nos damos a nosotros mismos. "The land is us" —la tierra somos nosotros—, dice Juan Mancias, portavoz de la tribu Carrizo/Comecrudo, con el que Carolina ha colaborado. Con esta premisa se crea una geopolítica que invita a ir a los orígenes y tratar de recordar un tiempo anterior a éste, en el que los territorios se dividieron en naciones.

El presente relato sobre el trabajo de Carolina Caycedo propone entender la obra de arte como un relacionamiento entre personas: la figura de la artista llega a apoyar una lucha existente con las posibilidades de la compartición creativa alineada con causas de **justicia ambiental** y autodeterminación. La principal herramienta de trabajo es el cuidado, que opera en lugares que huyen de las categorías y la racionalidad detrás del arte conceptual contemporáneo para acercarse al corazón y el cariño.

Como una artista migrante, es claro que el centro de Carolina no está en los lugares hegemónicos del arte, aunque su obra se exhiba en los museos e

1 La antropóloga Marisol de la Cadena propone hablar desde la comunidad con la naturaleza: el mundo no se divide en partes que pueden o no juntarse, en realidad somos un todo y por ello los grupos y pensamientos similares o diversos pueden convivir. "Cosmopolítica indígena en los Andes: reflexiones conceptuales más allá de la 'política'", *Tabula Rasa*, núm. 33, 273-311, 2020.

2 Arturo Escobar, "*Sentipensar* con la tierra: las luchas territoriales y la dimensión ontológica de las epistemologías del sur", *Revista de Antropología Iberoamericana*, vol. 11, núm. 1, 11-32, 2016.

multiple realities. Caycedo shares that, when her projects begin, she already has another trip scheduled for when the work is done, so she can go back to the community she is working with to give back to them and recount their struggles.

Sentipensar with the earth,[3] which Arturo Escobar recovers when he speaks of the need for **post-development**, comes from subaltern and *campesino* thinking that advocates for an experience of feeling connected to the land. In the arts, one possibility within this framework is working from extended psychogeographies to create networks of support and solidarity, moving toward redefining the notion of what an "empowered civil society" is. When Caycedo arrives in riverine communities in Huila, Minas Gerais, Texas, or California with the purpose of working on a project, she engages in dialogue to get a feel for that territory and to give way to a process of sensitive bonding. Her way of feeling and thinking about the territory does not come from a place of dominance, but from a life project in which environmental sovereignty is built locally, denounces the arbitrariness of private interests, and tries to reach agreements with all the actors involved. Her proposals for communities whose interests have been violated are directed toward the possibility of overcoming a positionality of victimization to claim a fundamental position of strength and self-determination.

We Place Life at the Center, the title of this project, is a tribute to leaders and confabulators who believe in the power of action and resistance as a space for agency in the 21st century. Caycedo's work exists thanks to the legacy of social movements, collectives, and cooperatives—such as the Sociedad Cooperativa de Producción Pesquera Mujeres del Golfo de México; the Colectivo Seres de Río (formerly Jaguos por el Territorio) in La Jagua, Colombia; and the Carrizo/Comecrudo tribe in Texas—that reveal the potency of civil society as a necessary entity in the defense against environmental onslaught.

In the case of the Colectivo Seres de Río, art has provided possibilities for resistance grounded in very powerful communication strategies that have opened up the opportunity to work on the basis of concrete actions perpetrated by the government and multinational companies with the informality that the artistic experience allows. The work *Tierra de los amigos (Land of Friends)* created a collective conscience among the inhabitants of La Jagua, located in the Magdalena riverhead, in the department of Huila, Colombia. The deep rootedness to the territory, understood as a collective home, allowed for an appropriation that arose from the autonomy of a civil society with whom art found resonance as a means to open dialogue channels with the great economic powers.

Although the El Quimbo dam was built and inaugurated in 2015, cultural activations and actions stood up to the conglomerate and investors, among other protagonists of hegemonic power with ideas of capitalist development. These protests shed light on a new action power based on the solidarity and resilience of communities to achieve sustainability that benefits the majorities. At that time, Caycedo met Zoila Ninco, an artisanal fisherwoman, environmental leader, and water protector, who was the first person to give her an *atarraya*—a round fishing cast net—for her artistic experimentation. From that moment on, this instrument became a symbol of resistance and of the social fabric. That is why the *atarraya* has been used in gatherings in which the public is invited to extend that network of senses and meanings that flows to form a social body, a process Caycedo calls geochoreography.[4]

[3] Arturo Escobar explains that "sentipensar and sentipensamiento are reported by Colombian sociologist Orlando Fals Borda (1984) as the living principle of the riverine and swamp communities of Colombia's Caribbean coast. They imply the art of living based on thinking with both heart and mind. Sentipensamiento was later on popularized by the Uruguayan writer Eduardo Galeano as the ability found among popular classes to act without separating mind and body, reason and emotion." Arturo Escobar, "Thinking-feeling with the Earth: Territorial Struggles and the Ontological Dimension of the Epistemologies of the South," *Revista de Antropología Iberoamericana*, Volume 11, Issue 1, (January - April 2016): 11-32.

[4] Carolina Caycedo coined the term geochoreographies and defines it as "the sum of everyday and extraordinary gestures and actions intrinsic to the social, political and environmental context of the river....A geochoreography is a political act that reverts to using the body as a political tool, under the notion that the geography and the territory are part of one's own body, not just something outside the body." For more, see: http://carolinacay-cedo.com/geochoreographies-2015.

instituciones más importantes. Su objetivo es operar en movimiento, trasladarse a lugares para entender realidades. Ella misma enuncia que los proyectos empiezan con un pasaje de regreso a la comunidad para devolver y contar sus luchas.

El **sentipensar** con la tierra,[3] que Arturo Escobar rescata cuando habla de la necesidad de un **posdesarrollo**, viene de un pensamiento subalterno, campesino, que aboga por un sentir relacionado con la tierra. Es posible que en el arte esto implique trabajar a partir de psicogeografías extendidas para crear vínculos de apoyo y solidaridad, para encaminarse hacia una posible redefinición de la noción de sociedad civil empoderada . Al llegar a trabajar a comunidades ribereñas del Huila, Minas Gerais, Texas o California, Caycedo entabla diálogos para sentir ese territorio y dar paso a una vinculación sensible. Su sentir y pensar el territorio no provienen de una posición de dominio, sino de un proyecto de vida en el que la soberanía ambiental se construye localmente, denuncia las arbitrariedades de intereses privados e intenta llegar a acuerdos con todos los actores implicados. Sus propuestas para comunidades cuyos intereses han sido vulnerados se encaminan hacia la posibilidad de superar un emplazamiento de victimización para reivindicar una postura importante de fuerza y autodeterminación.

Situamos la vida en el centro, título del proyecto, es un homenaje a líderes y confabuladores que creen en la potencia de la acción y la resistencia como un espacio de agenciamiento de cara al siglo XXI. Su obra existe gracias a un legado de movimientos sociales, colectivos y cooperativas —como la Sociedad Cooperativa de Producción Pesquera Mujeres del Golfo de México; Seres de Río, antes Jaguos por el Territorio, en La Jagua, Colombia; la tribu Carrizo/Comecrudo, en Texas, Estados Unidos— que revelan la potencia de la sociedad civil como ente necesario para defender los embates contra el medio ambiente. En el caso del Colectivo Seres de Río, por ejemplo, el arte ha brindado posibilidades de resistencia a partir de estrategias de comunicación muy potentes que abrieron la oportunidad de trabajar con base en hechos concretos perpetrados por el gobierno o empresas multinacionales desde la informalidad que permite la experiencia artística. La obra *Tierra de los amigos* (*Land of Friends*) creó una conciencia colectiva entre los habitantes de La Jagua, donde nace el río Magdalena, en el departamento del Huila, Colombia. El arraigo profundo al territorio que es entendido como un hogar colectivo permitió una apropiación que surge de la autonomía de la sociedad civil, para la cual el arte fue la vía que tuvo resonancia para abrir corrientes de diálogo con las grandes potencias económicas.

Aunque la represa de El Quimbo se construyó e inauguró en 2015, las activaciones y acciones culturales se impusieron al conglomerado y los inversionistas, entre otros protagonistas del poder hegemónico con ideas de desarrollo capitalista, para apuntar a un nuevo poder de acción basado en la solidaridad y la resiliencia de las comunidades para alcanzar una sostenibilidad que beneficie a las mayorías. En ese entonces, Caycedo conoció a Zoila Ninco, pescadora artesanal, líder ambiental y protectora del agua, quien por primera vez le entregó una atarraya —red redonda para pescar— para su experimentación artística. A partir de ese momento, este instrumento se convirtió en símbolo de resistencia y del tejido social, por eso se ha utilizado en encuentros en los que el público es convocado a extender esa red de sentidos que fluye para conformar un cuerpo social como geocoreografía.

Usando el privilegio de ser una artista con acceso a espacios de interlocución y escucha internacionales, el trabajo de Caycedo se ha presentado como una plataforma para que los grupos proyecten sus fuerzas de resistencia y logren que las posturas diferentes sean visibles y eventualmente negociables.

La estrategia y metodología también consisten en olvidarse de las funciones tradicionales del arte, de su función estética pasiva y su intención expositiva, para llevar la obra hacia un proceso profundamente social y micropolítico. A partir de los proyectos sostenidos

[3] "El sociólogo colombiano Orlando Fals Borda (1984) indica que los términos sentipensar y sentipensamiento constituyen el principio de vida de las comunidades de la costa caribeña colombiana que viven en cuencas de río y pantanos. Implican el arte de vivir y pensar con el corazón y con la mente. El escritor uruguayo Eduardo Galeano popularizó el término sentipensamiento como la capacidad de las clases populares de no separar la mente del cuerpo, y la razón de la emoción". Escobar, "*Sentipensar* con la tierra", 14.

Using the privilege of being an artist with access to international spaces of interlocution and active listening, Caycedo's work has been presented as a platform for groups to project their forces of resistance and to make different positions visible and, eventually, negotiable. The strategy and methodology also consist of forgetting the traditional functions of art, its passive aesthetic function, and its expository intention, to take the work toward a profoundly social and micro-political process. From the projects carried out for more than ten years in this region of Colombia, and from the initiatives by collective members, hybrid works are created. Psychology, theater, dance, and drawing arising from the body, value the emotion and the link between living beings—human and nonhuman—to weave networks that metaphorically become *cosmotarrayas* and make possible a work that does not have just one single author. Unlike a dam, the atarrayas symbolize a social fabric that does not divide and block, but lets things flow and, above all, that can be repaired if it is torn. The knots are presences—individuals—and their malleability also symbolizes the possibility of rethinking futures that include us.

The bonds created by Caycedo are based on mutual understanding, which is why communal voices are essential to the stories being told in her work. In an interview with Jona Luna—a territorial defender and community facilitator from La Jagua who has led numerous anti-extractive and anti-neoliberal initiatives that foreground local narratives and needs—he highlighted key aspects of the process of building bridges between art and social movements:

> Seres de Río has used art and cultural creations with the intention of them being a tool and communication strategy for mobilization. With Carolina Caycedo and all the other artists with whom we have collaborated, there is a mutual clarity about what we are betting on with these creations. Be it against the climate crisis, or against **extractivism**, displacement, and other threats that affect us as inhabitants of this planet, the struggles for the defense of territory take place in the face of a world that is largely distracted and disconnected from how these offensives are experienced in rural areas, and from how all our lives are intertwined with these issues. That is why artistic and cultural creations have the purpose of shaking up people's perception around the urgency to react and act against the critical moment we are living.
>
> Even though the concept of activism resonates with us, our organization and struggle cannot be reduced to activism. We are cultural workers who are in a constant process of organizing and mobilizing on behalf of our territories and all forms of life with whom we are interconnected. This is something that is done constantly from all the spaces where we are, not only in a few specific moments. More than a protest or an isolated act, it is a journey that transcends all our daily lives and living environments.[5]

In La Jagua, efforts to protect the Yuma, the ancestral name given by the Muisca people to the Magdalena River,[6] which translates to "river friend," have opened up opportunities for the creation of gatherings around communal pots and stews, where members of the community get to share and listen to each other. The potential of these meetings is projected around the persistence of collective causes. Despite the divisions and idleness that corruption and politicking can produce, the struggle has been a sustained and coherent practice based on the possibilities of gathering and celebrating life. Peaceful artistic mobilization is a polarizing factor given that, historically, there is evidence that without disruption, changes in opposing views cannot be achieved. A cornerstone of this creative practice has been to propose to communities that they take strength from the possible visual reappropriations of the landscape. This way, communities can make critical readings of how the environment has been affected by those who develop hydroelectric projects, and who exploit natural resources. *Be Dammed*, Caycedo's long-term

5 Interview with Jona Luna, November 15, 2023.

6 The Muisca people are still concentrated in the central Andean region of the Eastern Cordillera of Colombia, which corresponds to the current departments of Cundinamarca and Boyacá.

por más de diez años en esta región de Colombia y las iniciativas de los miembros del colectivo, se crean híbridos en los que la psicología, el teatro, la danza y el dibujo surgidos desde el cuerpo valoran la emoción y el vínculo de los seres vivos, humanos y no humanos, para tejer redes que se tornan metafóricamente en *cosmotarrayas* y habilitan una obra sin autor único. A diferencia de una represa, las atarrayas simbolizan el tejido social, que no divide y bloquea, sino que da paso al fluir y ante todo puede repararse si se rompe. Los nudos son presencias, individuos, y su maleabilidad también simboliza la posibilidad de repensar futuros que nos incluyan.

Los lazos creados por Carolina son de complicidad, por eso sus voces son esenciales en el relato. Al hablar con Jona Luna, defensor territorial y dinamizador comunitario de La Jagua que ha articulado numerosas iniciativas antiextractivas y antineoliberales para privilegiar los relatos y necesidades locales, destacó aspectos clave del proceso de crear puentes entre el arte y los movimientos sociales:

> La manera en que Seres de Río ha utilizado el arte y la creación cultural ha sido con la intención de que sea herramienta y estrategia de comunicación para la movilización. Con Carolina Caycedo y todas las otras artistas con quien hemos colaborado, hay una claridad mutua a qué le estamos apostando con estas creaciones.
>
> Las luchas por la defensa del territorio, sea contra la crisis climática, el **extractivismo** y el desplazamiento y las amenazas que nos afectan como habitantes de este planeta, suceden frente a un mundo que en gran parte anda distraído y desconectado de cómo esto se vive desde la ruralidad y cómo todas nuestras vidas están interconectadas a estas problemáticas. Por eso las creaciones desde el arte y la cultura son con el propósito de darles una sacudida fuerte a las personas sobre la urgencia de reaccionar y actuar frente al momento crítico que estamos viviendo.
>
> Aunque el concepto de activismo nos genera resonancia, nuestra organización y lucha no se pueden reducir al activismo. Somos trabajadoras y trabajadores culturales que estamos en una organización y movilización constantes por nuestros territorios y todas las formas de vida con quien estamos interconectadas, es algo que se hace constantemente desde todos los espacios en donde nos encontramos y no solamente en unos momentos específicos. Más que una protesta o una actividad, es un caminado que transciende toda nuestra cotidianidad y espacios de vida.[4]

En los espacios que se han abierto en La Jagua para proteger a Yuma, nombre ancestral que le dio el pueblo muisca al río Magdalena,[5] que se traduce como "río amigo", se han gestado procesos que involucran ollas y sancochos comunitarios para compartir y escuchar. El potencial de las juntanzas se proyecta hacia la persistencia de las causas colectivas. A pesar de las divisiones y la desidia que pueden producir la corrupción y politiquería, la lucha ha sido la práctica sostenida y coherente basada en las posibilidades del encuentro y la celebración de la vida. La movilización pacífica desde el arte se entiende como un factor de polarización, dado que históricamente se ha evidenciado que sin disrupción no se logran cambios en posturas opuestas.

Una parte importante del trabajo creativo ha sido proponer a las comunidades que tomen fuerza desde las posibles reapropiaciones visuales del paisaje para hacer lecturas críticas a la manera en que éste se ha visto afectado por quienes desarrollan proyectos hidroeléctricos y de explotación de los recursos naturales. *Represa represión* (*Be Dammed*), proyecto que se ha extendido en el tiempo y que juega con la noción de represa, pero sobre todo de condena, utiliza una variedad de estrategias y medios para visualizar los daños causados al entorno natural: fotografías aéreas, mapas, patrones abstractos del río en los *Retratos del agua* y relatos dibujados en los libros ríos que cuentan las historias de los ancestros. Las obras

[4] Entrevista con Jona Luna, 15 de noviembre de 2023.

[5] Los musicas se concentran, aún hoy en día, en la región andina central de la cordillera Oriental de Colombia, que corresponde a los actuales departamentos de Cundinamarca y Boyacá.

WE PLACE LIFE AT THE CENTER, THE TITLE OF THIS PROJECT, IS A TRIBUTE TO LEADERS AND CONFABULATORS WHO BELIEVE IN THE POWER OF ACTION AND RESISTANCE AS A SPACE FOR AGENCY IN THE 21ST CENTURY.

SITUAMOS LA VIDA EN EL CENTRO, TÍTULO DEL PROYECTO, ES UN HOMENAJE A LÍDERES Y CONFABULADORES QUE CREEN EN LA POTENCIA DE LA ACCIÓN Y LA RESISTENCIA COMO UN ESPACIO DE AGENCIAMIENTO DE CARA AL SIGLO XXI.

project that plays with the notion of the dam, and, above all, of damnation, uses a variety of strategies and media to represent the damage caused to the natural environment: aerial photographs, maps, abstract patterns of the river in the *Water Portraits*, and accounts drawn in the *Serpent River Books* that tell stories of the ancestors. These bodies of works question the paradox between painful beauty and the domestication of nature, which has historically manifested itself in the landscape painting genre and which, for example, served as a symbol of dominance and power in the 19th century.[7]

In collaboration with Juan Mancias, spokesperson for the Carrizo/Comecrudo tribe in Texas, and with the support of filmmaker David de Rozas, Caycedo created a collective body of work that underscored the notion that radical thinking from the north creates visualities that are part of the wills of political bodies without borders, and also highlighted the importance of developing artworks in dialogue with the urgency of transnational sustainability objectives. The associated film presented at the Museum of Modern Art in New York in 2022 and 2023, *The Teachings of the Hands*,[8] sought to preserve orality, which is why the central aspect of the piece, beyond the power of the installation in the space, was the oral testimony, which manifested the vision of the Carrizo/Comecrudo Indigenous people.

The account raises awareness about the importance of building an environmental historical memory. With Mancias's collaboration, the United States' border policy toward Mexico is put into question. What also takes place is the formulation of thoughts that seem more aligned with the Global South than with the North, founded on a spiritual lineage that rejects geopolitical impositions. Caycedo identifies with this possibility of being a national of multiple continents, because migration enables an America that resists globalization, and considers multiple interconnected localities, mixed-race identities, times, and histories that are never linear or univocal, to ratify decolonizing thought.

In relation to this premise of the colonizing mentality, which divides wills instead of negotiating, Mancias says:

> A settler mentality, or a colonizer mentality, is what prompts people to see a dead bear and call it a Mexican bear, which happened recently on the I-10 highway.[9] And I'm going, like, did you check its papers? How do you know it's Mexican? That bear doesn't know that it's Mexican, you know? We're throwing nationalities out there like that's the most important part of what's going on. CJ [Alvarez], you were talking about the Amistad Dam being built by Mexicans and by United Statians, but they're human beings. They're trying to find a way for larger populations to survive. But we're labeling everybody, instead of trying to live with the understanding that this is the only place we have to live right now.[10]

Considering the laws of Indigenous peoples who constantly call for all to take care of the rivers is key for this process of cultural openness toward other ways of thinking. The demolition of the dams on the Klamath River is a successful case of the persistence of environmental struggles. Their construction was considered cultural and environmental genocide. The ecosystem imbalance was evident: At the beginning of the 20th century, soon after the first water blockages and diversions were made, it was clear that the fish—especially salmon—could not swim upstream and, with their life energy, carry minerals and vitality to the river mouth. Without salmon, there is no village. Being guardians of the river and protecting it for artisanal fishing, among other purposes, was essential. Intense protests that lasted decades resulted in an order to demolish four dams with the goal of restoring the river to the surrounding territories. This process has begun and young fish have been relocated in an effort by biologists

[7] *Water Portraits* is a series by Carolina Caycedo composed of altered and remixed photographs of rivers and waterfalls in large format, printed on fabric that can be worn around the body, hung, stretched, or wrinkled, with the aim of modifying the formal and Eurocentric gaze so bodies of water can become images of their own.

[8] Commissioned by Ballroom Marfa, with VIA Art Fund's support.

[9] Bears attempting to cross Interstate 10 (I-10) in search of food have been hit by drivers on multiple occasions.

[10] Carolina Caycedo, David de Rozas, Juan Mancias, and CJ Alvarez, "A Contested Land: A Conversation with Carolina Caycedo and David de Rozas," *Magazine*, July 12, 2022. Available at https://www.moma.org/magazine/articles/754.

cuestionan la paradoja entre la belleza dolorosa y la domesticación de la naturaleza, que se ha manifestado históricamente en el género del paisaje y que, por ejemplo, era un símbolo de dominio y poder en el siglo XIX.[6]

Con Juan Mancias, portavoz de la tribu Carrizo/Comecrudo en Texas, de la mano de David de Rozas, Caycedo hizo un trabajo de movimiento colectivo que confirmó que el pensamiento radical del norte crea visualidades que son parte de las voluntades de organismos políticos sin fronteras, en el que destacó el arte desarrollado a partir de la urgencia de objetivos de sostenibilidad transnacionales. En la película presentada en el Museum of Modern Art de Nueva York, *The Teachings of the Hands*,[7] se buscó preservar la oralidad, por ello el aspecto central de la pieza, más allá de la potencia de la instalación en el espacio, fue el testimonio que manifiesta la visión de este pueblo originario.

El relato crea conciencia acerca de la importancia de la construcción de una memoria histórica ambiental. Con Mancias ha sido posible cuestionar la política fronteriza de Estados Unidos hacia México y formular pensamientos que parecen alinearse más con el sur que con el norte fundados sobre un linaje espiritual que rechaza las imposiciones geopolíticas. Caycedo se identifica en esta posibilidad de ser nacional de múltiples continentes, porque la migración habilita una América que se resiste a la globalización y considera múltiples localidades interconectadas, identidades mestizas, tiempos e historias que jamás son lineales o unívocas, que ratifican un pensamiento descolonizador.

En relación con esta premisa de la mentalidad colonizadora, que divide voluntades en lugar de negociar, Mancias dice:

> Una mentalidad de colono, o de colonizador, es lo que hace que la gente vea un oso muerto y diga que es un oso mexicano, como pasó recientemente en la autopista interestatal 10. Digo, ¿revisaste sus papeles? ¿Cómo sabes que es mexicano? El oso no sabe que es mexicano, ¿cierto? Tiramos nacionalidades como si fuera lo más importante de lo que está pasando. CJ [Alvarez], hablabas de que la Presa de la Amistad fue construida por mexicanos y estadounidenses, pero son seres humanos que están buscando la supervivencia para poblaciones más grandes. Etiquetamos a todo el mundo en lugar de vivir y tratar de comprender que éste es el único lugar que tenemos para vivir en este momento.[8]

En esa apertura cultural hacia otras formas de pensamiento ha sido clave considerar las leyes de los pueblos originarios que hacen un llamado constante a cuidar los ríos. La demolición de las represas en el río Klamath es un caso de éxito de la persistencia de las luchas ambientales. Su construcción se consideró un genocidio cultural y ambiental. El desbalance del ecosistema era evidente: ya con los primeros bloqueos y desvíos de agua, a principios del siglo XX, se vislumbraba que los peces, en especial el salmón, no podían subir la corriente y llevar con su energía vida y minerales hacia la desembocadura. Sin salmón no hay pueblo. Ser guardianes del río y protegerlo para la pesca artesanal, entre otros objetivos, era esencial. Con protestas intensas que duraron décadas se logró comenzar la demolición de cuatro represas para restituir el río a los territorios y se han relocalizado peces jóvenes en un esfuerzo de biólogos y comunidades indígenas para permitir a este caudal ser parte de la interconexión de especies.

Aquí resuena la idea de "seguir con el problema" que propone la zoóloga y filósofa Donna J. Haraway para describir la necesidad de coexistir con los problemas y superar las posturas que operan en la noción de crisis ambiental sin retorno para buscar opciones que abran posibilidades para lo que aún puede ser. Situar la vida en el centro es plantear

[6] *Retratos del agua* es una serie de Carolina Caycedo compuesta por fotografías alteradas y remezcladas de ríos y cascadas en gran formato, impresas en telas que pueden utilizarse alrededor del cuerpo, colgarse, estirarse o arrugarse, con el objetivo de modificar la mirada formal y eurocéntrica de los cuerpos de agua para hallar imágenes propias.

[7] Comisionada por Ballroom Marfa, con el apoyo de VIA Art Fund.

[8] En repetidas ocasiones, los osos que intentan cruzar la autopista interestatal 10 en busca de comida han sido atropellados por automovilistas. Carolina Caycedo, David de Rozas, Juan Mancias y CJ Alvarez, "A Contested Land: A Conversation with Carolina Caycedo and David de Rozas", *Magazine*, 12 de julio de 2022. https://www.moma.org/magazine/articles/754.

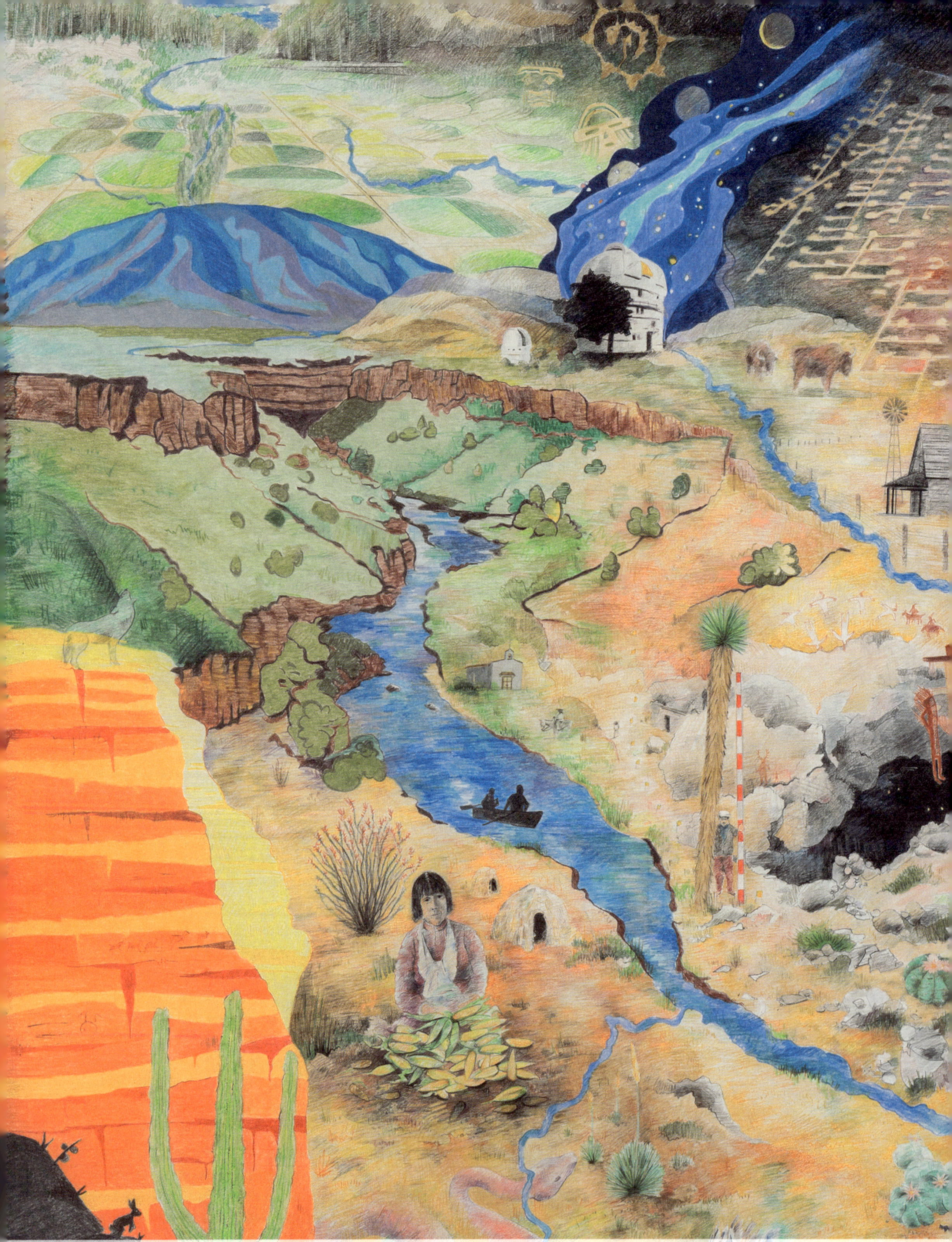

Carolina Caycedo & David de Rozas, *Somi Se'k*, 2020, colored pencil on paper, 70 × 94 in, courtesy of the artists.

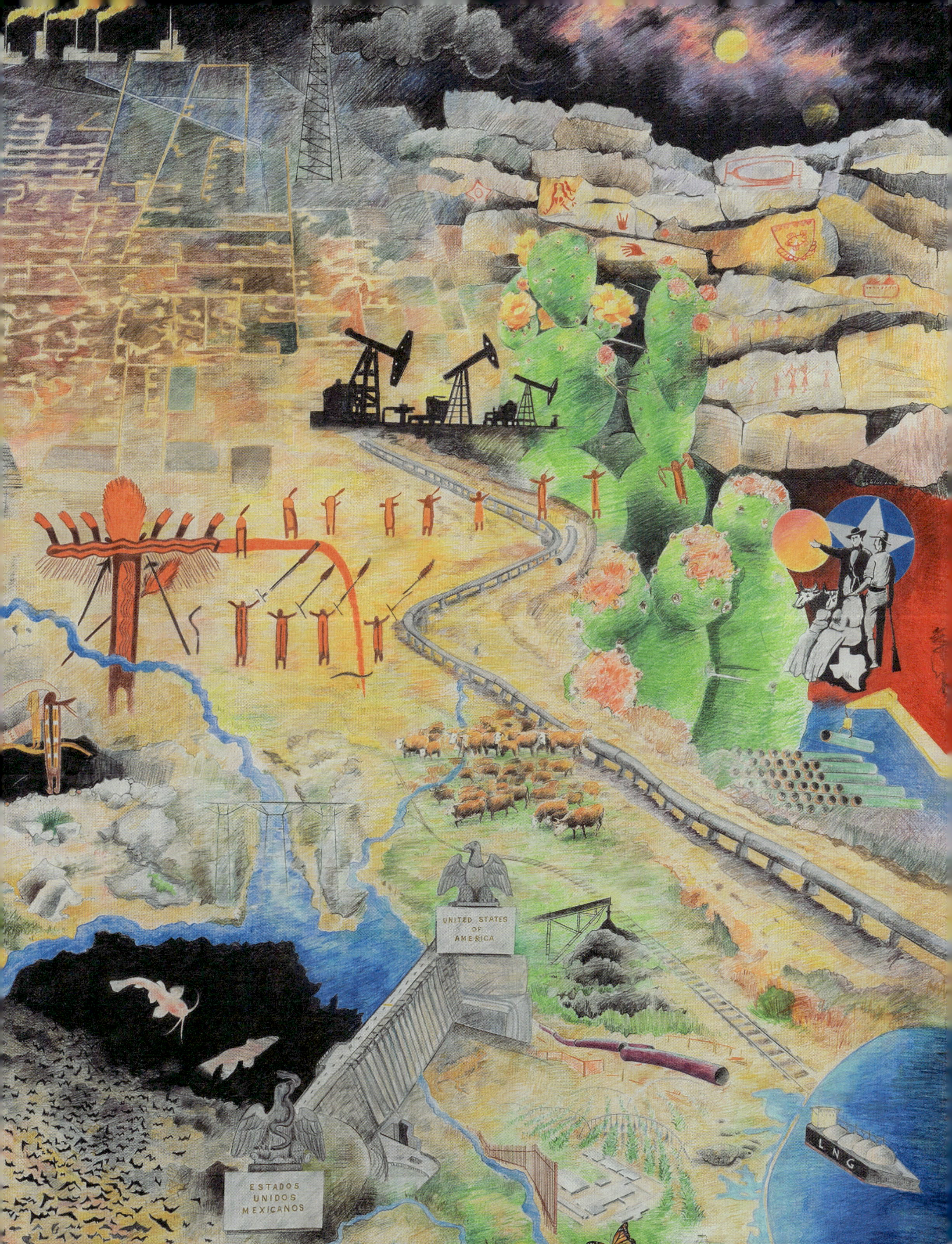

Carolina Caycedo & David de Rozas, *Somi Se'k*, 2020, lápiz de color sobre papel, 70 × 94 in, cortesía de los artistas.

and Indigenous communities to allow this body of water to rejoin the system of species interconnection.

This is where the idea of "staying with the problem" proposed by zoologist and philosopher Donna J. Haraway resonates as it speaks of the need to coexist with the problems. It is about overcoming a perspective that operates from the notion that there is no going back from environmental crises, to seek options that open up possibilities for what can still be. Placing life at the center is a means to sow seeds in the collective imagination of other ways of living, even if they are not realities yet. Art from the territories represented in this project allows us to reach the core, or true fibers, of the Earth's problems. As Haraway shares, "First, promiscuously plucking out fibers in clotted and dense events and practices, I try to follow the threads where they lead in order to track them and find their tangles and patterns crucial for staying with the trouble in real and particular places and times."[11]

In these times of social upheaval, Caycedo's work is especially relevant to reveal certain paradoxes: we do not speak of collective activism because the agency of nonhuman entities would be lost. The work of civil society is undoubtedly a force for change, but beyond that, the land and, in particular, its rivers are presented as essential agents. By recognizing the land as a political actor, philosopher Bruno Latour reminds us of the need to reinvent the way we have conceived our relationships with things.[12] Without dichotomies between nature and society, a new sense of responsibility and balance can be built in the world. Sustainable agreements can come into view if based on the collective, that is, an intersectional network in which environmental activism in dialogue with gender or identity causes makes room for marginalized populations.

By overcoming the false rupture between nature and society, it becomes evident that it is imperative to leave behind solely extractive production systems to truly negotiate new models of coexistence with the environment. Burying the Anthropocene makes it possible to build a political ecology that can be a starting point for a world in which many worlds fit. Arturo Escobar reminds us that a political, social, and cultural **pluriverse** that functions driven by struggles for autonomy, territory, and community demands "an explicit ontological framing that advances the principles of interdependence and relationality."[13] The central aspect of this account is to approach the creative labor of an artist who is much more than an individual. Caycedo conjugates with a "we" that integrates with the collective and that extends to the territories and their living beings. From that framework, she envisions rivers who acquire a personality, who are entities, ancestors. Together they rebel, they do not allow themselves to be controlled. Through and through, her work generates multiple struggles and preserves a memory of leaders who have fearlessly confronted harmful corporations and companies that extract minerals, carry out deforestation, or build dams. Beyond the ethnographic, her fieldwork affirms spiritual, emotional, and subjective contact. No matter how rigorous her preliminary research is, it will never be a scientific or statistical work—it is impossible to maintain an objective distance—; the work is based on friendship, on relationships whose sustenance is care and collaboration within difference.

In retrospect, Carolina Caycedo's work could be outlined as a process that activates a series of gestures aimed at building humanity to advocate for new ways of relating. ***Buen Vivir*** ("Good Living," from the Quechua ***sumak kawsay***), a principle of life inherited from Indigenous peoples, proposes that human beings are part of an environment that benefits from balanced practices. In the coherence of artwork created over the years, we can understand the importance of solidarity economies, territorial sovereignties, biodiversity protection, and territory defense. Art manifests itself as an enhancer of the healthy governance that happens according to the wishes of peoples, rooted in safeguarding their places of origin, and in the resolution of conflicts in all dimensions of cultural difference.

11 Donna J. Haraway, *Staying with the Trouble: Making Kin in the Chthulucene* (Durham and London: Duke University Press, 2016), 3.

12 Bruno Latour, *Nunca fuimos modernos: Ensayo de antropología simétrica*, trans. Víctor Goldstein (Buenos Aires: Siglo XXI Editores, 2007).

13 Arturo Escobar, *Pluriversal Politics: The Real and the Possible*, trans. David Frye (Durham and London: Duke University Press, 2020), xix.

otros imaginarios de vida, aunque todavía no sean realidades. El arte en territorios permite tocar la fibra real de los problemas:

> En primer lugar, sacando fibras promiscuamente de entre prácticas y eventos densos y coagulados, intento seguir el camino de los hilos para poder rastrearlos y encontrar sus marañas y patrones cruciales para seguir con el problema en tiempos y lugares reales y particulares.[9]

En estos momentos de estallidos sociales, la obra de Caycedo es sumamente relevante para revelar ciertas paradojas: no se habla de activismo colectivo porque se perdería la agencia de los entes no humanos. El trabajo de la sociedad civil es sin duda una fuerza de cambio, pero más allá se presenta la tierra y sobre todo sus ríos como agentes esenciales. Al reconocer a la tierra como un actor político, el filósofo Bruno Latour recuerda la necesidad de reinventar la manera en que hemos concebido nuestra relación con las cosas.[10] Sin dicotomías entre naturaleza y sociedad se construye un nuevo sentido de responsabilidad y equilibrio en el mundo. Con base en lo colectivo, entendido como red interseccional en la que el activismo ambiental en diálogo con causas de género o de identidad abre espacios para poblaciones marginadas, se podrán vislumbrar acuerdos sostenibles.

Al superar la falsa ruptura entre naturaleza y sociedad, se entiende que es imperativo salir de los sistemas de producción meramente extractivos para negociar de verdad nuevos modelos de existir con el entorno. Enterrar el Antropoceno permite construir una ecología política como punto de partida para un mundo en el que quepan muchos mundos. Arturo Escobar nos recuerda que un **pluriverso** político, social y cultural que funciona movido por las luchas por la autonomía, el territorio y lo comunitario "requiere un marco ontológico explícito que promueva los principios de la relacionalidad y la interdependencia".[11]

El aspecto central de este recuento es acercarnos a la labor creativa de una artista que es mucho más que un individuo. Caycedo se conjuga con un *nosotros* que se integra con la colectividad y se extiende a los territorios y sus seres vivos. Ahí fabula sobre ríos que adquieren una personalidad, que son entes, ancestros, y juntos se rebelan, no se dejan controlar. Sus obras, en absoluta consistencia, generan diversas luchas y preservan una memoria de líderes y lideresas que se han enfrentado sin miedo a corporaciones y empresas nocivas que extraen minerales, deforestan o construyen represas. Más allá de lo etnográfico, el trabajo de campo reivindica lo espiritual, el contacto subjetivo, la emoción. Por más rigor que tenga la investigación previa, nunca será un trabajo científico o estadístico, es imposible mantener una distancia objetiva: la obra se basa en la amistad, en relaciones cuyo sustento es el cuidado y la colaboración dentro de la diferencia.

En retrospectiva, la obra de Carolina Caycedo podría enunciarse dentro de la importancia del proceso que activa una serie de gestos encaminados a construir humanidad para reivindicar nuevas maneras de relacionamiento. El **Buen Vivir**, principio de vida heredado de los pueblos originarios, propone que el ser humano es parte de un entorno que se beneficia de prácticas equilibradas. Por medio de obras creadas con coherencia a lo largo de los años, podemos entender la importancia de las economías solidarias y las soberanías territoriales, proteger la biodiversidad y defender el territorio. El arte se manifiesta como potenciador de la sana gobernanza que sucede en función de los deseos de los pueblos con raíces en el resguardo de sus lugares de origen y la resolución de conflictos en todas las dimensiones de la diferencia cultural.

9 Donna J. Haraway, *Seguir con el problema. Generar parentesco en el Chthuluceno*, trad. Helen Torres, consonni, Bilbao, 2019, 21-22.

10 Bruno Latour, *Nunca fuimos modernos. Ensayo de antropología simétrica*, Buenos Aires, Siglo XXI Editores, 2007.

11 Arturo Escobar, "Política pluriversal: lo real y lo posible en el pensamiento crítico y las luchas latinoamericanas contemporáneas", *Tabula Rasa*, núm. 36, 335. https://doi.org/10.25058/20112742.n36.13.

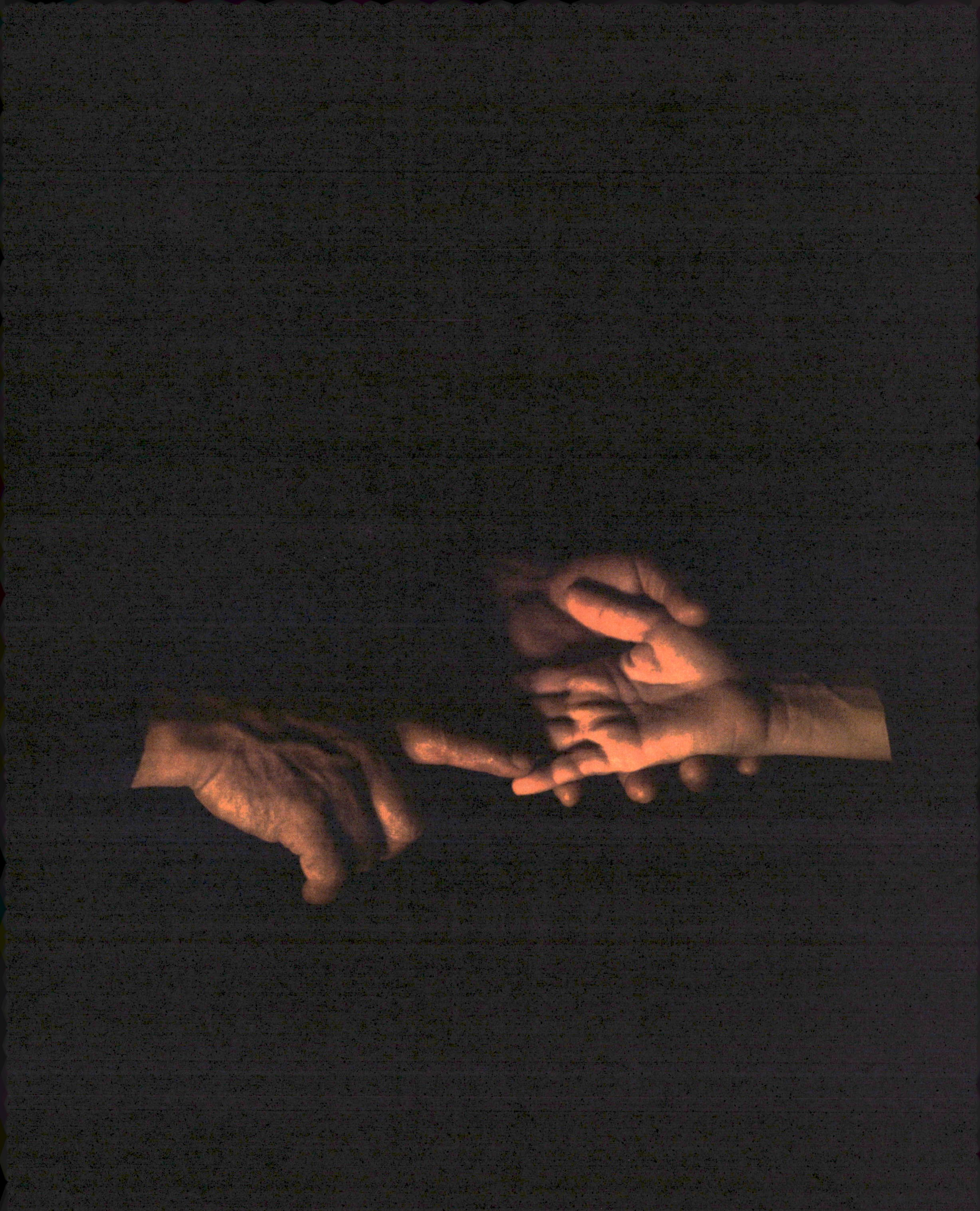

Carolina Caycedo and David de Rozas, *The Teaching of the Hands* (still), 2021, panoramic digital video installation surround sound, 48min 40s. Courtesy of the artists.
Carolina Caycedo y David de Rozas, *The Teaching of the Hands* (fotograma), 2021, instalación de video digital panorámico, con sonido envolvente, 48min 40s. Cortesía de los artistas.

CARE IS THE MOST IMPORTANT TOOL IN THE ARTIST'S WORK. IT FUNCTIONS IN PLACES THAT ELUDE THE CATEGORIES AND RATIONALITY BEHIND CONTEMPORARY CONCEPTUAL ART TO COME CLOSER TO TENDERNESS AND AFFECTION.

LA PRINCIPAL HERRAMIENTA DE TRABAJO ES EL CUIDADO, QUE OPERA EN LUGARES QUE HUYEN DE LAS CATEGORÍAS Y LA RACIONALIDAD DETRÁS DEL ARTE CONCEPTUAL CONTEMPORÁNEO PARA ACERCARSE AL CORAZÓN Y EL CARIÑO.

SERES DE RÍO
LA JAGUA

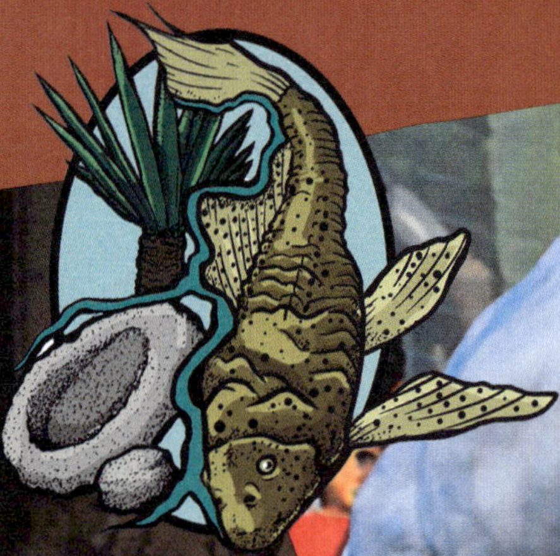

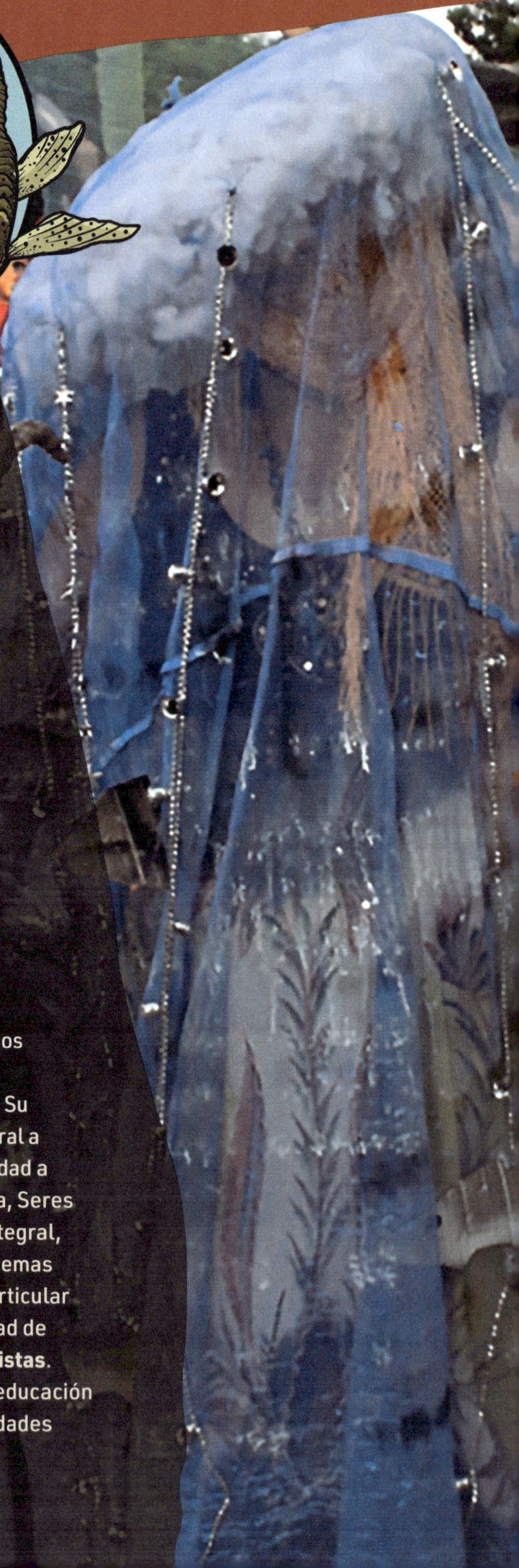

Seres de Río, formerly known as Jaguos por el Territorio, is a nonprofit civil organization dedicated to the care, recovery, and defense of the community of La Jagua, as well as the surrounding territories and ecosystems. Its mission includes providing comprehensive environmental, social, and cultural training to the inhabitants. The association fosters innovative processes that combine holistic education, the creation of **agroecological** projects, and the restoration of local ecosystems as strategies to help the community remain in their territory despite pressures to relocate. Since 2007, the association has partnered with rural communities—primarily Indigenous groups in Colombia and Zulia, Venezuela—on a variety of initiatives. These include wildlife monitoring, ecological restoration, popular education, audiovisual creation, permaculture, performance art skills development, and nonviolent direct actions, all in response to the impacts of resource **extraction** projects.

Es una asociación comunitaria sin fines de lucro, antes llamada Jaguos por el Territorio, dedicada al cuidado, recuperación y defensa de la comunidad de La Jagua y los territorios y ecosistemas circundantes. Su misión contempla dar capacitación integral ambiental, social y cultural a los habitantes de la zona. Como estrategias para ayudar a la comunidad a permanecer en su territorio, a pesar de las presiones para reubicarla, Seres de Río fomenta procesos innovadores que combinan la educación integral, la creación de proyectos **agroecológicos** y la restauración de ecosistemas locales. Desde 2007, ha colaborado con comunidades rurales, en particular con grupos indígenas en Colombia y Zulia, Venezuela, en una variedad de iniciativas en respuesta a los impactos de los proyectos de **extractivistas**. Estas incluyen monitoreo de vida silvestre, restauración ecológica, educación popular, producción audiovisual, permacultura, desarrollo de habilidades artísticas y acciones directas no violentas.

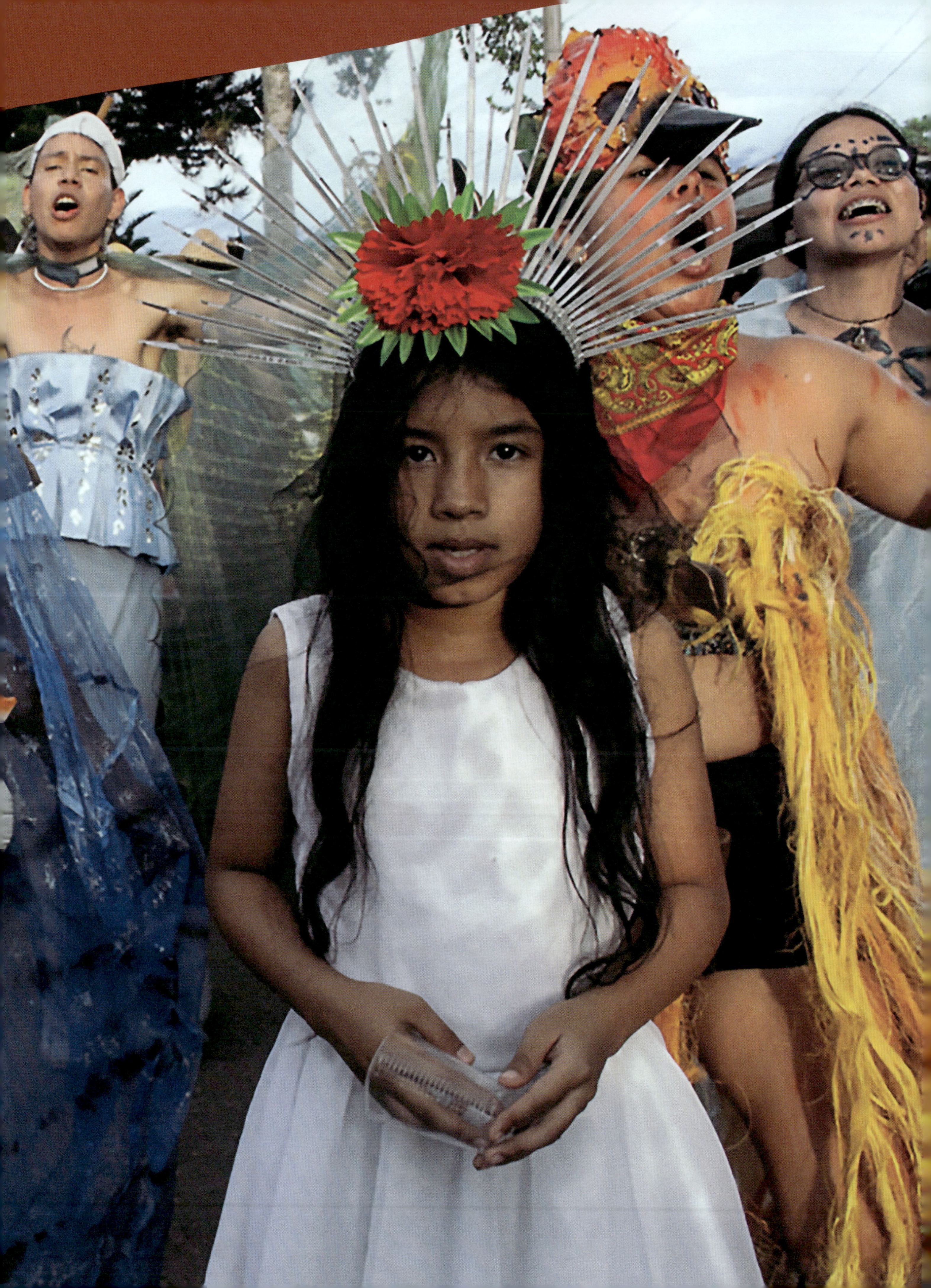

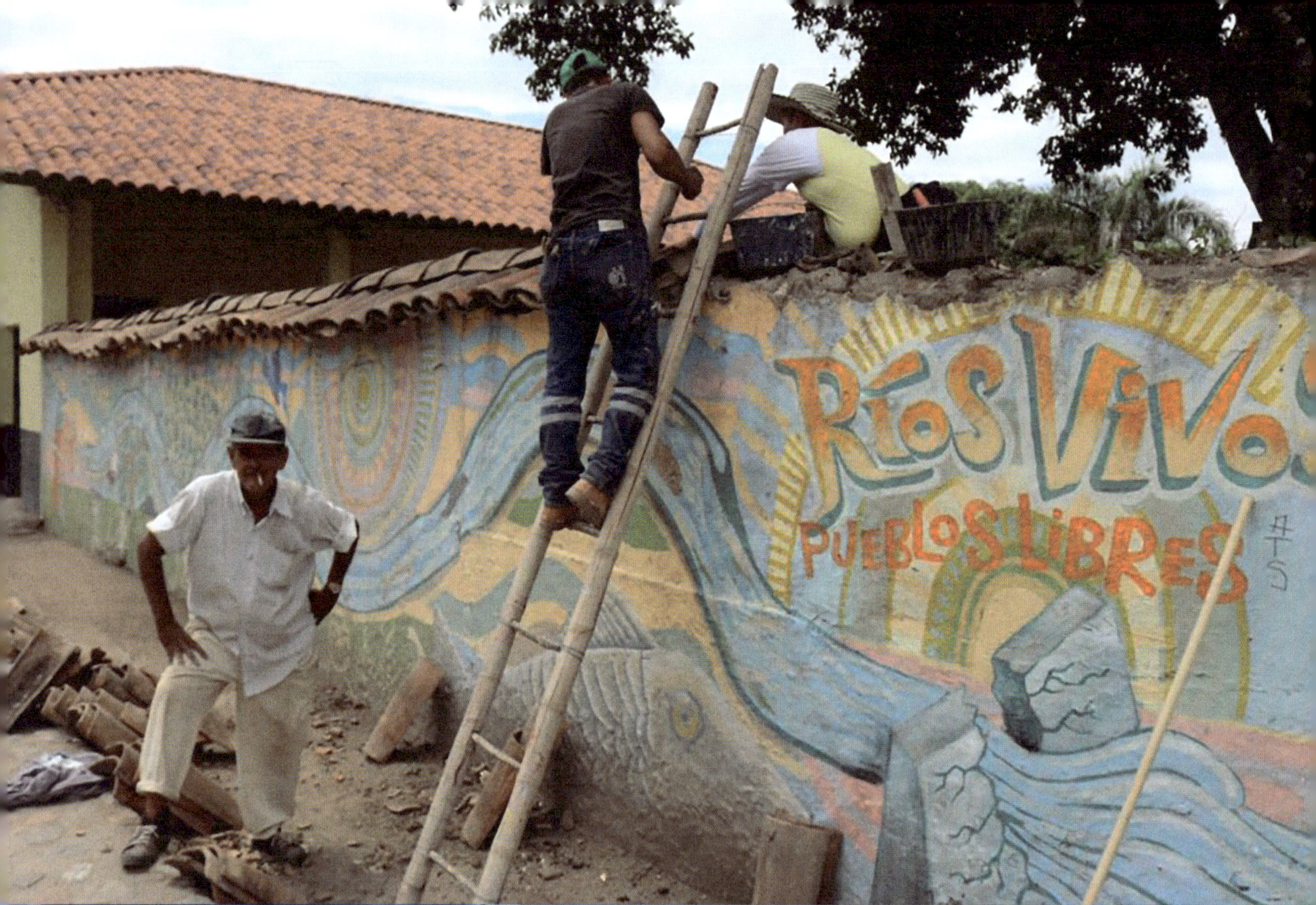
RÍOS VIVOS
PUEBLOS LIBRES

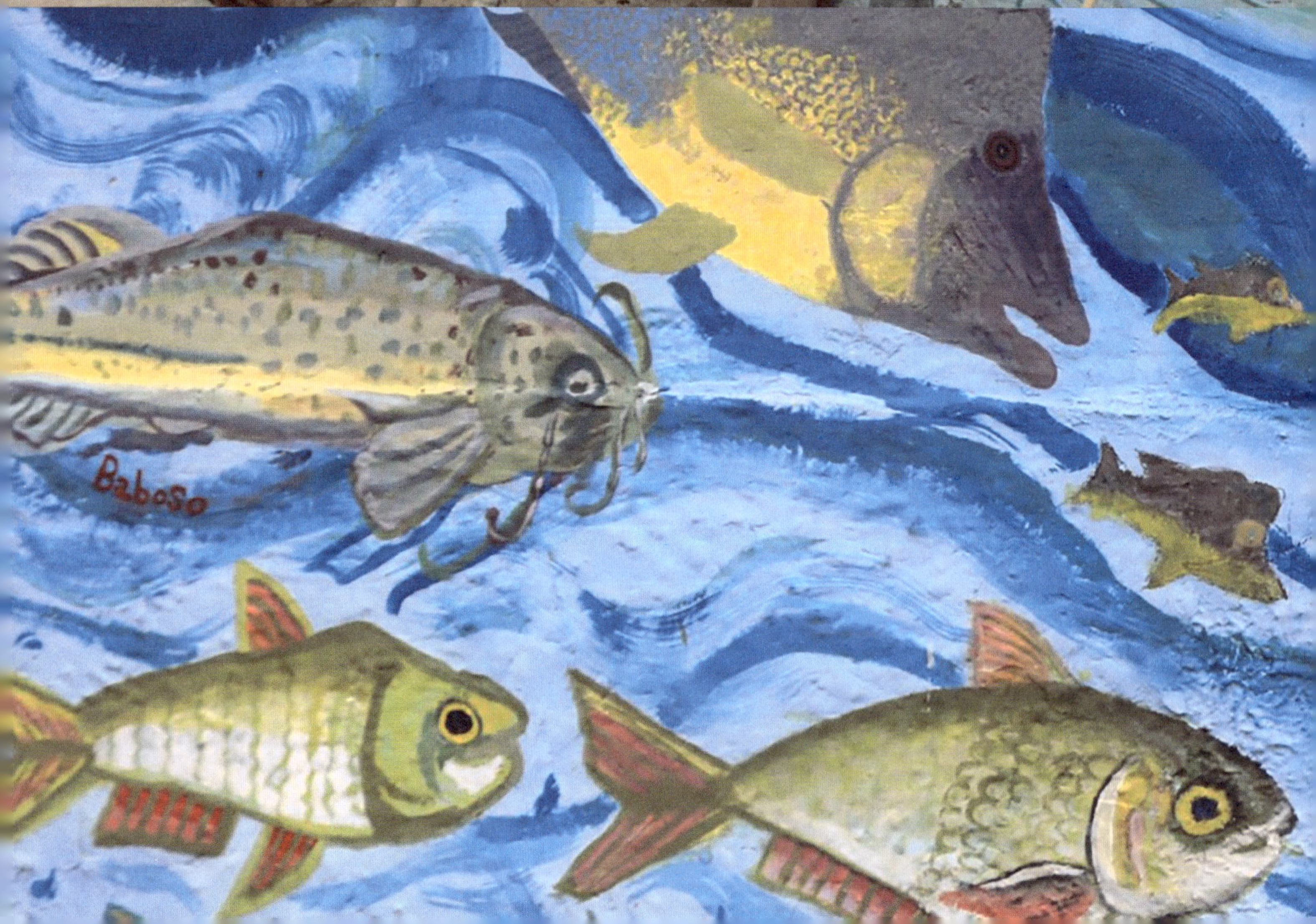
Baboso

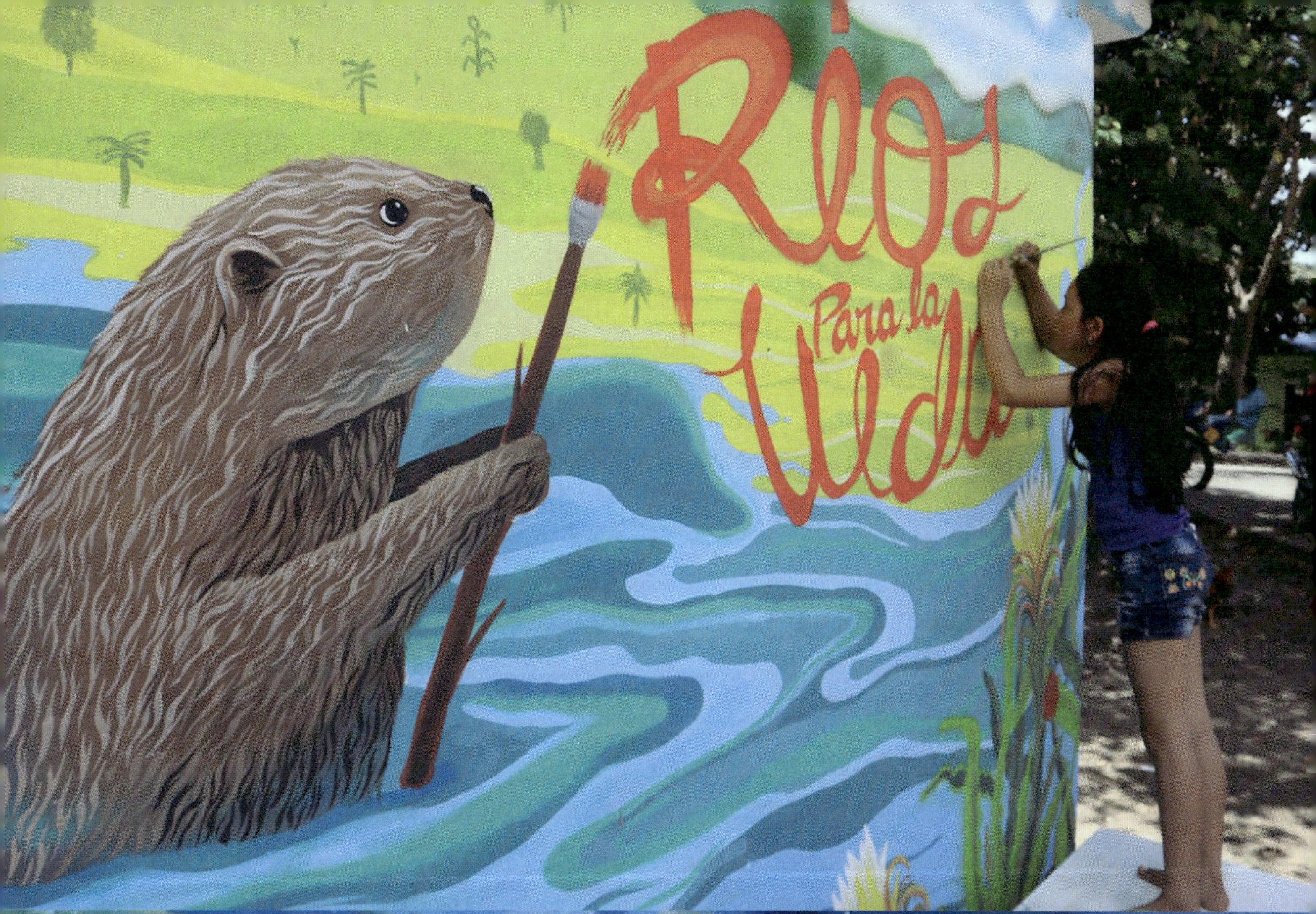
Rios
Para la
Vida

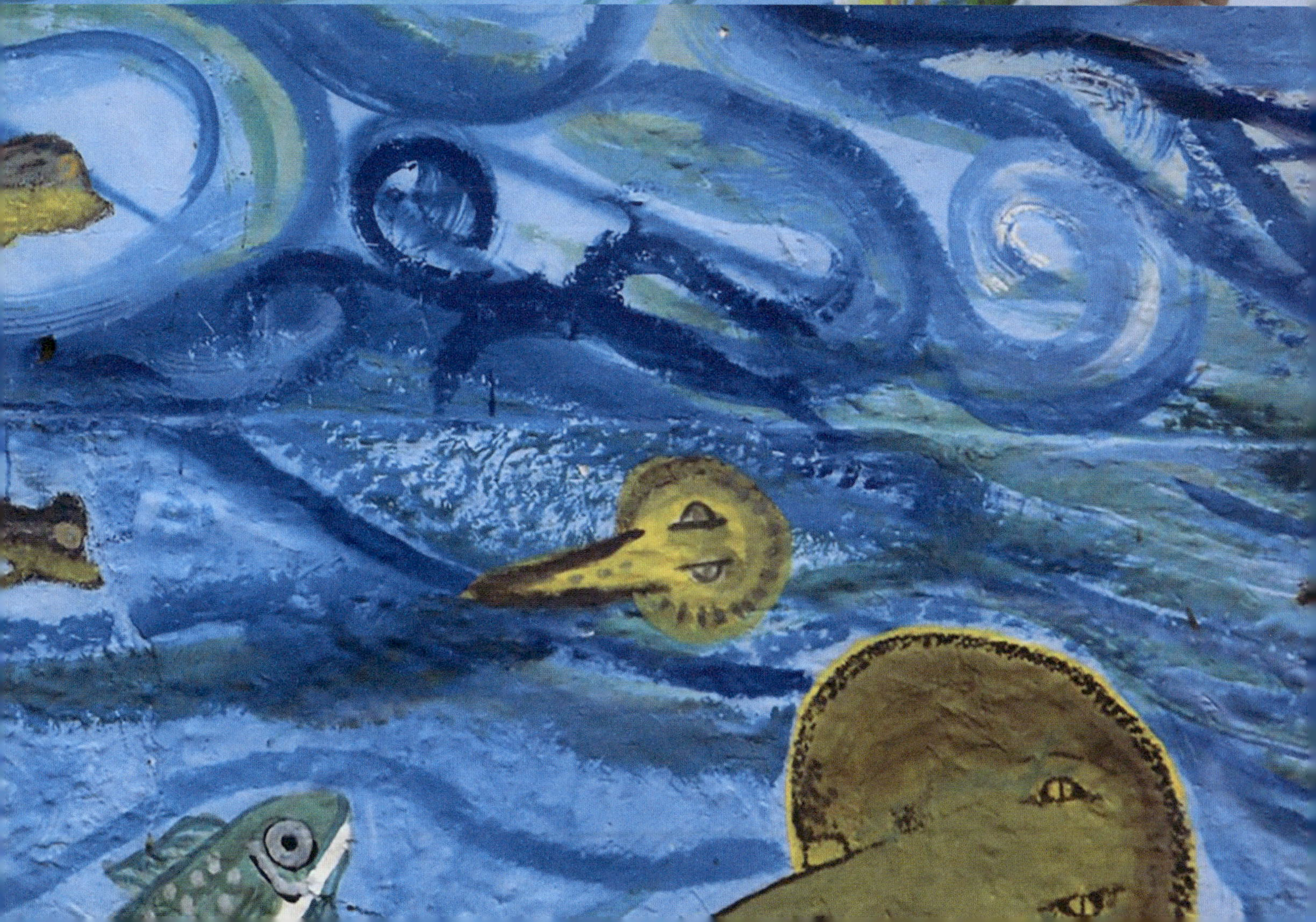

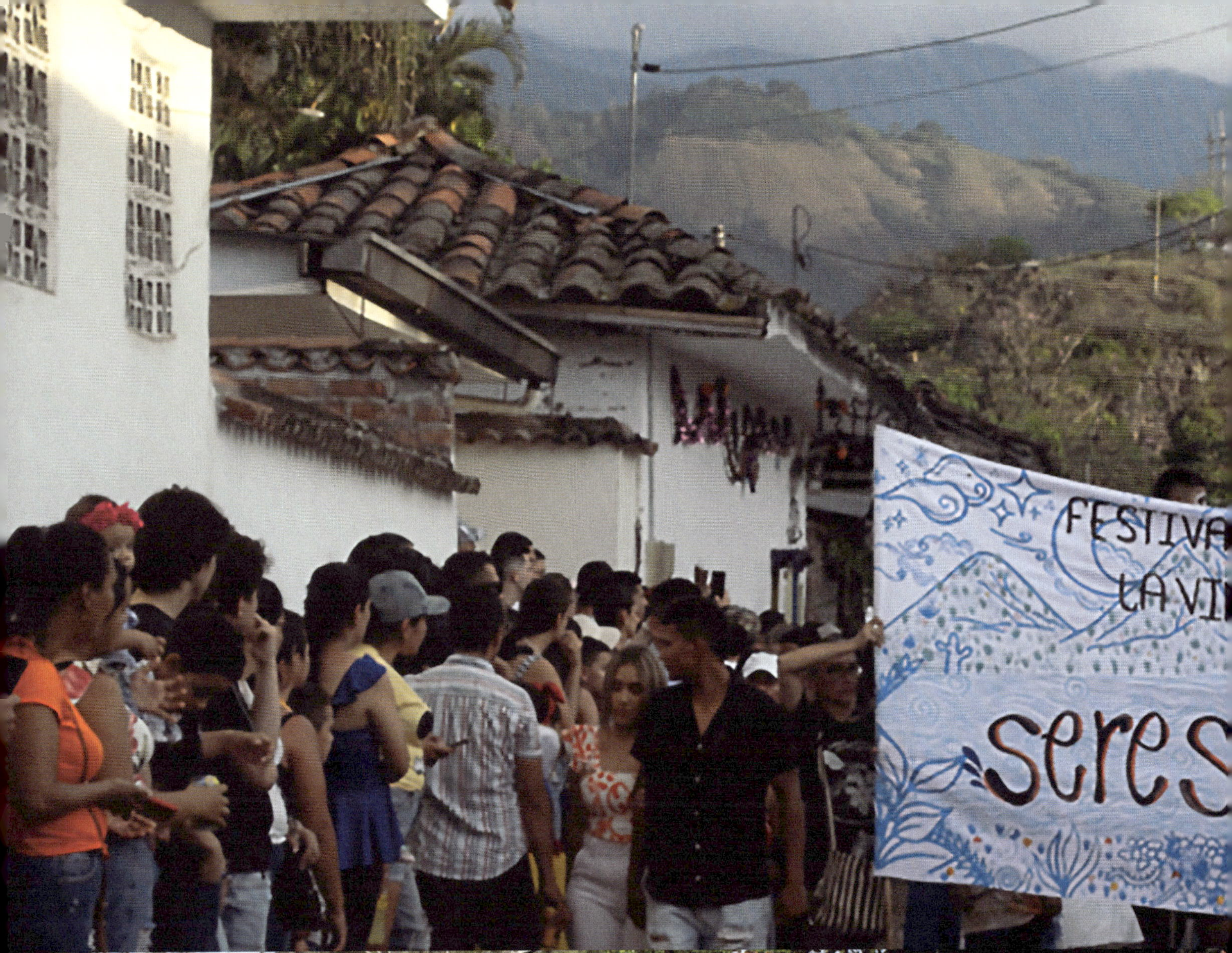
seres

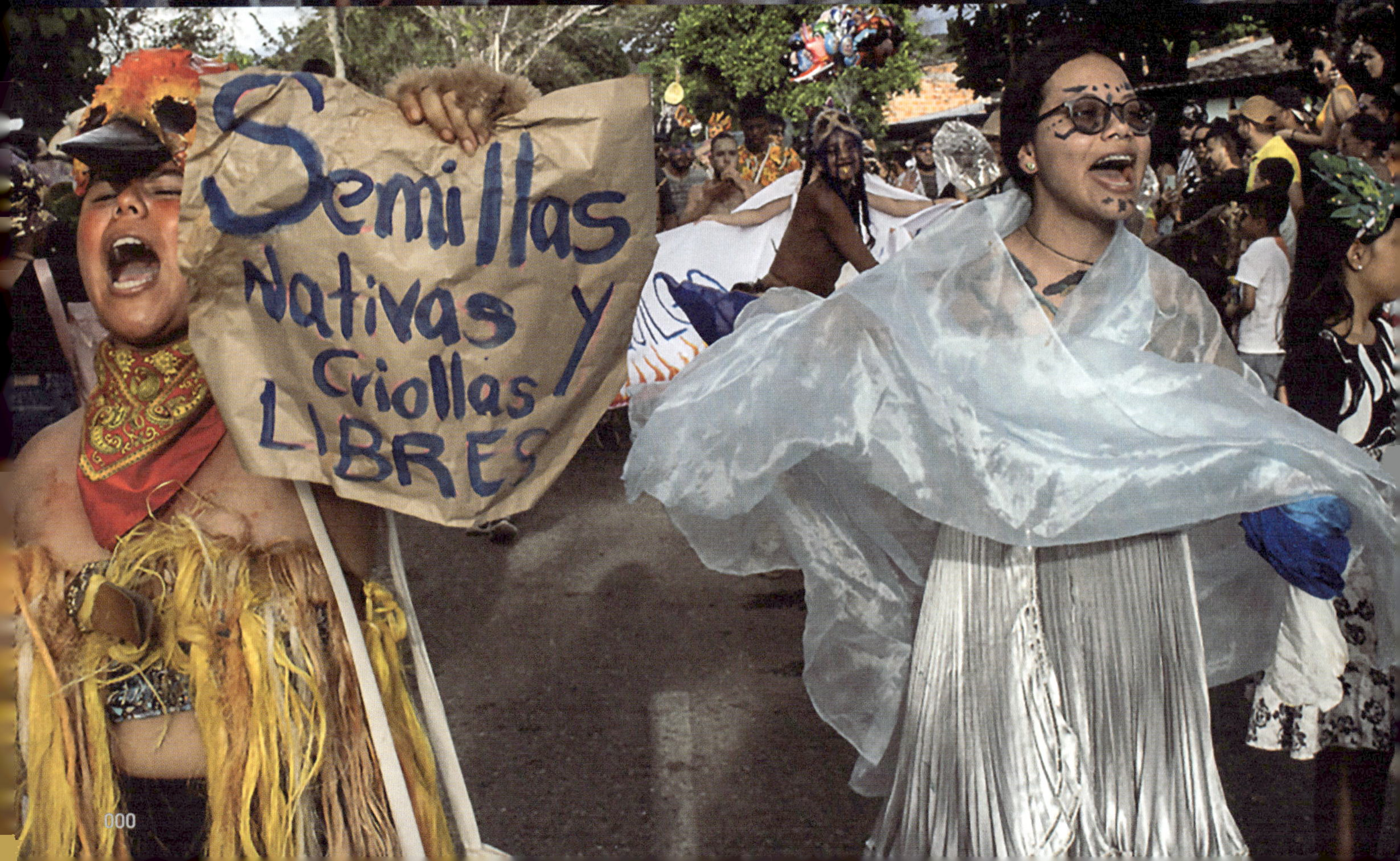
Semillas
Nativas y
Criollas
LIBRES

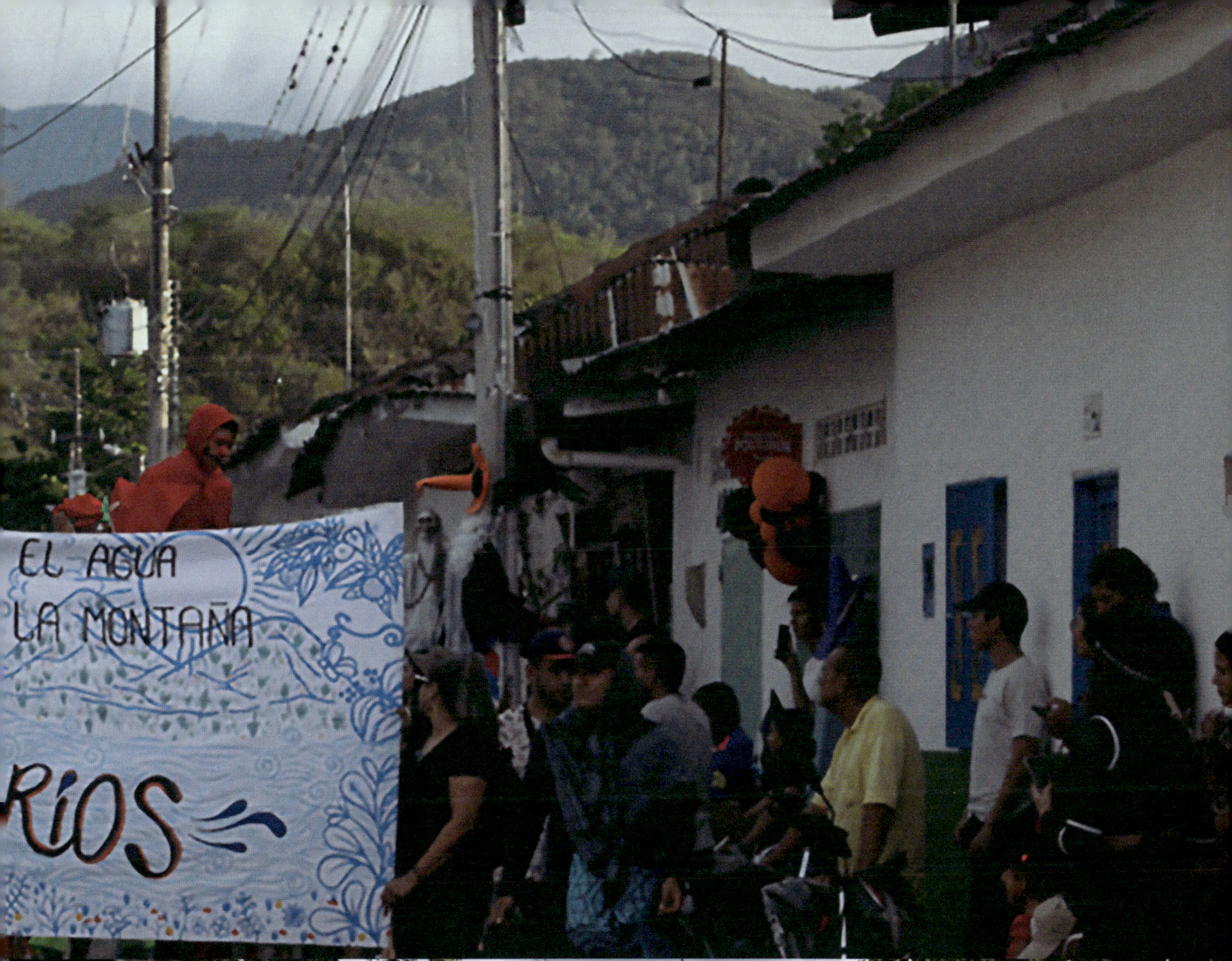
EL AGUA
LA MONTAÑA
RÍOS

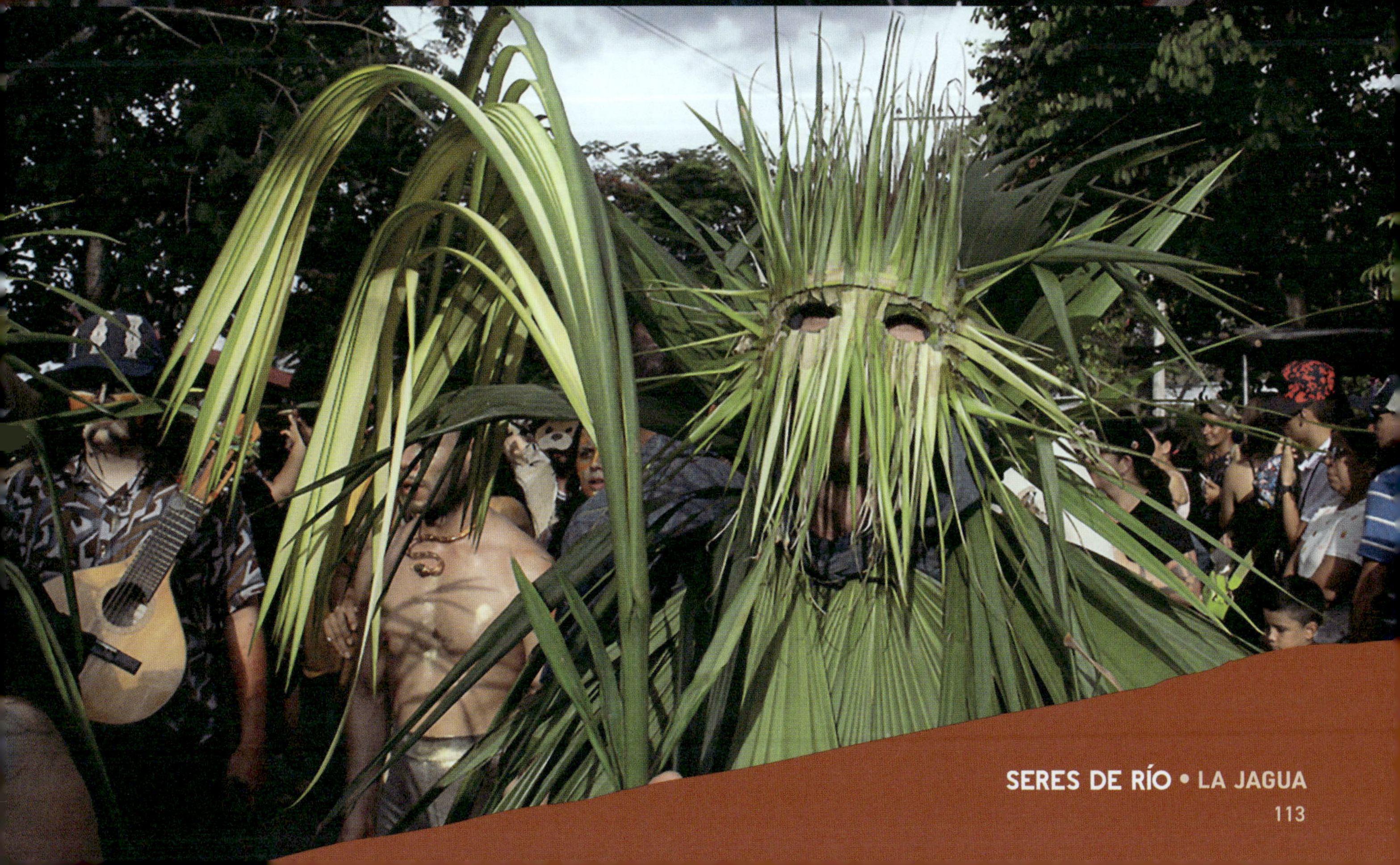

AGUA PESADA الماء الثقيل

Carolina Caycedo y Daniel H. Rey

Entre cinabrio y persona

اسمي زاووق،
متواجد أنا بين السينابار والإنسان

Soy mercurio
Mi temperamento volátil y errático

صلة الوصل بمركز الأرض

Concentro el universo

أركّز الكون
أرقص للكون

Bailo al universo

من مركز الأرض أشع كالنجم

Destello como estrella
fulgor, luz, deslumbra,

تألق ، نور ، انبهار

Minero mensajero

ورسولي عامل المنجم
من مركز الأرض يحادث النجم

metal extraído
mina extraída
que no discrimina pero contamina

أنا المعدن الذي تستخرجه
المنجم الذي تستخرجه
والاستخراج الذي لا يميز لكنه يلوث

Yo mercurio, tu tercurias,
el sercuria, noscuriamos
Me convierto en oro y oro enfermo,

أمسي ذهباً أمسي ذهباً سقيماً

En aludel me evaporo y quemo con metales,

في الوثل أتبخر
وأحترق بالمعادن

Hijos de la alfarería

أبناء الفخار

De alfareros orgullosos

فخورين

Alquimia letal

الذهب السقيم من المعادن
هو نقود المعادن

Primero Metal

بداية أنا معدن

Segundo Dinero,

ثانياً أنا نقود

Tercero, almacén

ثالثاً مخزن

Cuarto, capital

ورأس مال رابعاً

Rabia ras, mal
Amalgama de capitales

مدغم في رأس المال

Mercurio

زاووق

Mercado

سوق

Mercurio y mercado

زاووق وسوق
الزاووق
يعني
السوق

Mercado de mercurio

سوق الزاووق

Azogue
Azogarse
ahogarse
Fui mercurio

كنت زاووقاً

Ahora mercado y mercancía

وأنا الآن سوق وسلعة
زئبق

puerto sin puerta

ميناء بلا باب
ميناء
باب
ميناء
ميت

puerto muerto

ميناء ميت
مات الميناء

Se murió la mina

La mina que mata

Minamata

Agua, muerte

Bahía intoxicada

Peces venenosos

Cuerpos temblorosos

Nervios trastornados

Me bio-acumulo en tierra, agua y aire

El futuro demanda una orden:
Consignar el mercurio al pasado

Minamata

Primer acuerdo ambiental de alcance mundial

Mineros artesanales sin mensaje

Alfareros sin orgullo

Destellos apagados

Tiempo de nuevas amalgamas

Umbrales de resistencia

Alquimias para la vida

مات المنجم

ميناماتا

الماء
الموت
الزئبق

الخليج المخمور

الأسماك السامة

الأجساد المرتعشة

الأعصاب المضطربة

أنا أجمع وأعيش نفسي
أنا أجمعيش نفسي
أجمعيش
على الأرض
والماء
والهواء

يتطلب المستقبل ترتيباً:
الزئبق في الماضي

ميناماتا

أول اتفاقية بيئية عالمية

عمال المناجم بلا نجوم
رسل بدون رسائل

عمال الفخار بلا فخر

الأنوار مخمدة

زمن لحشوات جديدة

عتبات المقاومة

الخيمياء للحياة، كلها.

HEAVY WATER

Carolina Caycedo and Daniel H. Rey

Between cinnabar and person
I am Mercury
I become in between cinnabar and person
I am Mercury
My temperament volatile and erratic
I connect the center of the earth
I concenter the universe
I dance the universe
I scintillate like a star from the center of the Earth
I scintillate like a star
Flare light dazzle
Messenger miner
Miner is my messenger
My messenger speaks to the stars from the center of the earth
Extracted metal
Extracted mine
that does not discriminate but contaminates
I am the metal you mine
The mine you extract
Extraction that does not discriminate but contaminates

I mercure, you yourcure, he hercures, we wercure
I become gold and sick gold
I evaporate and burn with metals in aludel
in aludel I evaporate and burn with metal
Pottery's children
Children of proud potters
Proud
Lethal alchemy
The metal's ill gold
The metals' money
In the beginning I am metal
First metal
Second Money
Third storehouse
Fourth capital
Rage's rim, evil
Amalgam of capital
Mercury
Market
Mercury and market
Market of mercury
Mercury
To mercure
To drown
I was mercury
Now I am market and merchandise

Quicksilver
Port without a door
The Port
The door
Dead port
The port is dead
The port died
The mine died
The mine that kills
Minamata
Water, death
The water
The Death
The quicksilver
Intoxicated bay
Intoxicated gulf
Venomous fish
Poisonous fish
Tremulous bodies
Bodies trembling
Deranged nerves
Nervous disorder
I bio-accumulate in earth, water and air
I accumulate and live myself
I accumulive myself
I bio-accumulate
In earth
And water
And air
The future demands
To consign quicksilver to the past

Minamata
First global environmental agreement
Artisanal miners without a message
Mine workers without stars
Messengers without message
Potters without pride
Prideless potters
Subdued glimmer
Lights turned off
Time for new amalgams
Resistance thresholds
Life alchemies
Alchemy for life, all of it.

MOVIMENTO DOS ATINGIDOS POR BARRAGENS (MAB)

BRASIL

The Movimento dos Atingidos por Barragens is an intergenerational activist organization defending communities impacted by dam projects on local and national levels. Formed in Brazil during the 1980s, the movement emerged in response to threats and attacks faced during the implementation of hydroelectric projects. MAB opposes exploitation, oppression, and environmental destruction, organizing against the commodification of energy distribution. It is a national, autonomous movement that embraces diversity, operating with collective participation and leadership, guided by principles of solidarity, justice, and a deep love for people and life. Several MAB chapters have a longstanding tradition of creating arpilleras, or embroidered burlaps, that document a range of social, political, and environmental issues. Led by women artists in the movement, the arpilleras on view reveal woven narratives of environmental degradation, territorial resistance, and a critical view on **extractivism** across South America and the Global South.

Es una organización activista intergeneracional que defiende a las comunidades afectadas por la construcción de represas hidroeléctricas en los ámbitos local y nacional. Creado en Brasil durante la década de 1980, el MAB surge como respuesta a las amenazas y ataques contra las personas perjudicadas durante la implementación de estos proyectos. El MAB se opone a la explotación, la opresión y la destrucción del medio ambiente, y se organiza contra la mercantilización de la distribución de energía. Es un movimiento nacional y autónomo que abraza la diversidad, opera a partir de la participación y el liderazgo colectivos, y se guía por principios de solidaridad, justicia y amor profundo por las personas y la vida. Varios capítulos del MAB han mantenido la tradición de bordar arpilleras para documentar cuestiones sociales, políticas y medioambientales. Elaboradas por mujeres artistas del MAB, las arpilleras expuestas revelan narrativas entretejidas sobre la degradación ambiental, la resistencia territorial y una visión crítica hacia el **extractivismo** en Sudamérica y el Sur Global.

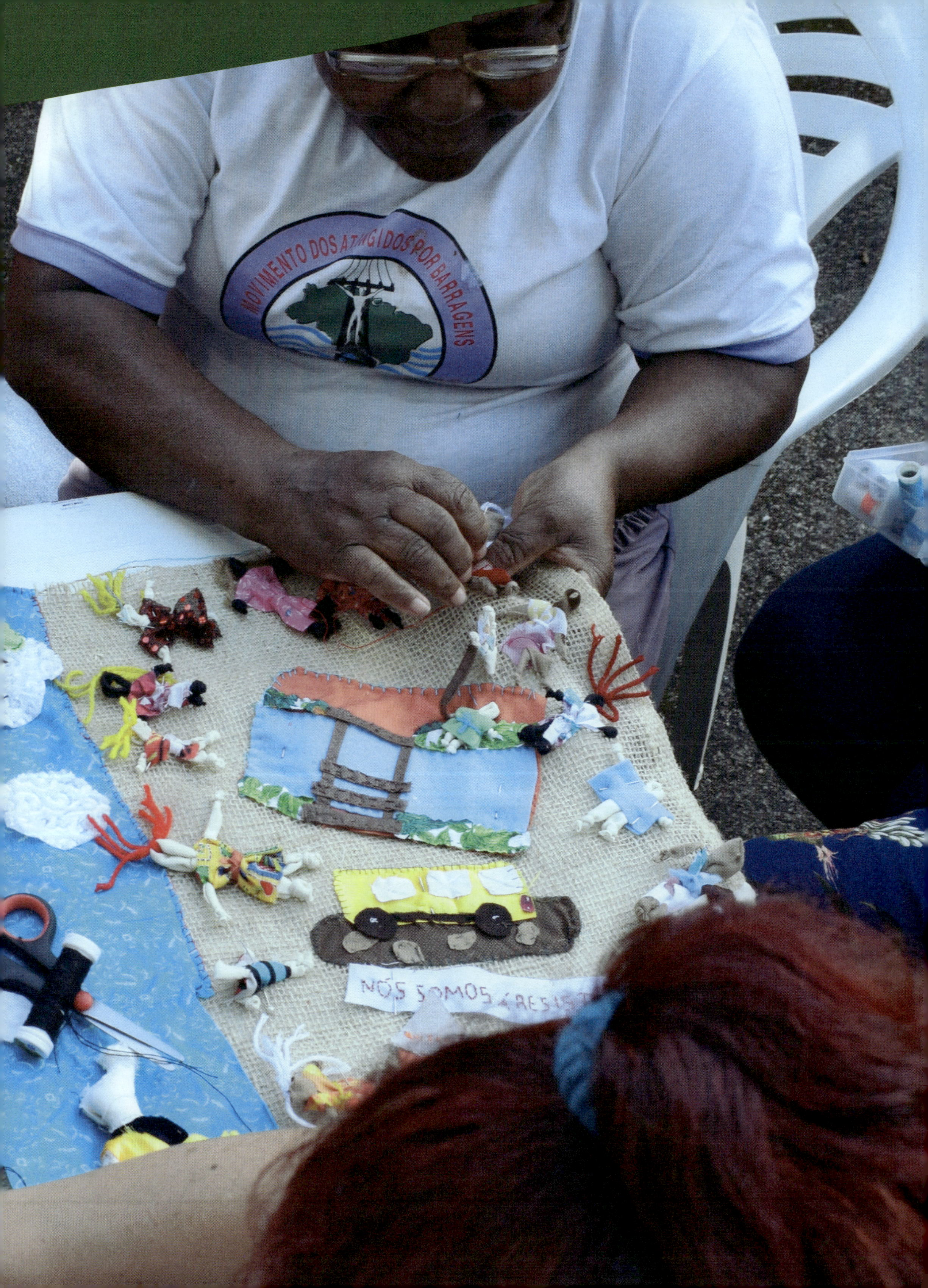
MOVIMENTO DOS ATINGIDOS POR BARRAGENS
NÓS SOMOS

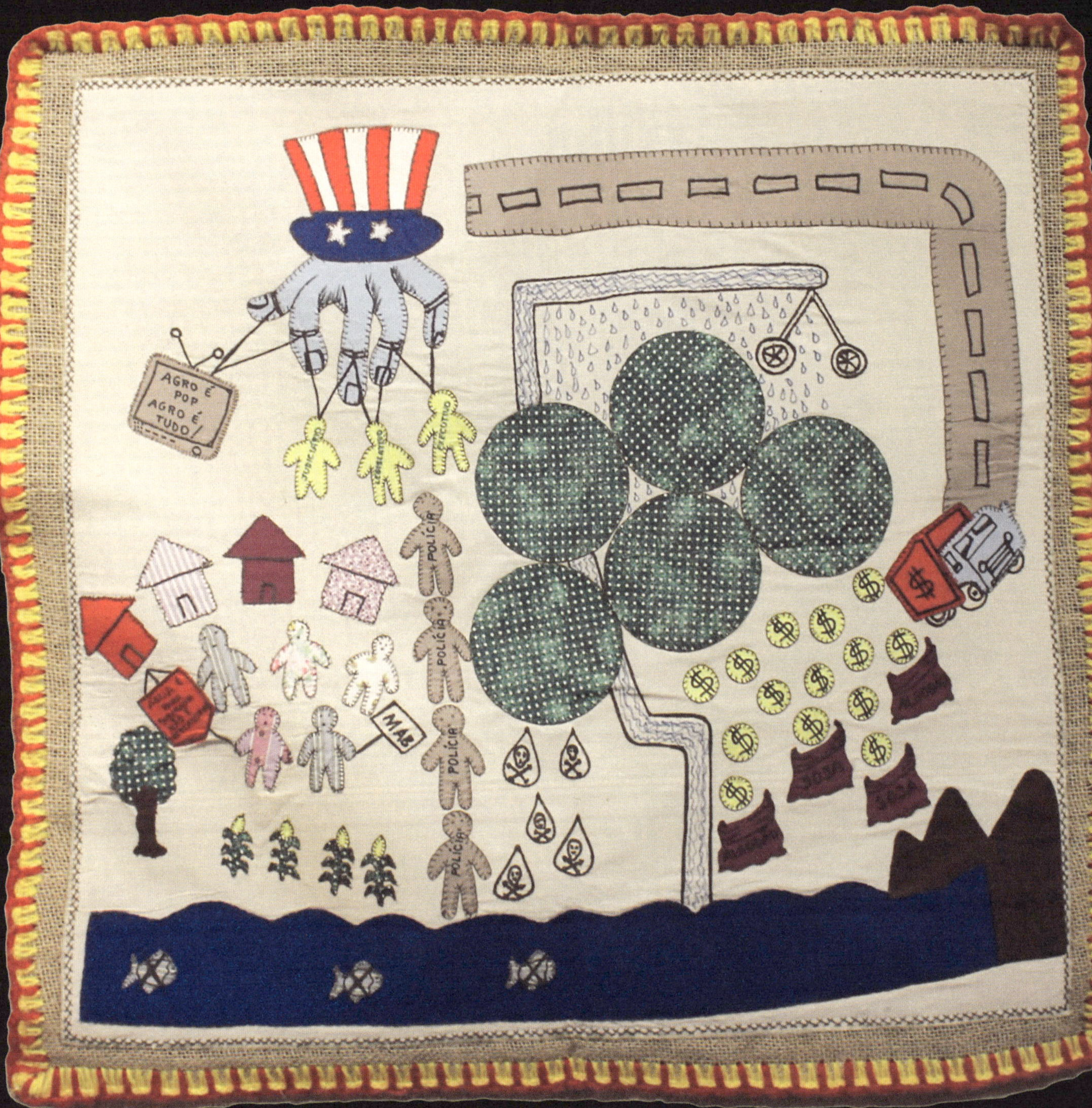
AGRO É POP AGRO É TUDO!
POLÍCIA
POLÍCIA
POLÍCIA
POLÍCIA
MAB
SOJA
SOJA

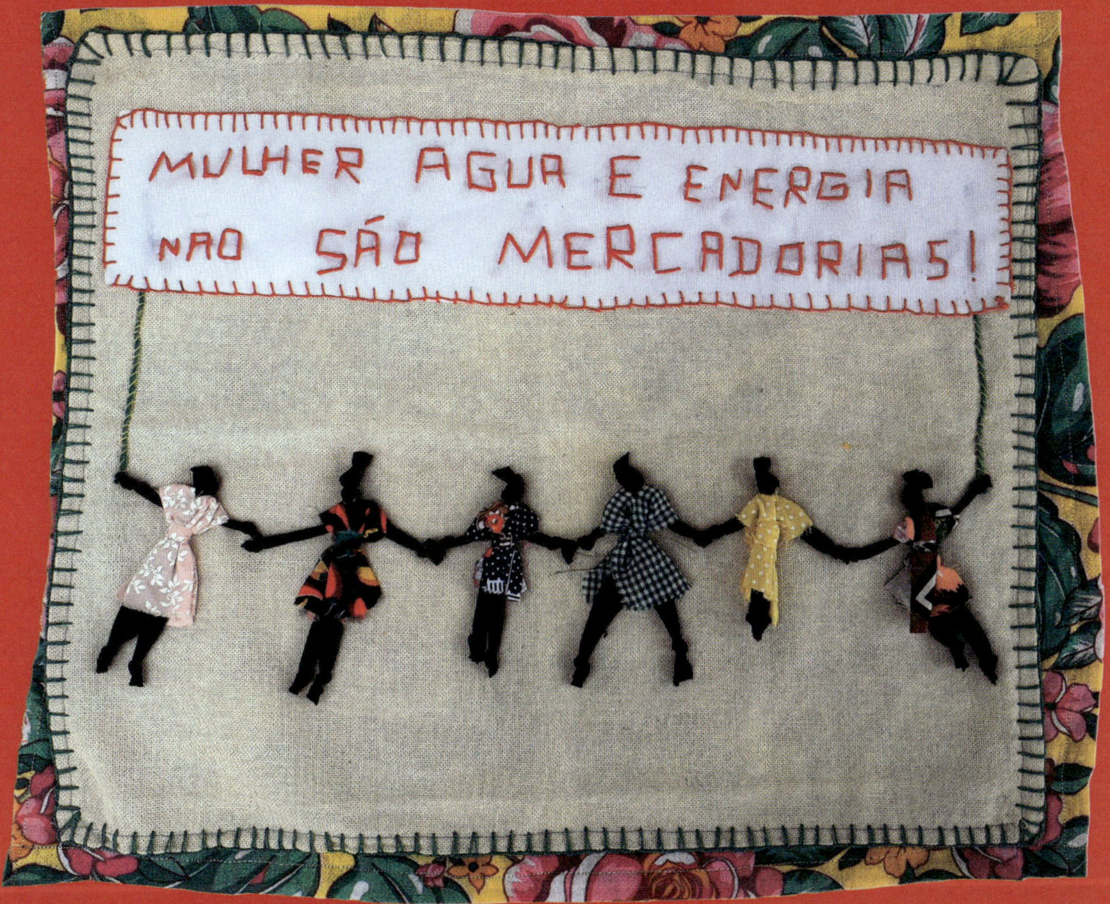
MULHER ÁGUA E ENERGIA
NÃO SÃO MERCADORIAS!

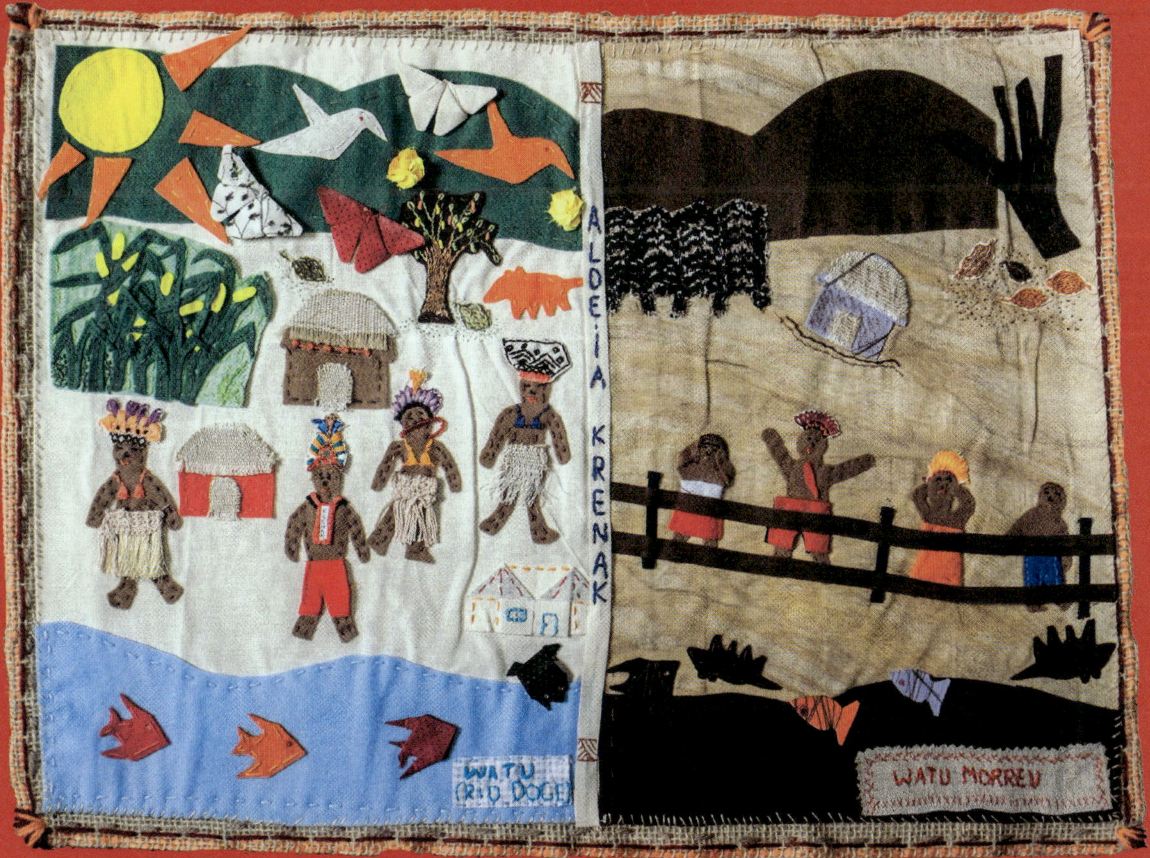
ALDEIA KRENAK
WATU (RIO DOCE)
WATU MORREU

MOVIMIENTO SOCIAL EN DEFENSA DE LOS RÍOS SOGAMOSO Y CHUCURÍ

SANTANDER

The Colombian group of fisherfolk and *campesinos* known as Movimiento Social en Defensa de los ríos Sogamoso y Chucurí represents the many municipalities affected by the construction of Sogamoso Hydroelectric Power Plant also known as HIDROSOGAMOSO. The movement is dedicated to strengthening environmental policies for sustainable development. Here, the movement is represented through a group of arpilleras, or embroidered burlap, that depict images and names of birds and macroinvertebrates. These arpilleras provide a record of the Santander's biodiversity and signal a community-led effort to build scientific knowledge and an environmental historical memory of life at the Sogamoso and Chucurí Rivers before the region's dams were built.

Agrupación colombiana de pescadores y campesinos que representa a los municipios afectados por la construcción del Proyecto Hidroeléctrico Sogamoso, también conocido como Hidrosogamoso. El movimiento fortalece las políticas ambientales para el desarrollo sostenible. Aquí está representado por un grupo de arpilleras con imágenes, nombres de aves y macroinvertebrados, que son un registro de la biodiversidad de Santander y señalan el esfuerzo liderado por la comunidad para construir conocimiento científico y memoria histórica ambiental de la vida en los ríos Sogamoso y Chucurí antes de la construcción de las represas.

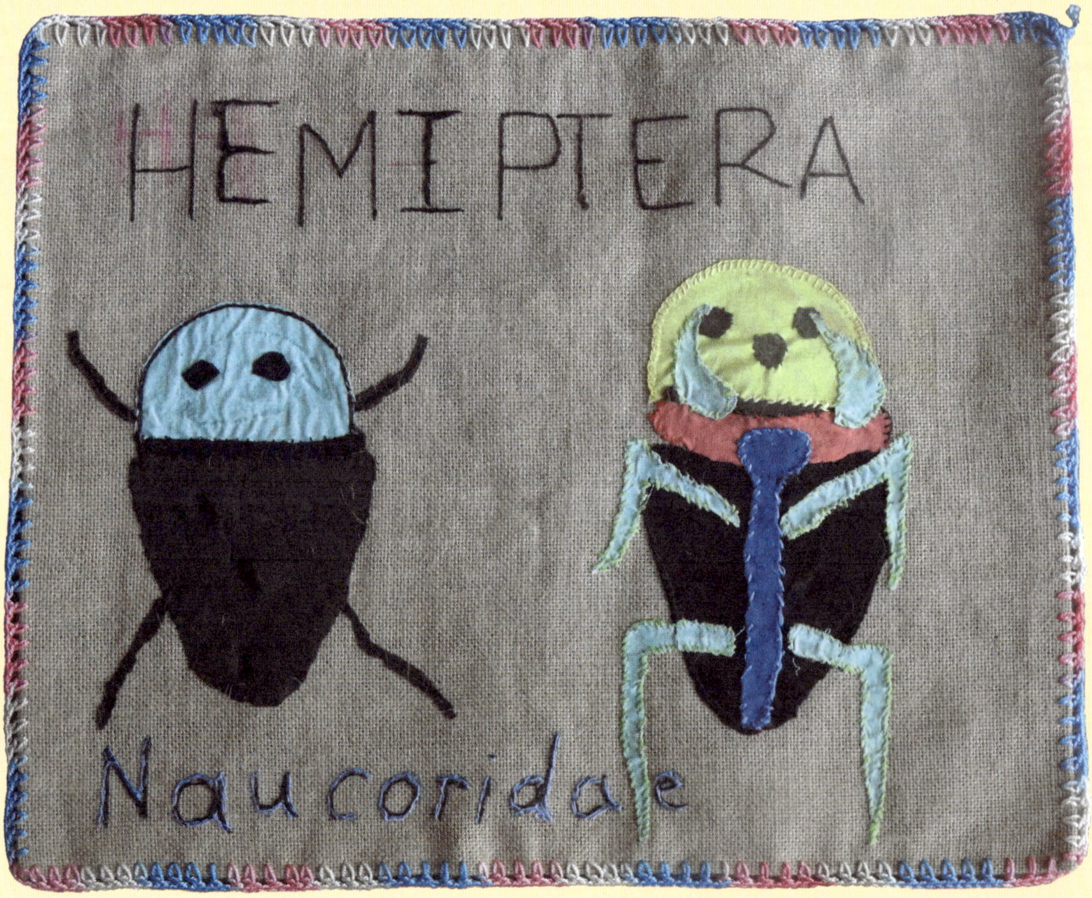

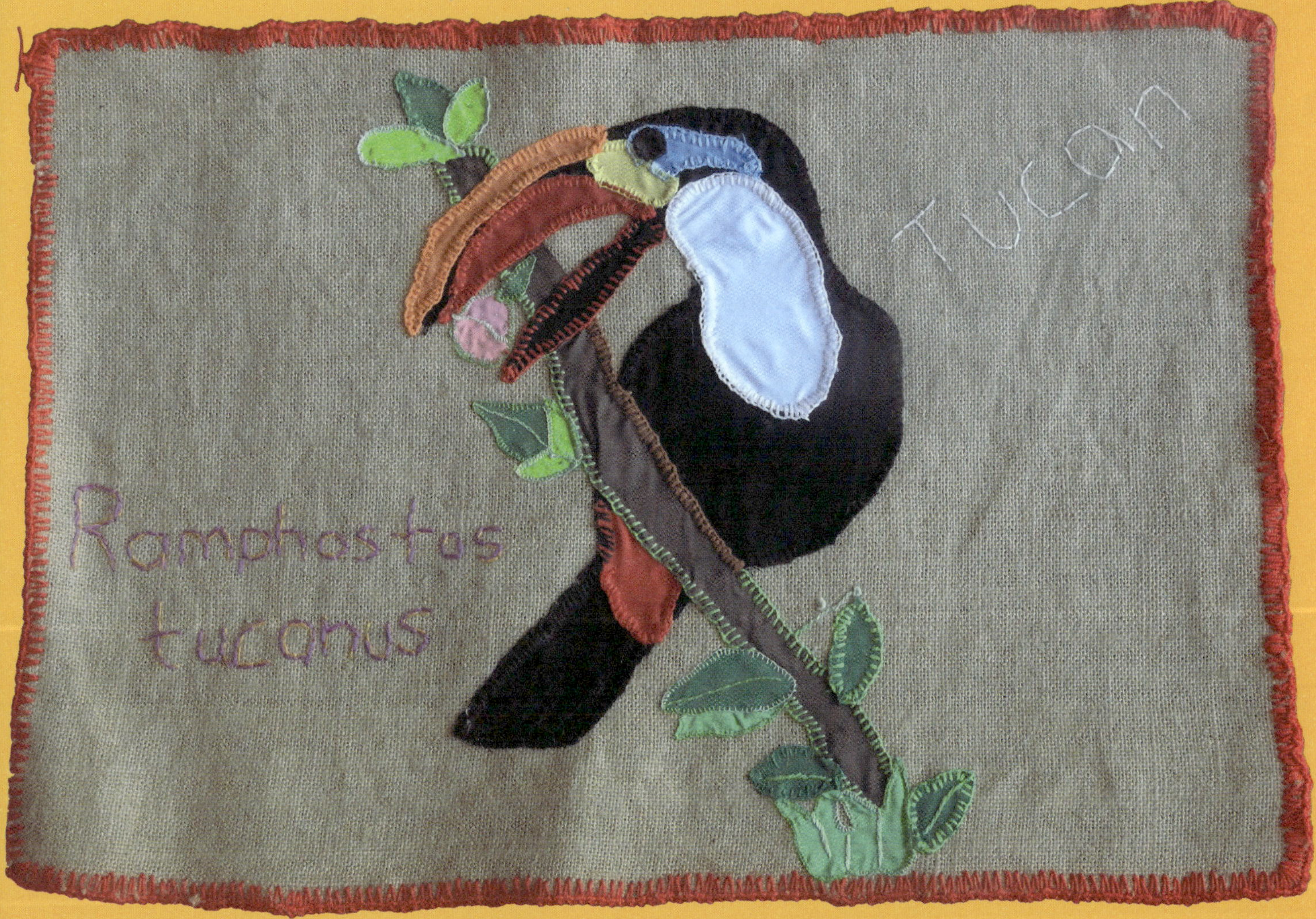
Tucan
Ramphastos
tucanus

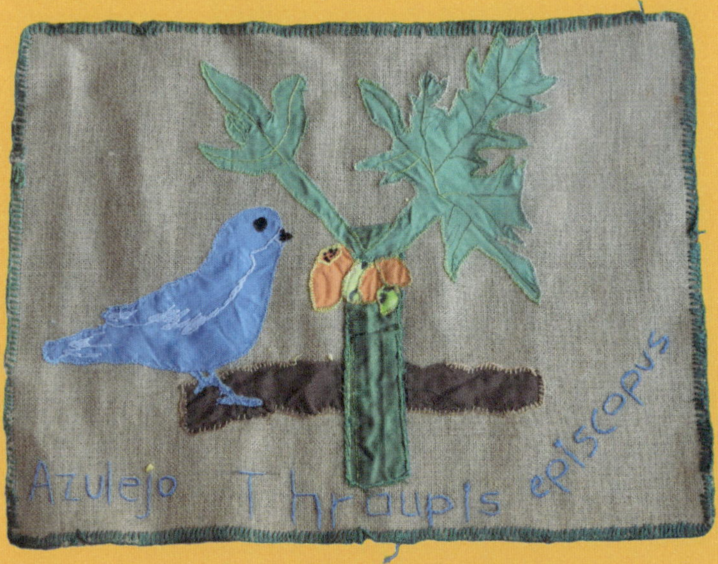
Azulejo
Thraupis
episcopus

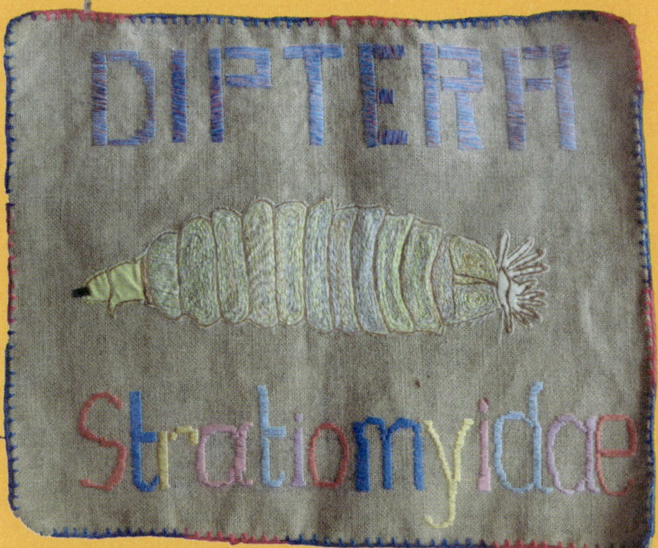
DIPTERA
Stratiomyidae

¿CÓMO SUEÑAS TU CUERPO - TERRITORIO?

Utiliza este espacio para dibujar y escribir lo que sueñas de tu cuerpo - territorio, recuerda que eres completamente libre de agregarle todos los elementos que quieras.

Mapa "del antes" de la construcción

DE HIDROSOGAMOSO.

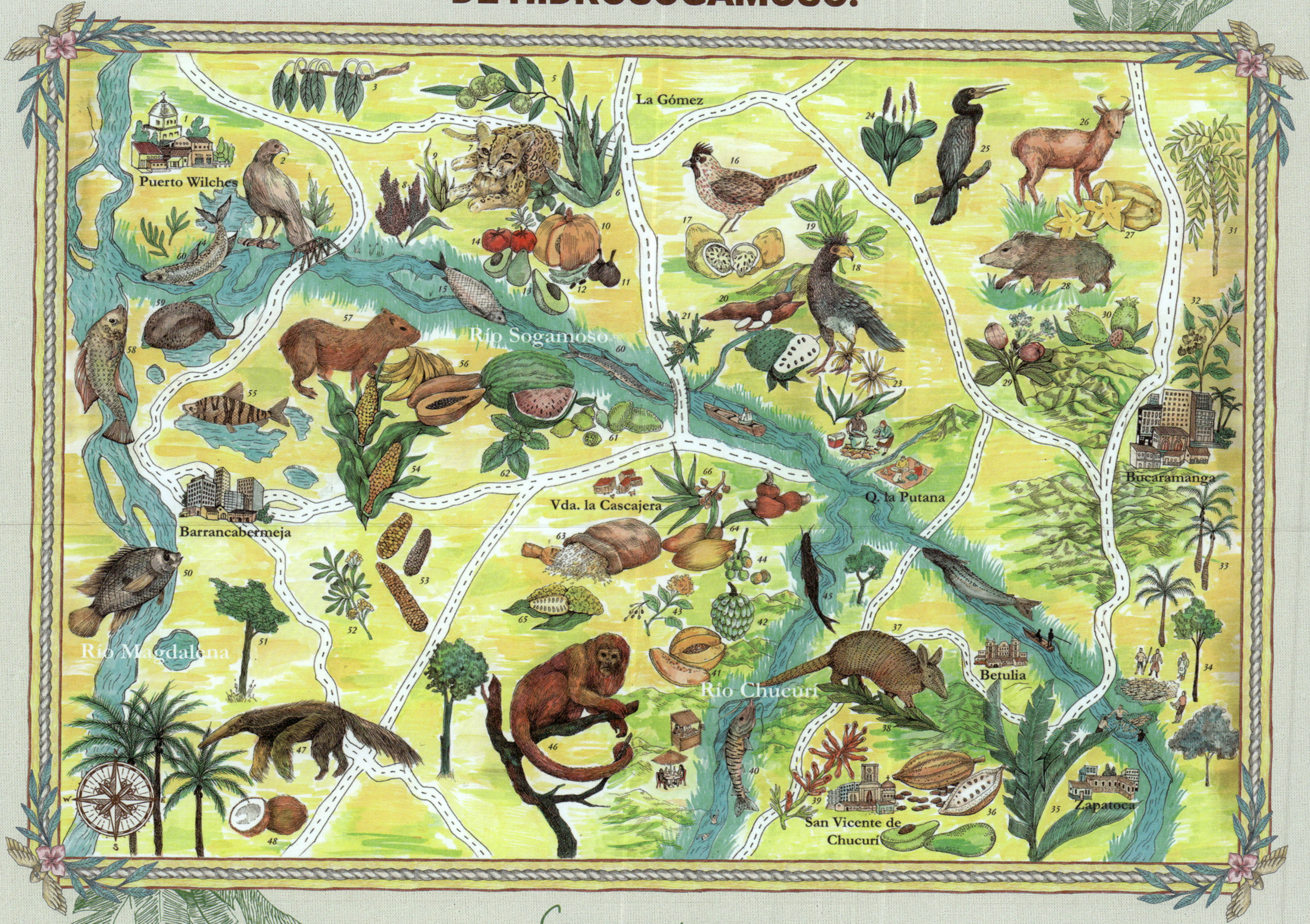

Convenciones

1. Provincia de Mares
2. Gallineta
3. Matarratón
4. Bocachico
5. Curaya
6. Aloe Candelabro
7. Tigrillo
8. Verbena
9. Sábila
10. Calabaza
11. Zapote
12. Guama
13. Aguacate
14. Tomate
15. Mojarra negra
16. Gallina cinco dedos
17. Maracuyá
18. Pajuil
19. Llantén
20. Yuca
21. Altamisa
22. Guanábana
23. Caléndula
24. Cordoncillo
25. Garza morena
26. Venado
27. Carambolo
28. Chácharo
29. Yerba mora
30. Guayaba agria
31. Lítamo real
32. Toronjil
33. Palma real
34. Cedro
35. Platanera
36. Cacao
37. Armadillo
38. Curayá
39. Sangre de Cristo
40. Bagre rayado
41. Melón
42. Anón
43. Arnica
44. Mamoncillo
45. Coroncoro
46. Mono aullador
47. Oso hormiguero
48. Cocotero
49. Palma manaca
50. Cachama
51. Guayacán
52. Tuatua
53. Maíz porva
54. Maíz tierno
55. Vizcaína
56. Papaya
57. Ponche
58. Dorada
59. Manta raya
60. Blanquillo
61. Limón mandarino
62. Patilla
63. Arroz
64. Marañón
65. Chirimoya
66. Higuerilla

Los datos para la creación de este mapa se recogieron en el marco del proyecto "*Comunicándonos con energía, derecho humano a la alimentación que transforma nuestros territorios y nuestros cuerpos*", con el apoyo de FIAN y la Unión Europea

Mapa "del después" de la construcción DE HIDROSOGAMOSO.

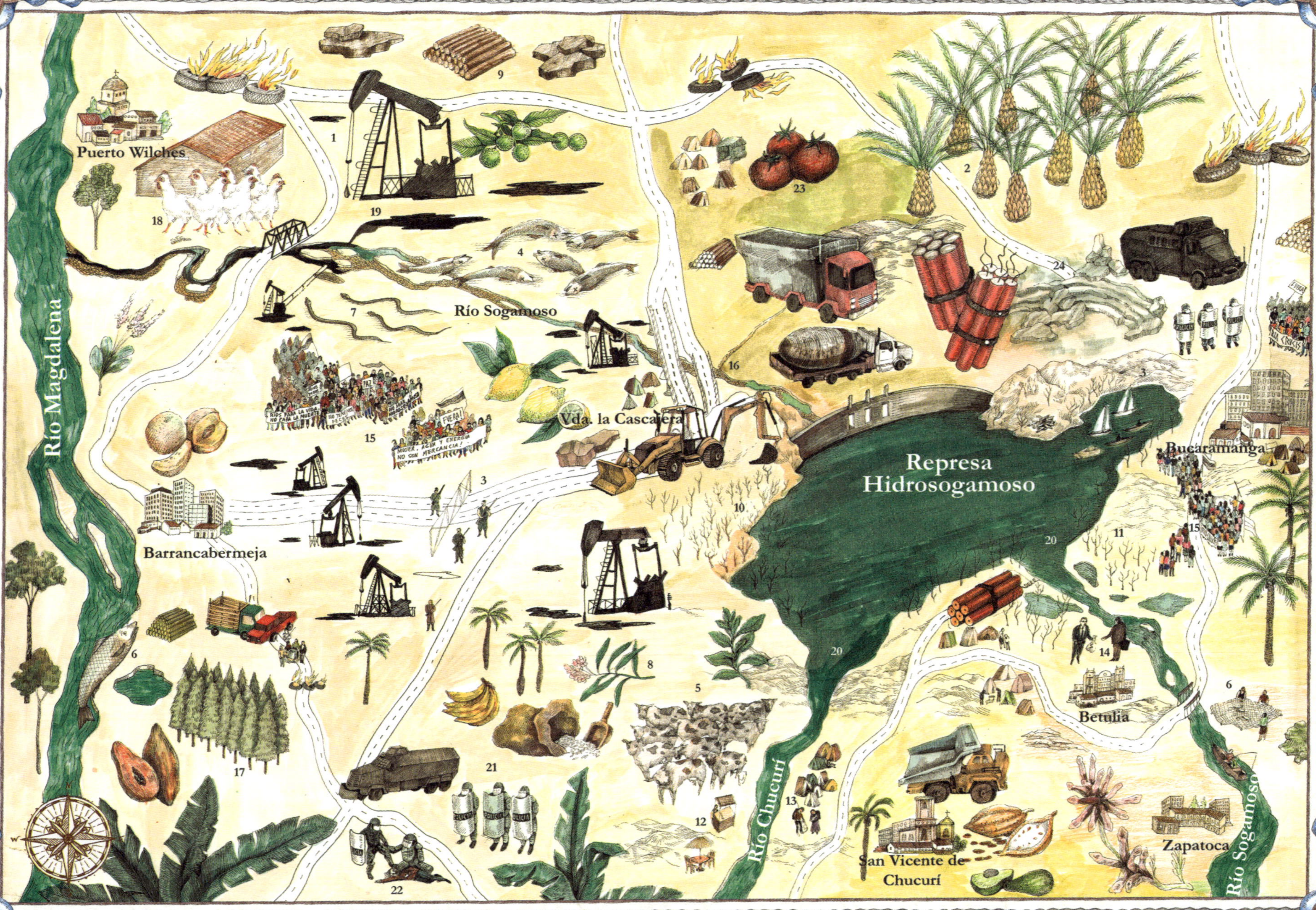

Convenciones

1. Extracción petrolera que ya lleva 100 años en el territorio.
2. Monocultivos de palma aceitera.
3. Privatización del territorio.
4. Mortandades de peces.
5. Ganadería extensiva.
6. Disminución de la cantidad y calidad del pescado.
7. Desplazamiento de especies salvajes.
8. Pérdida de biodiversidad.
9. Deforestación.
10. Cambio del microclima.
11. Disminución de fertilidad del suelo.
12. Desaparición del turismo local.
13. Desplazamientos forzados por megaproyectos.
14. Corrupción.
15. La gente se ve obligada a protestar para defender su territorio y formas de vida propias.
16. Desaparición y contaminación de fuentes de agua.
17. Plantaciones forestales.
18. Cría industrializada de especies.
19. Derrames constantes de petróleo.
20. Desaparición de islas y vegas de los ríos.
21. Militarización del territorio.
22. Criminalización de la protesta social.
23. Menor calidad y cantidad de las cosechas.
24. Fragmentación del territorio por construcción de carreteras

Los datos para la creación de este mapa se recogieron en el marco del proyecto "*Comunicándonos con energía, derecho humano a la alimentación que transforma nuestros territorios y nuestros cuerpos*", con el apoyo de FIAN y la Unión Europea.

Paso

¡ES HORA DE DIBUJAR NUESTRO CUERPO-RÍO!

Imaginen cómo se vería un cuerpo humano unido a un río. Para ello, guíense por los sentimientos, recuerdos, objetos, herramientas, animales, que escribieron en el paso 2 y, en los lugares de su cuerpo que identificaron en el paso 3. Pueden dibujar un cuerpo humano, puede estar parado, acostado e incluso nadando. También pueden dibujar un río. ¿Quieren que tenga *epyi*, boca, inas, pulmones?

Como este dibujo es también un mapa, pueden usar un mismo color para dibujar cosas similares y cambiar de color para mostrar que son diferentes. Si quieren, pueden escribir palabras guia o incluso pegarle cosas.

¡EL LÍMITE ES SU IMAGINACIÓN!

ASPROCIG

CIÉNAGA GRANDE DEL BAJO SINÚ

ASPROCIG

ASPROCIG–The Association of Fisherfolk, *campesinos*, Indigenous Peoples, and Afro-descendants for the Community Development of the Ciénaga Grande del Bajo Sinú is a community-based organization in Colombia focused on socio-ecological restoration and climate change adaptation. The Association currently comprises 96 community-based organizations (CBOs) which include 32,569 people from 6,200 families. ASPROCIG promotes low-emission practices, fosters innovation, and conserves biodiversity while tackling poverty and food insecurity through participatory development. Since 2000, ASPROCIG's community-developed **agroecological** systems, such as Family Biodiverse Socio-Ecosystem (ABIF), have successfully mitigated shifting water levels and ensured **food sovereignty** for thousands of families within the association. These sustainable practices build upon the work of numerous community scientists and are a powerful example of **eco-social transition** advanced in rural communities.

La Asociación de Pescadores, Campesinos, Indígenas y Afrodescendientes para el Desarrollo Comunitario de la Ciénaga Grande del Bajo Sinú es una organización comunitaria colombiana enfocada en la restauración socioecológica y la adaptación al cambio climático. La integran 96 organizaciones comunitarias, que suman 32 569 personas de 6 200 familias. La ASPROCIG promueve prácticas de emisiones de carbono reducidas, fomenta la innovación y conserva la biodiversidad, al mismo tiempo que enfrenta la pobreza y la vulnerabilidad alimentaria por medio del desarrollo participativo. Desde 2000, ha impulsado estrategias como los Agroecosistemas Biodiversos Familiares (ABIF), que han mitigado con éxito los cambios en los niveles de agua y han garantizado la **soberanía alimentaria** de miles de familias asociadas. Estas prácticas sostenibles se basan en el trabajo de numerosos científicos comunitarios y son un ejemplo potente de **transición ecosocial** en comunidades rurales.

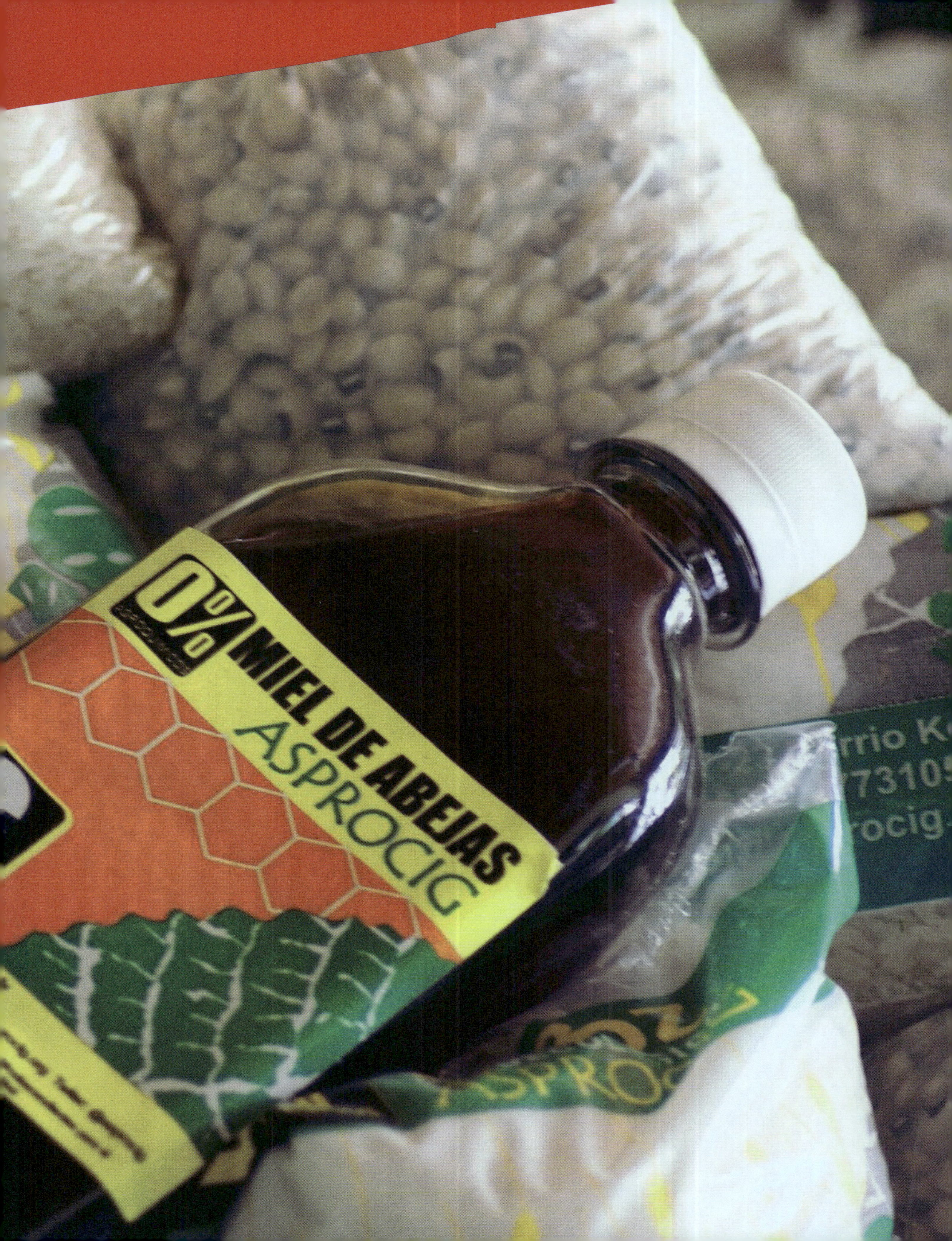
0%
MIEL DE ABEJAS
ASPROCIG

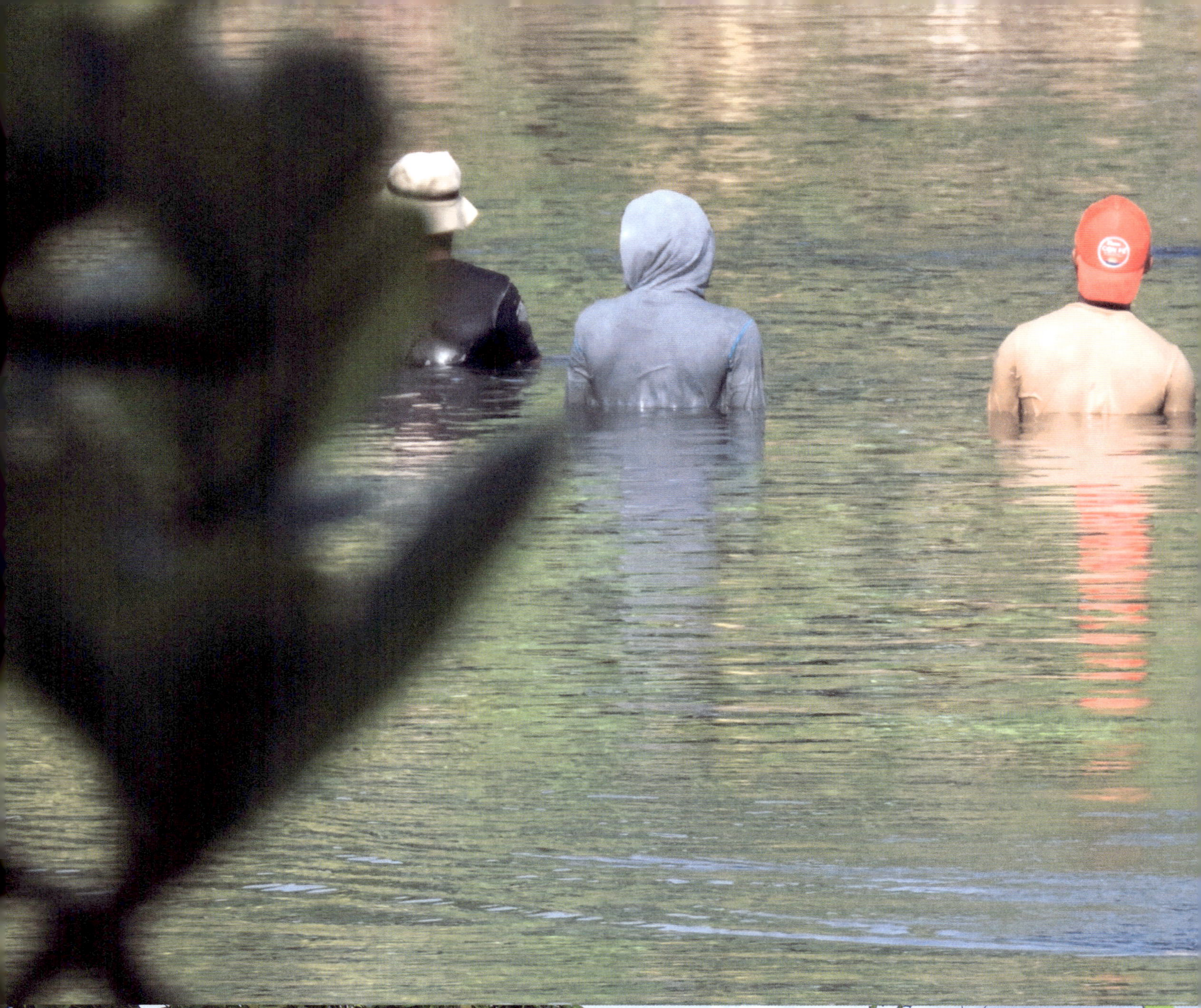

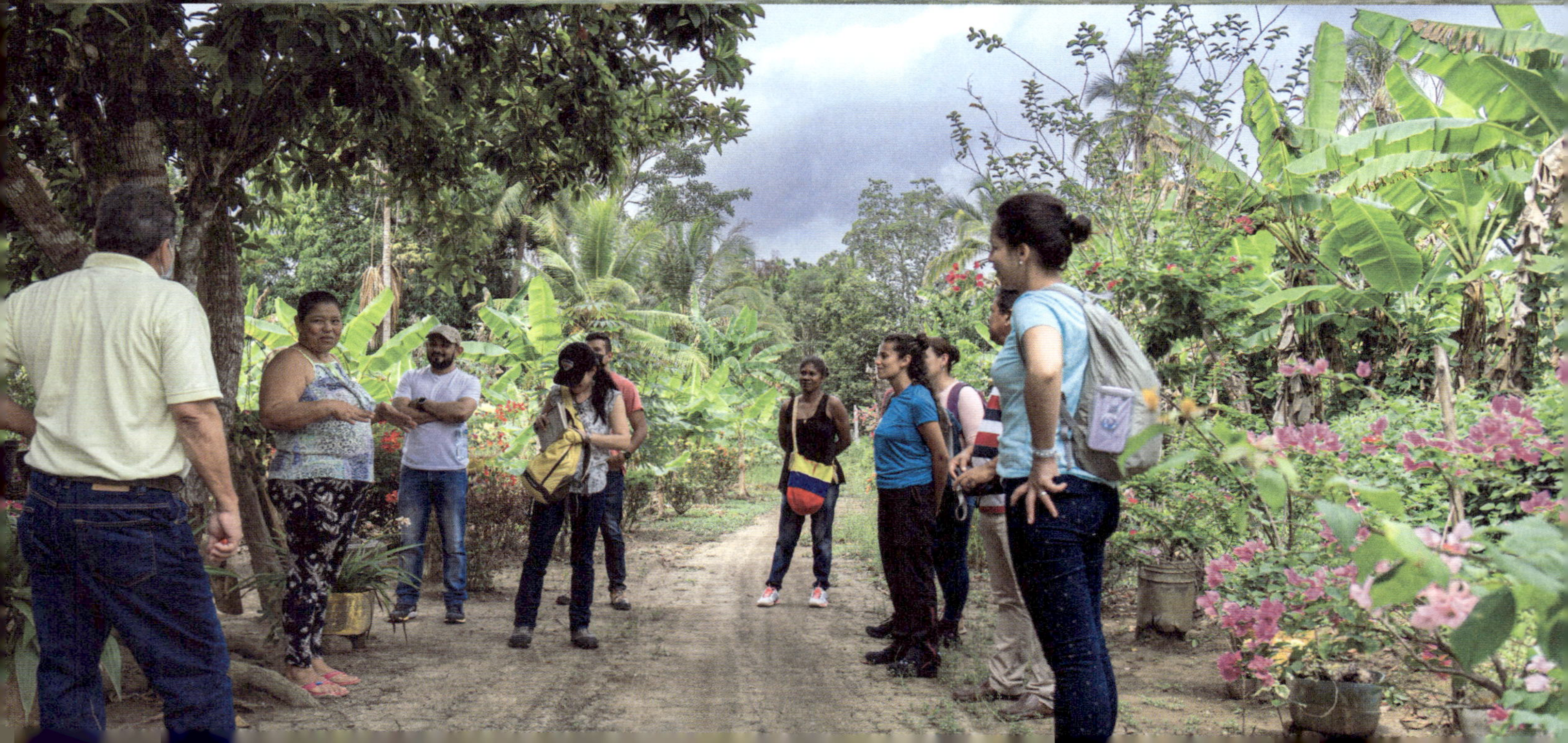

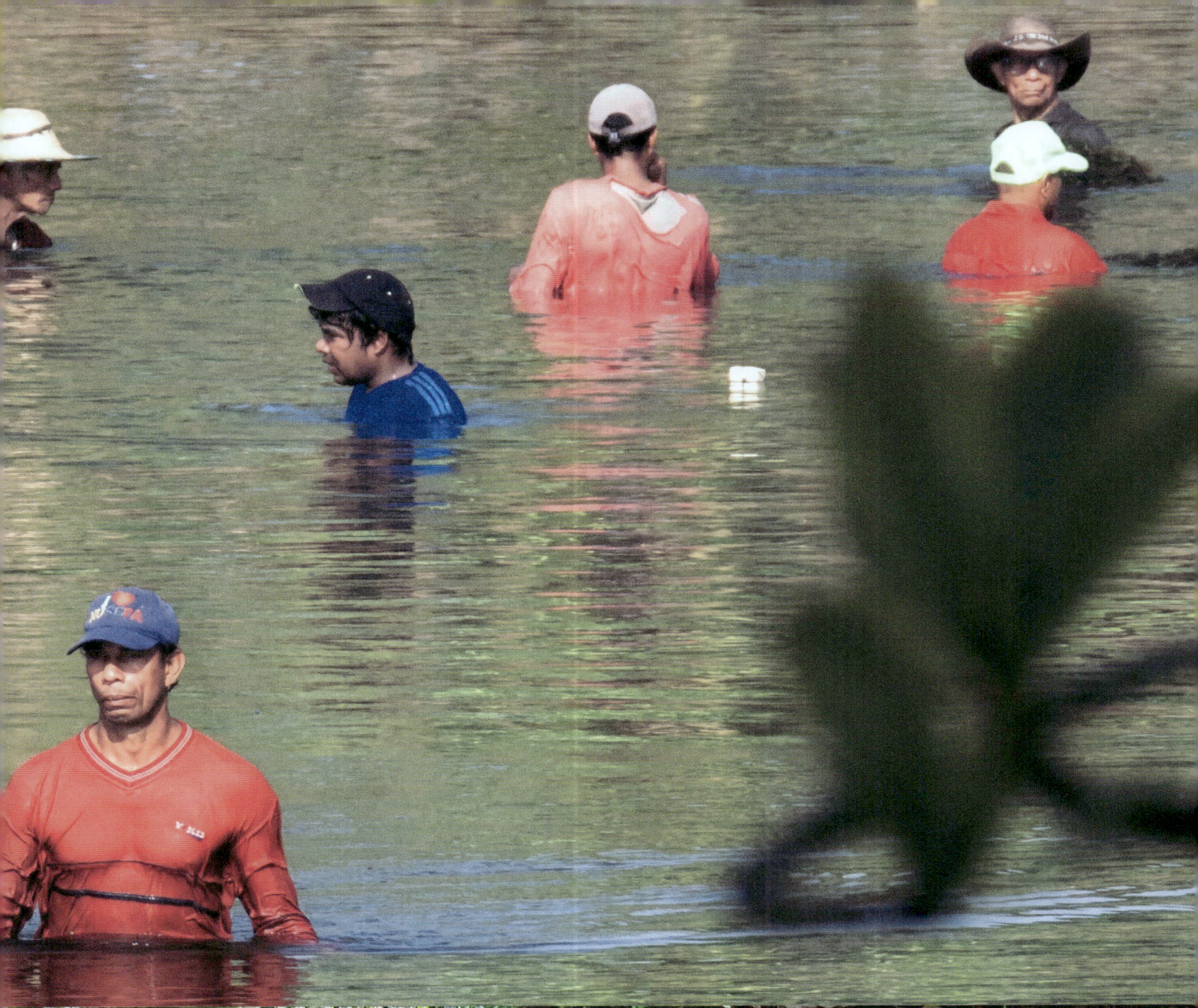

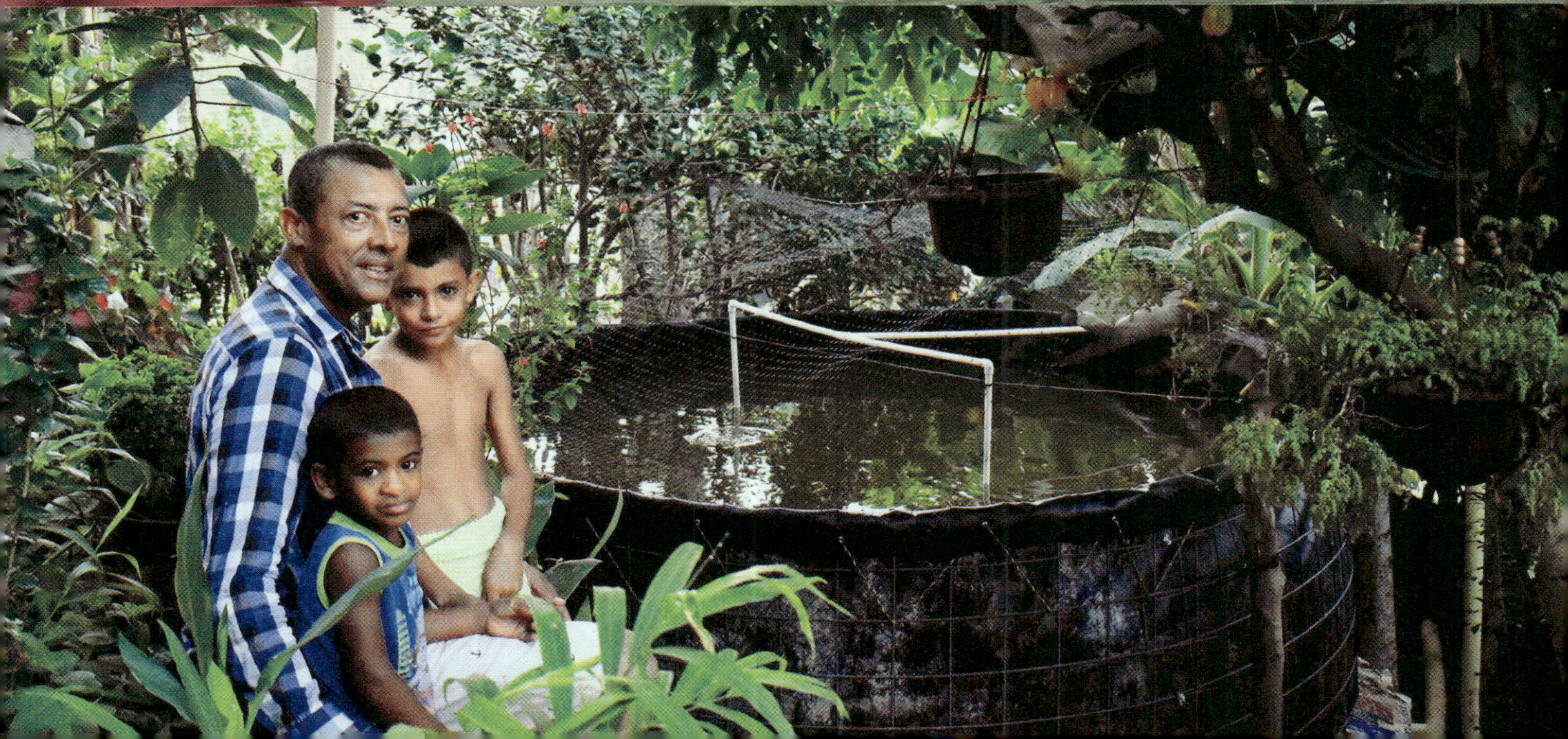

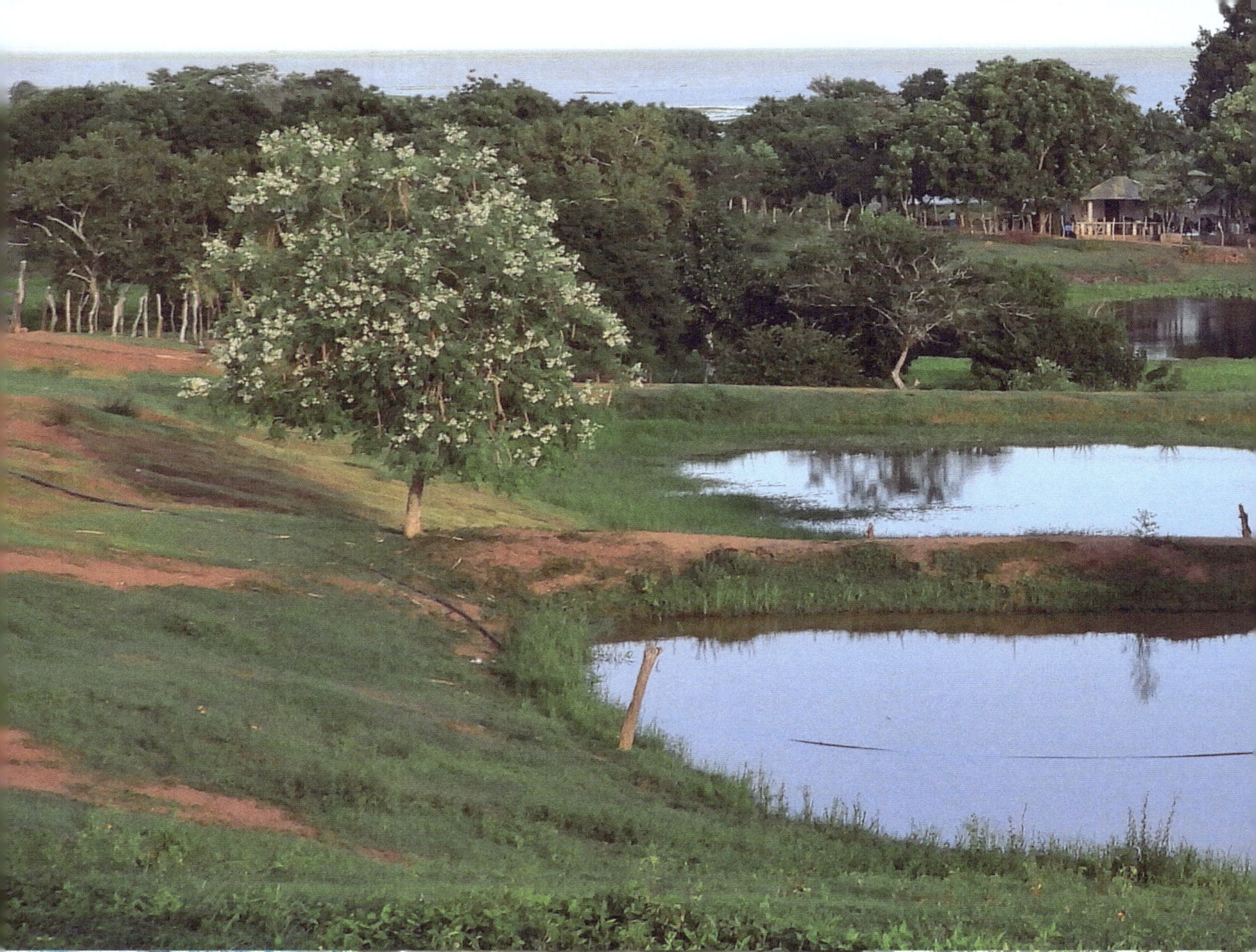

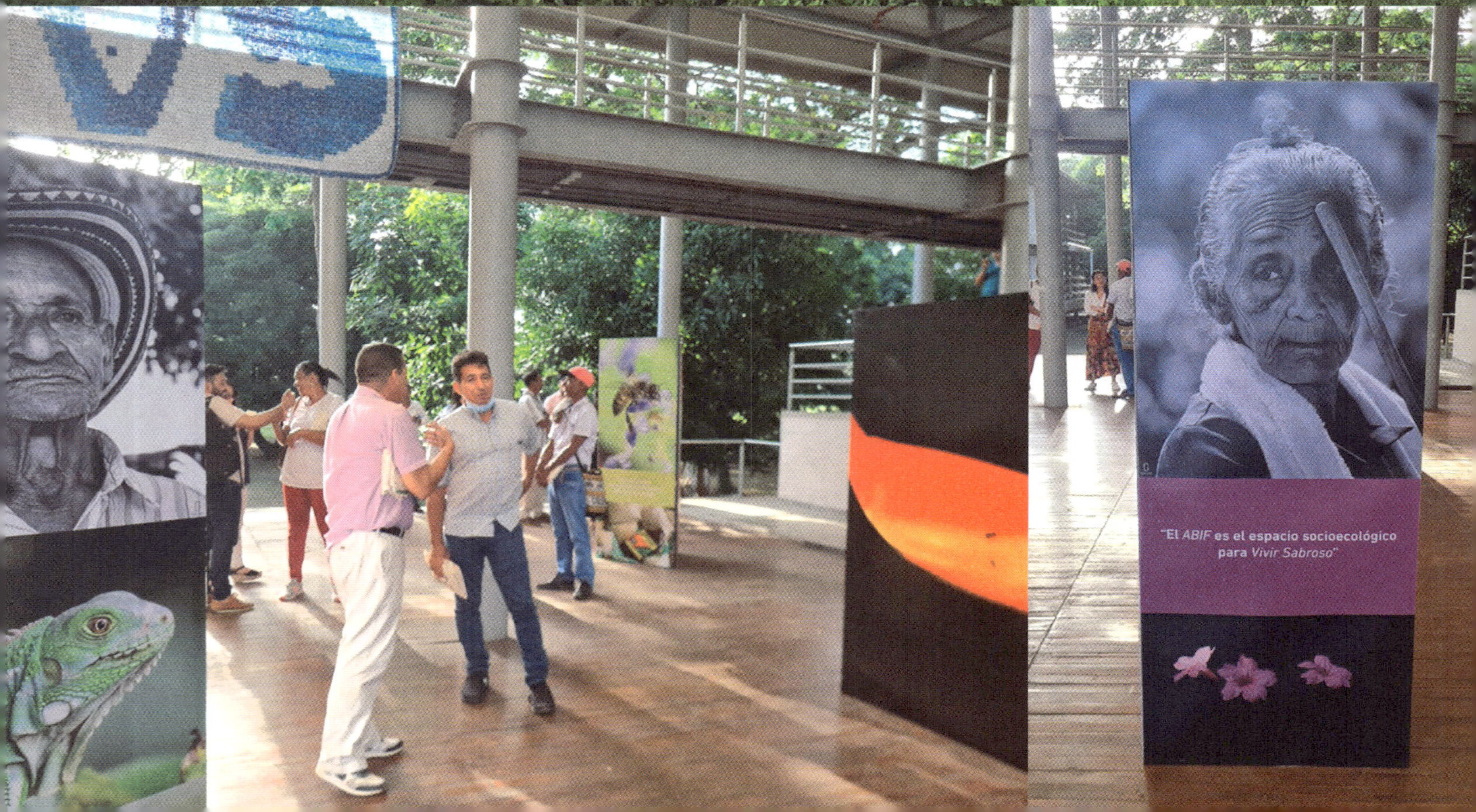
"El ABIF es el espacio socioecológico
para Vivir Sabroso"

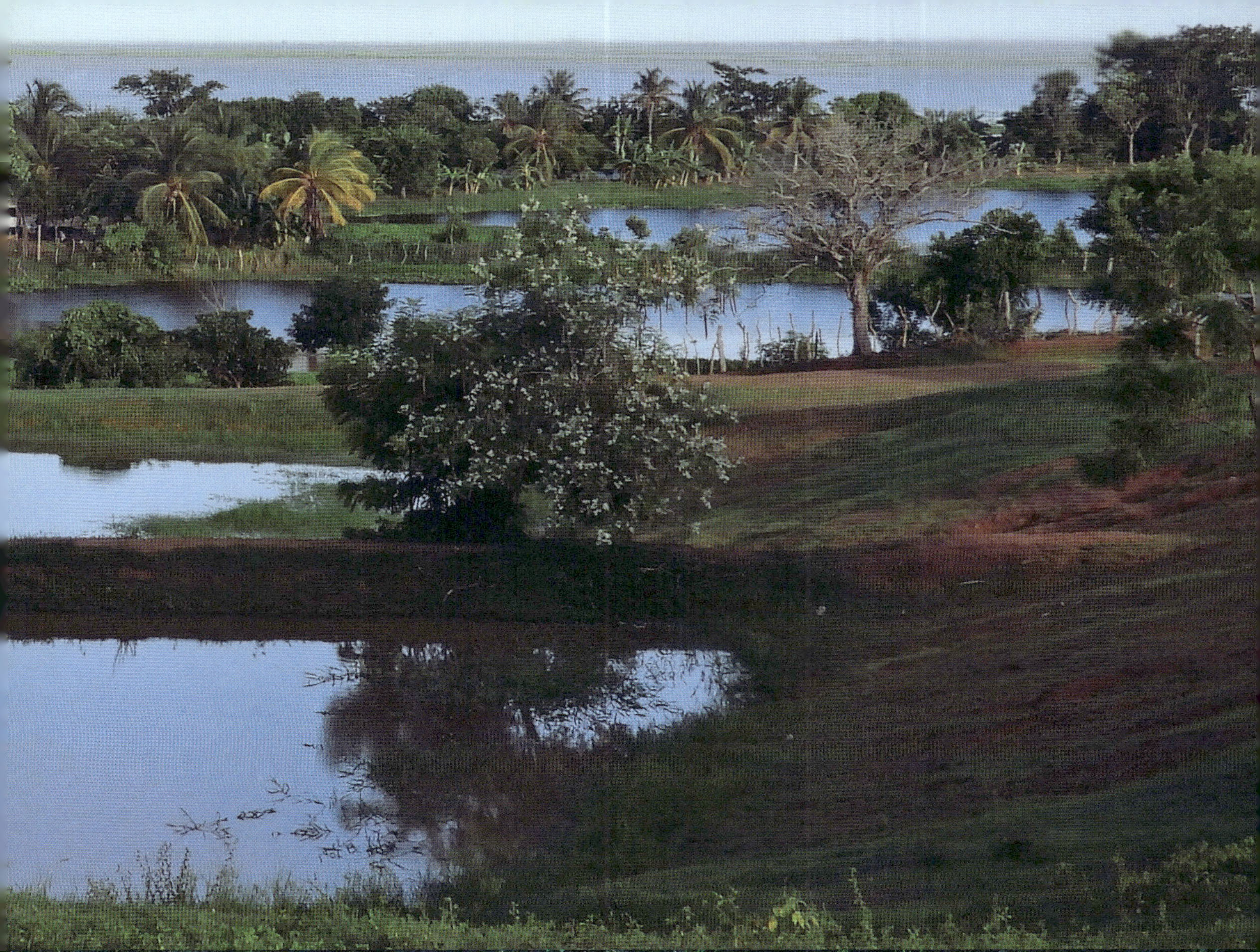

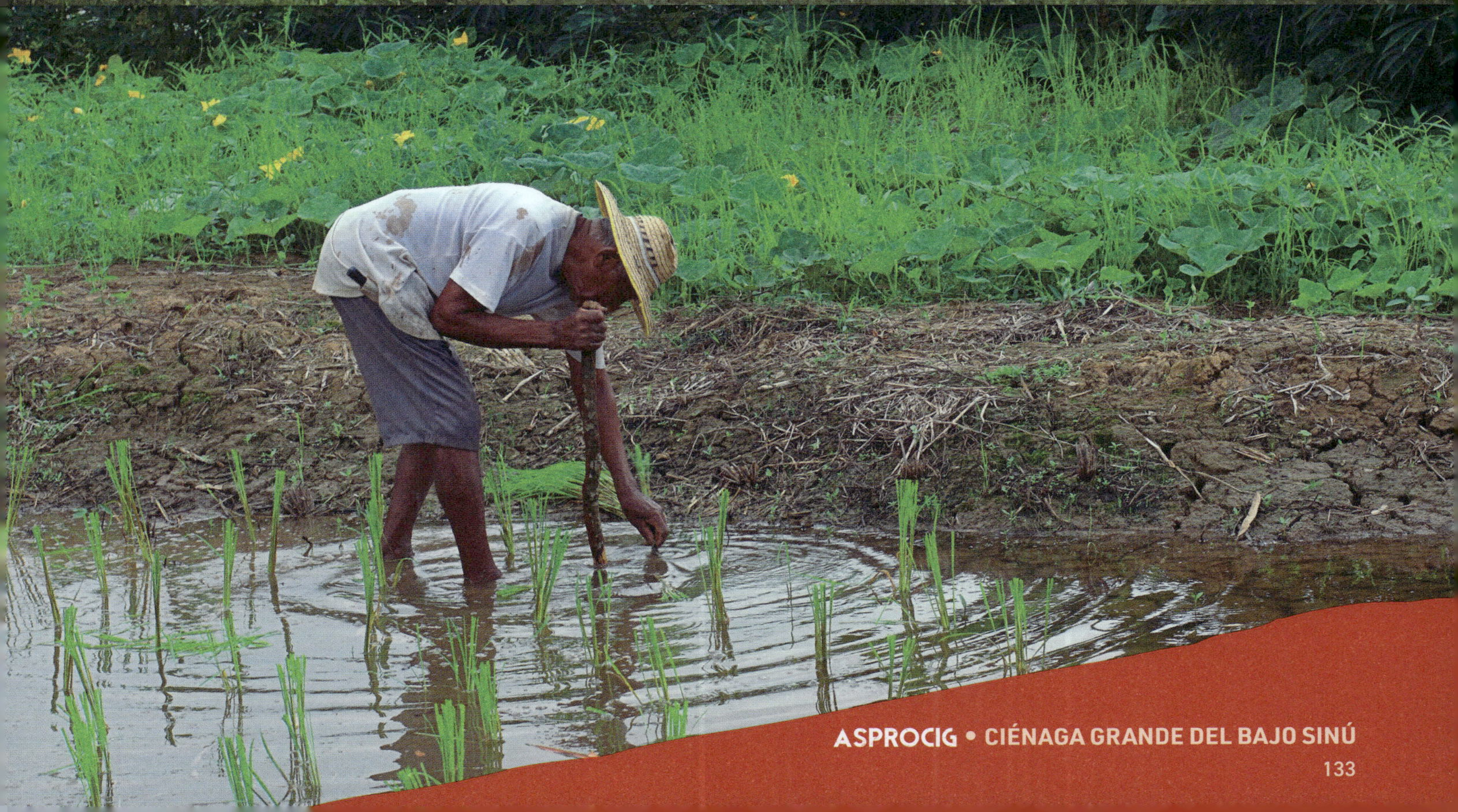

ANNELIA HILLMAN

KLAMATH RIVER

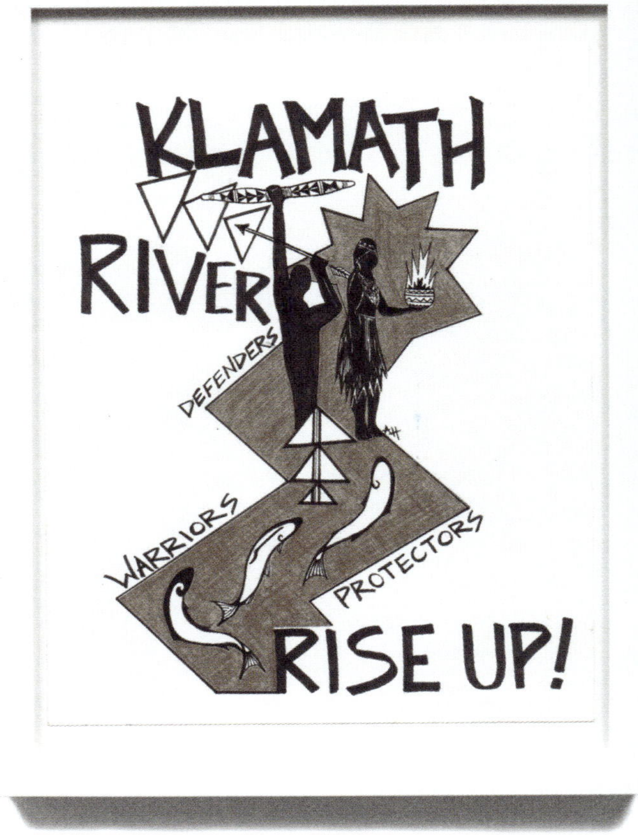

Annelia Hillman is a mother, activist, artist, and educator dedicated to restoring the Klamath River's salmon habitat, which has deteriorated due to dam infrastructures. A member of the Yurok Tribe and the Un-Dam the Klamath Movement, and a key organizer of the annual Salmon Run, Hillman's art and activism have raised awareness of the river's damaged state and mobilized Klamath, Karuk, Hoopa Valley, and Yurok tribal communities to fight for the river's liberation. Hillman describes the Salmon Run as a healing run, allowing participants to pray for their relatives, the river, the fish, and surrounding communities. Over two decades, the run evolved from a school activity into a four-day, 350-mile event, divided into one-mile increments for all ages and abilities. She currently coordinates the Yurok Tribe's **Food Sovereignty** Program, where she increases access to traditional foods and stresses the importance of reclaiming access to traditional lands and gathering places, some of which are owned by private entities or managed by government agencies.

Madre, activista, artista y educadora dedicada a restaurar el hábitat del salmón en el río Klamath, afectado por la infraestructura de las represas. Es miembro de la Tribu Yurok y del Movimiento Un-Dam the Klamath, y es una de las organizadoras clave de la carrera anual Salmon Run. Su arte y activismo han creado conciencia sobre el deterioro del río y han movilizado a las comunidades tribales Klamath, Karuk, Hoopa Valley y Yurok para luchar por la liberación del caudal. Annelia describe la carrera de Salmon Run como una acción de sanación que permite a los participantes orar por sus familiares, el río, los peces y las comunidades circundantes. En dos décadas, pasó de ser una actividad escolar a un evento de cuatro días y más de 560 kilómetros, divididos en intervalos de 1.6 kilómetros para todas las edades y habilidades. Actualmente, coordina el Yurok Tribe's Food Sovereignty Program —Programa de **Soberanía Alimentaria** de la Tribu Yurok—, en el que facilita el acceso a los alimentos tradicionales y destaca la importancia de recuperar las tierras ancestrales y los lugares de reunión, que en algunos casos son propiedad de entidades privadas o permanecen gestionados por agencias gubernamentales.

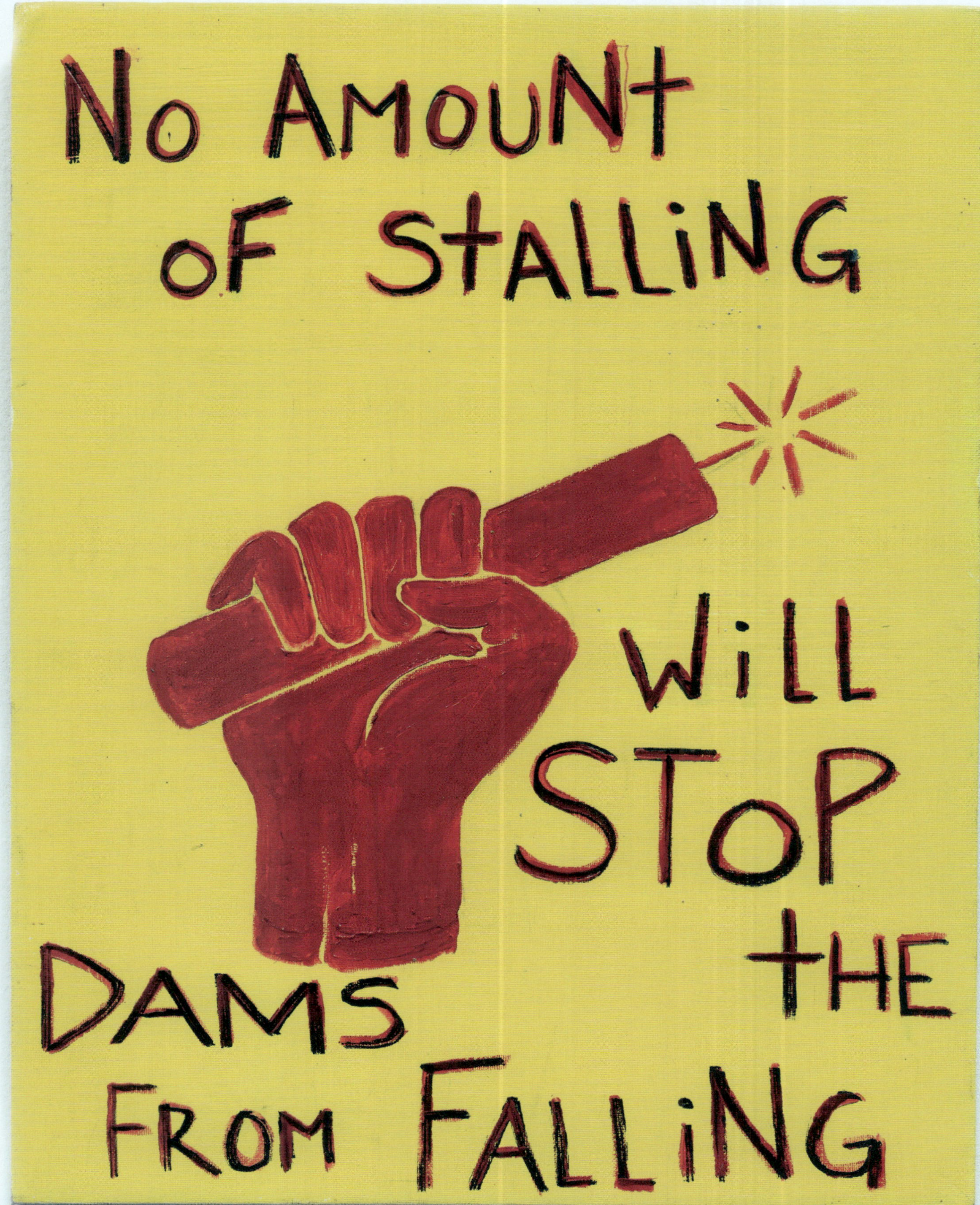
NO AMOUNT
OF STALLING
WILL
STOP
THE
DAMS
FROM FALLING

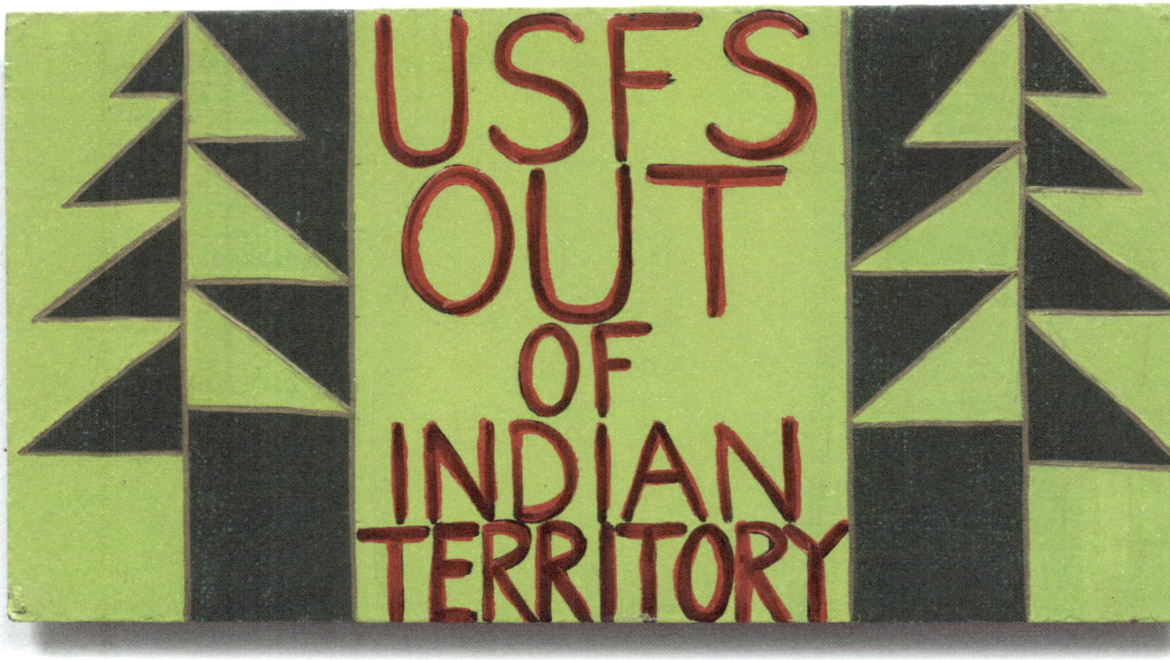
USFS
OUT
OF
INDIAN
TERRITORY

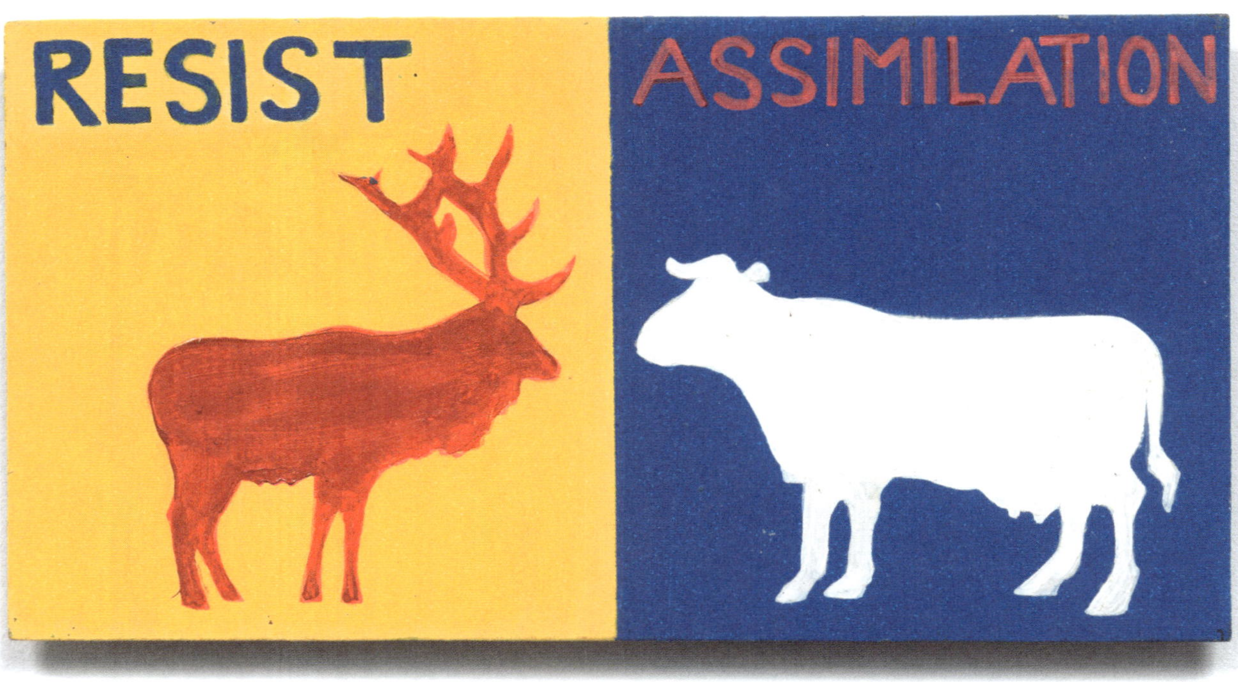
RESIST
ASSIMILATION

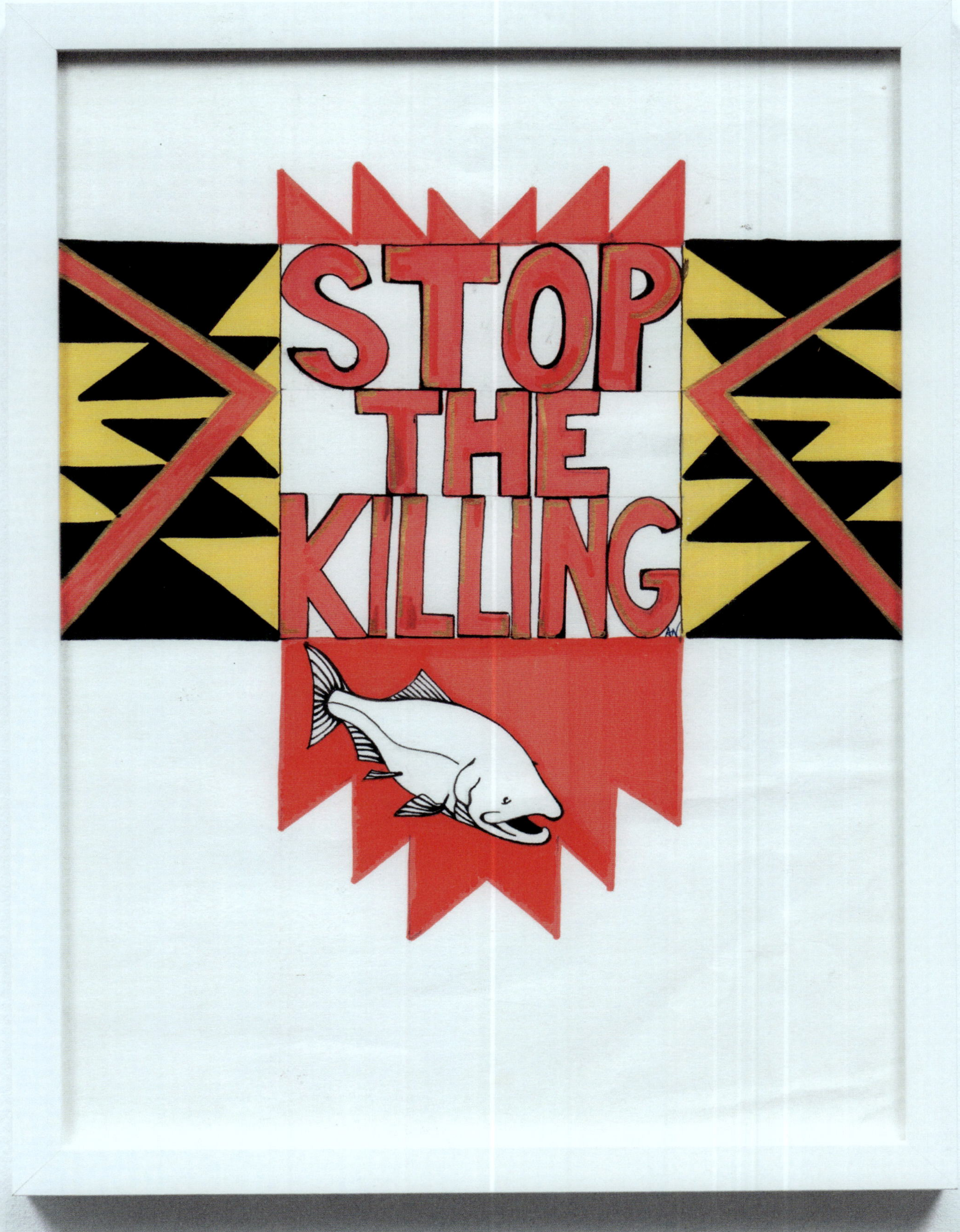
STOP
THE
KILLING
AN

EMBODIED KNOWLEDGE AND COMMUNITY SCIENCE

CONOCIMIENTO ENCARNADO Y CIENCIA COMUNITARIA

THE IRIDESCENCE OF KNOWING: MERCEDES DORAME AND JOEL GARCIA IN CONVERSATION

In the fall of 2023, artists Mercedes Dorame and Joel Garcia organized *The Iridescence of Knowing*, an exhibition at OXY ARTS that highlighted the rich lineage of Indigenous art and cultural production in Tovaangar, known today as the greater Los Angeles basin.[1] In their exhibition statement, Dorame and Garcia wrote:

> In Indigenous cultures, ancestral histories are often influenced by multifaceted perspectives—ecological, spiritual, oral, cosmological. The notion of iridescence captures this fluid, reflective, ever-evolving nature of understanding and serves as a powerful metaphor for the transformative and dynamic qualities of knowing. *The Iridescence of Knowing* provides a space for reflection, dialogue, and celebration of artistic traditions. It invites visitors to consider the embodied relationship between physical objects and the realms of generational energy that they hold. It encourages exploration of ancestral lineages and contemplation of ways in which cultural traditions can be sustained, evolve, and remain relevant in the present and for generations to come.

LA IRIDISCENCIA DEL CONOCIMIENTO: UNA CONVERSACIÓN ENTRE MERCEDES DORAME Y JOEL GARCIA

En el otoño de 2023, los artistas Mercedes Dorame y Joel Garcia organizaron *The Iridescence of Knowing* —la iridiscencia del conocimiento— una exposición en OXY ARTS que destacó la rica tradición de arte y producción cultural indígena en Tovaangar, conocida hoy como la gran cuenca de Los Ángeles.[1] En su texto curatorial, Dorame y Garcia escribieron:

En las culturas indígenas, las historias ancestrales a menudo están influidas por perspectivas multifacéticas: ecológica, espiritual, oral, cosmológica. La noción de iridiscencia capta la naturaleza fluida, reflexiva y en constante evolución de la comprensión, y funciona como una poderosa metáfora de las cualidades transformadoras y dinámicas del conocimiento. *The Iridescence of Knowing* ofrece un espacio para la reflexión, el diálogo y la celebración de las tradiciones artísticas. Invita a los visitantes a considerar la relación en el cuerpo entre los objetos físicos y los campos de energía generacional que poseen. La exhibición fomenta la exploración de los linajes ancestrales y la contemplación de las maneras en que las tradiciones culturales se sostienen, evolucionan y siguen siendo relevantes en el presente y para las generaciones por venir.

In this conversation, Dorame and Garcia reflect on themes of embodied knowledge and **community science** from their perspectives as artists and culture workers shaping community and advocating for local ecologies within the city.

* * *

Joel Garcia (JG): Embodied knowledge and **community science** has been part of my creative practice as far as I can remember. For someone like you and me, I don't think they are disconnected from art making. One of the more recent examples that was a huge learning moment in how to be an artist, a community member, and an ally to First Peoples was the commodification of white sage. I remember a *danza* group going over to Ascot Hills, [a place] that had been cleaned up and reintroduced California native plants [which] had been thriving for years. The sage had grown pretty big, pretty healthy. [The] local *danza* group went and harvested sage from there [as] they were preparing for an upcoming ceremony. It was springtime, not the time to be doing that. A few days later I went up there and everything was just butchered.

As an artist, I wanted to do something about that, and I created this garden sign. I didn't want that garden sign to be a "hands-off" type of thing, because it raises more questions, or makes people defiant. This garden sign was a bit of a cautionary sign [...]: "If you're gonna do this anyways, trim it here," showing folks the right way to harvest sage. I started working on that project after talking to several Elders, both Tongva and Tataviam, and they were happy that somebody was doing something about it. But then I sent them the design, and [they questioned] if we [were] giving folks too much information. And if we're giving folks this information, asking them to be considerate and maybe not harvest, does this actually give them permission to harvest? I didn't think about it that way in the beginning, but a few of the others [asked] if we should do this after all.

We made some edits to the design and then introduced language that was from California state ordinances that if you're harvesting on public land, it is basically illegal. We decided to go that route, but to abandon the physical design, because I think the idea of putting a marker [could] actually draw more attention to it. We decided to [focus] on deterring versus protecting. By that point, I was old enough to not take it personally, and be confident it was gonna be good. I have to see things beyond what I know as an artist, what I know as a person. And to some extent, I also wanted to call attention to what happened in this specific area. These were our folks who went and did that, and I wanted to correct this wrong here. [So] I shared those images online, and [they] went viral.

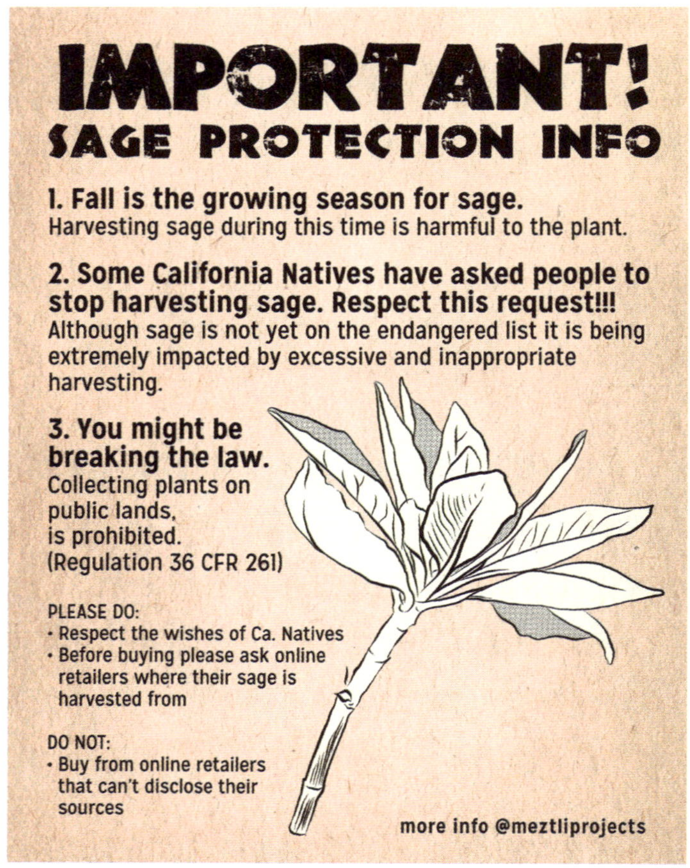

Design by Joel Garcia.
Diseño de Joel Garcia.

As an artist who is not Tongva or Tataviam, relinquishing what that language looked like, relinquishing what the intention and impact of that effort was, and letting the Elders control what that [effort] would be was a really good learning moment. I've learned that an artist is a tool for other folks to mobilize. In that sense, as small as it was, shifting languages had a much larger impact than we initially thought. We wanted it to be

[1] *The Iridescence of Knowing*, https://oxyarts.oxy.edu/exhibitions/iridescence-knowing.

En esta conversación, Dorame y García reflexionan sobre el conocimiento encarnado y la **ciencia comunitaria** o **ciudadana** desde su perspectiva como artistas y trabajadores de la cultura que dan forma a la comunidad y abogan por las ecologías locales dentro de la ciudad.

* * *

Joel Garcia (JG): El conocimiento encarnado y la **ciencia comunitaria** o **ciudadana** han sido parte de mi práctica creativa desde que tengo memoria. No creo que estén desconectados de la creación artística para alguien como tú y como yo. Uno de los ejemplos más recientes, que fue un gran momento de aprendizaje sobre cómo ser un artista, un miembro de la comunidad y un aliado de los primeros pueblos fue la mercantilización de la salvia blanca. Recuerdo que un grupo de danza [azteca] iba a Ascot Hills, [un lugar] que se ha recuperado para reintroducir plantas nativas de California [que] han crecido bien durante años. La salvia había crecido mucho, muy sana. [El] grupo local de danza cosechó salvia de ese sitio como preparación para una ceremonia próxima. Era primavera, no era el momento de hacerlo. Subí unos días más tarde y estaba todo destrozado.

Como artista, quería hacer algo al respecto y diseñé un letrero para el jardín. No quería que el letrero fuera del tipo "no tocar", porque plantea más preguntas o se convierte en un desafío para la gente. Este letrero era un poco como una señal de advertencia [...]: "si de todos modos vas a cosechar, corta de aquí", para mostrarle a la gente la manera correcta de cosechar la salvia. Empecé a trabajar en ese proyecto después de hablar con varias personas mayores [Indígenas], tanto Tongva como Tataviam, y estaban contentos de que alguien hiciera algo al respecto. Les mandé el diseño y se preguntaron si estábamos dando demasiada información. Si estamos dando esta información y le pedimos a la gente que sea considerada y no coseche, ¿esto les da permiso de hacerlo? No lo pensé así en un principio, pero algunas personas [preguntaron] si deberíamos hacerlo después de todo.

Hicimos algunos cambios en el diseño y luego usamos frases que provienen de las ordenanzas de California, que dicen que cosechar en tierras públicas es básicamente ilegal. Decidimos seguir ese camino y abandonar el diseño físico, porque la idea de poner una marca [podría] llamar más la atención. Decidimos [concentrarnos] en disuadir en lugar de proteger. En ese momento, ya tenía la edad suficiente para no tomármelo como algo personal y estar seguro de que sería algo bueno. Tengo que ver las cosas más allá de lo que sé como artista y como persona. Hasta cierto punto, también quería llamar la atención hacia lo que sucedió en esta área específica. Nuestra gente fue la que lo hizo y yo quería corregir ese error ahí. [Entonces] compartí las imágenes en línea y se volvieron virales.

Como artista que no es Tongva o Tataviam, renunciar a lo que ese lenguaje parecía, renunciar a la intención y el impacto de ese esfuerzo, y dejar que los mayores lo controlaran fue un gran momento de aprendizaje. Aprendí que un artista es una herramienta para que otras personas se movilicen. En ese sentido, por pequeño que fuera, cambiar el tono del mensaje tuvo un impacto mucho mayor de lo que pensamos al principio. Queríamos que se enfocara en esa zona. Luego se trató más del panorama general, nos cuestionamos si la comunidad de danza [azteca] debía tener acceso a esta información, a estas prácticas, y cómo debería reconsiderar el uso de la salvia dentro de sus ceremonias, porque esos dos aspectos no están conectados de manera inherente, es algo que los grupos de danza [azteca] han adoptado aquí, en California.

MD: Bueno, la salvia blanca es pan-espiritual ahora.

JG: Fue un gran momento de aprendizaje, tomar este marco o esta identidad indígena y ampliarlo y observar tanto el espectro de las cosas como el quién y el cómo: ¿en qué personas mayores se centra? ¿En qué conocimientos [y] prácticas te centras?

MD: Esa historia es interesante porque, en esencia, le estás pidiendo a la gente que construya una relación no extractiva con la planta. Pienso en alguien que

[1] *The Iridescence of Knowing*, https://oxyarts.oxy.edu/exhibitions/iridescence-knowing.

localized in that area. Then it became more about the big picture, questioning if the *danza* community should have access to this information, to these practices, and how they should reconsider the use of sage within *danza* ceremonies, because those two things are not inherently connected, and that's something that's been adopted by *danza* here in California.

Mercedes Dorame (MD): Well, white sage has become pan-spiritual now.

JG: That was a big learning moment, taking this Indigenous frame or this Indigenous identity and really spanning it out and looking at both the spectrum of things, but also the who and how: what Elders do you center? What knowledge [and] practices do you center?

MD: I think that story is interesting because, essentially, you're asking people to build a relationship with the plant that's not extractive. You think about somebody going out and trying to take white sage with intentions of good and ceremony, but if your understanding of this place, and this plant, and this being, isn't that it needs to be reciprocal, that you have to know it well enough to know when it's not harmful, then how does that material function? I often tell people about white sage: "If you buy it, it doesn't work." Because that's the biggest deterrent to people saying "I want it to function in this way, and I have this intention of bringing this kind of approach to it as a ceremonial material." But is it actually doing good if it's causing harm in these steps up to your hands? I think that there are moments when you're engaging with people who are Elders, which means they know the ways and they've studied, or they've been taught, and they understand. Which leads to relinquishing some of the art ego, I mean, I have it <laugh>. As an artist, you wanna believe you're doing good, and you wanna believe that you are approaching things in a way that's perhaps healing or restorative, but also, having that self-reflection. It's not just about a good intention, but how do we actually, tangibly, create a structure that keeps us from harming each other and where we are?

JG: [There] is a plant entity United Plant Saves (UPS) that tracks all the endangered plants. The woman who leads it [does] amazing work, [is an] amazing ally, but that list is created from the perspective of capitalism. The value of a plant is based on how much you can harvest at any given point in time, and how much product you create from it. So, there wasn't a way for [them] to move white sage from possibly threatened to endangered. Even if you list it as endangered, endangered in what sense? Because a lot of California Indian folks said, "It's not endangered to me. I can harvest it anytime I want." I think for UPS, it was challenging to let go of the ideas they had around plants and plant knowledge from a white perspective to then just letting go and saying, "Okay, we don't know yet how to look at white sage from the perspective of California Indians."

MD: Which is funny because it absolutely thrives here. If you care for it in those beginning stages, it's created to live here and it really can flourish. There is this tenuous space between calling something endangered, it's scarce, akin to the vanishing race. You get into those ideas that have intentions of protection, but then on the flip side, it has this potential to be abundant. Sometimes I feel like that messaging of scarcity or endangerment has good intentions, but also takes us into this space where it's this inevitable demise. We know these things and then science catches up to understanding, like "walking in green spaces lowers blood pressure," and we need a scientific study to prove that. But it also takes me back to these ideas of knowing in an art practice. I think you said something like "we've been doing this from the beginning." I also agree, but I do feel like we've gotten to a place more recently where some of the ability to talk about it is more possible now. It's this back-and-forth dance between this intent to do good, then a reflection and an interaction, and then maybe science pops in and does a study. There's this really interesting dance that happens around holding space for some of this to be taken seriously, a conversation to finally hold weight. When I was first starting as an artist I didn't talk about a lot of [these] things because I think people could be really dismissive around ideas like ancestral knowledge, knowing, connection, oral histories, and elder knowledge. I am grateful for the work that people like you do, who make this centered and important.

JG: I think [about] entities like the California Native Plant Society, oh my God, their Facebook group is one

sale y toma salvia blanca con buenas intenciones, ceremoniales, pero si tu comprensión de este lugar, de esta planta y de este ser no es de reciprocidad y tienes que conocerlo lo suficientemente bien como para saber cuándo no es dañino [cosechar], entonces ¿cómo funciona ese material? A menudo le digo a la gente sobre la salvia blanca: "si la compras, no funciona". Porque ése es el mayor impedimento para que la gente diga: "quiero que funcione de esta manera y tengo la intención de darle ese tipo de enfoque como material ceremonial". Pero, ¿en realidad estás haciendo bien si causas daño para que llegue a tus manos? Creo que hay momentos en los que te relacionas con personas mayores, lo que significa que conocen los caminos y han estudiado, o se les ha enseñado y entienden. Eso conduce a renunciar a una parte del ego artístico, es decir, lo tengo [risa]. Como artista, quieres creer que estás haciendo el bien y quieres creer que te acercas a las cosas de una manera que tal vez es curativa o restaurativa, pero también tienes esa autorreflexión. No se trata sólo de una buena intención, más bien ¿cómo creamos, de manera tangible, una estructura que impida que nos dañemos unos a otros y el lugar donde estamos?

JG: Hay una entidad para las plantas, la United Plant Savers (UPS), que rastrea todas las plantas en peligro de extinción. La mujer que lo lidera hace un trabajo increíble, es una aliada increíble, pero esa lista se crea desde la perspectiva del capitalismo. El valor de una planta se basa en la cantidad que puedes cosechar en un momento dado y en la cantidad de producto que puedes obtener. Por lo tanto, para ellos no había manera de que la salvia blanca pasara de estar bajo una posible amenaza a peligro de extinción. Incluso si la consideras en peligro de extinción, ¿en qué sentido? Porque muchos Indígenas de California dijeron: "para mí no está en peligro de extinción, puedo cosecharla cuando quiera". Creo que para la UPS fue un desafío abandonar sus ideas sobre las plantas y el conocimiento de las plantas desde una perspectiva blanca para sólo dejarse llevar y decir "está bien, todavía no sabemos apreciar la salvia blanca desde la perspectiva de los Indígenas de California".

MD: Lo cual es gracioso porque crece muy bien aquí. Si la cuidas en las etapas iniciales, fue creada para vivir aquí y puede florecer bien. Hay una delgada línea entre decir que algo está en peligro de extinción y que es escaso, algo similar a la raza que se desvanece. Te metes en esas ideas que tienen intenciones de proteger, pero por otro lado, ese algo tiene el potencial de ser abundante. A veces siento que los mensajes de escasez o peligro tienen buenas intenciones, pero también nos llevan a ese espacio en el que la muerte es inevitable. Sabemos estas cosas y la ciencia se pone al día después, cuando comprende, por ejemplo, "caminar en espacios verdes reduce la presión arterial", y entonces necesitamos un estudio científico para demostrarlo. Eso me lleva de vuelta a la idea del saber en la práctica artística. Creo que dijiste algo así como "hemos hecho esto desde el principio". Estoy de acuerdo, pero siento que en fechas recientes hemos llegado a un lugar en el que tenemos la capacidad de hablar de eso. Es este baile de ida y vuelta entre la intención de hacer el bien, después una reflexión y una interacción, y luego tal vez la ciencia aparece y hace un estudio. Es muy interesante el baile en torno a mantener el espacio para que algo de esto sea tomado en serio, una conversación para por fin darle peso. Cuando empezaba como artista, no hablaba de muchas de estas cosas porque pensaba que la gente podría desdeñar ideas como el conocimiento ancestral, el saber, la conexión, las historias orales y el conocimiento de las personas mayores. Agradezco el trabajo que hacen personas como tú, que le dan importancia a esto.

JG: Pienso en entidades como la California Native Plant Society. ¡Dios mío! Su grupo de Facebook es uno de los lugares más violentos. En 2019 o 2020, cuando esto [de la salvia blanca] estaba en su punto máximo —Juniper Ridge acababa de firmar un acuerdo de distribución con Walmart para vender salvia blanca en todo el mundo—, fue muy raro atestiguar las conversaciones en ese grupo de Facebook y el rechazo hacia el conocimiento indígena. Fue extraño ver cómo cualquier individuo, de aquellos que aman las plantas y han quitado el pasto de su patio delantero para tener un jardín de plantas nativas de California, desafiaba a personas como Julia Cordero-

of the most violent places. In 2019/2020, when some of this [white sage] stuff was peaking–Juniper Ridge had just signed a distribution deal with Walmart to sell white sage across the world–the conversations in that Facebook group and that dismissal of Indigenous knowledge was just bizzare to witness. It was bizarre to have somebody like Julia Cordero-Lamb, founder of the Syuxtun Plant Mentorship Collective who is Chumash–and this is what she studied her whole life–to be saying like, "No, this is actually what this is and this is how this plant is beneficial to people and the environment," and have them be challenged by these random individuals who love plants and have removed lawns from their front yards [to] have California native plant gardens, so they feel like they must know the thing because they've read it in the book by this scientist and whatnot.

But one thing I saw them evolve over that time was letting go of their position of authority as the California Native Plant Society and all its volunteers who have a ton of knowledge to say, "We don't know how to talk about this issue at the moment. We don't know as much about these plants as these individuals actually do." That was their way of recentering how they were advocating on behalf of white sage by saying, "We have someone like Rose Ramirez, Craig Torres, Ms. Julia..."

MD: Barbara Drake.

JG: Yes. They've done this [work] and we don't have to recreate this knowledge. That was beautiful to see, an entity with power, like California Native Plant Society, to say, "We're gonna step out of this spotlight. We're gonna step out of this area of authority, and we're gonna turn it over to California Indian folks who know this plant because they have a history of it for thousands of years." To me, that was a model and a template for so much other work to embody, and they did a really good job of just reinforcing what California Native folks were saying, even challenging the term "traditional" in **TEK (Traditional Ecological Knowledge)**. In a big way we fought for that word "traditional" for **TEK** to be part of the conversation alongside all these other sciences. But "traditional" has also limited the engagement of Indigenous knowledge alongside university-accredited knowledge. Switching from **TEK** to **IEK (Indigenous Ecological Knowledge)** also came from a lot of those conversations. We need this knowledge to be ever-evolving and not locked into time [or] into a certain way of knowing. For me, that always reinforces what folks like Barbara say: "If you don't know twenty uses for one of these plants, are you really an expert of this plant?" Have you really built that relationship with this plant and everything that surrounds it to say, "I know the uses of mugwort or buckwheat." To come up with twenty uses for even sage, for me, is still challenging. I think that's where there's limitation to approaching that knowledge as **TEK**, [as if] the practical use of it is within only an Indigenous framework and not just a human framework.

MD: I think marking that word as having some relationship to time is important. It's kind of how we use the word Elders. I sometimes pause on that because there's people in the community who are culture bearers that I've learned so much from, but they're young to be in an "elder" category. Like you said, what does it mean to be an expert? What does it mean to dedicate your life to knowing these things and learning? I think the idea of it having an evolving understanding is important because our environment is completely ever-evolving.

Whether we embrace that or have a hard time with that. A lot of times I get into these conversations around ecologies, or people are like, "What plants do I put in this native plant garden?" Even though I'm an artist, and I don't call myself an expert in these lanes, but because of my practices with basket weaving or these other things that I'm trying to learn, I've started to build relationships with these plants. I think there's this imagined corollary between authenticity and some point in time. When we think about all of the cultural knowledge, uses, and practices with even some medicines that have been brought in post-contact, that's part of us, that's part of the healing, that's part of our ceremony now. It's part of our understanding. Would you take that out? Do you erase that part to get to this idea of traditional [and] authentic? I personally grapple with that a lot

Lamb —fundadora del Syuxtun Plant Mentorship Collective, que es Chumash y ha estudiado esto toda su vida— porque cree saberlo todo, porque lo leyó en tal libro de tal científico.

En lo que sí aprecié una evolución fue en que dejaron de lado su posición de autoridad como la California Native Plant Society y todos sus voluntarios, que tienen un montón de conocimientos, dijeron: "no sabemos cómo hablar de ese tema en este momento. No sabemos tanto de estas plantas como estos individuos". Ésa fue la manera en la que reacomodaron su defensa en nombre de la salvia blanca, al decir "tenemos personas como Rose Ramirez, Craig Torres, doña Julia [Bogany]...".

MD: Barbara Drake.

JG: Sí. Ellos han hecho ese [trabajo] y no tenemos que recrear ese conocimiento. Fue hermoso ver que una entidad con poder, como la California Native Plant Society, dijera "vamos a quitarnos del centro del asunto, vamos a salirnos del área de autoridad y se la vamos a entregar a los Indígenas de California que conocen esta planta y tienen una historia con ella desde hace miles de años". Para mí, eso fue un ejemplo y un modelo para retomar en otros trabajos. Hicieron muy buen trabajo al respaldar lo que decían los nativos de California, incluso desafiaron el término *tradicional* del **Conocimiento Ecológico Tradicional (CET)**. En gran medida, luchamos para que la palabra tradicional, para que el **CET** formara parte de la conversación con todas las otras ciencias. Pero lo tradicional también ha limitado la participación del conocimiento indígena en el conocimiento acreditado por las universidades. El cambio de **CET** a **Conocimiento Ecológico Indígena (CEI)** también surgió de muchas de esas conversaciones. Necesitamos que este conocimiento esté en evolución constante y no encerrado en el tiempo [o] en una cierta forma de conocimiento. Para mí, eso refuerza lo que dice gente como Barbara: "si no conoces veinte usos de una de esas plantas, ¿eres realmente un experto en esa planta?". ¿De verdad has construido una relación con esa planta y todo lo que la rodea para decir "conozco los usos de la artemisa o del trigo sarraceno"? Encontrar veinte usos incluso para la salvia sigue siendo un desafío para mí. Creo que ahí es donde se limita el acercamiento a ese conocimiento como **CET**, [como si] su uso práctico estuviera dentro de un marco exclusivamente indígena y no humano.

MD: Creo que etiquetar esa palabra como si tuviera relación con el tiempo es importante. Es más o menos la manera en que usamos la palabra *mayores*. A veces me detengo en eso porque hay personas en la comunidad que son portadoras de cultura de las que he aprendido mucho, pero son jóvenes como para estar en la categoría de ancianos o personas *mayores*. Como dijiste, ¿qué significa ser un experto? ¿Qué significa dedicar tu vida a saber estas cosas y aprender? Creo que esa idea basada en la comprensión evolutiva es importante porque nuestro entorno está en evolución constante. Ya sea que aceptemos eso o que nos parezca complicado.

Muchas veces me meto en conversaciones en torno a ecologías o la gente me pregunta qué plantas poner en un jardín de plantas nativas. A pesar de que soy una artista y no me considero experta en esos temas, pero debido a mis prácticas con la cestería o estas otras cosas que intento aprender, he comenzado a construir relaciones con estas plantas. Creo que hay un corolario imaginario entre la autenticidad y un punto en el tiempo. Cuando pensamos en todo el conocimiento cultural, los usos y las prácticas, incluso algunas medicinas traídas después del contacto, eso es parte de nosotros, es parte de la sanación, es parte de nuestra ceremonia ahora. Es parte de nuestra comprensión. ¿Lo eliminarías? ¿Lo borrarías para alcanzar esta idea de lo tradicional y lo auténtico? En lo personal, me enfrento mucho a eso porque no creo que sea tan puro [o] tan claro como retroceder el reloj 7 000 años en este jardín.

JG: Sí. Uno de los aspectos más difíciles de tener esta conversación es que está muy centrada en el ser humano. Olvidamos, o descartamos, las muchas maneras en que otros seres contribuyen a la polinización cruzada de las cosas. Como el pájaro carpintero, que recoge bellotas de varios árboles y las deposita en otro. Científicamente, esas bellotas

because I don't think it's as clean [or] as clear as, roll the clock back in this garden to 7,000 years ago.

JG: Yes. And one of the hardest things of having this conversation is that it is so human-centered. We forget, or dismiss the many roles in which so many different other beings are contributing to this cross-pollination of things. Like the woodpecker, that collects acorns from different trees and then brings them over to another tree and deposits them there. Scientifically, those acorns carry the genetic information from that tree for who knows how long. There is no way that those acorns are not interacting with that tree in some capacity. If they start to sprout within the tree, don't you think there's some change of information in there? There has to be.

MD: And the woodpeckers themselves, they have an oak tree that's like a family tree, and they pass down these granaries. I've learned a lot about this from a friend and artist Aspen Mays. They hold these spaces and care for them. She talks about them anticipating what they or their family might need in the future. I think the idea of envisioning future is really beautiful, whether it's within the oak tree, the woodpecker, or the beings that have understandings of space and climate, and this [same] attunement is something that we often need scientific [instruments] to help get to those levels of detection.

JG: How much knowledge comes from those hundreds of years of understanding and being in relationship with something like an oak tree? As an artist, I think it's important to make space for that [knowledge], and always be willing to reconsider what I think I know and let go.

MD: I wanna jump in on the title of [our exhibition] *The Iridescence of Knowing* because I feel like that's the exact sentiment you're acknowledging; that there's these shifting varied lines, pathways, [and] blurring of knowledge that we're trying to acknowledge without saying "here's the line of traditional and contemporary" or "elders and younger artists." I think that was part of the curation [and] hopefully that line was completely erased through the work that was included. It's not as simple as completely trying to [erase the lines], but put[ting] everybody in the same space of sharing and acknowledgment, I think was important.

JG: One of the things that makes it all worth it, I think, is when I talk to somebody like Craig [Torres], or someone like Ms. Julia [Bogany], they've shared their knowledge, maybe from the perspective of "we need to preserve this." Then you have someone like your daughter or some of the younger folks who get to interact with this knowledge from a place of abundance, not fearing that it's not gonna be there, with some sense of connectivity to that knowledge that is not measured by time. There's a different way of being and understanding and interacting with all those things that is far different from anything that I've experienced, and far different from anything that folks like Craig, Barbara, Ms. Julia, and Cindi [Alvitre] have had to embody. To me, that bridge is a way to push all this into the future. We don't have to ever worry that this knowledge could be lost. This is gonna continue.

MD: Yes.

JG: That is satisfying <laugh> in so many different ways, but as an artist whose work is kind of locked into this, it just tells me there's so much more to learn here, there's so much more to experience. Sometimes, by not being the artist at the center of it, you just gotta hold the space.

MD: I think about that comment. When I take my daughter to spaces where there's Tongva community or learning happening, it's kind of the gift I try to give her. This is thriving, abundant, and known, not questioned, and important. I think that was part of the impulse of another blurring of these lines. Sometimes we're all future-focused. But [without] the previous generations that exist in the exhibition, there would not be the space for me, there would not be the language, or the visibility if it hadn't been for the people who came before me, like the Tongva leaders, Elders, and culture bearers who really dedicated their time, life, and space to making that happen. I guess my idea of the future is creating more space and giving the future generations more. Not that it's linear, but we're absolutely dependent on this past work that's happened. So much sacrifice was made around that work in order for there to be a future. That circle or this spiral or the echoes–which are all words we talked about in relation to that exhibition–are vital to

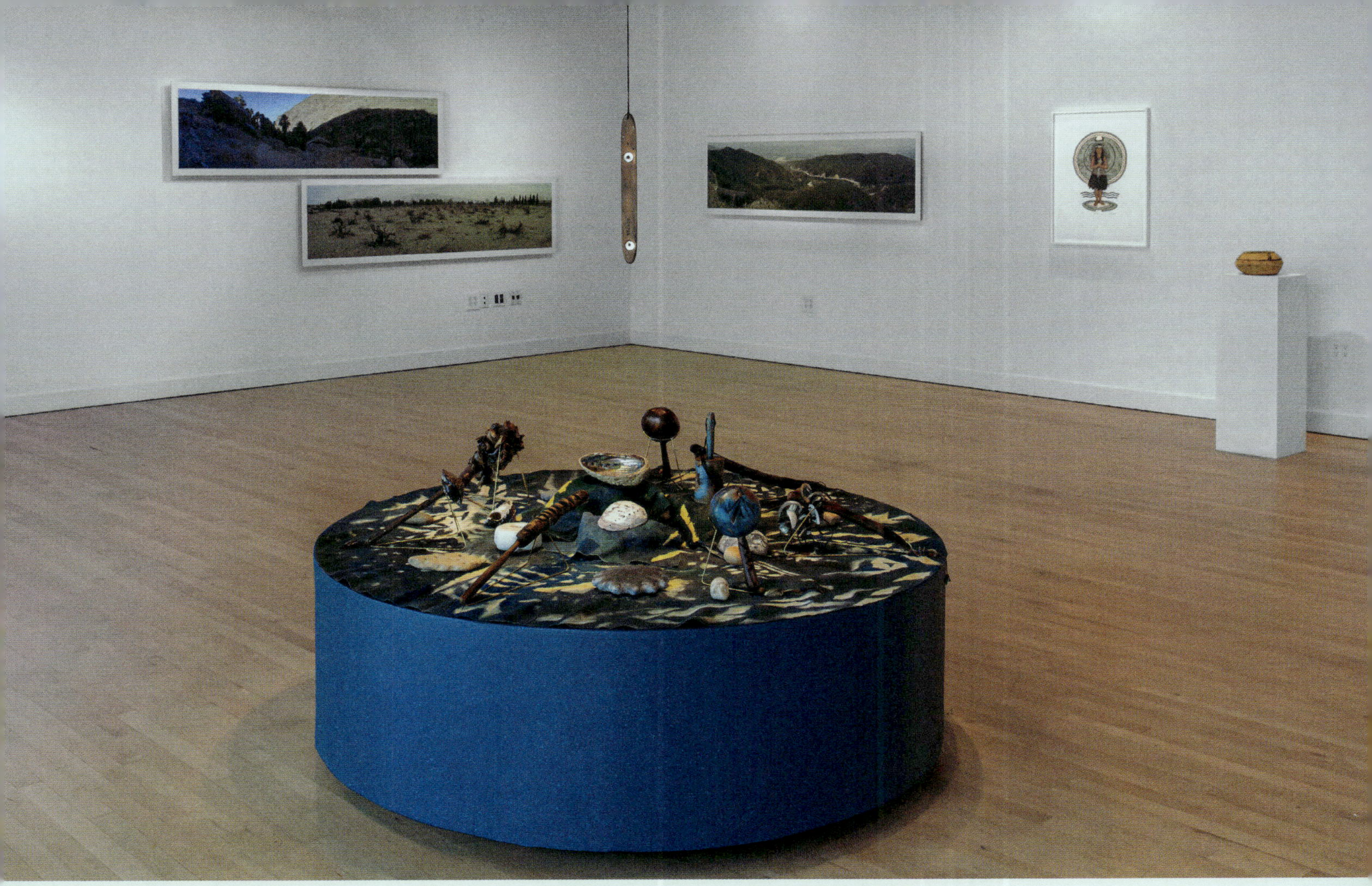

Vista de la exhibición *The Iridescence of Knowing*, 2023. Foto de Gina Clyne, cortesía de OXY ARTS.
Exhibition view of *The Iridescence of Knowing*, 2023. Photo by Gina Clyne. Courtesy of OXY ARTS.

han cargado la información genética de ese árbol durante quién sabe cuánto tiempo. Es imposible que las bellotas no interactúen con ese otro árbol de alguna manera. Si empiezan a germinar dentro del árbol, ¿no crees que hay algún intercambio de información? Tiene que haberlo.

MD: Los pájaros carpinteros tienen un roble que es como un árbol genealógico y heredan esos nidos. He aprendido mucho sobre esto de mi amiga y artista Aspen Mays. Los pájaros conservan estos espacios y los cuidan. Ella habla de esas aves y anticipa lo que ellas o su familia podrían necesitar en el futuro. Creo que la idea de imaginar el futuro es realmente hermosa, ya sea el pájaro carpintero dentro del roble o los seres que entienden el espacio y el clima, y esta [misma] sintonía es algo que a menudo necesitamos, como [instrumentos] científicos para llegar a esos niveles de detección.

JG: ¿Cuánto conocimiento proviene de cientos de años de comprensión y de relación con algo como un roble? Como artista, creo que es importante hacer espacio para ese [conocimiento] y estar siempre dispuesto a reconsiderar lo que creo saber y dejarlo ir.

MD: Quiero saltar al título de [nuestra exposición], *The Iridescence of Knowing*, porque creo que es justo el sentimiento que estás reconociendo, que existen estas líneas cambiantes, caminos [y] conocimiento difuminado que intentamos identificar sin decir "aquí está la línea entre lo tradicional y lo contemporáneo" o "los artistas mayores y los más jóvenes". Creo que eso fue parte de la curaduría [y] espero que esa línea se haya borrado por completo por medio de las obras que se incluyeron. No es tan simple como tratar de borrar las líneas, pero creo que fue importante ponerlos a todos en el mismo espacio de intercambio y reconocimiento.

JG: Una de las cosas que hace que todo valga la pena, creo, es que al hablar con personas como Craig [Torres] o doña Julia [Bogany], ellas comparten su conocimiento tal vez desde la perspectiva de que es

conversation. Maybe that's why that concern around calling something endangered is looking forward, but it's not acknowledging the past, and the past work, or the current work that's happening. That can't be the trajectory. That push forward into allowing the next generations to not have to question the knowledge pathways that are being passed down in the same way that my academic experience [challenged me]. I always say that I would love for my daughter to never have the experience of saying "I'm Tongva," and someone responding with "What's that?" or "Oh, Tonga?" And I'm like "No – [the] other water people."

JG: One of the things that I worry [about] with this huge Getty [PST: *Art & Science Collide* initiative] is that it minimizes the depth of the work of folks like yourself to take on issues related to the land and its ecology and its connection to the climate crisis and to do this work and only see it from one perspective. For you, visiting these places in different capacities is always gonna be a full spectrum of things you consider from being a tribal member to being an artist, to being somebody whose–like I said when I was considering my role within the protection of white sage–every layer of being interacts with this one thing.

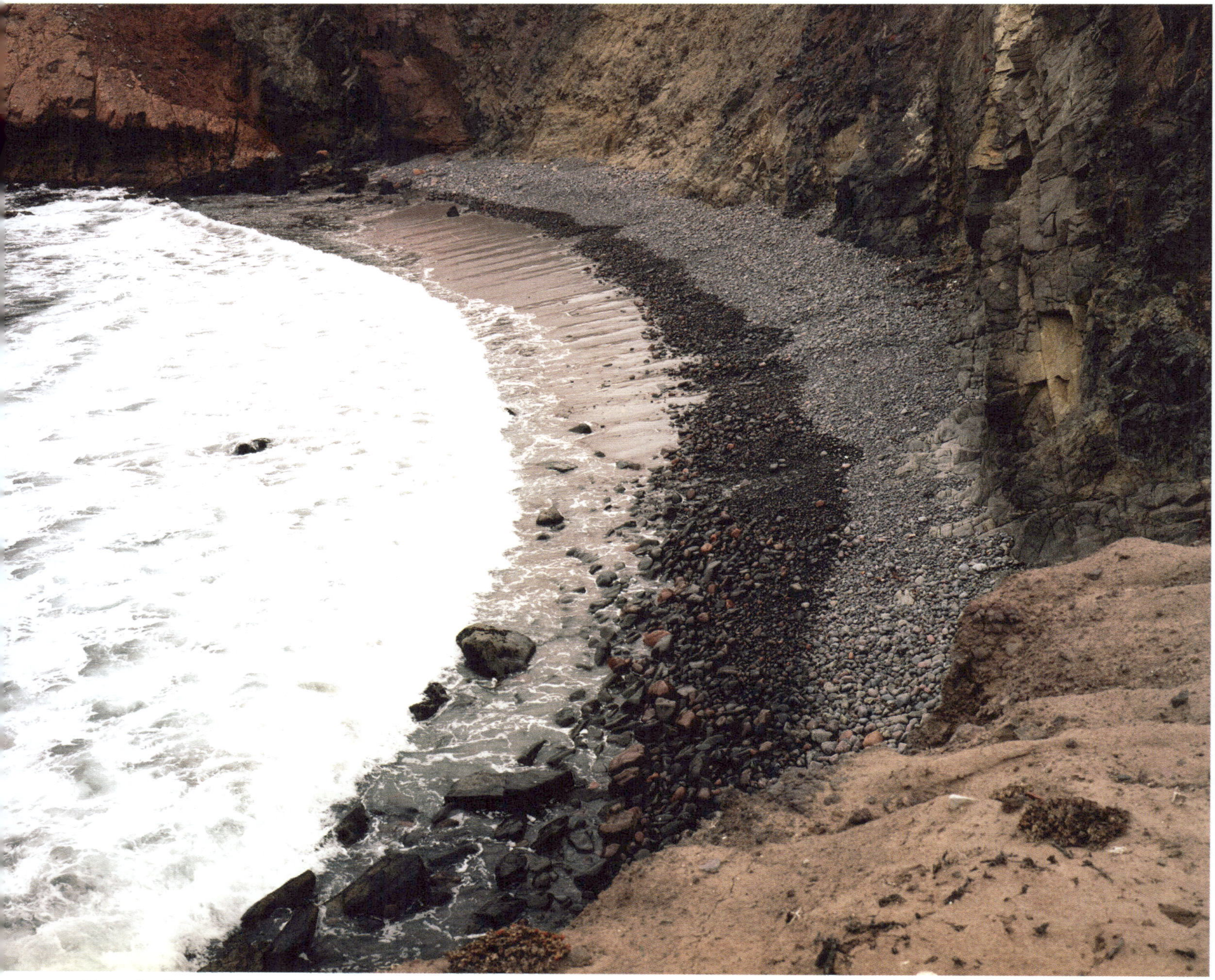

Mercedes Dorame, *Tides Will Reveal Worlds - Keyoot Ya'oowey*, 2022. Courtesy of the artist.
Mercedes Dorame, *Tides Will Reveal Worlds - Keyoot Ya'oowey*, 2022. Cortesía de la artista.

necesario preservarlo. Luego hay personas como tu hija o algunas más jóvenes que interactúan con este conocimiento desde un lugar de abundancia, sin temor a que no esté ahí, con un sentido de conexión con ese conocimiento que no se mide por el tiempo. Hay una forma diferente de ser, entender e interactuar con todas esas cosas que es muy diferente de todo lo que he experimentado, y muy diferente de cualquier cosa que gente como Craig, Barbara, doña Julia y Cindi [Alvitre] han tenido que encarnar. Para mí, ese puente es una forma de empujar todo esto hacia el futuro. Ya no tenemos que preocuparnos por que este conocimiento se pierda. Esto va a continuar.

MD: Sí.

JG: Eso es satisfactorio [risas] de muchas maneras, pero como artista cuyo trabajo está un poco encerrado en eso, me dice que hay mucho más que aprender aquí, hay mucho más que experimentar. A veces, al no ser el artista en el centro de todo, simplemente tienes que mantener el espacio.

MD: Pienso en ese comentario. Cuando llevo a mi hija a espacios donde hay una comunidad Tongva o un aprendizaje, es como el regalo que intento darle. Esto es próspero, abundante y conocido, no cuestionado, e importante. Creo que eso fue parte del impulso de desdibujar esas líneas. A veces todos estamos enfocados en el futuro. Pero [sin] las generaciones anteriores que se muestran en la exposición, no habría espacio para mí, no habría lengua ni visibilidad si no hubiera sido por las personas que vinieron antes que yo, como los líderes Tongva, las personas mayores y los portadores de la cultura que dedicaron su tiempo, vida y espacio a hacer que eso sucediera. Supongo que mi idea del futuro es crear más espacio y dar más a las generaciones futuras. No es que sea lineal, pero dependemos por completo del trabajo previo. Se hizo mucho sacrificio en torno a esa obra para que hubiera futuro. Ese círculo o esa espiral o los ecos —que son palabras de las que hablamos en relación con la exposición— son vitales para la conversación. Tal vez por eso la preocupación de decir que algo está en peligro de extinción mira hacia adelante, pero no reconoce el pasado y el trabajo previo, o el trabajo actual. Ésa no puede ser la trayectoria. Ese impulso permitirá que las próximas generaciones no tengan que cuestionar los caminos del conocimiento que se transmiten, de la misma manera en que mi experiencia académica [me desafió]. Siempre digo que me encantaría que mi hija nunca pasara por la experiencia de decir "soy Tongva" y que alguien le respondiera "¿qué es eso?" o "ah, ¿Tonga?". Y yo digo: "no, [la] otra gente del agua".

JG: Una de las cosas que me preocupa de esta enorme iniciativa del Getty [*Art & Science Collide*] es que minimiza la profundidad del trabajo de personas como tú para tratar temas relacionados con la tierra, su ecología y su conexión con la crisis climática, y hacer este trabajo y verlo desde una sola perspectiva. Para ti, visitar estos lugares, de diferentes maneras, siempre será un espectro completo de aspectos que tomas en cuenta —desde ser un miembro de la tribu, hasta ser una artista o alguien que interactúa con esta única cosa con cada capa de su ser—, como dije cuando estaba considerando mi papel en la protección de la salvia blanca.

MD: Sí. Pienso en el acceso, en mi relación con el espacio. Eso es algo que siempre me ronda la cabeza porque muchas veces en mi vida me han dicho "¿qué haces aquí? Esto es propiedad privada". Soy muy sensible a esas interacciones porque son molestas, porque en realidad es tierra robada, ¿cómo puede ser tu propiedad privada? Estoy divagando. Creo que mi trabajo anterior apuntaba en gran medida a estos lugares a los que sabía que tenía poco acceso. Miro ese trabajo y gran parte tiene una mano mucho más pesada, que fue intencional. La intervención fue vital, al igual que incluir materiales culturales o familiares importantes, historias y objetos que eran realmente importantes, porque se trataba de insistir en la presencia permanente de los primeros pueblos, el pueblo Tongva, en las áreas con las que estoy vinculada. Utilicé la cámara y la fotografía como una manera de jugar con esa permanencia, porque se supone que una fotografía dura para siempre.

Con el trabajo en las Islas del Canal mi nivel de acceso a algunos espacios ha sido mucho más abierto

MD: Yes. I think about access in my relationship to space. That is something that always hangs over my head, because so many times in my life I get, "What are you doing here? This is private property." I'm very sensitive to those interactions because it's so upsetting, because actually it's stolen land, so how can it be your private property? I digress. I think my earlier work was very much pointing to these places that I knew I had this tenuous access to. I look at that work and a lot of it has a much heavier hand, which was very intentional. The intervention was vital, like including important cultural or family materials, histories, and objects that were really important, because it really was about insisting on a permanent presence of First Peoples, the Tongva people, in these areas which I am connected to. I used the camera and the photograph as a way to play with that permanence, because a photograph ostensibly lasts forever. With the Channel Islands work I've been doing, my level of access in some spaces has been much more open, and I wasn't used to that. But the thing I knew about that project–which was really important because it's part of *Unseen California* which is about pushing artists into research spaces that had been primarily held by what we'd call "hard science."

All of a sudden, you're being inserted into these spaces which are your own and neighboring ancestral territories and there's such Indigenous First Peoples' presence in this land. These islands are so reminiscent of the hills that I grew up playing in, hanging out in as a young child. I knew from the beginning that I wanted to go out there repeatedly. This idea of not just going out and saying, "Oh, this is a beautiful place," and trying to extract these images that I can then use in some way was not the impulse. Granted I've made photographs there but I've really tried to bring the feeling of what it's like to be out there and the understanding that I'm gathering back to the mainland. I think what's made that project so impactful to me, not just in those photographs, but other projects I've done, it's like an investment of myself there over the last two and a half years. I have pictures of the same places, or the same plants, and they're from different seasons, so they're totally distinct visually. I go down these empty roads and recognize a tree, because it's at a turn that I have to pay attention so closely to because the roads are so precarious, I've had to tune in, in a new way. My hope and my desire is that it is evident that there is a real relationship growing. I've done other artist residencies and I've enjoyed them, but I've always grappled with [the idea that] if I use a camera, what does it mean to go somewhere else for a month and make images? I mean, we use words like "take" and "capture," and I try to say "make images" now. The camera has this colonial history and it's been used for a lot of harm, so I really try to acknowledge that, and not engage those functions. I like to say I am collaborating with the landscape, because I am always trying to not go in with a predetermined idea of what is gonna come out, because it is a collaboration. I don't control that space. I don't control the rain and the beings that live, or die, or inhabit, or the paths that get made by the animals. It has to be a collaboration.

JG: Yes. What you said there is key. [To] know [the] land deeply in the summer, fall, winter, springtime, and all in between. I think that really embodies the approach to [our] exhibition. Because even if you replace the idea of "time" with the idea of "people," you get to know that knowledge at these different moments that someone's passing through or interacting with each other. The idea of being an Indigenous person, the idea of being at home or this being ancestral homeland, those dials, you tweak 'em, and you turn 'em, and it's always gonna be very different. I hope the exhibition captured some of what could be possible, with art and people's perspectives of how they view the land, interact with the land, but also how you enjoy the sustenance that it provides and the creative practices that come from that. For me, creative practice is just trying to figure out and understand all the nonsense that we deal with on a daily basis. Because otherwise, you strip everything away and you're just with the plants; they provide food, they provide shelter, and all you gotta do is take care of them.

MD: I like that. I think about what it means in the space of an exhibition or really any space. How do we build that space with an enclosure of safety around

y no estaba acostumbrada a eso. Lo que yo sabía de ese proyecto, que era muy importante porque es parte de la iniciativa Unseen California,[2] era que se trataba de impulsar a los artistas a espacios de investigación ocupados principalmente por lo que llamaríamos "ciencia dura". De repente, te insertan en esos espacios que son territorios ancestrales propios y vecinos, con gran presencia de los primeros pueblos. Esas islas me recuerdan mucho a las colinas en las que crecí y jugué, en las que pasaba el rato cuando era niña. Supe desde el principio que quería ir muchas veces. La idea de no sólo salir y decir "ah, éste es un lugar hermoso", y tratar de extraer imágenes que luego puedo usar, ése no fue el impulso. Admito que he hecho fotografías ahí, pero he tratado de llevarme la sensación de estar ahí y la comprensión de que estoy recogiendo algo para volver al continente. Creo que ese proyecto me ha impactado tanto, no sólo en estas fotografías, sino en otros proyectos que he hecho, porque ha sido una inversión de mí misma en esos lugares durante los últimos dos años y medio. Tengo fotos de los mismos lugares o de las mismas plantas en estaciones diferentes y son totalmente distintas en términos visuales. Voy por esos caminos vacíos y reconozco un árbol porque está en una curva a la que tengo que prestar atención, porque los caminos son tan precarios que he tenido que sintonizar de una manera nueva. Mi esperanza, mi deseo, es que sea evidente que una relación genuina está creciendo. He hecho otras residencias artísticas y las he disfrutado, pero siempre he lidiado con la idea de que, si uso una cámara, ¿qué significa ir a otro lugar durante un mes a tomar imágenes? Quiero decir, usamos palabras como "tomar" y "capturar", ahora trato de decir "hacer" imágenes. La cámara tiene una historia colonial y se ha utilizado para hacer mucho daño, así que trato de reconocerlo y no involucrarme con esas funciones. Me gusta decir que colaboro con el paisaje porque siempre intento ir sin una idea predeterminada del resultado, porque es una colaboración. No controlo ese espacio. No controlo la lluvia ni los seres que viven, mueren o habitan, ni los caminos que hacen los animales. Tiene que ser una colaboración.

JG: Sí. Lo que dijiste es clave. Conocer la tierra a profundidad en verano, otoño, invierno, primavera y entre estaciones. Creo que eso realmente encarna el enfoque de [nuestra] exposición. Porque incluso si reemplazas la idea del "tiempo" por la de "personas", llegas a ese conocimiento en los momentos en que alguien está atravesando o en los que interactúa con otra persona. La idea de ser indígena, de estar en casa o de ser un lugar de origen ancestral, ajustas y giras esas ideas, y siempre será diferente. Espero que la exposición haya capturado algo de lo que sería posible con el arte y con las perspectivas de las personas sobre cómo ven la tierra, cómo interactúan con la tierra, pero también cómo disfrutan el sustento que proporciona y las prácticas creativas que eso conlleva. Para mí, la práctica creativa es simplemente tratar de descubrir y comprender todas las tonterías con las que lidiamos a diario. Porque de lo contrario, te despojas de todo y te quedas sólo con las plantas, que proporcionan comida, proporcionan refugio, y lo único que tienes que hacer es cuidarlas.

MD: Eso me gusta. Pienso en lo que significa en el espacio de una exposición o en cualquier espacio. ¿Cómo construimos ese espacio con un entorno de seguridad alrededor? Pienso en tu trabajo, en que he trabajado contigo durante una buena cantidad de tiempo y en lo que haces con Meztli [Projects], y siempre he sentido que hay un impulso de crear un espacio seguro. Reconozco esto en los lugares que atravieso porque lo sentí cuando fui a las islas, un lugar hiperseguro, es el siguiente nivel de algo que no experimento al vivir en una ciudad como Los Ángeles. ¿Cómo construimos estos microcosmos de seguridad e intercambio que no sean extractivos? En los que no sea necesario tener cautela porque no sabes cuáles son las intenciones o preguntarnos "¿este conocimiento será tomado, extraído y utilizado para lo que no estaba pensado o de manera incompleta?". Creo que eso se remonta a tu primer relato sobre cómo creas un impulso para que la gente no sólo saque pedazos, como la salvia, incluso la planta. ¿Cómo [creas] un entorno [en el que] la planta se desarrolle y en el que te desarrolles e interactúes con ella, pero que todavía tenga una porción que aporte sanación o positividad, o ese impulso?

[2] Unseen California —California no vista— utiliza terrenos públicos del estado como laboratorios y estudios de artista al aire libre, e invita a artistas a colaborar en la investigación y la creación de obras para sitios específicos.

it? I think about your work and having worked with you over a good amount of time now and what you do with Meztli [Projects], I always have felt that there's this impulse to create a space of safety. I recognize this in the places I traverse, because I've felt it going out to the islands where it's hyper safe, it's this next level of something I don't experience living in a city like Los Angeles. How do we build these microcosms of safety and exchange that aren't extractive? Where you don't have to have that guard up of what the intention is, or question, "Will this knowledge be taken, extracted, and used in ways that you don't mean it to be, or that aren't whole?" I think that goes back to your first story about how you create an impulse for people to not just take pieces out, like the sage, even down to the plant. How do you [create] an environment [where] the plant thrives, and you can thrive and interact with it, [but] still take away a piece that brings healing or positivity or whatever that impulse is?

JG: I think that's the power of art. I think open-sourcing knowledge is a way to minimize the weaponizing of knowledge. Suppose everybody has access to what they need to know, then great. What made that design successful was that it introduced Elder knowledge alongside scientific knowledge, and then the legal stuff. All these things mean the same thing, and they're [equally] important. The trick is making it so that folks can't distinguish [each] from one another, and just take it all for what it is.

MD: And then also get to the "why" of these three separate entities trying to uplift and protect to keep this plant in abundance.

JG: That's what you hope. Whatever individual came across that [sign] was now motivated to join in and support the call. That's what makes artists, to me, super useful, because on one end you can highlight it, and on the other end you can disguise it so that people don't misuse knowledge.

MD: There's a generosity in educating people. My art can be a bit cryptic in certain ways. That's why I do a lot of talks, I write, [and] do these other educational components, because for me as an artist there is something about creating that space of learning. I also understand that people don't know a lot. I try to engage in these conversations, because sometimes it's hard to acknowledge you don't know something or to ask questions.

JG: Definitely. If there's one thing that stuck with me from Ms. Julia, [it] was to have compassion. Everybody deserves healing in whatever knowledge you share with them.

MD: I think about people like my father Robert Dorame, Cindi Alvitre, Julia Bogany, Barbara Drake, Craig Torres, these people who've really spent their whole lives generously giving this information. Sometimes people ask about ceremony or they ask about medicine, or they ask about these things, and I've learned how to not answer. I tell this to my students in class: you don't have to answer my questions <laugh>. I'm gonna ask you, but sometimes I'll dig deep into things or go somewhere. I think that it's part of moving in a community. You probably have to deal with this as well. There are different spaces of safety, and sharing that, I think sometimes I also get cautious about the expectation. Sometimes you go into these spheres, like a city meeting or something, and they're like: "We wanna know all your sacred sites." And you're like: "Okay, but why?" <laugh>. I think that sometimes there's a lot of push and pull around the sacred. I think that society has also given a lot of people who come from a dominant place a lot of entitlement to knowledge and knowing. I'll say that I've had to delve into this area of learning, to navigate when it is or is not appropriate to share. Part of why I am saying this is that understanding is a whole trajectory, it's relationship building, whether that's with a plant, an animal, a person, an environment, and that's not fast. You can't do it quickly. I don't know how to do it quickly.

JG: Yes. And there's some knowledge that you just need to earn. And that's okay. There's some knowledge that I don't ever need to know because I don't ever need to know [it]. I'm okay with not being privy or entitled to every source of knowledge that I wanna access. That is what I think a lot of artists should take into consideration. Now that I think post-Getty [*Art & Science Collide*], folks are gonna

JG: Creo que ése es el poder del arte. Creo que el conocimiento abierto es una forma de minimizar la utilización del conocimiento como arma. Supongamos que todo el mundo tiene acceso a lo que necesita saber, genial. Lo que hizo exitoso ese diseño fue que introdujo el conocimiento de las personas mayores, el conocimiento científico y luego el material legal. Todos significan lo mismo y son [igual de] importantes. El truco es hacer que la gente no pueda distinguir [uno] de otro y que tome todo por lo que es.

MD: Y luego también llegar al "por qué" de estas tres entidades separadas, que intentan elevarse y proteger para mantener esta planta en abundancia.

JG: Es lo que se espera. Cualquier persona que se encontrara con el [cartel] ahora estaría motivada para unirse y apoyar el llamado. Para mí, eso es lo que hace a los artistas superútiles: por un lado, puedes resaltar algo, y por el otro, puedes disfrazarlo para que la gente no haga mal uso del conocimiento.

MD: Hay generosidad en educar a las personas. Mi arte puede ser un poco críptico en ciertos aspectos. Por eso doy muchas charlas, escribo y creo otros componentes educativos, porque para mí, como artista, hay algo en crear ese espacio de aprendizaje. También entiendo que la gente no sabe mucho. Intento entablar esas conversaciones, porque a veces es difícil reconocer que no sabes algo o hacer preguntas.

JG: Definitivamente. Si algo se me quedó de doña Julia, es tener compasión. Todos merecemos sanar en cualquier conocimiento que compartimos.

MD: Pienso en personas como mi padre Robert Dorame, Cindi Alvitre, Julia Bogany, Barbara Drake, Craig Torres, que han dado esta información con generosidad toda su vida. A veces la gente pregunta sobre la ceremonia o sobre la medicina, preguntan sobre estas cosas y he aprendido cómo no responder. Le digo esto a mis alumnos: "no tienen que responder mis preguntas" [risas]. Te voy a preguntar, pero a veces profundizaré en las cosas o iré a alguna parte. Creo que es parte de moverse en una comunidad. Quizá también has lidiado con esto. Hay diferentes espacios de seguridad, y compartir eso, creo que a veces también soy precavida con la expectativa. A veces entras en estas esferas, como una reunión de la ciudad o algo así, y te dicen: "queremos conocer todos tus sitios sagrados". Y tú dices: "está bien, ¿pero por qué?" [risas]. Creo que a veces hay mucho "tira y afloja" en torno a lo sagrado. Creo que la sociedad le ha dado mucho derecho al conocimiento y al saber a mucha gente que viene de un lugar dominante. Diré que he tenido que hurgar en esta área del aprendizaje para navegar cuándo es apropiado compartir, o no. Digo esto en parte porque la comprensión es toda una trayectoria, es la construcción de relaciones, ya sea con una planta, un animal, una persona, un entorno, y eso no es rápido. No se puede hacer rápidamente. No sé cómo hacerlo rápidamente.

JG: Sí. Hay algunos conocimientos que te tienes que ganar. Y eso está bien. Hay cosas que no necesito saber porque no las necesito. Estoy de acuerdo con no estar al tanto o no tener derecho a todas las fuentes de conocimiento a las que quiero acceder. Creo que muchos artistas deberían tener eso en cuenta. Creo que después del Getty [*Art & Science Collide*], las personas se moverán hacia áreas en las que tal vez no sean las mejores como para hablar del tema. Para mí, si no eres la persona más cercana a cierto problema o tema, puede que no seas la mejor persona para hablar de eso. Pero puedes crear un espacio para que eso suceda y hacer un trabajo que abra el espacio y desarrolle la capacidad para que otros entren y compartan, se involucren y participen. Eso, creo, es fundamental.

MD: He tenido que escribir textos para exposiciones y pienso: "espera, ¿no sueles hacer esto?", como un texto que van en la pared o lo que sea. Entonces doy un paso atrás y me doy cuenta: "me lo preguntan porque en realidad no saben cómo acercarse al tema". Respeto eso. Me preguntan porque en efecto estoy más cerca de eso como área de interés. En una TED Talk escuché cómo cerrar brechas entre personas con las que piensas que no tienes nada en común, o los espacios en los que no sabes cómo interactuar. Decían: "todo el mundo es experto en algo". Si puedes acercarte

be moving into areas that maybe they're not the best person to be speaking on. For me, if you're not the closest to a certain issue [or] topic, then you might not be the best person to speak on it. But you can create space for that to happen and do work that opens up space and builds capacity for others to come in and share and engage and participate. That, I think, is critical.

MD: I've had to write things for exhibitions and I think: "Wait, don't you usually do this?" like a wall text or whatever. Then I take a step back and realize: "They're asking me because they actually don't know how to approach this." And I can respect that. I am being asked a question because I am actually closest to this as an area of interest. I heard somebody on a TED Talk talking about how do we bridge these gaps between people who you maybe think you have nothing in common with, or these spaces where you don't know how to interact with this other person. What they said was: "Everybody's an expert at something." If you can approach somebody with that mindset, there's space. I think about people in my life who I'm like: "Oh, we probably really don't line up in this line of thought, but they're really good at this thing and so let's just think about that." I think that somehow breaks down some of the hierarchy too. I have a credential, or the study, or the years, and you're like: "There's expertise to be learned from," which means you can't know everything or be an expert in it all.

One of my favorite things about *The Iridescence of Knowing* wall text process was including the artist's voice. I wouldn't generally call myself a curator. This was a project and it was collaborative, but it felt really strange to [say]: "This person wrote this, I'm just gonna put it in my voice, change a few words and then call it my own." It felt really strange. It was so beautiful to have each artist's voice representing themselves next to their work, because it showed personality and non-traditional ways of writing a didactic. A lot of people commented on that. It was a learning moment because it was such a beautiful way to acknowledge that it's a collaboration. It has to be a collaboration if other people are involved.

JG: Walking through, I could hear each person's voice [in] reading their things and that was special because you know these people. It was very distinctive. Everything, from the quirks of how they communicate to what they were communicating, I think was very much the personality of the artist.

MD: Maybe we should end this whole conversation with L. Frank Manriquez's writing about coyote. Or River Garza's text where [he's] like, "Coyote is a deity, but it's also maybe a self-portrait..." Anyways, there were some beautiful ones in there.

JG: Yes. We'll leave it at that. That's a good way to end.

River Garza

Sky Coyote #1, 2023

Acrylic, spray paint, chalk pastel, color pencil

"This work is a depiction of the coyote, a central figure in Tongva origin oral narratives. The use of the coyote figure takes on a variety of meanings in my work; either as a portrayal of myself or a reference to their presence within our creation stories. The coyote featured in this piece is a celestial being, one of our relatives that exist among the stars. In this image, the coyote is depicted holding a ti'at paddle, a reference to Tongva maritime culture."

Exhibition label by River Garza, *The Iridescence of Knowing*, 2023. Courtesy of the artist.

Ficha de exhibición por River Garza, *The Iridescence of Knowing*, 2023. Cortesía del artista.

a alguien con esa mentalidad, hay espacio. Pienso en algunas personas de las que digo: "quizá no coincidimos en esta línea de pensamiento, pero son muy buenas en algo, así que pensemos en eso". De alguna manera, creo que eso rompe un poco la jerarquía. Tengo una credencial o el estudio, o los años, y dices "hay experiencia de la cual aprender", lo que significa que no puedes saberlo todo ni ser un experto en todo.

Una de mis partes favoritas del proceso de escribir el texto para *The Iridescence of Knowing* fue incluir la voz del artista. Por lo general, no me llamaría a mí misma curadora. Éste era un proyecto colaborativo, pero fue muy extraño [decir]: "alguien escribió esto, lo pondré en mi voz, cambiaré algunas palabras y luego diré que es mío". Lo sentí muy extraño. Fue hermoso tener la voz de cada artista en representación de sí mismo al lado de su obra, porque mostraba carácter y formas no tradicionales de escribir un texto didáctico. Mucha gente comentó eso. Fue un momento de aprendizaje porque fue una forma muy bella de reconocer que se trataba de una colaboración. Tiene que ser una colaboración si otras personas están involucradas.

JG: Al recorrer [la exposición] podía escuchar la voz de cada persona leyendo su texto y eso fue especial porque conozco a esas personas. Fue muy especial. Todo, desde su manera peculiar de comunicarse hasta lo que comunicaban, creo que era en gran medida la personalidad del artista.

MD: Tal vez deberíamos terminar esta conversación con el escrito de L. Frank Manriquez sobre el coyote. O con el texto de River Garza que dice: "Coyote es una deidad, pero quizá es también un autorretrato...". Había algunos hermosos ahí.

JG: Sí. Lo dejamos así. Es una buena manera de terminar.

Transcripción de la ficha de River Garza
River Garza

***Coyote del cielo #1*, 2023**
Acrílico, pintura en aerosol, pastel, lápices de colores

"Esta obra es la representación de un coyote, una figura central en las narraciones orales Tongva. La figura del coyote tiene una variedad de significados en mi trabajo, ya sea como retrato de mí mismo o en alusión a su presencia en nuestras historias de la creación del mundo. En esta pieza, el coyote es un ser celestial, un pariente nuestro que vive entre las estrellas. Aparece sosteniendo el remo de un *ti'at*, en referencia a la cultura marítima Tongva".

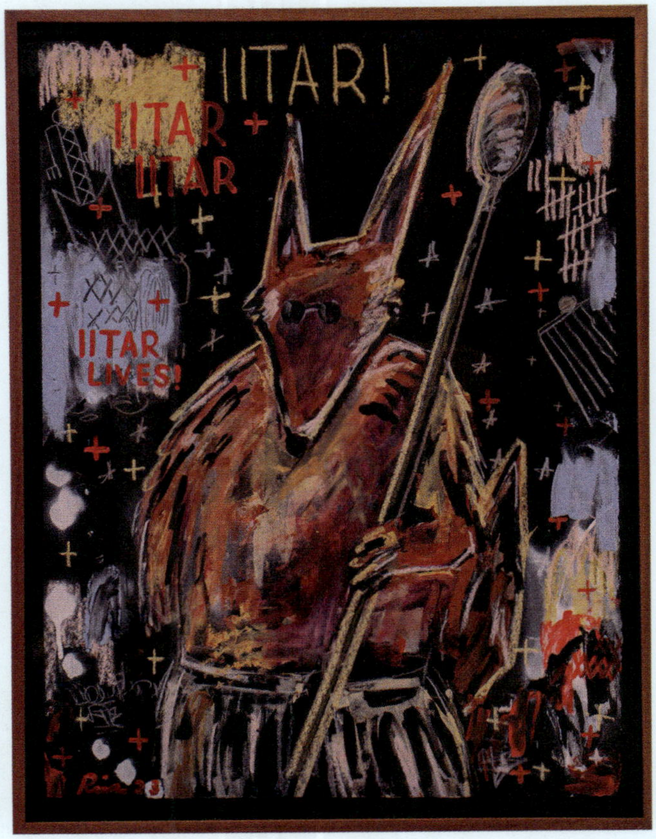

Cortesía de OXY ARTS y River Garza. Foto de Gina Clyne.
Courtesy of OXY ARTS and River Garza. Photo by Gina Clyne.

PAPAAVETAM / WATER PEOPLE

Megan Dorame | 11 Jun 2019

I was born from a spring of water; I slipped right out of the ground. I am not comparing myself to Creator; I am only saying I am made of water; I am only saying I flow to the sea.

As a baby, I buoyed along, down a shallow creek, my path a bed of worn stones. The stones taught me many things, like which insects were safe for eating: only the water striders and not the spiders. When my belly was full, the stones patted my back to burp me. From my insides, pockets of air ballooned to the water's surface. When the bubbles disappeared, I followed them upwards.

In my emergence from the creek bed, I met my tree relatives, Shesheever / the Sycamores. Settled at the edge of the water, Shesheever lent me shade in the stream of my childhood. Their lowest hanging branches were fingers, and they were tender in their endeavor to untangle my matted hair. One day, Shesheever cut my bangs short; they told me it was the way of Honuukvetam / the ancestors. Their smooth, milky bark smelled like wet earth, like motherhood, and I wanted nothing more than to latch onto their girth. In autumn, Shesheever shed their velvet leaves; they were sprinkled all over the stream. The leaves were friends while I floated belly up, and they danced, whirling in the water, they surrounded me. When Tokuupar / Sky opened, I swallowed 'Akwaaken / Rain. The rain drops filled the leaves full, until they were too heavy to float, until they sank, and I was alone again.

Taamet / Sun moved in westward arc. My limbs lengthened as I followed her seaward. I wound through city streets; the gutter mapping my getaway. The gutter drained to a large ditch, and it was there where I met the crawdads that became my dinner. Before sucking the sweet meat from their insect-like skeletons, I politely asked for permission so they would not pinch. In the ditch, I skidded through frothy water, thick and verdant with algae. I sat amongst Chichiinuh'am / Pollywogs, who tickled my feet until I giggled my belly sore. We spent our nights looking up to Shoshyoot / the Stars. While we slept, we changed shape; we grew.

By the time that I had breasts, I dribbled down a concrete river. It was there where I merged with my water relatives: 'Akwaaken and melted Ywaat / Snow. I merged with water relatives that had homes in wishing wells, and water relatives that swirled in basement pools around the skin of synchronized swimmers. I merged with water relatives that scrubbed dirt from the fingernails of farmworkers, and relatives that scalded themselves over food scraps to rinse kitchenware clean. I merged with sewage and dew and tributaries from beyond the LA Basin. All of these water relatives and me; we were runoff, we were Papaavetam / Water People. We gushed our way through the sprawling metropolis, pushing our way through our homeland. In our confluence, we created a current that was 'apuushterot / strong. We were swift in our movements; we made our way seaward.

When I was nearly adult, Papaavetam breached the river's banks. We overflowed to overthrow that which was manmade; that which was diverted. We raged with each other down the river. We called on 'Akwaaken and we sought to flood out the streets.

In Long Beach, near the mouth of the river, the power plant bellowed in protest. He stole some Papaavetam; he suctioned them right in through his pipeage. Imprisoned in machinery, Papaavetam were poisoned by power plant's waste. If we did not recede, power plant threatened to release toxic Papaavetam back in with the rest of us. We knew power plant's steam stacks contained poisons capable of penetrating Tokuupar and 'Akwaaken, too. "You can't imagine the destruction," he said. So we ebbed, even though we did not want to.

On the concrete slabs above the river, the sea turtles basked under Taamet. They were well acquainted with power plant's blustering, and they only stayed to bathe in his warm outflow. "Worry not, Papaavetam," they said. "Power plant will gurgle and choke, and when he drowns, we'll migrate to southern waters." The sea turtles waved us on. It was then that we remembered, we were almost to sea.

When I finally found 'Eyooyook Moomat / Our Mother Ocean, I was a young adult. 'Eyooyook Moomat held me in the palms of her hands while I drifted with the tide for weeks. Off the north shore of Pimuu'nga / Santa Catalina Island, Kyoot koy Toroovem / Whale and Dolphin woke me from my aimless wandering. With them, I spent my days patrolling Tovaangar / the Tongva World. We made many circles around the edges of Earth. We did our best to avoid boats with nets, and I shrugged off all of the plastic. Kyoot koy Toroovem told me stories about Tovaangar before the cataclysm we called colonization. Before all of the concrete and the car exhaust, before all of the development and the extraction, Tovaangar pulsed luminescent and fruitful. All who inhabited her were tehoovet / healthy. Huhuunar / Grizzly Bears roamed through flowered meadows. Totoomshar / Oak Trees flourished and Totoongvetam / the Tongva People filled their baskets to their brims with Kwakwaar / Acorns. We all ate well. Shahoovenax / respect was ma'eete' / abundant and reciprocity ran through all of life. We tended to what we took and we took only what we needed. We made offerings, and sometimes we offered ourselves. In the colonization of Tovaangar and Totoongvetam, the land filled up with many people, most were from far away. Many of them were people who did not practice shahoovenax. Those people took and they took until Tovaangar was 'achuumechom / sick. To heal, Tovaangar needed cleansing. To heal, Totoongvetam needed cleansing, too.

In the ocean, I reached around oil slicks to lick the salt from my fingers; my hair grayed. I slurped seaweed down my gullet, and dove deep to suckle the flesh of 'Aapo / Abalone. As the days passed, the ocean warmed. 'Eyooyook Moomat tried, but she could not cool herself. When her temperature continued to rise, Kyoot grew too weak to swim. Breakers billowed over Kyoot's colossal body, but 'Eyooyook Moomat would not let him sink. Her hands were crystal waves that kept him afloat. Together, we carried Kyoot to the shore. We sat with him under the dusky, marbled sky and waited quietly for darkness. When Taamet set, Mwaar / Moon met us there on the beach; she was full-bellied, pregnant, and bright. In the swash zone, the grunions spawned and sparkled underneath her. They squirmed, singing around Kyoot in the golden sand, and Kyoot took his last breath.

From the hills, 'Ahiiken / Wind, carried the faint, fluted voices of Papaavetam. They whispered, "It was time." When I stood, sand melted under the soles of my feet, but I kept walking until the sand was hot and dry. I walked across PCH and waded east, amongst stilts, through the Miiche' Paar / Estuary. Salt marsh sweat dipped from my brow, and I followed the voices inland. I summoned my strength to swim upstream like a steelhead. My limbs flailed but I would not fail. I fought my way up waterfalls. I bled and I shed many tears, but I scaled upwards anyway. I dragged myself though the dingiest of storm drains. I followed the path I grew along to find myself moving along a crack on the 405. There, I breathed in deep to fill up the freeway. All of my water swelled. I pooled around ankles, and ascended. Papaavetam rose to meet me. 'Akwaaken inundated from above, and it wasn't long before all ten lanes of the 405 were engulfed by Papaavetam. The people who took too much were left with no choice but to stop their cars, to step out of them, and to seek higher ground. Rapids formed on onramps to run rampant on the streets. The land trembled from beneath us to lift 'Eyooyook Moomat up. She surged and she plowed through the concrete. Together, in an uprising, Papaavetam flooded the LA Basin. Los Angeles is a bowl of water; it is filled up; it is free.

TEWTE NA'KASH HOL-HOL

Hema'ny Molina Vargas

Tewte na' kaspe kash hol-hol
tewte na' Kloken ny ta' sho'onkach
chekol olechen haétón ny ta' sheno
te hol-hol chewnén ass taa gwsmete
chath'n terre'n ta
Keensaks kayner, chath'n haache'n chekol taqar
Taa holen yase'n
Scor haasje' taqar
Myste'n tewte na'
Kosemche'nkañer chache'n
Nohor ta Xepé máh'ká
Sjen-ewe Chen-chetr ta
Wenkw chekol ta
Tewte na' ne karw
Tewte na' ne chow'n
Tewte na' ne hoolpn
Tewte na' ne kaspe
Tewte na' ne hol-hol.

MUJER LECHUZA Y LA TURBA

Hema'ny Molina Vargas

Mujer lechuza baila en el cielo
El viento le quita su hermoso collar de conchas
Cae a la turba y el barro la esconde
Queriendo con ella jugar,
Sus alas entierra para poderlo sacar
El barro suave le habla
La invita a soñar
Mujer lechuza se duerme
Queriendo no despertar
Su cuerpo ofrece al futuro
Sólo una mano-pluma queda,
Aferrando sus plumas al collar
Mujer lechuza es tierra
Mujer lechuza es agua
Mujer lechuza es aire
Mujer lechuza es alma
Mujer lechuza es turba

SAVE CALIFORNIA SALMON

CALIFORNIA

Save California Salmon is a nonprofit organization run by Native American people from California and governed by an entirely Indigenous board. Dedicated to political incidence and community advocacy, the organization focuses on the well-being of communities in Northern California that are dependent on salmon and other fish. The organization's primary mission is to promote policy change, support local fisheries, and restore clean and plentiful flows into the Klamath and Trinity Rivers. In recent years, Save California Salmon has also generated middle school and high school curricula for local schools, teachers, and community leaders aiming to teach about **Traditional Ecological Knowledge (TEK)** and Advocacy & Water Protection in Native California. Through knowledge sharing, community empowerment, and statewide advocacy, Save California Salmon helps people fight for the protection of their rivers, salmon, and communities.

Es una organización sin fines de lucro conformada por nativos americanos de California, dirigida por una junta completamente indígena. Dedicada a la incidencia política y la defensa de la comunidad, se enfoca en el bienestar de los grupos dependientes del salmón y otros peces del norte de California. Su misión principal es promover el cambio de políticas públicas, apoyar pesquerías locales y restaurar la limpieza y abundancia del agua en los ríos Klamath y Trinity. En años recientes, Save California Salmon creó programas de educación media para escuelas locales, maestros y líderes comunitarios con el objetivo de difundir el **conocimiento ecológico tradicional**, y el curso "Advocacy and Water Protection in Native California" (Defensa y protección del agua del territorio nativo de California). Con el intercambio de conocimientos, el empoderamiento de la comunidad y la defensoría en todo el estado, la organización ayuda a las personas a proteger sus ríos, salmones y comunidades.

SCS Releases Traditional Ecological Knowledge, Science and Management Junior High School Curriculum (Excerpt)

By Charlie Reed, Former Education Director

1st published in *California Water Justice News*. Winter/Spring 2023

Many Indigenous people feel as though they are living in two parallel worlds; one being immersed in cultural worldviews, and another in western society and education. There is a separation between identity and expectations, therefore for many Indigenous Peoples it is a lifelong effort to reconcile the worlds. SCS recognizes these challenges, especially for Native youth, and it is because of this that we make an intentional effort to Indigenize educational spaces so that students can see themselves, their history and examples of resilience in their classroom. We also know that teaching that people are part of the environment, and have a responsibility to steward it in a good way is beneficial to all students.

We are excited to announce the launching of our free **Traditional Ecological Knowledge**, Science and Management Junior High School Curriculum (**TEK** Curriculum). This curriculum, released in honor of Native American Heritage Month, aims to teach California middle school students about Northern California's environment, how Native American people use cultural practices and Indigenous science to care for the environment and people, and how supporting and practicing **TEK** can help combat climate change(...) It fills the critical needs for Native American studies and environmental and multimedia education in public schools.

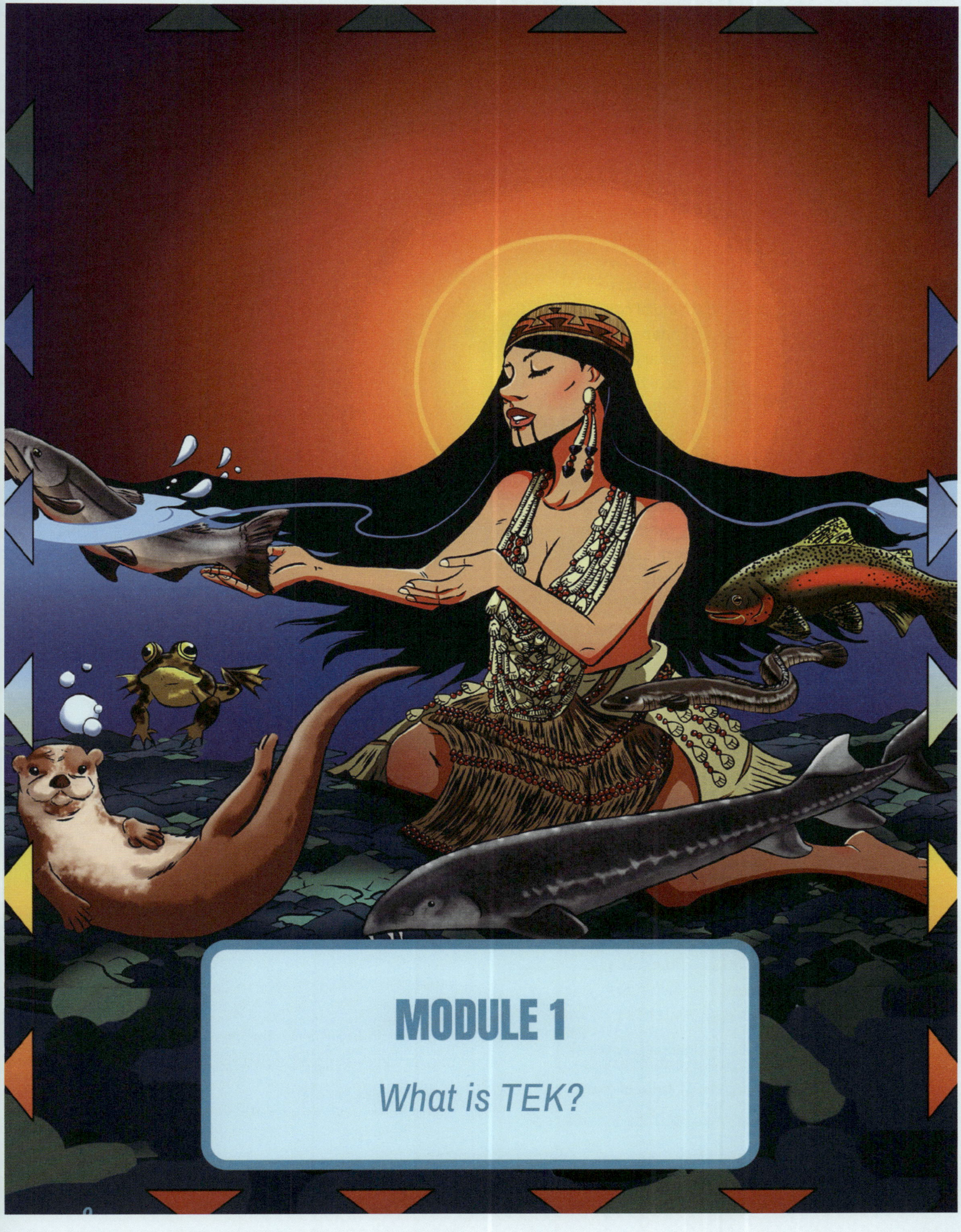

MODULE 1

What is TEK?

TRADITIONAL ECOLOGICAL KNOWLEDGE, SCIENCE & MANAGEMENT

Junior High School Curriculum

MODULE 1:

What is Traditional Ecological Knowledge?

LESSON 1:

What is Indigenous Traditional Ecological Knowledge & Native STEAM?

GOALS

Students will be able to:

1. Learn about Indigenous TEK, as systems of knowledge that include science, technology, engineering, creativity/art/story/song, and math.
2. Understand TEK's relevance to ecological health.
3. Get to know some California Native TEK practices.

TEACHER NARRATIVE:

(PROVIDE THIS DESCRIPTION OF THE MODULE TO STUDENTS)

TEK has been described as a sophisticated and sustainable natural resource management system. Also known as Indigenous Local Knowledge, Indigenous Knowledge, Tribal Science, or Indigenous Science, TEK is also recognized by Western scientific and educational institutions as having been overlooked and suppressed by racist policies. Today, Indigenous TEK is beginning to be globally regarded with respect and admiration, providing leadership, informing current practices, and developing policies.

CORE CONCEPTS:

TRADITIONAL ECOLOGICAL KNOWLEDGE

The knowledge which is passed down between generation to generation within Indigenous communities, families and Tribes. It is the way Indigenous Peoples interact with their lands, using their knowledge on their own terms. It is the way Indigenous Peoples interact with their cultures, do ceremonies, and protect the Environment. Indigenous Peoples' relationship with the Environment is inherently collaborative - across different Tribal spaces, Tribes, and non-Native people. It does not follow a one-size-fits-all model, and varies from place to place.

**There is not one true definition of Traditional Ecological Knowledge. The meanings will vary between Tribal communities.*

INDIGENOUS PERSON

Someone whose ancestry is Native to a specific place. If someone self-identifies as Indigenous they understand themselves as belonging to a specific (or multiple) Tribal communities. When possible, it is important to refer to a specific Tribe as opposed to saying "Indigenous Person."

TRIBAL SOVEREIGNTY

Indigenous Nations which have the right to form their own government, determine membership, make and enforce laws, regulate trade within borders, determine stewardship practices and form alliances with other Nations. Tribal sovereignty includes legal, cultural, political, and ceremonial traditions that are a complex mix of both European and Indigenous approaches to governance.

LAND STEWARDSHIP

A responsibility to take care of the Environment and/or natural resources, such as Rivers, Forests, Oceans, Estuaries, Prairies, and plant and animal species.

SETTLER COLONIALISM

Settler colonialism is a system that upholds the elimination of Indigenous Peoples and their cultures with the intention to replace them with a non-Indigenous society.

KEYWORDS:

NATIVE S.T.E.A.M.

Indigenous peoples from around the world are the first scientists and mathematicians. Prior to colonization, Tribal communities developed advanced technologies and shared ideas and knowledge in arts and sciences. These knowledges still exist today. Currently, Western science/scientists are recognizing the racist history of Western science and are learning from Native practitioners.

TIME IMMEMORIAL

Time beyond memory.

MANIFEST DESTINY

In the first years of the United States, there was an idea that colonizing the entire continent was necessary to succeed in creating a nation. To excuse the genocide of Indigenous peoples that came with this goal, they needed a justification: a claim that the Land was rightfully theirs. Colonizers claimed that it was their destiny, assigned by God, to take control of the Land in his name and to bring Christianity to all Indian Nations.

ENVIRONMENTAL RACISM

Racial discrimination in environmental policy-making and enforcement of regulations and laws, the deliberate targeting of communities of color for natural resources (water, food, shelter).

RESTORATION

The act of returning a place to an original condition.

ADVOCACY & WATER PROTECTION IN NATIVE CALIFORNIA CURRICULUM

ALIGNED TO CALIFORNIA STATE EDUCATION STANDARDS 9TH to 12TH GRADES

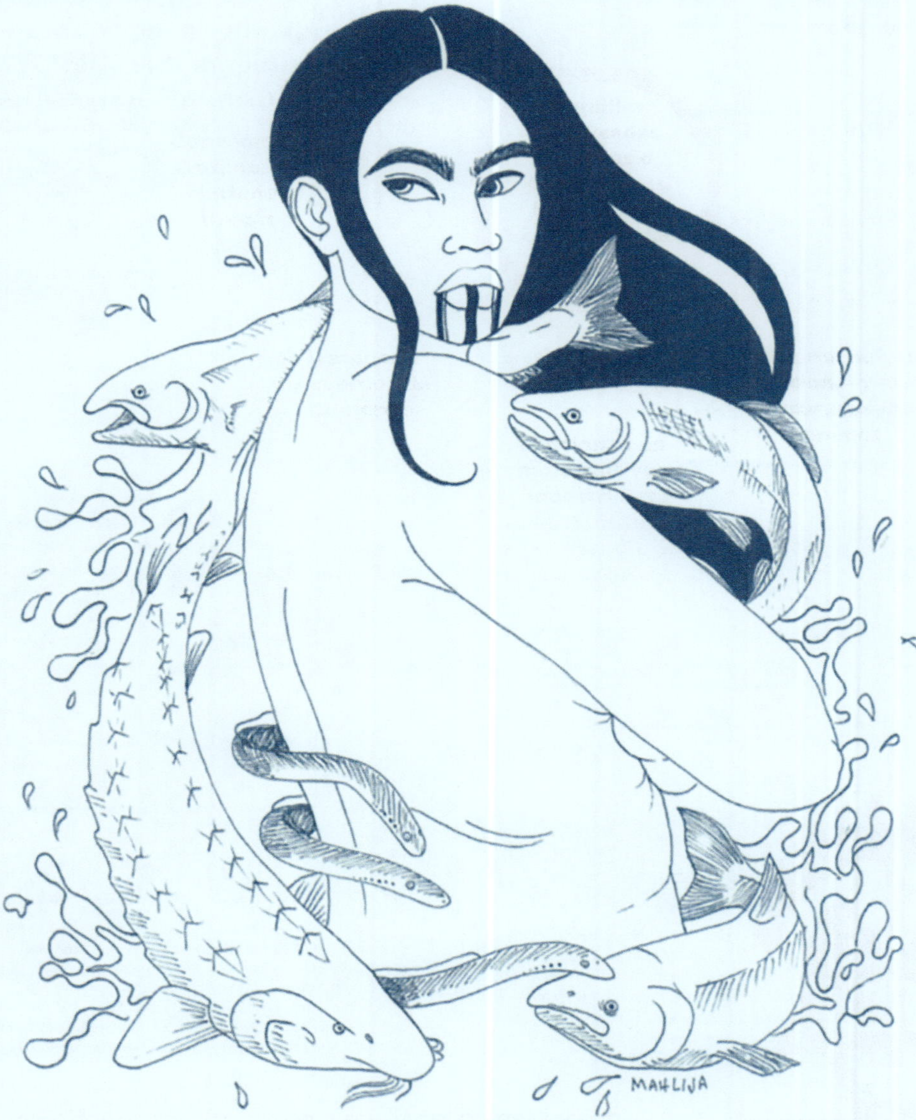

Artist: Mahlija Florendo

Developed from the 2020 Summer Speaker Series & Certification Program in collaboration with Save California Salmon, Humboldt State University Department of Native American Studies, Klamath/Trinity Unified School District Indian Education Program, Pathmakers Progam at Humboldt County Office of Education/Blue Lake Rancheria, Yurok Tribe's Visitor Center

www.californiasalmon.org

TABLE OF CONTENTS

3.4 YOUTH WATER ADVOCACY AND EDUCATION

Youth are questioning what the future might look like without clean water and a livable environment. Youth are leading the charge to create change in the United States. This panel, led by Native youth, discusses how we can better support youth-led movements for clean water and protected fisheries in California. It focuses on how youth have led the movements to fight dams, diversions and pipelines, and to restore Tribal rights and fisheries in Northern California. It also discusses how the youth-led movements on the Klamath and Trinity Rivers can be a model for other communities, and how Indian education programs can provide models to change school curriculum across California.

3.4 Grades 9-12 Content Standards

SOCIAL STUDIES STANDARDS	LANGUAGE ARTS STANDARDS	SCIENCE STANDARDS
HSS.11.1 HSS.12.8	CCSS.ELA-LITERACY.W.9-10 CCSS.ELA-LITERACY.SL.9-10.5	HS-LS2-7

"We're starting a program working with kids so they can have a strong foundation. They have the answers. They have the solutions. We just have to be able to work together, listen and to offer that guidance for this next generation to be able to solve the problems that they are going to be facing for much longer than we will."
Sammy Gensaw

GOALS

- Students will reflect on the unique role of youth and why it is important and what can be done better to include youth in environmental advocacy and policy-making.
- Students will practice graphic design and visual communications skills by creating educational materials suitable for a broad public.

KEY CONCEPTS AND VOCABULARY

- **Klamath Salmon Relay Run:** An 18+ year annual tradition started by students at Hoopa High School in which youth and families run from the mouth of the Klamath River to the Klamath Falls, Oregon to raise awareness for Klamath salmon and the destruction caused by the Klamath dams.
- **Climate Justice:** Highlights that climate change is an ethical and political issue, and that the risks of climate change are not evenly distributed. In particular, people of color, low-income, and Indigenous communities worldwide will face uneven burdens of health disparities, food insecurity, and displacement due to climate change. Climate justice emphasizes that we cannot address climate change without addressing these social problems.

EXERCISE 1: VIDEO REFLECTIONS

- What are some examples of advocacy and some components of a successful campaign as described by Regina Chichizola? Have you ever participated in any of these activities? (E.g. public outreach, education, rallies, public speaking). How did it make you feel? What do you think makes for effective campaign strategies?
- How can media be a useful tool for advocacy? What other types of media might be useful? (Eg. social media, YouTube, blogs, magazines/zines, community newsletters, resource groups, story maps). Which types of media reach which audiences? How do their stories and styles differ?
- What kinds of things influence which stories are covered by the media? Has your perspective ever changed after hearing about an issue through a media source? What is a topic that you wish was covered more in the media? How can media be made more equitable in the types of stories they cover?
- Look up some examples of press releases and op-eds. What are key aspects of writing a story or press release? How do they address the who, what, where, when, and why? Who is a good spokesperson or center for a story? How does explaining how you are impacted personally fit in with the sharing of facts and information?

See this guide on "Persuasive Writing through Letters to the Editor"

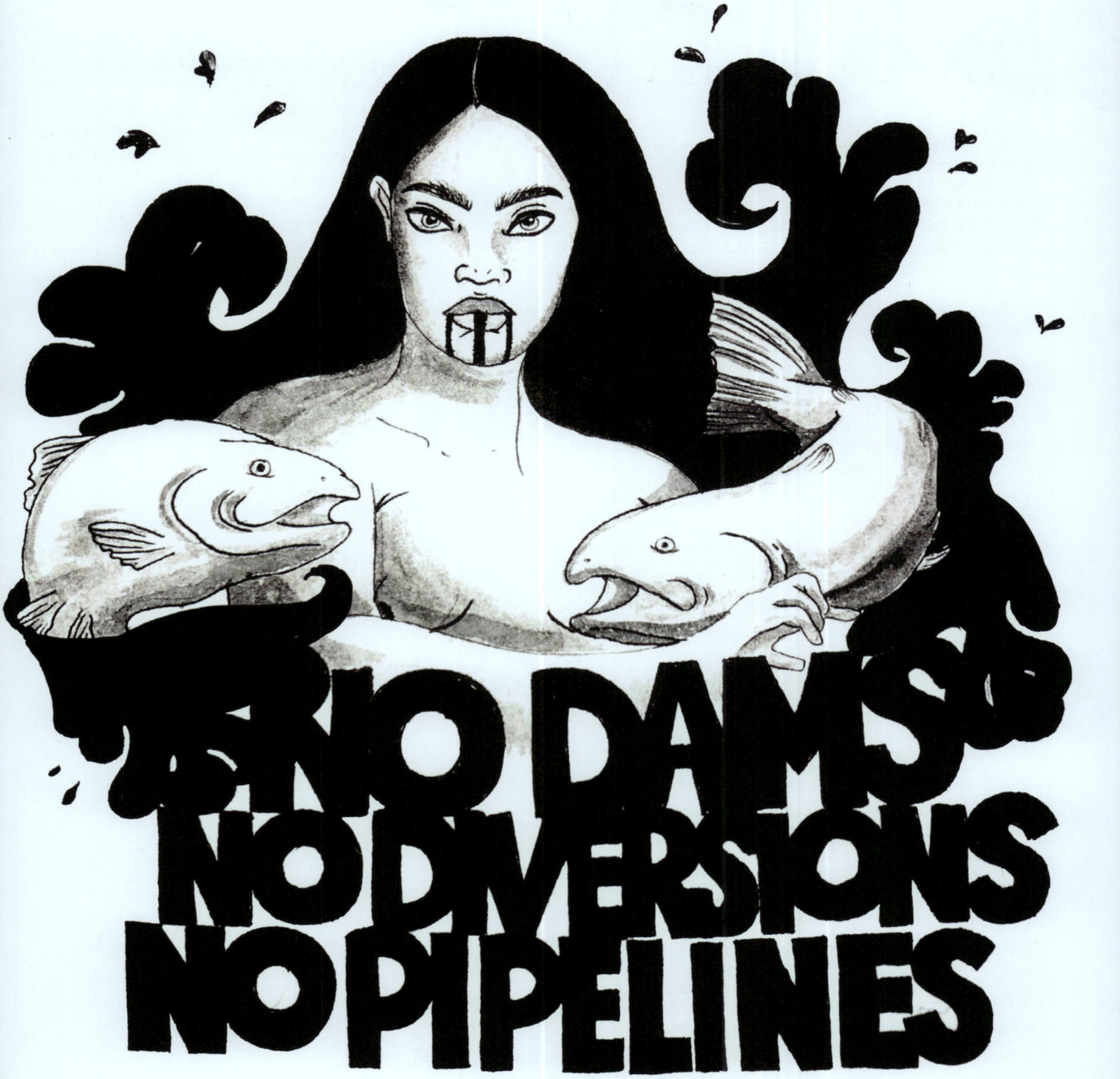
NO DAMS
NO DIVERSIONS
NO PIPELINES

TONGVA TARAXAT PAXAAVXA CONSERVANCY

LOS ANGELES

The Tongva Taraxat Paxaavxa Conservancy, meaning "the people's land," is an Indigenous urban land trust formed to return land to the Tongva, the original people of Los Angeles County who have inhabited the region for thousands of years. Since colonization, the Tongva have been denied access to their ancestral lands and faced displacement, restricted gatherings, and fees to hold ceremonies. The Conservancy aims to address these injustices by supporting housing initiatives, providing space for traditional gatherings and for community time and ceremonies. A major focus of the Conservancy has been to restore the land to its natural state with an abundance of California native plants. Between January and July 2024, the Conservancy's Land Care Crew removed over 90 invasive species, increasing the native plant population from 8.8% to 66.1%. The Conservancy continues its important work, cultivating a space for the Tongva to gather, share knowledge, practice culture, and care for the environment.

Es un fideicomiso de terrenos urbanos indígenas creado para devolver la tierra a los Tongva, el pueblo originario del condado de Los Ángeles que ha habitado la región durante miles de años. *Tongva Taraxat Paxaavxa* significa "la tierra del pueblo". Desde la colonización, a este grupo se le ha prohibido el acceso a sus territorios ancestrales y sus miembros han enfrentado el desplazamiento, la restricción para reunirse y el pago de tarifas por celebrar ceremonias. La organización busca confrontar estas injusticias al apoyar iniciativas de vivienda y proporcionar un sitio para hacer reuniones tradicionales, pasar tiempo con la comunidad y ejecutar ceremonias. Uno de los principales objetivos del fideicomiso ha sido restaurar el terreno a su estado natural con abundantes plantas autóctonas de California. Entre enero y julio de 2024, el equipo de cuidado de la tierra eliminó más de 90 especies invasoras, lo que favoreció el crecimiento de flora nativa de 8.8% a 66.1%. El fideicomiso continúa con su importante labor de cultivar un espacio para que los Tongva se reúnan, compartan conocimientos, practiquen la cultura y cuiden el medio ambiente.

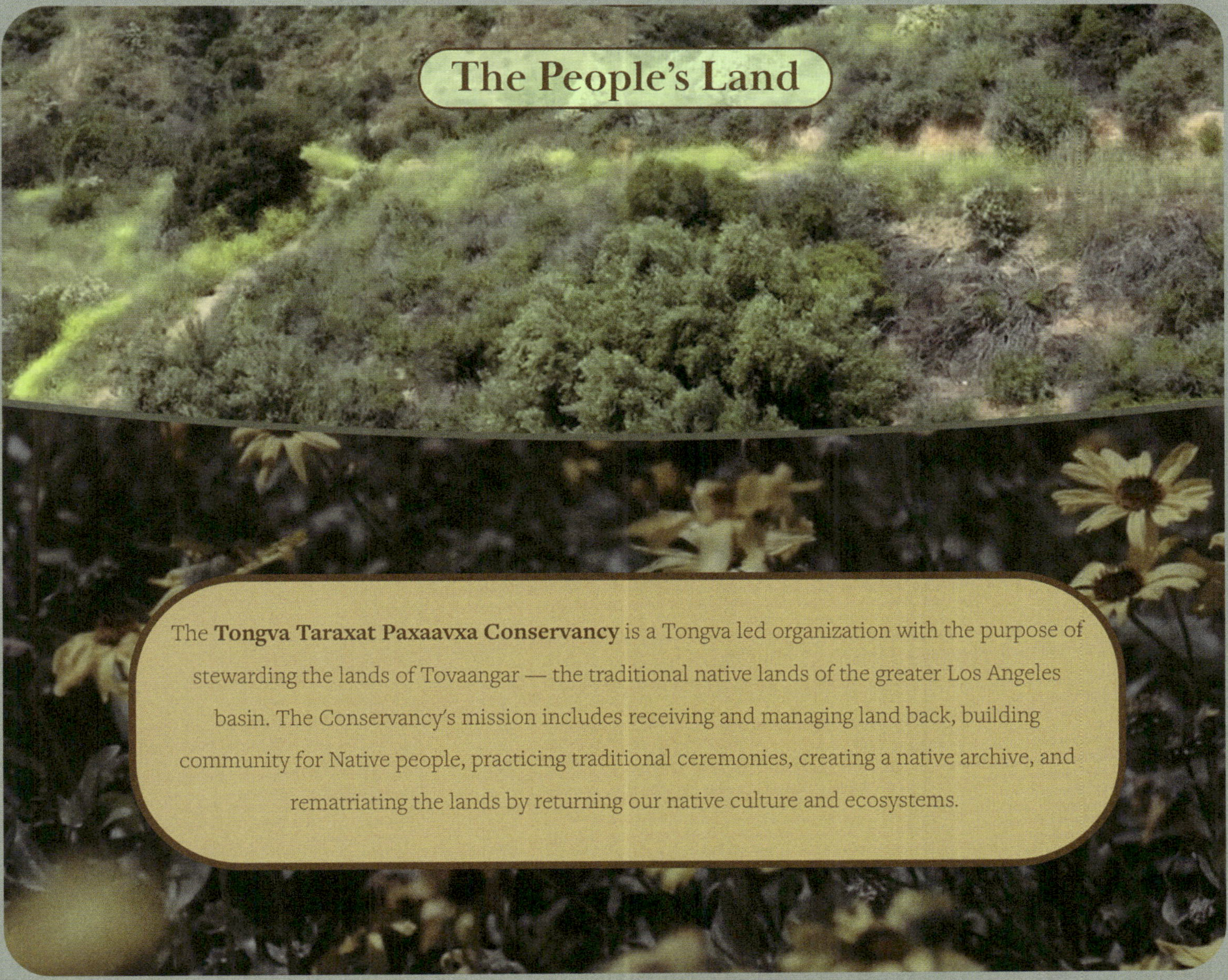

The People's Land

The **Tongva Taraxat Paxaavxa Conservancy** is a Tongva led organization with the purpose of stewarding the lands of Tovaangar — the traditional native lands of the greater Los Angeles basin. The Conservancy's mission includes receiving and managing land back, building community for Native people, practicing traditional ceremonies, creating a native archive, and rematriating the lands by returning our native culture and ecosystems.

Purpose and Vision

"As 'Land Back' becomes more than just a slogan, we hope that other individuals with property in Tovaangar will be willing to follow the example of our initial donor and return land to our people."

-Wallace Cleaves TTPC Board President

◆◆◆◆

The Tongva people have been in Los Angeles County for thousands of years. However, we have not had access to land since colonization. The Tongva Taraxat Paxaava Conservancy, which roughly translates to "the people's land" is the very first plot of land returned to the original people of Los Angeles.

For generations we have been pushed out of Los Angeles by high rent, we have had to ask permission to have traditional gathering relationship with our plant relatives, and we have had to pay fees to hold ceremony and space inside of our own ancestral lands. The Tongva Taraxat Paxaavxa Land Conservancy will help begin the healing process we need by giving tribal community members access to free housing on their native land, give access to gathering without permission from outsiders, and a space to have community time and ceremonies in privacy.

Our vision is to rematreate the land to California native plants and Tongva people. We are and will continue to be run by Tongva people.

◆◆◆◆

The Land You Live On

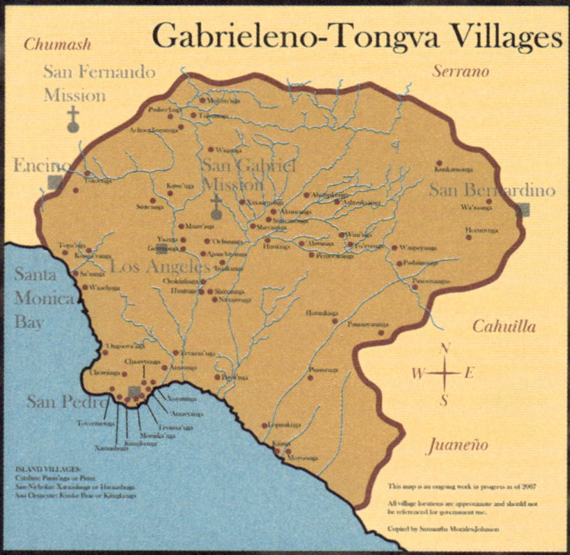

Traditionally, when people travel and move into a new territory they first seek permission from both the land and traditional stewards. This "permission" invites relationship. A guest gives an offering in recognition and in reciprocity of this relationship. This exchange continues today with the Native Peoples of these lands we call Tovaangar. Since the beginning of time, the Tongva Peoples have inhabited these lands which you now call home. There has been a long break in our cultural lives due to centuries of decimation and nearly successful genocide. Our people have survived but now face invisibility and erasure. We are reviving our languages, cultures, and ceremonies in order to care for the land, air, water, and each other. This is a land of beauty, inspiration, and dreams.

Kuuy Nahwá'a Calculator

Kuuy Nahwá'a (Guest Exchange) Full Calculator

We are drawing calculations from your income, debt, and other info. We encourage you to compile tax documents to have with you while filling this out. Your answers do not need to be exact, just an estimate of your information. The calculator will show your suggested contribution after completion. Disclaimer: None of your answers will be recorded unless you would like, this is just a tool to help guide your contribution. Thank you.

← PREVIOUS | NEXT →

Kuuy nahwá'a is a Tongva people's concept meaning *guest exchange*. It's a voluntary contribution to support Tongva-led **Land Back** efforts acknowledging both relationships and reciprocity to the lands and Native Peoples of Tovaangar, this place many of us now call home. Many want to help but don't know how. **Kuuy Nahwá'a** opens the door to understanding and participating in course correction to historic wrongs here.

What We've Achieved in 2023

- 43 orgs make Kuuy Nahwá'a + 4 funders sign Kuuy Covenant
- 575 people make kuuy nahwá'a (guest exchange)
- Community gatherings – the land has a name
- Cultural Items returned
- Legal Apprenticeship + Land Clinic
- Eight volunteer days and 32 tons of junk removed from Huhuunga
- Tribal Canoe Journey + Ti'aat ceremony
- Tongva Paayme Paxaayt (LA River) stewardship plan
- Invasive tree removal started!

ACJACHEMEN TONGVA LAND CONSERVANCY (ATLC)

ORANGE COUNTY

The Acjachemen Tongva Land Conservancy is a partnership between the descendants of the Acjachemen and Tongva tribes that seeks to reestablish Native stewardship of lands integral to their identity and culture. In 2023, the conservancy acquired a six-acre parcel on Bolsa Chica Mesa adjacent to the Bolsa Chica Ecological Reserve as part of their commitment to acquiring, protecting, and preserving their shared ancestral homelands in Southern California. The ATLC now holds title to part of the sacred Bolsa Chica Mesa, home to an ancient village site inhabited by the Tongva and Acjachemen Tribes around 9,000 years ago. This acquisition represents a local success for the Land Back movement in the United States and promises an extensive restoration program, which will include the reintroduction of native species and the removal of unlawfully built bike jumps. Once complete, the site will have the potential to become a forum for cultural ceremonies and public education activities that will heighten awareness of the land's historical and cultural significance.

Colaboración entre los descendientes de las tribus Acjachemen y Tongva, que busca restablecer la administración nativa de las tierras esenciales para su identidad y cultura. En 2023, el grupo compró una parcela de más de 24.000 kilómetros cuadrados en la meseta de Bolsa Chica, adyacente a la Reserva Ecológica Bolsa Chica, como parte de su compromiso por adquirir, proteger y preservar sus tierras ancestrales compartidas en el sur de California. Ahora la ATLC posee el título de propiedad de una porción de esta meseta sagrada, en la que se ubicaba una antigua aldea habitada por sus tribus hace unos 9 000 años. La adquisición representa un éxito local para el movimiento Land Back —rematriación— en Estados Unidos y promete un extenso programa de restauración, que incluirá la reintroducción de especies nativas y la eliminación de pistas de bicicleta de montaña construidas de manera ilegal. Una vez terminado, el sitio tendrá el potencial de convertirse en un foro para ceremonias culturales y actividades educativas públicas que aumentarán la conciencia acerca de la importancia histórica y cultural de la tierra.

Bolsa Chica Mesa Returned to Indigenous Stewardship

Tribal Leaders Herald Historic First Land Return in Orange County

November 13, 2023

Acjachemen and Tongva tribal community leaders today announced the return of Bolsa Chica Mesa to Indigenous stewardship, the first-ever transfer of land in Orange County to Indigenous communities, for restoration, ceremony, and healing.

"We celebrate this return of sacred land, the first land back to Indigenous people in Orange County," said Dustin Murphey, Acjachemen Tongva Land Conservancy (ATLC) President and Acjachemen leader. "For many years Tribal nations and Native organizations rooted in Orange County have fought to protect and preserve this sacred place."

At 6.2 acres the coastal land at Huntington Beach is home to a 9,000 year old Acjachemen and Tongva village site, and is one of the few remaining natural or open spaces by the beach in all of Southern California.

"The Mesa of Bolsa Chica is of deep importance to both of our tribes because our ancestors are buried here," said Tina Calderon, Treasurer of the ATLC and leader of Gabrielino Tongva, Chumash, Mexican and Yoeme descent. "After many decades of destruction and desecration, we can begin to heal the land and our people."

Neither the Acjachemen or Tongva Tribes have had dedicated land in Orange County to engage in cultural and ceremonial practices, until now. Returning sacred lands to Indigenous people is taking place across the United States, part of the "LandBack" movement led by Native American communities that is healing past injustices and protecting Native lands across the U.S.

"The return of Bolsa Chica Mesa is a LandBack first in Orange County, and that's a cause for celebration across all of our communities," said Calderon. "Our top priorities are restoration of the degraded land, outreach to Acjachemen and Tongva communities to see what their priorities are for long-term restoration, and access for tribal communities for our cultural activities. This land return is a victory for all of Orange County, coming after years of negotiation between the California state agencies, real estate developers, and local non-profits."

The ATLC, an intertribal land conservancy that now holds title to the sacred land, is a California Indigenous-led community organization. Co-founded by former Executive Director Joyce Stanfield Perry, ATLC was created by, and includes representation from, multiple Acjachemen and Tongva Tribes whose ancestors lived in Orange County. ATLC's stewardship of Bolsa Chica Mesa came about via a 2016 legal settlement negotiated between the Coastal Commission, the City of Huntington Beach, and developer Signal Landmark.

This November alongside the Thanksgiving holidays, the Acjachemen and Tongva call for support of land and community rehabilitation for all Indigenous people. Please support ATLC's stewardship by donating here. https://www.atlandconservancy.com/donation

###

https://www.atlandconservancy.com/

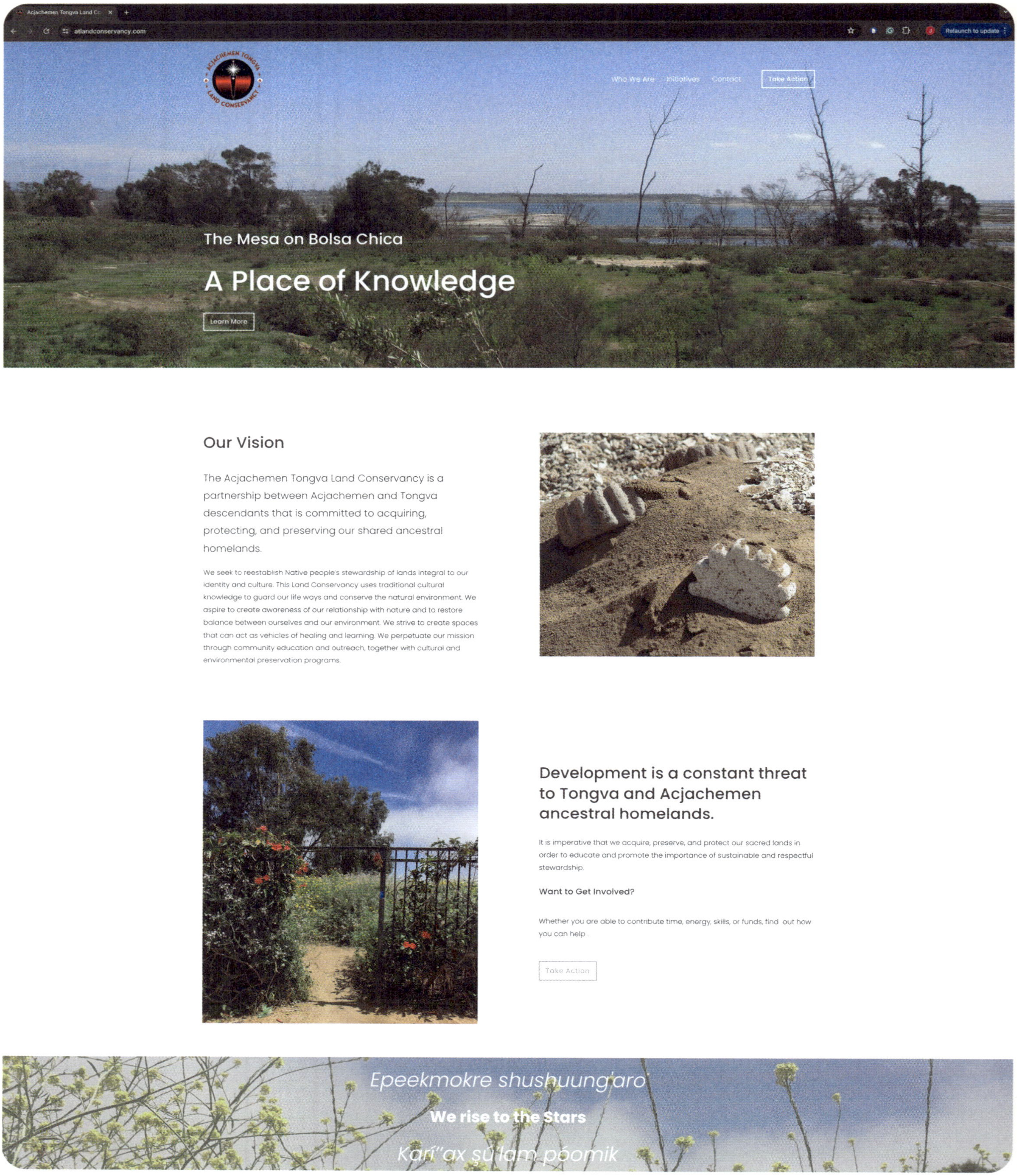
Acjachemen Tongva Land Co
atlandconservancy.com
Relaunch to update
Acjachemen Tongva Land Conservancy
Who We Are
Initiatives
Contact
Take Action
The Mesa on Bolsa Chica
A Place of Knowledge
Learn More
Our Vision
The Acjachemen Tongva Land Conservancy is a partnership between Acjachemen and Tongva descendants that is committed to acquiring, protecting, and preserving our shared ancestral homelands.
We seek to reestablish Native people's stewardship of lands integral to our identity and culture. This Land Conservancy uses traditional cultural knowledge to guard our life ways and conserve the natural environment. We aspire to create awareness of our relationship with nature and to restore balance between ourselves and our environment. We strive to create spaces that can act as vehicles of healing and learning. We perpetuate our mission through community education and outreach, together with cultural and environmental preservation programs.
Development is a constant threat to Tongva and Acjachemen ancestral homelands.
It is imperative that we acquire, preserve, and protect our sacred lands in order to educate and promote the importance of sustainable and respectful stewardship.
Want to Get Involved?
Whether you are able to contribute time, energy, skills, or funds, find out how you can help .
Take Action
Epeekmokre shushuung'aro
We rise to the Stars
Karí''ax şu'lam póomik

About 1 — Acjachemen Tongva

atlandconservancy.com/initiatives

Relaunch to update

Who We Are Initiatives Contact

Current Initiatives

Bolsa Chica

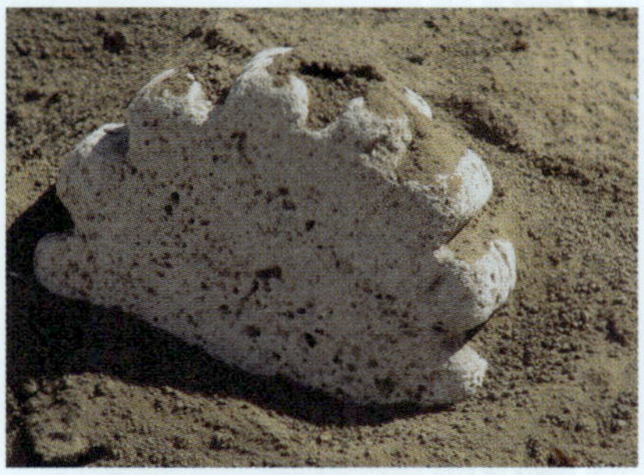

ANNOUNCEMENT: ATLC NOW HOLDS TITLE TO THIS SACRED LAND. click here to see the press release.

The Mesa of Bolsa Chica at Huntington Beach is home to a 9,500 years old Acjachemen and Tongva village site. This is a sacred site which is considered a place of knowledge as well as a major conduit between Pimu/Pipimar (Catalina) and the river people of the villages inland.

This ancient village changes the history of California. Here hundreds of our ancestors were unearthed and reburied along with tens of thousands of beads and hundreds of cogstones and discoidals. This is just a small example of what was found at this place of knowledge.

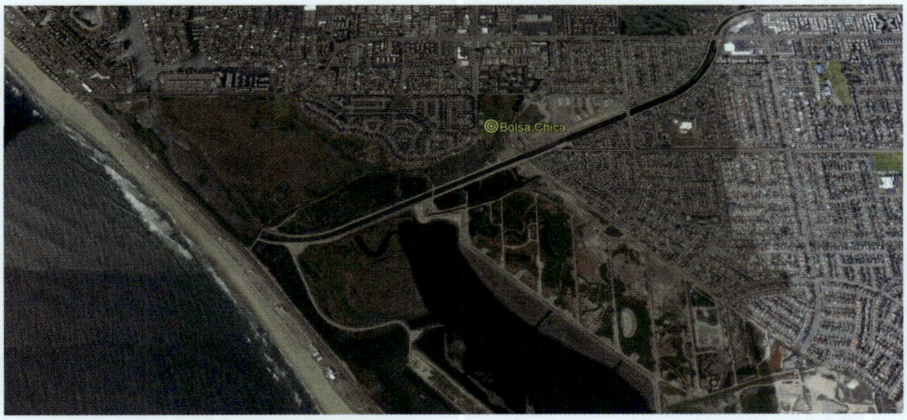

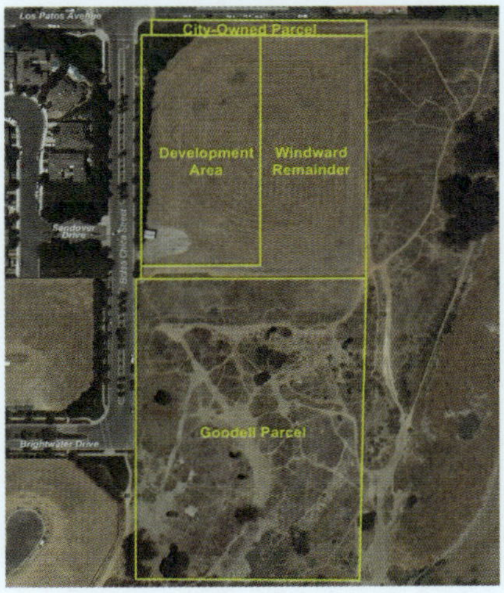

Currently there are approximately eleven undeveloped acres of privately-owned land remaining at Bolsa Chica. There has been a tremendous amount of controversy surrounding the last remnants of this sacred place we call home.

Numerous organizations and Tribal Nations have fought to protect this place. In 2016 a settlement was negotiated between the Coastal Commission, the City of Huntington Beach, and Signal Landmark (Landowner of the Windward Property) that would enable the Acjachemen Tongva Land Conservancy to hold title to our sacred sites. The Windward Specific plan lays out a condition of development wherein the eastern 2.5 acres of the Windward Property as well as the entirety of the Goodell Parcel will be donated to a qualifying non profit in order for Signal Landmark to receive a development permit for the remaining 2.5 acres of the Windward property.

We never support the development of our sacred sites. However, given the fact that this condition is already in place we believe that the land returning to native stewardship is the best possible outcome. This opportunity for stewardship is precedent setting considering neither the Acjachemen nor the Tongva hold title to any place in our homelands.

Eyoohyoo'ovo koy 'eyooshyee'evo

Place of Knowledge and Healing

Chamkísh 'Ayáli Chamtáax

GRUPO SEMILLAS

COLOMBIA

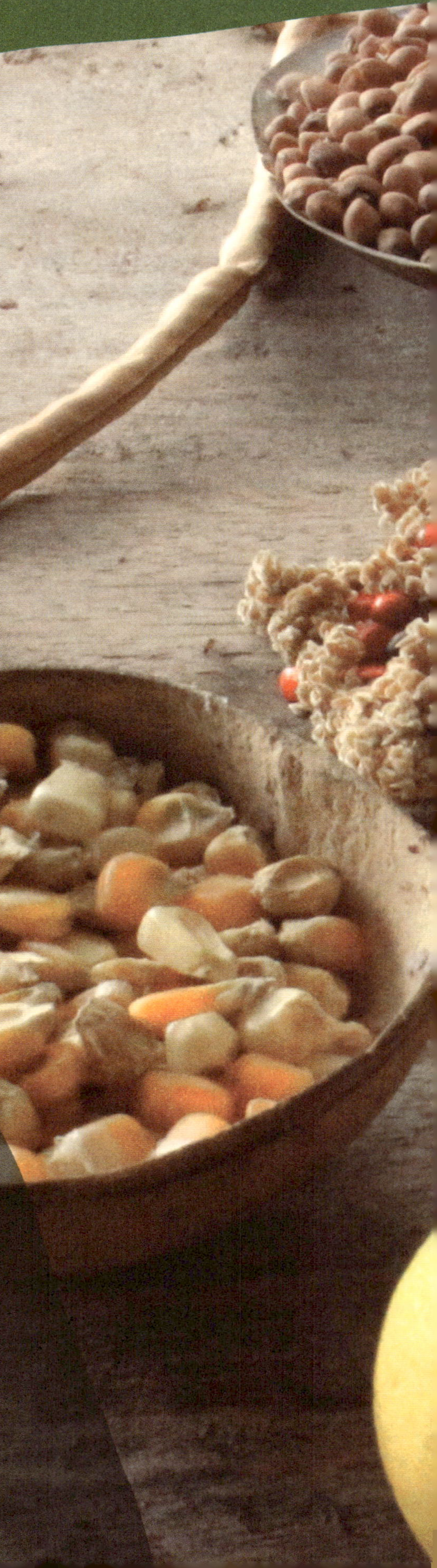

Grupo Semillas is a Colombian nongovernmental organization founded in 1994 that supports over 30 Afro-descendant, Indigenous, and *campesino* groups. Their mission is to enhance the protection of territories, preserve biodiversity, and strengthen **food sovereignty** for rural populations across the country. They are committed to advancing a society based on autonomous and sustainable territories, where the collective rights of communities and local organizations are respected based on the recognition of their territory, autonomy, and traditional knowledge, while promoting sustainable livelihoods that conserve biodiversity and ensure control over their resources. Throughout its history, Grupo Semillas has collaborated with academic, environmental, and social entities to influence public policy in Colombia, emphasizing sustainable alternatives aligned with biodiversity conservation and local resource control.

Es una organización no gubernamental colombiana, fundada en 1994, que apoya a más de 30 grupos afrodescendientes, indígenas y campesinos. Su misión es proteger los territorios, preservar la biodiversidad y fortalecer la **soberanía alimentaria** de las poblaciones rurales de todo el país. Sus miembros están comprometidos con el avance de una sociedad conformada por territorios autónomos y sostenibles, en la que se respeten los derechos colectivos de las comunidades y organizaciones locales a partir del reconocimiento de su territorio, autonomía y conocimientos tradicionales, al mismo tiempo que promueven medios de vida sostenibles que conserven la biodiversidad y garanticen el control de sus recursos. A lo largo de su historia, Grupo Semillas ha colaborado con entidades académicas, ambientales y sociales para incidir en las políticas públicas en Colombia, con énfasis en alternativas sostenibles alineadas con la conservación de la biodiversidad y el control de los recursos locales.

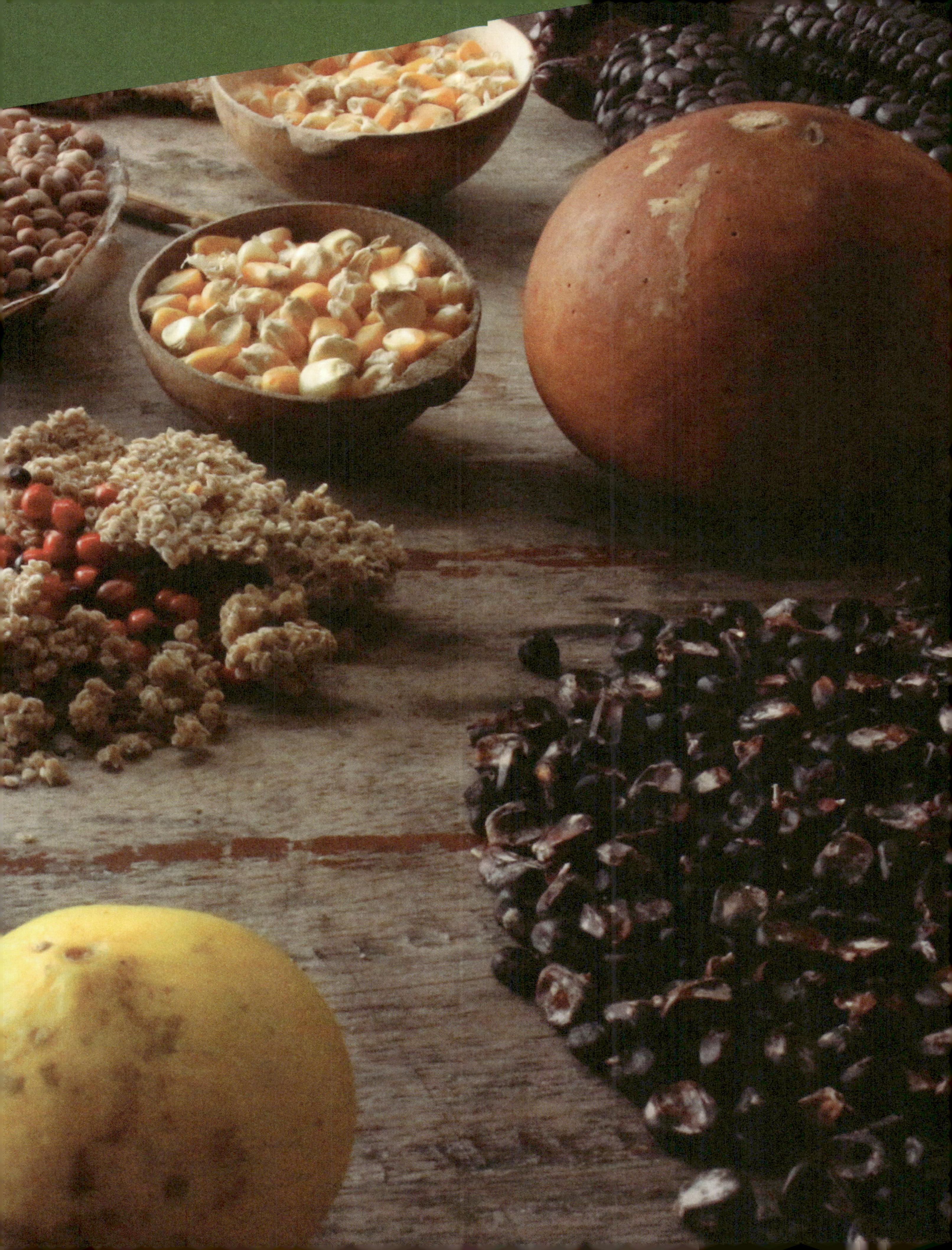

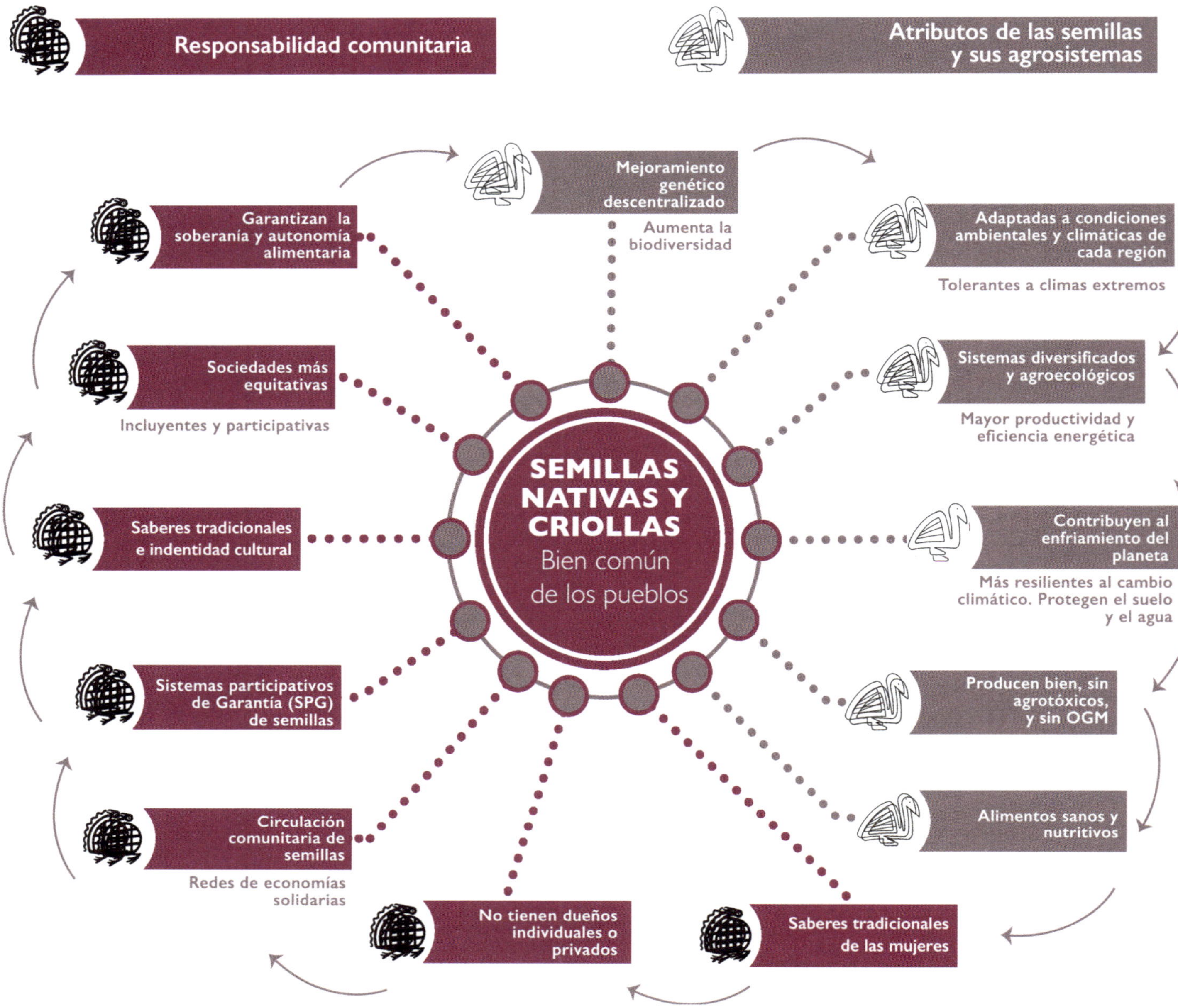

V

Las semillas campesinas son un bien común de los pueblos, surgido de la responsabilidad comunitaria. Garantizan la soberanía y autonomía alimentaria, promueven sociedades más equitativas, incluyentes y participativas. Impulsan la identidad: los saberes tradicionales y una circulación comunitaria de las semillas por canales de confianza y responsabilidad mediante redes de economías solidarias. No tienen dueños individuales o privados, se anclan en los saberes tradicionales y las conversaciones colectivas cambiantes de mujeres y también hombres con sus semi-

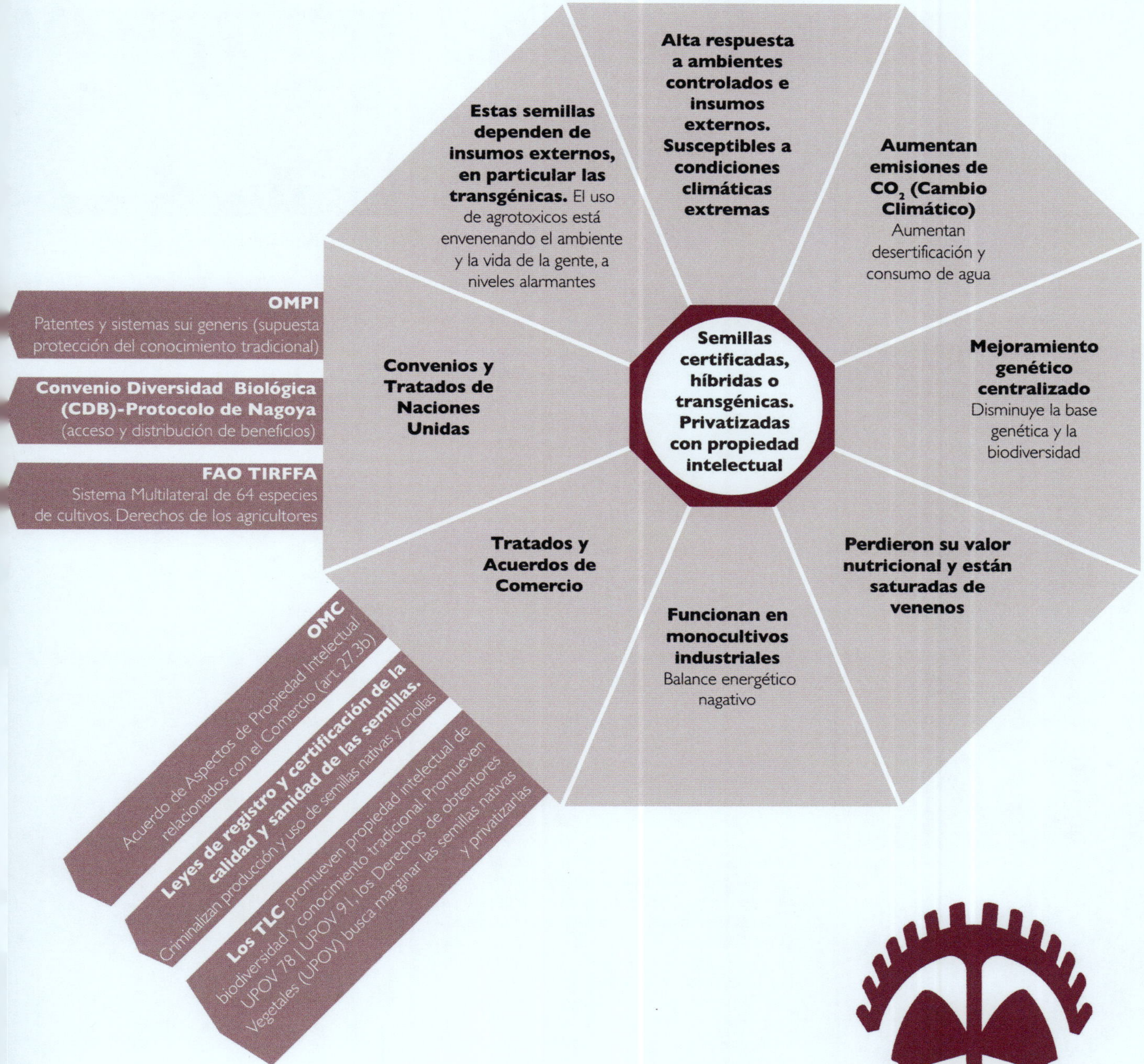

llas [un mejoramiento genético descentralizado] y se han ido adaptando a las condiciones ambientales y climáticas regionales, al punto de resistir climas extremos. Promueven sistemas diversificados y agroecológicos, tienen mayor eficiencia energética, contribuyen a enfriar el planeta y son más adaptables al caos climático, protegen el suelo y el agua, no necesitan agrotóxicos y están libres de organismos genéticamente modificados. Contamos así con alimentos sanos, nutricios, y soberanía alimentaria.

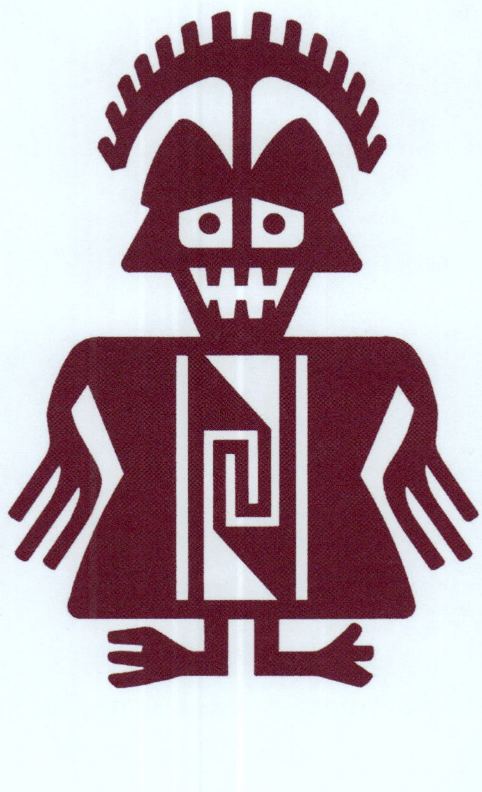

Nuestros Principios como RSL

- Las semillas son patrimonio colectivo de los pueblos.
- Rechazo a todas las formas de propiedad intelectual y normas que controlen la producción, uso y circulación de las semillas.
- Reconocimiento y valoración de los conocimientos y formas tradicionales y comunitarias de producción y manejo de semillas y de los sistemas productivos y sustento locales que promueven la soberanía alimentaria.
- Confianza y reconocimiento de las autonomías productivas y alimentarias y otras formas de sustento que han sido creadas, aprendidas y heredadas en los territorios.
- La semilla no es una mercancía y se basa en el principio de solidaridad y libre circulación.
- Las semillas no pueden ser libres en abstracto. Su libertad sólo es posible gracias a los pueblos y comunidades que las defienden y mantienen para cuidarlas y gozar de los bienes que nos brindan.

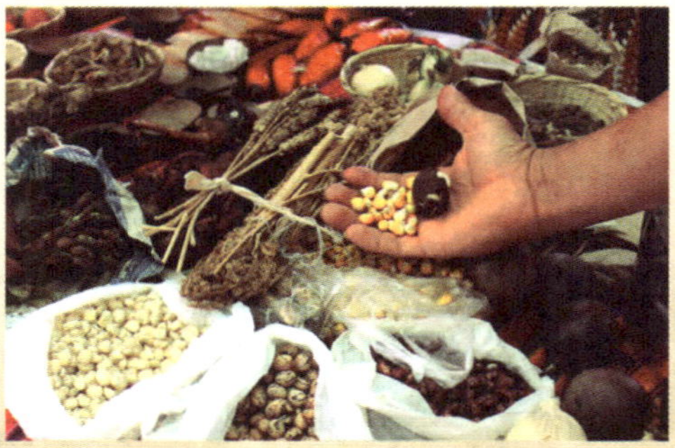

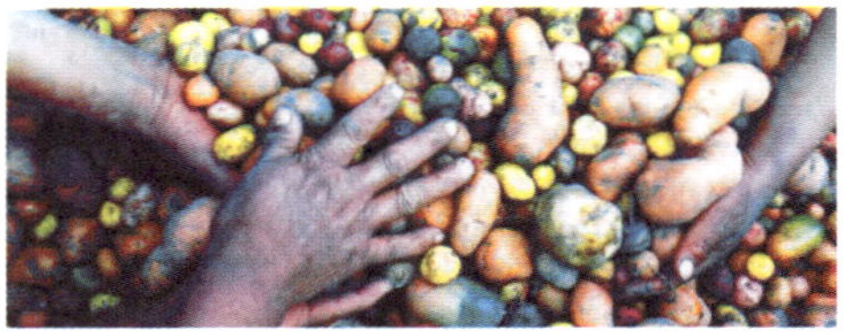

Semillas patrimonio de los pueblos al servicio de la humanidad

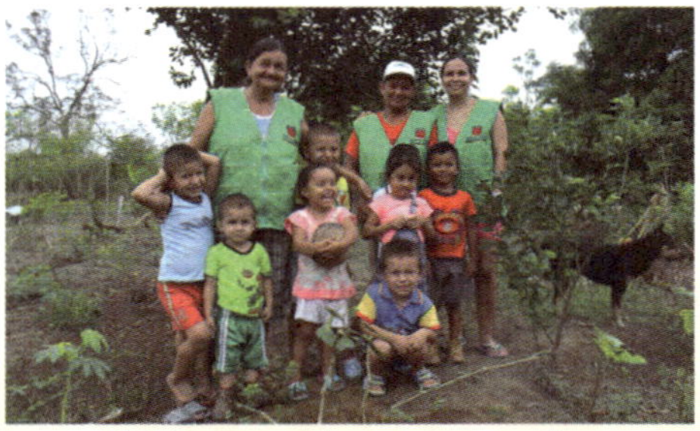

Si dejamos perder nuestras semillas, perdemos nuestra libertad, dignidad y autonomía alimentaria

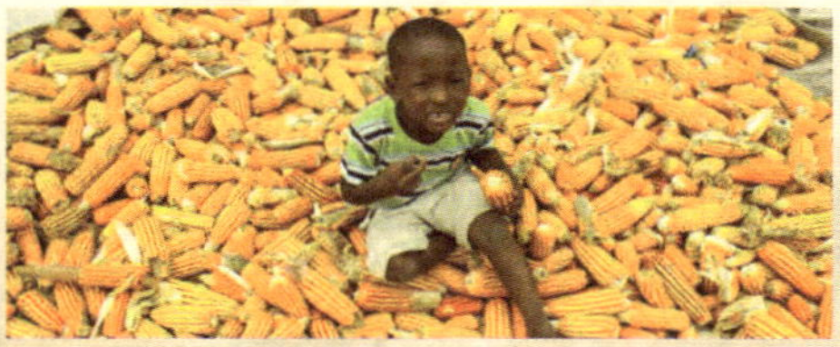

www.redsemillaslibres.co
redsemillaslibres@gmail.com
Red de Semillas Libres de Colombia
@SemillasRed

Red de Semillas Libres de Colombia

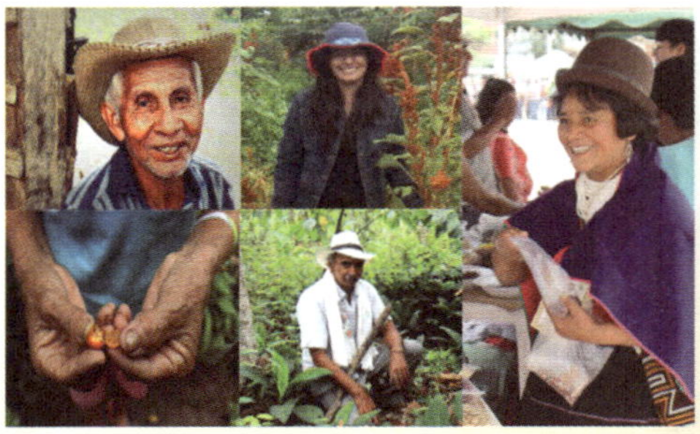

¿Cuál es el problema de las semillas?

Las semillas son uno de los componentes sagrados de la cultura, la soberanía y autonomía alimentaria de los pueblos, es por ello que desde el origen de la agricultura las semillas han caminado libremente con los agricultores y agricultoras, sin normas que restrinjan su producción, conservación, uso, intercambio y comercialización.

Hoy en día las semillas están amenazadas porque unas pocas corporaciones están controlando la mayor parte del sistema de semillas en el mundo, a través de la aplicación de leyes de propiedad intelectual y normas que restringen el libre uso y circulación de las semillas, pretendiendo que todos los agricultores solo utilicen las semillas protegidas legalmente por las empresas que controlan el sistema agroalimentario y se criminaliza el uso de las semillas criollas.

En el país existe una gran cantidad de iniciativas locales, regionales y nacionales que buscan fortalecer la defensa de las semillas y consolidar espacios de articulación y visibilización más amplios en respuesta a la profundización de las amenazas que enfrentan las semillas y la soberanía alimentaria.

¿Qué es la Red de Semillas Libres?

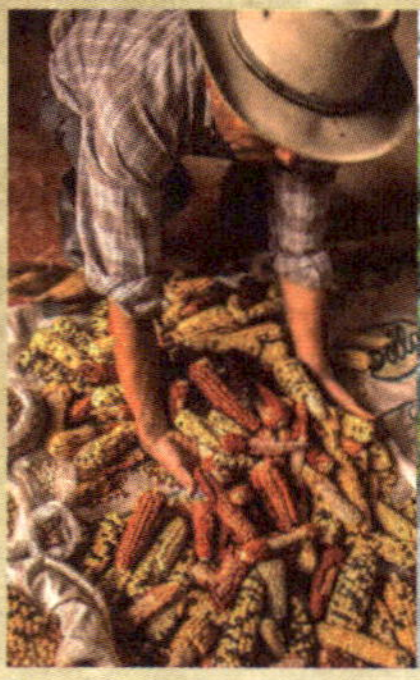

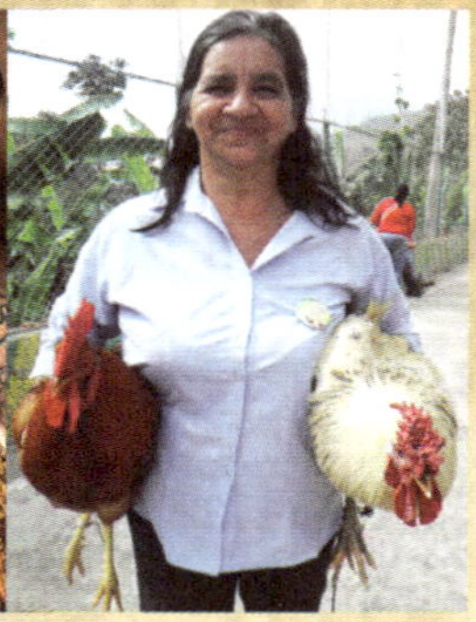

Es un espacio abierto y descentralizado de organizaciones locales y sociales, en donde convergen comunidades campesinas, indígenas, afrocolombianas y de pequeños productores, agricultores urbanos, ONG, grupos académicos, colectivos artísticos y consumidores, que se articulan en el ámbito local, regional y nacional; y que buscan promover acciones e iniciativas para fortalecer el control local de las semillas y su defensa frente a las políticas y leyes que permiten la privatización y el control monopólico de las semillas, que amenazan la soberanía y autonomía alimentaria de los pueblos.

La Red de Semillas Libres, pretende fortalecer y visibilizar los procesos locales de recuperación, manejo y libre circulación de semillas, difundir información y promover acciones de incidencia frente a las políticas y leyes que permiten la privatización de las semillas, la expansión de la agricultura corporativa y los cultivos transgénicos, que amenazan los sistemas vivos de semillas y la soberanía y autonomía alimentaria de los pueblos y comunidades en Colombia. Igualmente se busca articular acciones, redes y circuitos en los ámbitos locales, regionales, nacionales e internacionales en defensa de las semillas y la soberanía alimentaria de los pueblos.

Objetivos de la RSL

- Promover iniciativas locales de recuperación, conservación, producción de semillas de buena calidad, investigación local participativa y circulación de semillas criollas en las comunidades locales y en diferentes regiones del país.
- Promover la articulación de iniciativas de defensa de las semillas, en los ámbitos local, regional y nacional, frente a la privatización y control corporativo de las semillas.
- Comunicar y difundir información sobre los problemas y las alternativas que contribuyen a la producción, control local y defensa de las semillas nativas y criollas.
- Incidir en favor de políticas públicas que permitan proteger y defender la producción, el uso y la libre circulación de las semillas por los agricultores y comunidades locales.
- Aportar en la construcción de la soberanía y autonomía alimentaria, la economía local, la agroecología y los sistemas de cultivo y conocimiento tradicionales y ancestrales, y el aprovisionamiento de semillas y alimentos locales.
- Incidir en sobre las políticas públicas y leyes de semillas sobre propiedad intelectual, que permitan su privatización y control por parte de las empresas transnacionales y también sobre normas que controlan la producción, el uso y la libre circulación de semillas por los agricultores.
- Promover acciones sociales y locales para enfrentar los impactos de los cultivos transgénicos y los agroquímicos sobre las semillas criollas y la soberanía alimentaria; propendiendo por *una Colombia libre de transgénicos.*

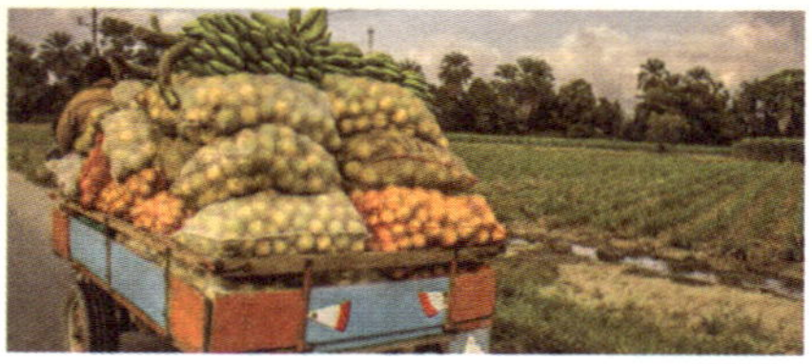

Estructura de la RSL de Colombia

La RSL se organiza a partir de ejes de acción y nodos regionales:

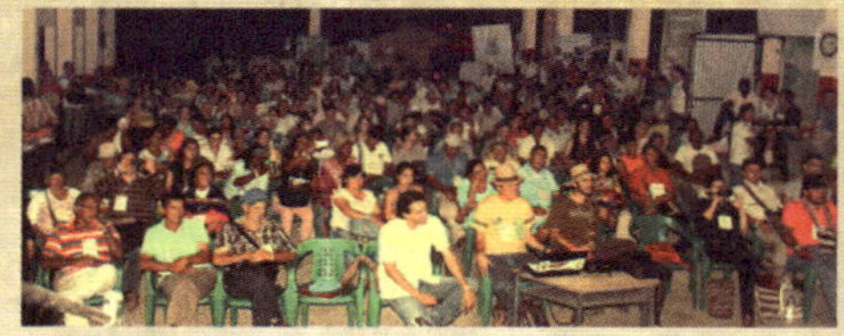

Ejes de acción

Nacional – Regional – Local

- ✓ Conservación, recuperación y formación en el manejo de las semillas criollas.
- ✓ Incidencia sobre políticas y leyes de semillas (acciones judiciales).
- ✓ Estrategia y acciones de comunicación de la RSL de Colombia.

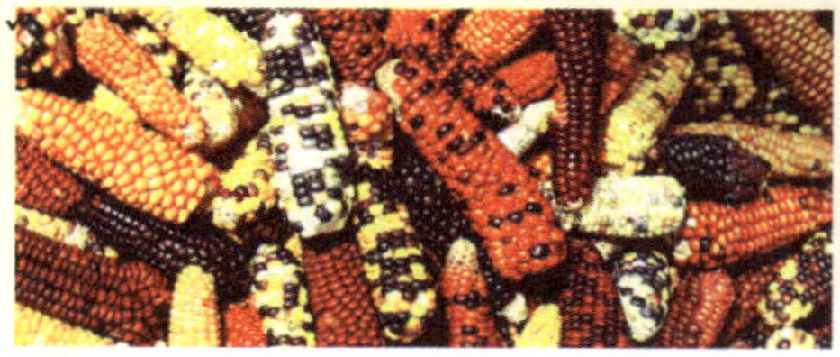

Nodos regionales:

1. Región Caribe
2. Región Cafetera
3. Región Centro
4. Región Suroccidente
5. Región Sur

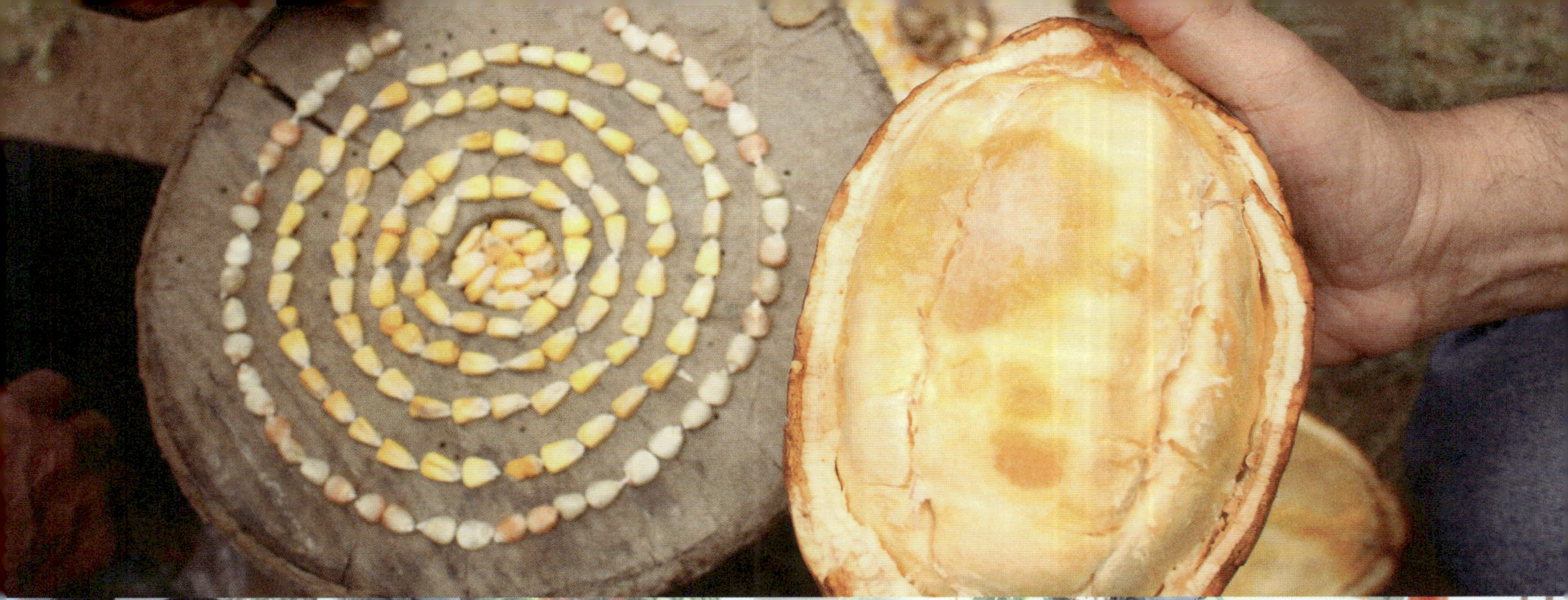

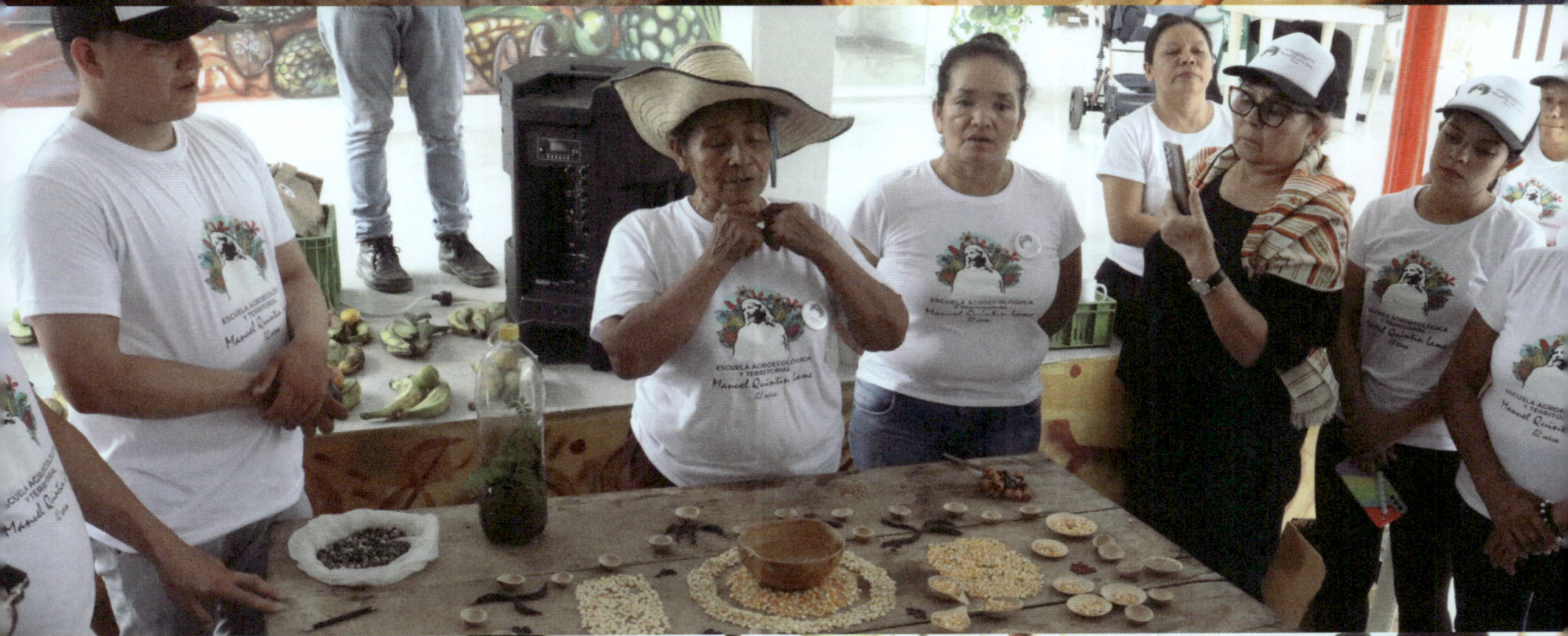

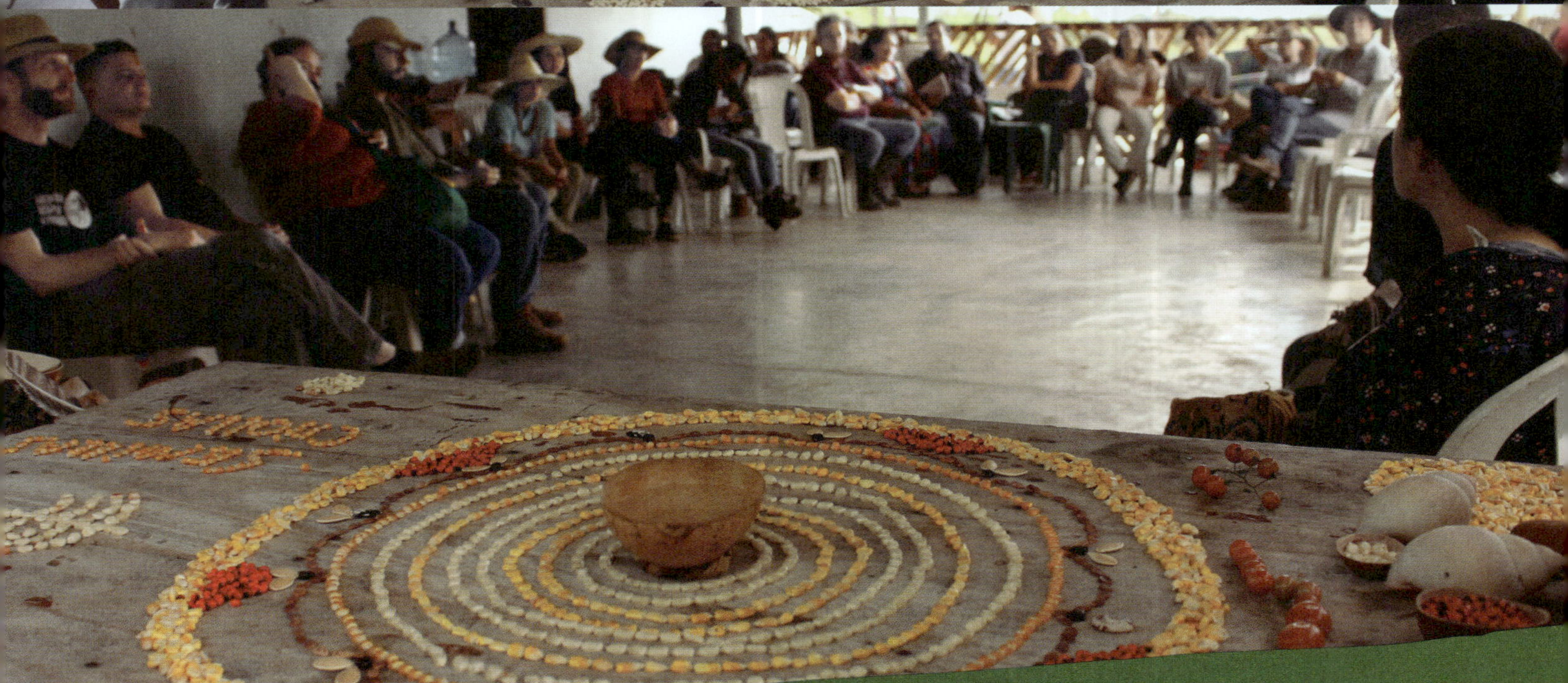

DEPARTAMENTO DE LA COMIDA

CAGUAS

El Departamento de la Comida de Puerto Rico is a nonprofit collective and alternative agency that promotes **food sovereignty** through small-scale, decentralized local food projects on the island. Founded in 2010 as Puerto Rico's first multi-farm CSA, members picked up produce from about 10 farms weekly, distributing it to over 150 clients in San Juan, Caguas, and Ponce. Their efforts to cultivate resilient food systems are rooted in mutual aid and community solidarity that respond to historical colonial oppression and recent crises such as Hurricanes Maria and Fiona, which have exacerbated inequities caused by colonial laws, economic policies, and imported food dependencies. The organization's food hub model supports food production and distribution, including a resource library with tools and educational materials, a kitchen powered by renewable energy, and a retail point of sale. El Departamento de la Comida remains committed to demonstrating the significant potential of **agroecological**, community-led initiatives to enhance cultural relevance and collective well-being in Borikén.

Es un colectivo sin fines de lucro que actúa como una agencia alternativa que promueve la **soberanía alimentaria** por medio de proyectos locales descentralizados y de pequeña escala en Puerto Rico. Fundado en 2010 como la primera granja de agricultura apoyada por la comunidad (CSA, por sus siglas en inglés) de la isla, sus miembros cosechaban productos de unas diez granjas cada semana y los distribuían a más de 150 clientes en San Juan, Caguas y Ponce. Sus esfuerzos por cultivar sistemas alimentarios resilientes se basan en la ayuda mutua y la solidaridad comunitaria, como respuesta a la opresión colonial histórica y las crisis recientes, como las causadas por los huracanes María y Fiona, que han exacerbado las desigualdades implantadas por las leyes coloniales, las políticas económicas y la dependencia de productos importados. El modelo de centro de alimentos apoya su producción y distribución, incluye una Agroteca con herramientas y materiales educativos, una cocina que funciona con energía renovable y un punto de venta. El Departamento de la Comida de Puerto Rico mantiene su compromiso de demostrar el potencial de las iniciativas agroecológicas lideradas por la comunidad, para aumentar la relevancia cultural y el bienestar colectivo en Borikén.

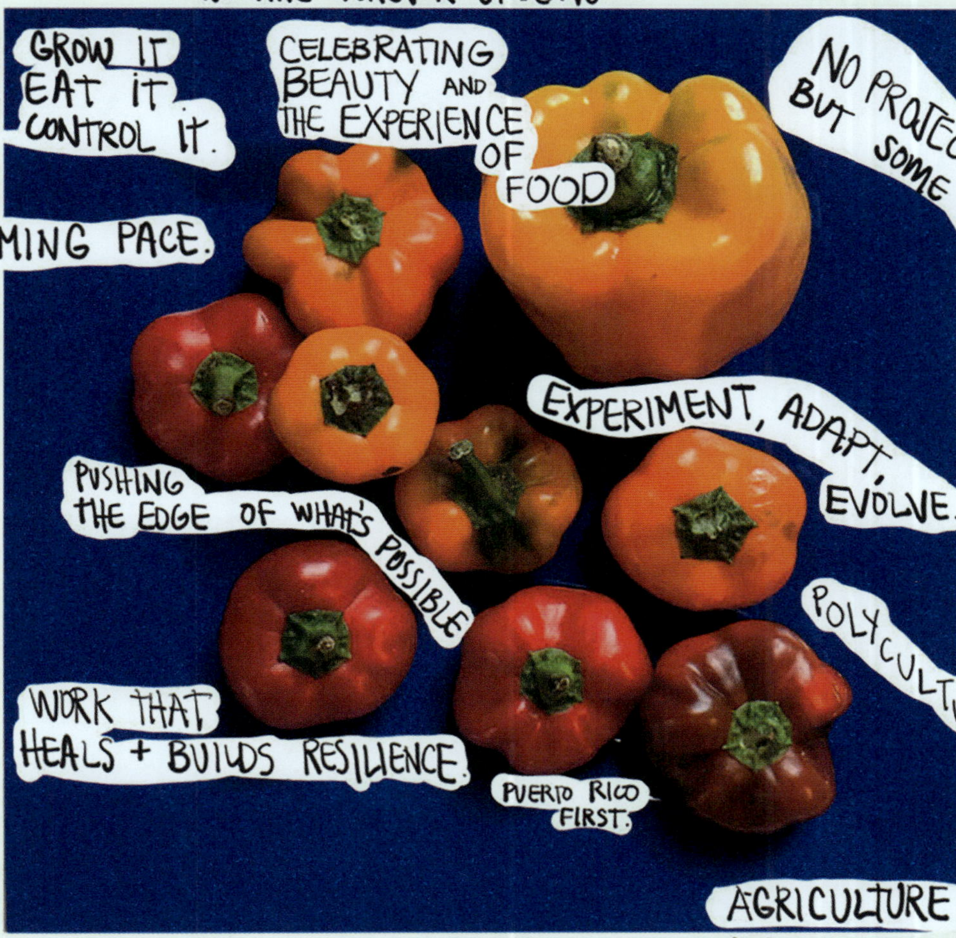
COMMUNITIES KNOW BEST.
WE ARE FOREVER STUDENTS
WE GROW IT
WE EAT IT
WE CONTROL IT.
CELEBRATING BEAUTY AND THE EXPERIENCE OF FOOD
NO PROJECT IS TOO SMALL, BUT SOME PROJECTS ARE TOO BIG.
WORKING AT A LIFE AFFIRMING PACE.
EXPERIMENT, ADAPT, EVOLVE.
PUSHING THE EDGE OF WHAT'S POSSIBLE
POLYCULTURE.
WORK THAT HEALS + BUILDS RESILIENCE.
PUERTO RICO FIRST.
INTERDEPENDENCE
AGRICULTURE NOT AGROINDUSTRY.

Agroteca: programa de recursos

Materiales educativos

VER MÁS

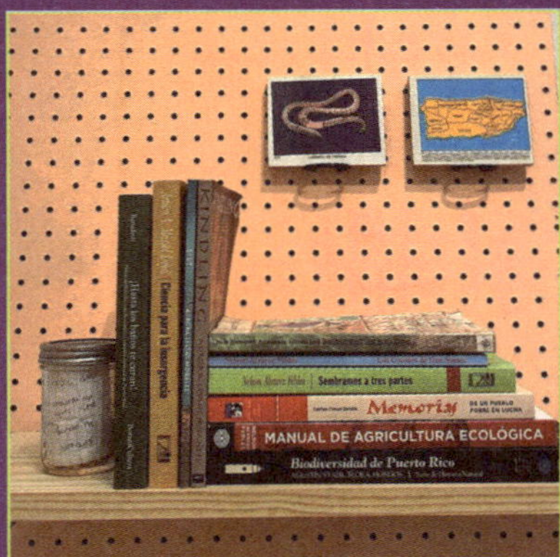

¡Contamos con una biblioteca enfocada en agricultura ecológica, justicia alimentaria, social y energética, literatura e historia agrícola, intersecciones cuir y raciales, recetarios, salud y más! Nuestra biblioteca física está en San Salvador, Caguas y también tenemos algunos pdf.'s en el inventario digital de la Agroteca.

- CON LA COMIDA NO SE JUEGA
- ECOLOGÍA POLÍTICA DE LA AGRICULTURA
- INSECTOS DE PUERTO RICO
- HUERTAS FAMILIARES Y COMUNITARIAS

Alquiler de herramientas

VER INVENTARIO COMPLETO

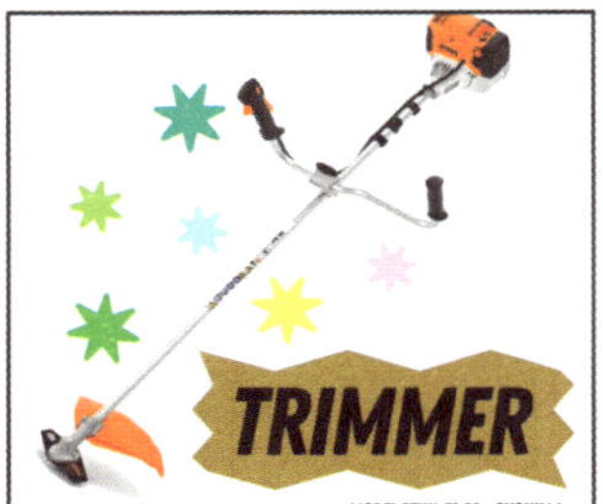

Trimmer con Cuchilla Stihl FS 91 (Alquiler)

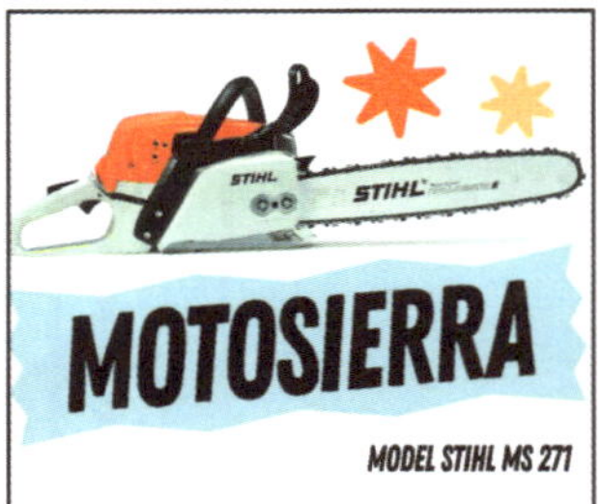

Motosierra Stihl Ms 271

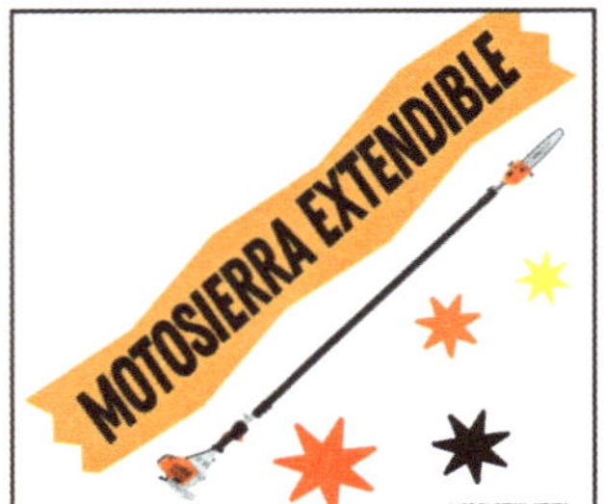

Motosierra Extendible STIHL HT131 (Alquiler)

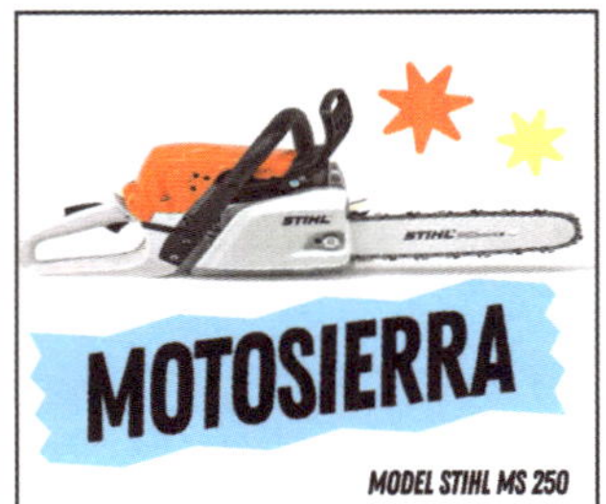

Motosierra Stihl MS 250 (Alquiler)

VIVERO DE SEMILLAS

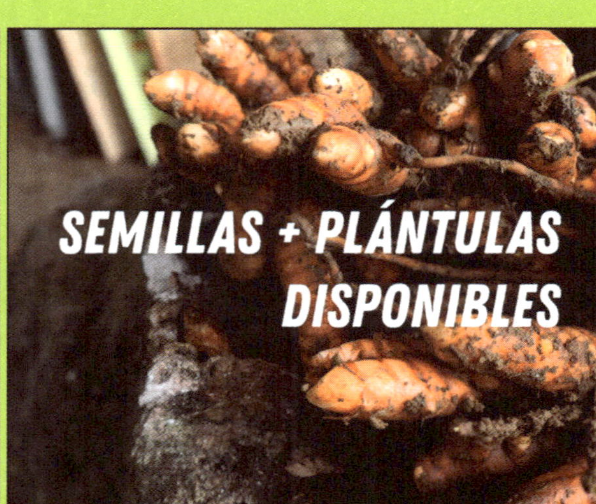

Semillas disponibles

Calabaza, achiote, flores, guanábana.

Árboles disponibles

Achiote, guanábana, cacao, higuera, coco.

Plántulas disponibles

Albahaca santa, habichuela blanca, patchouli

Composta

CONOCE MÁS

Cocina: Programa de alimentos

CO CINA

CONOCE MÁS

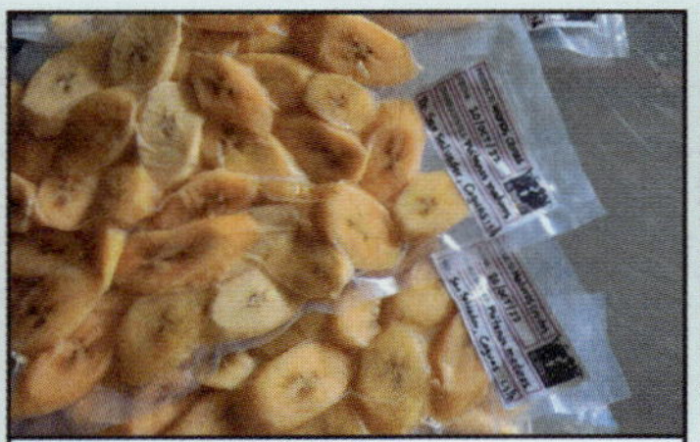

Cocina Comercial

Ofrecemos acuerdos colaborativos a productorxs locales para accesar nuestra cocina comercial localizada en San Salvador, Caguas.

CONOCE MÁS

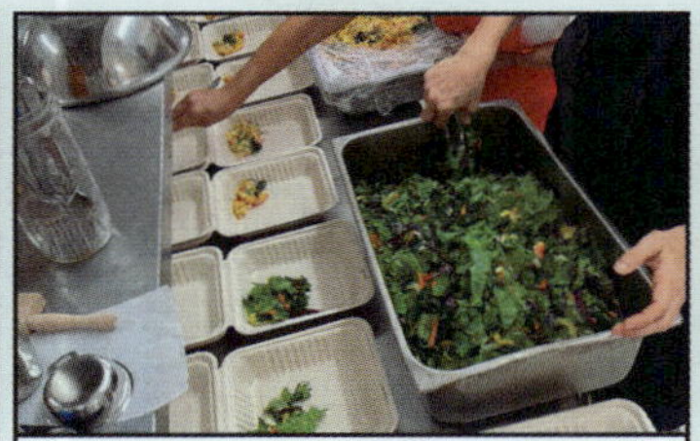

Comidas Pal Barrio

Todos los jueves servimos almuerzos para residentes del Barrio San Salvador, Caguas. Puedes servir de voluntarix, donar cosechas, o reservar tu almuerzo de antemano. Todos las comidas se preparan con cosechas locales y son veganas. Acompañamos las comidas con recetas que celebran nuestres frutos.

CONTÁCTANOS

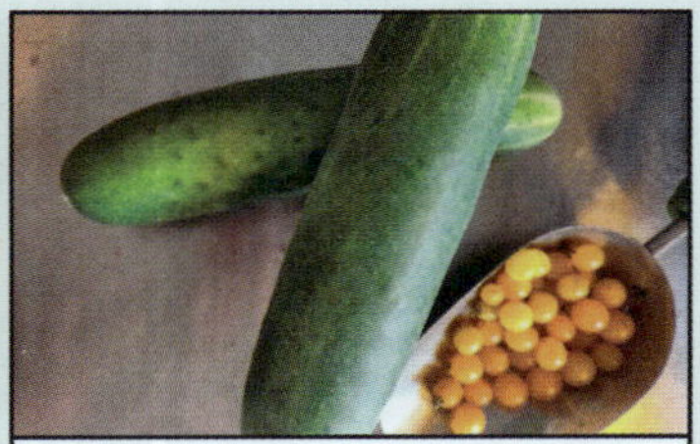

Compra de cosechas

¿Eres sembradorx del área de Caguas? ¿Necesitas vender tus cosechas? Compramos cosechas y excedentes de agricultorxs vecines de nuestro barrio y región. Las utilizamos en nuestra distribución de alimentos semanal, las preservamos y procesamos en productos de valor añadido y son tema de varios Encuentros de Saberes y talleres durante el año.

CONTÁCTANOS

Abono: programas de apoyo

ABONO

CONOCE MÁS

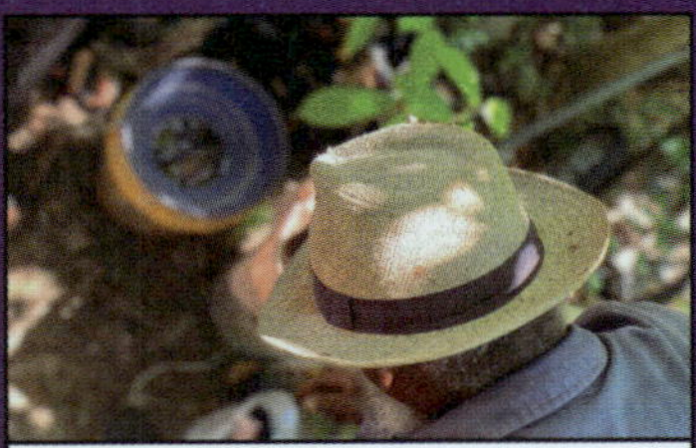

Materiales de infraestructura alimentaria/agrícola

¿Necesitas apoyo financiero para tu proyecto? Ofrecemos microsubvenciones a proyectos de comida en Borikén.

HASTA $500/ PROYECTO

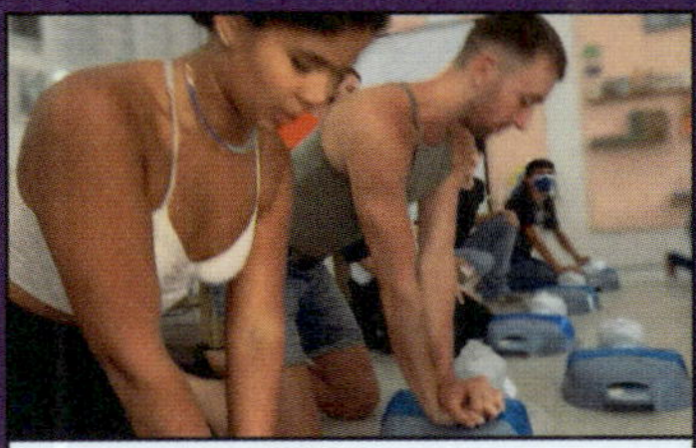

Entrenamientos + talleres

Abono ofrece y apoya el acceso talleres para intercambiar saberes, compartir experiencias y fortalecer nuestras siembras.

HASTA $300 / PERSONA

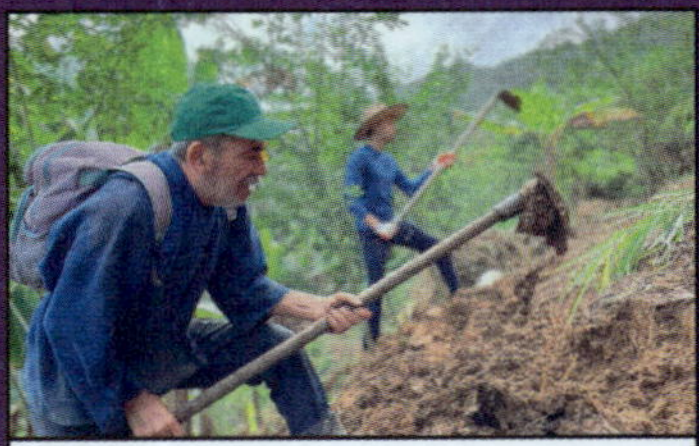

Acceso a herramientas + equipo

¡Coordinamos brigadas, proveemos acceso a nuestras herramientas y equipo agrícola!

CONOCE NUESTRES EQUIPOS

SACRED PLACES INSTITUTE FOR INDIGENOUS PEOPLES

LOS ANGELES

The mission of Sacred Places Institute is to empower Native Nations and Indigenous Peoples globally, including across California and the United States, in safeguarding sacred lands, waters, and cultures, driving transformative changes toward fair and sustainable systems that preserve Indigenous identities and communities. Established in 2012, the organization provides both physical and virtual platforms for Native Nations and Indigenous Peoples to engage in strategic planning to protect their sacred sites and advance **environmental justice** priorities. As one of few organizations in California led by California Natives and staffed entirely by BIPOC individuals, Sacred Places Institute plays a crucial role in the environmental and ocean conservation movements. In 2022, Sacred Places Institute members served on the Los Angeles County and City Just Transition Task Force, resulting in the region's new Just Transition Strategy. The policy framework outlined steps to phase out oil extraction and highlighted the importance of empowering Indigenous voices in land remediation processes.

Su misión es empoderar a las naciones nativas y los pueblos indígenas del mundo, así como de California y Estados Unidos, en la protección de tierras, aguas y culturas sagradas, para impulsar cambios hacia sistemas justos y sostenibles que preserven sus identidades y comunidades. Establecida en 2012, la organización proporciona plataformas físicas y virtuales para que las naciones nativas y los pueblos originarios participen en la planificación estratégica para proteger sus sitios sagrados y avanzar en las prioridades de **justicia ambiental**. Como una de las pocas organizaciones en California dirigida por personas nativas y compuesta en su totalidad por afrodescendientes e indígenas, desempeña un papel crucial en los movimientos de conservación ambiental y oceánica. En 2022, sus miembros formaron parte del grupo de trabajo del condado y la ciudad de Los Ángeles para la Transición Justa –Just Transition Task Force–, que dio lugar a la Estrategia de Transición Justa –Just Transition Strategy– de la región. Este marco político establece medidas para eliminar gradualmente la extracción de petróleo y destaca la importancia de empoderar las voces indígenas en los procesos de saneamiento de tierras.

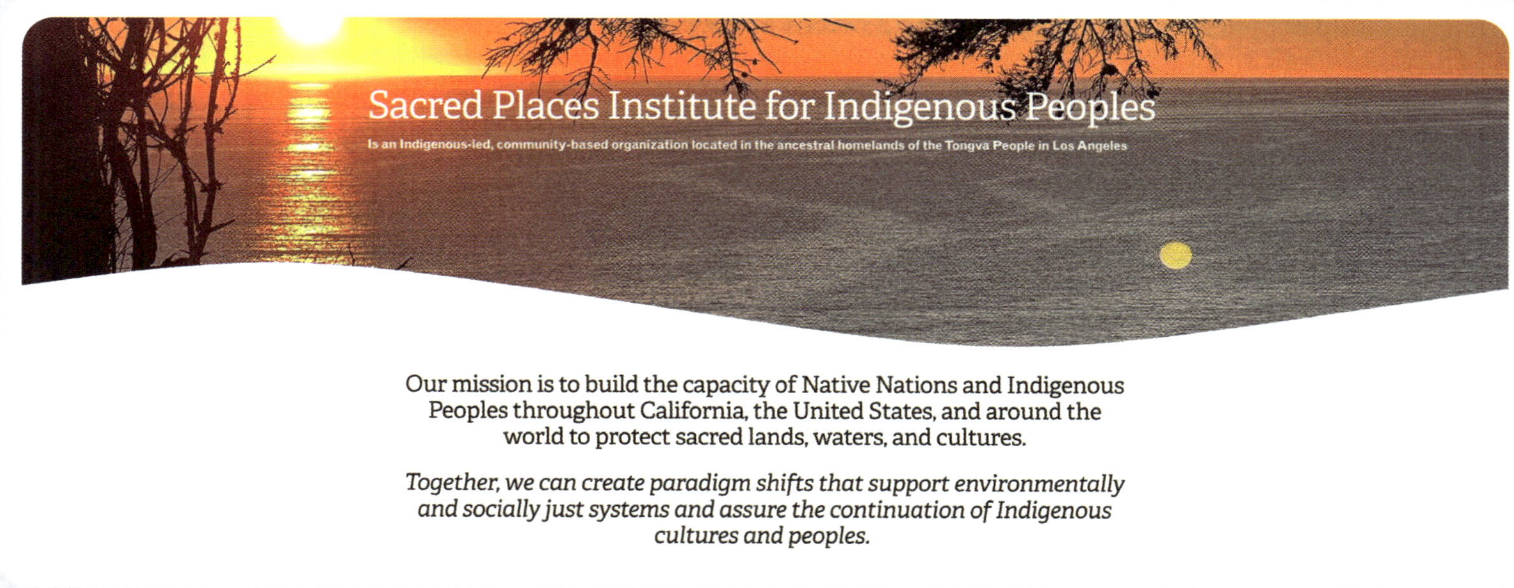

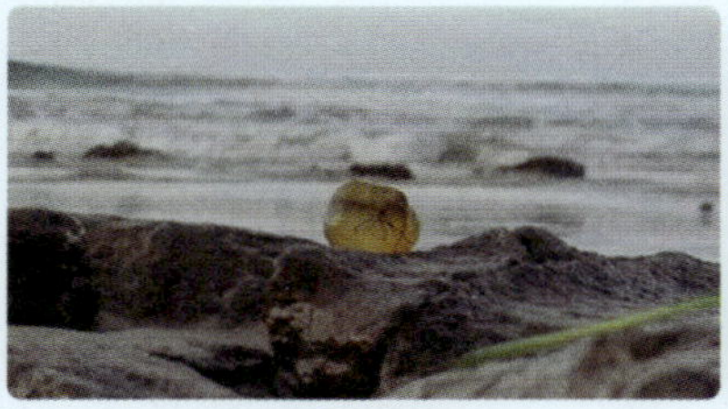

Ocean Protectors

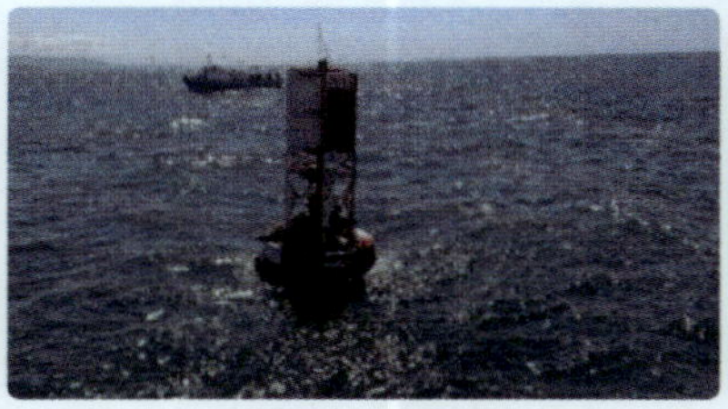

Indigenous Water

Sacred Ecologies

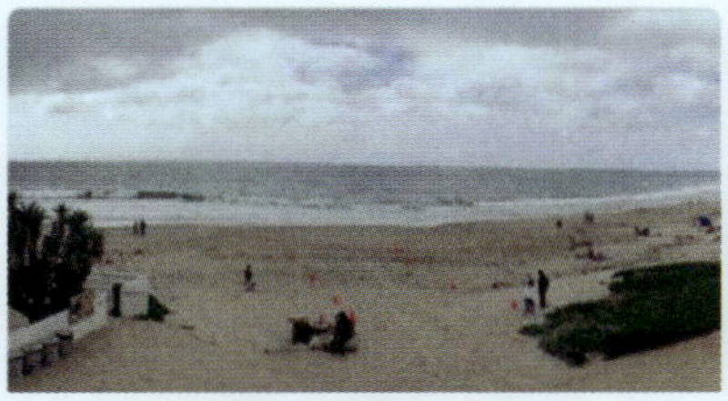

Indigenous Just Transition

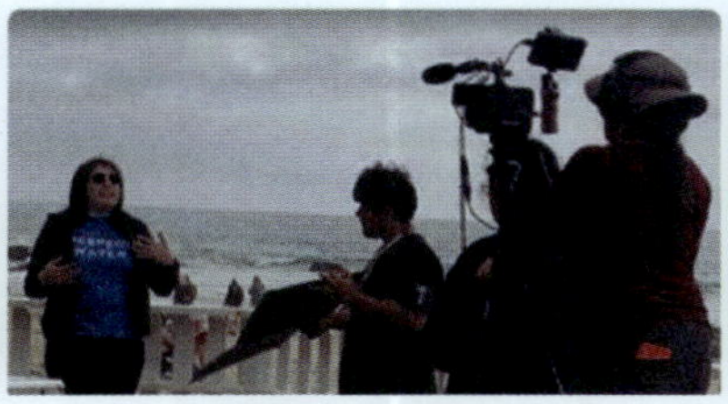

Indigenous Media

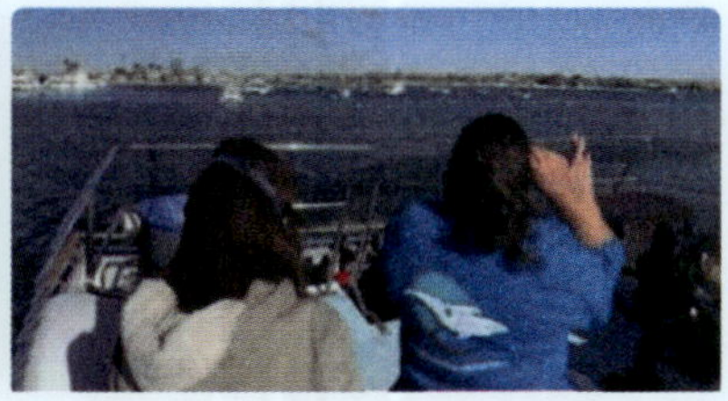

Indigenous Youth Environmental Justice (IYEJ)

Indigenous Just Transition

Our climate justice program focuses on building the capacity of Native Nations and Indigenous Peoples to protect their sacred lands, waters, and cultures in the wake of our current global climate crisis.

This work includes making sure that California Native Nations have a seat at the table in local, state, federal, and international climate adaptation and resilience planning. These seats give a voice to the concerns of these Native Nations that are centered of grassroots environmental justice and mainstream green environmental organizing around climate justice and a just transition to clean, renewable energy.

We focus on building the capacity of Native Nations with ancestral homelands in urban areas to develop climate resiliency and adaptation plans. This ensures that Indigenous priorities, including Indigenous-led land return and restoration, are a part of local and state conversations around Just Transition.

Our work with the National Water Equity and Climate Resilience Caucus convened by PolicyLink will continue to produce and digitally distribute short documentaries uplifting the environmental and climate justice stories of California Native Nations and Indigenous Peoples. We will also continue to support tribally-led climate and environmental justice training for tribal community members.

Finally, we will grow and sustain the **Elders' Indigenous Climate Fellowship** partnership with the Climate Science Alliance and Tribal Working Group in order to support and uplift inter-generational leadership development within Native Nations throughout California.

Our Programs

- Ocean Protectors Program
- Indigenous Waters Program
- Sacred Ecologies Program
- Indigenous Just Transition
- Indigenous Media
- Indigenous Youth Environmental Justice (IYEJ) Program

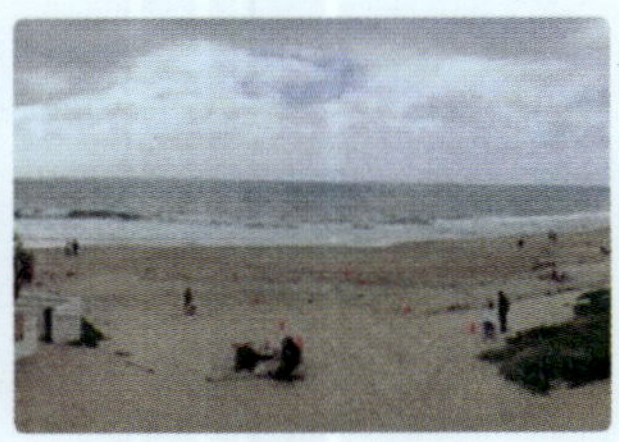

ETHICS FOR OUR MOTHER EARTH

ÉTICAS PARA NUESTRA MADRE TIERRA

AS STRONG AS A BRAID
RELATIONSHIPS FOR THE COLLECTIVE AND MUTUAL CARE OF BIODIVERSITY, OUR COMMON SPACE

Camila Marambio, Hema'ny Molina Vargas, and Bárbara Saavedra

We are a prismatic ecosystem, a triangle that has rehearsed and enlarged its volume over time with the practice of opening spaces (for us). We know each other, we love each other, we "lend our clothes to each other," we "jump into the pool,"[1] we shelter each other, we forgive each other. This is the pulse of the synchronization that we have braided because we always look at each other, consult each other, invite each other. We operate like this, with trust and acceptance. We allow ourselves to be looked at, we want to be seen because we understand that the core of life is made of relationships: atomic, molecular, physiological, ecological, cultural, affective, and more. Our practice is a relational and vital exercise in which we let ourselves be seen through the eyes of others. Our presentations describe the structure of our prism in relational terms.

FIRME COMO UNA TRENZA

RELACIONES PARA EL CUIDADO COLECTIVO Y RECÍPROCO DE LA BIODIVERISIDAD, NUESTRO ESPACIO COMÚN

Camila Marambio, Hema'ny Molina Vargas y Bárbara Saavedra

Somos un ecosistema prismático, un triángulo que ha ensayado y ensanchado su volumen en el tiempo con la práctica de abrir(nos) espacios. Nos conocemos, nos queremos, nos "prestamos ropa", nos "tiramos a la piscina",[1] nos refugiamos, nos perdonamos. Éste es el pulso de la sincronización que hemos trenzado porque siempre nos miramos, nos consultamos, nos invitamos y hoy funcionamos así, con confianza y aceptación. Nos permitimos ser miradas, queremos ser vistas, pues entendemos que el meollo de la vida son las relaciones: atómicas, moleculares, fisiológicas, ecológicas, culturales, afectivas y más.

Nuestra práctica es un ejercicio relacional y vital en el que nos dejamos ver por los ojos de las otras, reflejadas en nuestras presentaciones que describen de manera relacional la estructura de nuestro prisma.

Bárbara looks at Camila
Discovery, synchrony, portal, neural network, connector of worlds that are people who create worlds, scar, deep well with light below, water reflecting the sun, walker, *vueltapiedra* (rockturner), smile, *distancal* (distant and local), noctiluca, covalent link, light, oatmeal, care, comrade, companion, rarity, Caribbean, creation, song, mesh, clarity, logic, structure, play, beauty.

Bárbara mira a Camila
Hallazgo, sincronía, portal, red neuronal, conectora de mundos que son personas que crean mundos, cicatriz, pozo profundo con luz abajo, agua reflejando el sol, caminante, *vueltapiedra*, sonrisa, *distancal* (distanteylocal), noctiluca, enlace covalente, luz, avena, cuidado, compañera, acompañante, rareza, Caribe, creación, canción, malla, claridad, lógica, estructura, juego, belleza.

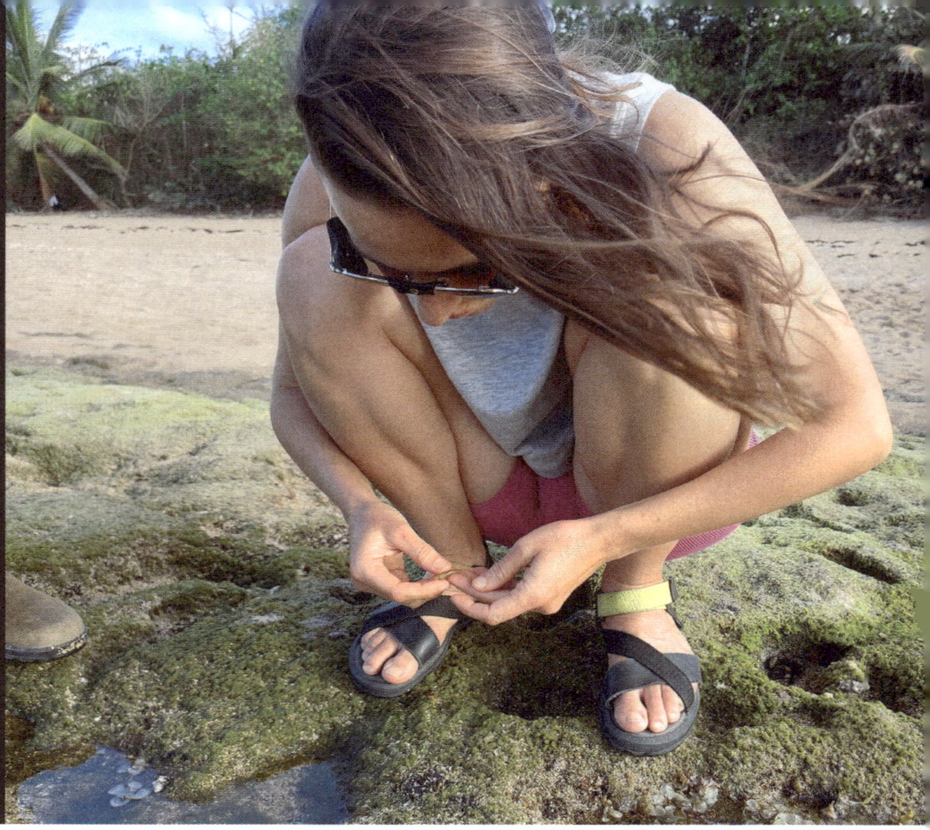

Three strands: who are we and how did we meet?
Shared writing—communal, associative, or whatever you want to call it—is a concept that came to my life just a few years ago, when I met Camila and, through her, Bárbara. For me, writing was always a private act, a personal communication with a very shy self—rather than egocentric—to show the result. Many times I have felt almost paralyzed, like guanacos at night when they meet face to face with the lights of a vehicle that circulates on the cold and lonely cobbled roads of Karokynká: they remain still, suspended, and after a few seconds they jump terrified out of the light beam.

Weaving stories is not a solitary act. Even if you are alone in front of the keyboard, you have to have the experiences, the knowledge, and the desire to share them in a written language, to capture letter by letter a sequence of actions, yours or not, that are coherent with your personal feeling. Poetry was the first form of communication I found to "get out of myself" and look for a path that would take me to the outside, but it was not easy. If anyone read my poems, I felt a nakedness greater than the one of the body: it was the nakedness of the soul.

Everything changed a few years ago, it was February, thanks to Camila's perseverance and my determination to answer all WhatsApp calls and emails, despite myself and my habit of shutting myself up in my internal world, because the existence of my people to be known depended on it. She was bound to letters and I found that fascinating. She was so different from me, outgoing and warm. I lived on the defensive and hid everything I felt. Not long after, Camila introduced me to Bárbara. I learned to trust and soaked in the joy and creativity of Camila, and the strength and openness of Bárbara, who is not afraid of what her words might arouse.

In them and with them I made out a braid that goes beyond imagination and idealization. Concreteness, proactivity, honesty, and an assortment of knowledge were hatched into a friendship that goes from the everyday to the professional, passing through the sweetness and innocence of that being inside us that we do not want to let go, because we know that we would collapse without it.

The three of us know it: we are a minuscule part of something that we may never be able to define. I call it a braid because with each movement it builds a weave between dances, melodies, knowledge, and a thousand things combined only when we tie ourselves together in a plan that becomes common. Three women, a braid, and thousands of strands that can be detached from it.

[1] Chilean common sayings. The first one means to defend or support someone, to be on their side. The second one refers to having the courage to do something for the first time, perhaps without being fully aware of the situation or without having everything under control.

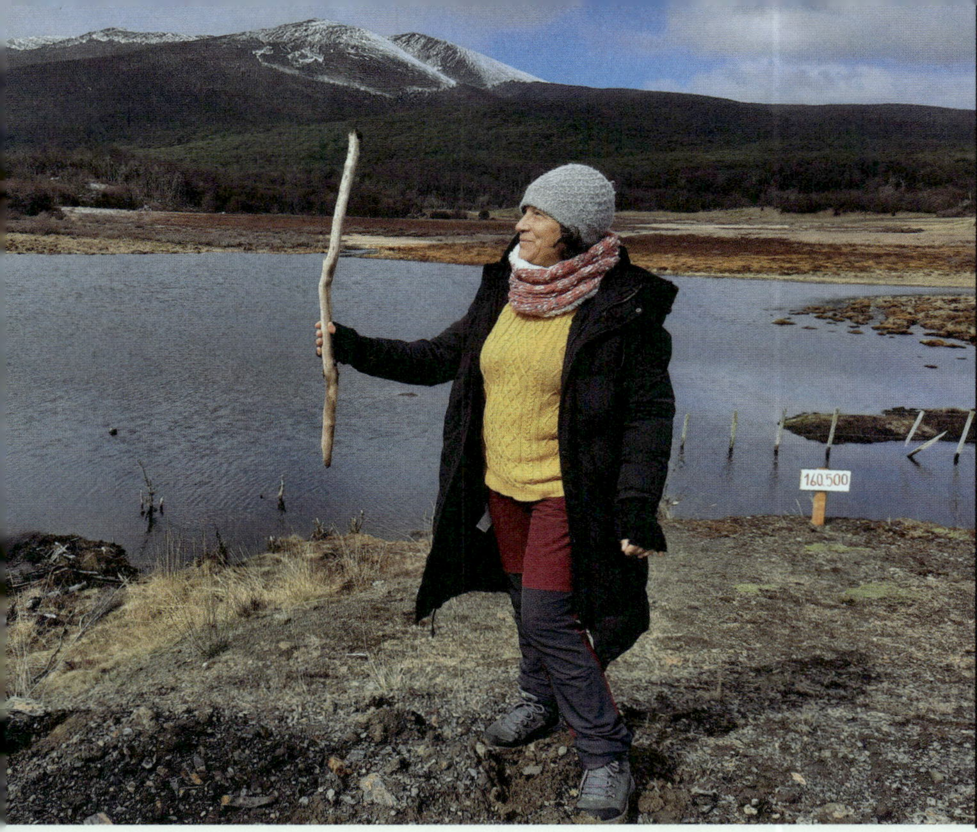

Bárbara mira a Hema'ny
Mamá, nieta, abuela, montaña, coherencia, encuentro, turbera, milojos, transmutación, viento, conchas, *tol*, detalle, cuidado, fuerza, sopaipilla, hidroclorato, confianza, retornada, autorrescatada, letras vivas, *conocimentía* (conocimiento y sabiduría), hermandad, pelea, esperanza, semilla, dolor, soledad, *fueguerno* (fuego interno), montaña singular pilar de cordillera gigantesca, caminante.

Bárbara looks at Hema'ny
Mother, granddaughter, grandmother, mountain, coherence, encounter, peatland, *thousandeyes*, transmutation, wind, shells, *tol*, detail, care, strength, *sopaipilla*, hydrochlorate, trust, returned, self-rescued, living letters, *knowdom* (knowledge and wisdom), sisterhood, fight, hope, seed, pain, solitude, *interfire* (internal fire), singular mountain pillar of gigantic mountain range, walker.

Tres hebras: ¿quiénes somos y cómo nos conocimos?
La escritura compartida –comunitaria, asociativa o como se le quiera llamar– es un concepto que entró en mi vida hace apenas unos años, cuando conocí a Camila y por medio de ella a Bárbara. Para mí escribir siempre fue un acto privado, una comunicación personal, con un yo muy tímido –más que egocéntrico– de mostrar el resultado. Muchas veces me he sentido casi paralizada, como los guanacos en la noche cuando se topan de frente con las luces de algún vehículo que transita en las frías y solitarias carreteras empedradas de Karokynká: se quedan inmóviles, suspendidos, y luego de unos segundos saltan aterrados fuera del haz luminoso.

Tejer historias no es un acto solitario. Aunque una se encuentre sola frente al teclado, hay que tener las vivencias, el conocimiento y las ganas de compartirlos en un lenguaje escrito, de plasmar letra a letra una secuencia de acciones, propias o no, que tienen coherencia con el sentir personal. La poesía fue la primera forma de comunicación que encontré para "salir del yo" y buscar un camino que me llevara al exterior, pero no fue fácil. Si alguien leía mis poemas, sentía una desnudez más grande que la desnudez del cuerpo: era la del alma.

Todo cambió un febrero de hace algunos años gracias a la perseverancia de Camila y mi afán por contestar todas las llamadas de WhatsApp y los correos electrónicos, porque de ello dependía que se conociera la existencia de mi pueblo, a pesar de mí misma y mi costumbre de encerrarme en mi mundo interno. Ella estaba ligada a las letras y eso me pareció fascinante. Era tan distinta a mí, extrovertida y cálida. En cambio, yo vivía a la defensiva y ocultaba todo lo que sentía. No mucho después, Camila me presentó a Bárbara. Aprendí a confiar y me empapé de la alegría y la creatividad de la primera, y de la fuerza y la franqueza de la segunda, que no tiene temor de lo que sus palabras puedan suscitar.

En ellas y con ellas vislumbré una trenza que va más allá de la imaginación y la idealización. Lo concreto, la proactividad, la honestidad y una variedad de conocimientos se entramaron en una amistad que va de lo cotidiano a lo profesional, pasando por la dulzura y la inocencia de ese ser dentro de nosotras que no queremos dejar ir porque sabemos que sin él nos derrumbaríamos.

Las tres lo sabemos: somos una parte minúscula de algo que quizá nunca podremos definir. Le llamo una trenza porque con cada movimiento arma una trama entre danzas, melodías, saberes y mil cosas que sólo se conjugan cuando nos enlazamos en un plan que se convierte en común. Tres mujeres, una trenza y miles de hebras que pueden desprenderse de ella.

[1] Dichos chilenos de uso común. El primero significa defender o apoyar a alguien, estar de su lado. El segundo se refiere a tener coraje para hacer algo por primera vez, quizá sin conocer por completo la situación o sin tener todo bajo control.

Writing is no longer a personal or private act. Now I write from myself for my friend-colleagues, and from them, the three of us, for the universe, **pluriverse**.

Camila looks at Bárbara and Hema'ny

Bárbara and Hema'ny have educated me and still do. I adore them, admire them, and seek them out. I feel full in their presence, excited by their ideas, ready to support them in whatever they need. I want to know them until we are old and beyond death. As I write this, I immediately hear Bárbara's frank voice inside my head: "Beyond?" She laughs at me, she makes me laugh. Both make me laugh in different ways, loudly. I am reluctant to examine our differences too thoroughly, to theorize our friendship, because our differences unite us and our tangled variety is the most valuable thing we have. So I start there: I celebrate our diversity.

Among billions of memories next to B—those who work with Bárbara call her so–, there are two that I treasure as if they were enigmatic crystals. We're sitting on my bed, I'm sick, after irradiation, bald, disappearing. She is empathetic, sensitive, big. No matter what we say, her presence on my deathbed is what fills my memory. To accompany each other. To challenge the improbability of friendship to be in it. Many times, B has said in my presence that she would follow me anywhere. Imagine that! Her trust is one of my greatest riches. The other memory is not an image, it is again her voice inside saying "calm down, *mami*" to invoke her well-known go ashore, control of the ball, or dose of reality.

B grounds me. When I over-revolutionize or undervalue myself, she returns to the context, to the ecosystemic gaze. Sometimes I feel like a balloon and I like to know that I have a little cord that ties me to B: brilliant, sincere as can be, funny, adaptable, weepy, stubborn, fast, simple, curious, and with a remarkable capacity for transdisciplinary integration. Any list of her virtues will always seem short to me. I could go on for years making an ode to B and each celebratory song would include her immediate transformation when she met Hema'ny, as well as it happened to me: "Hello, Hema'ny?" "Hello," she replied. And I still celebrate today!

Hema'ny, you were always there, you are eternal. I sensed it, but I didn't know how to recognize it (you) until I left for Australia. Was that immaturity or systemic ignorance? A little of both. As a researcher, but most of all as a friend, I'm sorry for my delay and I thank you for receiving me when I finally arrived and for every time I find you on the other end of the line. Your reciprocity enlightens me. The gap we crossed was great and ephemeral, quickly dissolved by your generosity. I'm always amazed at your precision and the way you stay open, leaning on your ancestors. You are always accompanied, your ancestors always with you, your root.

Sometimes, when I'm consumed by doubts and feel unable to articulate my ideas, my thoughts, my truths, I take the invisible rope that connects me with you and B, and I climb until I reach our common root. I was not able to sleep last night because of the pure fear of making a mistake. Now, awake, that indigestion of the night meander is confusing me, but again I cling to our braid and give myself permission to add a little thread, just one, that bears witness of your infinity.

Hema'ny, you're many women in one. I like to be friends with several of them. I remember the first one, I met her when we agreed to meet in that coffee shop, in the Providencia neighborhood, in Santiago. You told me that I would recognize you by the feather you would wear and so it was. Like two little birds, an owl, and a hummingbird, we find each other in full flight. Like a night bird, you listened patiently to my daytime disquisition: what if Anne Chapman, what if the *Hain*...[2,3] I spoke to the well of your clear eyes that surprised me not because of their color, but because of their clairvoyance.

2 Anne Chapman (1922-2010) was a French-American anthropologist known for her studies on the Fuegian peoples, especially the Selk'nam.

3 The *Hain* was a complex and long ceremony in which young men were initiated into adulthood; at the same time, the domination of men over women was legitimized through a large number of rites, in which the spirits embodied by masked and painted men played an important role. National Library of Chile, "Rito, shamanismo y música Selknam," *Memoria Chilena*, https://www.memoriachilena.gob.cl/602/w3-article-3687.html.

Escribir ya no es un acto personal ni privado. Ahora escribo desde mí para mis amigascompascolegas, y desde ellas, las tres para el universo, **pluriverso**.

Camila mira a Bárbara y a Hema'ny
Bárbara y Hema'ny me han educado y me siguen educando. Las adoro, las admiro y las busco. Me siento plena en su presencia, excitada por sus ideas, lista para apoyarlas en lo que necesiten. Quiero conocerlas hasta que seamos viejas y más allá de la muerte. Al escribir esto escucho de inmediato en mi interior la voz franca de Bárbara: "¿Más allá?". Se ríe de mí, me hace reír. Ambas me hacen reír de maneras distintas, con fuerza. Me resisto a escudriñar con demasiado juicio nuestras diferencias, a teorizar nuestra amistad, porque nuestras diferencias nos unen y nuestra variedad enredada es lo más valioso que tenemos. Entonces comienzo con eso: celebro nuestra diversidad.

Entre miles de millones de recuerdos junto a la B, como le decimos a Bárbara quienes trabajamos con ella, hay dos que atesoro como si fueran cristales enigmáticos. Estamos sentadas en mi cama, estoy enferma, pelada, irradiada, desapareciendo. Ella es empática, sensible, grande. No importa lo que decimos, su presencia en mi lecho de muerte es lo que llena mi memoria. Acompañarnos. Desafiar la improbabilidad de la amistad para estar en ella. Muchas veces, la B ha dicho en mi presencia que me seguiría adonde sea. ¡Imagínate! Su confianza es una de mis grandes riquezas. El otro recuerdo no es una imagen, es de nuevo su voz en mi interior que dice "tranqui, mami" para invocar su conocida bajada a tierra, pelota al piso o dosis de realidad.

La B me aterriza. Cuando me revoluciono en exceso o me subvaloro, ella vuelve al contexto, a la mirada ecosistémica. A veces me siento como un globo y me gusta saber que tengo un cordoncito que me ata a la B: brillante, sincera a más no poder, divertida, adaptable, llorona, tozuda, rápida, sencilla, curiosa y con una capacidad de integración transdisciplinaria notable. Cualquier lista de sus cualidades siempre me parecerá corta. Podría seguir por años haciendo una oda a la B y cada canto celebratorio incluiría la transformación inmediata que le ocurrió al conocer a Hema'ny, al igual que a mí: "Aló, ¿Hema'ny?". "Hola", me contestó. ¡Y hoy sigo festejando!

Hema'ny, siempre estuviste, eres eterna. Lo presentí, pero no supe cómo reconocer(te) hasta que me fui a Australia. ¿Habrá sido inmadurez o ignorancia sistémica? Un poco de las dos. Como investigadora, pero sobre todo como amiga, lo siento por mi retraso y te doy las gracias por recibirme cuando por fin llegué y por cada vez que te encuentro al otro lado de la línea. Tu reciprocidad me alumbra. La brecha que atravesamos fue grande y efímera, se disolvió con rapidez por tu generosidad. Siempre me sorprende tu exactitud y tu manera de mantenerte abierta, apoyándote en tus ancestres. Estás siempre acompañada, tus ancestres siempre contigo, tu raíz.

A veces, cuando la duda me carcome y me siento incapaz de articular mis ideas, mis pensamientos, mis verdades, tomo en mi mano la cuerda invisible que me une a ti y a la B, y trepo hasta llegar a nuestra raíz común. Anoche me desvelé de puro miedo a equivocarme. Ahora, despierta, esa indigestión del meandro nocturno me tiene confundida, pero de nuevo me aferro a nuestra trenza y me entrego al permiso de agregar un hilito, sólo uno, que dé testimonio de tu infinitud.

Hema'ny, eres muchas mujeres en una. Me gusta ser amiga de varias de ellas. Recuerdo a la primera, la conocí cuando quedamos de encontrarnos en ese café del barrio Providencia, en Santiago. Me habías dicho que te reconocería por la pluma que llevarías colgando y así fue. Como dos pajaritas, una lechuza y un colibrí, nos encontramos en pleno vuelo. Como ave nocturna, escuchaste con paciencia mi disquisición diurna: que si Anne Chapman, que si el *Hain*...[2, 3] Le hablaba al pozo de tus ojos claros que me sorprendieron no por su color, sino por su clarividencia.

[2] Anne Chapman (1922-2010) fue una antropóloga franco-estadounidense conocida por sus estudios sobre los pueblos fueguinos, en especial los selk'nam.

[3] "El *Hain* era una compleja y larga ceremonia en la que se iniciaba a los jóvenes a la edad adulta, y al mismo tiempo se legitimaba la dominación de los hombres sobre las mujeres a través de una gran cantidad de ritos, en los que jugaban un importante papel los espíritus que eran encarnados por hombres enmascarados y pintados". Biblioteca Nacional de Chile, "Rito, chamanismo y música Selknam", *Memoria Chilena*, https://www.memoriachilena.gob.cl/602/w3-article-3687.html.

Karukinka Inbox ×

Camila Marambio Mar 1, 2019, 7:12 PM
to Hema'ny, Bárbara, Daniela, Melissa

Estimadísimas Bárbara, Daniela, Melissa,

Con mucho gusto les escribo para presentarles a Heman'ny Molina, presidenta de la Corporación Selk'nam Chile, Comunidad indígena Selk'nam Covadonga Ona. Heman'ny es una mujer extraordinaria y junto a su comunidad está liderando varios procesos de reconocimiento de su cultura. Ella y yo hemos estado intercambiando mucho últimamente, compartiendo ideas, y escritura creativa.

Heman'ny y su comunidad hacen un viaje anual a la TDF y esté año por primera vez quieren que sea al lado Chileno. Yo le he hablado de mi amistad con ustedes y de la gran labor que hace el parque Karukinka. Es con el animo de que la puedan acoger que hoy las pongo en contacto.

Las mando un saludo caluroso desde Melbourne que hoy alcanza 38 grados!
Camila

Hema'ny Molina Mar 3, 2019, 11:29 AM
to me, Bárbara, Daniela, Melissa

Estimadas;
Las saludos muy fraternalmente y agradezco infinitamente a Camila por su generoso gesto, al ponerme en contacto con ustedes y también por las palabras que dedica a mi persona.
Como bien les comenta Camila, en este momento tengo la responsabilidad de un cargo en la corporación del pueblo Selk'nam Chile. Corporación que reúne a familias descendientes selk'nam, las que conformamos la comunidad indígena selk'nam Covadonga Ona. Debido a la imposibilidad legal de funcionar como comunidad indígena, es que hemos creado la corporación hace ya algunos años, y es a través de ella que nos damos a conocer y participamos en instancias como: mesa comunal indígena de Santiago, consultas salud, educación, cultura e incluso del proceso constituyente. Pese a toda esta participación como organización amparadas por el convenio 169 de la OIT, aún seguimos invisibles pues al no estar considerados en la ley 19.253 no tenemos posibilidades legales de ningún tipo.
Les comento que nuestra comunidad al ser una comunidad que ha sobrevivido y resistido fuera de Tierra del Fuego hemos trabajado por mantener nuestro nexo con el territorio y es por ello que cada año viajamos algunos, a Tierra del Fuego, pero siempre hemos ido a Rio Grande, en donde somos recibidos por paisanos selk'nam de la comunidad indígena selk'nam Rafaela Ishton. Pues del lado Chileno nunca hemos tenido como ni donde llegar.
Es por esta razón que cuando conocí a Camila, y al tener más confianza le pedí me contactara con ustedes, y ver la posibilidad de gestionar un viaje esta vez del lado Chileno.
Para nosotros como comunidad y descendientes tendría un significado y valor especial.
Muchas gracias Camila

Les envio un cordial saludo.

Hema'ny Molina Vargas
Presidente
Corporación Selk'nam chile

First email exchange between the authors.
Primer intercambio de correos electrónicos entre las autoras.

How did we meet?
Hema'ny's story
January 2019. I receive a WhatsApp message from someone who inquires if I am me and asks me to speak on the phone. The conversation was long and very pleasant. Then there was a special meeting. How will she recognize me? The feathers!

That person invited me to an activity that was in English and ended up being in *Spanglish*, improvised for me. It was an academic meeting that left me a bit frustrated when I realized that our history is so poorly known. At the same time there was empathy.

I concentrated my efforts on explaining as respectfully as possible my reluctance to Anne Chapman's work.

Harmony, mutual admiration, and the first invitations emerged: one to participate in a co-writing with Nina Lykke[4] and another to meet with women and do a kind of experimental workshop. Everything was new to me. I fell in love with this new way of dealing with the fear of showing my written work, I began to feel alive.

Camila says to me: "Can I introduce you to Bárbara from the Wildlife Conservation Society (WCS) Chile?[5] They manage Karukinka Park,[6] in Tierra del Fuego, and they could receive you there."

> [Email transcript]
> Camila Marambio
> Friday, 1 March 2019, 20:12
> Dear Bárbara, Daniela, Melisa,[7]
> I am pleased to write to introduce you to Heman'ny [*sic*] Molina, president of the Selk'nam Corporation Chile,

[4] Nina Lykke is professor emeritus of gender studies with focus on gender and culture at the Gender Studies Unit at Linköping University, in Sweden. https://ninalykke.net/about/.

[5] Wildlife Conservation Society Chile is a nongovernmental organization for biodiversity conservation that manages the Karukinka Natural Park in Tierra del Fuego, Chile. https://chile.wcs.org/Nosotros/Noticias/ID/16395/Iniciativa-Binacional-de-Turberas-de-Patagonia.aspx.

[6] The Karukinka Natural Park is a protected natural area located in Tierra del Fuego, which protects the largest and most intact extensions of forest, and the largest and most pristine peatlands existing in the world at that latitude. https://chile.wcs.org/Karukinka.aspx.

[7] Daniela Droguett was the director in Magallanes for WCS until 2022. Melissa Carmody is the director of Karukinka Natural Park.

¿Cómo nos conocimos?
Relato de Hema'ny
Enero de 2019. Recibo un mensaje por WhatsApp de alguien que pregunta si yo soy yo y me pide hablar por teléfono. La conversación fue larga y muy amena. Luego hubo un encuentro especial. ¿Cómo me reconocerá? ¡Las plumas!

Esa persona me invitó a una actividad que era en inglés y terminó siendo en *espanglish* improvisado para mí. Fue un encuentro académico que me dejó con cierta frustración al constatar que nuestra historia se conoce tan mal. A la vez hubo empatía. Concentré mis esfuerzos en explicar lo más respetuosamente posible mi reticencia al trabajo de Anne Chapman.

Surgieron la sintonía, la admiración mutua y las primeras invitaciones: una para participar en una coescritura con Nina Lykke[4] y otra para reunirme con mujeres y hacer una especie de talleres experimentales. Todo era nuevo para mí. Me enamoré de esa nueva forma de lidiar con el miedo a mostrar mi trabajo escrito, empecé a sentirme viva.

Camila me dice: "¿Te puedo presentar a Bárbara de la Wildlife Conservation Society (WCS) Chile?[5] Ellos administran el Parque Karukinka,[6] en Tierra del Fuego, y podrían recibirte allá".

> [Transcripción del correo electrónico]
> Camila Marambio
> Viernes, 1 de marzo de 2019, 20:12
> Estimadísimas Bárbara, Daniela, Melisa,[7]
> Con mucho gusto les escribo para presentarles a Heman'ny [*sic*] Molina, presidenta de la Corporación Selk'nam Chile, Comunidad Indígena Selk'nam Covadonga Ona. Heman'ny [*sic*] es una mujer extraordinaria y junto a su comunidad está liderando varios procesos de reconocimiento de su cultura. Ella y yo hemos estado intercambiando mucho últimamente, compartiendo ideas, y escritura creativa.
> Heman'ny [*sic*] y su comunidad hacen un viaje anual a TDF [Tierra del Fuego] y este año por primera vez quieren que sea al lado chileno. Yo le he hablado de mi amistad con ustedes y de la gran labor que hace el parque Karukinka. Es con el ánimo de que la puedan acoger que hoy las pongo en contacto.
> Les mando un abrazo caluroso desde Melbourne que hoy alcanza ¡38 grados!
> Camila

Una conversación extrañamente familiar me motivó a aceptar de inmediato la idea de trabajar en conjunto. Se comprometió una reunión. Le pedí a José Luis, mi entonces secretario, que me acompañara. Llegamos a Tobalaba, en Santiago, y ubicamos el edificio. Íbamos nerviosos. Encontramos a dos mujeres maravillosas, también nerviosas. Todos fuimos un cúmulo de nervios que no se notaron porque había más alegría que miedo por ese primer encuentro. Irremediablemente, nos hicimos amigas y aliadas desde entonces.

Dos cucharadas y a la papa[8]
Desde marzo de 2019 venimos montando este camino y avanzado hacia objetivos específicos, tangibles, que definen trayectorias de transformación. A lo largo de los años, hemos accionado y echado a andar encuentros, exhibiciones, talleres, numerosas visitas a terreno, videoarte, publicaciones, rifas y material educativo. Hemos levantado información de fuentes primarias sobre asuntos sociales, culturales y ecológicos, restaurado ritos y proclamado la vida del pueblo Selk'nam, hemos reconectado con el territorio y activado herramientas para su cuidado. Es común perder el enfoque entre tanta actividad y logros parciales, pero entendemos la necesidad de concentrarnos en el legado final, territorial, en lo que trasciende, y de reconocer que cada acción es un paso, una hebra de una trenza más gruesa y más larga hacia la transformación efectiva de la cultura **extractivista** en una cultura de conservación de la biodiversidad.

4 Nina Lykke es profesora emérita de estudios de género con enfoque en género y cultura en la Unidad de Estudios de Género de la Universidad de Linköping, Suecia. https://ninalykke.net/about/.

5 Wildlife Conservation Society Chile es una organización no gubernamental de conservación de biodiversidad, administradora del Parque Natural Karukinka, en Tierra del Fuego, Chile. Véase https://chile.wcs.org/Nosotros/Noticias/ID/16395/Iniciativa-Binacional-de-Turberas-de-Patagonia.aspx.

6 El Parque Natural Karukinka es un área natural protegida localizada en Tierra del Fuego, que resguarda las mayores y más íntegras extensiones de bosque, y las mayores y más prístinas turberas existentes en el mundo en esa latitud. https://chile.wcs.org/Karukinka.aspx.

7 Hasta 2022, Daniela Droguett fue la directora para Magallanes de WCS. Melissa Carmody es la directora del Parque Natural Karukinka.

8 Dicho chileno de uso común que significa evitar los rodeos e ir al punto o meollo del asunto rápidamente.

> Selk'nam Covadonga Ona indigenous community: Heman'ny [*sic*] is an extraordinary woman and together with her community she is leading several processes of recognition of their culture. She and I have been exchanging a lot lately, sharing ideas, and creative writing. Heman'ny [*sic*] and her community make an annual trip to TDF [Tierra del Fuego] and this year, for the first time, they want to go to the Chilean side. I have told her about my friendship with you and the great work that Karukinka Park does. Today I put her in contact with you hoping that you can welcome her.
> I send you a warm hug from Melbourne that today reaches 38 degrees!
> Camila

A strangely familiar conversation motivated me to immediately accept the idea of working together. We agreed to meet. I asked José Luis, my secretary then, to come with me. We arrived in Tobalaba, in Santiago, and located the building. We were nervous. We found two wonderful women, also nervous. We were all a bunch of nerves and we didn't notice it because there was more joy than fear for that first meeting. Inevitably, we became friends and allies since then.

Cut straight to the chase[8]

Since March 2019 we set up this path and move toward specific, tangible objectives that define transformation trajectories. Over the years, we have organized and launched meetings, exhibitions, workshops, numerous field visits, video art, publications, raffles, and educational material. We have collected information from primary sources on social, cultural, and ecological issues, we have restored rites and proclaimed the life of the Selk'nam people, we have reconnected with the territory and activated care tools. It is usual to lose focus among so much activity and partial achievements, but we understand the need to concentrate on the final, territorial legacy, on what is important, and to recognize that each action is a step, a strand of a thicker and longer braid toward the effective transformation of the extractivist culture into a biodiversity conservation culture.

We share the vision, which is both the driving force and the challenge, of putting into practice what we say. We anchor this vision in Tierra del Fuego, Karokynká, its biodiversity, and its people. That triangular territory on the southern edge of Abya Yala is an example of gigantic value and enormous degradation due to overexploitation, like many other similar ones in our continent. We build paths for its ecological and cultural restoration.

Peatlands in the center

Our prismatic ecosystem revolves around peatlands: Fuegian wetlands of extraordinary beauty and value, the result of the encounter of water, soil or peat, and sphagnum moss, a triad like ours. Peatlands exist thanks to this slow and deep relationship, forged for more than 9,000 years with the retreat of post-glacial ice in Tierra del Fuego. Every year, a body of peat is formed in the moist subsoil that sustains all life on the surface.

Based on our differences, we anchored ourselves in the peat bogs of Karukinka Natural Park. We tied the strands of our work there and we have braided our practice of mutual recognition and care around it. Each strand can fly and unfold in the wind, expand, and get ready to add another. Each strand has been unraveled to raise the voice of the peatlands and the Selk'nam people, and to promote their valuation, effective care, and conservation. Wetlands have been our common space, our concrete practice, our fresh water, our integration into diversity.

Sources and arrows of our braid

Bárbara has led WCS Chile since 2005 and there she activates the scientific practice of conservation, recognition, and comprehensive value of nature in the Karukinka Natural Park, south of the island. Since 2011, Camila leads Ensayos,[9] an initiative that connects and articulates with conservation work in a creative, playful, and unexpected way.

[8] The Chilean saying goes "dos cucharadas y a la papa", and has no translation into English. It means to get to the heart of the matter quickly.

[9] Ensayos is an ecocultural feminist initiative that gathers female artists, scientists, and local agents around exercises of reflection and decision-making on issues related to the political ecology of Tierra del Fuego. As a practice of collective research, it focuses on interspecific dialogues, coastal health, and peatland protection, and its mission is to undertake ecocultural conservation work in Tierra del Fuego and other archipelagos through collaborative projects. https://ensayostierradelfuego.net/ensayos/.

Compartimos la visión, que es al mismo tiempo el motor y el desafío, de poner en práctica lo que decimos. Anclamos esta visión en Tierra del Fuego, Karokynká, su biodiversidad y su gente. Ese territorio triangular en el borde austral de Abya Yala es un ejemplo de gigantesco valor y enorme degradación por la sobreexplotación, como muchos similares en nuestro continente. Levantamos caminos para su restauración ecológica y cultural.

Las turberas en el centro

Nuestro ecosistema prismático gira en torno a las turberas: humedales fueguinos de belleza y valor extraordinarios, resultado del encuentro del agua, el suelo o turba y el musgo *Sphagnum*, una tríada como la nuestra. Las turberas existen gracias a esta relación, que se forja lenta y profundamente desde hace más de 9 000 años con el retiro del hielo posglacial en Tierra del Fuego. Año tras año se forma un cuerpo de turba sumergido en el subsuelo húmedo que sostiene toda la vida de la superficie.

Con base en nuestras diferencias, nos anclamos en las turberas del Parque Natural Karukinka. Ahí hemos amarrado las hebras de nuestro quehacer y hemos trenzado nuestra práctica de reconocimiento y cuidado mutuo a su alrededor. Cada hebra puede volar y desplegarse en el viento, expandirse y prepararse para sumar otra. Cada hebra se ha desenredado para levantar la voz de las turberas y el pueblo Selk'nam, y promover su valoración, cuidado efectivo y conservación. Los humedales han sido nuestro espacio común, nuestra práctica concreta, nuestra agua fresca, nuestra integración en la diversidad.

Fuentes y flechas de nuestra trenza

Bárbara dirige la organización WCS Chile desde 2005 y activa la práctica científica de la conservación, el reconocimiento y la valoración integral de la naturaleza en el Parque Nacional Karukinka, al sur de la isla. Desde 2011, Camila lidera Ensayos,[9] una iniciativa que se conecta y articula con la labor de conservación, de manera creativa, lúdica e inesperada.

En Chile, 80% de las turberas de la provincia de Tierra del Fuego se encuentran en el Parque Natural Karukinka, con casi 80 000 hectáreas de este tipo de humedal, que contienen entre 208 y 291 millones de toneladas de CO_2, es decir, entre dos y tres veces todo el carbono emitido por Chile en 2018. Su mayor amenaza ha sido siempre la minería, pues en Chile la ley permite la extracción de la turba como mineral por encima de cualquier otra actividad, incluyendo la conservación. Luego de años de trabajo en los ámbitos científico, legal, educativo y técnico, entre otros, WCS Chile logró concertar el apoyo del Ministerio de Minería, que reconoció el valor de las turberas del Parque Natural Karukinka para el conocimiento y la investigación científica, y le otorgó la categoría de lugar de interés científico para efectos mineros,[10] el mayor instrumento de protección existente a la fecha. Con el apoyo del Ministerio de Medio Ambiente, autoridades locales, regionales y municipales, y vecinos de la zona se estableció un camino alternativo, de cuidado, para los humedales fueguinos con valor global.

El contacto entre Camila y Hema'ny, en 2019, dio un giro radical a las labores de conservación del Parque. En la práctica, esto ha implicado la integración activa y efectiva de la mirada selk'nam en el diseño de su plan de manejo, la definición de metas específicas de conservación cultural y la implementación de actividades codiseñadas, que nos permitan avanzar sincronizadamente.

En 2015 nació la Corporación Selk'nam,[11] conformada por un par de familias con ascendencia y memoria

[9] Ensayos es una iniciativa feminista ecocultural que reúne artistas, científicas y agentes locales en ejercicios de reflexión y toma de decisiones en asuntos relacionados con la ecología política de Tierra del Fuego. Como práctica de investigación colectiva, se centra en diálogos interespecíficos, salud costera y protección de turberas, y su misión es emprender trabajos de conservación ecocultural en Tierra del Fuego y otros archipiélagos por medio de proyectos colaborativos. https://ensayostierradelfuego.net/ensayos/.

[10] Ministerio de Minería, Decreto 16: Declara lugar de interés científico para efectos mineros área ubicada en Región de Magallanes, Provincia de Tierra del Fuego, Comuna de Timaukel, 1 de abril de 2015, Santiago. https://www.bcn.cl/leychile/navegar?idNorma=1079957.

[11] La Corporación Selk'nam tiene como objetivo el rescate y la valoración de la identidad cultural del pueblo Selk'nam. https://www.facebook.com/corporacionselknamchile/about?locale=es_LA.

In Chile, 80% of the peatlands in Tierra del Fuego are located in the Karukinka Natural Park, with almost 80,000 hectares of this type of wetland, containing between 208 and 291 million tons of CO_2, that is between two and three times all the carbon emitted by the whole country in 2018. Its greatest threat has always been mining, because the law allows the extraction of peat as a mineral above any other activity, including conservation. After years of scientific, legal, educational and technical work, among others, WCS Chile managed to arrange the support of the Ministry of Mining to recognize the value of the peatlands of the Karukinka Natural Park for scientific knowledge and research, and granted them the category of place of scientific interest for mining purposes,[10] the strongest protection instrument existing to date. An alternative path of care for the Fuegian wetlands with global value was also established with the support of the Ministry of the Environment, local, regional, and municipal authorities, and residents of the area.

The conservation work of the park took a radical turn as from the contact between Camila and Hema'ny, in 2019. In practice, this means the active and effective integration of the Selk'nam perspective in the design of the management plan, the definition of specific goals in cultural conservation, and the implementation of co-designed activities, which allow us to move forward synchronously.

The Selk'nam Corporation was born in 2015[11] as the legal arm of the Covadonga Ona community,[12] from a couple of families with Selk'nam ancestry and memory, who aimed to strengthen their identity and culture. Continuing to be listed as extinct in Chile was unsustainable. With Hema'ny as president, in 2019 the winding legislative process began for the Selk'nam people to be recognized in Law 19253, known as the Indigenous Law.[13] Throughout the process there were many tasks that brought together our wills, positions, and passions in a fabric of diverse nuances and forms, but with a common purpose: to show the existence of the Selk'nam people.

Our triad was just beginning. WCS Chile opened its doors without questioning and we started to develop joint actions, which we continue today. A fundamental crossing of the braiding was Hema'ny's participation in the Minga Indígena of the 25th meeting of the Conference of the Parties (COP25), in Madrid. She attended with the mission of showing the peatlands of Tierra del Fuego, as invisible as the Selk'nam people. In her words:

> Bárbara gave me the scientific support and helped me get ready to go. It was also the moment when that tremendous love for Tierra del Fuego began to take shape and become action. Since that year, peatlands have been part of my life, they are my ancestors, and thanks to this process I was reunited with them.
>
> The community also made a first trip to Tierra del Fuego [October 2021], it was a great hit. We returned after so many years of exile. The role and support of WCS Chile and Ensayos was fundamental in this effort. Bárbara and Camila were always ready to hold me, every time I felt myself falling down from the fatigue or disappointment that these processes imply.

From its beginnings in 2010 until 2019, Ensayos did fieldwork in Tierra del Fuego. From 2014 onwards, there was a necessity to move into the field of art to develop strategies for visibility and polish its emerging eco-aesthetic tools, and Ensayos started to present its results at exhibitions and performances.

[10] See Chilean Ministry of Mining Decree 16 for more information. Decreto 16: Declara lugar de interés científico para efectos mineros área ubicada en Región de Magallanes, Provincia de Tierra del Fuego, Comuna de Timaukel, April 1, 2015, Santiago. https://www.bcn.cl/leychile/navegar?idNorma=1079957.

[11] The Selk'nam Corporation aims to rescue and value the cultural identity of the Selk'nam people. https://www.facebook.com/corporacionselknamchile/about?locale=es_LA.

[12] Covadonga Ona Community is the name of the Selk'nam Corporation.

[13] See Chilean Ministry of Planning and Cooperation Law 19253 for more information. Ley 19253: Establece normas sobre protección, fomento y desarrollo de los indígenas, y crea la Corporación Nacional de Desarrollo Indígena, October 19, 2023, Santiago. https://www.bcn.cl/leychile/navegar?idNorma=30620.

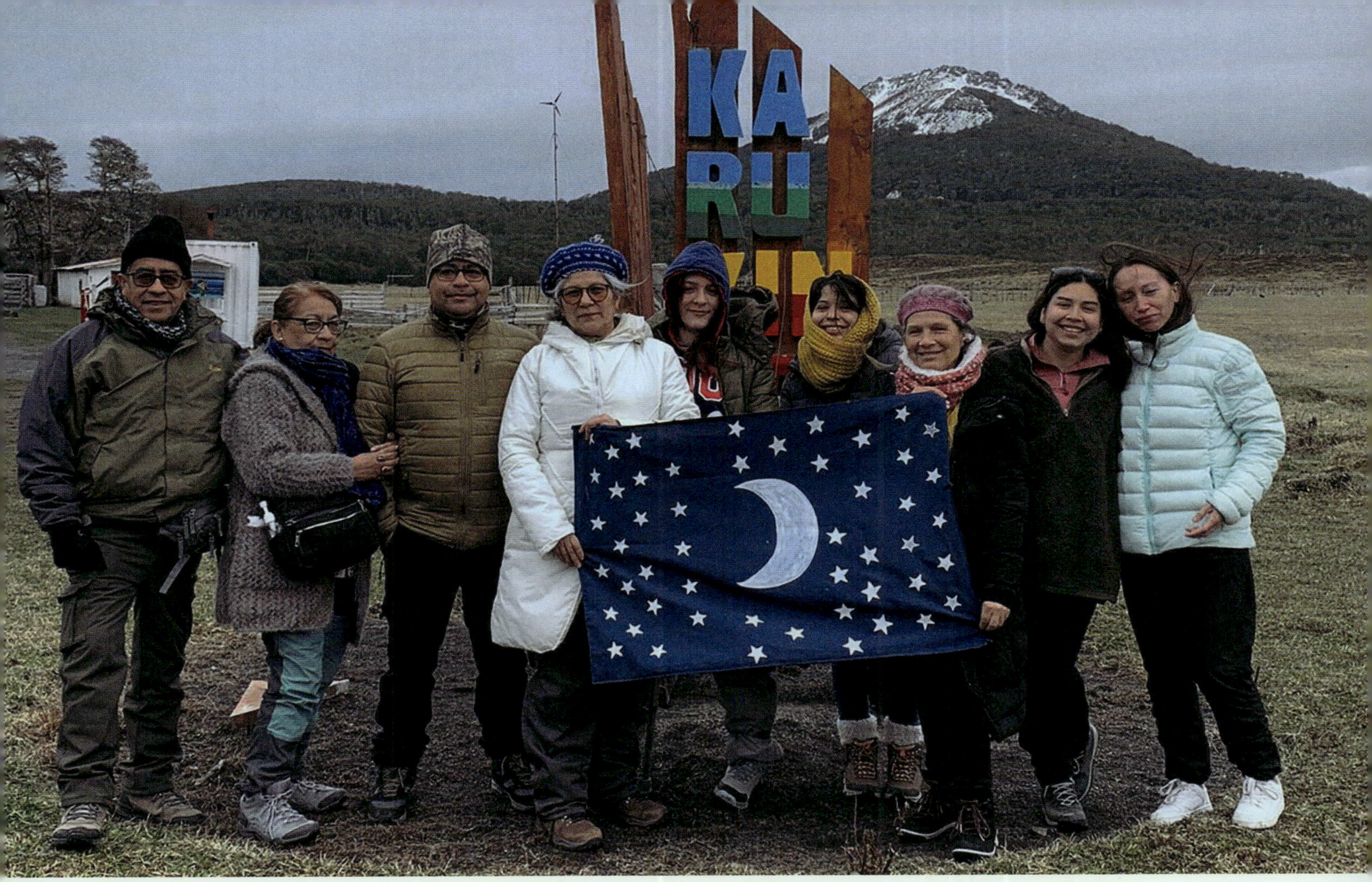

Miembros de la Corporación Selk'nam en el Parque Nacional Karukinka, Tierra del Fuego, Chile, octubre de 2021.
Members of the Selk'nam Corporation in Karukinka Natural Park, Tierra del Fuego, Chile, October 2021.

selk'nam que querían fortalecer su identidad y su cultura, que es el brazo jurídico de la comunidad Covadonga Ona.[12] Seguir apareciendo como extintos en Chile era insostenible. En 2019, con Hema'ny como presidenta, comenzó el sinuoso trámite legislativo para que este pueblo originario fuera reconocido en la Ley 19253, conocida como Ley Indígena.[13] En el proceso hubo muchas tareas que reunieron nuestras voluntades, posiciones y pasiones en un tejido de diversos matices y formas, pero con un propósito común: evidenciar la existencia del pueblo Selk'nam.

Nuestra tríada estaba en sus inicios. WCS Chile abrió sus puertas sin cuestionamientos y comenzamos a desarrollar acciones conjuntas, hasta hoy. Un cruce fundamental del trenzado fue la participación de Hema'ny en la Minga Indígena de la edición 25 de la Conferencia de las Partes (COP25, por sus siglas en inglés), en Madrid, a la que acudió con la misión de mostrar las turberas de Tierra del Fuego, tan invisibilizadas como el pueblo Selk'nam. En sus palabras:

> Bárbara fue quien me dio el sustento científico y me ayudó a prepararme para ir. También fue el momento en que ese tremendo amor por Tierra del Fuego empieza a tomar consistencia y a volverse acción. Desde ese año, las turberas forman parte de mi vida, son mis ancestros, y gracias a este proceso me reencontré con ellas.
>
> También se hizo para la comunidad un primer viaje a Tierra del Fuego [en octubre de 2021], como un gran *hit*. Después de tantos años de exilio, volvimos. En este esfuerzo fue fundamental el rol y apoyo de WCS Chile y Ensayos. Bárbara y Camila siempre listas a sujetarme, cada vez que me sentía caer por el cansancio o la desilusión que otorgan estos procesos.

12 Comunidad Covadonga Ona es el nombre de la Corporación Selk'nam Chile.

13 Ministerio de Planificación y Cooperación, Ley 19253: Establece normas sobre protección, fomento y desarrollo de los indígenas, y crea la Corporación Nacional de Desarrollo Indígena, 19 de octubre de 2023, Santiago. https://www.bcn.cl/leychile/navegar?idNorma=30620.

The first exhibition was at Kadist, a contemporary art organization in Paris; the next were at the Institute for Art and Olfaction, in Los Angeles, and the Bruce High Quality Foundation, in New York. There were regional presentations at the *Festival de Artes Cielos del Infinito*, in Puerto Williams, and the *Festival Puerto de Ideas* in Valparaíso. Then came the Kurant gallery, in Tromsø, an island in north Norway, in the region called Sápmi, which concentrates Indigenous Sami population and culture.

Questions about the Selk'nam culture arose in all these places, triggered by the archaeological gaze, the critical reading of ethnographic texts, the growing decolonizing current that challenges the myth of extinction, and the glass ceiling that cracks in the encounter with Hema'ny. Since then, Ensayos has established a transdisciplinary practice that gathers art, conservation, and ecoculture, and weaves traditional knowledge with colonial ignorance to create a restorative fabric that recognizes biodiversity as our common space and the sustenance of planetary health.

Everything changed when Selk'nam people in the process of reinhabiting their ancestral territory joined Ensayos. The Karokynká peatlands began demanding recognition and challenged us to create a murky and multivocal aesthetic that mixes their stories with those of the Selk'nam people, and enhances their character as Patagonia's bastion in the face of climate change. We accepted the challenge and the projects *Cucú and Her Fishes*, *Raíz común*, *Turba Tol Hol-Hol Tol*, and *The Venice Agreement* were born.

Cucú and Her Fishes (2020) is the first act of an experimental ecofeminist drama that takes inspiration from *Fefu and Her Friends* (1977), an avant-garde play by director and playwright María Irene Fornés (1930–2018).[14] In 2020, in the midst of the COVID-19 pandemic, Ensayos was part of the first online artist residency at the New Museum, New York, and this play was the outcome.[15] In a process of co-creation with female artists, scientists, and activists, the *ensayistas* (essayists) accepted Camila's challenge to immerse themselves in speculative exercises, actions, and "undisciplined" conversations to elucidate the problem of water scarcity on the planet based on the experience of their own territories. In the virtual space of this video play, whose protagonists are the peatlands, the tangible and painful reality of the Selk'nam people is shown.

Raíz común (Common Root) is an open process of translation in which we establish the Indigenous meaning of the ecological and cultural problems of Tierra del Fuego.[16] In a slow weekly experiment of chatter and translation, we designed, combed, and put together this strand inside the house, among female writers, scientists, and artists from the Hach Saye Foundation, Ensayos, and WCS Chile. We carry out a number of practices under the direction of Hema'ny and her daughter Fernanda Olivares Molina[17] such as care, relation between ecology and art, and translation that includes and transcends poetry.

Raíz común is a space in which we can exist without the need for evidence and share diverse learning. It is a participatory map with multiple territories and routes in which we stop to draw concepts and feelings as guiding principles that allow us to be. The pathway is outlined at the same time that the Selk'nam culture traces itself in universal culture. We designed a road with different slopes, like common threads toward a single refuge that is the right to exist itself.

Turba Tol Hol-Hol Tol is the title of the Chilean Pavilion at the 59th Venice Art Biennale in 2022, organized by the Ministry of Cultures, Arts and Heritage and

[14] Fornés was a Cuban-American playwright and theater director, prominent in off-off-Broadway productions—presented in venues with less than 100 seats and outside the Broadway circuit, New York— in the 1960s. To learn more about her life and career, we recommend the documentary *The Rest I Make Up*, by Michelle Memran (2018). *Fefu and Her Friends* was written and produced in 1977 and it is known for its alternative mise-en-scène and the all-female cast. The text can be consulted here: https://ctda.library.miami.edu/media/publications/f_fefu_paj.pdf.

[15] For more information on the residency, see https://www.newmuseum.org/residencies/ensayos-passages-1. The play can be seen here: https://ensayostierradelfuego.net/featured/save-the-date-cucu-and-her-fishes-new-museum-september-1/.

[16] Ensayos received a generous grant from the Tamaas organization, from 2021 to 2024, to develop *Raíz común*.

[17] Fernanda is the first Selk'nam person to return to live on the Chilean side of Tierra del Fuego since the late 19th and early 20th centuries, when genocide and forced displacement eradicated the people of the island.

Desde sus comienzos en 2010 y hasta 2019, Ensayos hizo trabajo de campo en Tierra del Fuego. De 2014 en adelante, se vio en la necesidad de desplazarse hacia el campo del arte para desarrollar estrategias de visibilización y afinar sus herramientas ecoestéticas emergentes, y comenzó a presentar sus resultados en exhibiciones y *performances*. La primera muestra fue en la organización de arte contemporáneo Kadist, en París. Siguieron el Institute for Art and Olfaction, en Los Ángeles, y la Bruce High Quality Foundation, en Nueva York. Hubo presentaciones regionales en el Festival de Arte Cielos del Infinito, en Puerto Williams, y el Festival Puerto de Ideas Valparaíso. Luego vino la galería Kurant, en Tromsø, una isla al norte de Noruega en la región llamada Sápmi, que concentra población y cultura indígena sami.

En todas estas instancias hubo preguntas sobre la cultura selk'nam detonadas por la mirada arqueológica, la lectura crítica de textos etnográficos, la corriente descolonizadora creciente que sospecha del mito de la extinción y el techo de cristal que se resquebraja en el encuentro con Hema'ny. Desde entonces, Ensayos instauró una práctica transdisciplinaria que une el arte, la conservación y la ecocultura, y trenza conocimientos tradicionales con desconocimientos coloniales para crear un tejido reparador que reconoce la biodiversidad como nuestro espacio común y el sustento de la salud planetaria.

Todo cambió cuando se integraron a Ensayos personas selk'nam en vías de rehabitar su territorio ancestral. Las turberas de Karokynká empezaron a pedir su reconocimiento y nos desafiaron a crear una estética turbia y multivocal que mezcla sus historias con las del pueblo Selk'nam y realzan su carácter de bastión de la Patagonia frente al cambio climático. Tomamos el reto y así nacieron los proyectos *Cucú y sus pececillos*, *Raíz común*, *Turba Tol Hol-Hol Tol* y el *Acuerdo de Venecia*.

Cucú y sus pececillos (2020) es el primer acto de un drama ecofeminista experimental que toma inspiración de *Fefu and Her Friends* (1977), una obra de teatro de vanguardia de la directora y dramaturga María Irene Fornés (1930-2018).[14] En 2020, en plena pandemia de COVID-19, Ensayos participó en la primera residencia artística en línea del New Museum, Nueva York, cuyo resultado fue esta pieza.[15] En un proceso de cocreación con artistas, científicas y activistas, las *ensayistas* aceptaron el reto de Camila de sumergirse en ejercicios especulativos, acciones y conversaciones "indisciplinadas" para dilucidar el problema de la escasez de agua en el planeta a partir de sus territorios. En el espacio virtual de esta obra de videoteatro, cuyas protagonistas son las turberas, se muestra la realidad tangible y dolorosa del pueblo Selk'nam.

Raíz común es un proceso abierto de traducción en el que establecemos el significado indígena de los problemas ecológicos y culturales de Tierra del Fuego.[16] En un lento experimento de comadreo y traducción en reuniones semanales, diseñamos, peinamos y armamos esta lazada dentro de casa, entre escritoras, científicas y artistas pertenecientes a la Fundación Hach Saye, Ensayos y WCS Chile. Bajo la dirección de Hema'ny y su hija, Fernanda Olivares Molina —primera persona de la comunidad selk'nam que regresa a vivir al lado chileno de Tierra del Fuego desde finales del siglo XIX y principios del XX, cuando el genocidio y el desplazamiento forzado erradicaron al pueblo de la isla—, se llevan a cabo prácticas de cuidado continuo, de relacionamiento entre ecología y arte, y de traducción que incluyen y trascienden la poesía.

[14] Dramaturga y directora de teatro cubano-estadounidense, destacada en las producciones *off-off-Broadway* —que se presentaban en recintos con menos de 100 butacas y fuera del circuito de Broadway, Nueva York— en la década de 1960. Para conocer más sobre su vida y trayectoria, recomendamos el documental *The Rest I Make Up*, de Michelle Memran (2018). *Fefu and Her Friends* fue escrita y producida en 1977. Es conocida por su puesta en escena alternativa y el uso de un reparto exclusivamente femenino. El texto puede consultarse aquí: https://ctda.library.miami.edu/media/publications/f_fefu_paj.pdf.

[15] Para más infomación sobre la residencia, véase https://www.newmuseum.org/residencies/ensayos-passages-1. La obra puede verse aquí: https://ensayostierradelfuego.net/featured/save-the-date-cucu-and-her-fishes-new-museum-september-1/.

[16] Ensayos recibió una generosa subvención de la organización Tamaas, de 2021 a 2024, para desarrollar *Raíz común*.

the Ministry of Foreign Affairs.[18] Scholars and specialists have proclaimed on countless occasions that the Selk'nam people became extinct due to the genocide perpetrated by the settlers who arrived in Tierra del Fuego 130 years ago. Thanks to the Selk'nam Corporation, the Covadonga Ona Selk'nam community, and the Hach Saye Foundation, who work under Hema'ny's leadership to reverse this myth and prove that the Selk'nam live,[19] we learned that the descendants' and the peatlands' right to exist are interdependent. Hence the impulse to be present at the Venice Art Biennale with this project that revolves around wetlands.

Turba Tol Hol-Hol Tol —in Selk'nam, tol means heart, and *Hol-Hol* peat bog— was born and allied with representatives of these Native people and their ongoing work to recover their language. Seen as an exercise in speculative science fiction,[20] the project integrated oral, visual, spatial, linguistic, digital, and olfactory narrative technologies that sparked a multidirectional conversation between the forms of knowledge needed to protect peatlands and raised awareness of Chile's role as a leader in their ecological conservation.

The double condition of this Fuegian ecosystem, biological-natural and socio-cultural, was the protagonist of the Chilean Pavilion. Various approaches were explored and incorporated there to connect aesthetics with science, and conservation and politics with the spirituality of the ecosystem. *Turba Tol Hol-Hol Tol* expanded the knowledge of the interdisciplinary team that carried it out, and operated as an experimental conservation device that showed the result of artistic research rooted in the peatlands of Tierra del Fuego. Female artists, activists, and scientists worked closely together and proved that transdisciplinary collaboration can overcome ignorance around peat bogs. Knowledge about this ecosystem goes beyond a scientific niche due to its biodiversity and the carbon it stores, and its historical and cultural dimension.

Driven by initiatives deployed all over the world, such as Sørfinnset Skole/the nord land, The Mustarinda Association, The Land and Campoadentro, to name a few, land art has mutated and left behind the grandiose gesture in landscape to make room for art as a process of long-term, collective socio-ecological research, and takes on the complex challenge of bringing new aesthetic and anti-colonial ethical parameters to environmental care. Environmental art and curatorial practice based on ecological information pay attention to time and material dimensions, and rethink exhibition formats to create actions that express ecological coherence and nurture conservation-oriented communities, such as those in the Southern Cone.

When the pavilion at the Venice Art Biennale fell too short to protect locally the peatlands with global value, we decided to bet on *The Venice Agreement*, a commitment by the custodians of this ecosystem around the world to guide the trajectory of its ecological and cultural management toward effective conservation. The first sparks of the Agreement emerged during the second Bi-national Peatland Seminar between Chile and Argentina, held on June 2 and 3, 2021, with the participation of the Selk'nam Corporation.[21] At that meeting, the Patagonian Peatland Initiative[22] and the curatorial project *Turba Tol Hol-Hol Tol* were created, both deeply involved in the eco-cultural practice of Ensayos. A year later, several specialists in the scientific practice of conservation and climate change policy, representatives of Indigenous peoples, and environmental artists were convened to create a new declaration.

[18] For more information, see https://turbatol.org/index-es.html.

[19] The Hach Saye Foundation is a nonprofit family organization that operates in Tierra del Fuego for the strengthening of the Selk'nam culture and the recognition of their ancestral territory. https://hachsaye.com/quienes-somos-2/.

[20] Donna J. Haraway, *Staying with the Trouble: Making Kin in the Chthulucene*, Duke University Press, Durham, 2016.

[21] Bi-national Peatland Seminar, co-organized by the Ministry of Environment of Chile and WCS Chile, with support from the Manfred Hermsen-Stiftung, the National University of Tierra del Fuego, Ensayos and the Greifswald Mire Center. For more information, see https://chile.wcs.org/Portals/134/Memoria seminar 2021_ITP_1.pdf.

[22] Bi-national effort between Chile and Argentina to promote and activate the conservation of Patagonian peatlands. For more information, see https://chile.wcs.org/Nosotros/Noticias/ID/16395/Iniciativa-Binacional-de-Turberas-de-Patagonia.aspx.

Raíz común es un espacio en el que podemos existir sin necesidad de demostración y compartir aprendizajes diversos. Es un mapa participativo con territorios y recorridos múltiples en el que nos detenemos para dibujar conceptos y sentimientos, principios rectores que nos permiten ser. La ruta se perfila al mismo tiempo que la cultura selk'nam se traza a sí misma en la cultura universal. Diseñamos un camino con diferentes vertientes, como hilos comunes hacia un único refugio que es en sí mismo el derecho a existir.

Turba Tol Hol-Hol Tol es el título del proyecto que representó a Chile en la 59a. Bienal de Arte de Venecia, en 2022, organizado por el Ministerio de las Culturas, las Artes y el Patrimonio y el Ministerio de Relaciones Exteriores.[17] Estudiosos y especialistas han pregonado en innumerables ocasiones que el pueblo Selk'nam se extinguió debido al genocidio perpetrado por los colonos que llegaron a Tierra del Fuego hace 130 años. Gracias a la Corporación Selk'nam Chile, la comunidad selk'nam Covadonga Ona y la Fundación Hach Saye, liderada por Hema'ny,[18] que trabajan para revertir este mito y demostrar que los selk'nam viven, aprendimos que el derecho a existir de los descendientes de este pueblo y el de las turberas son interdependientes. De ahí nace el impulso de hacer presencia en la Bienal de Venecia con este proyecto que gira en torno a los humedales.

Turba Tol Hol-Hol Tol —en selk'nam, *tol* significa corazón, y *Hol-Hol*, turbera— nació y se alió con representantes de este pueblo originario y su trabajo en curso por recuperar su lengua. Entendido como un ejercicio de ciencia ficción especulativa,[19] el proyecto integró tecnologías narrativas orales, visuales, espaciales, lingüísticas, digitales y olfativas que suscitaron una conversación multidireccional entre las formas de conocimiento necesarias para proteger las turberas y dio a conocer el papel de Chile como líder en su conservación ecológica.

La doble condición de este ecosistema fueguino, biológico-natural y sociocultural, fue la protagonista del Pabellón de Chile. Ahí se exploraron e incorporaron diversas aproximaciones que conectaron la estética con la ciencia, y la conservación y la política con la espiritualidad del ecosistema. *Turba Tol Hol-Hol Tol* amplió el conocimiento del equipo interdisciplinario que lo llevó a cabo y operó como un dispositivo experimental de conservación que mostró el resultado de la investigación artística arraigada en las turberas de Tierra del Fuego. Artistas, activistas y científicas trabajaron de cerca y demostraron que la colaboración transdisciplinaria puede rebasar la ignorancia en torno a las turberas. El conocimiento sobre este ecosistema va más allá de un nicho científico por su biodiversidad y el carbono que almacenan, y por su dimensión histórica y cultural.

Empujado por iniciativas que se despliegan en todo el mundo, como Sørfinnset Skole/the nord land, The Mustarinda Association, The Land y Campoadentro, por nombrar algunos, el arte ambiental o *land art* ha mutado y ha dejado atrás el grandioso gesto en el paisaje para dar cabida a un arte como proceso de investigación socioecológico colectivo a largo plazo, que se hace cargo del complejo desafío de aportar nuevos parámetros estéticos y éticas anticoloniales al cuidado medioambiental. El arte ambiental y la práctica curatorial ecológicamente informada prestan atención a los tiempos y las dimensiones materiales, y repiensan los formatos de exhibición para crear acciones que expresen coherencia ecológica y nutran comunidades orientadas a la conservación, como las existentes en el sur del Cono Sur.

Cuando el pabellón en la Bienal de Venecia nos quedó corto para proteger localmente las turberas con valor global, decidimos apostar por el *Acuerdo de Venecia*, un compromiso de los custodios de este ecosistema en todo el mundo para orientar la trayectoria de su gestión ecológica y cultural hacia una conservación eficaz. Las primeras chispas del *Acuerdo* surgieron

[17] Para más información, véase https://turbatol.org/index-es.html.

[18] La Fundación Hach Saye es una organización familiar sin fines de lucro que opera en Tierra del Fuego para el fortalecimiento de la cultura selk'nam y el reconocimiento de su territorio ancestral. https://hachsaye.com/quienes-somos-2/.

[19] Donna J. Haraway, *Staying with the Trouble: Making Kin in the Chthulucene*, Duke University Press, Durham, 2016.

The Venice Agreement developed in two stages. First, 38 participants were summoned to a two-day meeting in Venice, and then another 80 distributed in 11 nodes around the world. The two groups attended simultaneous workshops, in which the diversity of local approaches to valuation and protection of peatlands was collected, all designed and guided by a team made up of Ensayos, WCS Chile, the Hach Saye Foundation, and the Greifswald Mire Center. This innovative methodology, essential to advancing articulated and effective conservation of degraded ecosystems, is based on two obvious ecological facts: that we all depend on nature and that peatlands are our ancestors and our future. *The Venice Agreement* activates the ethical and practical urgency of dissolving the cultural, financial, geographical, and social barriers that exacerbate the deterioration of wetlands, while recognizing, encouraging, and sustaining local initiatives in effective articulation with international processes for their conservation.

Our braid, in constant construction and care, has an exposed and visible fraction that contributes to the weaving work we carry out inside the house. This is how life works and so do peat bogs: bright and glorious, spectacular multispecies far from human eyes and understanding, supported by hidden, submerged, invisible, vital, and all-sustaining structures and relationships.

Ethics as a braid of coherences in practice

Our prismatic ecosystem has at its center a complex ethic that is not declared, but is practiced and shown in every vision and action, which is the result of mutual recognition, valuation, and care. This ethic thinks of itself permanently and puts itself into practice, accepts the essential and relational condition of life and—precisely for this reason—opens spaces, in practice, in which practitioners can find themselves in their diversity. This ethic puts the process of encounter in diversity before the "ethically acceptable" result, regulated by a culture that does not see and denies the ecological and feminist. This ethic channels knowledge, understandings, and wills to look at, find, and value what is common in the diversity.

Nature and biodiversity are our common space, which paradoxically is relational and diverse at the same time. Our ethics are honest with themselves, since they acknowledge the intrinsic value of each fraction of the process and its components, while understanding that each one pays tribute to the greatest value, which is life sustained solely by (bio) diversity.

These ethics recognize and encourage coherence between what is said and what is done, what is understood and what is practiced, what is valued and what is cared for. They seek and promote synchronicities because the pulse of life is just one, thick and complex.

Our ethics are a braid that we have forged in the margins and precariousness that comes from existing in a world that has been blind to nature and its biocultural diversity, that has worn away territories and their essential elements with degrading practices as varied as they are ubiquitous. The braid contributes and strengthens, connects us to territories and pushes us to their integral care. It has been the pivot to recognize, inhabit, and survive in this colonized world and to trace transformative trajectories for the three of us.

durante el Segundo Seminario Binacional de Turberas de Patagonia, que se celebró los días 2 y 3 de junio de 2021, con la participación de la Corporación Selk'nam.[20] En ese encuentro se crearon la Iniciativa de Turberas Patagónicas[21] y el proyecto curatorial *Turba Tol Hol-Hol Tol*, ambos embebidos en la práctica ecocultural de Ensayos. Un año después, varios especialistas en la práctica científica de la conservación y la política sobre cambio climático fueron convocados, así como representantes de pueblos originarios y artistas medioambientales para crear una declaración novedosa.

El *Acuerdo de Venecia* se desarrolló en dos escalas. Primero se convocaron 38 participantes a una reunión de dos días en Venecia, y luego a otros 80 distribuidos en 11 nodos alrededor del mundo. Los dos grupos participaron en talleres simultáneos, en los que se recogió la diversidad de enfoques locales de valoración y protección de las turberas, todo diseñado y guiado por un equipo conformado por Ensayos, WCS Chile, la Fundación Hach Saye y el Greifswald Mire Center. Esta metodología innovadora, indispensable para avanzar en la conservación articulada y efectiva de ecosistemas degradados, se basa en dos hechos ecológicos evidentes: que todos dependemos de la naturaleza y que las turberas son nuestros antepasados y nuestro futuro. El *Acuerdo de Venecia* activa la urgencia ética y práctica de disolver las barreras culturales, financieras, geográficas y sociales que hoy favorecen el deterioro de los humedales, al mismo tiempo que reconoce, promueve y sustenta iniciativas locales en articulación efectiva con procesos internacionales para su conservación.

Nuestra trenza, en construcción y cuidado constantes, tiene una fracción expuesta y visible que suma a la labor de tejido que desarrollamos dentro de casa. Así funciona la vida y también las turberas, brillantes y gloriosas, multiespecies espectaculares alejadas de los ojos y el entendimiento humano, sostenidas por estructuras y relaciones escondidas, sumergidas, invisibles, vitales y sostenedoras de todo.

La ética como un trenzado de coherencias en práctica

Nuestro ecosistema prismático tiene en el centro una ética compleja no declarada, sino practicada, demostrada en cada visión y acción acorde, que es resultado del reconocimiento, la valoración y el cuidado mutuo. Esa ética se piensa a sí misma de manera permanente y se lleva a la práctica, acepta la condición relacional esencial y propia de la vida y justo por eso abre espacios, en la práctica, en los que las practicantes puedan encontrarse en su diversidad. Esa ética antepone el proceso de encuentro en la diversidad al resultado "éticamente aceptable", normado por una cultura que no ve y niega lo ecológico y feminista. Esa ética canaliza conocimientos, entendimientos y voluntades para mirar, encontrar y valorar lo común en la diferencia.

La naturaleza y la biodiversidad son nuestro espacio común, que de manera paradójica es relacional y diverso al mismo tiempo. Nuestra ética es honesta consigo misma, pues reconoce el valor intrínseco de cada fracción del proceso y sus componentes, a la vez que entiende que cada una tributa al mayor valor que es la vida sólo sostenida por la (bio)diversidad.

Esa ética reconoce y promueve la coherencia entre lo que se dice y lo que se hace, lo que se entiende y lo que se practica, lo que se valora y lo que se cuida. Busca y promueve sincronías, pues el pulso de la vida finalmente es uno solo, grueso y complejo.

Nuestra ética es una trenza que hemos forjado en los márgenes y la precariedad que derivan de existir en un mundo que ha sido ciego a la naturaleza y su diversidad biocultural, que ha erosionado los territorios y sus elementos esenciales con prácticas degradatorias tan variadas como ubicuas. La trenza suma y fortalece, nos conecta a los territorios y nos empuja a su cuidado integral. Ha sido el pivote para reconocer, habitar y sobrevivir en este mundo colonizado y para trazar trayectorias transformadoras para las tres.

20 Seminario Binacional de Turberas de Patagonia, coorganizado por el Ministerio de Medio Ambiente de Chile y WCS Chile, con apoyo de la Manfred Hermsen-Stiftung, la Universidad Nacional de Tierra del Fuego, Ensayos y el Greifswald Mire Center. Para más información, véase https://chile.wcs.org/Portals/134/Memoria seminario 2021_ITP_1.pdf.

21 Esfuerzo binacional entre Chile y Argentina para promover y activar la conservación de turberas de Patagonia. Para más información, véase https://chile.wcs.org/Nosotros/Noticias/ID/16395/Iniciativa-Binacional-de-Turberas-de-Patagonia.aspx.

MADRES DE SEMILLA (SEED MOTHERS): ACTIVISM OF SUBTLE DOING

Conversation between Carolina Duque and Bárbara Santos, co-editors of the book *~Kii Rɨkɨ Bare Hako* with the Pirá Paraná river women[1]

~Kii Rɨkɨ Bare Hako **is a proposal for a socio-environmental regeneration to preserve and maintain the climate balance of the Amazon. This book carries on the knowledge of the Hee Yaia Keti Oka from the Yurupari Jaguars in the Colombian Amazon, recognized as an Intangible Cultural Heritage of Humanity. Nine years ago, we conducted self-research and we began** ***~Kii Rɨkɨ Bare Hako*** **to make an interactive book in four Indigenous languages about the care of the sacred ancestral feminine wisdom to sustain and watch over the fertility and abundance of the Amazon. Using augmented reality, this book contains origin chants and histories, sacred cartography, texts about Indigenous research, and 3D animations that illuminate our knowledge as contemporary Amazon women.**

MADRES DE SEMILLA: ACTIVISMO DEL HACER SUTIL

Conversación entre Carolina Duque y Bárbara Santos, coeditoras del libro *~Kii Rɨkɨ Bare Hako* junto al grupo de mujeres del río Pirá Paraná[1]

***~Kii Rɨkɨ Bare Hako*. Las Madres de Semilla es una propuesta de regeneración socioambiental, es un libro que guarda el saber de Hee Yaia Keti Oka, el conocimiento de los sabedores jaguares de Yuruparí, reconocidos como patrimonio intangible de la humanidad. Hace nueve años hicimos una investigación propia y comenzamos a desarrollar *~Kii Rɨkɨ Bare Hako*, un libro interactivo en cuatro lenguas indígenas acerca del cuidado de la sabiduría ancestral femenina para sostener y custodiar la fertilidad y la abundancia del Amazonas. Es un libro con realidad aumentada que, por medio de cantos e historias de origen, cartografía sagrada, textos sobre investigación y animaciones 3D, hace visible nuestro saber en el mundo como mujeres contemporáneas del Amazonas.**

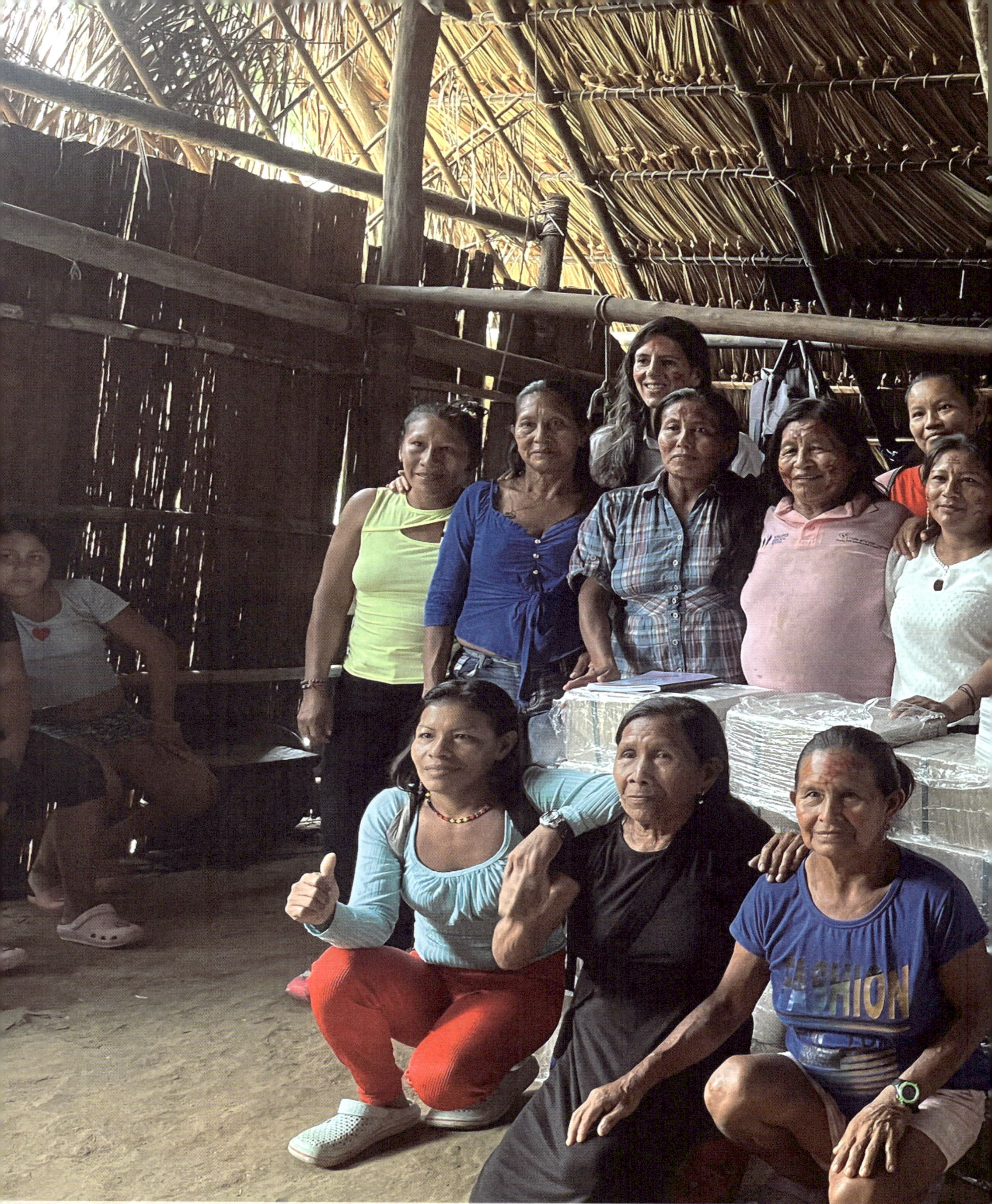

Carolina Duque and Bárbara Santos deliver the book *~Kii Rikɨ Bare Hako. Las Madres de Semilla* in the Jaguares de Yuruparí territory, in the river Pirá Paraná, in the Colombian Amazon, August 2024. Courtesy of the authors.

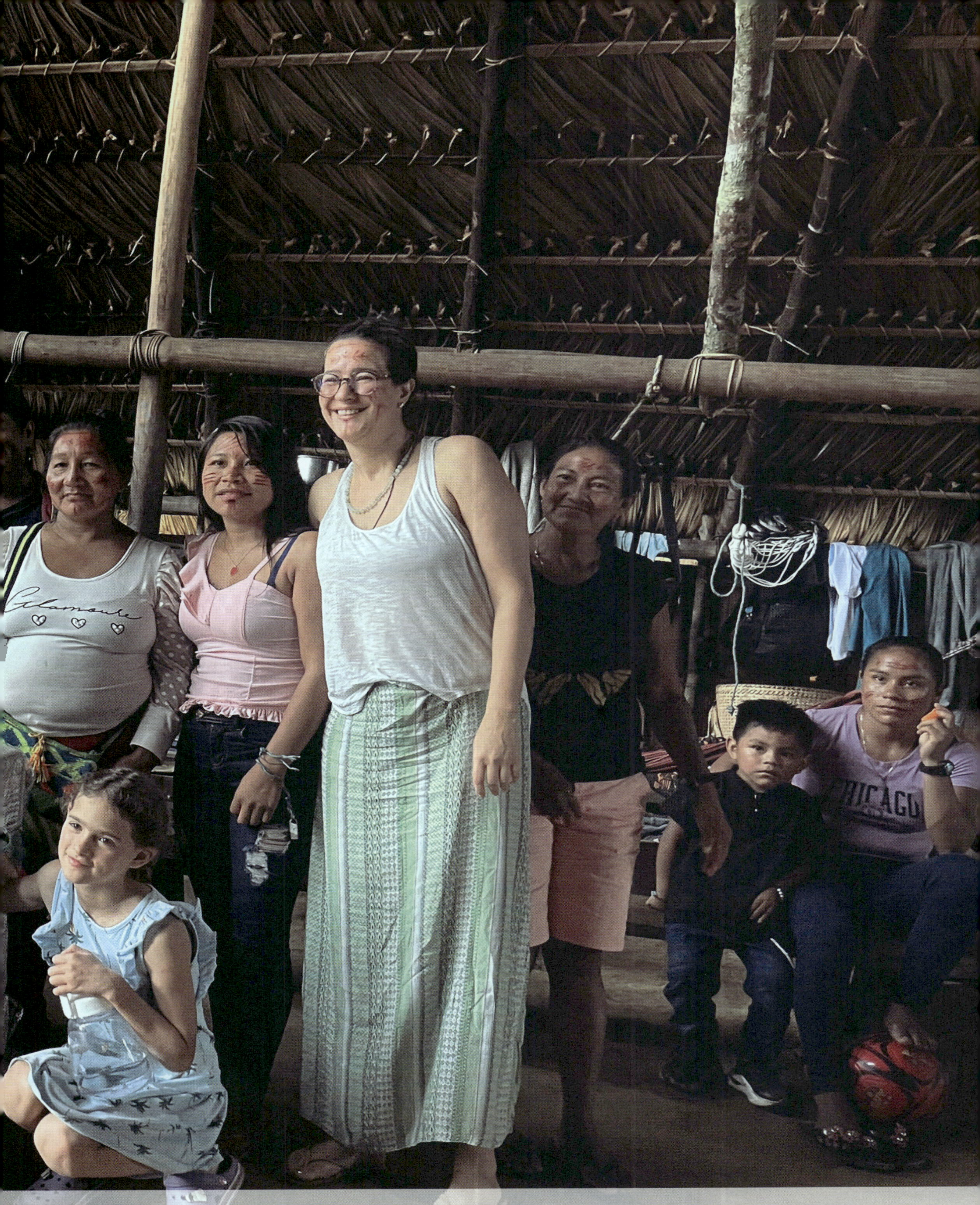

Carolina Duque y Bárbara Santos entregan el libro *~Kii Riki Bare Hako. Las Madres de Semilla* en el Territorio de los Jaguares de Yuruparí, en el río Pirá Paraná, en la Amazonía colombiana, agosto de 2024. Cortesía de las autoras.

Bárbara Santos (BS): The book of the Madres de Semilla—Seed's Mothers—of the Pirá Paraná river was born from their need to tell their own stories about the knowledge they protect. They collected precious information in their territories that revealed that the ways of manifesting their research were not based on writing, but on drawings and songs.

Carolina Duque (CD): Older women in the communities do not write, they are hardworking women with a deep oral knowledge in which they make thought flourish. They are the ones who cultivate, who feed; they are the ones who sustain daily life and rituals.

In the research process, women drew their relationship with seeds. Every seed is a being that manifests itself with images, symbology, and physical characteristics. They are related to specific places in the territory, along with other sacred plants and daily tasks. There are seeds that take care of the *chagra* (garden), others help the cassava grow more, others reproduce the diversity of the *chagra* and others maintain children and community health. Women revealed this in their research, which was not written, but drawn and sung.

BS: When we started making the book with the voice of the Madres de Semilla, they activated a process of creation that arose from a tangible need. More than making a book for the "outside world," it was a family creation exercise based on abundance, on the desire to create from well-being and solidarity for the care of the entire community. That is the nature of this book: an act of resistance and activism that comes from feminine care, moving away from the political and approaching the sincerity of the territory, and the idea of safeguarding the seeds and sharing among women. Deep down there was a need for knowledge exchange between them.

CD: This is a form of activism in which you and I have been taught: activism does not mean going "against" but persisting in doing, working together. It is an activism of subtle doing. Research made women see the importance of strengthening female ancestral knowledge. Traditional shamans, or *payés*, saw this perseverance, understood, and became actively involved in the process. This book prompted an essential rearrangement exercise of that feminine force that sustains everything.

BS: The strength of women in the jungle surpasses the imagination of those of us in the "outside world." When I got to know their work and vitality, I understood that they have a complex knowledge and the knowledge of their own family, and on the other hand, they receive the knowledge of the community, of their partner's family; that is, a woman from the Barasana people can have a partner from the Tatuyo people. Thus, they guard multiple codes. Almost all of them speak at least three languages and throughout their lives, they treasure knowledge of the highest level, and they take care of it in a silent, or rather mysterious way, to maintain the balance of their community and their ancestors.

CD: This makes me think of many examples that show that women are the peacemakers and help to restore order. In the Wayuu community—in northern Venezuela and Colombia, on the Caribbean coast—spiritual leadership falls on counselor women, *jierü*. Through dreams, they serve as guides and restorers of relationships with words that go directly to the heart. Another example is the Awá people of the Palmar Imbi reservation, where there was an extermination of leaders. At that time there was a lot of fear of representing the community and women took decisions into their own hands in times of war and violence.

In many places of the world, women protect culture, they are the ones who guide, who care, who are dedicated to transmitting the nourishment of life to their children through orality. However, in many populations, women still do not have influence or power in decision-making.

BS: It looks like we jump from one topic to another, but they are actually linked, both the resistance of the

[1] *~Kii Rɨkɨ Bare Hako. Las Madres de Semilla.* © ACAIPI, Asociación de Capitanes y Autoridades Tradicionales Indígenas del Río Pirá Paraná, 2024. All rights reserved. ISBN 9789585923119.

Bárbara Santos (BS): El libro de las Madres de Semilla del río Pirá Paraná nació de la necesidad de que contaran sus propias historias acerca del conocimiento que resguardan. Ellas recopilaron en sus territorios información preciosa que revelaba que sus formas de manifestar su investigación no se basaban en la escritura, sino en dibujos y cantos.

Carolina Duque (CD): Las mujeres mayores de las comunidades no escriben, son mujeres trabajadoras con un conocimiento oral profundo en el que hacen florecer el pensamiento. Ellas son las que cultivan, son las que alimentan, son las que sostienen el diario vivir y las ritualidades.

En el proceso de investigación, las mujeres dibujaron su relación con las semillas. Cada semilla es un ser que se manifiesta con imágenes, simbologías propias y características físicas. Ellas están relacionadas con lugares específicos en el territorio, junto con otras plantas sagradas y quehaceres en el diario vivir. Hay semillas que sirven para cuidar la chagra, hay otras que ayudan a que crezca más la yuca, otras que reproducen la diversidad de la chagra y otras que mantienen la salud de los hijos y la comunidad. Eso fue lo que las mujeres revelaron en sus investigaciones que no eran escritas, sino dibujadas y cantadas.

BS: Cuando empezamos a hacer el libro con la voz de las Madres de Semilla, ellas activaron un proceso de creación que surgió de una necesidad tangible. Más que hacer un libro para el "mundo de afuera", fue un ejercicio de creación familiar a partir de la abundancia, en ese querer crear desde el bienestar y la solidaridad para el cuidado de toda la comunidad. Ésa es la naturaleza de este libro: un acto de resistencia y activismo que viene del cuidado femenino, alejándose de lo político y acercándose a una sinceridad del territorio y a la idea de resguardar las semillas y compartir entre las mujeres. En el fondo había una necesidad de intercambio de conocimiento entre ellas.

CD: Ésta es una forma de activismo que nos han enseñado a ti y a mí: que el activismo no significa ir "en contra de" sino persistir haciendo, colaborar juntas. Es un activismo del hacer sutil. La investigación hizo ver a las mujeres la importancia del fortalecimiento del conocimiento ancestral femenino. Los tradicionales payés, al ver esta constancia, fueron entendiendo y se involucraron activamente en el proceso. Con este libro hubo un ejercicio de recomposición esencial de esa fuerza femenina que sostiene todo.

BS: La fortaleza de las mujeres en la selva supera la imaginación de quienes estamos en el "mundo de afuera". Al conocer su trabajo y su vitalidad, comprendí que ellas tienen un saber complejo y el conocimiento de su familia de nacimiento, y por otro lado reciben el saber del pueblo, de la familia de su pareja, es decir, una mujer del pueblo barasano puede tener un compañero del pueblo tatuyo. Así, ellas resguardan múltiples lenguajes, casi todas hablan mínimo tres lenguas y a lo largo de su vida atesoran conocimientos de altísimo nivel que atienden de manera silenciosa, o más bien misteriosa, para que no se pierda el equilibro de su comunidad y sus ancestros.

CD: Esto me hace pensar que hay muchos ejemplos de cómo las mujeres son las que instauran la paz y ayudan a retomar el orden. En el pueblo wayuu —ubicado en el norte de Venezuela y Colombia, en la costa del Caribe—, el liderazgo espiritual recae en las mujeres de consejo, *jierü*, que por medio de los sueños fungen como orientadoras y restauradoras de las relaciones desde la palabra que va directamente al corazón. Otro ejemplo son los awá del resguardo de Palmar Imbi, donde hubo un exterminio de líderes. En ese momento había mucho miedo de asumir la vocería de la comunidad y fueron las mujeres las que tomaron en sus manos las decisiones en tiempo de guerra y de violencia.

En muchos lugares del mundo, son las mujeres las que resguardan la cultura, son las que guían, las que cuidan, las que se dedican a transmitir la alimentación de vida a sus hijos por medio de la oralidad. Sin embargo, en muchas poblaciones las mujeres aún no tienen incidencia ni poder en la toma de decisiones.

[1] *~Kii Riki Bare Hako. Las Madres de Semilla*. © ACAIPI, Asociación de Capitanes y Autoridades Tradicionales Indígenas del Río Pirá Paraná, 2024. Todos los derechos reservados. ISBN 9789585923119.

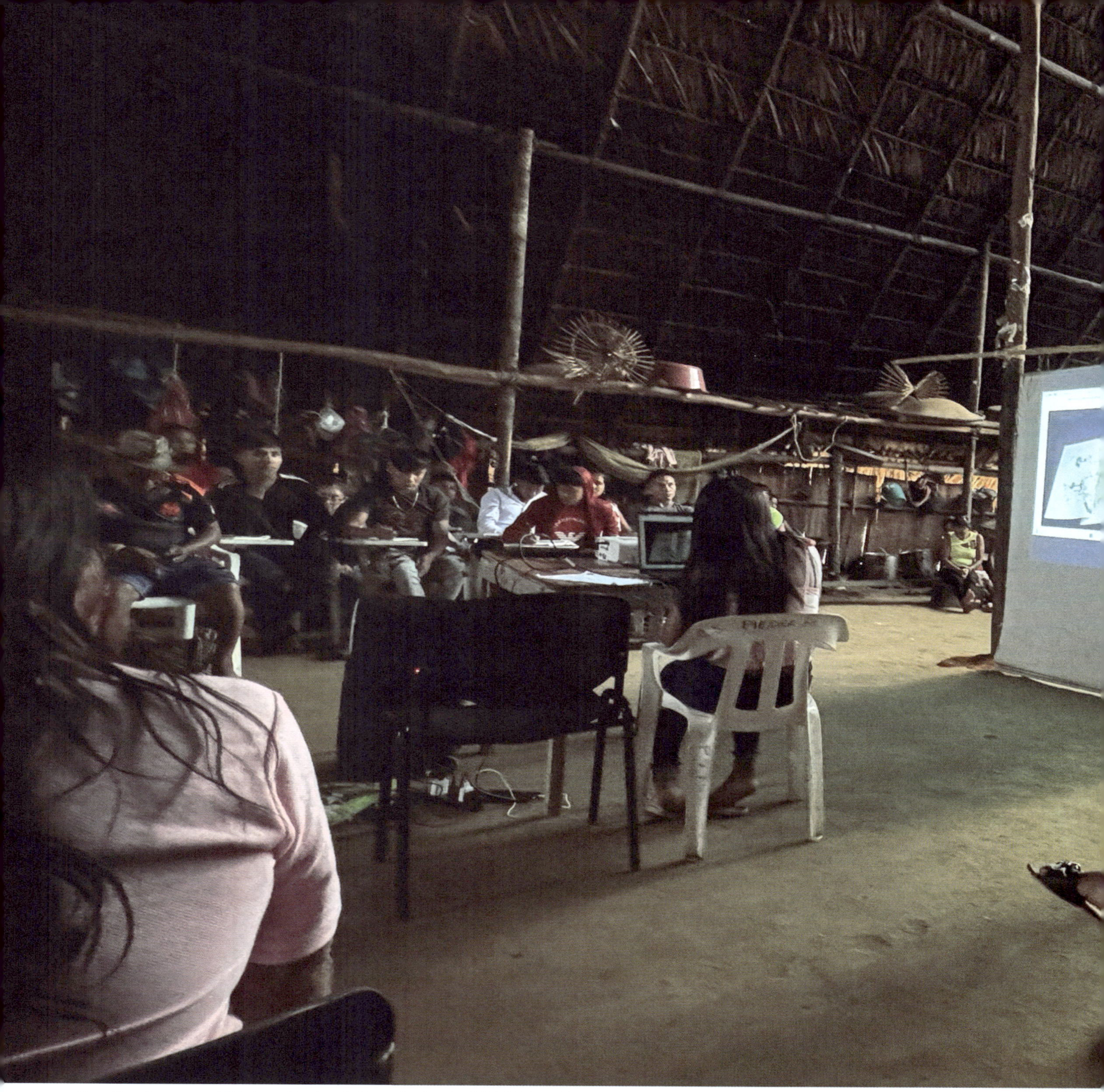

Carolina Duque and Bárbara Santos deliver the book *~Kii Rikɨ Bare Hako. Las Madres de Semilla* in the Jaguares de Yuruparí territory, in the river Pirá Paraná, in the Colombian Amazon, August 2024. Courtesy of the authors.

Madres de Semilla and how that knowledge sustains the communities in general, the shared feeling that this ancient planetary knowledge is dying, and how that is reflected in the imbalance we live today. People who were born in the 1920s and 1930s in the Amazon region, in Asia, or in Africa, whose diet was based on waters and lands full of nutrients, were voices that gave advice, calm, and security.

We know that all cultures evolve, but the transmission of ancient knowledge in the jungle requires a slow digestion, full of knowledge of plants, of the cycles of life, of time management. A *chagra*, as much as the *maloca* (large communal house), condenses the Amazonian cosmogonic vision. Requesting the land to burn a *chagra* or a *maloca* is the practice that wise men and women carry out to weave the relationships

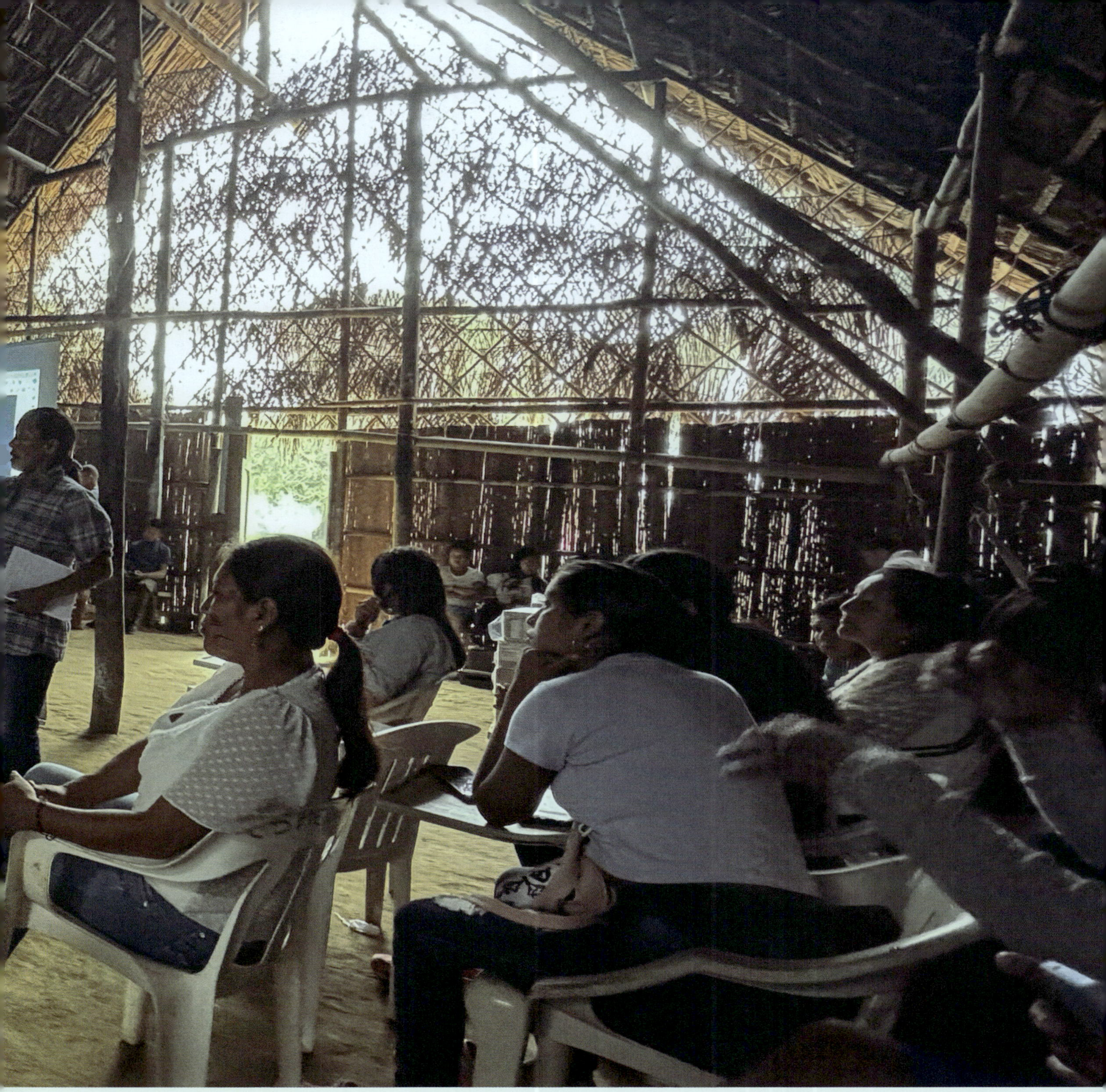

Carolina Duque y Bárbara Santos entregan el libro *~Kii Riki Bare Hako. Las Madres de Semilla* en el Territorio de los Jaguares de Yuruparí, en el río Pirá Paraná, en la Amazonía colombiana, agosto de 2024. Cortesía de las autoras.

BS: Parece que estamos saltando de un tema a otro, pero están realmente ligados, tanto la resistencia de las Madres de Semilla y cómo ese saber sostiene a las comunidades en general, el sentimiento compartido de que ese saber antiguo del planeta está muriendo y eso se ve reflejado en el desbalance que vivimos hoy. Aquellas personas que nacieron en las décadas de 1920 y 1930 en la región amazónica, en Asia o en África, cuya alimentación se basaba en aguas y tierras llenas de nutrientes, eran voces que daban consejo, calma y seguridad.

Sabemos que todas las culturas se transforman, pero la transmisión de conocimiento milenario en la selva requiere una digestión lenta, llena de conocimiento de plantas, de los ciclos de la vida, del manejo del tiempo.

between water, earth, and stars. These trades, to call them so, have logics that we do not know, which involve preventive and precise care that is transmitted from generation to generation.

The *Madres de Semilla* grandmothers said that the book seeks to address this internal transformation of the river facing the speed of change. The ignorance about the meaning of the native languages, the shrinking of the forest, the toxicity of fresh water, and the usurping arrival of private companies that, due to lack of state regulation, have carried out unilateral negotiations with the people of the jungle, entering money and contracts that grant their territories a 30-year concession in exchange for the so-called carbon credits.[2]

CD: An image of smoke comes to my mind and the multiple ways to look at it. The first is the fumes of industries. You would say that the smoke is not harmful, but it is taking away oxygen from the planet. However, the companies that pollute the air pay to pollute through carbon credits. The second image is the smoke of a *chagra*. Many people say that these burnings are the largest source of black carbon in the world. For the Amazonian communities, burning the *chagra* is part of the traditional knowledge about the purification of earth that gives fertility and life to all beings; the smoke is the mother's milk that feeds the strength of the plants.

When we were editing the book, women saw that applying their knowledge was a concrete action to maintain the natural order and that bringing in Mother's Sacred Word, hand in hand with the traditional *payés,* was to sustain knowledge.

When a woman of wisdom dies, a mother of all dies. The *payé* must perform a healing ritual to return her to her original place, where abundance and fertility are, so that her essence returns, and that power and energy are reborn.

BS: The book of the *~Kii Rɨkɨ Bare Hako*, like the movements from the Americas featured in the exhibition and publication *We Place Life at the Center*, allows us to make visible this network, this active fabric of collectives that perpetuate life through their work and precise actions.

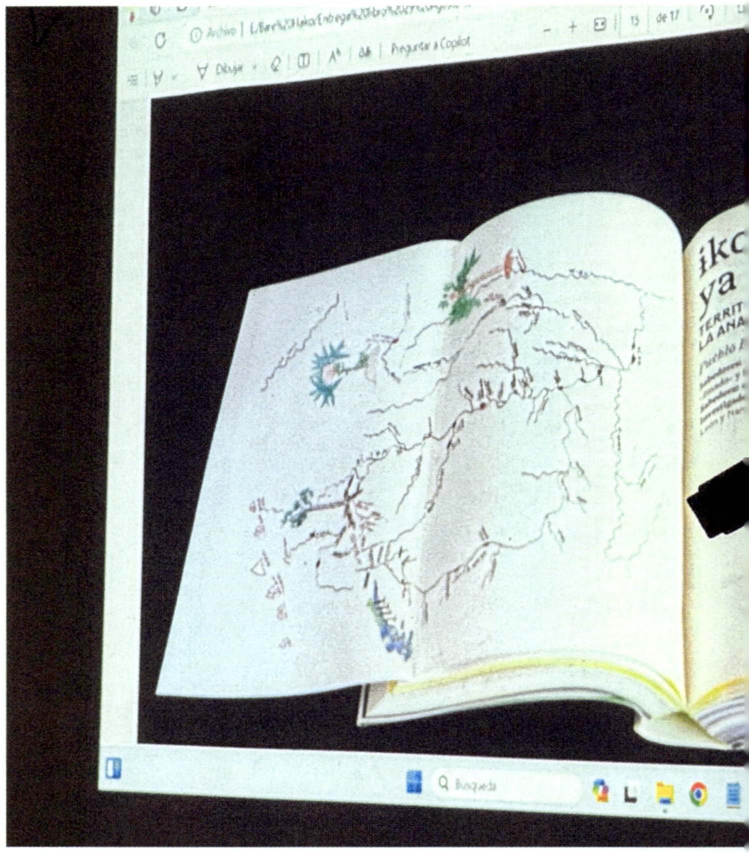

Carolina Duque and Bárbara Santos deliver the book *~Kii Rɨkɨ Bare Hako. Las Madres de Semilla* in the Jaguares de Yuruparí territory, in the river Pirá Paraná, in the Colombian Amazon, August 2024. Courtesy of the authors.

[2] One certified emission reduction (CER), also known as a carbon credit, represents on ton of carbon dioxide, or another greenhouse gas equivalent, that was removed or not emitted in the atmosphere. CERs are generated from Clean Development Mechanism (CDM) projects, located in industrialized countries, called Annex I parties. CDM, defined in Article 12 of the Kyoto Protocol to the United Nations Framework Convention on Climate Change, enables these countries to finance emission reductions in developing countries –or non-Annex I– and use the credits thus obtained to meet their emission reduction commitments under the Kyoto Protocol, Annex B.

Una chagra, tanto como la maloca, condensa la visión cosmogónica amazónica. Solicitar el terreno para quemar una chagra o una maloca es la práctica que las y los sabedores realizan para tejer la relación entre el agua, la tierra y los astros. Estos oficios, por llamarlos de alguna manera, tienen lógicas que desconocemos, que implican cuidados preventivos y precisos que se transmiten de generación en generación.

Las abuelas Madres de Semilla dijeron que el libro busca atender esta transformación interna en el río ante la velocidad de los cambios. El desconocimiento del sentido de las lenguas originarias, la reducción del bosque, la toxicidad del agua dulce y la usurpadora llegada de las empresas privadas que, por falta de regulación del Estado, han realizado negociaciones unilaterales con la gente de la selva, ingresando dineros y contratos que concesionan a 30 años sus territorios a cambio de los mal llamados bonos de carbono.[2]

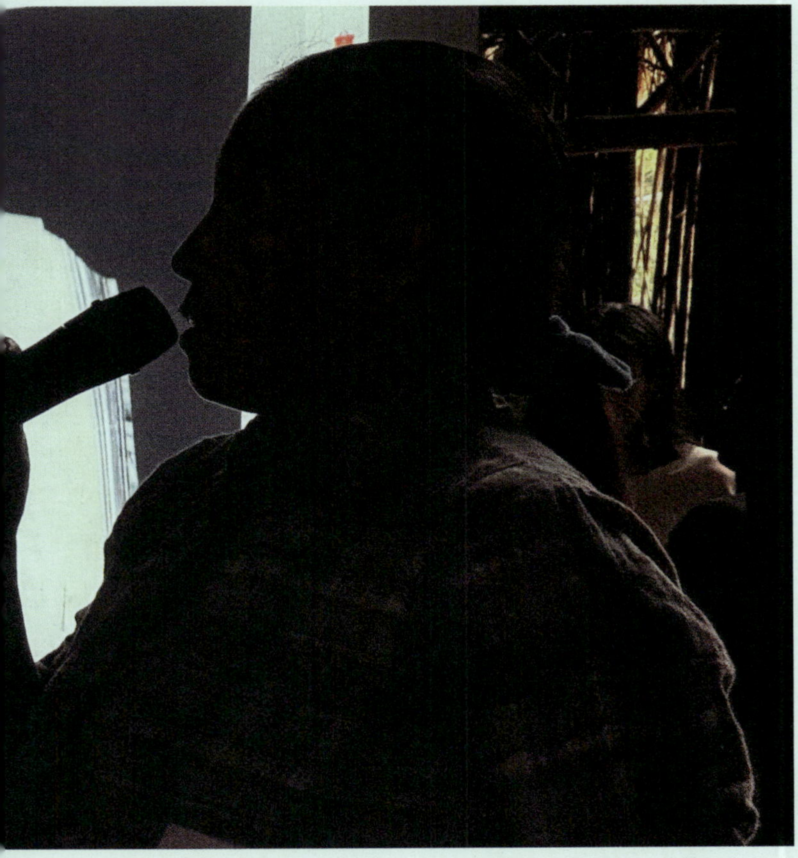

Carolina Duque y Bárbara Santos entregan el libro *~Kii Rɨkɨ Bare Hako. Las Madres de Semilla* en el Territorio de los Jaguares de Yuruparí, en el río Pirá Paraná, en la Amazonía colombiana, agosto de 2024. Cortesía de las autoras.

CD: Se me viene a la cabeza una imagen del humo y las múltiples miradas que tenemos acerca de él. La primera es de los humos de las industrias. Uno diría que el humo no afecta, pero realmente le está quitando el oxígeno al planeta. Sin embargo, estas empresas que polucionan el aire, pagan por contaminar por medio de los bonos de carbono. La segunda imagen es el humo de una chagra. Muchas personas dicen que estas quemas son la mayor fuente de carbono negro del mundo. Para las comunidades amazónicas, la quema de la chagra hace parte de un saber tradicional sobre el proceso de purificación de la tierra que da fertilidad y vida a todos los seres, es el humo, la leche materna que alimenta la fuerza de las plantas.

Cuando estábamos en el proceso de edición del libro, las mujeres vieron que aplicar su conocimiento es una acción concreta para mantener el orden natural y, de la mano de los sabedores tradicionales payés, traer el lugar de la Palabra Sagrada de la Madre es sostener el conocimiento.

Cuando una mujer sabedora de la comunidad muere, se muere una madre de todos. El payé debe hacer una curación para devolverla a su lugar de origen, donde están la abundancia y la fertilidad, para que su esencia retorne y vuelva a nacer ese poder y esa energía.

BS: El libro de las *~Kii Rɨkɨ Bare Hako*, como los movimientos de las Américas que se encuentran en la exposición y publicación *Situamos la vida en el centro*, permite hacer visible esta red, ese tejido activo de colectivos que con su quehacer y acciones precisas perpetúan la vida.

[2] Un bono de carbono equivale a una tonelada de dióxido de carbono que no se emitió o que fue removida de la atmósfera terrestre en un país en desarrollo. El Mecanismo de Desarrollo Limpio, establecido en el artículo 12 del Protocolo de Kioto, contempla que países desarrollados—partes incluidas en el Anexo I de la Convención Marco de las Naciones Unidas sobre el Cambio Climático— comprometidos a reducir la cantidad de gases de efecto invernadero que emiten puedan financiar proyectos de reducción de emisiones en países en desarrollo —partes no incluidas en el Anexo I— al comprarles certificados de reducción de emisiones o bonos de carbono. Los bonos se toman en cuenta para que los países desarrollados cumplan los objetivos de reducción de emisiones establecidos en el Anexo B del Protocolo de Kioto.

CAMP TABONUCO

JAYUYA

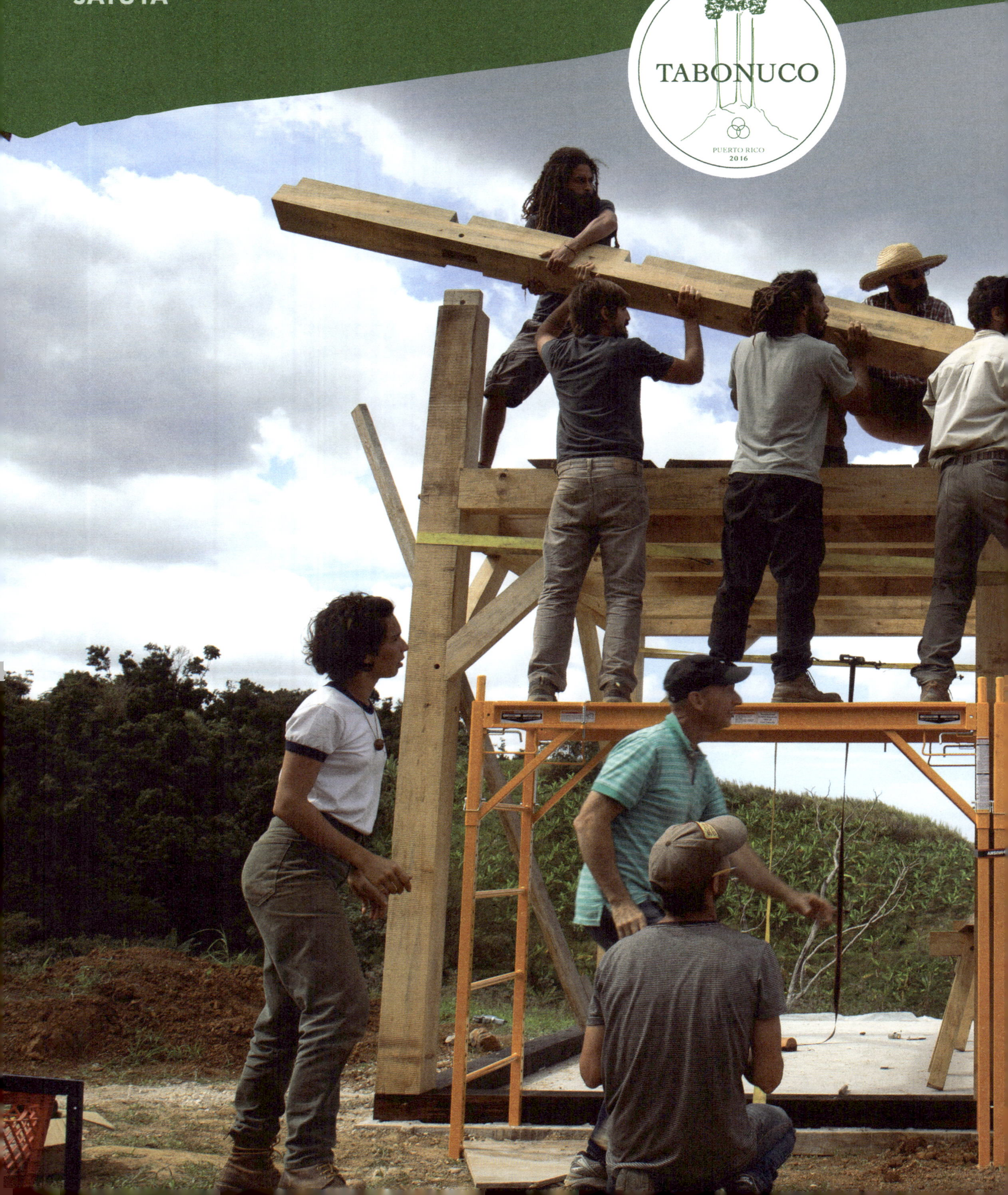

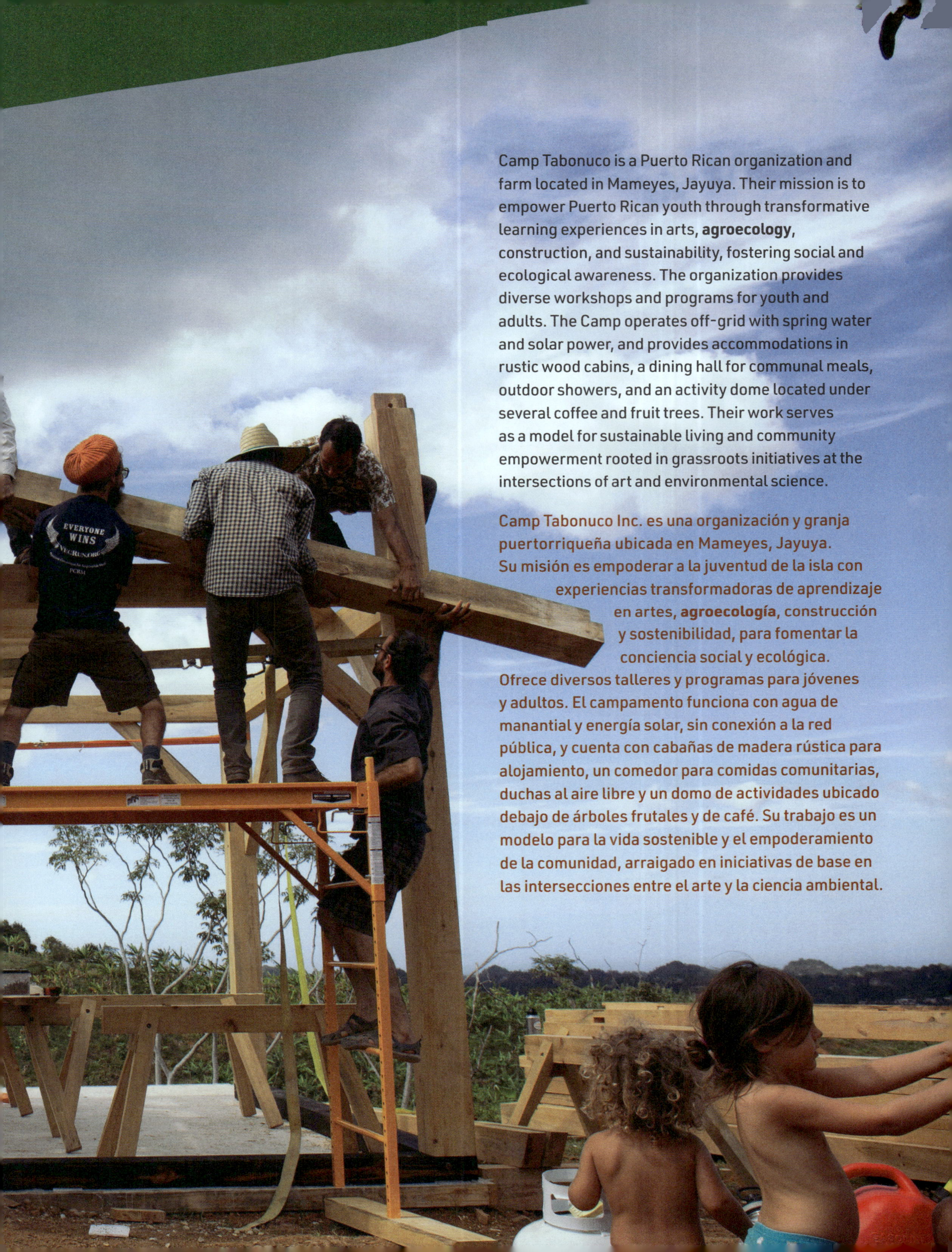

Camp Tabonuco is a Puerto Rican organization and farm located in Mameyes, Jayuya. Their mission is to empower Puerto Rican youth through transformative learning experiences in arts, **agroecology**, construction, and sustainability, fostering social and ecological awareness. The organization provides diverse workshops and programs for youth and adults. The Camp operates off-grid with spring water and solar power, and provides accommodations in rustic wood cabins, a dining hall for communal meals, outdoor showers, and an activity dome located under several coffee and fruit trees. Their work serves as a model for sustainable living and community empowerment rooted in grassroots initiatives at the intersections of art and environmental science.

Camp Tabonuco Inc. es una organización y granja puertorriqueña ubicada en Mameyes, Jayuya. Su misión es empoderar a la juventud de la isla con experiencias transformadoras de aprendizaje en artes, **agroecología**, construcción y sostenibilidad, para fomentar la conciencia social y ecológica. Ofrece diversos talleres y programas para jóvenes y adultos. El campamento funciona con agua de manantial y energía solar, sin conexión a la red pública, y cuenta con cabañas de madera rústica para alojamiento, un comedor para comidas comunitarias, duchas al aire libre y un domo de actividades ubicado debajo de árboles frutales y de café. Su trabajo es un modelo para la vida sostenible y el empoderamiento de la comunidad, arraigado en iniciativas de base en las intersecciones entre el arte y la ciencia ambiental.

TABONUCO

INICIO | SOBRE NOSOTRXS | PROGRAMAS | EVENTOS PASADOS | DONA/DONATE

SOBRE NOSOTRXS / ABOUT US

Tabonuco Inc. es una organización puertorriqueña enfocada en la educación ecológica y artística. Servimos a una diversidad de niñes, jóvenes y adultos de Puerto Rico y del exterior a través de visitas a la finca donde ofrecemos talleres educativos y campamentos vivenciales. Los temas principales que exploramos incluyen artes visuales creativas, agroecología, construcción alternativa y sistemas de vida sustentable.

Tabonuco Inc. is a Puerto Rican organization that focuses on ecological and artistic education. We serve a diversity of youth and adults from Puerto Rico and beyond through farm visits where we offer different educational workshops and experiential programs. The main subjects we explore include visual creative arts, agroecology, alternative construction and systems for sustainable living.

MISIÓN / MISSION

Nuestra misión es empoderar a jóvenes puertorriqueñxs a través de experiencias educativas transformadoras enfocadas en las artes, la agroecología, la construcción alternativa y la sustentabilidad para cultivar una conciencia social y responsabilidad ecológica.

Our mission is to empower Puerto Rican youth with transformative learning experiences focused on the arts, agroecology, alternative construction, and sustainability to cultivate social and ecological awareness and stewardship.

PILARES Y ACERCAMIENTOS EDUCATIVOS
EDUCATIONAL PILLARS AND APPROACH

A través de nuestros programas vivenciales, utilizamos los siguientes 3 pilares fundamentales como guías en el diseño de talleres y actividades:

- **Destrezas prácticas para la vida sustentable**

Ofrecemos diversos talleres que promueven conocimiento ecológico y prácticas sustentables que posibilitan una vida en armonía con el ambiente.

- **Convivencia sana en comunidad**

Cooperamos en la realización de tareas diarias y se participa de dinámicas grupales donde se practica la colaboración utilizando estrategias de comunicación colectiva.

- **Desarrollo personal y liderazgo**

Creamos un espacio seguro para la expresión individual y ofrecemos mentoría para promover confianza, salud integral y autosuficiencia de cada individuo.

Entendemos que los procesos educativos deben ser holísticos y pertinentes al contexto. Nos guiamos por los siguientes 4 acercamientos pedagógicos:

- **Integral** - atención a las necesidades sociales, emocionales, psicológicas, e intelectuales
- **Vivencial** - énfasis en la experiencia activa paralela al conocimiento teórico
- **Interdisciplinaria** - integración de diferentes disciplinas y métodos de creación
- **Comunitaria** - intercambio participativo que fomentar el pensamiento crítico y la justicia social

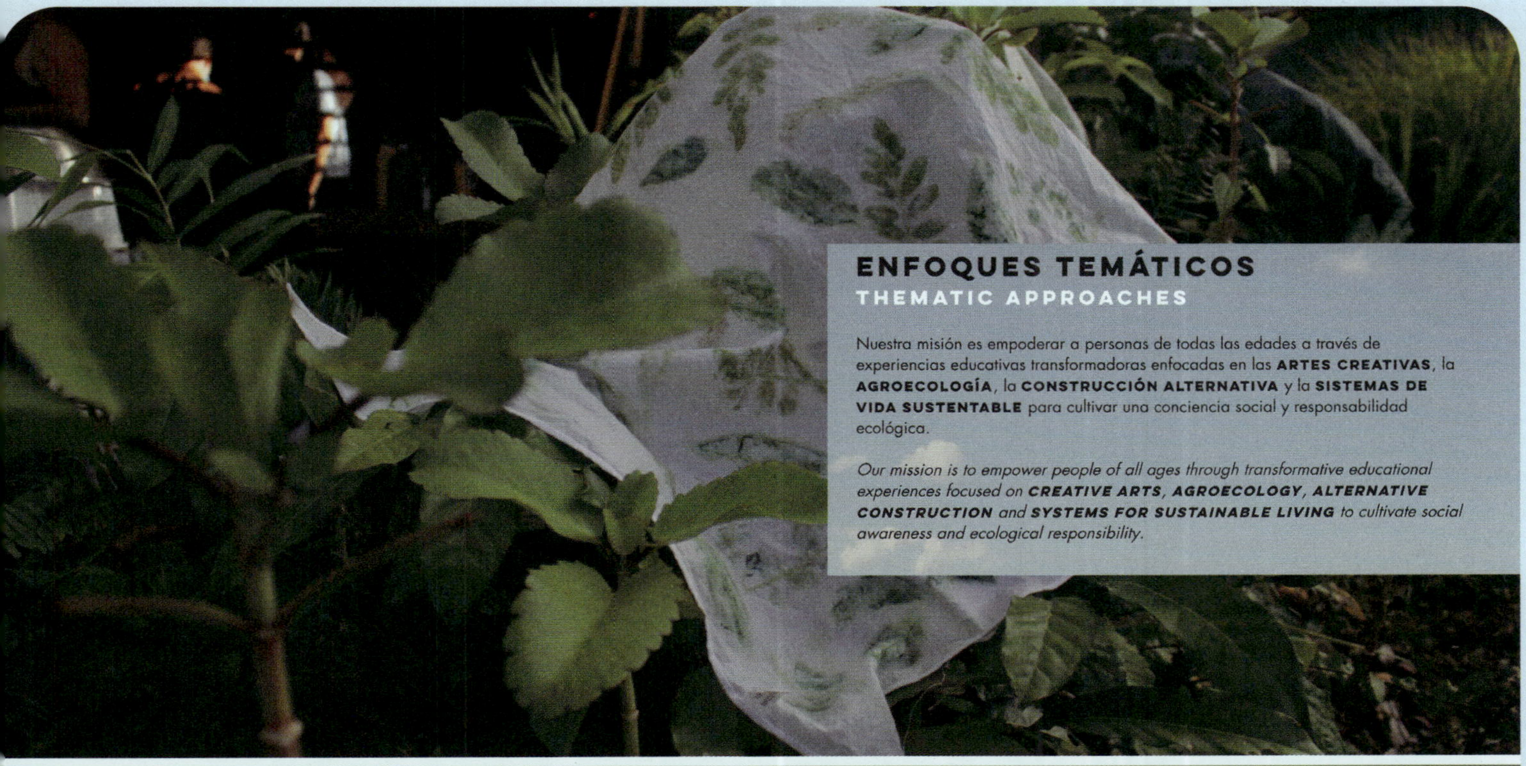

ENFOQUES TEMÁTICOS

THEMATIC APPROACHES

Nuestra misión es empoderar a personas de todas las edades a través de experiencias educativas transformadoras enfocadas en las **ARTES CREATIVAS**, la **AGROECOLOGÍA**, la **CONSTRUCCIÓN ALTERNATIVA** y la **SISTEMAS DE VIDA SUSTENTABLE** para cultivar una conciencia social y responsabilidad ecológica.

*Our mission is to empower people of all ages through transformative educational experiences focused on **CREATIVE ARTS, AGROECOLOGY, ALTERNATIVE CONSTRUCTION** and **SYSTEMS FOR SUSTAINABLE LIVING** to cultivate social awareness and ecological responsibility.*

LA FINCA

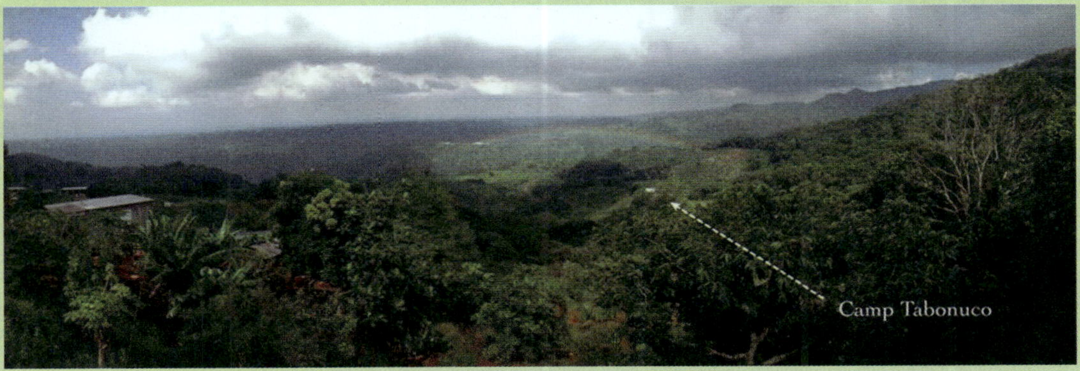

La finca está ubicado en el corazón de Puerto Rico, en el barrio Mameyes de Jayuya. Entre bosque y siembras de plátano, café y variedades de frutos, Camp Tabonuco cuenta con un comedor, domo de actividades, cabañas de madera para pernoctar, cocina, baños de composta y duchas al aire libre. Estas facilidades funcionan "off-grid", abasteciéndose de agua de manantial y electricidad por medio de paneles solares.

Participantes se hospedan en nuestras cabañas rústicas Múcaro y Guaraguao, en camas-litera o en el mezzanine. Se comparten las comidas en el área de taller y comedor, llamado El Aguacate, que también alberga la cocina y el horno de barro. Detrás están las duchas que se alimentan de agua de manantial. Toda la energía en Tabonuco es solar, y cuando cae la noche se enciende la fogata bajo las estrellas, frente al Domo Geodésico. Desde Tabonuco se aprecia una increíble vista al norte, un horizonte mágico de mogotes y el océano Atlántico.

The farm is located in the heart of Puerto Rico, in Mameyes - Jayuya. Camp Tabonuco operates among forests, fields of coffee, plantain and other fruit trees, with rustic infrastructure that includes a dinning hall, rustic wood cabins, activity dome, kitchen, composting toilets and outdoor showers. These facilities run off-grid with spring water and solar panels for electricity.

Participants sleep in the cabins, Múcaro and Guaraguao, in bunk-beds or the mezzanine. Meals are shared in the dining hall and workshop called the Aguacate, where the kitchen and cob oven are also located. Behind are the outdoor showers that feed off of spring water. All the energy at Camp Tabonuco is solar, and when the night falls the fire is lit under the stars, by our geodesic dome. From Tabonuco you can appreciate an incredible view to the north, a magical horizon of limestone mountains and the Atlantic Ocean.

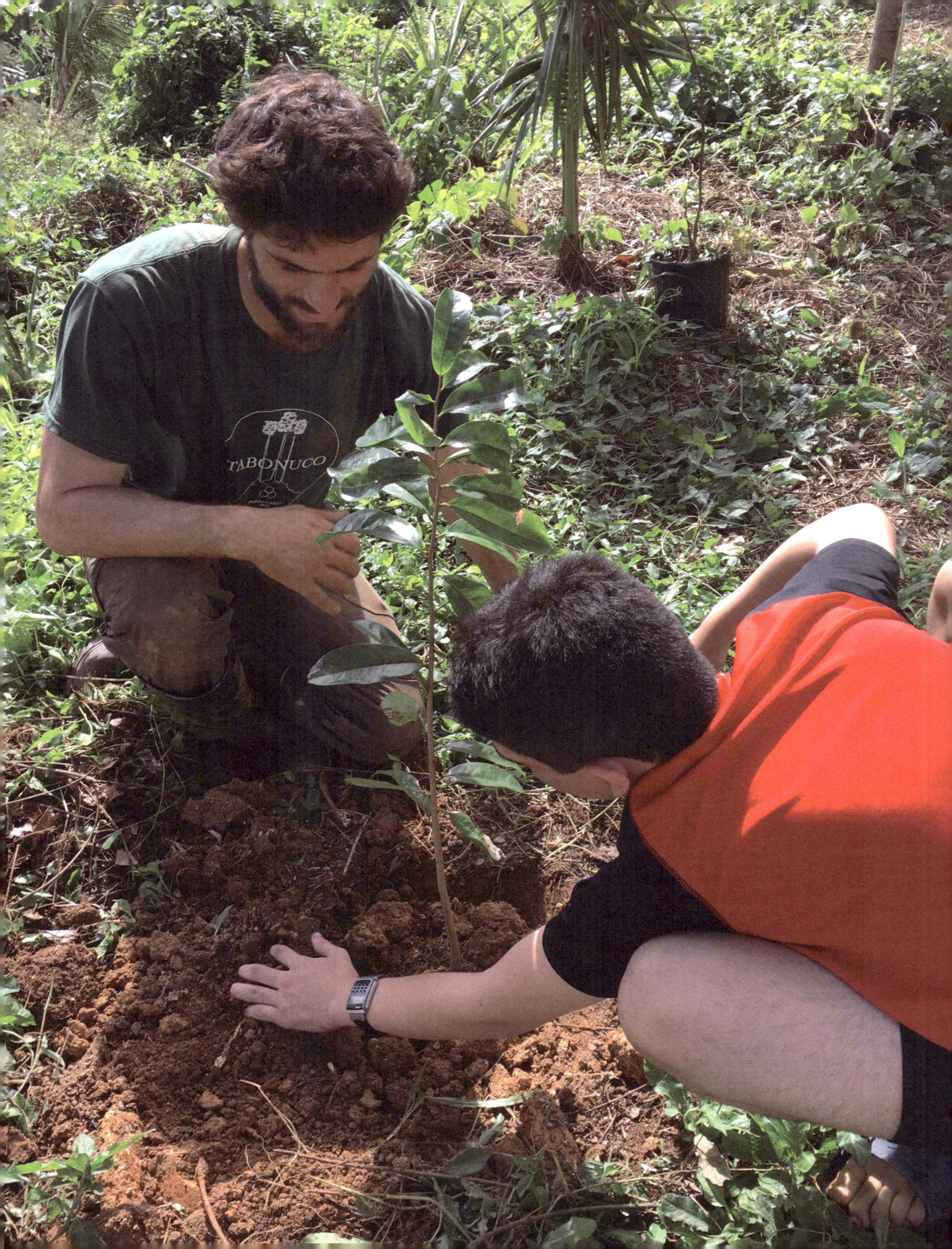
TABONUCO

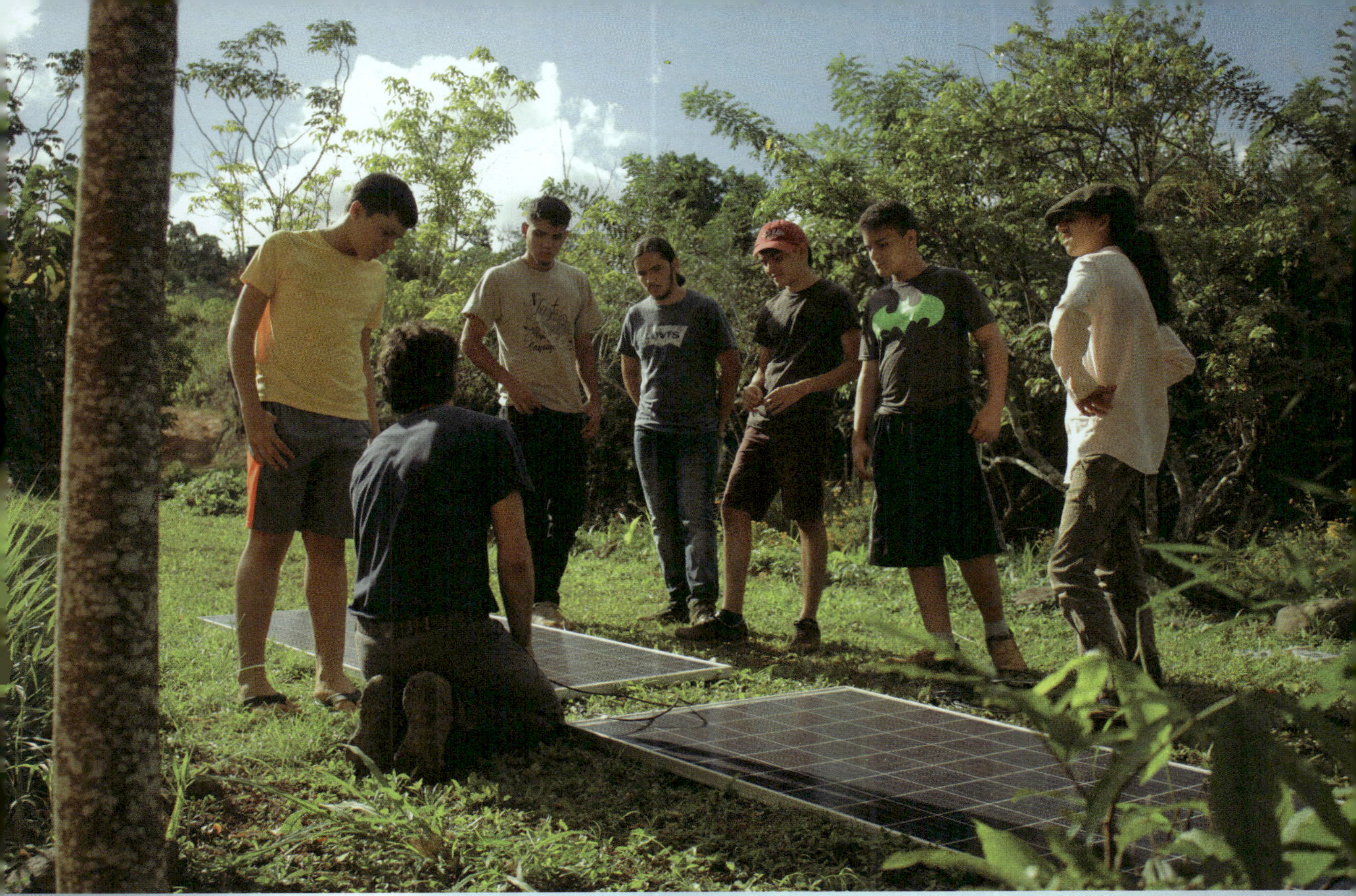

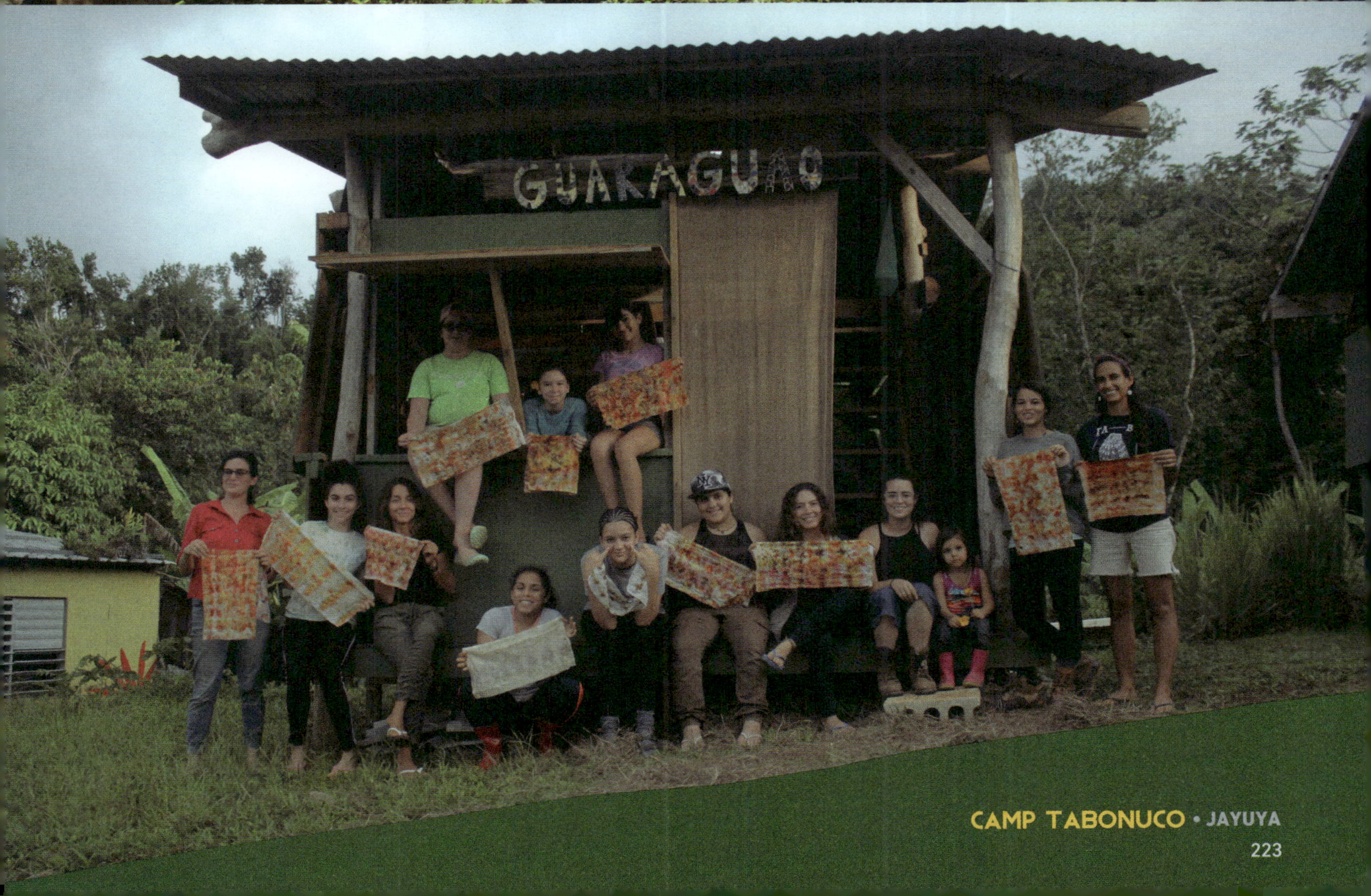
GUAKAGUAO

ALMÁRCIGO
VALLE DE MÉXICO

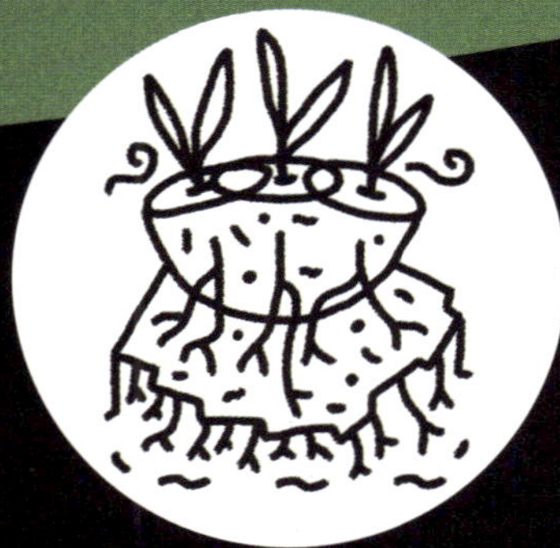

Almárcigo is a multidisciplinary collective focused on ecosystemic storytelling. Conceived in 2019 as a seedbed of creative, artistic, and memory-based activities, it unfolds in spaces of imagination and collective action, mainly in relation to the territories of the valley basin—today called City—of Mexico. The collective takes its name from the traditional seedbeds made with nutritional mud extracted from the canals of the Xochimilco lacustrine area. Faced with urban sprawl and the spoils that come with it, the collective prioritizes learning and reconnecting with ways of living based on coexistence, symbiosis, and mutuality, such as the **agroecology** of the *chinampas*. To this end, it generates a diversity of practices that explore relationships with seeds, plants, fruits, trees, roots, and other beings of the plant world, as well as interactions between human and nonhuman communities, waters, mountains, and other vital forms. The narrative impulse and the need to link stories come from ancestral memories and family legacies that germinate, give life, and feed political agencies to survive and resist this present.

Almárcigo es un colectivo multidisciplinario enfocado en la narración ecosistémica. Concebido en 2019 como un semillero de haceres creativos, artísticos y de memoria, se despliega en espacios de imaginación y acción colectiva, principalmente en relación con los territorios de la cuenca del Valle de México, que engloba la Ciudad de México y municipios de los estados circundantes. Toma su nombre de los semilleros tradicionales elaborados con lodo nutricional extraído de los canales de la zona lacustre de Xochimilco. Frente a la expansión urbana y los despojos que produce, el colectivo prioriza el aprendizaje y la revinculación con modos de habitar basados en la coexistencia, simbiosis y mutualidad, como la **agroecología** chinampera. Para ello, genera una diversidad de prácticas que exploran las relaciones con semillas, plantas, frutos, árboles, raíces y otros seres del mundo vegetal, así como las interacciones entre comunidades humanas y no humanas, las aguas, los montes y otras formas de vida. El impulso narrativo y la necesidad de vincular relatos provienen de memorias ancestrales y legados familiares que germinan, dan vida y alimentan agencias políticas para sobrevivir y resistir este presente.

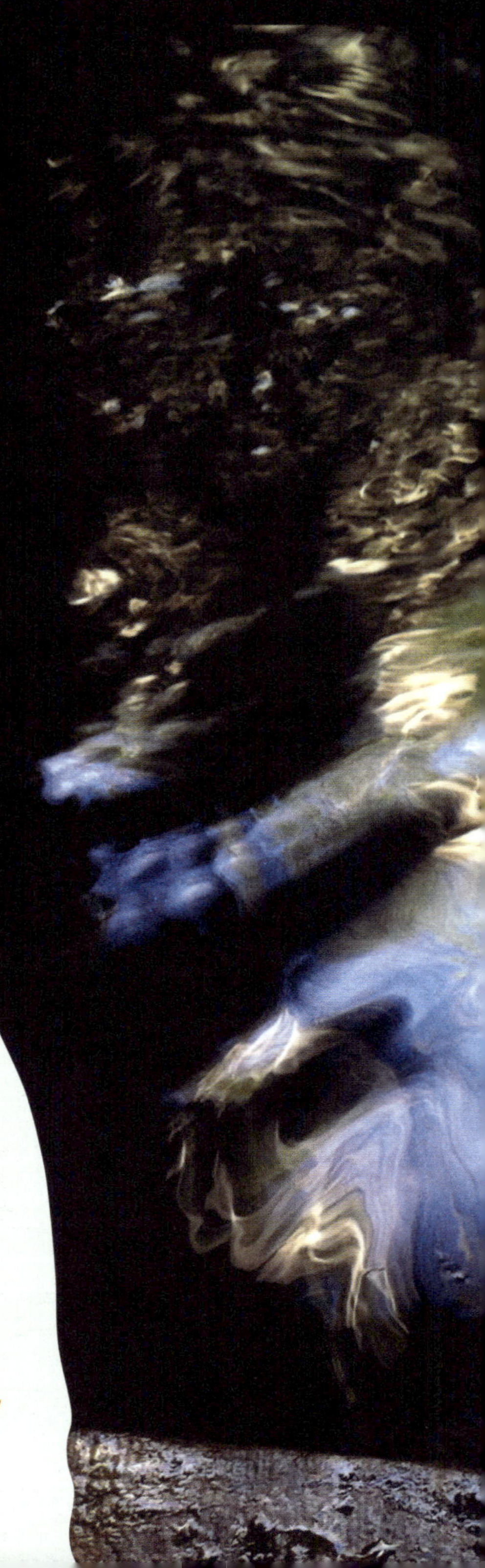

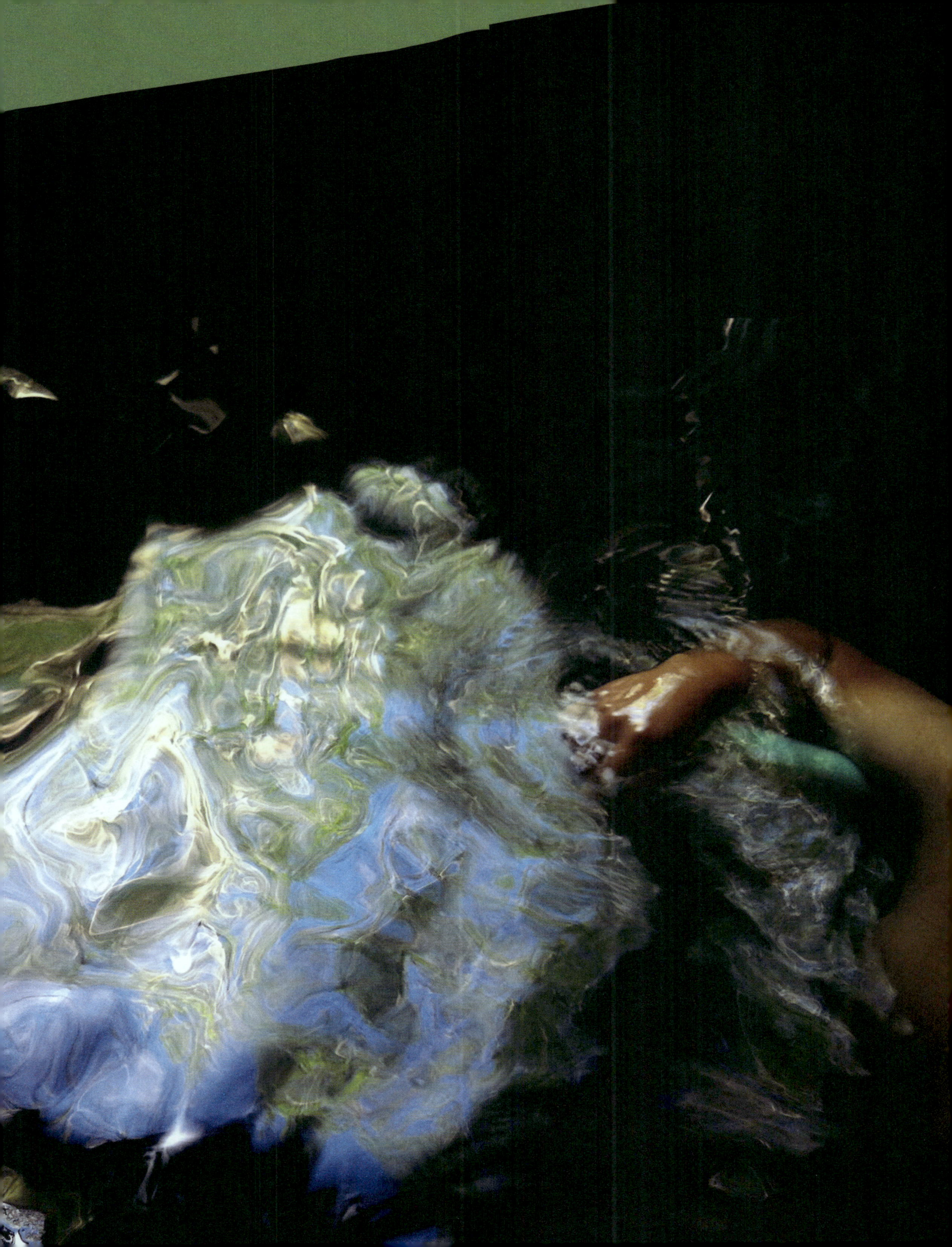

Archivo vivo. Procuramos dialogar con nuestras memorias individuales y colectivas como lo hacemos con amigas de antaño, testigxs y compañeras de camino. Más que sólo evocar el pasado, participan en la creación de un presente compartido y de horizontes comunes; interespecie, holobiontes. Nuestro archivo vivo (anarchivo, antiarchivo, archi-bio, contra-archivo) está formado por producciones colectivas, sus procesos y narrativas, así como por guías y modos de hacer que podrían ser útiles para otras comunidades creativas.

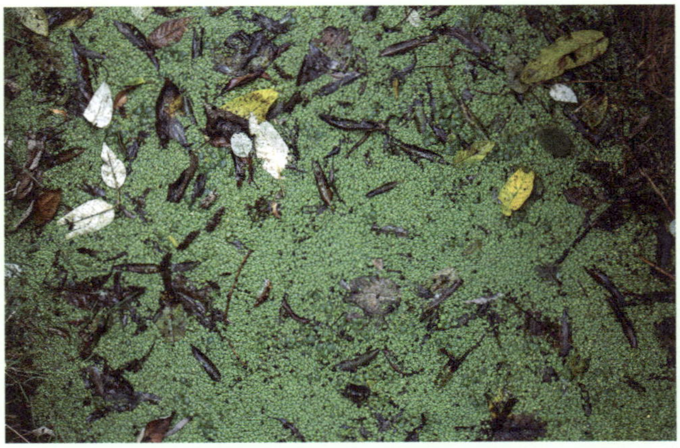

Mantillo. La unidad de la vida y la muerte en la diosa composta.

Autocultivo alimentario. Hace casi diez años comenzamos a organizarnos en torno a la alimentación, inicialmente a través de una cocina colectiva-comedor comunitario en el norte de la ciudad, vinculados con la producción y distribución de verduras en las zonas agrícolas del sur de la cuenca. Durante este trayecto hemos aprendido junto a maestros agricultores y guardianes de semillas, algunos de ellos también en procesos de reconexión con sus propias ancestrías y prácticas de cultivo. Actualmente somos parte de una red autoorganizada en torno a la siembra y el cuidado compartido de la tierra. Nos guían las formas tradicionales de policultivo y mutualismo —como, aunque no exclusivamente, la milpa—, la búsqueda de alternativas a las lógicas agroindustriales, el respeto por la biodiversidad y el compromiso de cuidar las semillas nativas y libres.

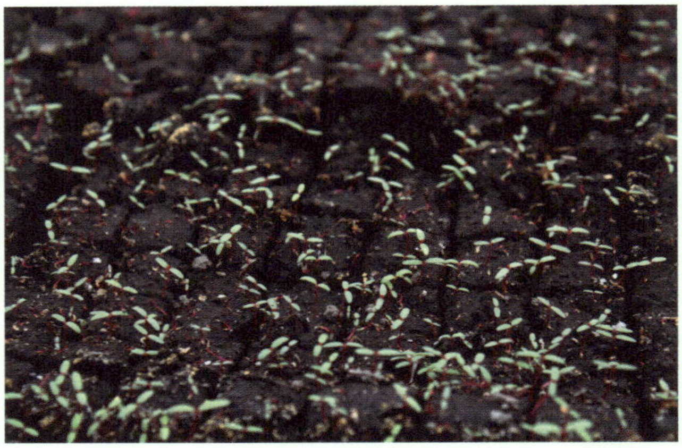

Verdolaga naciente. Las semillas originarias son promesa de futuro.

Complejidad. Exploramos formas de relación que nos permitan mirar más allá de lo humano, poniendo atención a las ciclicidades y diversidades. Nos reconocemos desde las divergencias, más allá de las dicotomías morales o identitarias. Buscamos la escucha, la humildad y el diálogo en la diferencia, promoviendo la sanación colectiva. Asumimos el compromiso de abordar los conflictos reconociendo y combatiendo las inequidades estructurales. Defendemos la capacidad de las personas para aprender, transformarse, establecer límites y alcanzar acuerdos.

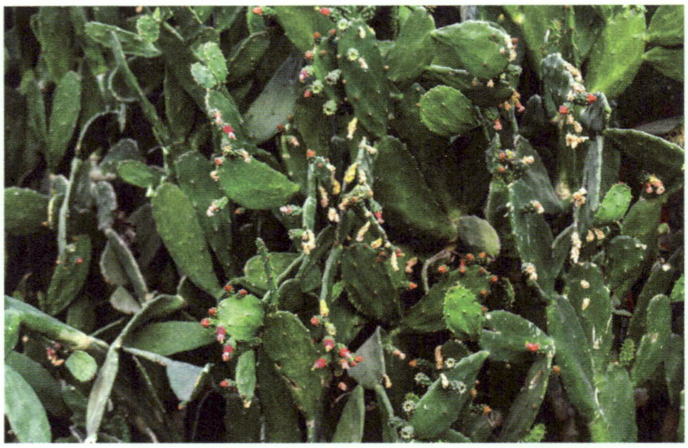

Nopal. Hemos de cosechar esas tunas aunque nos espinemos las manos.

Economías solidarias. Frente a las múltiples precarizaciones impuestas por el capitalismo y otros sistemas de opresión, apostamos por reconocer la interdependencia de nuestros quehaceres, afectos, salud y subsistencias. A través de la colectivización de infraestructuras y recursos, buscamos generar formas de hacer mundo que prioricen la dignificación de labores por encima de la producción de riqueza.

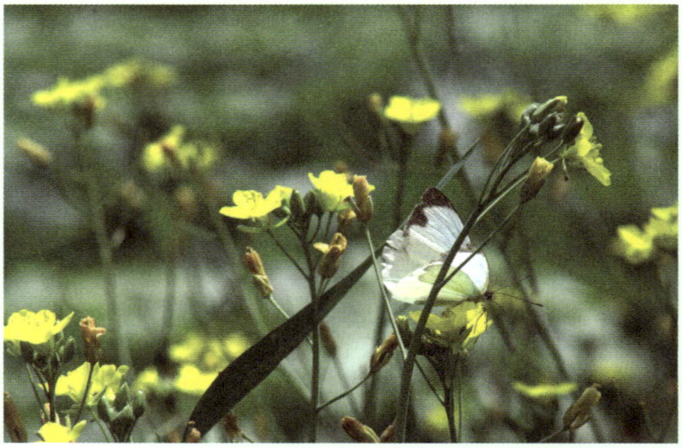

Floración y polinización. Procesos de interdependencia para la continuidad de la vida.

GLOSARIO HERBAL

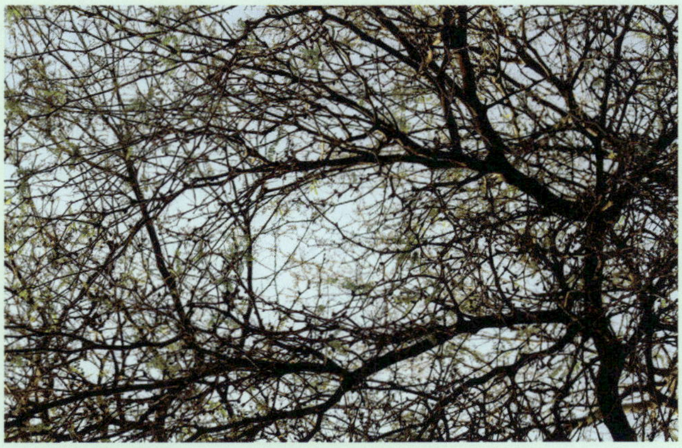

Mezquite. Tramas y redes para habitar.

Fuerza colectiva. Nuestro cuerpo organizativo tiene como corazón el cultivo mutuo con la tierra a través de tekios, jornadas de trabajo colectivo por un bien común. También participamos en la creación y el sostenimiento de cooperativas autogestivas y procesos de aprendizaje compartido, como veredas entrelazadas que, según nuestros entendimientos, son parte de la creación de otros mundos posibles.

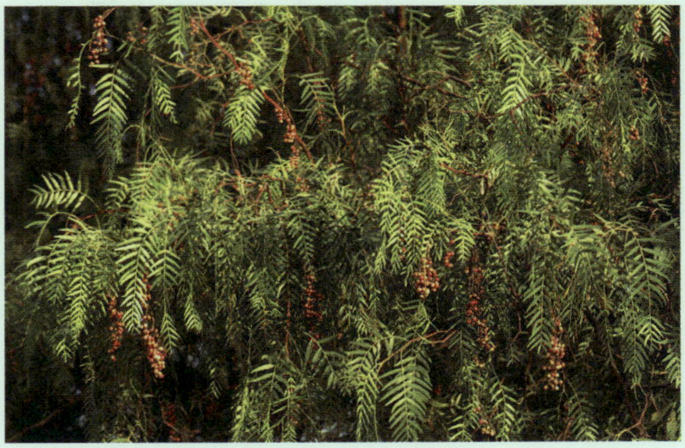

Pirul. Encuentro a mi abuela en tus esencias.

Saberes "de antes". Las agroculturas que nos motivan y convocan están enraizadas en las ancestralidades originarias y campesinas de nuestras familias y territorios. Estos conocimientos dialogan y resuenan con otras posibles guías e involucramientos con la tierra, las aguas y las plantas, con el fin de generar alternativas que nos permitan alejarnos de los sistemas dominantes, basados en la explotación, extracción, devastación y despojo.

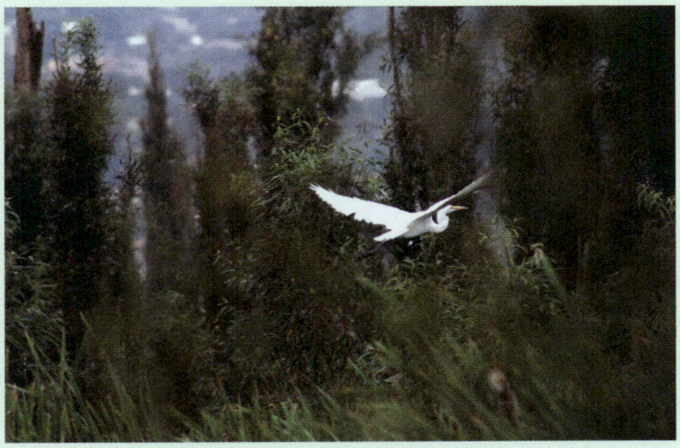

Garza y ahuejotes. Las aves no conocen fronteras.

Translocalidad. Creemos en el intercambio de ideas y experiencias que trascienden las divisiones impuestas por los Estados-nación. Reconocemos y valoramos la dignidad de las diásporas, así como la pluralidad y fluidez de las identidades. Participamos en acciones de solidaridad y cooperación entre comunidades y movimientos de diversas partes del mundo.

COYOTL + MACEHUALLI
LOS ANGELES

Coyotl + Macehualli is a community organization focused on education, environmental protection, and land stewardship in El Sereno and Northeast Los Angeles. Cofounded by Brenda Contreras and Micah Haserjian, the group formed in response to a developer's plan to build luxury homes on a hillside behind their residence, threatening a crucial community of black walnut trees. These trees are central to the local ecology and have come to symbolize the experiences of displaced NELA residents. Since 2022, Coyotl + Macehualli has served on the Organizing Committee of the Takaape Waashut NELA Black Walnut Day Celebration, an annual gathering at Ascot Hills Park that promotes the ecological and political significance of the black walnut through nature walks, bike rides, art workshops, propagation activities, and collective ceremonies. Botanical illustrations of the black walnut and activist graphics by associated artists on view promote environmental conservation as a way of fighting for housing security, land reclamation, and climate justice. Currently, the organization has around 100 members. In the Indigenous Nahuatl language, the term *coyotl* translates to "coyote," while *macehualli* signifies an "Indigenous person."

Es una organización comunitaria enfocada en la educación, la protección del medio ambiente y la administración de la tierra en El Sereno y el noreste de Los Ángeles (NELA). Cofundada por Brenda Contreras y Micah Haserjian, se formó como respuesta a un plan inmobiliario que pretendía construir viviendas de lujo en una ladera detrás de su casa y amenazaba una comunidad crucial de nogales negros. Estos árboles son fundamentales para la ecología local y simbolizan las experiencias de los residentes de NELA que han sido desplazados. Desde 2022, Coyotl + Macehualli ha formado parte del comité que organiza la celebración anual del Día del Nogal Negro/ Takaape Waashut en NELA, en el Parque Ascot Hills, que promueve la importancia ecológica y política de este árbol mediante caminatas por la naturaleza, paseos en bicicleta, talleres de arte, actividades de propagación y ceremonias colectivas. Las ilustraciones botánicas del nogal negro y los gráficos de artistas asociados promueven la conservación del medio ambiente como una forma de lucha por la seguridad de la vivienda, la recuperación de tierras y la justicia climática. En la actualidad, la organización tiene casi 100 miembros. En náhuatl, *coyotl* significa "coyote", y *macehualli*, "indígena".

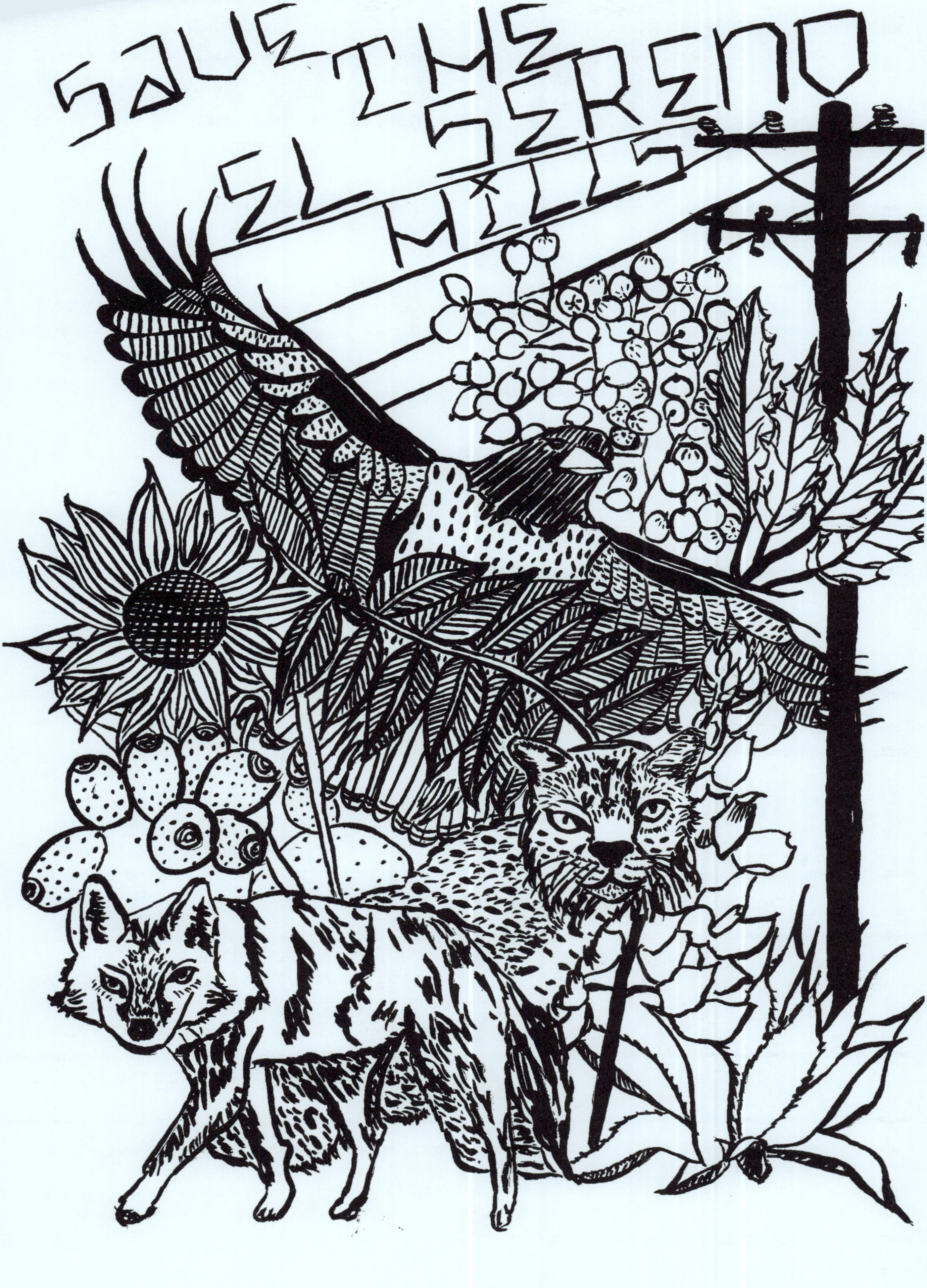
SAVE THE
EL SERENO
HILLS

COYOTL + MACEHUALLI

TIMELINE

1910-2019

- 1910 Chinatown
- 1913-1930 Sonoratown
- 1951-1961 Chavez Ravine: La Loma, Bishop and Solano
- 1961-1972 East LA Interchange
- 1955-1999 Bunker Hill Redevelopment
- 2007 LA River Revitalization begins
- 2015 USC Life Science Campus: Biotech corridor begins

2019

- Organizing against the Moffat St Project begins

2020

- 200+ community members called or wrote in against Moffat St Project
- Eastern/Lombardy East Los Angeles Planning Commission Hearing held. Public comments suppressed.
- Moffat St Planning Commission approved project

2021

- Incorporation of C+M as a 501(c)(3)
- Moffat St Lawsuit filed
- Eastern/Lombardy Lawsuit filed
- Native Plant Garden at Eastern/Lombardy founded. Blessing by Tina Calderon Tongva/Chumash

2021

- Urban Tree Nature Walk
- Letter Writing Campaign
- Won demurrer Eastern/Lombardy

2022

- Held community activating meetings
- Black Walnut Propagation Group formed
- Reported illegal cutting of protected Black Walnut trees
- Supported in coordinating NELA planning and development speak out with Eunisses Hernandez
- 1st Annual Takaape' Waashut NELA Black Walnut Day
- Won Eastern/Lombardy Lawsuit
- Planning Commission Action on Black Walnut Tree Protections. 1.5 hours of public comments
- High Country News Article highlighting C+M's work published (Dec 22nd)
- Filled appeal for Moffat St Lawsuit

2023

- Protested Eastern Ave Multimodal Project Plans to influence inclusion of E/L community garden and native street trees
- 2nd Annual Takaape' Waashut NELA Black Walnut Day
- Expanded educational outreach to Southeast LA
- Eastern Lombardy Appeal Hearing. Results TBD
- Settlement of Moffat St Lawsuit - 12 month period purchase agreement reached for hillside land return
- Fundraising and grant applications for \$1m purchase and subsequent rematriation of Moffat hillside to Tongva Taraxat Paxaavxa Conservancy

2024

- 3rd Annual Takaape' Waashut NELA Black Walnut Day

TALKING MAP

By:

¡ urquiza !
design + communications

The Talking Map is a collaborative effort between the Northeast Los Angeles (NELA) community, and organizers working within land use, development, and housing. The map was recently expanded to include Boyle Heights and East L.A. The Community Engaged Research project (CER) , facilitated by John Urquiza of the Northeast Los Angeles Alliance, uses maps for identifying resources and strengthening community knowledge, in opposition to the extractive ways colonizers used maps to claim indigenous land. The original research team includes students from Sotomayor High School, Lincoln High School, and Occidental College. Additional collaborators involved in the expansion of the map include Omar Ureta, The Sidewalk LA; Rosanna Esparza Ahrens, Tonalli Studio; Michael Hasserjian, Coyotl+Macehualli; Silva Blackstone, and Sin Turistas, among others.

Layer 01

- City Grid and Waterways.
- Red Line: Takaape' Washuut/Black Walnut Trail.
- Light Green: Protected green space.
  City and state owned and managed parks and recreation uses. Some city sites with good community cohesion have strong community park advisory boards.
- Dark Green: Nonprofit owned and maintained. Indigenous land return.
- Digging Tools Icon: Community gardens.
  Gardens identified as part of the City of Los Angeles Garden Program which grants vacant city lots to communities for gardens. Many other smaller gardens exist outside of this system where title is held by private parties.

(a) Elyria Canyon & Elephant Hill, owned and maintained by Mountains Recreation & Conservation Authority (MRCA)
(b) Ascot Hills Park, owned and maintained by City of Los Angeles and Park Advisory Board
(c) Flat Top Open Space owned maintained by North East Trees
(d) Chief Yaana' Learning Village, owned and maintained by the Gabrielino Shoshone and Anawakalmekak School
(e) Coyoacatzin as of this printing is in the process of being acquired by Coyotl+Macehualli in a Land Return to the Tongva Land Conservancy.

Northeast Los Angeles (NELA) is as diverse in its landscape as it is culturally. It encompasses two historic Tongva villages, the 'Ochuunga in El Sereno and the Hahamongna along the Arroyo Seco. There are hundreds of acres of undeveloped land and open space at risk. A soft clay-like soil from being under the ocean millions of years ago has made it difficult to build on these hillsides. Present day Northeast LA Community Plan mandated these hills be preserved where possible. NELA is caught between impending economic gentrification, as many communities are facing, and the potential for green gentrification through our open space resources. Coyotl+Macehualli and the many groups of NELA seek to preserve native habitat, restore land ravaged by colonial cattle ranching and urban development, and return land sovereignty to the Tongva. Los Angeles faces unprecedented displacement not seen since the urban renewal of the 70s. Preserving open space and removing it from the speculative market while stopping luxury developments supports a more equitable housing movement. This map indicates the different models of environmental land preservation in NELA.

This map layer highlights environmental land preservation models in NELA. The red line indicates the unfinished Takaape' Washuut/Black Walnut Trail developed by the NELA Black Walnut Day Committee to link the hills and ten communities of NELA and raise awareness of the protected tree. The Tongva tribe sees the Black Walnut as a relative they share the world with, it gives us food, natural dye, and medicine. The protected tree is resilient to the seasonal wildfires of California and is a symbol of resilience against displacement as it has survived colonization.

Layer 02

- Salmon: Unprotected and unmanaged green space.
  About a hundred acres of threatened open space land/parcels near or adjacent preserved land and harmful developments.
- Aqua: Proposed development projects in various stages.
  Denotes parcels with development plans attached to them. Some have become dormant because the developer has lost interest or gone bankrupt in one case. Some are located in dense urban areas and represent a threat to housing instability.
- Red: USC Health Science Campus expansion.
  Indicates the University of Southern California billion dollar Health Science Campus expansion, one of the largest active economic drivers of development, gentrification and indirect displacement in NELA.

These are a fraction of the luxury developments in NELA, but represent the immediate threats. Many are located in open space and wildlife habitats. All are located in low-income neighborhoods and threaten indirect displacement by raising the perceived value of land, thereby increasing the rents. These projects represent 53 acres of the highest threat where actual developments are proposed. These projects also have a base of community members willing to resist the development in the planning department or a lawsuit. One hundred acres are identified as threatened by their proximity to preserved land and development projects. Unfortunately, not mapped out yet, are another hundred acres in the hands of private developers.

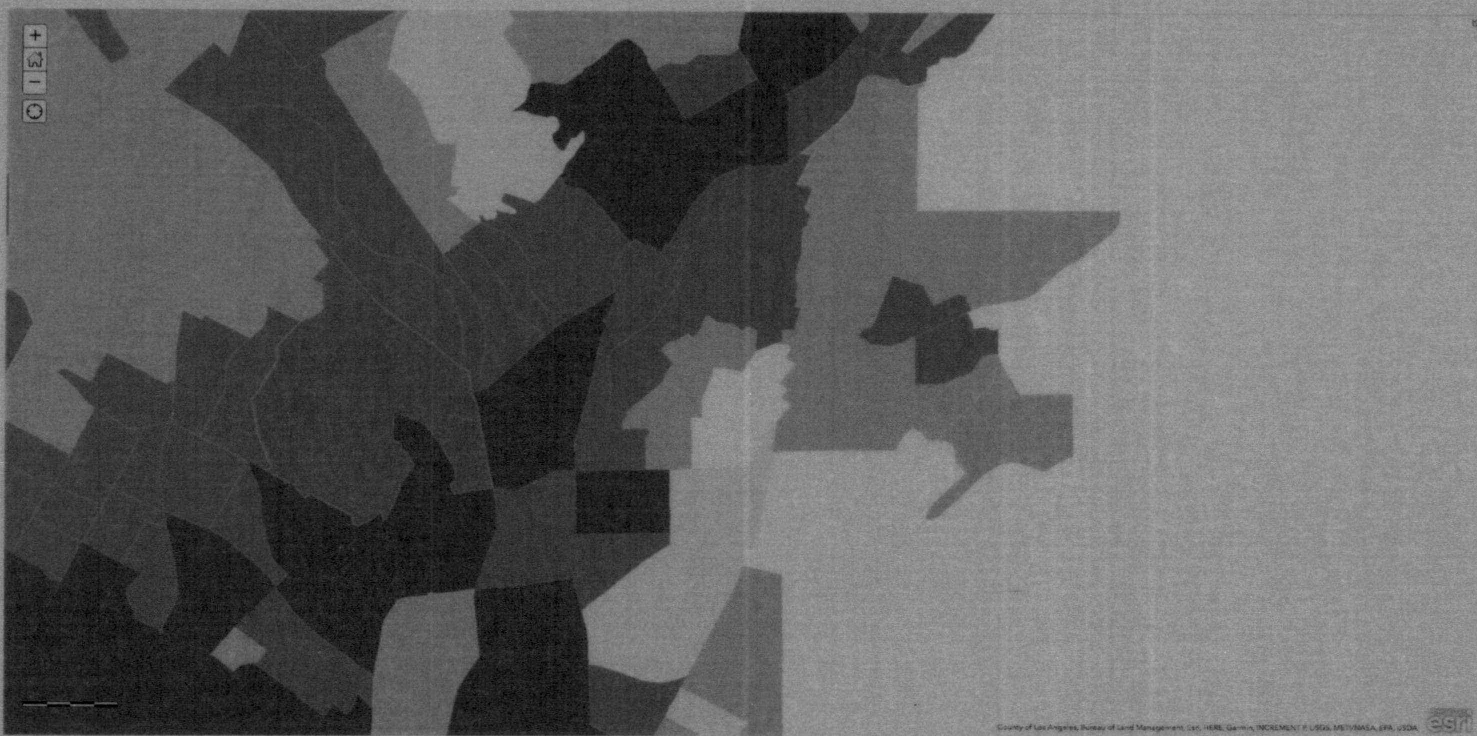
County of Los Angeles, Bureau of Land Management, Esri, HERE, Garmin, INCREMENT P, USGS, METI/NASA, EPA, USDA

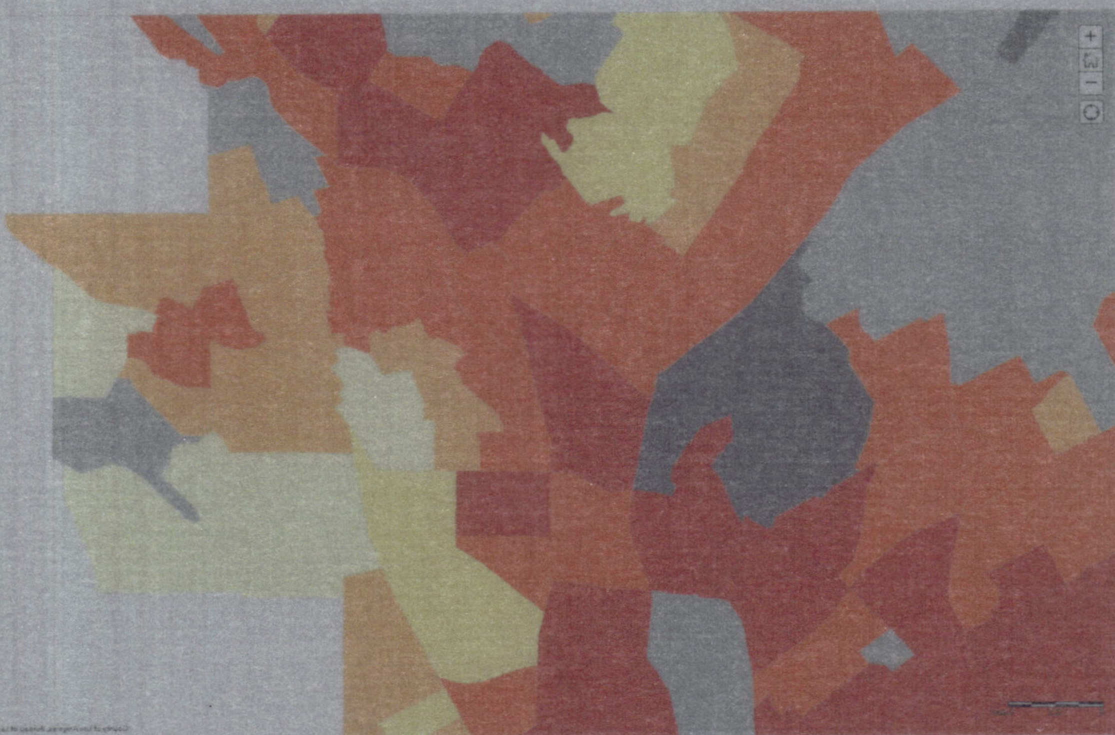

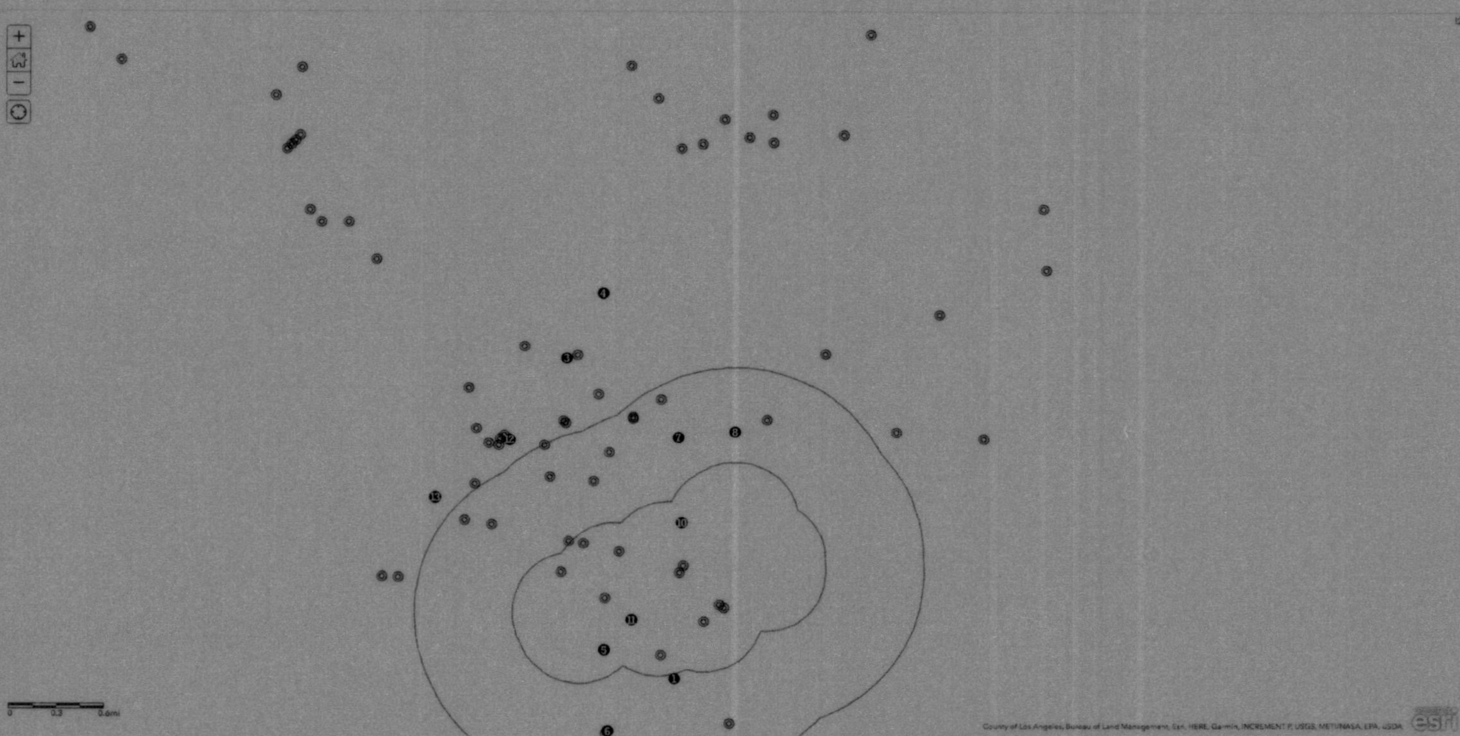
0
0.3
0.6mi
County of Los Angeles, Bureau of Land Management, Esri, HERE, Garmin, INCREMENT P, USGS, METI/NASA, EPA, USDA
esri

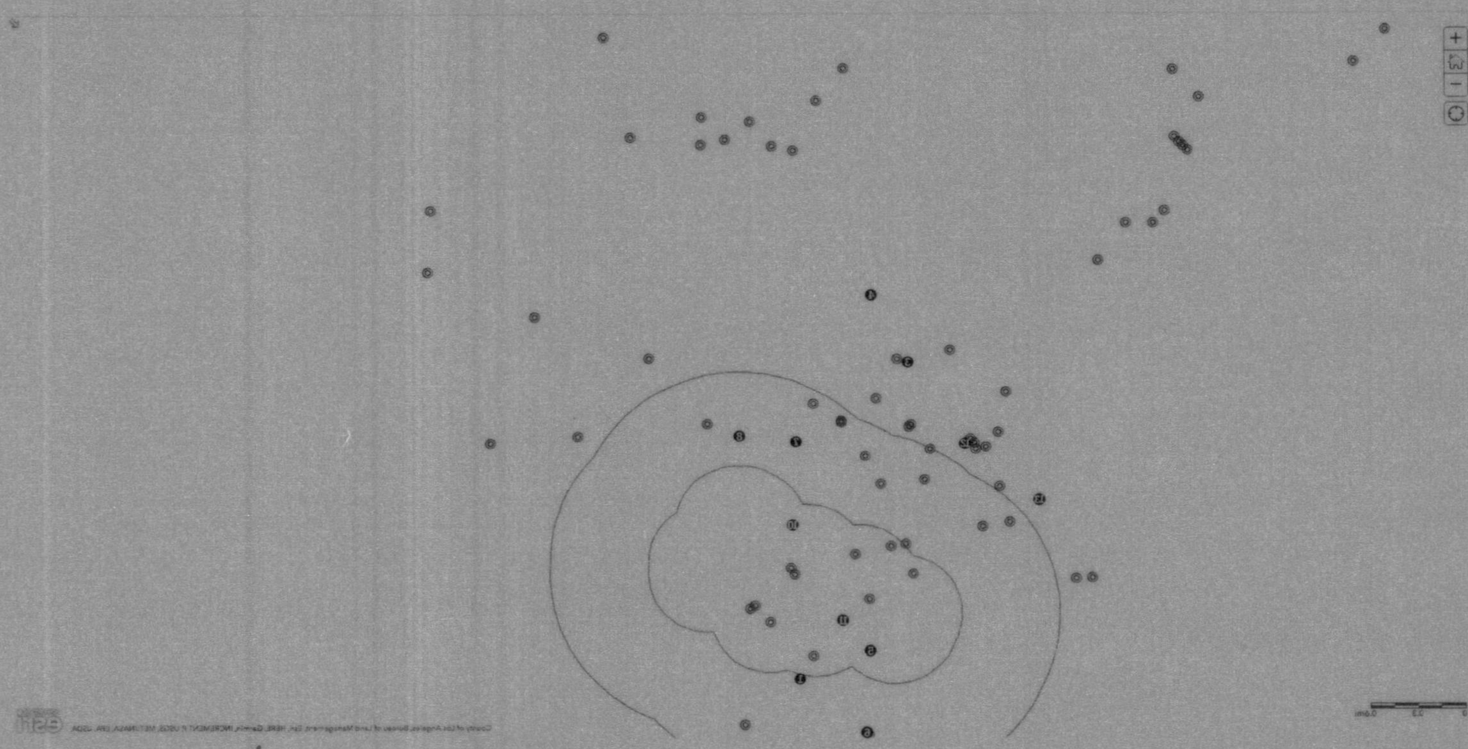

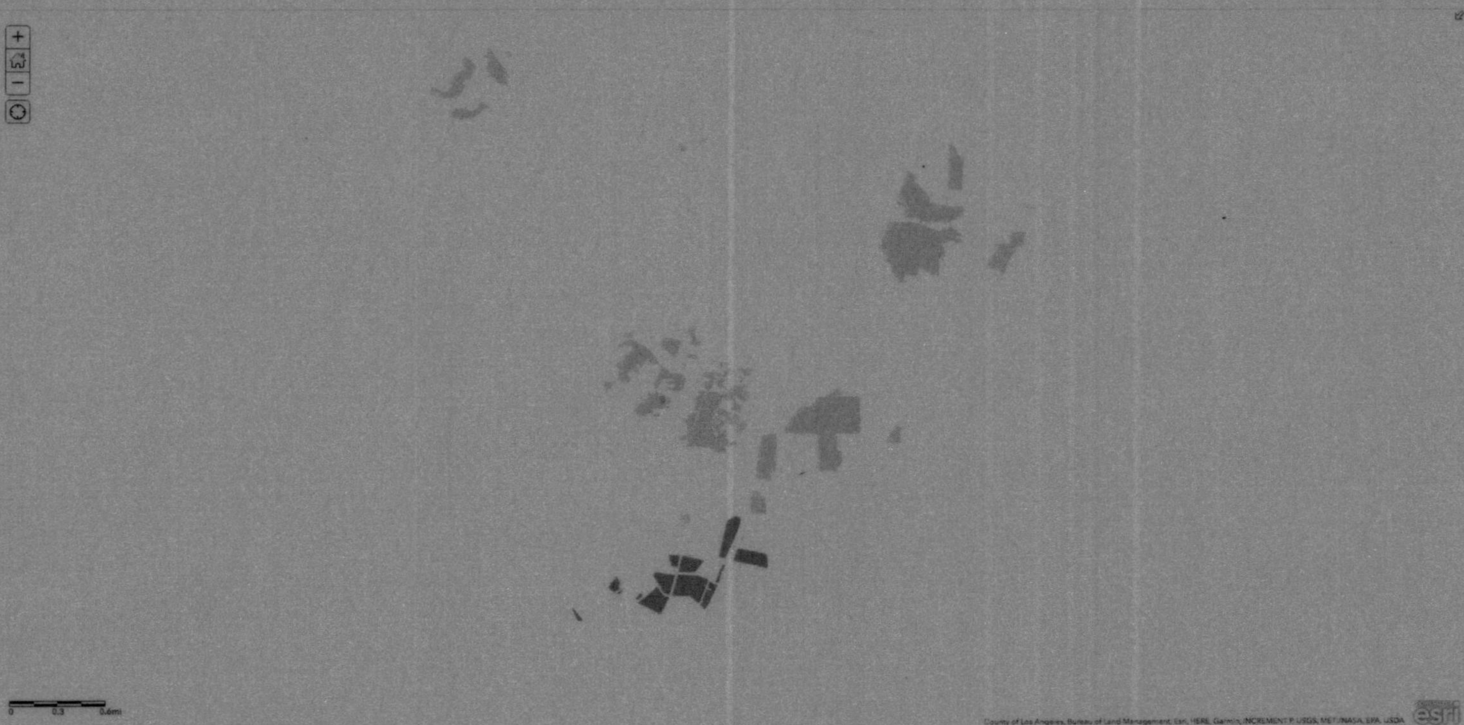
0 0.3 0.6mi
County of Los Angeles, Bureau of Land Management, Esri, HERE, Garmin, INCREMENT P, USGS, METI/NASA, EPA, USDA

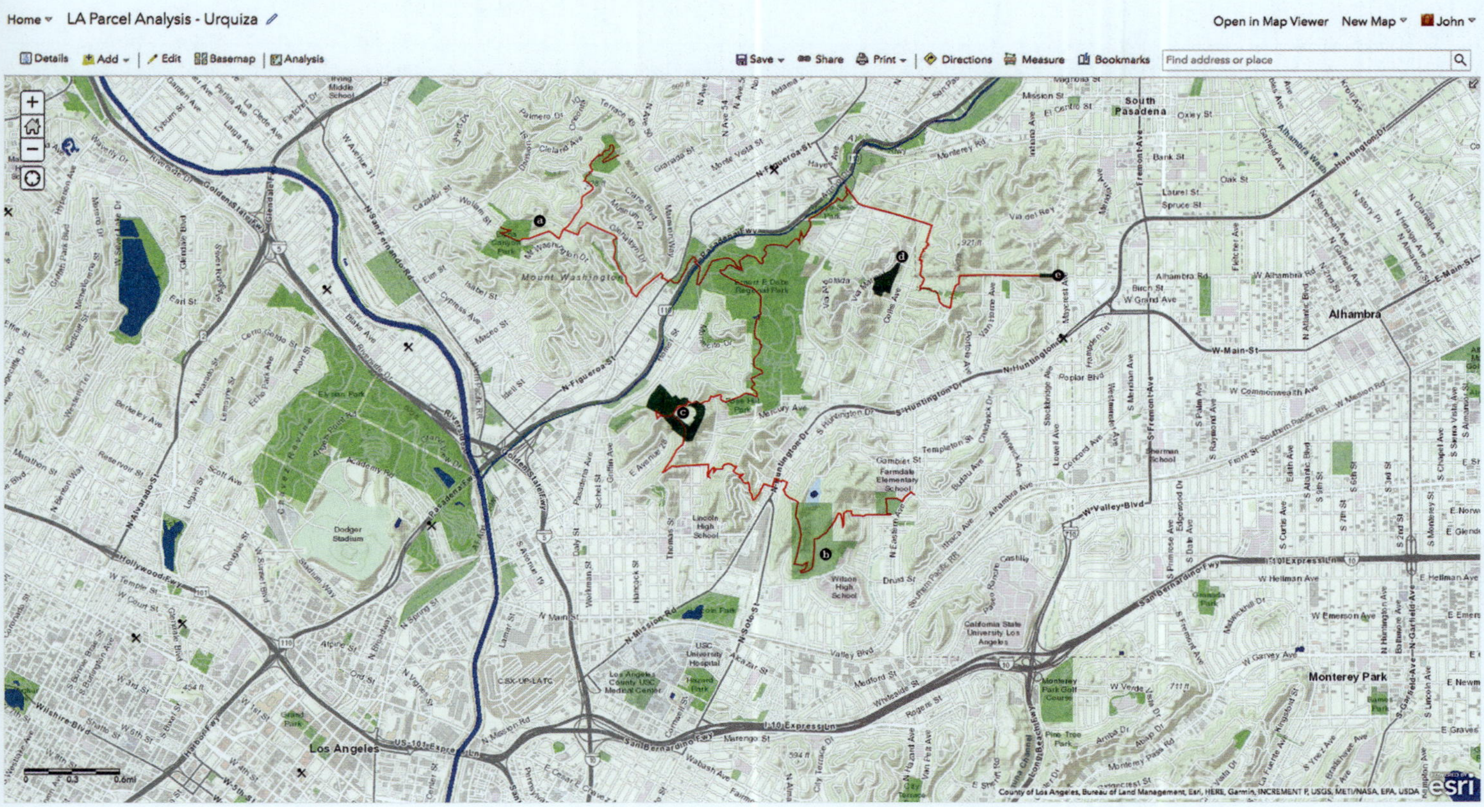
Home
LA Parcel Analysis - Urquiza
Open in Map Viewer
New Map
John
Details
Add
Edit
Basemap
Analysis
Save
Share
Print
Directions
Measure
Bookmarks
Find address or place
South Pasadena
Alhambra
Mount Washington
Dodger Stadium
Monterey Park
Los Angeles
County of Los Angeles, Bureau of Land Management, Esri, HERE, Garmin, INCREMENT P, USGS, METI/NASA, EPA, USDA
esri

Layer 03

- Red Bubbles: USC 1980 foot impact buffer and 5280 foot impact buffer.
- Targets: Project threats. Lincoln Heights Community data.

Community field surveys started in 2017, and thereafter from monitoring planning commission agendas identifying potentially harmful projects. They are evaluated for their impact and those found harmful are prioritized for community outreach. Many older projects are in construction or complete, while others have gone dormant as a result of litigation or economics. These NELA development projects are contributing to the displacement by their economic relationship or proximity to USC Health Science Campus.

(1) Hilton Hotel
(on soto st.)

(2) The Hatch
(biotech incubator labs)

(3) Ave 34
(484 market rate/luxury units)

(4) NELA Plaza
(100 condominiums)

(5) State Street
(85 market rate units)

(6) Ceasar Chavez
(55 luxury apts)

(7) Paradise Hill
(70 market rate homes)

(8) Onyx Drive
(32 luxury homes)

(9) Eastern / Lombardy
(42 $1.3 million dollar homes)

(10) Mission Road
(184 market rate units)

(11) General Hospital Renovation
(800 market rate/luxury units and shopping mall)

(12) 200 Room Hotel
(luxury hotel next to St Vincent Society)

(13) Chinatown Lofts
(920 luxury lofts

The red outlines are impact buffers for the USC Health Science Campus Expansion. Initially regarded as Rent Burden Buffers (RBB) for typical developments, RBB suggests rent increases in proximity to a new luxury development. The USC $200 million dollar investment in just one building has dramatically increased the buffers in an attempt to assess a fair sampling of the community. The 1980 foot buffer or the inner ring is considered a walkable community. The second ring, a 5280 foot buffer, is a negotiated compromise between an Eastside coalition fighting for equity with USC. There is a third impact ring not shown that is 13,200 feet or 2.5 miles and reaches to the Unincorporated Los Angeles, South Pasadena and overlaps with the South LA Campus buffer affecting over 1,000,000 people. USC acknowledges this buffer as the extent of their influence in an agreement with LAPD. USC Department of Public Safety (DPS) is given policing powers for this enormous impact buffer to protect USC resources, staff and students. Ironically, they refuse to take responsibility for economic impacts in any buffer.

These buffers illustrate the depth of impact on the community. As you read through the list of developments that are creating indirect displacement, many are driven by their proximity to USCs Health Science Campus' need to house doctors and students. These outside projects seek to exploit the investment, students and employees of USC, and the social capital of the community, including its culture.

Layer 04

Los Angeles Index of Displacement Pressure

- Red: Very High threat
- Orange: High threat
- Light Orange: Medium threat
- Gold: Medium-Low threat
- Light Yellow: Low threat
- No Color: Above income threshold or not evaluated

The Los Angeles Index of Displacement Pressure was created as a point in time study by then Mayor Eric Garcetti's Innovation Team. The index primarily uses data from 2012-2015 and was updated in 2019. The GIS map measures data at the census tract level to predict where displacement may occur. Data sources include median income, investment, projected housing price gains, and proximity to recently changed areas among other data. The city planning department does not always acknowledge the index, nor that they create displacement.

GUARDE LA FECHA

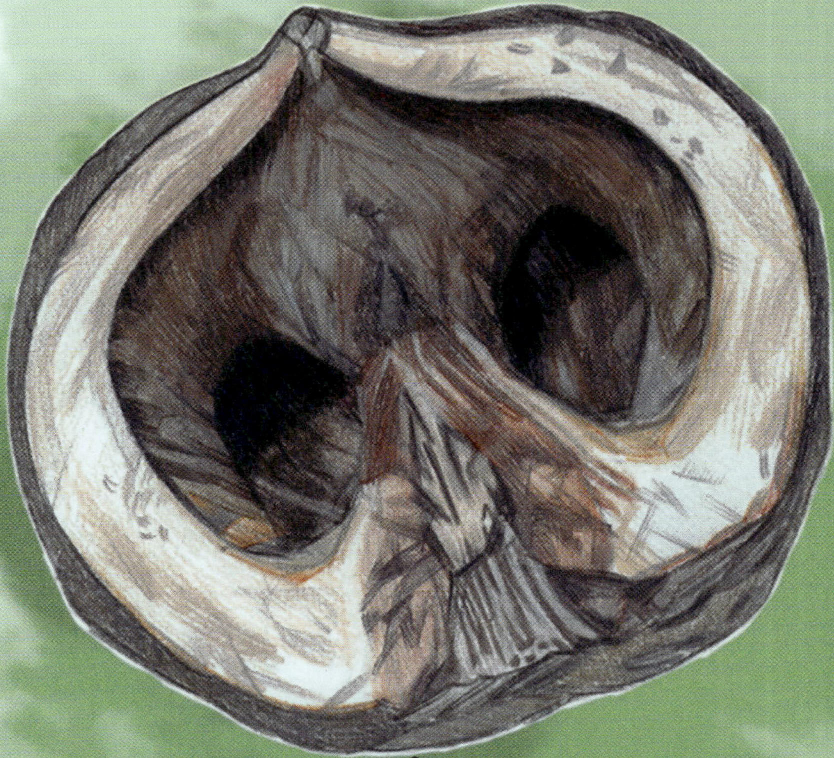

TAKAAPE'WAASHUT

NORESTE DE LOS ANGELES

DÍA DEL NOGAL NEGRO 2023

DOMINGO 17 DE SEPTIEMBRE

8:00 AM TO 2:00 PM

ASCOTT HILLS PARK, OCHUUNGA

EL SERENO

PARA LA NATURALEZA

PUERTO RICO

para la Naturaleza

Founded in 2013, Para la Naturaleza is a nonprofit organization committed to conserving Puerto Rico's ecosystems and biodiversity, addressing climate change, promoting stewardship of natural resources, and advocating for protective policies. With over forty years of collaboration with various organizations, Para la Naturaleza fosters an ecological culture that supports both natural and human well-being. The organization operates five nurseries, eight visitor centers, and thirty-three Resilient Community Centers established after Hurricane María. Key initiatives include Mapa 33, a digital application and ecological project aimed at protecting 33% of Puerto Rico's natural heritage, and Arte Para la Naturaleza, its artistic wing, offering exhibitions, residencies, and an art collection. Since 2021, the art residency program has invited artists to develop projects on the island that address global climate challenges and foster connections among people, places, and institutions. Participating artists include Luis Berríos-Negrón (2021), Mónica Rodríguez (2022), Camila Marambio (2023), Llaima Suwani Sanfiorenzo (2024), and Carolina Caycedo (2025).

Fundada en 2013, es una organización sin fines de lucro comprometida con la conservación de los ecosistemas y la biodiversidad de Puerto Rico en el contexto del cambio climático, que promueve la administración de los recursos naturales y aboga por políticas de protección. Con más de 40 años de colaboración con otras agrupaciones, fomenta una cultura ecológica que apoya el bienestar natural y humano. Para la Naturaleza opera cinco viveros, ocho centros de visitantes y 33 centros de resiliencia establecidos después del paso del huracán María. Entre sus iniciativas clave están Mapa 33, una aplicación digital y proyecto ecológico destinado a proteger el 33% del patrimonio natural de Puerto Rico, y Arte Para la Naturaleza, que ofrece exposiciones, residencias y una colección de arte. Desde 2021, el programa La Residencia ha invitado artistas a desarrollar proyectos acerca de los desafíos climáticos globales que fomenten las conexiones entre personas, lugares e instituciones. Los participantes han sido Luis Berríos-Negrón (2021), Mónica Rodríguez (2022), Camila Marambio (2023), Llaima Suwani Sanfiorenzo (2024) y Carolina Caycedo (2025).

MAPA-33

JUNTOS PODEMOS CREAR EL MAPA QUE QUEREMOS

para la Naturaleza

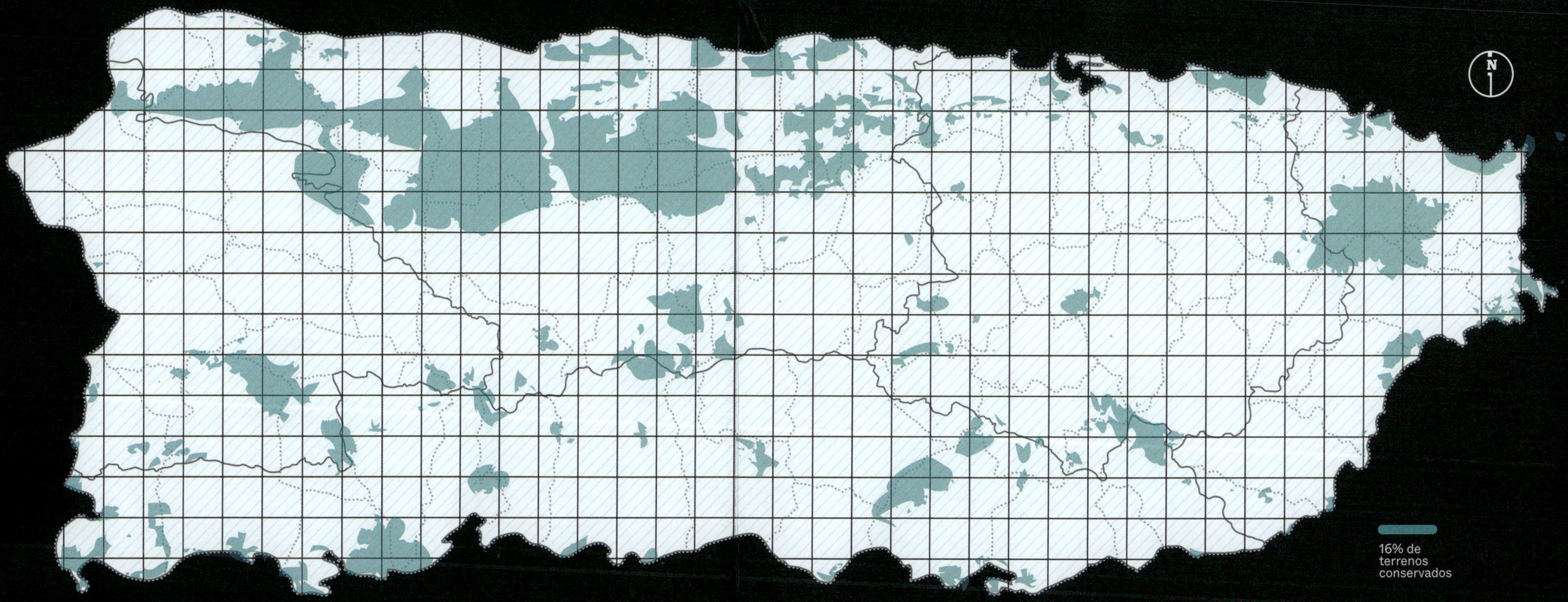

16% de terrenos conservados

Marca un lugar importante para ti y tu comunidad.

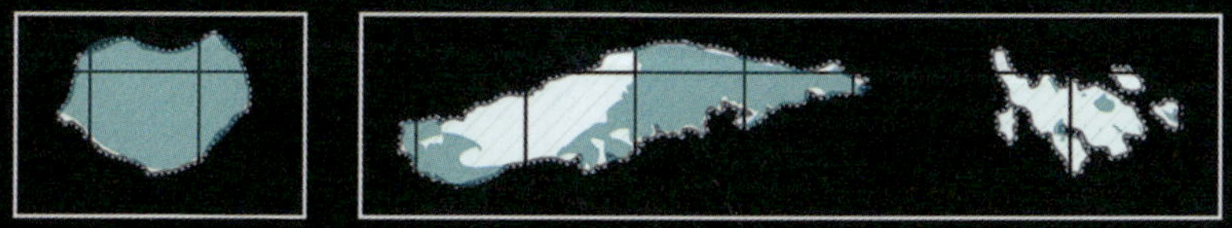

Haz tu propuesta de manera digital:

Escanéa el código con tu teléfono móvil y únete al Mapa-33.

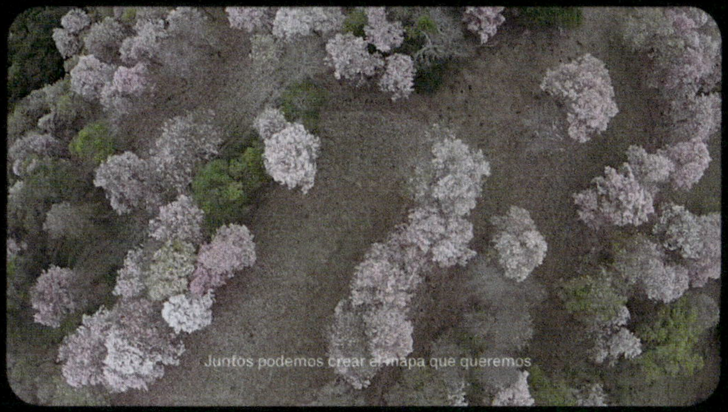

Juntos podemos crear el mapa que queremos

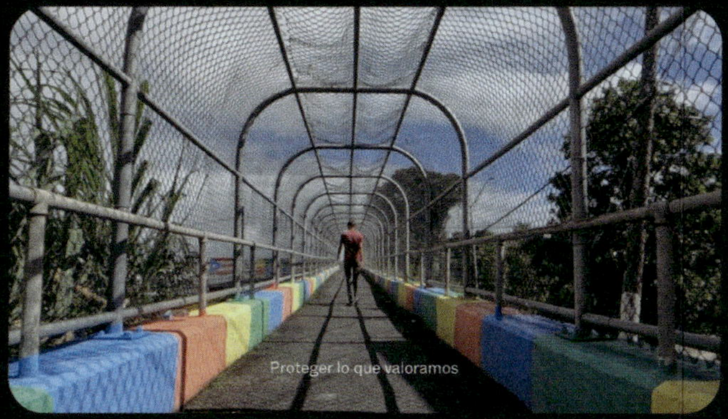

Proteger lo que valoramos

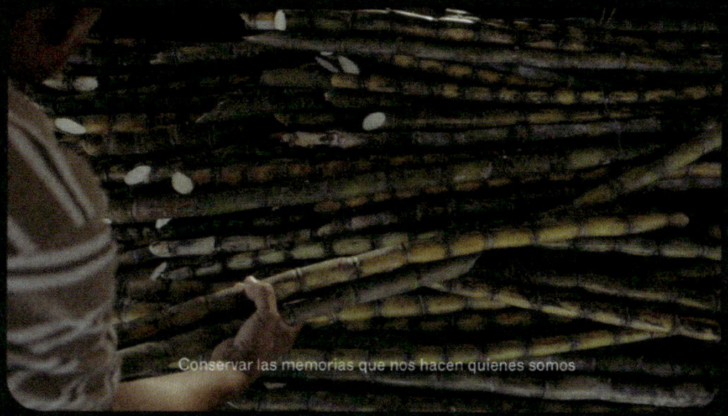

Conservar las memorias que nos hacen quienes somos

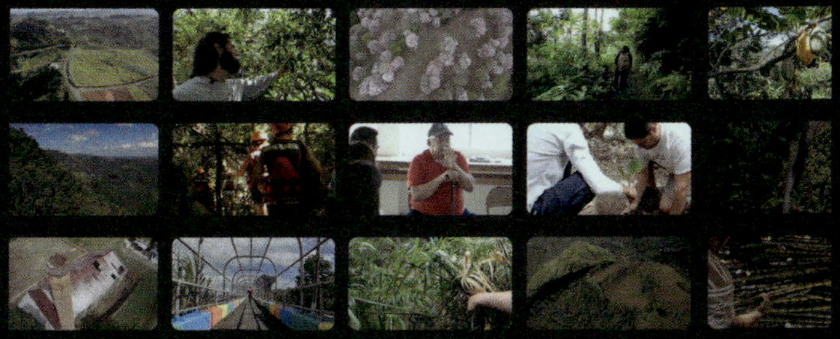

Conocer lo que todos queremos conservar

Major Achievements
of the Past Five Decades

With great joy, and reflecting on hurdles overcome and goals achieved, we share with you a short list of a long-run of accomplishments alongside our teacher and constant inspiration, nature:

50

1970
establishment Deed of Constitution of the Conservation Trust of Puerto Rico as a charitable trust

1972
La Parguera, Lajas (1,554.84 acres)

1974
Cañón San Cristóbal, Barranquitas (1,730.35 acres)

1975
Hacienda La Esperanza, Manatí (2,150.55 acres)

Las Cabezas de San Juan, Fajardo (431.77 acres)

1977
Punta Guaniquilla, Cabo Rojo (473.10 acres)

1985
Hacienda Buena Vista, Ponce (630.75 acres)

1989
Árboles+Árboles

1990
Pterocarpus Forest, Humacao (886.76 acres)

1991
Casa Ramón Power y Giralt, Old San Juan (0.12 acres)

Conservation Easement Punta Ballena, Guánica (162.89 acres)

1992
Scenic Easement Montes Oscuros, Salinas (7,279.92 acres)

1993
first Nature Immersion Summer Camp

1995
AMIGOS Program is established

1999
PR government commits allocating $0.46 per gallon of the Rum Cover-Over to PRCT

2000
Río Encantado, Ciales (2,150.55 acres)

2004
Cuevas El Convento, Peñuelas-Guayanilla (975.24 acres)

2006
Antiguo Acueducto de Río Piedras, San Juan (9 acres)

2007
Puerto Rico Shines Naturally

2008
Medio Mundo y Daguao, Ceiba (7,279.92 acres)

2009
Ecodetours

2010
Las Lunas, Caguas (2,150.55 acres)

Citizen Science Program

2012
El Conuco, Cabo Rojo (255.88 acres)

Puerto Rican crested toad reintroduction

La Robleda, Cayey (255.12 acres)

Land Trust Alliance Commission Accreditation

2013
Para la Naturaleza, new unit launching, new branding

Marín Alto, Patillas (225.18 acres)

Conservation Easement María Luisa, Lajas (755.40 acres)

Map 33

2014
Community Conservation

Volunteer Program
Ojo de Agua, Juana Díaz (1,386.91 acres)

Punta Cabullones, Ponce (531.00 acres)

2015
Culebrita Lighthouse, Culebra (4.37 acres)

Land Use Plan

2016
Hacienda Pellejas, Adjuntas (1,331.96 acres)

2017
Land Trust Alliance Reaccreditation

Agroecology Program

2018
Hacienda Margarita, Lares (1,399.21 acres)

Resilient Community Centers

2019
Aviary Reconstruction for U.S. Fish & Wildlife Service

After School Program

Ecotono

2020
Puerto Rico Conservation Trust's Five Decade Anniversary

AComPAÑA Community Conservation Program

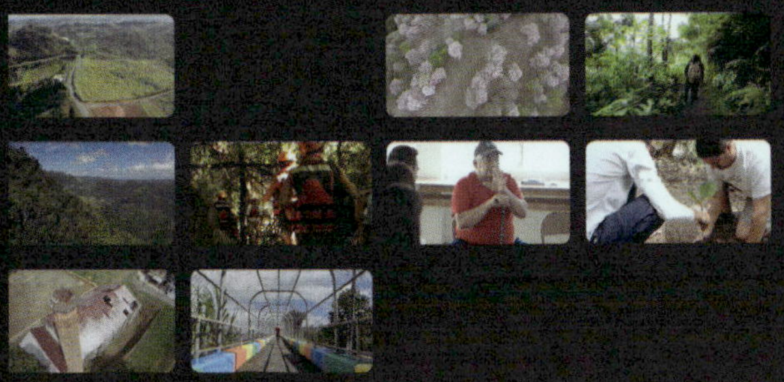

Si no protegemos lo que somos

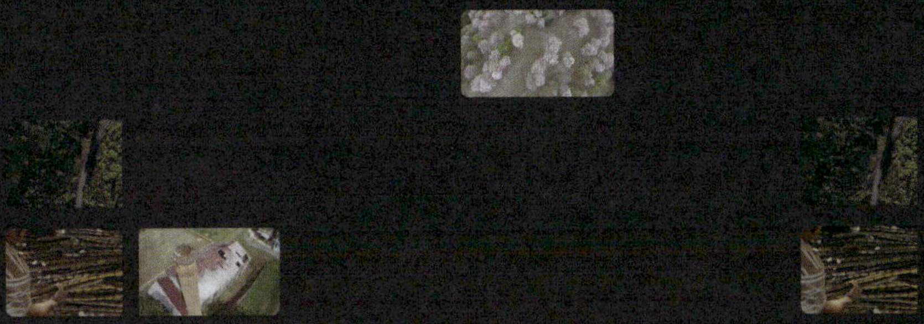

Si no conservamos lo que tenemos

¿qué nos queda?

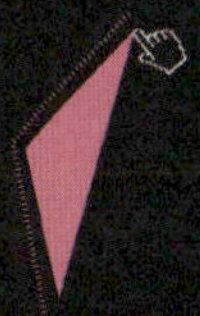

Necesitamos herramientas para conservar los terrenos.

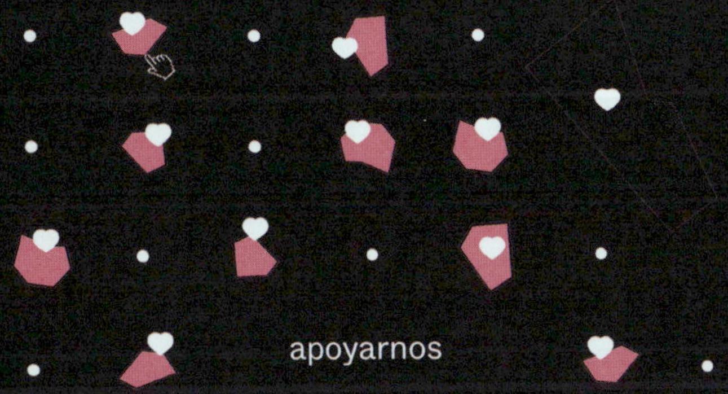

apoyarnos

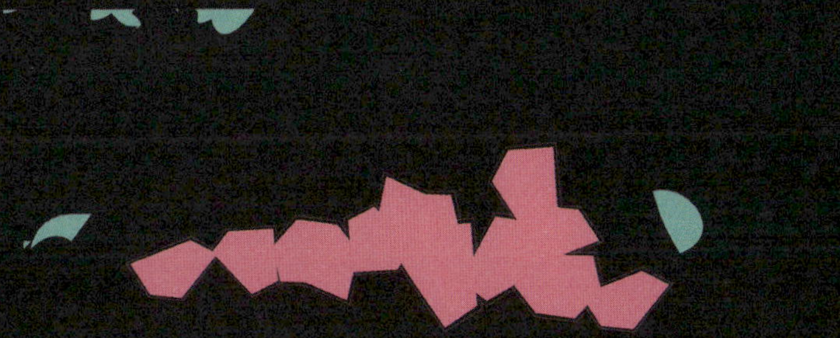

y conectar

Una plataforma digital de participación ciudadana

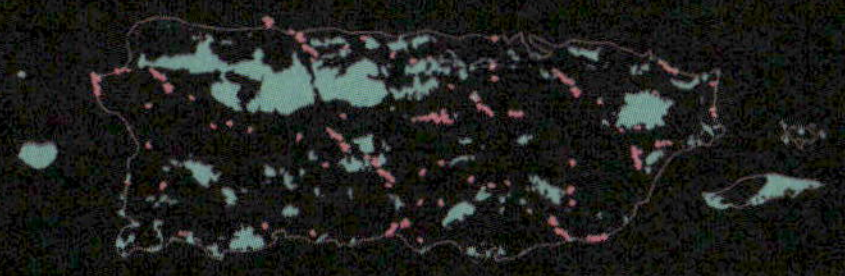

Para crear un mapa en comunidad.

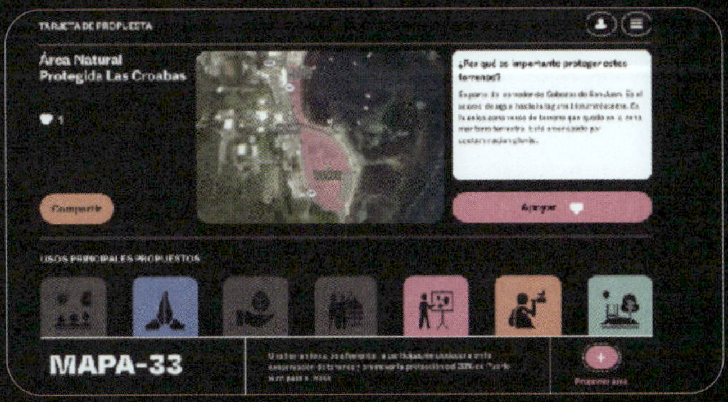

Donde puedes proponer terrenos importantes para tu comunidad

Apoyar y compartir propuestas para la conservación

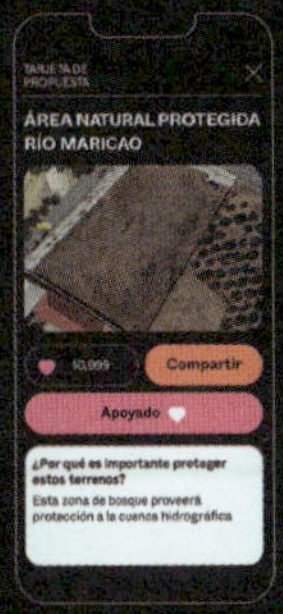

Calendario Ecológico

Una propuesta para religar el paso del tiempo con lo que ocurre en la naturaleza

www.paralanaturaleza.org

20
21

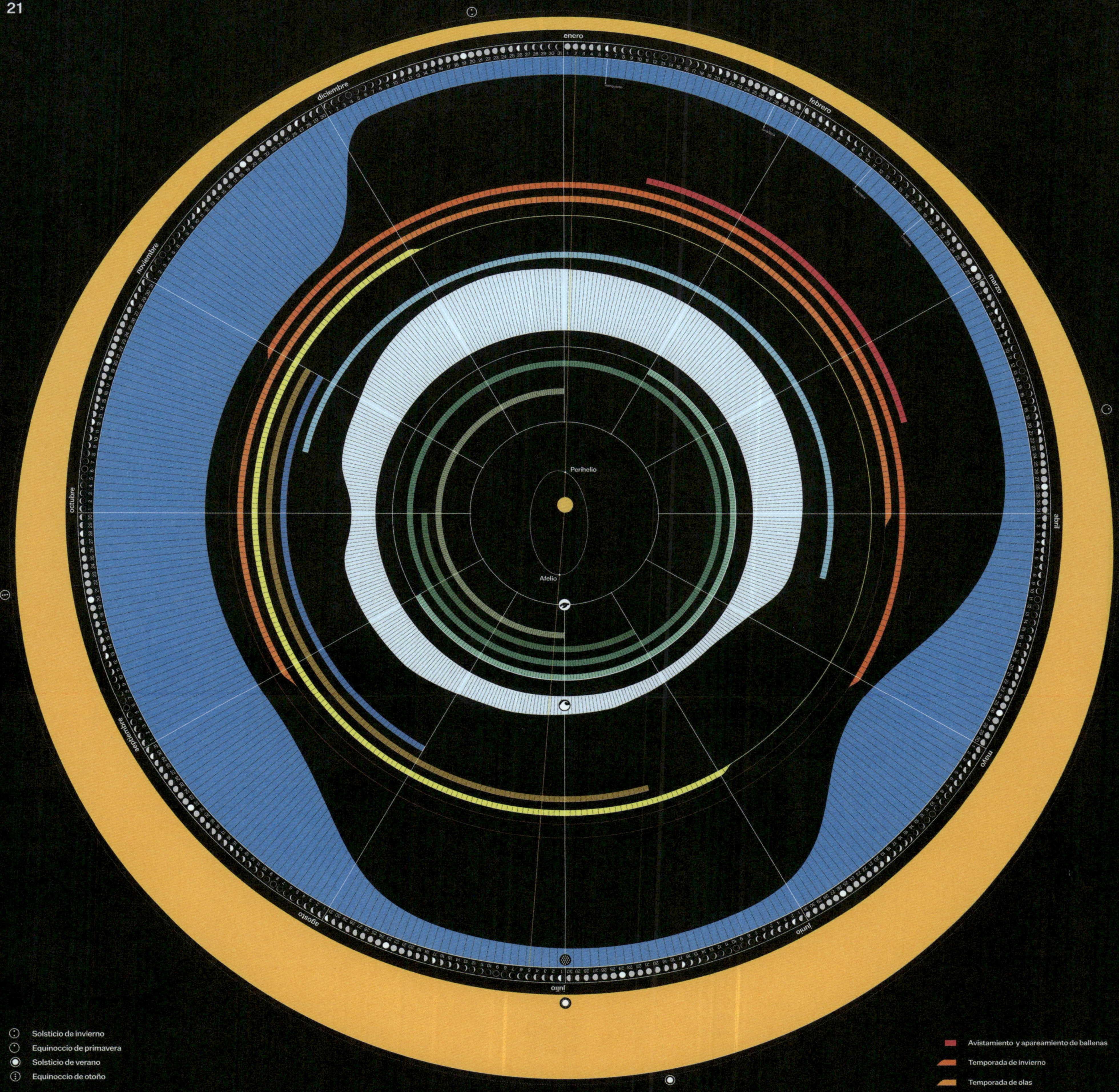

- Solsticio de invierno
- Equinoccio de primavera
- Solsticio de verano
- Equinoccio de otoño

- Avistamiento y apareamiento de ballenas
- Temporada de invierno
- Temporada de olas
- Temporada de huracanes
- Olas por vientos de sistema tropical
- Marejadas por sistemas tropicales
- Marejadas de invierno
- Anidaje de tortugas
- Tortuga golfina
- Tortuga verde
- Carey
- Tinglar

3
fenómenos físicos oceánicos que ocurren en Puerto Rico

4
especies de tortugas marinas y sus periodos de anidaje

Horas de sol

Precipitación

Altura de las olas

Un calendario es una herramienta cultural para representar el paso del tiempo a través de una serie de eventos comunes y recurrentes. Nos toca fijar la mirada sobre la naturaleza. El despliegue de este calendario será una invitación persistente a prestar cuidadosa atención al mundo natural, partiendo de los patrones ya observados o de eventos astronómicos predecibles. Si bien algunos elementos de la naturaleza continuarán siendo estables otros, como los patrones de lluvia y el comportamiento de especies, están siendo alterados por el cambio climático. Entre los elementos estables está representada con el color amarillo la distribución anual de horas de sol en nuestro archipiélago. Entre los que esperamos cambios significativos está la distribución relativa de la precipitación. También, en el centro está el sol, con una elíptica que ilustra la órbita terrestre.

Esta edición del calendario mantiene los anillos principales de horas de sol, precipitación, fases lunares, días, meses del año, afelio y perihelio. A estos anillos se le añaden como constantes las estaciones del año. En los meses de enero y febrero se señalan las fases principales de la luna. Partiendo desde el centro el calendario cuenta con 12 nuevos anillos, entre los que encontrarán las temporadas de anidaje de 4 especies de tortugas que anidan en nuestras costas; tinglar, carey, tortuga verde y la tortuga golfina. En adición cuenta con la temporada de avistamiento y apareamiento de la ballena jorobada.

En colaboración con el Sistema de Observación de Océano Costero en el Caribe Estadounidense (CARICOOS, por sus siglas en inglés) se presentan los datos de temporadas marítimas y fenómenos físicos oceánicos. Notarán las temporadas marítimas presentadas como anillos: temporada de invierno, olas y huracanes. Los fenómenos oceánicos representan datos de olas por vientos de sistema tropical, mareas por sistemas tropicales y mareas de invierno. La altura de las olas señaladas son estimados anuales basados en datos recopilados por boyas marinas localizadas en San Juan y Rincón.

Este Calendario Ecológico Para la Naturaleza es una propuesta cuyo propósito es invitarnos a observar con amorosa curiosidad el mundo natural y a religar nuestros días con lo que ocurre a nuestro alrededor.

para la Naturaleza

Calendario Ecológico

Una propuesta para religar el paso del tiempo con lo que ocurre en la naturaleza

www.paralanaturaleza.org

Anidaje de tortugas marinas

	Nombre científico	Nombre inglés	Nombre común	Temporalidad	Ene	Feb	Mar	Abr	May	Jun	Jul	Ago	Sep	Oct	Nov	Dic
001	*Dermochelys coriacea*	Leatherback turtle	tinglar	febrero - agosto												
002	*Eretmochelys imbricata*	Hawksbill turtle	carey	todo el año												
003	*Chelonia mydas*	Green turtle	tortuga verde	junio - septiembre												
004	*Lepidochelys olivacea*	Olive ridley sea turtle	tortuga golfina	julio - diciembre												

NOTAS:

El tinglar, el carey y la tortuga verde anidan en un intérvalo de 2 a 3 años, mientras que la tortuga golfina anida todos los años.

La cantidad de nidos por hembra fluctúa por especie: 7 a 9 para el tinglar, 4 a 5 para el carey, 4 para la tortuga verde y 2 para la tortuga golfina.

El tinglar y el carey cuentan con temporadas altas durante sus periodos de anidaje según representado en la gráfica.

AMIGOS DE LAS TORTUGAS MARINAS
http://www.tortugasmaunabo.com

Conoce más en:
www.paralanaturaleza.org/ecotono.html

Juliann M. Rosado Pagán M.P.
Bióloga Marina, Intérprete ambiental

Avistamiento y reproducción de la ballena jorobada

	Nombre científico	Nombre inglés	Nombre común	Temporalidad	Ene	Feb	Mar	Abr	May	Jun	Jul	Ago	Sep	Oct	Nov	Dic
001	*Megaptera novaeangliae*	Humpback whale	ballena jorobada	enero 15 - marzo 15												

NOTAS:

Existen unas 30 especies de mamíferos marinos en el Mar Caribe, incluyendo ballenas, delfines, manatíes y focas.

Las más comúnmente avistadas son la ballena jorobada, cachalote, orca, ballena piloto (calderón), delfín hilador, delfín moteado del Atlántico, delfín hocico de botella y el manatí caribeño. Entre ellas es la ballena jorobada la cual se considera tiene una temporalidad definida.

INFORME DE AVISTAMIENTO
https://manatipr.org/informasimeves/avistamiento/z

Antonio A. Mignucci-Giannoni, PhD VT
Centro de Conservación de Manatíes

Aproximado anual de altura de olas

NDBC 41043
San Juan

CariCOOS
Rincón

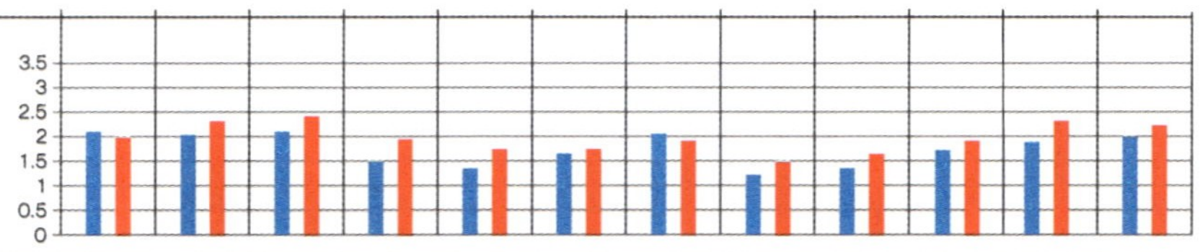

Edwin Alfonso-Sosa, PhD
Calendar of Oceanic Physical Phenomena in Puerto Rico

Miguel Canals Silander, PhD
UPRM Center for Applied Ocean Science & Engineering

Adolfo González Figueroa
Sistema de Observación Oceánica Costera del Caribe, CARICOOS

Temporadas relacionadas al clima y los océanos

		Ene	Feb	Mar	Abr	May	Jun	Jul	Ago	Sep	Oct	Nov	Dic
001	Temporada de invierno												
002	Temporada de olas												
003	Temporada de huracanes												

Fenómenos físicos oceánicos en Puerto Rico

		Ene	Feb	Mar	Abr	May	Jun	Jul	Ago	Sep	Oct	Nov	Dic
001	Olas por vientos de sistema tropical												
002	Marejadas por sistemas tropicales												
003	Marejadas de invierno												

NOTAS:

Los fenómenos presentados son parte de un calendario construido utilizando datos de múltiples años de observación por:

CARICOOS, CO-OPS un programa de US NOAA, el programa DART y datos recolectados por Edwin Alfonso-Sosa, PhD.

Edwin Alfonso-Sosa, PhD
Calendar of Oceanic Physical Phenomena in Puerto Rico

Miguel Canals Silander, PhD
UPRM Center for Applied Ocean Science & Engineering

Adolfo González Figueroa
Sistema de Observación Oceánica Costera del Caribe, CARICOOS

(787) 722 5882
info@paralanaturaleza.org

para la Naturaleza

Calendario Ecológico

Una propuesta para religar el paso del tiempo con lo que ocurre en la naturaleza

www.paralanaturaleza.org

20
20

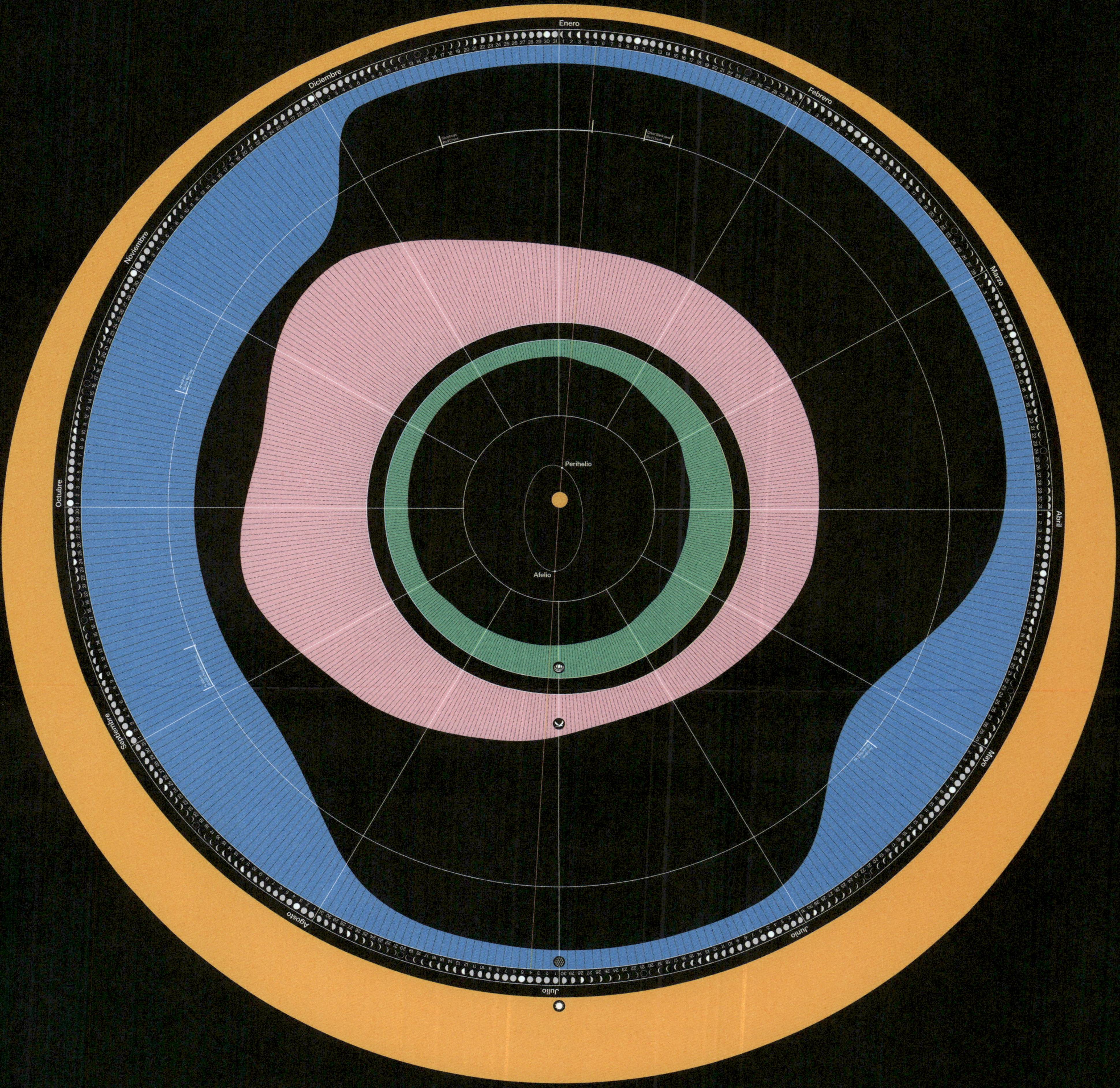

54
especies de aves migratorias que visitan Puerto Rico

16
especies de aves endémicas y sus períodos de anidaje

Horas de sol · Precipitación · Migración · Anidaje

Un calendario es una herramienta cultural para representar el paso del tiempo a través de una serie de eventos comunes y recurrentes. Nos toca fijar la mirada sobre la naturaleza. El despliege de este calendario será una invitación persistente a prestar cuidadosa atención al mundo natural, partiendo de los patrones ya observados o de eventos astronómicos predecibles. Si bien algunos elementos de la naturaleza continuarán siendo estables, otros -como los patrones de lluvia y el comportamiento de las aves- están siendo alterados por el cambio climático.

Entre los elementos estables está ,representada con el color amarillo, la distribución anual de horas de sol en nuestro archipiélago. Entre los que esperamos cambios significativos está la distribución relativa de la precipitación durante el año (ilustrada en la franja azul). También, en el centro está el sol, rodeado de una elíptica que ilustra la órbita terrestre.

Esta edición del calendario cuenta con información referente al avistamiento de 54 especies de aves migratorias representadas con el color rosa y otras 16 aves endémicas, en su periodo de anidaje, visualizadas con el color turquesa. Esta información fue recopilada por el equipo de Para la Naturaleza, observadores de aves en la isla y voluntarios a través de la plataforma eBird. A base de la observación y la experiencia de cada uno de ellos, notarán que más aves nos visitan en abril y que en junio hay un descenso en el avistamiento de estas especies.

Reconocemos que en Puerto Rico se han reportado cerca de 350 aves y que esta representación infográfica podría ampliarse en el futuro. Por eso, también encontrarán fechas de eventos importantes para los observadores de aves tales como el Global Big Day, el Global Shorebird Day, el Great Backyard Bird Count y el Christmas Bird Count.

Y es que, el Calendario Ecológico Para la Naturaleza es una propuesta cuyo propósito es invitarnos a observar con amorosa curiosidad el mundo natural y a religar nuestros días con lo que ocurre en él.

para la Naturaleza

Calendario Ecológico

Una propuesta para religar el paso del tiempo con lo que ocurre en la naturaleza

www.paralanaturaleza.org

Nombre científico	Nombre inglés	Nombre común	Anidaje
001 *Nesospingus speculiferus*	Puerto Rican Tanager	llorosa	enero a agosto
002 *Megascops nudipes*	Puerto Rican Screech-Owl	mucarito	abril a junio
003 *Melopyrrha portoricensis*	Puerto Rican Bullfinch	comeñame	todo el año
004 *Agelaius xanthomus*	Yellow-shouldered Blackbird	mariquita / capitán	marzo a noviembre
005 *Melanerpes portoricensis*	Puerto Rican Woodpecker	carpintero (de puerto rico)	enero a junio
006 *Setophaga adelaidae*	Adelaide's Warbler	reinita mariposera	enero a julio
007 *Setophaga angelae*	Elfin-woods Warbler	reinita de bosque enano	marzo a junio
008 *Spindalis portoricensis*	Puerto Rican Spindalis	reina mora	diciembre a junio
009 *Todus mexicanus*	Puerto Rican Tody	san pedrito / medio peso	marzo a julio
010 *Coccyzus vieilloti*	Puerto Rican Lizard-Cuckoo	pájaro bobo mayor	todo el año
011 *Anthracothorax viridis*	Green Mango	zumbador verde de puerto rico	octubre a mayo
012 *Chlorostilbon maugaeus*	Puerto Rican Emerald	zumbadorcito de puerto rico	febrero a mayo
013 *Myiarchus antillarum*	Puerto Rican Flycatcher	juí	febrero a julio
014 *Vireo latimeri*	Puerto Rican Vireo	bienteveo	abril a agosto
015 *Antrostomus noctitherus*	Puerto Rican Nightjar	guabairo (de puerto rico)	febrero a julio
016 *Icterus portoricensis*	Puerto Rican Oriole	calandria	febrero a julio

Nombre científico	Nombre inglés	Nombre común	Migración	Ene	Feb	Mar	Abr	May	Jun	Jul	Ago	Sep	Oct	Nov	Dic
001 *Spatula discors*	Blue-winged teal	pato zarcel	todo el año	7	8.9	7	3.4	0.6	0.5	0.1	0.1	2.5	6.2	8.3	10.5
002 *Aythya affinis*	Lesser Scaup	pato pechiblanco menor	septiembre a junio	1.1	1.4	0.5	0	0.1	0.1	0	0	0.1	1.19	1.7	1.6
003 *Aythya collaris*	Ring-necked duck	pato acollarado	octubre a abril	1.4	2.2	1.7	0.1	0	0	0	0	0	0.1	0.5	1.7
004 *Mareca americana*	American wigeon	pato cabeciblanco	octubre a abril	1.8	2.2	1.1	0.2	0	0	0	0	0	0.2	0.6	1.5
005 *Spatula clypeata*	Northern shoveler	pato cuchareta	octubre a mayo	1.2	1.2	1.3	0.1	0.1	0	0	0	0	0.6	1.4	1.8
006 *Anas acuta*	Northern pintail	pato pescuecilargo	octubre a mayo	0.7	0.9	0.4	0.1	0.1	0	0	0	0	0.2	0.9	0.7
007 *Oxyura jamaicensis*	Ruddy duck	pato chorizo	todo el año	5.1	6.2	6	3.5	2.6	2.3	2.6	2.6	3.1	2.9	2.8	5.8
008 *Phaethon lepturus*	White-tailed tropicbird	chirre coliblanco	todo el año	1.6	2.7	2.8	2.4	3.3	1.4	0.5	0.6	0.1	0.2	0.3	0.6
009 *Ardea herodias*	Great blue heron	garzón cenizo	todo el año	8.8	9.9	7.3	6.2	2.7	1.7	1	2.1	2.7	5.9	9	11.2
010 *Pandion haliaetus*	Osprey	águila pescadora	todo el año	10.8	12.3	10.5	7.9	4.2	3.6	3	2.8	4.5	10.6	11.1	16.1
011 *Falco columbarius*	Merlin	falcón / halcón migratorio	julio a mayo	4.8	4.3	3.3	3.2	0.2	0	0.1	0.1	0.6	7	5.7	7.2
012 *Falco peregrinus*	Peregrine falcon	falcón / halcón peregrino	todo el año	3	2.8	2.8	1.9	0.1	0.1	0.1	0.1	0.4	2	4.5	3.9
013 *Pluvialis squatarola*	Black-bellied plover	chorlito cabezón	todo el año	8	7.6	6.4	6.4	4.1	2.9	4.6	11.4	20	9	7.6	9.5
014 *Charadrius semipalmatus*	Semipalmated plover	chorlito acollarado	todo el año	4.9	5.6	5.5	7	7.3	4.9	6.7	17.9	30	13.7	6.4	6.6
015 *Tringa melanoleuca*	Greater yellowlegs	playero guineilla mayor	todo el año	6.8	7	6.3	5.1	2.6	1.2	5.3	10.1	14	9.2	9.3	9.7
016 *Tringa flavipes*	Lesser yellowlegs	playero guineilla menor	todo el año	10.9	10.3	8.9	8.7	4	1.5	11.7	17.7	26.5	14.8	11.7	12.5
017 *Actitis macularius*	Spotted sandpiper	playero coleador	todo el año	12.1	11.9	10.9	11.5	6.8	0.3	10.1	18.3	22.9	15.9	11.1	17.2
018 *Tringa solitaria*	Solitary sandpiper	playero solitario	julio a mayo	1.7	2	1.6	1.6	0.5	0	0.7	5.3	6.4	4.2	1.7	2.5
019 *Arenaria interpres*	Ruddy turnstone	playero turco	todo el año	6.1	5.9	5.5	6.7	7.2	3.1	4.4	11.5	17.4	7.2	5.9	7.7
020 *Numenius phaeopus*	Whimbrel	playero picocorvo	todo el año	0.7	0.9	0.8	0.6	0.6	1.5	1.1	4.1	6.2	1.4	1.5	1
021 *Calidris alba*	Sanderling	playero arenero	todo el año	4.1	3.5	2.9	2.5	2	0.7	2	5.6	9.3	4.3	2.9	3.8
022 *Calidris pusilla*	Semipalmated sandpiper	playero gracioso	todo el año	2.7	3.4	2.9	4	2.5	1.4	6.9	19.5	28.4	13.6	4.7	3.7
023 *Calidris minutilla*	Least sandpiper	playero menudillo	todo el año	3.9	4	4	5.6	4.6	0.6	10.3	15.9	23	9.9	5.1	4.3
024 *Calidris melanotos*	Pectoral sandpiper	playero pectoral	todo el año	0.2	0.5	0.1	0.3	0.1	0.1	1.8	6.4	9.4	5.8	2.4	0.5
025 *Tringa semipalmata*	Willet	playero aliblanco	todo el año	1.8	1.4	1.3	0.9	1.5	1.5	3.4	4.2	5.5	2.8	2.3	2.8
026 *Calidris himantopus*	Stilt sandpiper	playero patilargo	todo el año	3.3	3.4	3.3	2.5	1.4	0.6	2.2	6	10.4	6.3	3.4	3.5
027 *Limnodromus griseus*	Short-billed dowitcher	agujeta piquicorta	todo el año	0.8	1.4	0.8	1.4	1.2	0.9	3.6	7.8	13.8	4.7	1	0.8
028 *Leucophaeus atricilla*	Laughing gull	gaviota gallega o ruisueña	todo el año	0.9	0.8	2.8	9.6	10.9	14.6	14.1	11.6	9	2	1.3	1.5
029 *Gelochelidon nilotica*	Gull-billed tern	charrán piquicorto	marzo a diciembre	0	0	0.1	0.3	1.1	0.4	0.3	1	1.6	0.7	0.6	0.2
030 *Sterna dougallii*	Roseate tern	palometa	todo el año	0.1	0.1	0.1	3	3.9	5	8	5	4	1.7	0.2	0.1
031 *Sternula antillarum*	Least tern	charrancito	todo el año	0.2	0.1	0.1	4	5.9	7.7	9.2	7.4	5.6	0.5	0	0.1
032 *Anous stolidus*	Brown noddy	cervera parda	todo el año	0.1	0.1	0.1	0.2	1.4	2.1	2.8	2.8	1.2	0.7	0.2	0.1
033 *Sterna hirundo*	Common tern	charrán común	todo el año	1.5	0.6	0.7	1.8	1.6	0.9	3.2	4.3	6	3.9	2.2	1.9
034 *Megaceryle alcyon*	Belted kingfisher	martín pescador (norteño)	julio a mayo	6.9	7.7	5.4	4.5	0.2	0	0.1	0.2	5.6	10.6	9.8	10.4
035 *Vireo altiloquus*	Black-whiskered vireo	julián chiví	todo el año	5.2	13.2	20.9	21.8	19	17.1	10.2	7.4	2.7	2.4	1.7	2.1
036 *Vireo griseus*	White-eyed vireo	vireo ojiblanco	octubre a mayo	0.9	0.8	0.7	0.2	0.2	0	0	0	0	2.3	1.6	3.1
037 *Progne dominicensis*	Caribbean martin	golondrina de iglesias	todo el año	6	9.3	9	9.5	12.8	15.5	18.7	15.4	10.2	1.7	0.5	0.4
038 *Hirundo rustica*	Barn swallow	golondrina horquillada	todo el año	4.5	3	2.3	1.9	1.3	1.1	1.2	5.9	11.5	5.4	4.4	5.8
039 *Setophaga americana*	Northern parula	reinita pechidorada	todo el año	17.2	14	13.3	13.6	1	0.1	0.1	0.3	1.2	20.1	21.5	21.4
040 *Setophaga citrina*	Hooded warbler	reinita encapuchada	julio a mayo	1	0.7	0.8	0.3	0.1	0	0.3	0.1	0.6	2.4	2.5	1.9
041 *Setophaga magnolia*	Magnolia warbler	reinita manchada	septiembre a abril	1	0.7	0.6	0.7	0	0	0	0	0.3	2.2	1.5	1.4
042 *Protonotaria citrea*	Prothonotary warbler	reinita protonotaria	agosto a mayo	0.8	0.5	0.7	0.3	0.1	0	0	0.1	1.1	2.9	1.7	2.2
043 *Setophaga tigrina*	Cape may warbler	reinita tigre	septiembre a mayo	1.8	1.3	1.5	1	0.1	0	0	0	0.4	2.4	2.1	2.1
044 *Setophaga discolor*	Prairie warbler	reinita galana	todo el año	12.8	10.2	8.4	2.9	0.3	0.1	0.1	3.1	16.2	23.8	18.3	17.4
045 *Setophaga ruticilla*	American redstart	candelita	agosto a mayo	6.1	5.2	5.1	3.2	0.3	0	0	0.3	3.5	11	9.9	9.7
046 *Setophaga dominica*	Yellow-throated warbler	reinita gargantiamarilla	agosto a abril	1.2	0.5	0.1	0.1	0	0	0	0.1	0.9	2.1	1.7	0.9
047 *Mniotilta varia*	Black-and-white warbler	reinita trepadora	agosto a mayo	6.4	5.2	6.6	2.8	0.1	0	0	0.1	4.7	14.1	11.6	10.1
048 *Setophaga striata*	Blackpoll warbler	reinita rayada	septiembre a junio	0.1	0.1	0.1	0.1	0.1	0.1	0	0	3.7	21.3	8.9	0.8
049 *Parkesia motacilla*	Louisiana waterthrush	pizpita de río	todo el año	1.1	0.9	0.7	0.4	0.1	0.1	0.1	0.3	1.7	1.9	2.3	1.5
050 *Parkesia noveboracensis*	Northern waterthrush	pizpita de mangle	todo el año	9.3	7.8	7.1	4.7	0.1	0.2	0.1	0.6	10.4	14.9	12.2	0.2
051 *Seiurus aurocapilla*	Ovenbird	pizpita dorada	agosto a abril	2.6	1.8	1.5	0.7	0	0	0	0.1	2	7	6.3	5.6
052 *Geothlypis trichas*	Common yellowthroat	reinita picatierra	septiembre a julio	3.3	3.8	2.4	2.3	1	0.1	0.1	0	0.2	3.1	4.3	6.9
053 *Piranga rubra*	Summer tanager	piranga rojâ	septiembre a abril	0.1	0.1	0.1	0.1	0	0	0	0	0.1	0.6	0.4	0.2
054 *Passerina cyanea*	Indigo bunting	gorrión azul	octubre a mayo	0.8	0.6	0.6	0.3	0.1	0	0	0	0	2.1	1	1.9

* Nombres en español obtenidos de la lista oficial de la Sociedad Ornitológica Puertorriqueña, Inc. (SOPI) www.sopipr.org.

* Patrones de migración basados en datos de observación de aves de los contribuidores de la plataforma eBird www.ebird.org.

(787) 722 5882
info@paralanaturaleza.org

para la Naturaleza

Calendario Ecológico

Una propuesta para religar el paso del tiempo con lo que ocurre en la naturaleza

www.paralanaturaleza.org

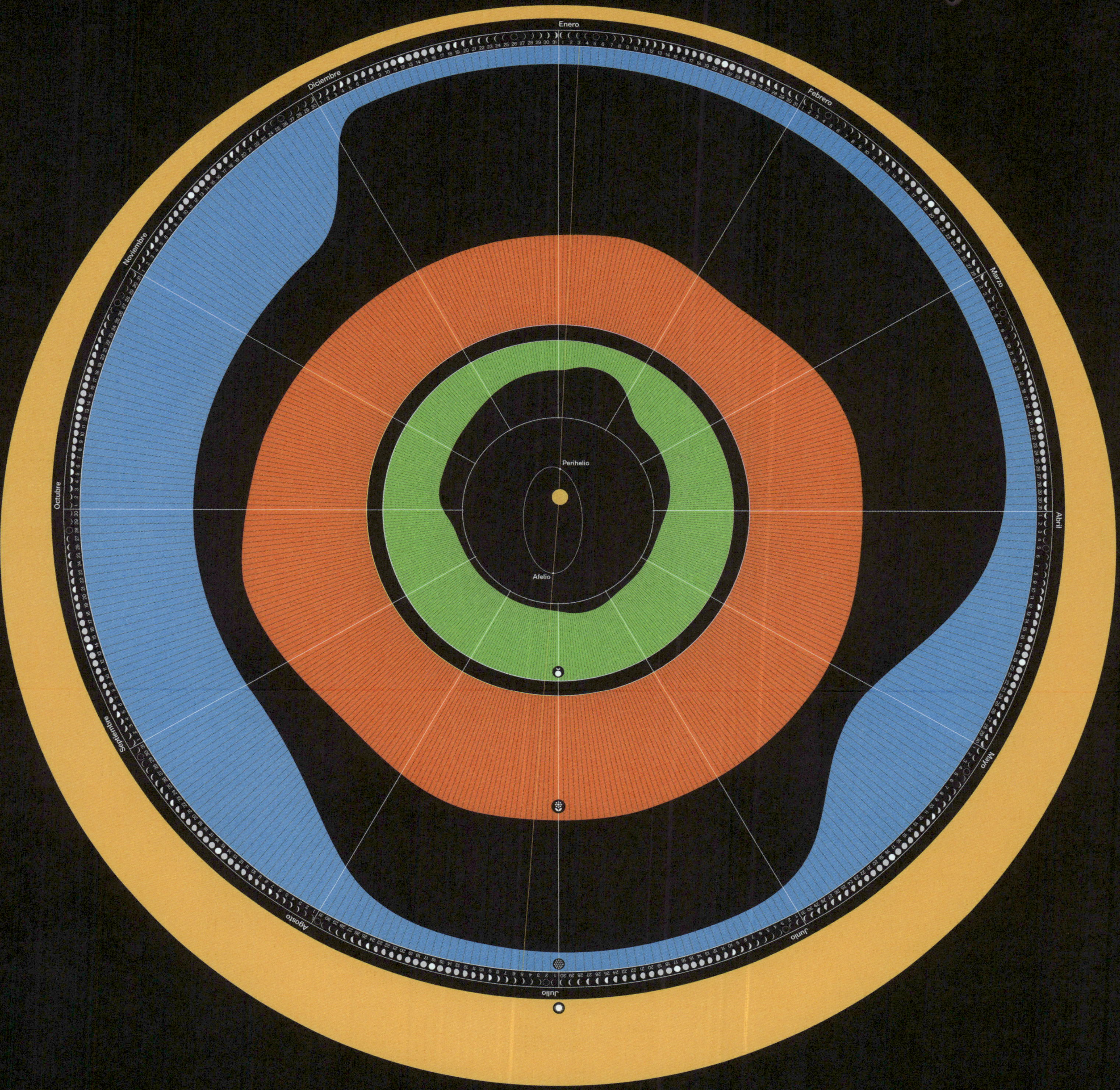

127

árboles, arbustos y plantas nativas o de uso tradicional

Horas de sol

Precipitación

Floración

Fructificación

Un calendario es una herramienta cultural para representar el paso del tiempo a través de una serie de eventos comunes y recurrentes. En la historia profunda de la humanidad, contemplar el cielo le permitió a los cazadores-recolectores coordinar sus acciones futuras y dotar de referencias temporales comunes lo que les había ocurrido. Por sus observaciones del sol, la luna, los planetas y las estrellas fue que los primeros humanos pudieron proyectarse colectivamente al futuro y construir la profundidad de su pasado. Los calendarios astronómicos siempre fueron suplementados con otras observaciones muy ricas de la naturaleza. Por ejemplo, observamos todos los fenómenos que caracterizan los cambios estacionales.

Hoy más que nunca nos toca volver la mirada sobre la naturaleza. Nuestra capacidad de observarla nos permitió construir un futuro juntos y un pasado común. Esta vez la vida de muchos seres vivos y el futuro de todos dependerá de nuestra voluntad de reducir nuestra colosal huella y de subsanar diligentemente lo dañado. El despliege de este calendario será una invitación persistente a prestar cuidadosa atención al mundo natural, partiendo de los patrones ya observados o de eventos astronómicos predecibles. Si bien algunos elementos de la naturaleza continuarán siendo estables, otros- como los patrones de lluvia y el comportamiento de las plantas- están siendo alterados por el cambio climático.

Entre los elementos estables está la distribución anual de horas de sol (representada en amarillo) en nuestro archipiélago. Entre los que esperamos cambios significativos está la distribución relativa de la precipitación durante el año (ilustrada en azul). Además se identifican los meses de floración (en anaranjado) y fructificación (en verde) de las 127 especies de árboles, arbustos y plantas nativas que Para la Naturaleza reproduce en sus cinco viveros. En el centro está el sol, rodeado de una elíptica que ilustra la órbita terrestre.

Esta primera edición del Calendario Ecológico Para la Naturaleza es una propuesta infográfica cuyo propósito es invitarnos a observar con amorosa curiosidad el mundo natural y a religar nuestros días con lo que ocurre en él.

para la Naturaleza

Calendario Ecológico

Una propuesta para religar el paso del tiempo con lo que ocurre en la naturaleza

www.paralanaturaleza.org

	Nombre científico	Nombre común	Floración	Fructificación
001	*Aiphanes minima*	palma coyor	abril a mayo	
002	*Amphitecna latifolia*	higüerita o higüerillo	febrero, mayo, septiembre y octubre	febrero a junio, septiembre a noviembre
003	*Amyris elemifera*	tea	todo el año	enero a octubre
004	*Andira inermis*	moca	marzo a noviembre	julio a marzo
005	*Annona glabra*	cayur	enero a agosto	enero a octubre
006	*Annona montana*	guanábana cimarrona	julio a noviembre	mayo a diciembre
007	*Annona reticulata*	corazón	todo el año	todo el año
008	*Annona squamosa*	anón	mayo a junio	marzo, junio y noviembre
009	*Ardisia obovata*	mameyuelo	todo el año	octubre a marzo, junio a julio
010	*Avicennia germinans*	mangle negro	enero a julio	enero a octubre
011	*Bixa orellana*	achiote	mayo a diciembre	todo el año
012	*Bonellia umbellata*	chirriador	marzo a junio	todo el año
013	*Borrichia arborescens*	clavelón de playa	todo el año	todo el año
014	*Bourreria succulenta*	palo de vaca	todo el año	mayo a febrero
015	*Brunfelsia americana*	aguacero (alhelí falso, trompeta de angel, tulipan sencillo)	febrero a junio	abril a julio
016	*Brunfelsia densifolia*	*Brunfelsia densifolia*	marzo a junio	
017	*Brunfelsia lactea*	vega blanca	enero a octubre	
018	*Brunfelsia portoricensis*	*Brunfelsia portoricensis*	abril a junio	
019	*Bunchosia glandulosa*	café costero	febrero a marzo, junio a julio y octubre	junio a julio, octubre a noviembre
020	*Bursera simaruba*	almácigo	marzo a septiembre	febrero a noviembre
021	*Calophyllum antillanum*	maría	abril a octubre	septiembre a junio
022	*Carica papaya*	papaya	febrero a noviembre	mayo a julio
023	*Ceiba pentandra*	ceiba	enero a febrero	marzo
024	*Cestrum diurnum*	dama de día	todo el año	todo el año
025	*Chrysobalanus icaco*	icaco	todo el año	
026	*Chrysophyllum argenteum*	caimitillo	junio a noviembre	enero a junio
027	*Chrysophyllum cainito*	caimito	julio a noviembre	abril
028	*Citharexylum spinosum*	péndula	todo el año	
029	*Clusia rosea*	cupey	todo el año	todo el año
030	*Coccoloba diversifolia*	uvilla	abril a enero	todo el año
031	*Coccoloba rugosa*	ortegón	enero a septiembre	
032	*Coccoloba uvifera*	uva de playa	todo el año	junio a enero
033	*Coccoloba venosa*	calambreña	mayo a enero	julio a octubre
034	*Cojoba arborea*	cojoba	febrero a abril y septiembre	enero, junio a julio
035	*Colubrina arborescens*	abeyuelo	todo el año	todo el año
036	*Conocarpus erectus*	mangle botón	todo el año	agosto a febrero
037	*Cordia alliodora*	capá prieto	junio a noviembre	agosto a noviembre
038	*Cordia laevigata*	capá colorado	agosto a mayo	octubre a marzo
039	*Cordia rickseckeri*	San Bartolomé	diciembre a septiembre	
040	*Cordia sulcata*	moral, moral de paz	febrero a noviembre	febrero a noviembre
041	*Crescentia cujete*	higüero	todo el año	todo el año
042	*Crescentia portoricensis*	higüero de sierra	enero a abril	
043	*Crossopetalum rhacoma*	coral	todo el año	todo el año
044	*Cupania americana*	guara	noviembre a mayo	marzo a septiembre
045	*Cynophalla flexuosa*	palo de burro	todo el año	todo el año
046	*Elaeodendron xylocarpum*	coscorrón	todo el año	todo el año
047	*Erythroxylum areolatum*	indio	abril a noviembre	todo el año
048	*Erythroxylum brevipes*	rocío, jibá	todo el año	marzo a noviembre
049	*Erythroxylum rotundifolium*	rocío, jibá	septiembre, diciembre a enero	julio, octubre a febrero
050	*Eugenia axillaris*	grajo, murta	mayo a agosto	
051	*Eugenia biflora*	hoja menuda	enero a junio	
052	*Eugenia domingensis*	guasábara	junio a agosto	
053	*Eugenia fajardensis*	guayabota de Fajardo	agosto a semptiembre	
054	*Eugenia haematocarpa*	uvillo	mayo a julio	
055	*Eugenia ligustrina*	palo de muleta	febrero a septiembre	
056	*Eugenia monticola*	birijí, hoja menuda colorada	todo el año	
057	*Eugenia pseudopsidium*	pitangueira	julio a febrero	
058	*Eugenia sessiliflora*	*Eugenia sessiliflora*	abril a diciembre	mayo a octubre
059	*Eugenia woodburyana*	*Eugenia woodburyana*	agosto a febrero	
060	*Ficus citrifolia*	jagüey	todo el año	todo el año
061	*Ficus trigonata*	jagüey blanco	febrero a noviembre	febrero a noviembre
062	*Furcraea tuberosa*	maguey criollo	julio a octubre y febrero	marzo
063	*Garcinia portoricensis*	garcinia, palo de cruz	todo el año	marzo a Deciembre
064	*Genipa americana*	jagua	abril a julio y octubre a enero	julio a febrero
065	*Ginoria rohrii*	rosa de ciénaga (cereza, serrazuela)	marzo a septiembre	abril a julio
066	*Goetzea elegans*	matabuey	febrero a mayo	
067	*Guaiacum officinale*	guayacán	febrero a noviembre	
068	*Guaiacum sanctum*	guayacán blanco	marzo a septiembre	febrero a noviembre
069	*Guapira fragrans*	corcho	marzo a diciembre	
070	*Guarea guidonia*	guaraguao	todo el año	todo el año
071	*Hamelia patens*	hamelia, bálsamo	todo el año	todo el año
072	*Hernandia sonora*	mago	junio a septiembre	febrero a marzo, junio y julio y noviembre
073	*Hura crepitans*	molinillo	abril a diciembre	julio a marzo
074	*Hymenaea courbaril*	algarrobo	mayo a octubre	agosto a febrero
075	*Hymenocallis caribaea*	lirio de playa	enero a abril	-------
076	*Inga laurina*	guamá	agosto a mayo	febrero a junio, septiembre a noviembre
077	*Inga vera*	guaba	todo el año	enero a julio
078	*Jatropha hernandiifolia*	papayo (tabaiba)	todo el año	todo el año
079	*Langunclaria racemosa*	mangle blanco	noviembre a agosto	junio a febrero
080	*Leucothrinax morrisii*	palma de petate (pandereta, palma de escoba)	septiembre a junio	todo el año
081	*Libidibia monosperma*	cóbana negra	marzo a abril	
082	*Licaria triandra*	palo de misanteco (lebisa)	mayo	abril a mayo y septiembre
083	*Lonchocarpus heptaphyllus*	palo hediondo	marzo a abril	abril a julio
084	*Lonchocarpus sericeus*	genogeno	septiembre a enero y abril a junio	noviembre a marzo y junio
085	*Magnolia portoricensis*	jagüilla, mauricio	febrero, mayo a agosto	julio a noviembre
086	*Malpighia emarginata*	acerola	abril a agosto	abril a junio
087	*Malpighia fucata*	palo bronco	marzo a noviembre	junio a diciembre
088	*Mammea Americana americana*	mamey	todo el año	octubre a febrero y mayo
089	*Manilkara pleeana*	zapote de costa	todo el año	junio a septiembre, diciembre a enero
090	*Margaritopsis microdon*	*Margaritopsis microdon*	junio a noviembre y febrero	julio a abril
091	*Miconia mirabilis*	camasey cuatrocanales (camasey de costilla)	todo el año	todo el año
092	*Miconia racemosa*	camasey de felpa	todo el año	todo el año
093	*Myrcia citrifolia var. citrifolia*	limoncillo de monte	febrero a agosto	abril a diciembre
094	*Myrcia splendens*	rama menuda	junio a febrero	julio a abril
095	*Ossaea krugii*	*Ossaea krugii*	todo el año	enero a agosto
096	*Ouratea litoralis*	abey amarillo	todo el año	
097	*Phlebotaenia cowellii*	violeta	febrero a marzo	
098	*Picramnia pentandra*	guarema	marzo a julio	todo el año
099	*Pimenta racemosa var. grisea*	ausú	abril a julio	mayo a febrero
100	*Pimenta racemosa var. racemosa*	malagueta	febrero a abril	julio a octubre
101	*Pisonia albida*	corcho bobo	febrero a junio	marzo a junio
102	*Pisonia horneae*	*Pisonia horneae*	febrero a mayo	marzo a julio
103	*Pisonia subcordata*	corcho blanco	diciembre a abril	abril a junio
104	*Plumeria alba*	alhelí blanco, tabaiba	mayo a diciembre	marzo a diciembre
105	*Poitea florida*	retama San José	todo el año	
106	*Poitea paucifolia*	retama	septiembre a mayo	febrero a mayo
107	*Poitea punicea*	caracolillo	todo el año	diciembre a mayo
108	*Pterocarpus officinalis*	palo de pollo	febrero a agosto	julio a enero
109	*Randia aculeata*	tintillo	febrero a noviembre	todo el año
110	*Rauvolfia nitida*	palo amargo	todo el año	todo el año
111	*Rhizophora mangle*	mangle colorado	todo el año	todo el año
112	*Roytonea Roystonea borinquena*	palma real	agosto	todo el año
113	*Scaevola plumieri*	borbón, coralillo	mayo a diciembre	junio a enero
114	*Senna nitida*	hediondilla	julio a febrero	noviembre a marzo
115	*Senna polyphylla*	retama prieta	todo el año	
116	*Sideroxylon foetidissimum*	tortugo amarillo	julio a septiembre	agosto a marzo
117	*Tabebuia haemantha*	roble cimarrón	diciembre a septiembre	abril a septiembre
118	*Tabebuia heterophylla*	roble blanco	todo el año	todo el año
119	*Tecoma stans*	saúco amarillo	todo el año	junio a marzo
120	*Terminalia buceras*	úcar	marzo a noviembre	abril a diciembre
121	*Theobroma cacao*	cacao	junio a septiembre	abril y septiembre
122	*Thespesia grandiflora*	maga	todo el año	noviembre a julio
123	*Thespesia populnea*	emajagüilla	todo el año	todo el año
124	*Thouinia striata var. striata*	ceboruquillo	agosto a abril	agosto a enero y mayo
125	*Trichilia hirta*	tinacio	febrero a noviembre	todo el año
126	*Zanthoxylum flavum*	aceitillo	junio a julio	
127	*Zanthoxylum monophyllum*	carubio, espino blanco	mayo a noviembre	julio a enero

+1 (787) 722 5882
info@paralanaturaleza.org

para la Naturaleza

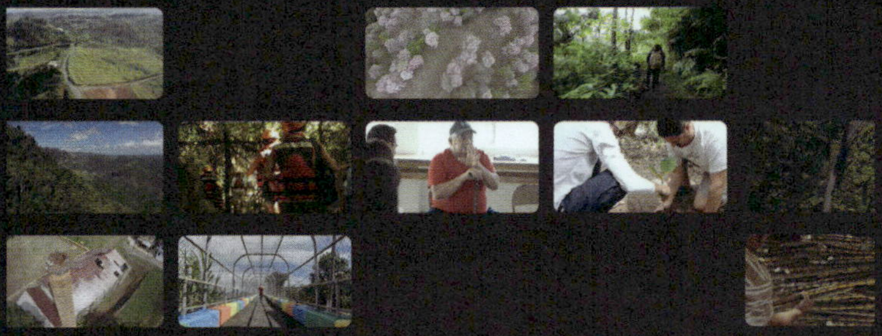

Si no protegemos lo que somos

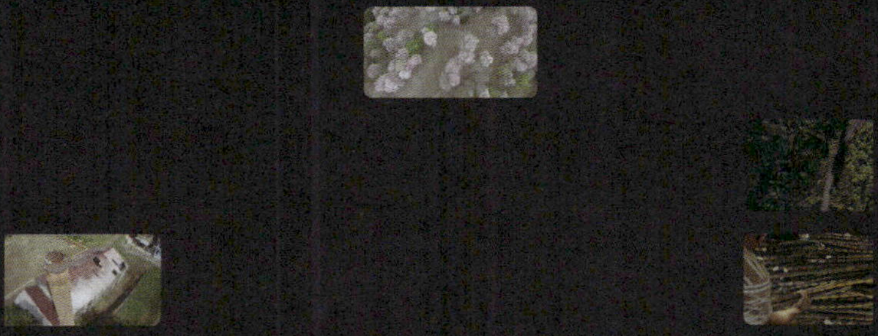

Si no conservamos lo que tenemos

¿qué nos queda?

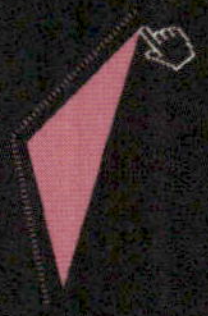

Necesitamos herramientas
para conservar los terrenos.

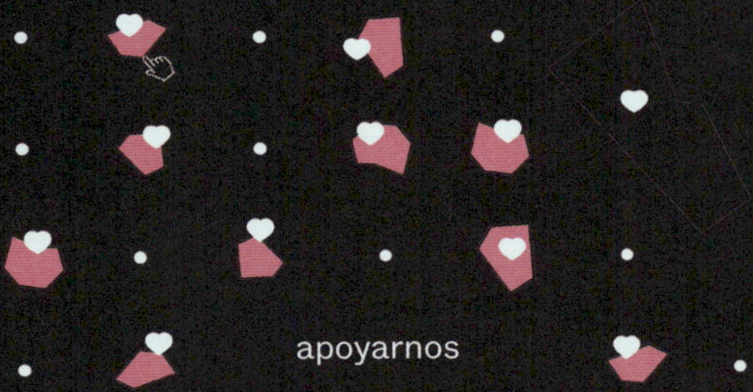

apoyarnos

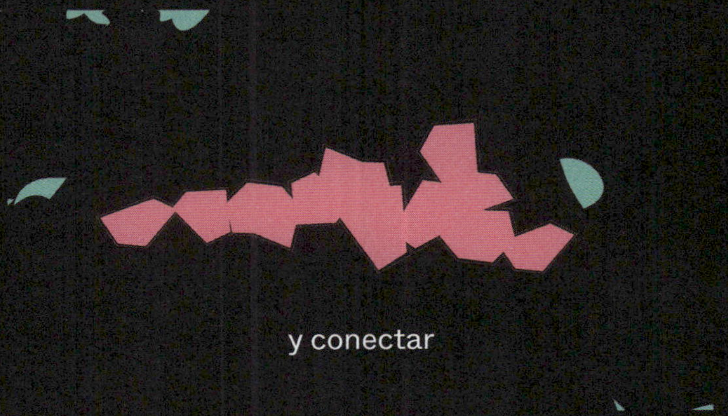

y conectar

Una plataforma digital de
participación ciudadana

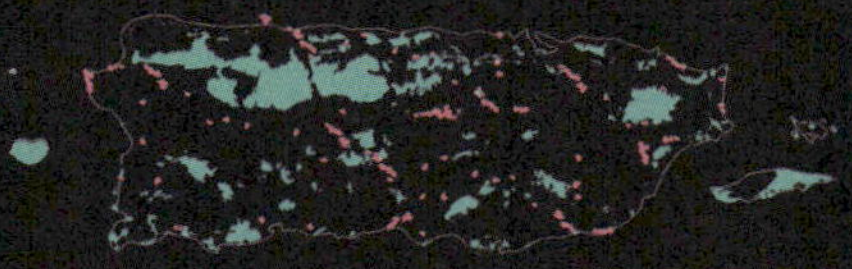

Para crear un mapa en comunidad.

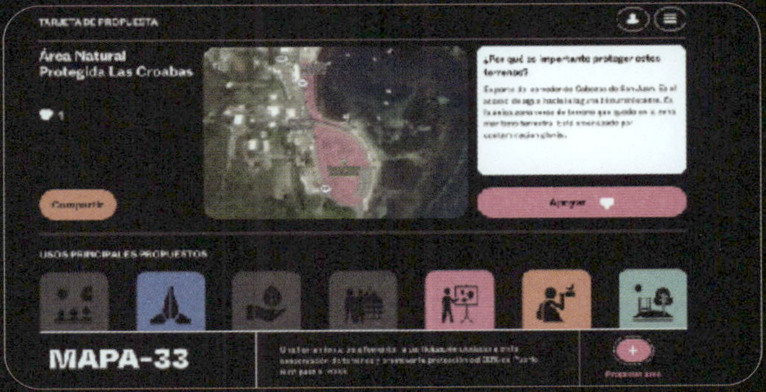

Donde puedes proponer
terrenos importantes
para tu comunidad

Apoyar y compartir
propuestas para la
conservación

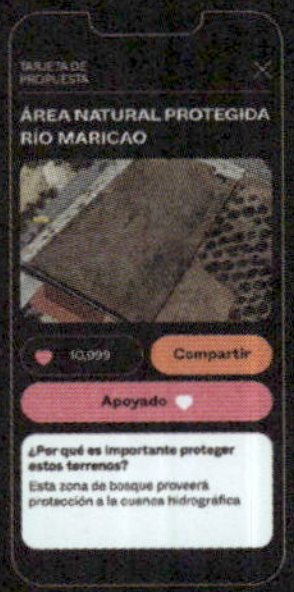

PAUL ROBERT WOLF WILSON

KLAMATH RIVER

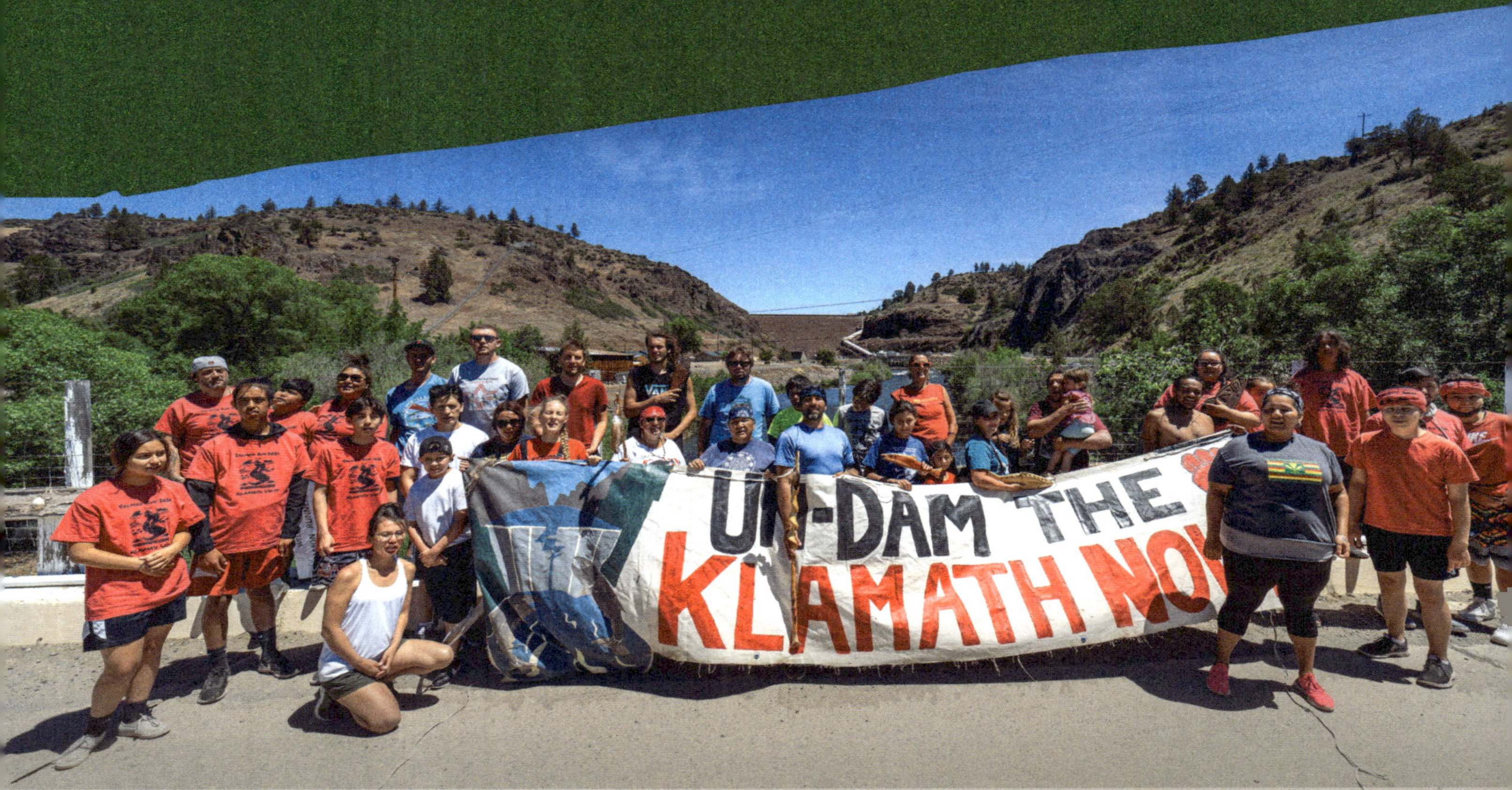

Paul Robert Wolf Wilson is a Klamath and Modoc photographer based in his ancestral homelands of Southern Oregon and Northern California. His artworks, poetry, and community work foster connections between peoples, the lands and waters they steward, and the cultures that tie them together. Paul uses his art to strengthen and document the **Traditional Ecological Knowledge** systems of his people and several other tribal communities. He is an alumnus of Ríos to Rivers, a group of committed river-runners with roots in river systems around the world, facilitating place-based educational experiences to empower the next generation of river stewards. Recently, he documented the dam decommissioning and river restoration processes of the Klamath and Elwha Rivers, two of the largest transition projects in the Pacific Northwest. He also cofounded the Chiloquin Kayak Club with his sister, Ashia, to help bring access to paddling to their tribal community. Paul is an active community leader working to change policy around dams and endangered rivers globally, attending UNFCCC COP events and serving as an advisory member for the Water Climate Trust.

Fotógrafo Klamath y Modoc que habita en las tierras ancestrales del sur de Oregón y el norte de California. Sus obras de arte, poesía y trabajo comunitario fomentan las conexiones entre los pueblos, los territorios y las aguas que resguardan y las culturas que los unen. Paul utiliza su arte para fortalecer y documentar sistemas de **conocimiento ecológico tradicional** de su pueblo y otras comunidades tribales. Es exalumno de Ríos to Rivers, una agrupación de canotaje comprometida con sistemas fluviales de todo el mundo, que facilita experiencias educativas *in situ* para empoderar a las próximas generaciones de guardianes de afluentes. En fechas recientes, documentó los procesos de desmantelamiento de represas y restauración de los ríos Klamath y Elwha, dos de los proyectos de transición más grandes en el noroeste del continente. Con su hermana Ashia, es cofundador del Chiloquin Kayak Club que ayuda a su comunidad tribal a acceder a esta actividad. Paul es un líder comunitario activo que trabaja para cambiar la política en torno a las represas y los ríos en peligro de extinción en el planeta, asiste a los eventos de la Conferencia de las Partes de la Convención Marco de las Naciones Unidas sobre el Cambio Climático y se desempeña como miembro asesor del Water Climate Trust.

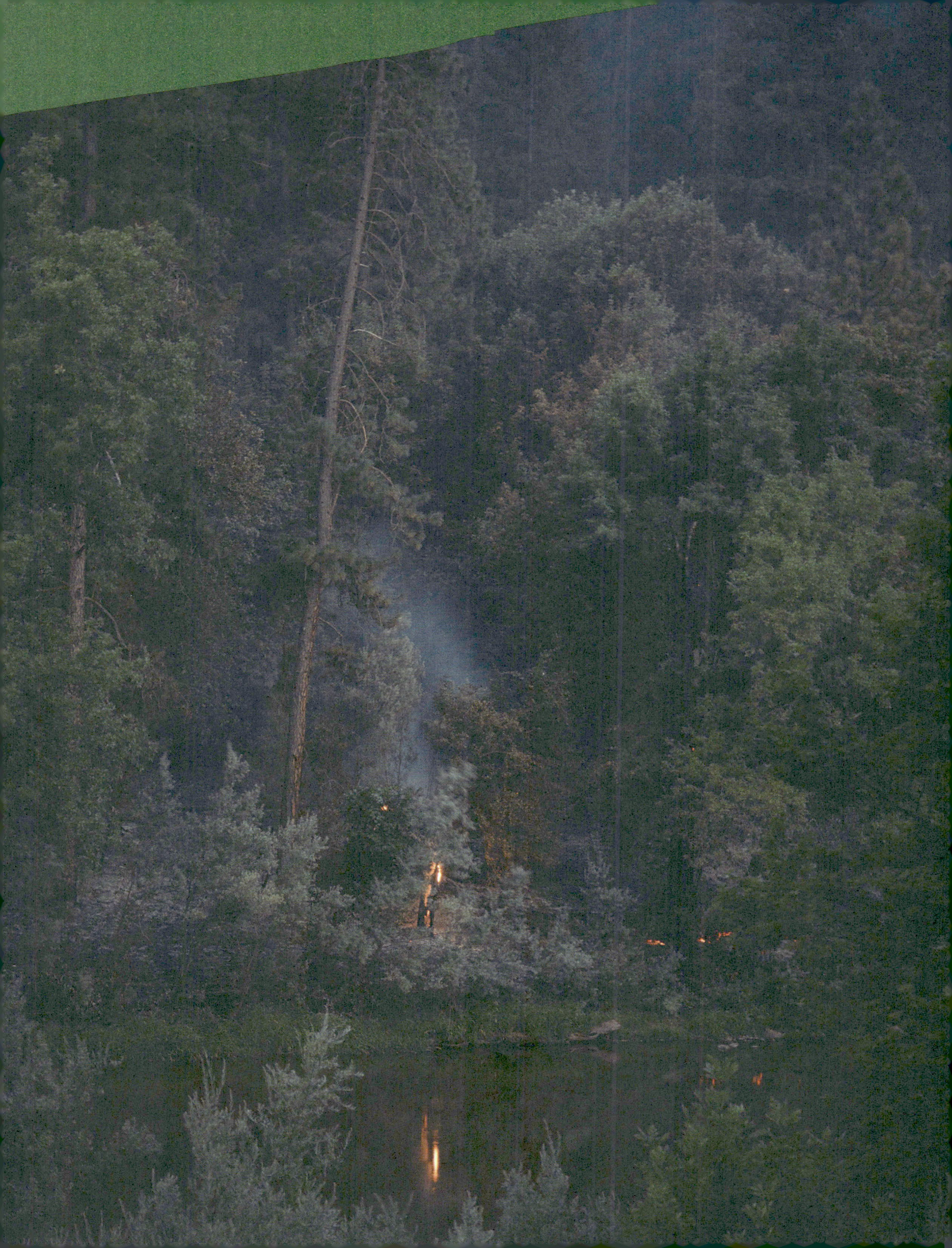

January 26, 2024
Years of documenting my lands and waters while under occupation.
They must not know treaties are their supreme law of the land.
-
A big part of this process is taking our stories from Undaming the Klamath to other frontline communities, and inviting community members to come bear witness so they can take this story home with them. Solidarity means sharing victories, and aiding in setbacks.
-
Dams are built like their nations,
and alike their nations,
they will fall.

February 1, 2024
They say the fire is out
The fire is not out,
We are the embers
-
The Klamath has not only led on dam removal, but the return of our cultural fire to our forests.
From the mountains to the sea.
-
I've heard stories about healthy rivers and intact forests.
I pray and live to see them

January 28, 2024
Free the rivers
Now and forever
-
The Klamath was always nutrient rich.
But we had many lakes and abundant marshlands.
The lakes came and went,
holding and distributing the water as the basin needed.
The marshes supported life with superfoods,
taking and converting the heavy nutrients of a rich watershed
incredibly intricate interconnected systems.
-
The feds and colonizers killed to control that.
Traded it for monocrop farms in the high desert.
Drained lakes and marshlands.
Not only damming the river,
but stealing a flyway that belongs to birds that have migrated the Amerikas for millennia.
-

Drained lakes and marshes to make way for cattle and cow food.
in the high desert.

The farms are now running dry.
The feds now subsidize the farms.
The junior water rights holders are angry,
because they were promised bounty.
The states don't know how much ground water the farmers pump, but rest assured–
they've got it covered.

The reservoirs are gone.
Maybe the farms that send potatoes around the world before lays makes chips with them will leave.
There is a fund to help remediate the stresses of reservoir-side (lakeside) homeowners as their
vacation homes lose value.
Junior water rights squatters barbecue with machine guns, threatening the federal government
with violence, demanding the theft of a resource they have no right over.
The local police are amongst them.
-
They said dam removal would never happen.
Maybe the lakes and the marshes can come back.
I hear stories and songs about them.
-
Our river is coming back.
The salmon are coming home.
Our land is healing.
We celebrate

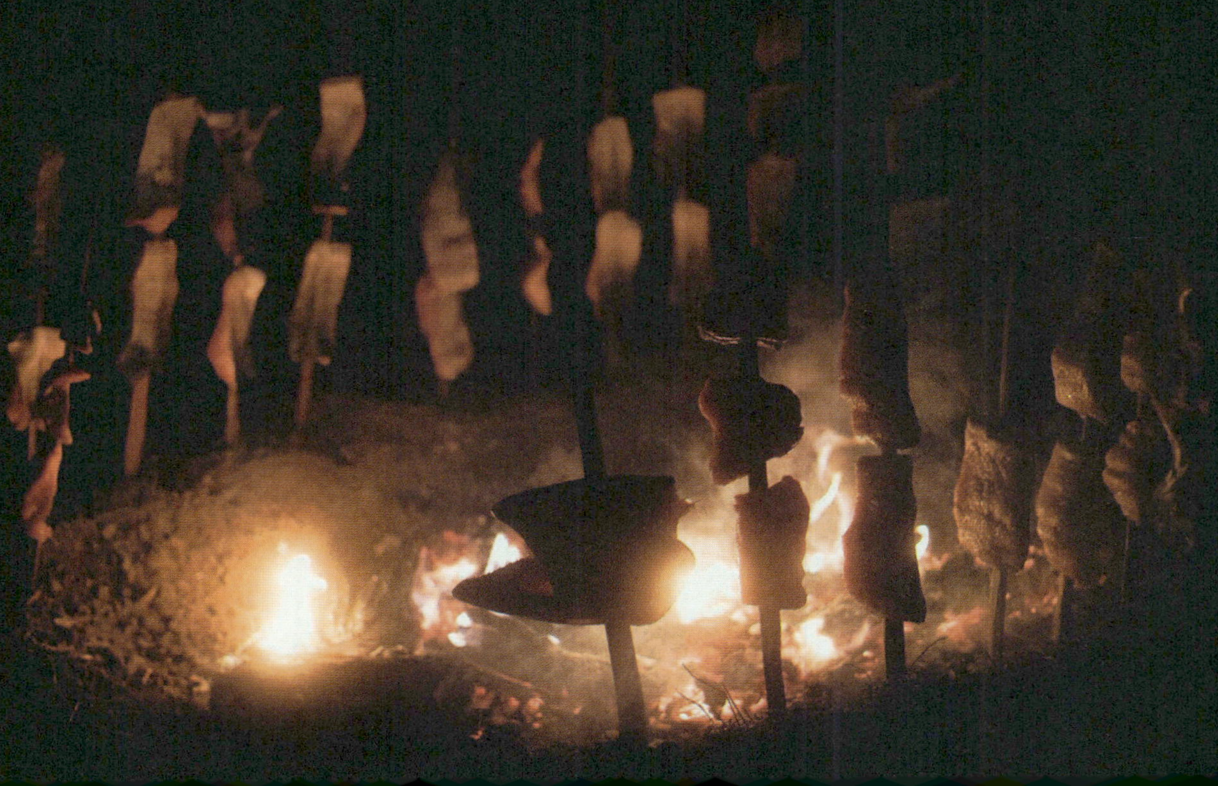

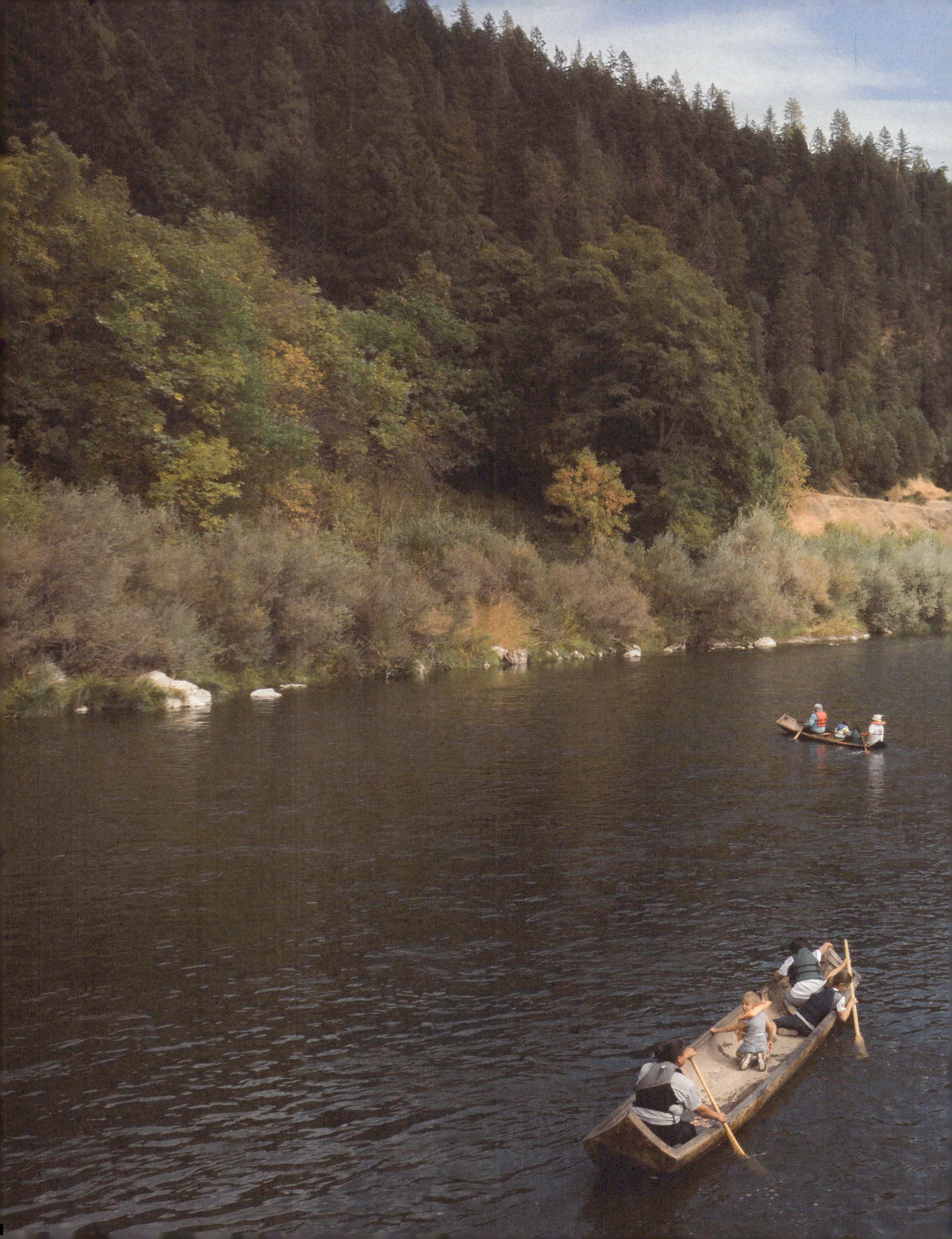

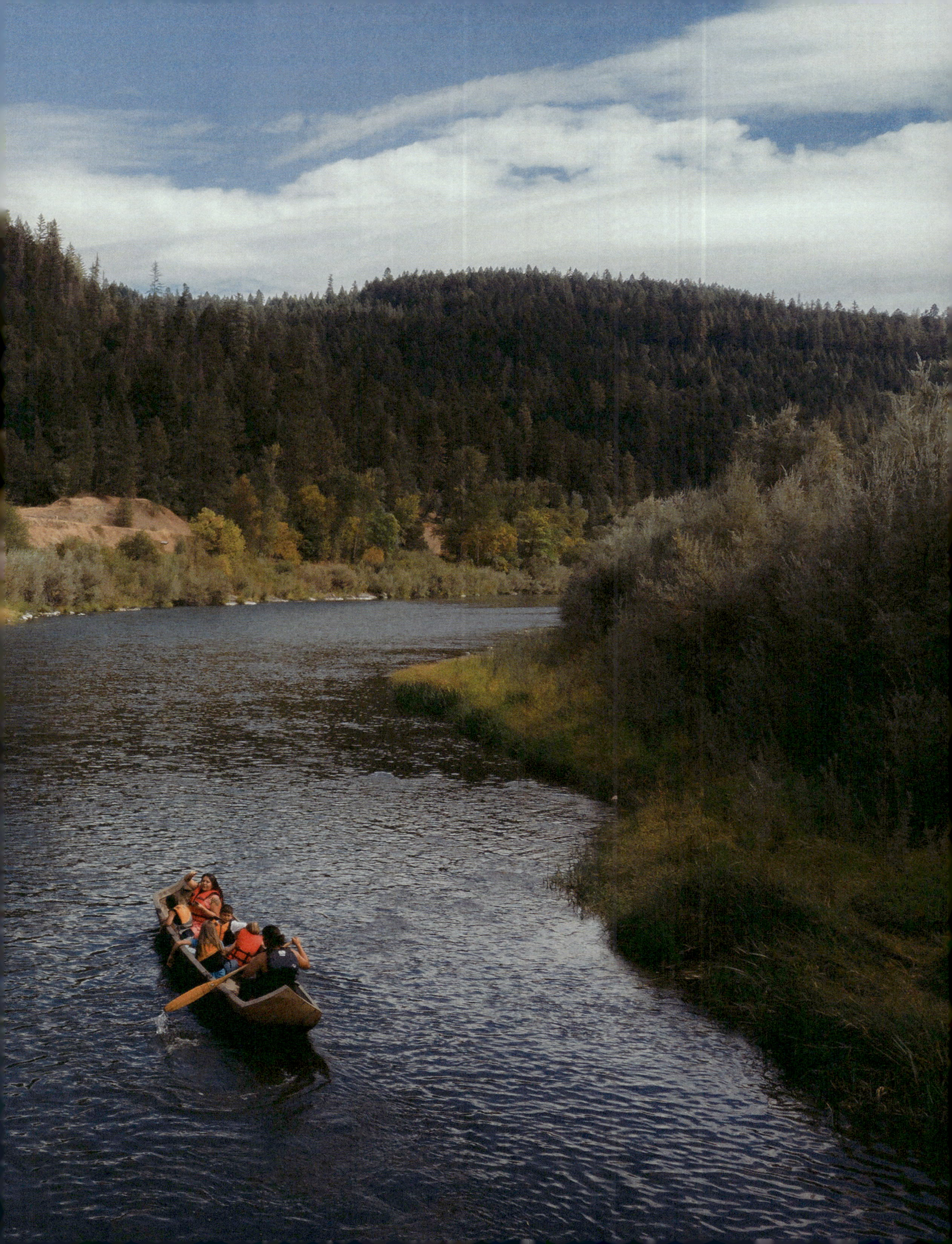

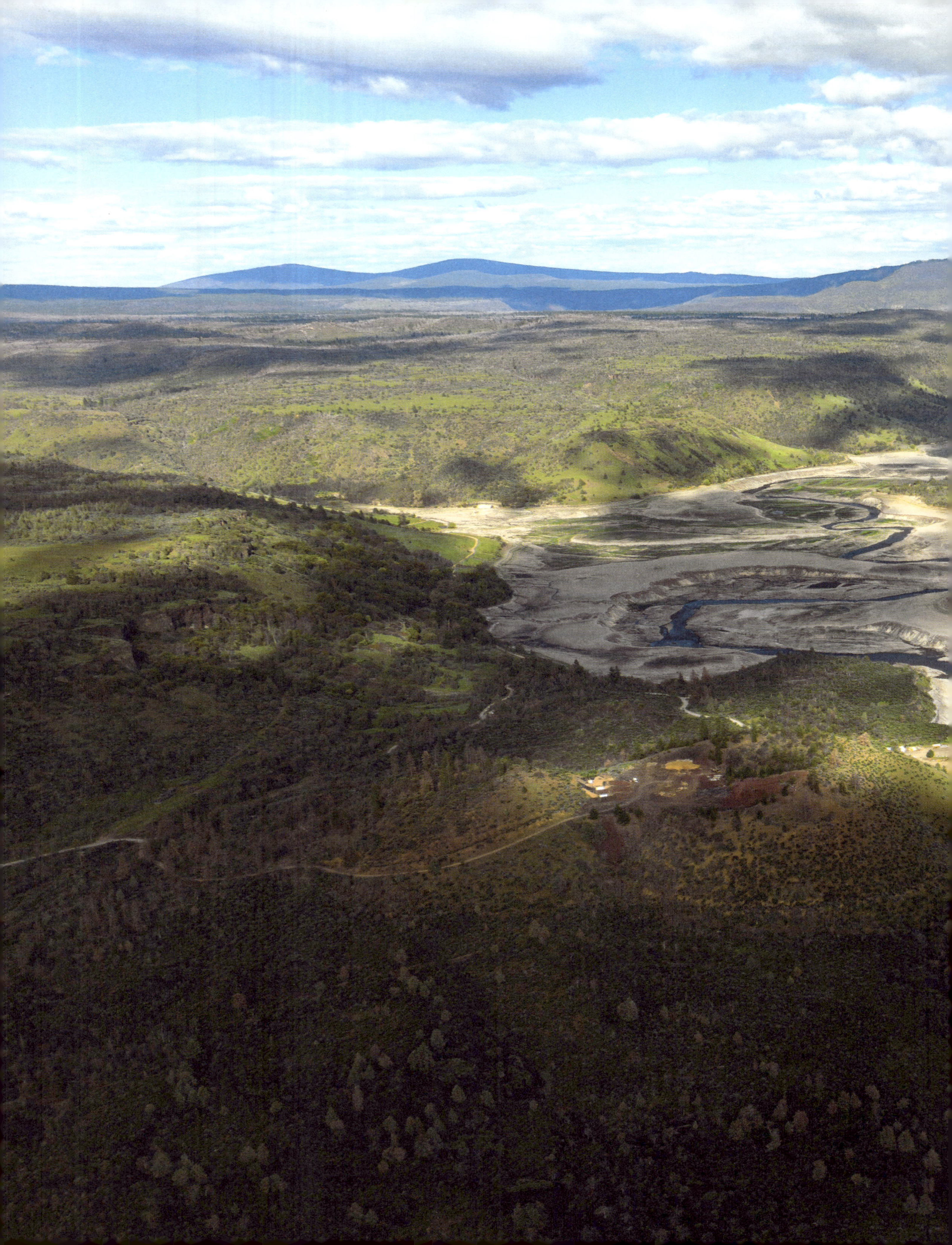

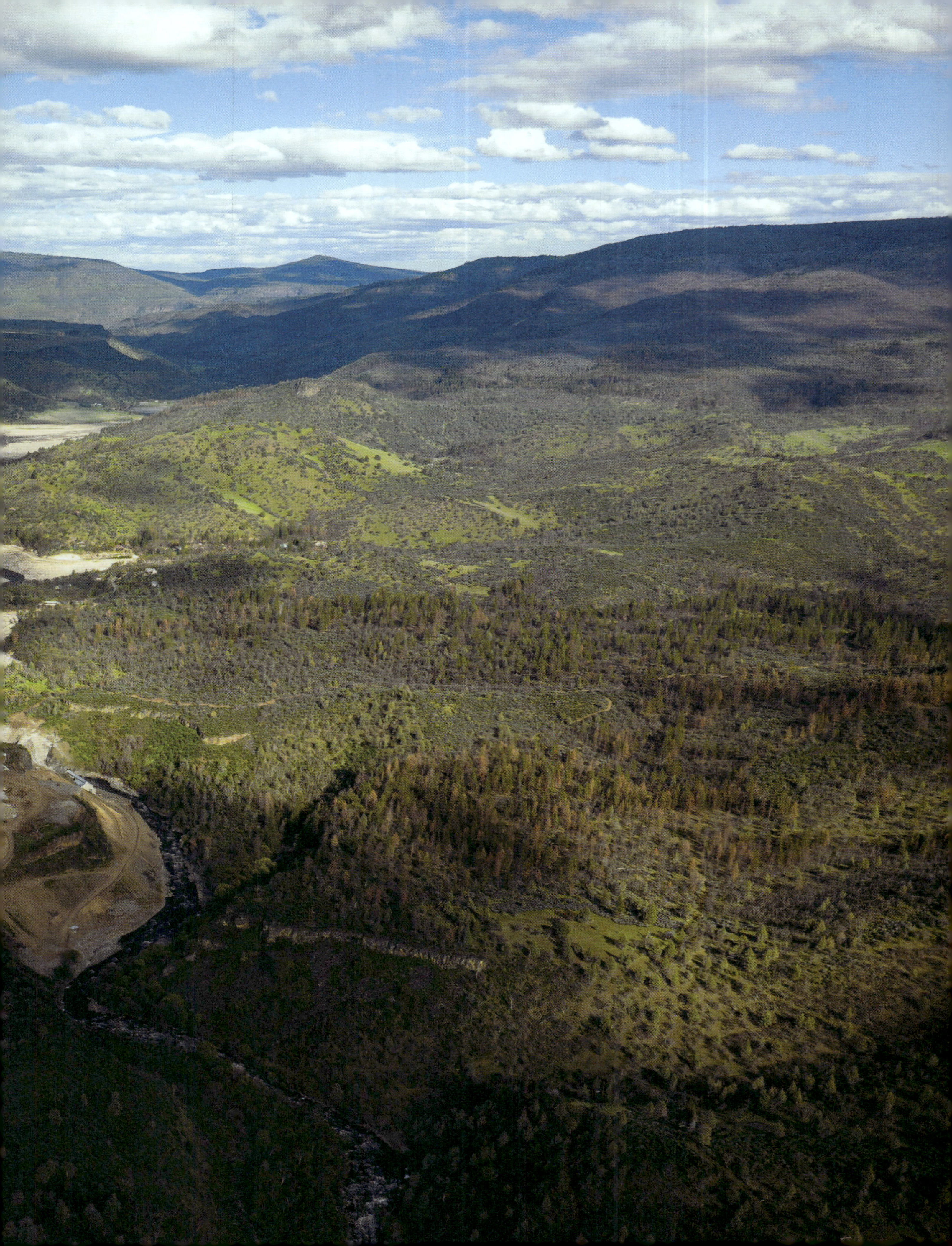

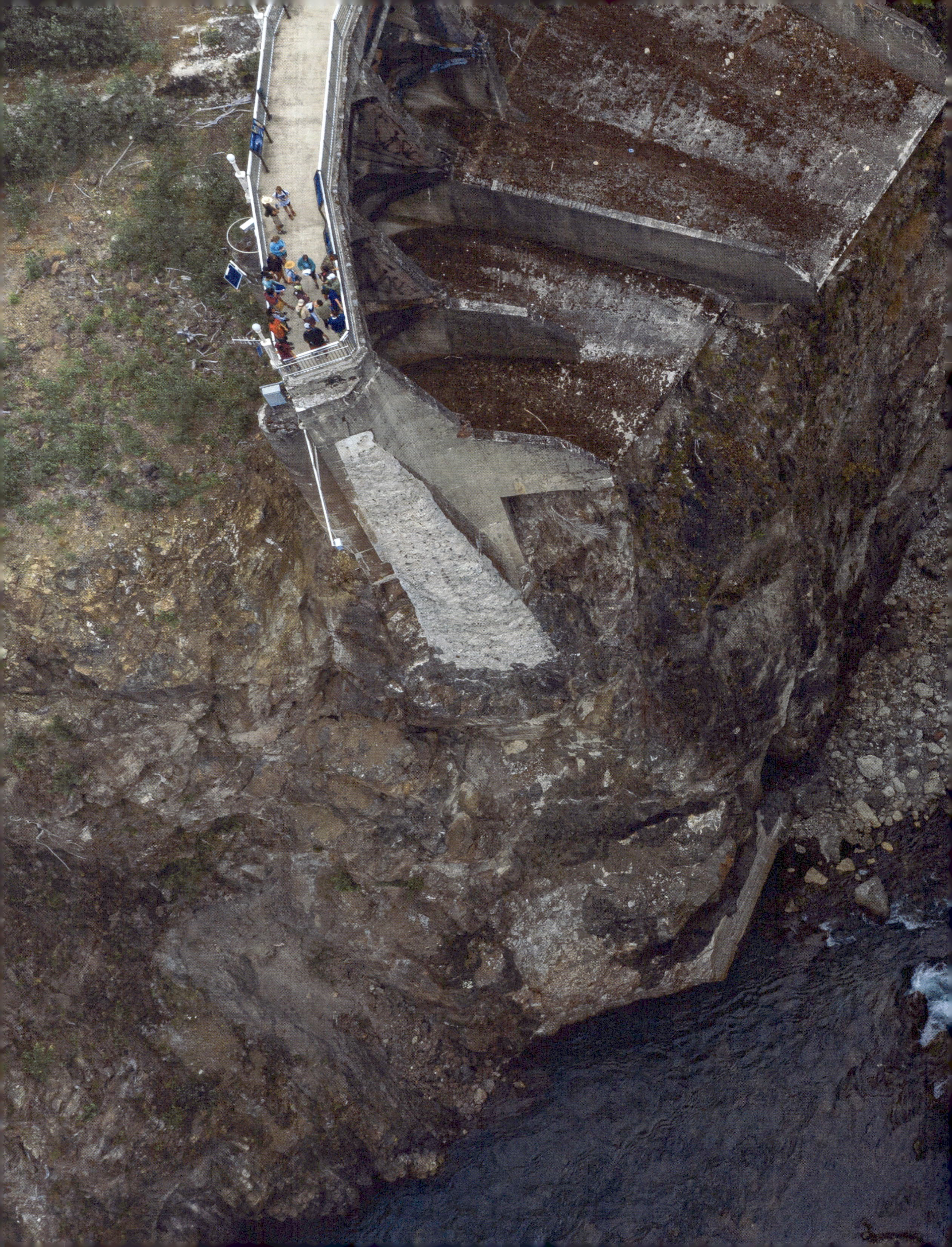

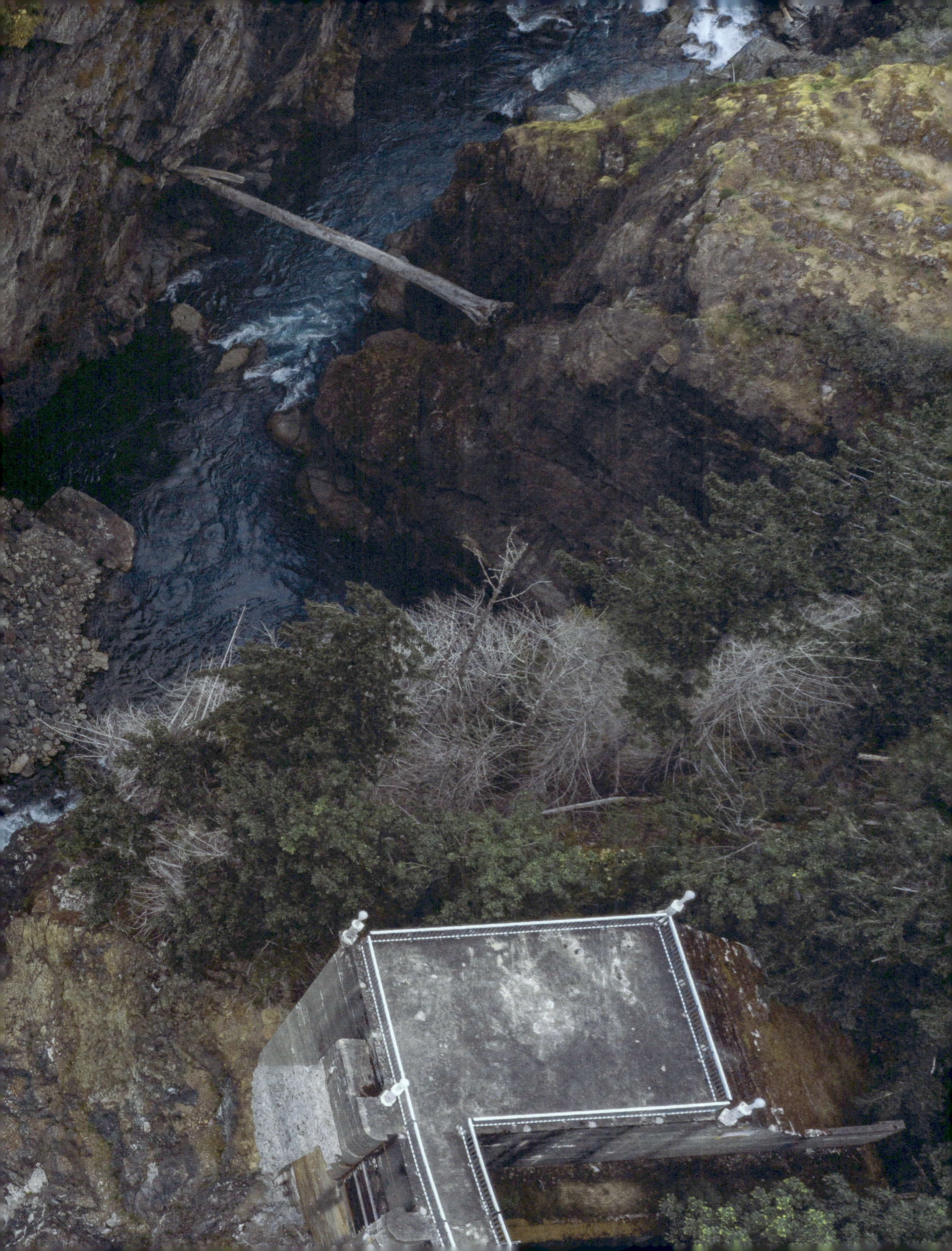

VENICE AGREEMENT
ACUERDO DE VENECIA

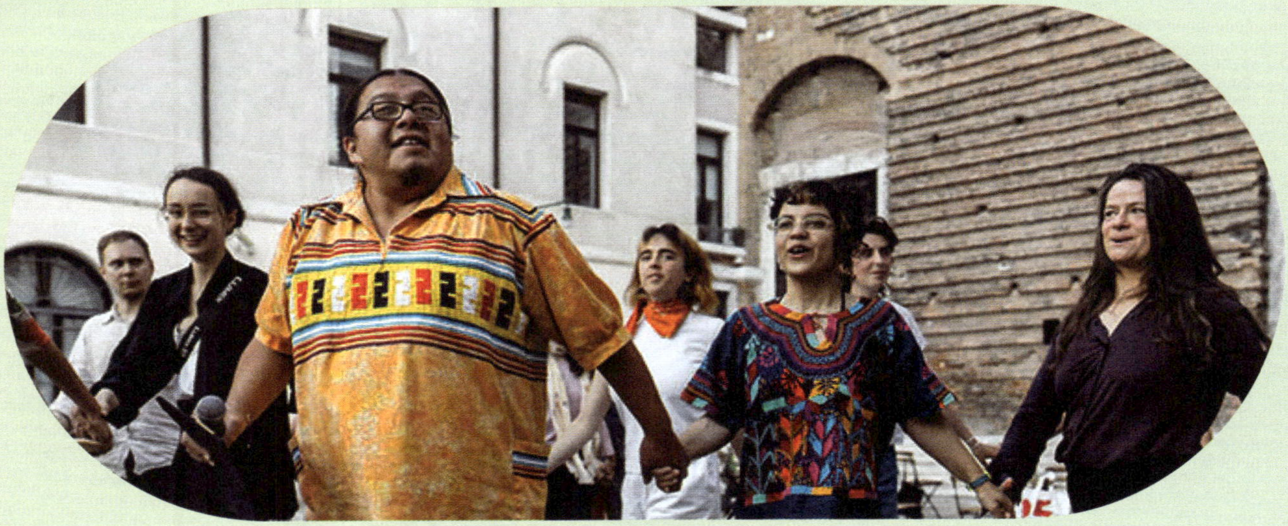

The Venice Agreement, signed during a historic assembly on June 2, 2022, represents a global commitment to peatland conservation, setting a new standard for valuing and protecting these critical environments. Peat moss, or *Sphagnum magellanicum*, is a powerful water reservoir and carbon-capturing plant, storing 30% of the earth's organic carbon in Tierra del Fuego, South America. Although critical to carbon sequestration, peat moss ecosystems have faced degradation, raising concerns about their future role in combating environmental changes. The Venice Agreement emerged from an interdisciplinary project curated by Camila Marambio of Ensayos and supported in design and organization by Bárbara Saavedra, Nicole Püschel, and Antonieta Eguren of WCS-Chile, with contributions from Susanne Abel and Jan Peters of the Succow Foundation / Greifswald Mire Centre. Specialists in ecology, conservation, climate policy, First Nations representatives, and environmental artists collaborated on this unprecedented declaration, which was overseen by an editorial committee, designed by Chilean graphic designer Rosario Ureta, and signed by 38 international participants.

Firmado por 38 participantes internacionales durante una asamblea histórica el 2 de junio de 2022, representa un compromiso global para la conservación de las turberas y establece un estándar para valorar y proteger estos entornos críticos. El musgo *Sphagnum magellanicum* es una planta poderosa que acumula agua y captura carbono, al mismo tiempo que almacena 30% del carbono orgánico del suelo en Tierra del Fuego, América del Sur. Aunque es esencial para el secuestro de carbono, el ecosistema de las turberas se está degradando y esto despierta preocupaciones sobre su papel en la lucha contra el cambio climático. El *Acuerdo de Venecia* surgió de un proyecto interdisciplinario curado por Camila Marambio, de Ensayos, diseñado y organizado por Bárbara Saavedra, Nicole Püschel y Antonieta Eguren de la Wildlife Conservation Society Chile, con contribuciones de Susanne Abel y Jan Peters de la Succow Foundation y el Greifswald Mire Centre. Especialistas en ecología, conservación y política climática, representantes de pueblos originarios y artistas ambientalistas colaboraron en esta declaración sin precedentes, cuya publicación fue supervisada por un comité editorial y diseñada por la diseñadora gráfica chilena Rosario Ureta.

THE VENICE AGREEMENT ON PEATLANDS

- 2022 -

Peatlands are power.
Yes,
carbon engines,
rivers of life,
biodiversity.

Ticking, tickling, alive,
murmuring, sensitive, sensual.

Peatlands are memory.
Flowing and folding into deep dark matter
they hold our future.

Consistent connection
through webs of roots,
mosses, minerals,
glacial retreats,
organic synthesis,
human life, and

multi-species kinship.

Peatlands are ancestors.
One and indivisible,
thumping
like a beating heart,
beating with yours, and mine,
the spongy wetlands underfoot
drink from the heavens
and breathe the beauty of color.

Smell it? (YES!)

Respect the living/dead peat,
include its language into
your songs.

We hold peatlands dear.
Near and far
we care,
because we walk the past,
that moves us
to encourage healing.
A gesture,
a humble twirl of fate.

Territorial rumors tell us
that now
we must sink into the cycles
of regeneration, reparation, restoration.

Peatlands are teachers.
Masters of rest,
caretakers of water,
libraries of climate evolution,
of composition and decomposition.
If they know, we may know.

Intergenerational custody,
the honour to serve,
invites
you,
come,
listen to the bog holler.
A call from the origin/ future of life.

Peatlands work with us,
even if you are only a small portion
of planetary land mass,
we are in service of your contributions.
Ayni. Mutuality. Hol-Hol Tol.

WE NEED:

- Immediate and effective protection of healthy peatlands
- A new framework for local to global coordination
- Multi-layered collaboration Recognition of cultural, spiritual, and ancestral value of peatlands
- Re-wetting of degraded peatlands
- Political and public awareness and the will to steward peatlands
- Local inventory of global peatlands
- Meaningful resources to protect and restore peatlands
- Paludiculture and other innovative livelihoods
- Continous re-education of ourselves to increase our appreciation and love for peatlands

Start Now!

WE VALUE:

Well being of People and Peatlands
Reverence for ancestral and spiritual realities
Collection and dissemination of knowledges
Thoughtful action
Responsibility and accountability
Laughter and joy
Multifaceted diversity
Intergenerational and transdisciplinary relationships
The unknown

LOCAL	GLOBAL
Ideas and inspiration	Sharing of knowledges
Sensitivities	Attentive listening and empathy
Curiosity and creativity	Coordination
Complexities and uniqueness	Diversity and inclusivity
Consciousness	Decolonization
LOVE	Y NO CONCENTRACIÓN DE LA TIERRA

WE CARE FOR PEATLANDS

I AGREE

WE AGREE TO PROTECT GLOBAL PEATLANDS LOCALLY

AND YOU?

The communities can build strategies to protect the peatlands to maintain the water cycle, the culture, and a sustainable economy.

Effective conservation of peatlands banning by law the extraction of Sphagnum magellanicum Moss and peat exploitation.
The owners of peatlands must be supported by the state to allow effective protection, and also build a complete peatland registry of Chile.

Se aborde holisticamente entendiendo que la turbera es un elemento de un sistema, por ejemplo, no se puede conservar una turbera si no se cuida su fuente de agua ya que esta se secaria.

Difundir y educar a la comunidad de la importancia local y global de la conservación de estos sistemas.
Integrar nuevos y antiguos saberes dentro de la discusión local de los ecosistemas de turberas.

Selk'nam community has the right and opportunity to make ceremonies in different parts of Tierra del Fuego's territory to strenghten the bond between human and nature

To be considered human and environmental patrimony, to put an end to extractivism.
To combine the preservation of peatlands with the ancestral-spiritual Selk'nam knowledge.

That the State accompanies local conservation actions with appropriate public policies (subsidies, incentives, etc)
That we find income alternatives for people that extract moss/peat for their subsistence.

Elaborate and execute an Action Plan for beaver control in areas with large extensions of peatlands.
Actively prevent new fires in Tierra del fuego

Promovamos la participación local, trabajando en conjunto con los actores centrales, identificados en un Mapa de Actores que contemple sus intereses y niveles de poder.

Promover la formación continua de agentes multiplicadores que permitan difundir los valores de las turberas a nivel local. Brindar protección legal a aquellas que aún no han sido adecuadamente reguladas.

A clear dissemination of knowledge should be generated among decision makers and citizens.

Create an inventory of the location, size, and condition of peatlands, along with continuous monitoring of these ecosystems.

We acknowledge and engage with work - management, knowledge growth, connection - that already exists.
Research is shared widely and in diverse forms - as lessons, policy, conversation, protest, art, poetry, song.

Respect peatlands as significant living entities with rights.
Understanding how our locality is connected to impacts of broader systemic issues such as extraction, water rights, colonisation and climate change.

When doing local environmental education and awareness work, it is essential that it includes: an intergenerational dialogue of knowledges (legal, indigenous, science, artists, journalists); embodied (multi-sensory, emotional, memory); an element of unknown (people, knowledge, exchange of experience); a rhythm that is sustainable in tima and can be repeated.

Create awareness, produce knowledge and change states of consciousness. Be inclusive of a diversity of knowledges, vary the acts of communication to different audiences, be equally responsible to science and ancestry/culture, based on the same messages.

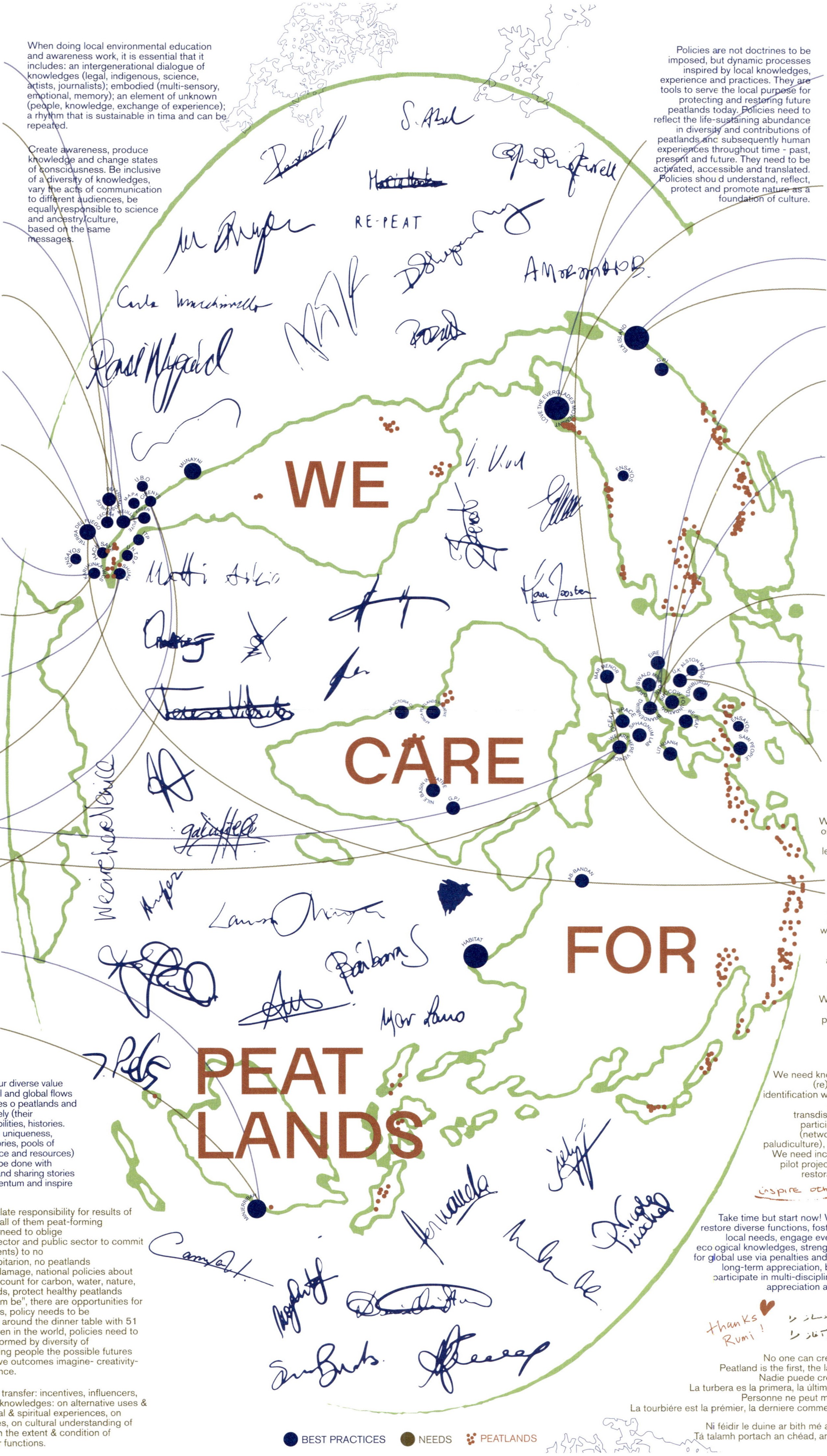

Policies are not doctrines to be imposed, but dynamic processes inspired by local knowledges, experience and practices. They are tools to serve the local purpose for protecting and restoring future peatlands today. Policies need to reflect the life-sustaining abundance in diversity and contributions of peatlands and subsequently human experiences throughout time - past, present and future. They need to be activated, accessible and translated. Policies should understand, reflect, protect and promote nature as a foundation of culture.

Create relationships and dialogues with all members of society: Hispanic communities, blue collar workers, etc. Decolonize the language when communicating with people, especially with BIPOC communities.

Halt development of peatlands/Everglades land for agricultural and urban uses, thereby improving water quality by reducing pollution from urban, industrial, and agricultural runoff.
Correct the imbalance in nutrients causing overgrowth and crowding out of plant and animal species, while also working towards removing invasives.
Stop extracting peat!

Communicate your objectives clearly to non scientists.

Protection from being converted and fragmented.

Record and evaluate the initial situation for the planning of the measures to successfully rewet the peatland, permanently. Have local partners.

Implementation of paludiculture to provide the farmers a method to use their peatlands sustainable.

To involve all the local stakeholders and try to create synergy effects (for example with nature protection, tourism, regional cooling effects, CO2-Certificates und the regional bio economy etc.).
Use good examples, to convince others. Especially after the three dry years in Brandenburg/Germany, some farmers had higher and better yields, than their neighboring colleagues with drained fields.
Use the innovation power of the farmers.

Legal base for the measures. Good water management.

Links are maintained with such work across the globe to share understanding, challenges and strengths.
All layers of understanding are taken into account. A transdisciplinary and non-hierarchical approach to peatland conservation

Local Awareness as well as a stronger connection between 'downstream' and 'upstream' relations. How peatlands are not isolated wilderness -over there- but landscapes deeply embedded in people's day to day lives.

We need public/open online databases and platforms, for all learning resources to be shared multilingually (upskilling is part of this). We need awareness and education networks and working groups within larger peatland networks (eg. GPI, PPI). We need academic as well as non-academic indigenous knowledge transfer. We need more higher education (masters, post-docs etc) about peatlands - and it should be interdisciplinary.

We need knowledge translation: (re)education, personal identification with the peatlands by everyone. We need transdisciplinary work that's participative, local / global (networks), innovative (eg. paludiculture), imaginative, flexible. We need incentives / funding for pilot projects (wisely used), for restoration, for protection.
inspire other generations.

Be imaginative. Honour diverse value systems, respect local and global flows and gather knowledges o peatlands and their locations intimately (their complexities, permeabilities, histories. Their biogeographical uniqueness, natural processes, stories, pools of knowledge, governance and resources) All of these needs to be done with integrity, celebrating and sharing stories in order to build momentum and inspire other generations

Policies need to regulate responsibility for results of actions on peatland (all of them peat-forming ecosystem), policies need to oblige businesses/private sector and public sector to commit (deliver on/commitments) to no deforestation-noexploitarion, no peatlands extraction-drainage-damage, national policies about peatlands need to account for carbon, water, nature, biodiversity, livelihoods, protect healthy peatlands now- policies "let them be", there are opportunities for green meaningful jobs, policy needs to be discussed/translated around the dinner table with 51 most influential children in the world, policies need to take on board/ be informed by diversity of perspectives by sharing people the possible futures pro/positive & negative outcomes imagine- creativity- visualization- experience.

We need knowledge transfer: incentives, influencers, regulation. We need knowledges: on alternative uses & restoration, on cultural & spiritual experiences, on traditional knowledges, on cultural understanding of local communities, on the extent & condition of ecosystems and their functions.

Take time but start now! Wise use: sustain or restore diverse functions, foster curiosity, respect local needs, engage ever changing social & eco ogical knowledges, strengthen consequences for global use via penalties and explicit rights, build long-term appreciation, be creative, discuss, participate in multi-disciplinary ways, and build appreciation as well as education.

Thanks Rumi!

No one can create me, except love
Peatland is the first, the last as the beginning
Nadie puede crear, excepto el amor
La turbera es la primera, la última como el comienzo
Personne ne peut me créer sauf l'amour
La tourbière est la prémier, la derniere comme le commencement,

Ní féidir le duine ar bith mé a chruthú ach an grá
Tá talamh portach an chéad, an deireach 's an tús

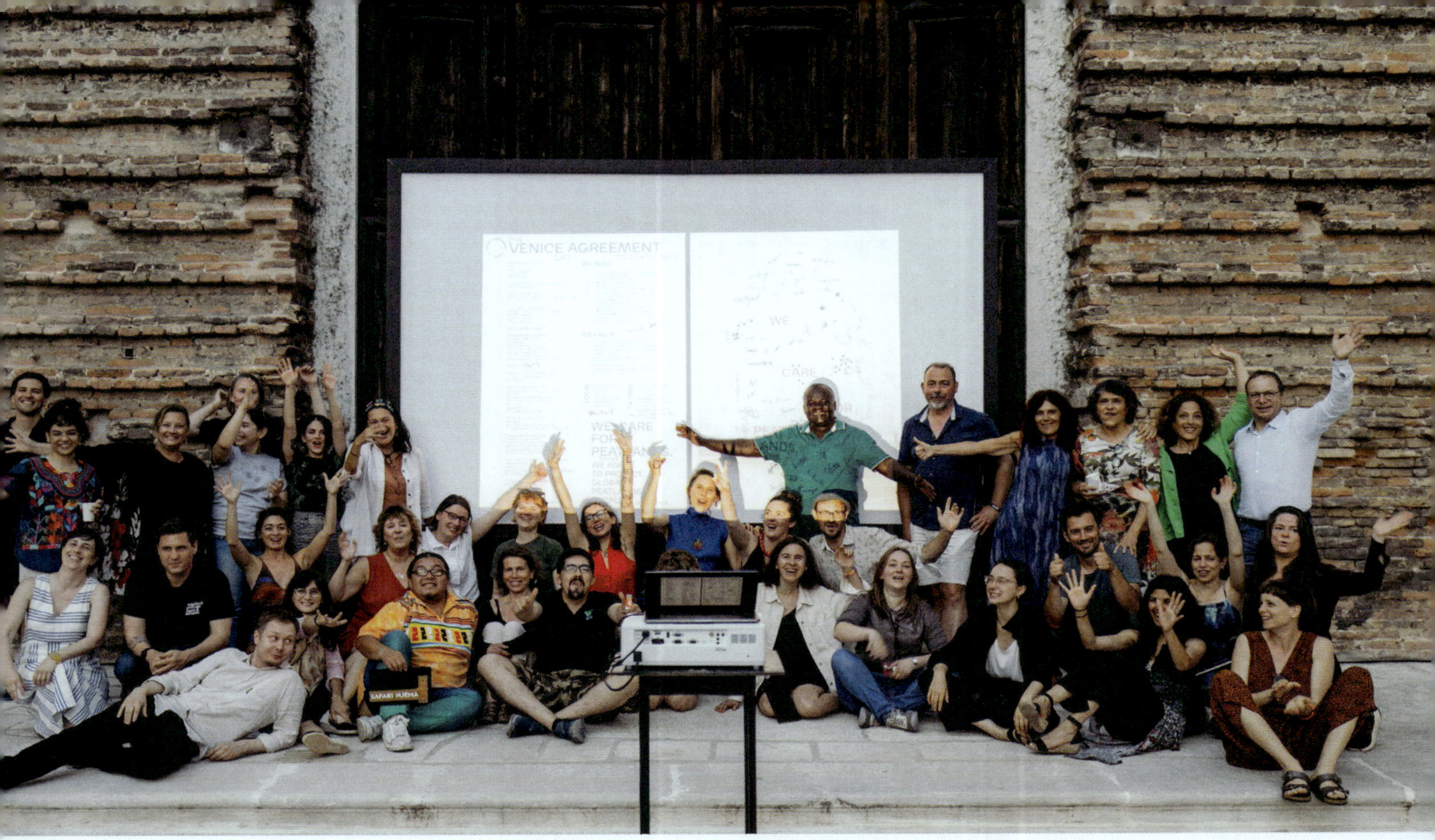

The Venice Agreement values the fact that the well-being of people and peatlands are deeply connected, and that thoughtful, responsible, and accountable actions can protect and restore this unique relation for generations to come. At the same time, the Agreement recognizes specific needs to achieve effective peatland protection. Therefore, it is essential to create: an active local-to-global coordination, multi-layered collaboration, immediate and effective protection of healthy peatlands, and a new framework for recognition of the cultural, spiritual, and ancestral value of peatlands. Meaningful resources are necessary to protect and restore peatlands through innovative solutions. As Dr. Bárbara Saavedra emphasizes, "*The Venice Agreement* invites us to dissolve the cultural, financial, and social barriers, and to assume the evident ecological fact that we all depend on nature, and the ethical and practical need to care for peatlands," because, as Reverend Houston Cypress (who calls the peatlands of the greater Everglades home) cited during the closing ceremony, "...peatlands are ancestors".

Peatland expertise comes in many shapes and sizes. Thus, *The Venice Agreement* is built on transdisciplinary crossovers between conservation biology, indigenous science, youth-led activism, land management, lawmaking, education, and art. Namely, discussions arose between scientists Jurate Sendzikaite from Lithuania, Catherine Farrel from Ireland, and Nancy Fernández from Argentina; artists pantea from Iran and Randi Nygard from Norway; lawmakers Maria Teresa Vicente from Spain and Michelle Lobo from India; and indigenous poets, artists, and conservationists Matti Aiko from Sápmi country in Finland, Fernanda Olivares Molina from the Selk'nam community Hach Saye in Tierra del Fuego, and Reverend Houston Cypress from the Miccosukee Otter clan in the Everglades. This layering of knowledge and experiences was enriched by the perspectives from Kenya and Uganda, and voiced by natural resource manager Leonard Akwany, plus substrate entrepreneur Gunnar Koch from Germany. Other peatland policy makers and activists included Stuart Brooks from Scotland, Jane Da Mosto from We Are Here Venice, and Swantje Furtak and Frankie Turk of Re-peat, a youth-led collective based in the Netherlands. All these experts were guided by facilitators Charo Lanao and Manuela Zechner, and workgroup leaders, including Uruguayan writer and sociologist Denise Milstein and Chilean art historian Carla Macchiavello, who followed a carefully designed program to channel the participants' experiences towards the co-creation of an agreement based on experiential and research knowledge essential to activating the protection of peatlands on a local scale.

RUTA DEL CASTOR
CIUDAD DE MÉXICO

RUTA DEL CASTOR

Ruta del Castor is a nonprofit cultural organization based in Mexico City that arises from a commitment to and interest in art as a tool for collaboration and social interaction. Their socially engaged art projects connect diverse artists, environments, and communities, bringing attention to shared challenges and reshaping how we collectively understand the realities we face. In April 2024, Ruta del Castor co-organized *Sembrando humedad / Sowing Moisture* with Carolina Caycedo and the Vincent Price Art Museum, which gathered more than 50 artists, activists, scientists, farmers, and students in Xochimilco, Mexico City. The group came together to reflect on the question, "Which waters do you belong to?" The gathering facilitated conversations, activities, and exchanges that encouraged participants to reflect on their connection to water as a binding force that links cultures, ecosystems, and communities.

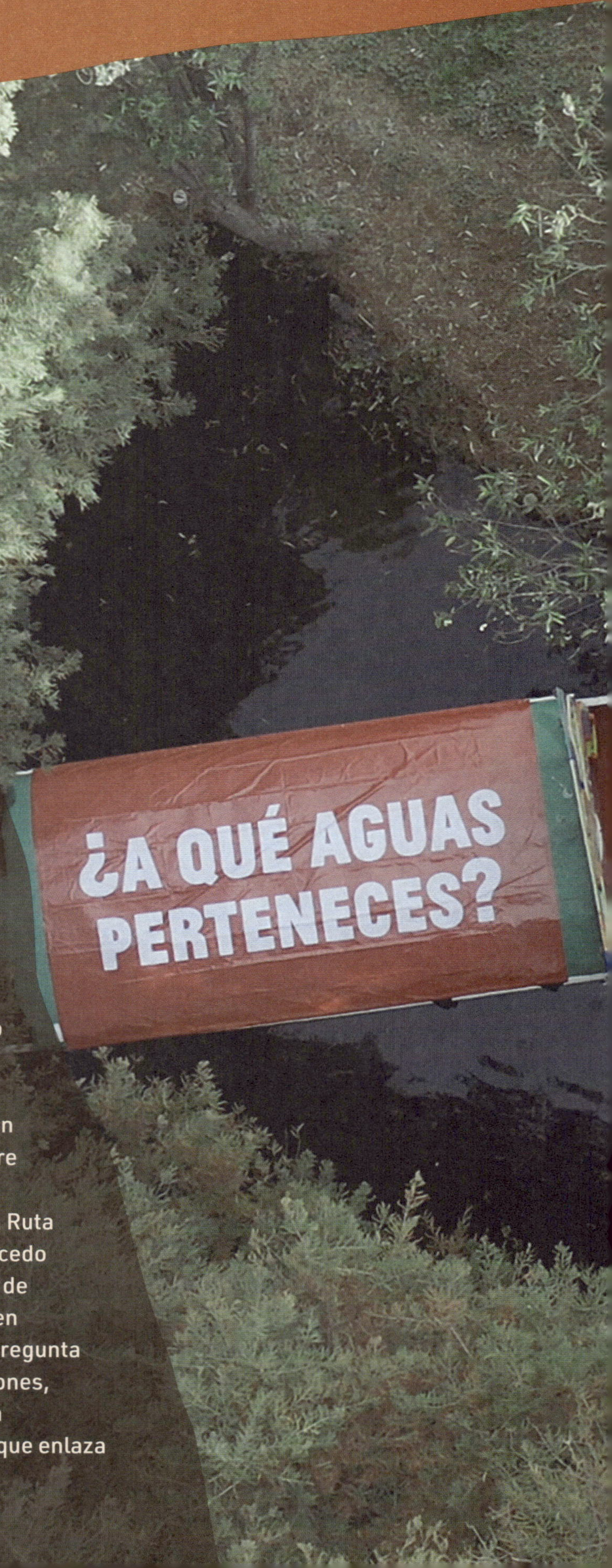

Ruta del Castor es una organización cultural sin fines de lucro con sede en la Ciudad de México que surge del interés en el arte como herramienta de colaboración e interacción social. Sus proyectos artísticos socialmente comprometidos conectan artistas, entornos y comunidades para llamar la atención sobre los desafíos compartidos y remodelar la manera de entender colectivamente las realidades por enfrentar. En abril de 2024, Ruta del Castor coorganizó *Sembrando humedad* con Carolina Caycedo y el Vincent Price Art Museum, un programa que reunió a más de 50 artistas, activistas, científicos, agricultores y estudiantes en Xochimilco, Ciudad de México, para reflexionar en torno a la pregunta "¿a qué aguas perteneces?". El encuentro facilitó conversaciones, actividades e intercambios que animaron a los participantes a cuestionarse sobre su conexión con el agua como una fuerza que enlaza culturas, ecosistemas y comunidades.

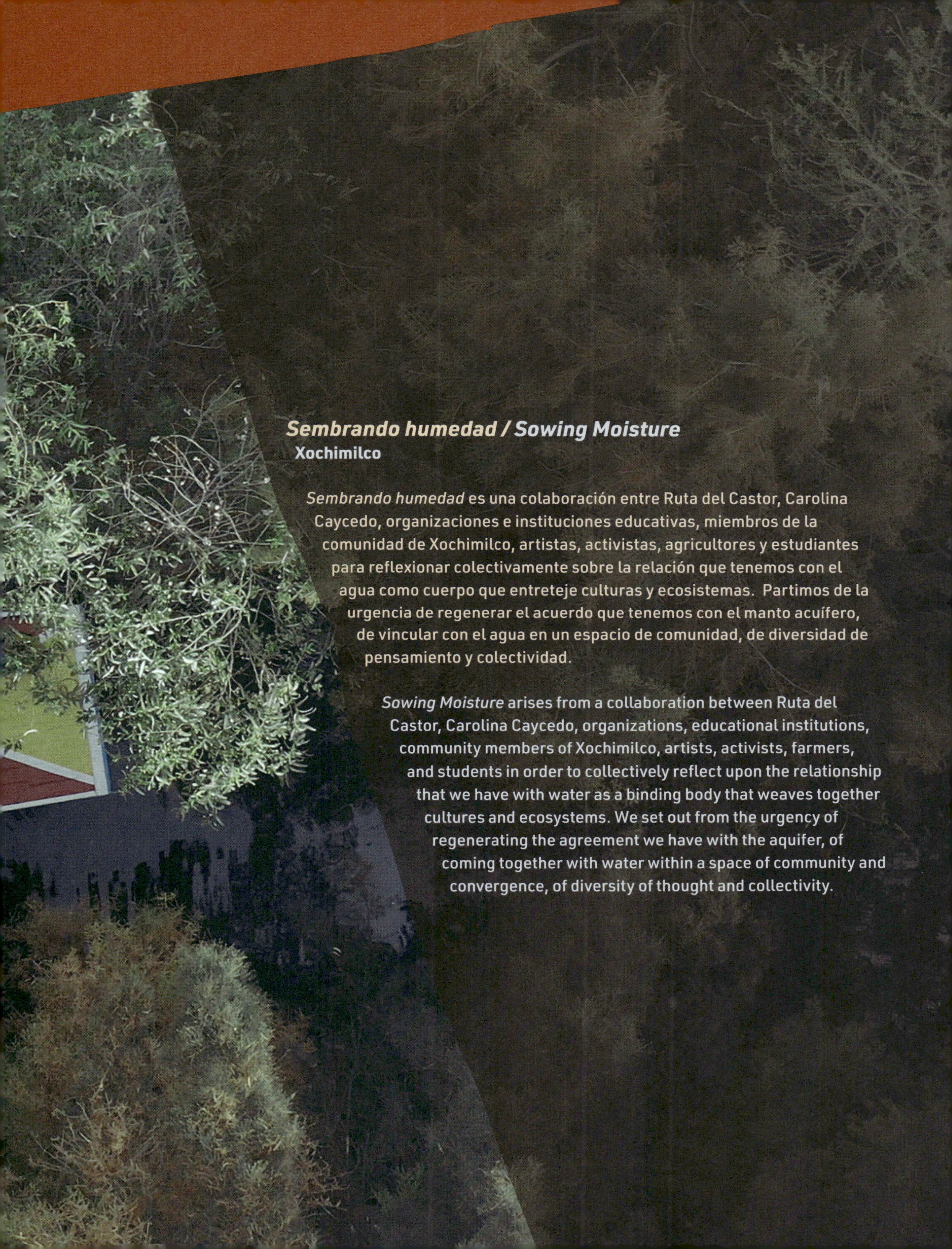

Sembrando humedad / *Sowing Moisture*

Xochimilco

Sembrando humedad es una colaboración entre Ruta del Castor, Carolina Caycedo, organizaciones e instituciones educativas, miembros de la comunidad de Xochimilco, artistas, activistas, agricultores y estudiantes para reflexionar colectivamente sobre la relación que tenemos con el agua como cuerpo que entreteje culturas y ecosistemas. Partimos de la urgencia de regenerar el acuerdo que tenemos con el manto acuífero, de vincular con el agua en un espacio de comunidad, de diversidad de pensamiento y colectividad.

Sowing Moisture arises from a collaboration between Ruta del Castor, Carolina Caycedo, organizations, educational institutions, community members of Xochimilco, artists, activists, farmers, and students in order to collectively reflect upon the relationship that we have with water as a binding body that weaves together cultures and ecosystems. We set out from the urgency of regenerating the agreement we have with the aquifer, of coming together with water within a space of community and convergence, of diversity of thought and collectivity.

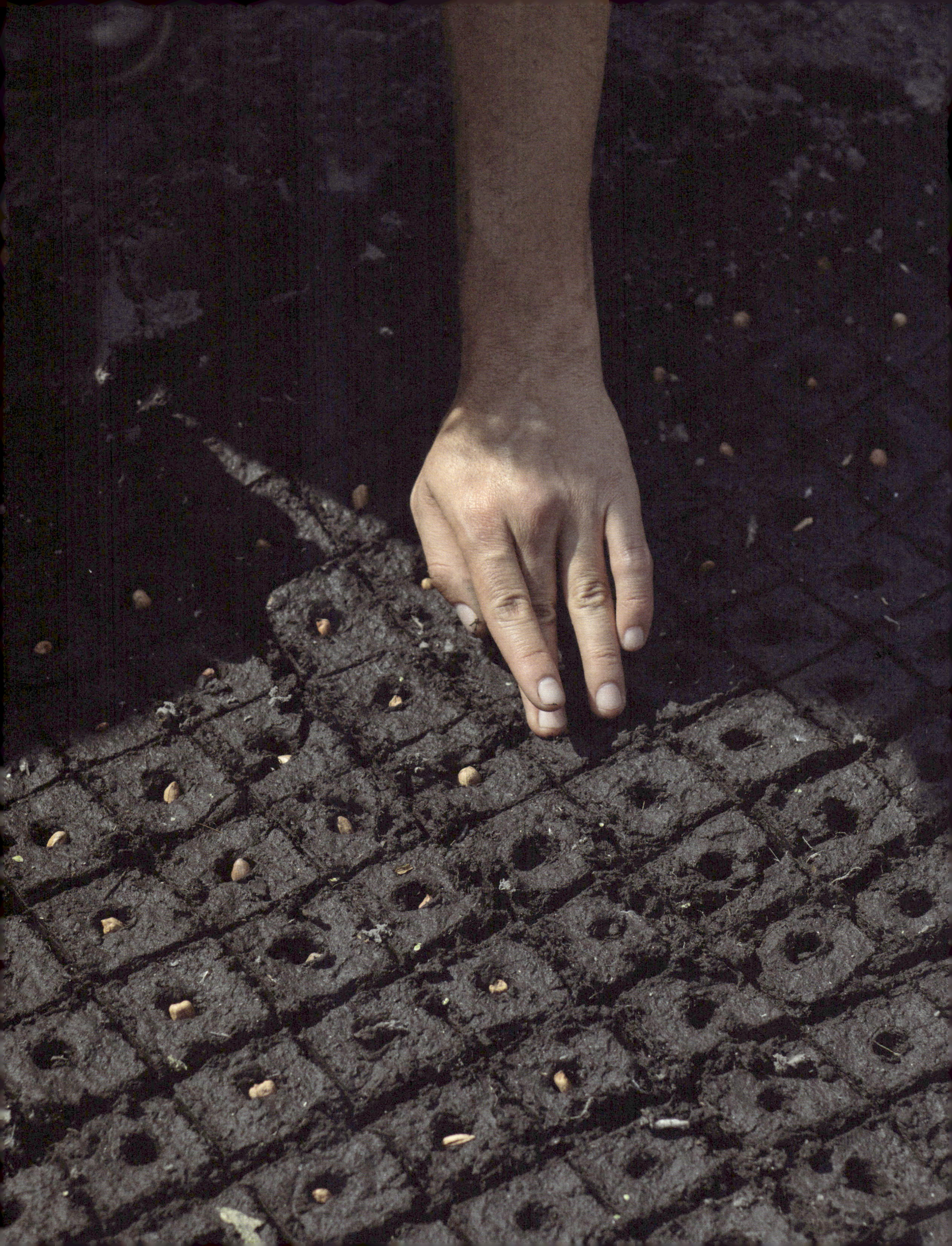

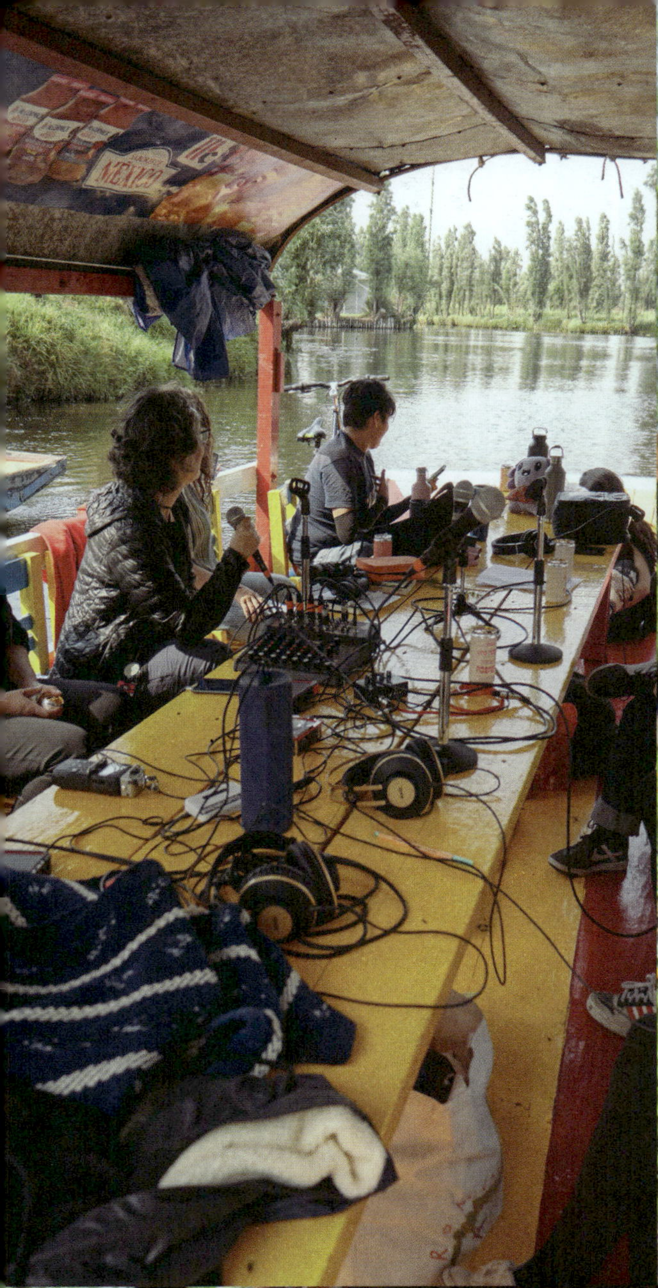

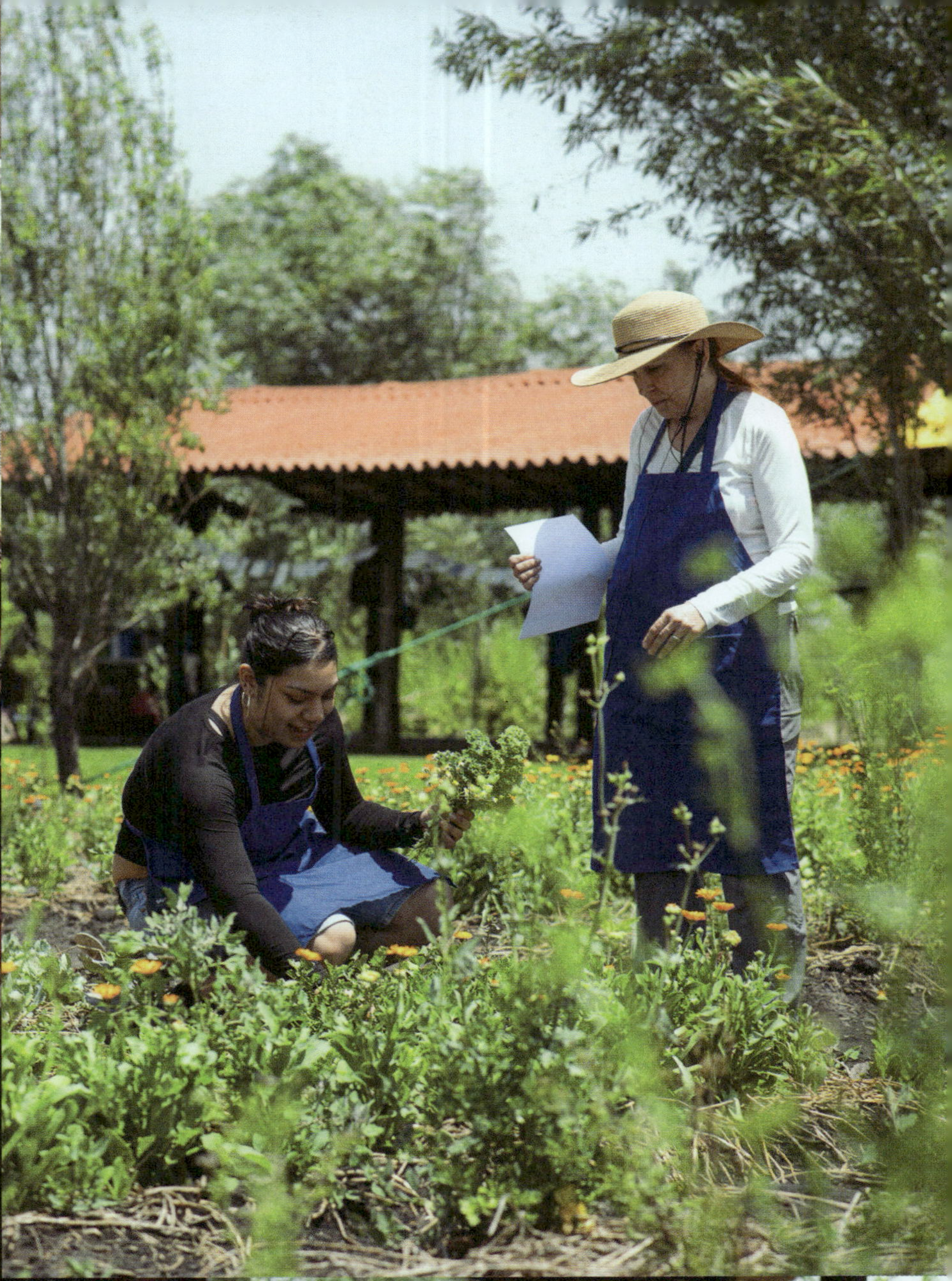

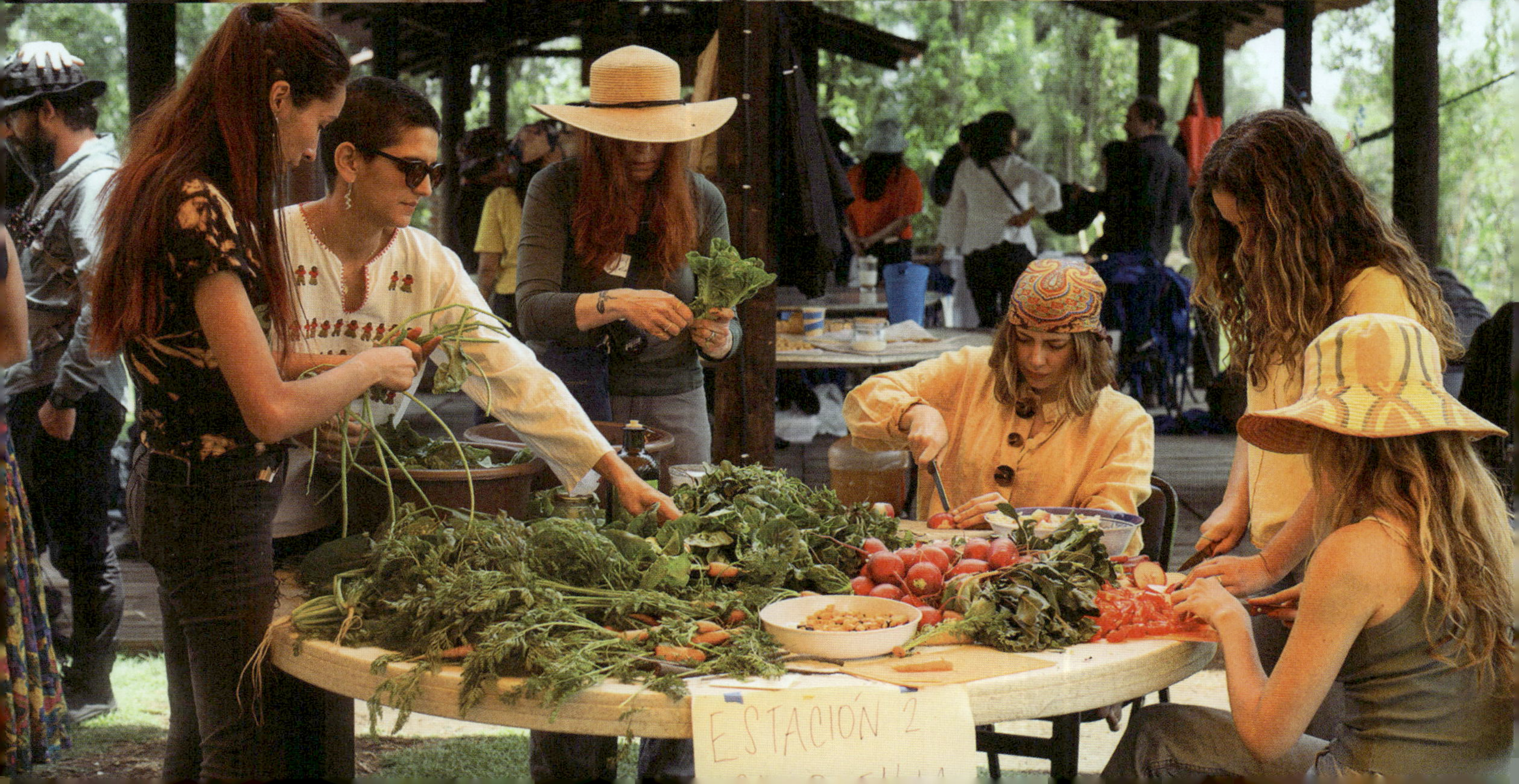
ESTACIÓN 2

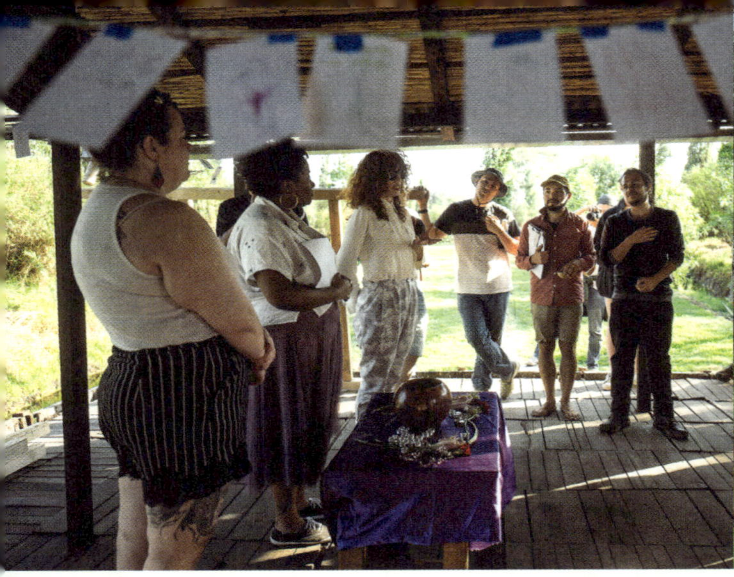

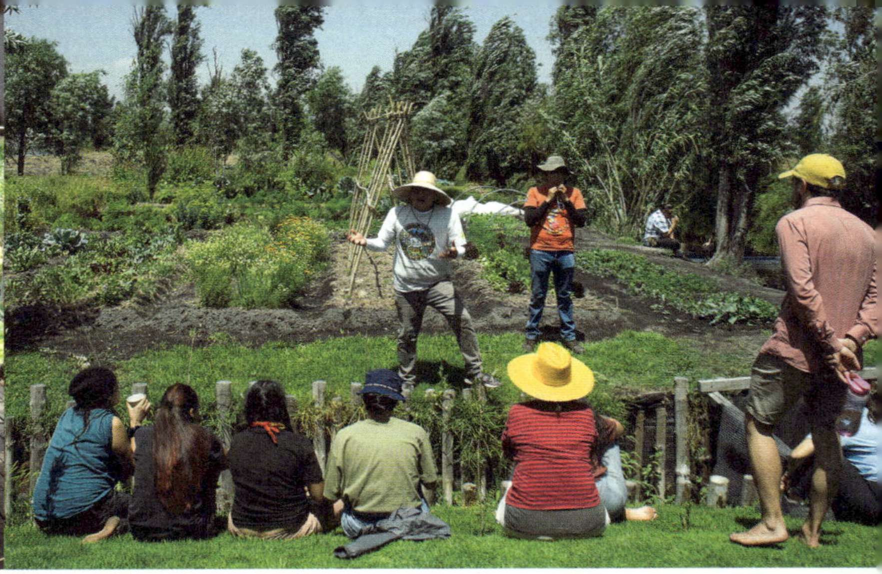

RESONANCIA FINAL

El río mismo, el río nos habla y nos mira. Los ríos, custodios de semillas. Un territorio que nos da identidad, que nos da vida. No es el río sino sus montañas. Las calles con tráfico como ríos, esa imaginación me ataca todos los días. Estamos terminando la era del agua, deberemos aprender a leer códigos e interpretar las presencias y las ausencias. Redes, ritmos, nodos, códigos. La cultura antigua del agua, tratando de rescatar una raíz.

Yo vengo del canal de aguas negras de cerca de mi casa. Aunque el agua ya no corre por ahí, me identifico con esas aguas. Yo provengo de las barrancas del poniente de la ciudad en las que se hacen patrones, caídas cuencos, que yo sujeto. Sueño con ríos vivos. El DIU como la represa interna que alteraba mi flujo periódico. Una veda industrial, gritar, ¡tan alto, tan alto! No podemos ser poblaciones de sacrificio. Las lágrimas son parte del ciclo hídrico. El agua no es lineal, siempre regresa. Los que ya no están. Dejemos de hacer amenazas y hagámonos promesas.

En la sequía hay que ponernos bien perras. Extracción, sequía, abundancia, contaminación. Un **pluriverso** sentipensante, olla común, taquito placero, estación Nopalito, estación clorofila. Lengua del agua en forma de alimento. El hambre me enseño a pescar. Estoy en un periodo de fascinación por las verdolagas. Verdolaga omnipresente. Los quelites resisten. Me llamo rabanito, soy subterráneo y me alimento de la humedad, de la oscuridad y de la tierra. Tiene que estar vivo para comerse. El monstruo de agua que queremos conservar es negro. Tiradero de mascotas acuáticas, jarabe de mucosa de ajolote. El plátano, una malanga, el epazote. Cabezas con cabezas, pies con pies. Maíz, red. La contaminación sabe bien, está disfrazada. El hambre como maestra.

Encontrar nuevos imaginarios a través del arte. El arte que nos hila. ¡Greta! ¡Greta! ¡Mira la Garza! En mi territorio son más chiquitas. Se nos fue el remo, me he caído muchas veces. Quería hacer una espiral. El potencial como el no hacer, el callar, el no visibilizar. La *a*, la *g*, la *u*,la *a*. *If you ever feel hopeless remember this moment*. Esta red hoy nos manifiesta que la chinampa no sea una añoranza del pasado. ¡Sí a la vida! La vocación de ser agua siempre va a estar. Vamos a sembrar agua. Tomar agua a besitos, tomar la vida a besitos.

GEOCOREGRAFÍA
por Carolina Caycedo y Sofía Bastidas

El 4 de abril de 2024, en la chinampa de Humedalia, en Xochimilco, conformamos esta cuerpa colectiva en forma de plántula de maíz y de atarraya dorada. Ofrecemos este gesto compartido, esta geocoreografía maicera y aurífera para que nos guíe en nuestros sueños compartidos de sembrar humedad y de situar la vida en el centro. Esta geocoreografía forma parte de un acto que revierte al cuerpo y a la cuerpa como herramienta política, bajo la noción de que la geografía y el territorio son parte de la misma, no sólo algo fuera de nosotras. Una geocoreografía es un espacio psicosocial, realizado por el cuerpo y la cuerpa, individual o colectiva, siendo plenamente conscientes de la relación con nuestro entorno. Una geocoreografía teje una imagen viva con el territorio, produciendo un gesto expansivo que nos enraíza y nos solidariza con las luchas, anhelos y conexiones en la tierra y entre nosotras.

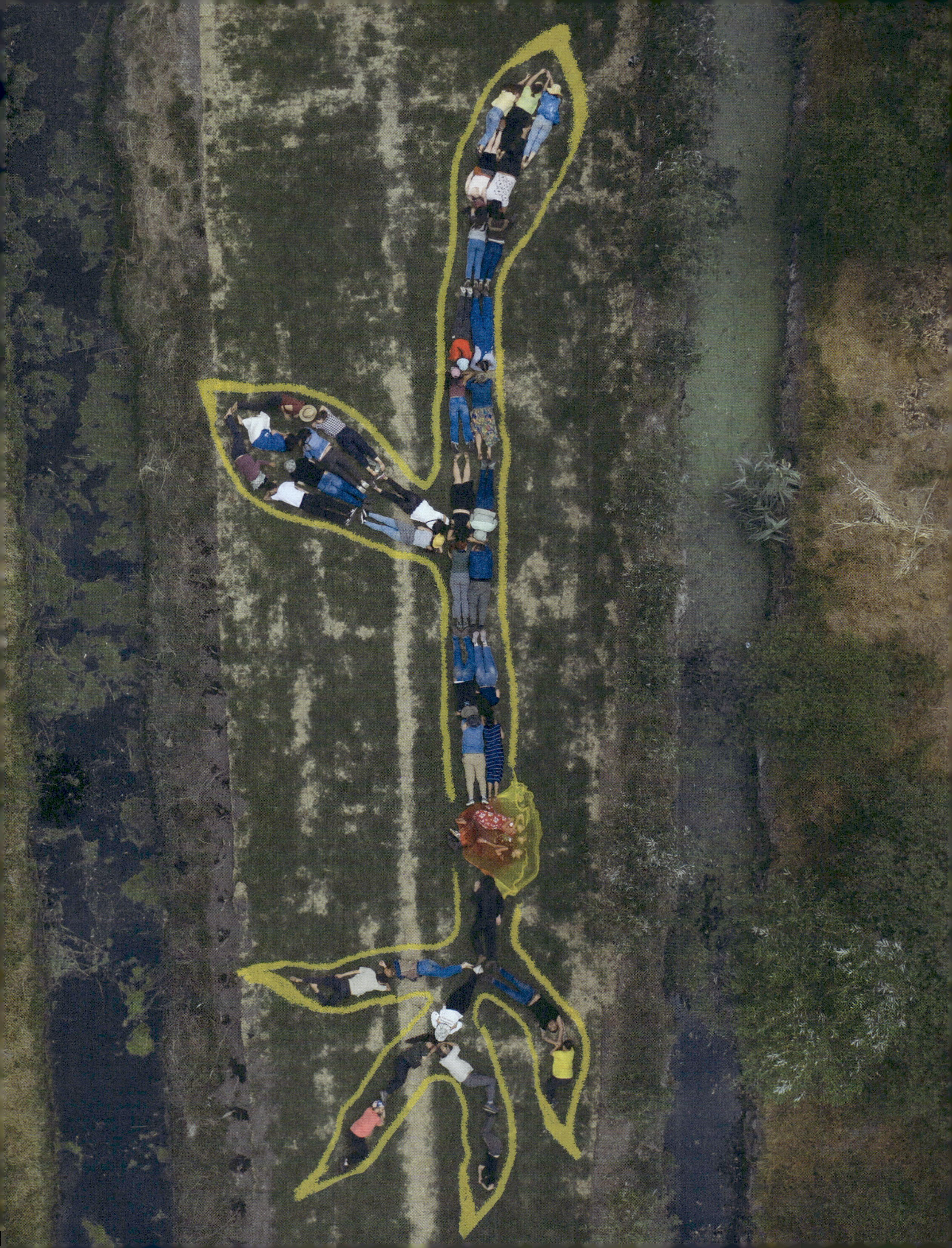

Sowing Moisture

A project by Ruta del Castor & Carolina Caycedo

Sowing Moisture arises from a collaboration between Ruta del Castor, Carolina Caycedo, organizations, educational institutions, community members of Xochimilco, artists, activists, farmers and students in order to collectively reflect upon the relationship that we have with water as a binding bodythat weaves cultures and ecosystems.

We set out from the urgency of regenerating the agreement we have with the aquifer, of coming together with water within a space of community and convergence, of diversity of thought and collectivity.

With Sowing Moisture our cultural work is aligned with the defense of life and territorial resistance to delve into its complexities and its ludic and artistic potentials.

We immerse ourselves in water as a vital liquid that connects us with our ancestors and future generations, a space of gathering to moisten our imagination and think about more fluid and fair futures.

April 1 - 5, 2024

APRIL 01

→ TAMAYO MUSEUM AUDITORIUM
6:00PM - 9:30PM
Short film and documentary screening: *New Argiropolis* by Lucrecia Martel and *Resurrection* by Eugenio Polgovsky followed by presentation by Carolina Caycedo and conversation between Sofia Enciso and Deborah Martin.

APRIL 02

→ CARCAMO DE DOLORES
5:45PM - 10:00PM
"Of when the hummingbirds flew in flocks"
Dinner organized by colectivo amasijo and Mauricio de la Puente.

APRIL 03

7:00AM
Arrival at Cuemanco dock.

7:15AM
→ *WATER-LANDING*
Participation and welcome by Ruta del Castor.

9:15AM
→ *LIBRO SERPIENTE*
Participation by Carolina Caycedo.

10:45AM
→ *AMONG AXOLOTL AND CHAPINES*
Participation by Humedalia.

→ CONSERVATION OF XOCHIMILCO AND THE AXOLOTL / THE EXPERIENCEOF INHABITING THE CHINAMPAS
Participation by The Autonomous Metropolitan University (UAM) and Cuemanco Biological and Aquaculture Research Center (CIBAC).

12:15PM
→ *NURTURING WATER'S TONGUES*
Participatory kitchen workshop by Cocina Colaboratorio.

2:45PM
Continued Participation by Humedalia.

3:45PM
→ *THREE REGENERATIVE INQUIRIES*
Participation by Tecnológico de Monterrey.

APRIL 05

8AM - 6PM
As a dissemination platform and a space for reflection, *Sowing Moisture* will present a radio program in collaboration with Radio Nopal broadcasted from a trajinera in Xochimilco. We will explore non-human narratives and poetics through conversations, sounds, interviews and reflections.

RADIO BROADCAST PARTICIPANTS:

Adriana Cadena / Antonio Salinas / Dr. José Antonio Ocampo Cervantes / Eloísa Diez / Erandi Jiménez Jacques / Florencia Guillen / Frida Rocha Flores / Kotik Villela / Lia García (La Novia Sirena) / Lucía Hinojosa / Lucio Usobiaga / Mónica Nepote - Co-Host / Naomi Woo / Pablo Piedra / Rufus Shakespeare / Silvestre Borgatello / Sofía Bastidas - Co-Host / Tawna Cine

Listen live at www.radionopal.com

Ruta del Castor is a non-profit art organization that, alongside with artists, groups and communities, creates spaces of horizontality and collaboration to develop socially engaged art initiatives that resonate and recognize diverse human and non-human narratives.

TEAM 2024

Andrea de la Torre
Enrique Mendoza
esteban silva
Fernanda Angulo
Julia Ponce de León
Maria Tovar
Sofía Casarin
Sofía Bastidas

RUTA DEL CASTOR

www.rutacastor.org

5PM
→ *TRIBUTARIES: A WET RITUAL FOR WITNESSING*
Participation by The Hildegard von Bingen Society for Gardening Companions + Goldsmiths University.

7:30PM
Departure from Humedalia dock.

APRIL 04

7:00AM
Arrival at Cuemanco dock.

7:15AM
→ GROUP DRAWING SESSION
Participation by Alejandra Venegas & Ramiro Chaves.

9.45 AM
→ *AN INVITATION TO EAT FROM THE TERRITORY*
Participation by Almárcigo.

11:45AM
Participatory kitchen workshop by Almárcigo.

1:45PM
→ *GEO-CHOREOGRAPHIES*
Participation by Carolina Caycedo.

2:45PM
→ *LEARNING NEW VOCABULARY*
Participation by East Los Angeles College (ELAC) & Vincent Price Art Museum (VPAM).

4PM
→ *WHERE THE CURRENT TAKES US*
Participation by Seres de Río.

6PM
→ *WATER HARVEST*
Closing with Ruta del Castor & Carolina Caycedo.

7:30PM
Departure from Humedalia dock.

Sembrando humedad

Un proyecto de Ruta del Castor + Carolina Caycedo

Sembrando humedad es una colaboración entre Ruta del Castor, Carolina Caycedo, organizaciones e instituciones educativas, miembros de la comunidad de Xochimilco, artistas, activistas, agricultores y estudiantes para reflexionar colectivamente sobre la relación que tenemos con el agua como cuerpo que entreteje culturas y ecosistemas.

Partimos de la urgencia de regenerar el acuerdo que tenemos con el manto acuífero, de vincular con el agua en un espacio de comunidad, de diversidad de pensamiento y colectividad.

En Sembrando humedad nuestro trabajo cultural se alinea con la defensa de la vida y la resistencia territorial para profundizar en sus complejidades y su potencial lúdico y artístico.

Nos sumergimos en el agua como líquido vital que nos conecta con los ancestros y las generaciones venideras, un espacio de encuentro para humedecer nuestra imaginación y sentipensar futuros más fluidos y justos.

01 al 05 de abril 2024

01 DE ABRIL

→ AUDITORIO DEL MUSEO TAMAYO
6:00PM - 9:30PM
Proyección de cortometraje y documental: *Nueva Argirópolis* de Lucrecia Martel y *Resurrección* de Eugenio Polgovsky seguido de presentación por Carolina Caycedo y conversación entre Sofía Enciso y Deborah Martin.

02 DE ABRIL

→ CARCAMO DE DOLORES
5:45PM - 10:00PM
"De cuando los colibríes volaban en parvadas" Cena organizada por colectivo amasijo y Mauricio de la Puente.

03 DE ABRIL

7:00AM
Llegada al embarcadero de Cuemanco.

7:15AM
→ *ACUATIZAJE*
Participación de Ruta del Castor

9:15AM
→ *LIBRO SERPIENTE*
Participación de Carolina Caycedo

10:45AM
→ *ENTRE AJOLOTES Y CHAPINES*
Participación de Humedalia.

→ LA CONSERVACIÓN DE XOCHIMILCO Y EL AJOLOTE + LA EXPERIENCIA DE UNA HABITANTE DE LAS CHINAMPAS
Participación de la Universidad Autónoma Metropolitana (UAM) y Centro de Investigaciones Biológicas y Acuícolas de Cuemanco. (CIBAC)

12:15PM
→ *NUTRIR LAS LENGUAS DEL AGUA*
Taller-cocina por Cocina Colaboratorio.

2:45PM
Continuación participación de Humedalia.

3:45PM
→ *TRES PREGUNTAS REGENERATIVAS*
Participación del Tecnológico de Monterrey.

05 DE ABRIL

8AM - 6PM
Como soporte de difusión y espacio de reflexión *Sembrando humedad* transmitirá un programa de radio en colaboración con Radio Nopal desde una trajinera en Xochimilco. Exploramos narrativas y poéticas de lo no humano a través de conversaciones, sonidos, entrevistas y reflexiones.

PARTICIPANTES DE LA RADIO:
Adriana Cadena / Antonio Salinas / Dr. José Antonio Ocampo Cervantes / Eloísa Diez / Erandi Jiménez Jacques / Florencia Guillen / Frida Rocha Flores / Kotik Villela / Lia García (La Novia Sirena) / Lucía Hinojosa / Lucio Usobiaga / Mónica Nepote - Co-Host / Naomi Woo / Pablo Piedra / Rufus Shakespeare / Silvestre Borgatello / Sofía Bastidas - Co-Host / Tawna Cine

Escucha en vivo www.radionopal.com

Ruta del Castor es una asociación civil que surge del compromiso e interés por el arte y la política. Nuestros proyectos reflejan el rol del artista como agente social y el diálogo que fomenta el arte en el espacio común.

EQUIPO 2024

Andrea de la Torre
Enrique Mendoza
esteban silva
Fernanda Angulo
Julia Ponce de León
Maria Tovar
Sofía Casarin
Sofía Bastidas

RUTA DEL CASTOR

www.rutacastor.org

5PM
→ *TRIBUTARIOS: UN RITUAL HÚMEDO PARA ATESTIGUAR*
Participación de The Hildegard von Bingen Society for Gardening Companions + Goldsmiths University.

7:30PM
Salida desde embarcadero de Humedalia.

04 DE ABRIL

7:00AM
Llegada al embarcadero de Cuemanco.

7:15AM
→ SESIÓN DE DIBUJO GRUPAL
Participación de Alejandra Venegas y Ramiro Chaves.

9.45 AM
→ *UNA INVITACIÓN A COMER DEL TERRITORIO*
Participación de Almárcigo.

11:45AM
Taller-cocina participativa Almárcigo.

1:45PM
→ *GEO-CHOREOGRAPHIES*
Participación de Carolina Caycedo.

2:45PM
→ *APRENDIENDO UN NUEVO VOCABULARIO*
Participación de East Los Angeles College (ELAC) y Vincent Price Art Museum (VPAM).

4PM
→ *DONDE NOS LLEVE LA CORRIENTE*
Participación de Seres de Río.

6PM
→ *COSECHA DE AGUA*
Cierre de Ruta del Castor y Carolina Caycedo.

7:30PM
Salida desde embarcadero de Humedalia.

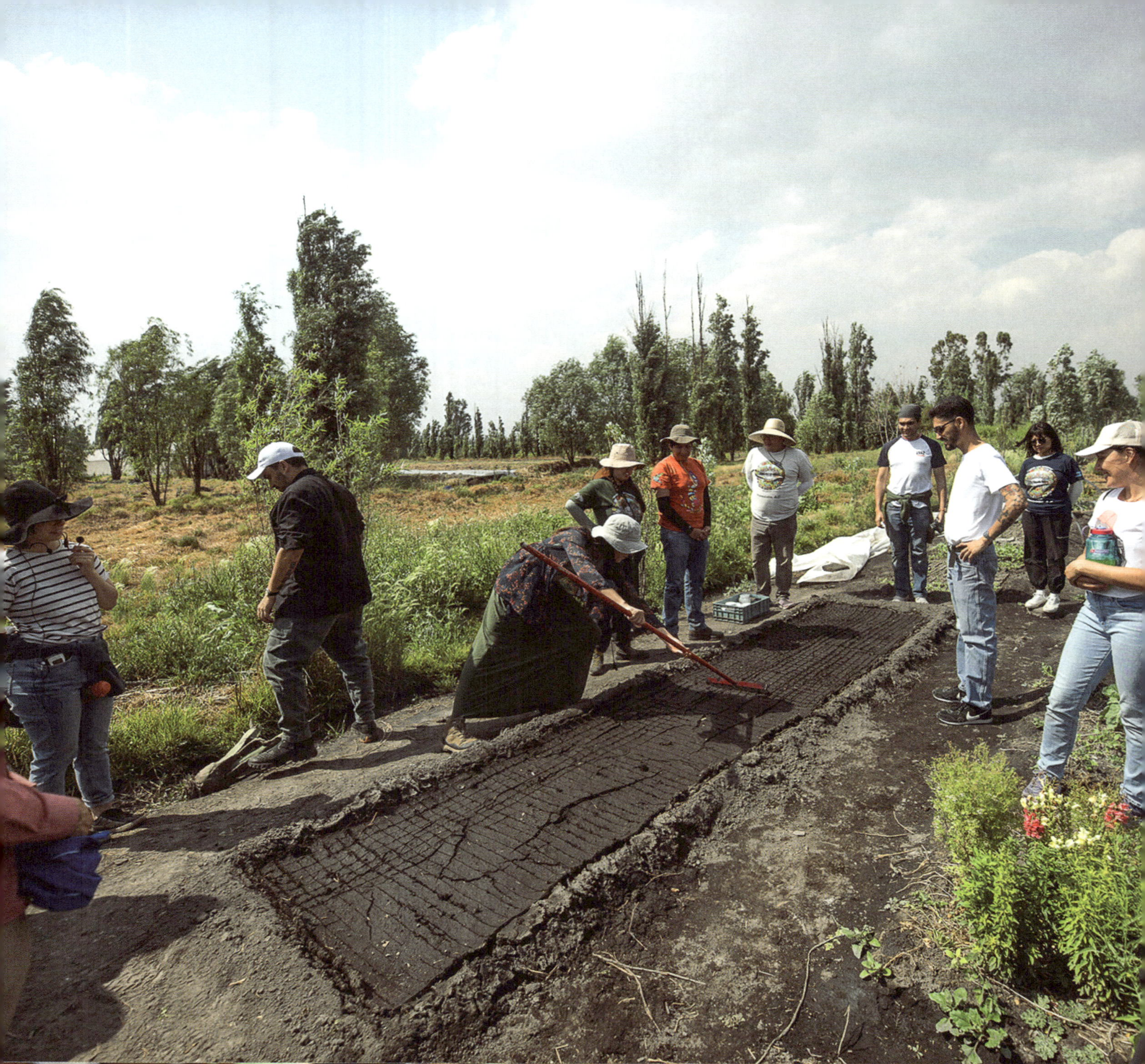

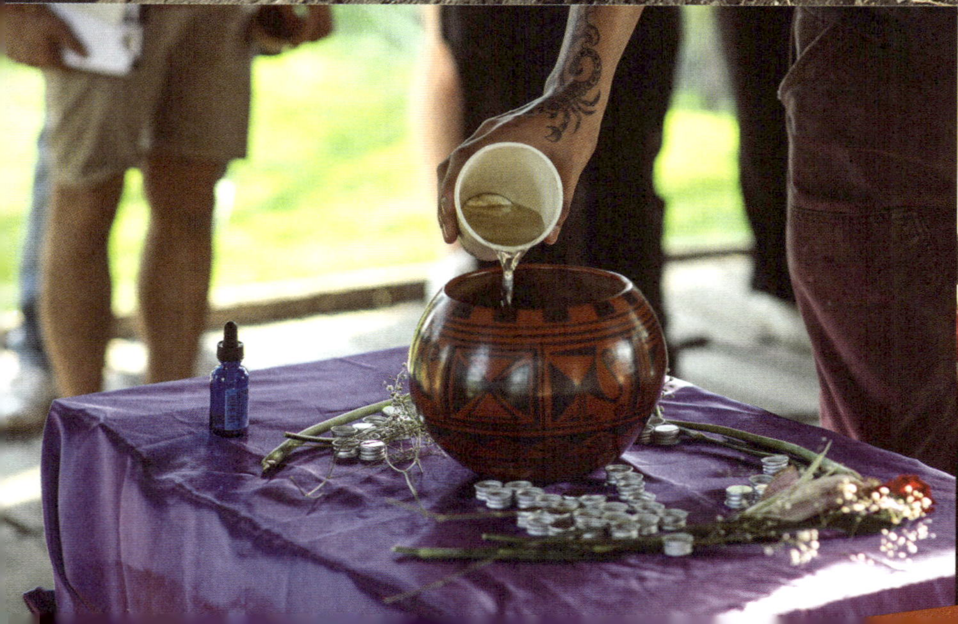

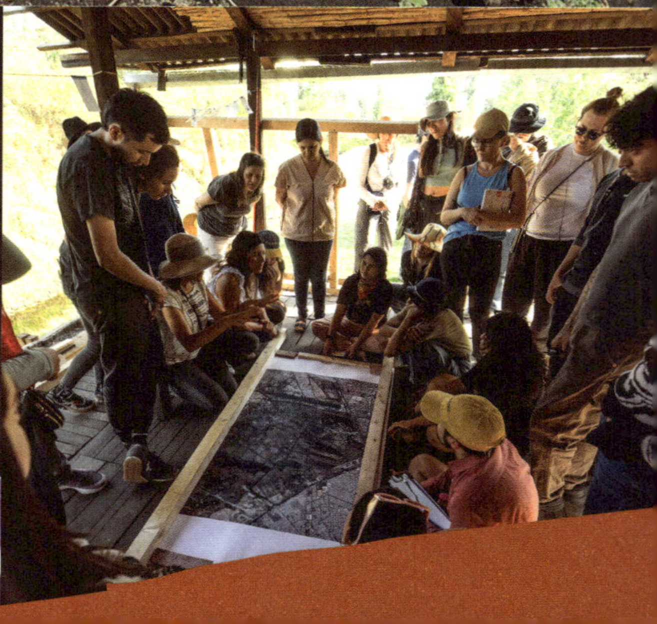

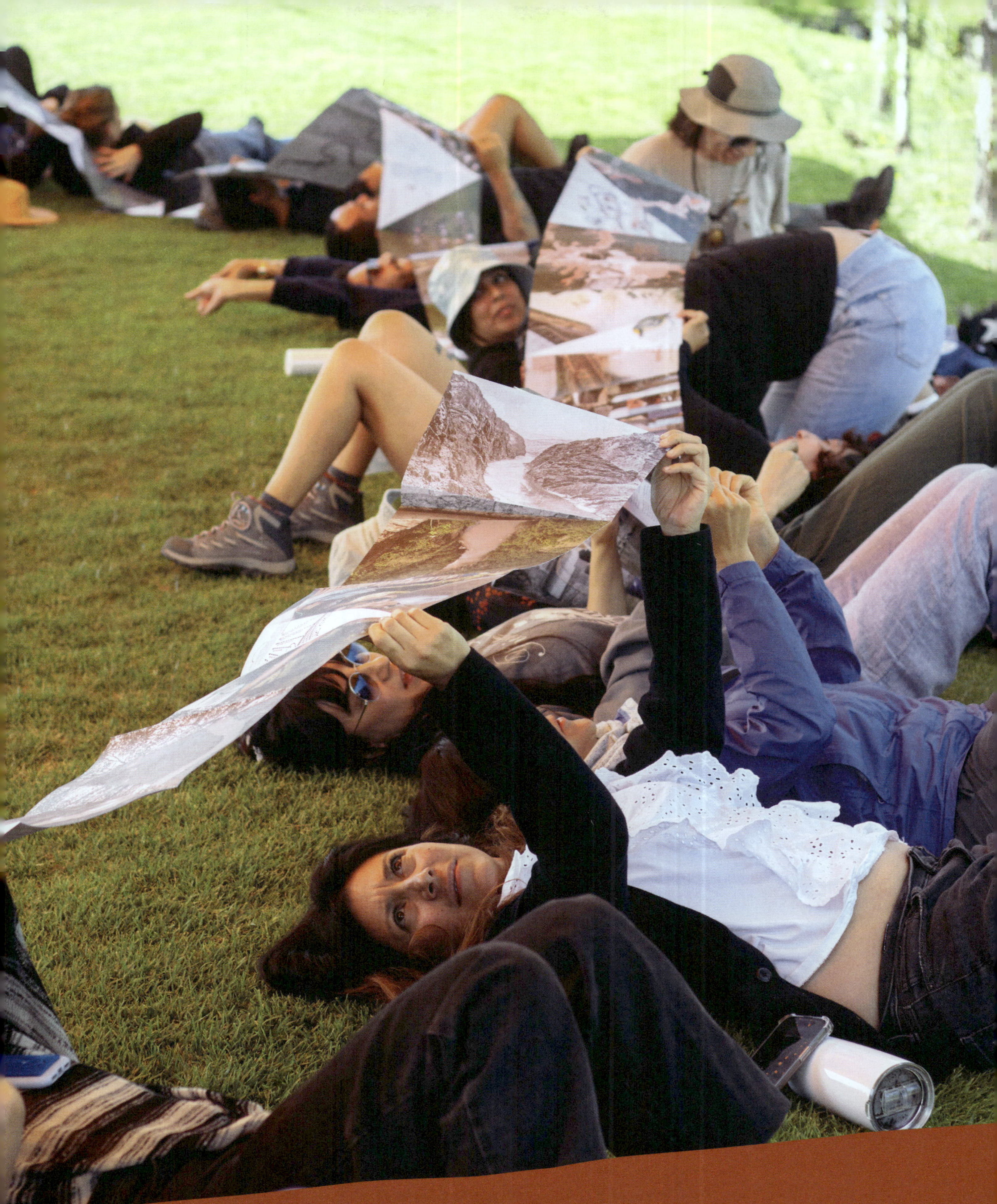

ECO-SOCIAL TRAN-SITIONS

TRANSI- CIONES ECO- SOCIALES

AGAINST TERRICIDE: DESIGNING SYSTEMIC REGIONAL TRANSITIONS IN COLOMBIA

maria campo, Diana Bernal, and Arturo Escobar[1]

We are regaining our deepest senses, we are imagining again a valley of rivers and lagoons.

- Vicenta Moreno, director of Asociación Casa Cultural El Chontaduro, Cali, December 13, 2019

Eco-Social Transitions as Civilizational Transitions

Dignified and just **eco-social transitions** are taking place around the world. Climate crisis and exponential increase in inequalities linked to the **extractivist** model are powerful detonators of thoughts and practices aimed at weaving **pluriversal** bioregions to take care of life. This is the origin of proposals such as transitions, based on just economies in harmony with the land, with a less individualistic vision of life to guarantee ***Buen Vivir*** and the permanence of all populations in their territories, especially children and young people.

CONTRA EL TERRICIDIO: DISEÑO DE TRANSICIONES REGIONALES SISTÉMICAS EN COLOMBIA

maria campo, Diana Bernal y Arturo Escobar[1]

Estamos retomando nuestros sentidos más profundos, retornamos a imaginarnos un valle de ríos y lagunas.

- Vicenta Moreno, directora de la Asociación Casa Cultural El Chontaduro, Cali, 13 de diciembre de 2019

Las transiciones ecosociales como transiciones civilizatorias

Las **transiciones ecosociales** dignas y justas están en marcha en muchos lugares del mundo. La crisis climática y el aumento exponencial de las desigualdades vinculadas al **modelo extractivista** actúan como un potente detonador de pensamientos y prácticas orientados a tejer biorregiones **pluriversales** para el cuidado de la vida. De aquí surgen propuestas como las transiciones basadas en economías justas y en armonía con la tierra, que construyen una visión de la vida menos individualista para garantizar el **Buen Vivir** y la permanencia en sus territorios de todas las poblaciones, en especial la infantil y juvenil.

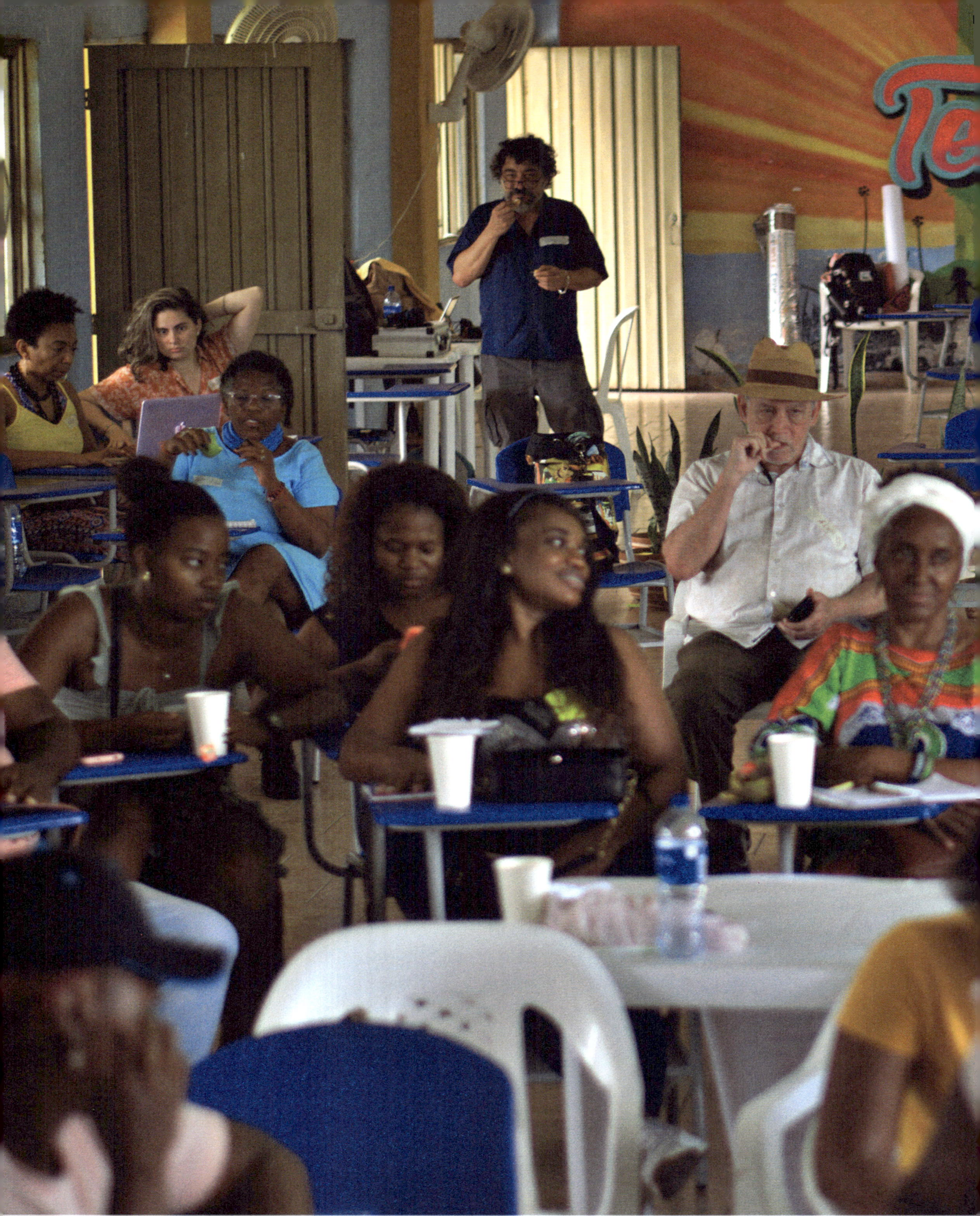

Figure 1, Transformative alternatives meeting in Villa Rica, 2023. Courtesy of Anthony Soto.

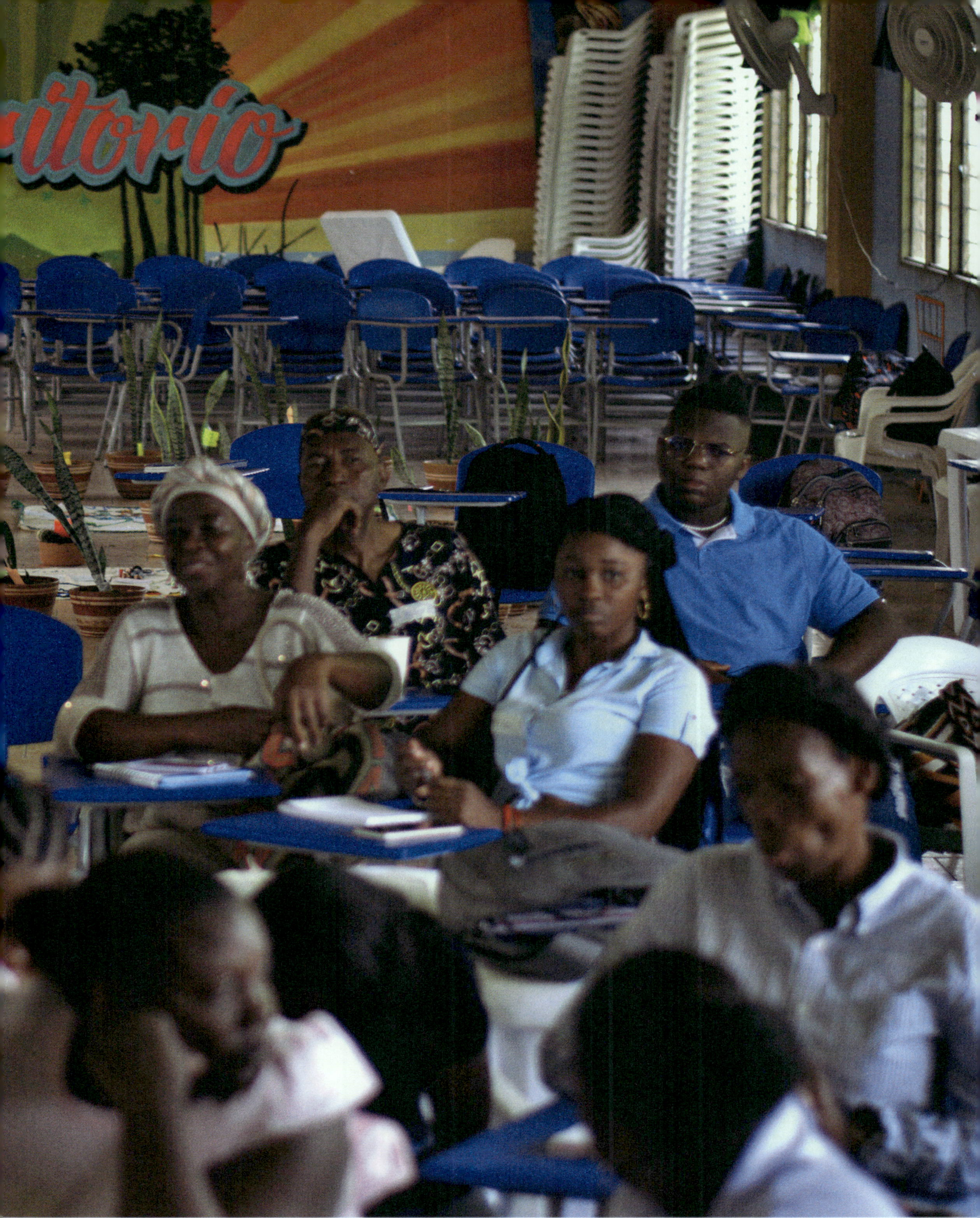

Figura 1, encuentro entre alternativas transformadoras en Villa Rica, 2023. Cortesía de Anthony Soto.

In this text we will talk about an **eco-social transition** journey/project in the bioregion of the geographical south of the Upper Cauca Valley, which extends in the southwest of Colombia, in the south of Valle del Cauca department and the north of Cauca department. Our design arises from the practice of regional collectives and is nourished by three theoretical-political concepts: **eco-social transitions**, environmental conflicts as conflicts between worlds, and **pluriversal** territorial peace. The spirit of the journey/project seeks to contribute to the articulation of an anti-racist, anti-patriarchal, post-capitalist perspective, in favor of territorial autonomy. We try to move forward on the path of just, **pluriversal**, and counter-hegemonic transitions.

In its current phase, the journey deploys a project implemented by four groups: Tejido de Transicionantes por el Valle Geográfico del Río Cauca (TVGRC), Asociación Casa Cultural el Chontaduro (ACCC), Asociación de Consejos Comunitarios de Suárez (ASOCOMS) and Asociación Cultural Casa del Niño y la Niña (ACCN).[2]

The imperative of just transitions

Global context: terricide and change of civilizational model

The current global situation is characterized by innumerable crises: social, economic, ecological, epistemic, ontological, cultural, and geopolitical. We face the possibility of social and environmental collapse. The exponential increase in inequalities, the acceleration in the destruction of biodiversity, the wars and genocide in Gaza, the rightward trend of many political systems and the resurgence of intolerant ideas, such as racism and xenophobia, are the most visible manifestations of the tragic phase the planet is going through. In many regions of the Global South, including the densely populated immigrant territories in the big cities of the Global North, the militarization of daily life is increasingly intense and goes hand in hand with organized crime, drug trafficking, and corruption.

Modern science refers to this planetary problem as a polycrisis or anthropocene. The Movimiento Sudamericano de Mujeres Indígenas y Diversidades por el ***Buen Vivir***,[3] born in Wallmapu, the Mapuche territory in the south of the continent, has coined a more meaningful term for us: "We call terricide the murder not only of tangible ecosystems and the peoples who inhabit them, but also the murder of all the forces that regulate life on earth, what we call the perceptible ecosystem."[4] The perceptible ecosystem includes numerous elements that are imperceptible to us moderns, such as spiritual beings, ancestors, and knowledge, essential to repair and maintain biophysical ecosystems. Its implications are as relevant as its definition:

> In the face of terricide, we declare ourselves in struggle, in resistance and reexistence against this system [...]. We call for the construction of a *new civilizational model* that embraces ***Buen Vivir*** as a Right. ***Buen Vivir*** is the recovery of harmony and reciprocity between peoples and with nature. Summoned by the memory of our ancestors and the memory of the land that inhabits us, we have agreed to the formation

[1] This text is the result of the collective work developed by Tejido de Transicionantes por el Valle Geográfico del Río Cauca. More than authors, we consider ourselves scribes of this process. The project has received financial resources from the Fondo para la Equidad Étnica y de Género, coordinated by the Center for Afrodiasporic Studies at ICESI University, funded by the Ford Foundation and the Henry Luce Foundation. We thank both organizations for their important support.

[2] The TVGRC (or Transitioners Network of the Cauca River Geographical Valley) is a collective of 25 people, created in 2018 by Afro-descendant activists-intellectuals, feminists, environmentalists, and academics. ACCC (or Chontaduro Cultural House Association) was founded in 1986 in the east of Cali, Valle del Cauca department, in one of the most socially vulnerable sectors. With broad experience of working especially with Black and Afro-descendant women and youth, it focuses on the construction of just and ethnically and racially plural societies with gender equity. ASOCOMS (or Association of the Community Councils of Suárez) is an organization of Black communities that brings together three community councils in the municipality of Suárez, Cauca department, and works for the rights of Black people through strategic actions, such as the defense of the Cauca and Ovejas rivers against mining-energy projects and the Environmental Management Plan of the La Salvajina Hydroelectric Power Plant. ACCN (or the House for Boys and Girls Cultural Association) in the municipality of Villa Rica, Cauca department, promotes the protection of children, young people, people with disabilities, the environment, and health care, as well as the strengthening of culture and human, territorial, social, cultural and environmental rights of Black, Afro-Colombian, and Raizal communities.

[3] Or South American Movement of Indigenous and Diverse Women for the Good Life.

[4] "La rebelión de las flores nativas," *LatFem*, October 10, 2019, https://latfem.org/la-rebelion-de-las-flores-nativas/.

En este texto hablaremos de un trayecto/proyecto de **transición ecosocial** en la biorregión del sur geográfico del valle del Alto Cauca, que se extiende en el suroccidente de Colombia, en el sur del departamento del Valle del Cauca y el norte del de Cauca. Nuestro diseño surge de la práctica de colectivos de la región y se alimenta de tres conceptos teórico-políticos: las **transiciones ecosociales**, los conflictos ambientales como conflictos entre mundos y la paz territorial **pluriversal**. El espíritu del trayecto/proyecto busca contribuir a la articulación de una perspectiva antirracista, antipatriarcal, poscapitalista y a favor de la autonomía territorial. Intentamos avanzar en el camino de transiciones justas, **pluriversales** y contrahegemónicas.

En su fase actual, el trayecto despliega un proyecto implementado por cuatro grupos: el Tejido de Transicionantes por el Valle Geográfico del Río Cauca (TVGRC), la Asociación Casa Cultural El Chontaduro (ACCC), la Asociación de Consejos Comunitarios del municipio de Suárez (ASOCOMS) y la Asociación Cultural Casa del Niño y la Niña (ACCN).[2]

El imperativo de las transiciones justas

Contexto global: terricidio y cambio de matriz civilizatoria

La situación global actual se caracteriza por innumerables crisis: social, económica, ecológica, epistémica, ontológica, cultural y geopolítica. Enfrentamos la posibilidad de un colapso social y ambiental. El aumento exponencial de las desigualdades, la aceleración en la destrucción de la biodiversidad, las guerras y el genocidio en Gaza, la tendencia a la derecha de muchos sistemas políticos y el recrudecimiento de ideas intolerantes, como el racismo y la xenofobia, son las manifestaciones más visibles de la trágica fase que atraviesa el planeta. En muchas regiones del Sur Global, incluyendo los densos territorios populares y de inmigrantes en las grandes ciudades del Norte Global, la militarización de la vida cotidiana es cada vez más intensa y va de la mano del crimen organizado, el narcotráfico y la corrupción.

La ciencia moderna se refiere a este problema planetario como policrisis o Antropoceno. El Movimiento Sudamericano de Mujeres Indígenas y Diversidades por el **Buen Vivir**, originado en el Wallmapu, el territorio mapuche del sur del continente, ha acuñado un término que nos parece más dicente: "llamamos **terricidio** al asesinato no sólo de los ecosistemas tangibles y de los pueblos que los habitan, sino también al asesinato de todas las fuerzas que regulan la vida en la tierra, a lo que llamamos el ecosistema perceptible".[3] El ecosistema perceptible incluye numerosos elementos que son imperceptibles para nosotres les modernes, como los seres espirituales, los antepasados y el conocimiento, esenciales para reparar y mantener los ecosistemas biofísicos. Sus implicaciones son tan relevantes como su definición:

> Frente al terricidio nos declaramos en lucha, en resistencia y **reexistencia** contra este sistema [...]. Convocamos a construir *una nueva matriz civilizatoria* que abrace el **Buen Vivir** como Derecho. El **Buen Vivir** es la recuperación de la armonía y de la reciprocidad entre los pueblos y con la naturaleza. Convocadxs por la memoria de nuestrxs ancestrxs y la memoria de la tierra que nos habita, hemos acordado la

1 El presente artículo surge del trabajo colectivo desarrollado por el Tejido de Transicionantes por el Valle Geográfico del Río Cauca. Más que autores, nos consideramos escribanes de este proceso. El proyecto ha recibido soporte financiero del Fondo para la Equidad Étnica y de Género, coordinado por el Centro de Estudios Afrodiaspóricos de la Universidad ICESI, financiado por la Fundación Ford y la Henry Luce Foundation. Agradecemos a ambas organizaciones su importante apoyo.

2 El TVGRC es un colectivo de 25 personas, creado en 2018 por activistas-intelectuales afrodescendientes, feministas, ambientalistas y personas de la academia. La ACCC fue fundada en 1986, en uno de los sectores con más condiciones de vulnerabilidad social en el oriente de Cali, Valle del Cauca. Con amplia experiencia de trabajo, en especial con mujeres y jóvenes negres-afrodescendientes, se enfoca en la construcción de sociedades justas, plurales en términos étnico-raciales y con equidad entre los géneros. La ASOCOMS es una organización de comunidades negras que agrupa tres consejos comunitarios del municipio de Suárez, Cauca, y trabaja por los derechos del pueblo negro mediante acciones estratégicas, como la defensa de los ríos Cauca y Ovejas contra proyectos minero-energéticos y el Plan de Manejo Ambiental de la Central Hidroeléctrica La Salvajina. La ACCN, en el municipio de Villa Rica, Cauca, impulsa la protección de niños, niñas, jóvenes, personas con discapacidades, el medio ambiente y la atención en salud, así como el fortalecimiento de la cultura y los derechos humanos, territoriales, sociales, culturales y ambientales de las comunidades negras, afrocolombianas y raizales.

3 "La rebelión de las flores nativas", *LatFem*, 10 de octubre de 2019, https://latfem.org/la-rebelion-de-las-flores-nativas/.

of the Movimiento de los Pueblos contra el Terricidio (People's Movement Against Terricide).[5]

The dominant civilizational model is a specific historical way of being, thinking, and doing—a way of existence—associated with the modern West in the contemporary era, overlapped with capitalism, colonialism, and heteropatriarchy. From this configuration emerged an understanding of the human, a supposed ontology, which defines it as intrinsically individualistic, competitive, rational, secular, and anthropocentric, apart from the natural world. Devising a new civilizational model requires the collective construction of another way of inhabiting and of the human being. Radical **eco-social transitions** aim at this complex and inescapable objective.[6]

Thinking about transitions gives rise to extensive debates. The Pacto Ecosocial e Intercultural del Sur (Ecosocial and Intercultural Pact of the South), for example, insists that "there is no possible **eco-social transition** without articulation between social justice and **environmental justice**, which points towards a profound socioeconomic transformation."[7] This idea emphasizes that transitions must be based on community proposals that emerge from the experience and perspectives of women, peasants, Indigenous and Afro-descendant peoples, youth, and other Global South communities, such as those grown around the struggles for the rights of nature, ***Buen Vivir***, ***vivir sabroso***, ***sumak kawsay***, ***Ubuntu***, ***swaraj***, the **care economy**, **agroecology**, **food**, water, and **energy sovereignty**, post-extractivism and the **pluriverse**.[8] The articulation of these initiatives is intended to counteract capitalism, patriarchy, racism, neocolonialism, predatory relations to nature, fundamentalisms, and all the forces that deepen the crisis.

A crucial warning is that the Global North's transition to clean energy cannot be carried out at the expense of intensifying **extractivism** in the Global South, as is currently the case with cobalt and lithium mining for the production of high-tech batteries, the extraction of balsa wood for wind turbine blades, and the seizing of large areas of land for solar farms and hydrogen megaprojects. Decarbonization for the wealthy, driven by big corporations, involves the environmental dispossession of the Global South, which some call carbon colonialism.[9]

The geographical south of the Upper Cauca Valley and the need for a regional ecosocial transition

For centuries, the geographic south of the Upper Cauca Valley region has been the scene of disputes for territorial control between economies of global accumulation—agribusiness industries, hydroelectric dams and mining-energy projects—drug trafficking and armed conflict. These actors affect food and water sovereignty; they generate and exacerbate violence against women and girls who are ethnicized and racialized as Black and Indigenous, and turned into spoils of war; they co-opt young people and are one of the causes of the increase of **juvenicides** in the Black population. Militarization of bodies and territories has been the government response, with the consequent impact in the name of a supposed development on the spaces historically constructed by ethnic groups.

The ecological grid of mountains, forests, rivers, lagoons, and wetlands of the geographical south of the Upper Cauca Valley region has been home to hundreds of species of plants and animals, as well as communities and peoples. Its legacy has been systematically undermined by agro-industrial and **extractivist** operations over the past hundred years, many of them linked to the expansion of sugarcane

[5] "Comunicado final. Campamento Climático Pueblos contra el Terricidio, 02-2020," in "Argentina. Deliberó en el Lof Mapuche Pillán Mahuiza el Campamento Climático Pueblos contra el Terricidio," *Resumen Latinoamericano*, February 17, 2020. https://www.resumenlatinoamericano.org/2020/02/17/argentina-delibero-en-el-lof-mapuche-pillan-mahuiza-el-campamento-climatico-pueblos-contra-el-terricidio/.

[6] See the declarations and proposals of the Pacto Ecosocial e Intercultural del Sur in https://pactoecosocialdelsur.com/.

[7] Pacto Ecosocial e Intercultural del Sur, "Bogotá Declaration," Bogotá, March 2023. https://pactoecosocialdelsur.com/bogota-declaration-towards-a-pact-with-the-earth-geopolitics-of-transitions-and-re-existences/.

[8] Ashish Kothari, Ariel Salleh, Arturo Escobar, Federico Demaria and Alberto Acosta (eds.), *Pluriverse: A Postdevelopment Dictionary*, Tulika Books/AuthorsUpFront, Delhi, 2019.

[9] Pacto Ecosocial e Intercultural del Sur, "Manifesto from the Peoples of the South: For an Ecosocial Energy Transition," https://pactoecosocialdelsur.com/manifesto-for-an-ecosocial-energy-transition-from-the-peoples-of-the-south/.

conformación del Movimiento de los Pueblos contra el Terricidio.[4]

El modelo civilizatorio dominante es una forma histórica específica de ser, pensar y hacer —un modo de existencia— asociada al Occidente moderno en la época contemporánea, con sus imbricaciones con el capitalismo, el colonialismo y el heteropatriarcado. De esta configuración surgió una comprensión del humano, una supuesta ontología, que lo define como intrínsecamente individualista, competitivo, racional, secular y antropocéntrico, separado del mundo natural. Idear una nueva matriz civilizatoria requiere la construcción colectiva de otra manera de habitar y del humano. A este complejo e ineludible objetivo apuntan las **transiciones ecosociales** radicales.[5]

El pensamiento de las transiciones da lugar a amplios debates. El Pacto Ecosocial e Intercultural del Sur, por ejemplo, insiste en que "no hay **transición ecosocial** posible sin articulación entre justicia social y **justicia ambiental**, que apunte hacia una transformación socioeconómica profunda".[6] Este pensamiento pone énfasis en que las transiciones deben basarse en las propuestas comunitarias que surgen de la experiencia y las perspectivas de mujeres, campesines, pueblos indígenas y afrodescendientes, jóvenes y otras comunidades del Sur Global, como las gestadas en torno a las luchas por los derechos de la naturaleza, el **Buen Vivir**, el **vivir sabroso**, ***sumak kawsay***, ***Ubuntu***, ***swaraj***, la **economía de los cuidados**, la **agroecología**, la **soberanía alimentaria**, **hídrica** y **energética**, el posextractivismo y el **pluriverso**.[7] Se busca que la articulación de estas iniciativas contrarreste el capitalismo, el patriarcado, el racismo, el neocolonialismo, las relaciones depredadoras con la naturaleza, los fundamentalismos y todas las fuerzas que profundizan la crisis.
Una advertencia crucial es que la transición energética del Norte Global a energías limpias no puede llevarse a cabo a expensas de la intensificación del **extractivismo** en el Sur Global, como ocurre en la actualidad con la minería de cobalto y litio para la producción de baterías de alta tecnología, la extracción de madera de balsa para turbinas eólicas y el acaparamiento de grandes superficies de tierra para las fincas solares y los megaproyectos de producción de hidrógeno. La descarbonización para los ricos, impulsada por las grandes corporaciones, implica el despojo ambiental del Sur Global, que algunos llaman colonialismo del carbono.[8]

El sur geográfico del valle del Alto Cauca y la necesidad de una transición ecosocial regional
Durante siglos, el sur geográfico de la región del valle del Alto Cauca ha sido un escenario de disputas por el control territorial entre las economías de acumulación global —agroindustria, hidroeléctricas y proyectos minero-energéticos—, el narcotráfico y el conflicto armado. Estos actores afectan la **soberanía alimentaria** e hídrica; generan y agudizan las violencias contra mujeres y niñas que son etnitizadas y racializadas como negras e indígenas, y convertidas en botines de guerra; cooptan jóvenes y son una de las causas del incremento de **juvenicidios** de la población negra. La respuesta del gobierno ha sido la militarización de los cuerpos y los territorios en nombre del supuesto desarrollo, con la consecuente afectación de los espacios históricamente construidos por los grupos étnicos.

El entramado ecológico de montañas, bosques, ríos, lagunas y humedales del sur geográfico de la región del valle del Alto Cauca ha sido el hogar de cientos de especies de plantas y animales, además de diversas comunidades y pueblos. Su legado ha sido sistemáticamente socavado por operaciones

[4] "Comunicado final. Campamento Climático Pueblos contra el Terricidio, 02-2020", en "Argentina. Deliberó en el Lof Mapuche Pillán Mahuiza el Campamento Climático Pueblos contra el Terricidio", *Resumen Latinoamericano*, 17 de febrero de 2020. https://www.resumenlatinoamericano.org/2020/02/17/argentina-delibero-en-el-lof-mapuche-pillan-mahuiza-el-campamento-climatico-pueblos-contra-el-terricidio/.

[5] Véanse las declaraciones y propuestas del Pacto Ecosocial e Intercultural del Sur en https://pactoecosocialdelsur.com/.

[6] Pacto Ecosocial e Intercultural del Sur, "Declaración de Bogotá", Bogotá, marzo de 2023. https://pactoecosocialdelsur.com/declaracion-de-bogota/.

[7] Ashish Kothari, Ariel Salleh, Arturo Escobar, Federico Demaria y Alberto Acosta (eds.), *Pluriverse: A Postdevelopment Dictionary*, Tulika Books/AuthorsUpFront, Delhi, 2019.

[8] Pacto Ecosocial e Intercultural del Sur, "Manifiesto de los pueblos del sur por una transición energética justa y popular", https://pactoecosocialdelsur.com/manifiesto-de-los-pueblos-del-sur-por-una-transicion-energetica-justa-y-popular-2/.

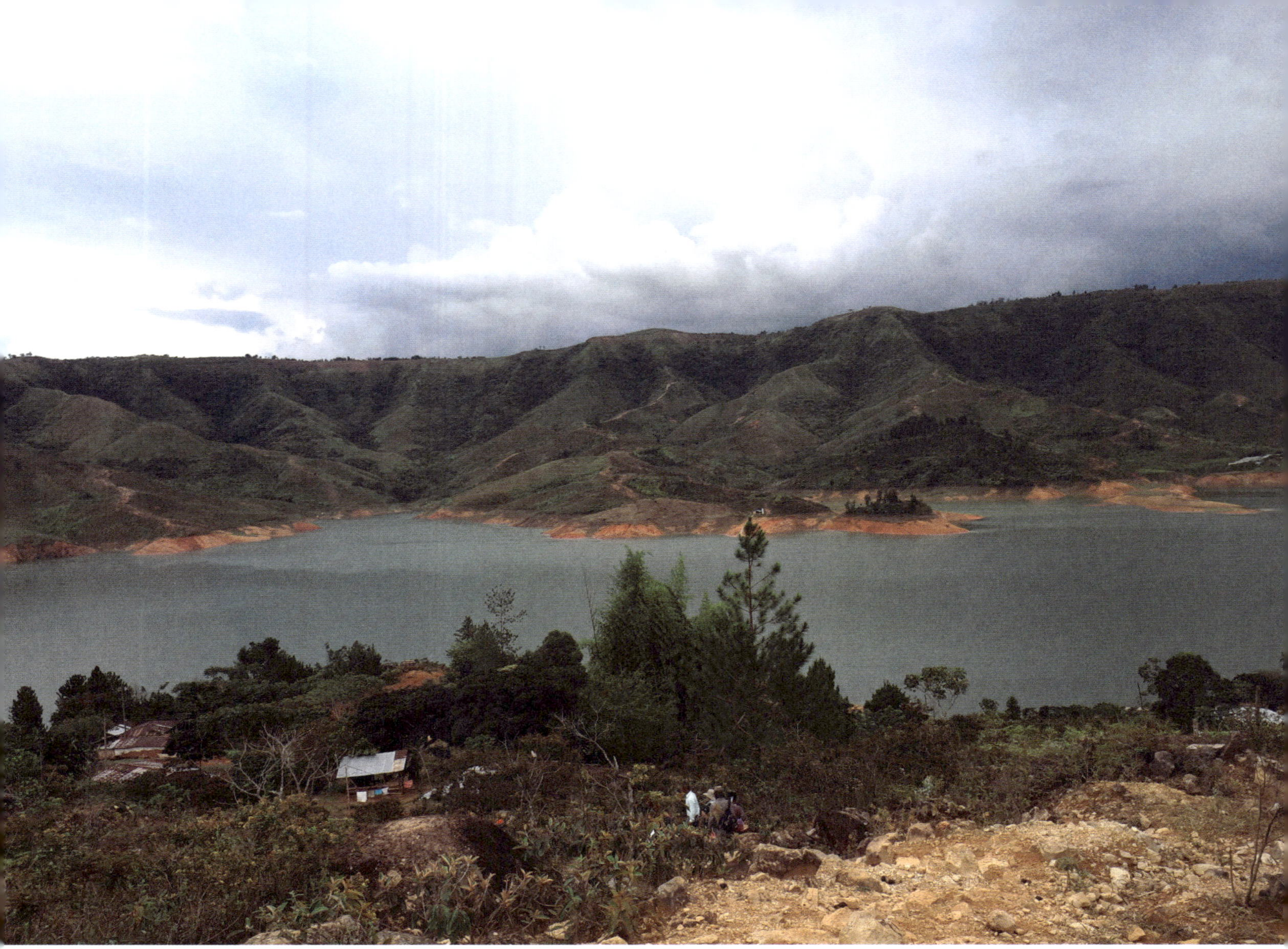

Figure 2, La Salvajina hydroelectric power plant, one of the extractive projects in the geographical south of the Upper Cauca Valley, 2023. Courtesy of Anthony Soto.
Figura 2, Hidroeléctrica La Salvajina, uno de los proyectos extractivos en el sur geográfico del Valle del Alto Cauca, 2023. Cortesía de Anthony Soto.

monoculture. Proclaimed as a miracle of development, the profoundly **defuturing** effects of this model are obvious: depletion, sedimentation and pollution of rivers and aquifers; wetlands drainage; biodiversity loss; deforestation and erosion of soils and hillsides; cane cutters' and nearby populations' respiratory diseases caused by the burning of sugarcane; land dispossession; forced migration; and multiple violence. The result is the creation of a manifestly unequal region: anti-Black, anti-Indigenous, and anti-*campesino*. This model, articulated at national and global stages, accelerates the impacts of climate change with evident effects on all ecosystems (figure 2).

The region can be reimagined as a bastion of organized **agroecological** production, a pluriversal zone of agricultural **prosumers**; with **food**, water, and **energy sovereignty**; restored soils and recovered water sources; and a functional network of intermediate towns and cities coexisting along the countryside. The **agropolitan** and **aquapolitan** orientation[10] seeks the synergistic integration of the countryside and the city, and recognizes that *campesino* communities and Indigenous and Afro-descendant peoples are subjects of territorial rights and have their own visions of the world, and competencies to contribute to the habitability and ***Buen Vivir*** of the entire population based on the active defense of rivers and all water sources.

[10] Categories proposed in 2023 by Álvaro Pedroza, member of the Tejido de Transicionantes.

agroindustriales y **extractivistas** durante los últimos cien años, muchas vinculadas a la expansión del monocultivo de caña de azúcar. Pregonado como un milagro del desarrollo, los efectos profundamente desfuturizantes de este modelo saltan a la vista: agotamiento, sedimentación y contaminación de ríos y acuíferos; desecación de humedales; pérdida de biodiversidad; deforestación y erosión de suelos y laderas; problemas respiratorios de los corteros de caña y las poblaciones cercanas causados por la quema de la caña; despojo de tierras; desplazamiento forzado, y violencias múltiples. En general, se trata de la creación de una región marcadamente desigual: antinegra, antiindígena y anticampesina. Este modelo, articulado en los ámbitos nacional y global, acelera los impactos del cambio climático con efecto notorio en todos los ecosistemas (véase la figura 2).

La región puede ser reimaginada como un bastión de producción agroecológica organizada, una zona **pluriversal** de **prosumidores** agrícolas; con **soberanía alimentaria**, hídrica y **energética**; suelos restaurados y fuentes de agua recuperadas, y una red funcional de pueblos y ciudades intermedias en coexistencia con el campo. La orientación **agropolitana** y **acuapolitana**[9] busca la integración sinérgica de campo y ciudad, y reconoce que las comunidades campesinas y los pueblos indígenas y afrodescendientes son sujetos de derechos territoriales que tienen visiones propias del mundo y competencias para aportar a la habitabilidad y el **Buen Vivir** de toda la población a partir de la defensa activa de los ríos y todas las fuentes de agua.

El sur geográfico del valle del Alto Cauca es un escenario de acciones que pueden considerarse transiciones en marcha encarnadas en organizaciones y procesos. En su mayoría, estas acciones son pequeñas, pero en número creciente, y abarcan ámbitos como las aguas, con pedagogía y restauración de ríos, cuencas y humedales; la alimentación, con mercados campesinos, huertas y azoteas urbanas, recuperación de tierras, producción **agroecológica** y economías locales; el cambio climático, con la restauración de bosques y la reforestación de laderas y cuencas, y la paz territorial para organizaciones indígenas, afrodescendientes, campesinas y de derechos humanos que contribuyen a la resolución de conflictos con el ejercicio de gobierno propio. Sin embargo, la lógica económica dominante va contra estas acciones y se orienta a la creación de una región metropolitana competitiva globalmente y desconectada de su ruralidad.

Transiciones civilizatorias, cosmovisiones u ontologías relacionales y paz territorial pluriversal

Nuestro proyecto sigue un enfoque de diseño de transiciones que denominamos ontológico porque, en última instancia, la fuerza que diseña es la cosmovisión u ontología dominante —antropocéntrica, dualista, racional, instrumental, etcétera—, que constituye el fundamento de las sociedades contemporáneas, centradas en el control, la jerarquía, la apropiación, el individuo, la ganancia y el mal llamado desarrollo. Por esta razón, las transiciones contemplan una dimensión que llamamos ontológica o civilizatoria , que provee varias narrativas de la naturaleza, entendida como todas las formas de vida y ocupación del espacio-territorio de los ecosistemas, orientadas hacia el **Buen Vivir** y el **vivir sabroso**, encarnadas en nuevos imaginarios de la biorregión.

Entendemos la paz territorial **pluriversal** como el entramado socioeconómico, político, ecológico y cultural que permitirá restablecer un balance integral entre los actores que habitan un territorio o pertenecen a una sociedad determinada. Tiene que ver con la relación entre mundos o **pluriversalidad**. Esto es crucial para los grupos étnicos y las mujeres.

El ejercicio del diseño de transiciones comienza con un diagnóstico de conflicto y paz territorial en los nodos del proyecto —los municipios de Suárez y Villa Rica, en el norte del Cauca, y la zona urbana del oriente de Cali, conocida como distrito de Aguablanca— por medio de talleres que propician un tejido de transicionantes basado en las alternativas transformadoras actuales. Nuestra apuesta es que ese tejido determine las pautas para construir una comprensión diferente de la biorregión. El propósito es impulsar la creación de una coalición amplia de actores

[9] Categorías propuestas en 2023 por Álvaro Pedroza, integrante del Tejido de Transicionantes.

The geographical south of the Upper Cauca Valley is a scene of actions that can be considered ongoing transitions, embodied by organizations and processes. Most of these actions are small, but growing in number, and cover areas such as water, with pedagogy and restoration of rivers, watersheds, and wetlands, food, with *campesino* markets, urban agriculture, land recovery, **agroecological** production, and local economies, climate change, with forest restoration and reforestation of hillsides and watersheds, and territorial peace for Indiginous, Afro-descendant, *campesino*, and human rights organizations that contribute to the resolution of conflicts with the exercise of self-government. However, the dominant economic logic goes against these actions, toward the creation of a globally competitive metropolitan region disconnected from the countryside.

Civilizational transitions, relational cosmovisions or ontologies, and pluriversal territorial peace

Our project follows a transitional design approach that we call ontological because, ultimately, the force that designs is the dominant cosmovision or ontology—anthropocentric, dualist, rational, instrumental, etc.—, which is the basis of contemporary societies, focused on control, hierarchy, appropriation, individuals, profit and the so-called development. For this reason, transitions consider a dimension that we call ontological or civilizational, which provides various narratives of nature, understood as all forms of life, and occupation of the space-territory of ecosystems, oriented toward ***Buen Vivir*** and *vivir sabroso*, embodied in new imaginaries of the bioregion.

For us, **pluriversal** territorial peace is the socio-economic, political, ecological, and cultural framework that allows us to reinstate an integral balance between the actors who inhabit a territory or belong to a given society. It has to do with the relationship between worlds or **pluriversality**. This is crucial for marginalized ethnic groups and women.

The exercise of designing transitions begins with a diagnosis of conflict and territorial peace in the project's hubs—the municipalities of Suárez and Villa Rica, in northern Cauca, and the urban area of eastern Cali, known as the Aguablanca district—through workshops that foster a weave of transitioners based on current transformative alternatives. Our bet is that this weave will determine the guidelines to build a different understanding of the bioregion. The purpose is to promote the creation of a broad coalition of social actors committed to the co-design of eco-social transitions and the transformation of concrete territorial public policies to overcome the destructive development paradigm, and tune into a **pluriversal**, **agropolitan**, and **aquapolitan** perspective.

Our approach is intersectional,[11] that is, it makes visible the interrelations between economic position, ethnicity and race; gender and sexuality; age, abilities, and disabilities, but also territoriality—countryside and city—and worldview—cosmovision or ontology. The ontological dimension enriches intersectionality.

In Latin America, a range of movements —Indigenous, Afro-descendant, environmentalist, feminist, and *campesino*, among others— emphasize civilizational transitions.[12] Many of these initiatives are based on the resurgence of relational cosmovisions or ontologies that take up the radical interdependence of everything existing as the true foundation of life. We pay special attention to these cosmovisions, more or less present in the practices of many territorialized peoples, because they question modern dualisms, particularly the separation between the human and the nonhuman. The principle of ***Ubuntu***, "we are, therefore I am," expresses relational ontologies.

The **eco-social transition** focuses on strengthening the capacity of local and regional worlds to face socio-environmental traumas linked to social conflicts and climate change, from a perspective of interdependence, intersectionality, and peace. More than adaptation and resilience, we use notions like **re-existence** and ***cimarronaje***, that incorporate an eco-ontological dimension that points to the care and reconstitution of the fabric of life. ***Cimarronaje*** summons resistance

[11] "La interseccionalidad: una aproximación situada a la dominación," *Debate Feminista*, vol. 52, 2016. DOI: http://dx.doi.org/10.1016/j.df.2016.09.005.

[12] Arturo Escobar, *Autonomía y diseño: la realización de lo comunal*, Universidad del Cauca, Popayán, 2016.

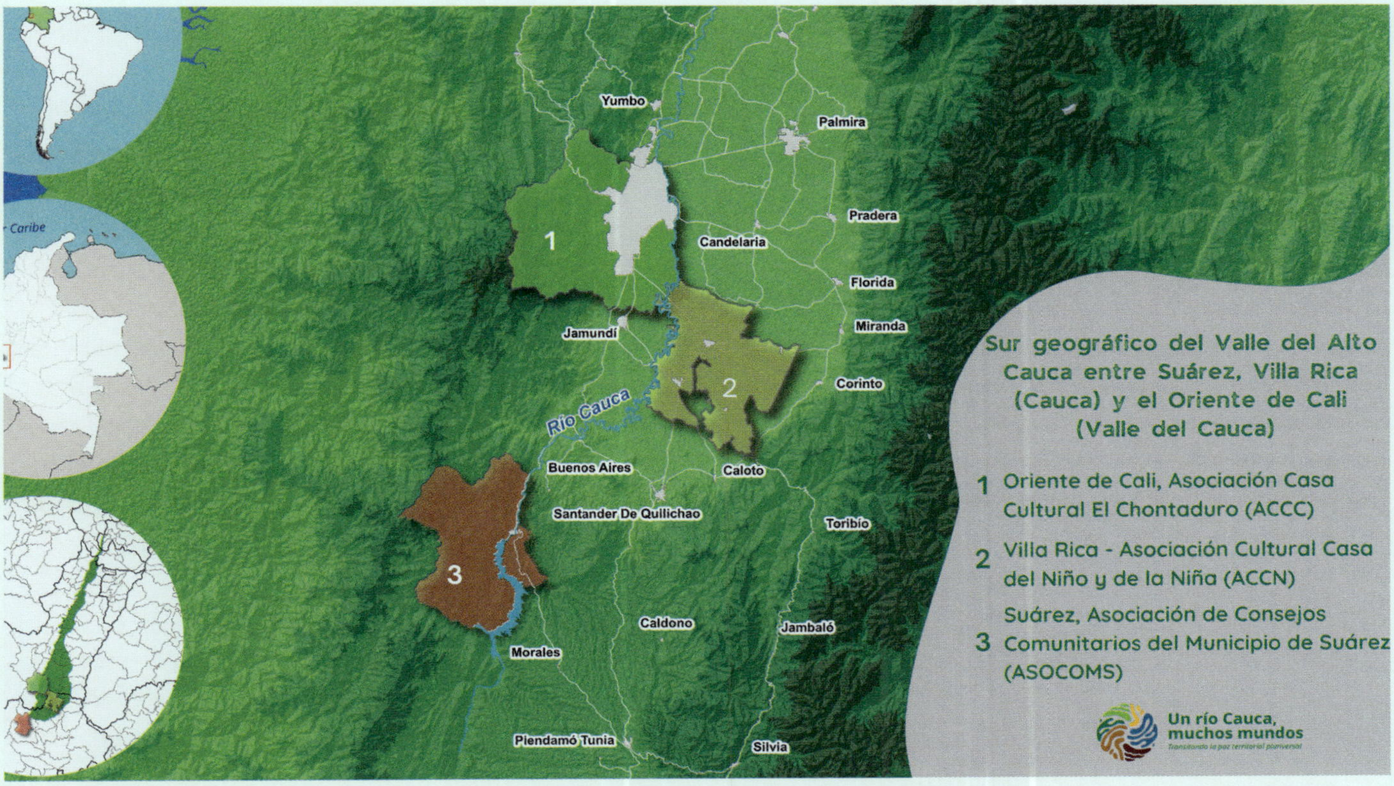

Figura 3, mapa del sur geográfico de la región del Valle del Alto Cauca, 2024. Diseño del Laboratorio de Cartografías Críticas y Codiseño Territorial.
Figure 3, map of the geographic south of the Upper Cauca Valley region, 2024. Design by Laboratorio de de Cartografías Críticas y Codiseño Territorial.

sociales comprometida con el codiseño de **transiciones ecosociales** y la transformación de políticas públicas territoriales concretas para superar el destructivo paradigma de desarrollo y sintonizar con una perspectiva **pluriversal**, **agropolitana** y **acuapolitana**.

Nuestro enfoque es interseccional,[10] es decir, hace visibles las interrelaciones entre posición económica, etnicidad y raza; género y sexualidad; edad, capacidades y discapacidades, pero también territorialidad —campo y ciudad— y visión del mundo —cosmovisión u ontología. La dimensión ontológica enriquece la interseccionalidad.

En Latinoamérica, una gama de movimientos —indígenas, afrodescendientes, ambientalistas, feministas y campesinos, entre otros— pone el acento en las transiciones civilizatorias.[11] Muchas de estas iniciativas se fundamentan en el resurgimiento de las cosmovisiones u ontologías relacionales que retoman la *interdependencia radical de todo lo existente* como el verdadero fundamento de la vida. Prestamos especial atención a estas cosmovisiones, presentes en mayor o menor grado en las prácticas de muchos pueblos territorializados, pues problematizan los dualismos de la modernidad, en particular la separación entre lo humano y lo no humano. El principio del ***Ubuntu***, "soy porque somos", expresa las ontologías relacionales.

La **transición ecosocial** se centra en el fortalecimiento de la capacidad de los mundos locales y regionales para enfrentar los traumas socioambientales vinculados a los conflictos sociales y el cambio climático desde una perspectiva de interdependencia, interseccionalidad y paz. Más que adaptación y resiliencia, utilizamos las nociones de **reexistencia** y **cimarronaje**, que incorporan una dimensión eco-ontológica que apunta al cuidado y la reconstitución del tejido de la vida. El **cimarronaje** convoca formas de resistencia y **reexistencia** de los pueblos negros de

10 Mara Viveros Vigoya, "La interseccionalidad: una aproximación situada a la dominación", *Debate Feminista*, vol. 52, 2016, doi: http://dx.doi.org/10.1016/j.df.2016.09.005.
11 Arturo Escobar, *Autonomía y diseño: la realización de lo comunal*, Universidad del Cauca, Popayán, 2016.

and **re-existence** of the diasporic Black peoples, prominently represented in our journey/project.[13]

Water and rivers are emerging actors that flow with their own agency and receive considerable attention around the world. On the one hand, new ontological and phenomenological approaches highlight the crucial role of the historically constituted networks between ecosystems in relationships of interdependence, interexistence, and reciprocity for inhabiting practices. On the other hand, growing water that configures and is configured in different worlds, to the water that lives in everyday life, in the body and affections, felt, loved, and suffered, that creates and recreates itself in a true hydropoetics.[14] It is not a surprise that in many regions of the world, rivers are understood as living beings rooted in the earth, that feel and are felt. It is a sensitive river[15] and within these hydropoetics it reverberates in multiple movements organized around affective and poetic-political disputes[16] under slogans such as "Free rivers, living peoples," "Rivers for life, not for death," as in Colombia.

Un río Cauca, muchos mundos
Transitando la paz territorial pluriversal

Figure 4, project campaign logo, 2023. Courtesy of David Torres Peña.
Figura 4, logotipo de la campaña del proyecto, 2023. Cortesía de David Torres Peña.

vulnerability is a central aspect of the environmental crisis and of a civilizational model that distances us from our roots and uses rivers as tools, as a result of the progressive weakening of these relationships. We explore this fragility when we talk about taking up our deepest senses and imagining a valley of rivers and lagoons, as the epigraph of this chapter states.

We interpret the waters, in plural, within their own **re-existences**: from the experiences of the living beings that cohabit with them, which allude to a water

La Transicionada: a journey/project in the geographical south of the Upper del Cauca Valley
Objectives and strategies
More than a project, we conceive our action as a journey and we call it La Transicionada. We emphasize the need to imagine other categories for our *feeling-thinking-acting*—***sentipensaractuar***. Playing, feeling, and co-reasoning help us to create a universe of communication to build **pluriversal** worlds, beyond the existing racist, patriarchal, sexist, capitalist, and ableist hegemonies.

[13] Vicenta Moreno, "Ay Dios baja y ve cómo las mujeres afrocolombianas resisten al destierro," *Revista* CS no. 12, 415-434, 2013; María Mercedes Campo, "Los feminismos, si son tales, tienen la tarea de ir a las raíces de las opresiones," paper presented at Corpus Africana: Danser et Penser L'Afrique et ses Diasporas, Toulouse, October 25 to November 9, 2018; Elba Mercedes Palacios, "Sentipensar la paz en Colombia. Oyendo las re-existentes voces pacíficas de mujeres negras afrodescendientes," *Memorias*, 38, 131-161, 2019; Elba Mercedes Palacios, María Mercedes Campo, Martha Rivas, Natalia Ocoró and Betty Ruth Lozano (eds.), *Feminicidios y acumulación global. Memorias del Foro Internacional sobre Feminicidios*, Abya Yala, Quito, 2019.

[14] Diana Alexandra Bernal, *Río sensible: topología de la tierra-vida*, PhD dissertation, Universidade Estadual de Campinas-Instituto de Geociências, Campinas, 2022; Diana Alexandra Bernal and Eduardo José Marandola Jr., "La crisis ambiental en aguas urbanas: vulnerabilidad hídrica y su comprensión ontológica," *Caminhos de Geografía* vol. 24, no. 94, 36-49, 2023. DOI: 10.14393/RCG249465690; Ana Patricia Noguera (ed.), Voces del pensamiento ambiental, Universidad Nacional de Colombia, Manizales, 2016.

[15] Bernal, *Río sensible*.

[16] Omar Felipe Giraldo and Ingrid Toro, *Afectividad ambiental: sensibilidad, empatía, estéticas del habitar*, El Colegio de la Frontera Sur/Universidad Veracruzana, Mexico, 2020; Noguera, Voces del pensamiento ambiental; Ana Noguera and Jaime Pineda, "Cuerpo-tierra: epojé, disolución humano-naturaleza y nuevas geografías-sur," *Geograficidade* 4, no. 1, 2014.

la diáspora, representadas de manera prominente en nuestro trayecto/proyecto.[12]

El agua y los ríos son actores emergentes que fluyen con agencia propia y reciben considerable atención en todo el mundo. Por un lado, nuevos enfoques ontológicos y fenomenológicos resaltan el papel primordial de las tramas históricamente constituidas entre ecosistemas en relaciones de interdependencia, interexistencia y reciprocidad para las prácticas de estas relaciones. Exploramos esta fragilidad al hablar de retomar nuestros sentidos más profundos e imaginarnos un valle de ríos y lagunas, como dice el epígrafe de este texto.

Interpretamos las aguas, en plural, en sus propias **reexistencias**: desde las vivencias de los seres vivos con los que cohabitan, que aluden a un agua que configura y se configura en diversos mundos, hasta el agua vivida en la cotidianidad, en el cuerpo y los

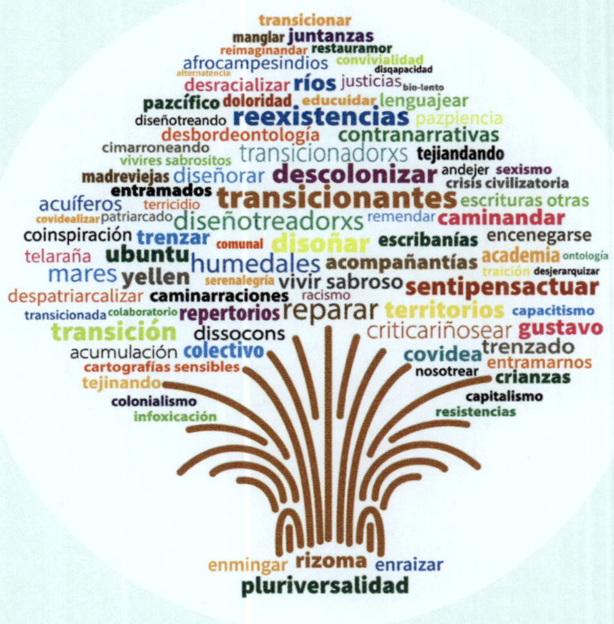

Figura 5, árbol del palabreo para las transiciones construido por el Tejido de Transicionantes por el Valle Geográfico del Río Cauca, 2023. Cortesía de Andrea Melenje y maria campo.
Figure 5, word tree for transitions built by the Tejido de Transicionantes por el Valle Geográfico del Río Cauca, 2023. Courtesy of Andrea Melenje and maria campo.

del habitar. Por el otro, se constata que la creciente **vulnerabilidad hídrica** es un aspecto central de la crisis ambiental y de un modelo civilizatorio que nos aleja de nuestras raíces e instrumentaliza los ríos como resultado del debilitamiento progresivo afectos, sentida, amada y sufrida, que se crea y se recrea a sí misma en una verdadera hidropoética.[13] No debe sorprendernos que en muchas regiones del mundo el río se comprenda como un ser vivo enraizado en la tierra, que siente y es sentido. Es un río sensible[14]

[12] Vicenta Moreno, "Ay Dios baja y ve cómo las mujeres afrocolombianas resisten al destierro", *Revista CS*, núm. 12, 415-434, 2013; María Mercedes Campo, "Los feminismos, si son tales, tienen la tarea de ir a las raíces de las opresiones", ponencia presentada en Corpus Africana: Danser et Penser L'Afrique et ses Diasporas, Tolouse, 25 de octubre a 9 de noviembre, 2018; Elba Mercedes Palacios, "Sentipensar la paz en Colombia. Oyendo las re-existentes voces pacíficas de mujeres negras afrodescendientes", *Memorias*, núm. 38, 131-161, 2019; Elba Mercedes Palacios, María Mercedes Campo, Martha Rivas, Natalia Ocoró y Betty Ruth Lozano (eds.), *Feminicidios y acumulación global. Memorias del Foro Internacional sobre Feminicidios*, Abya Yala, Quito, 2019.

[13] Diana Alexandra Bernal, *Río sensible: topología de la tierra-vida*, tesis de doctorado en geografía, Universidade Estadual de Campinas-Instituto de Geociências, Campinas, 2022; Diana Alexandra Bernal y Eduardo José Marandola Jr., "La crisis ambiental en aguas urbanas: vulnerabilidad hídrica y su comprensión ontológica", *Caminhos de Geografia*, vol. 24, núm. 94, 36-49, 2023. doi: 10.14393/RCG249465690; Ana Patricia Noguera (ed.), *Voces del pensamiento ambiental*, Universidad Nacional de Colombia, Manizales, 2016.

[14] Bernal, *Río sensible*.

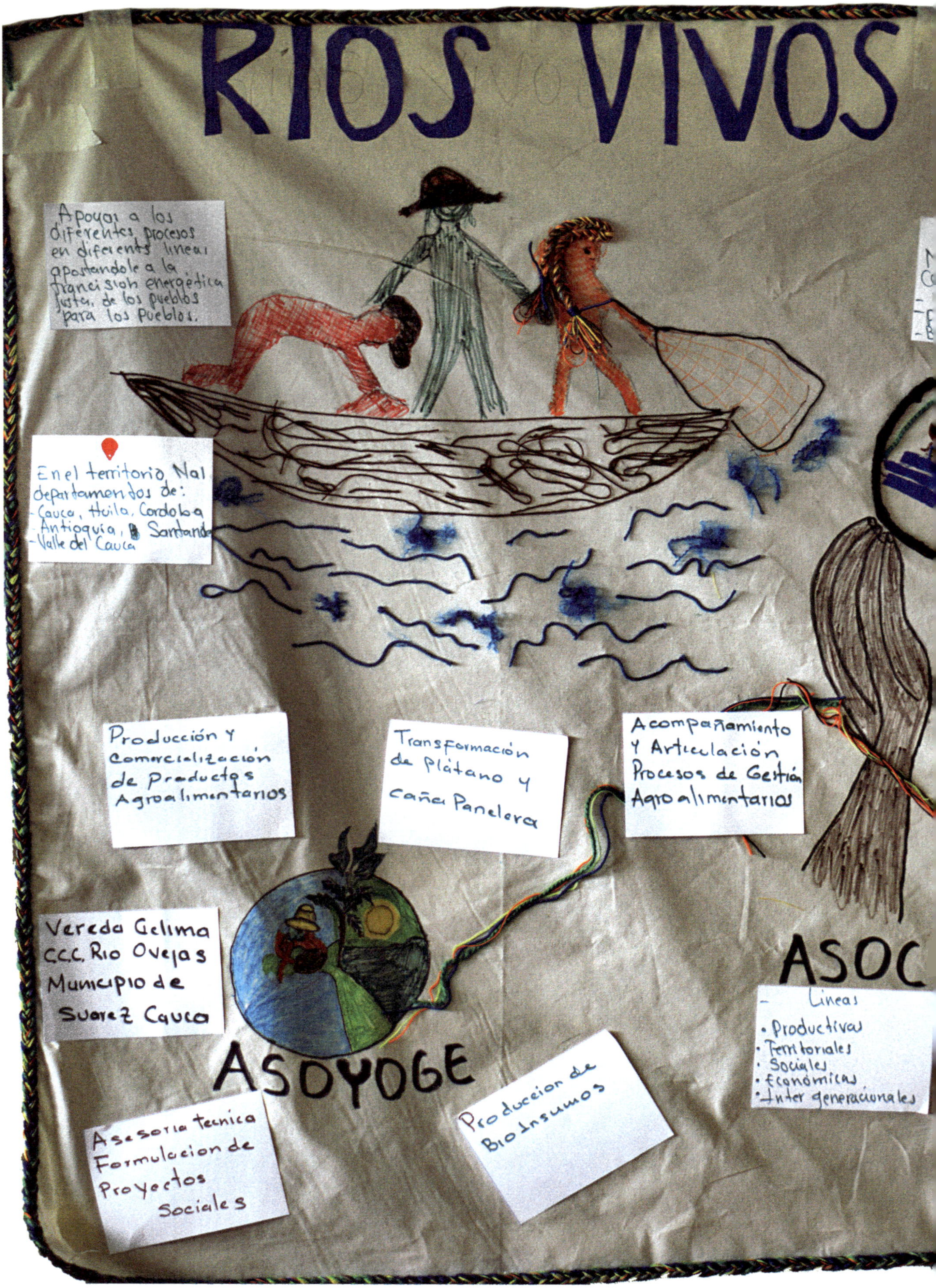
RIOS VIVOS
Apoyar a los diferentes procesos en diferents lineas apostandole a la trancision energética justa. de los pueblos para los pueblos.
En el territorio Nal departamentos de:
- Cauca, Huila, Cordoba
- Antioquia, Santander
- Valle del Cauca
Producción y comercialización de productos agroalimentarios
Transformación de plátano y caña panelera
Acompañamiento y Articulación Procesos de Gestión Agroalimentarios
Vereda Gelima C.C.C. Rio Ovejas Municipio de Suarez Cauca
ASOYOGE
Asesoria tecnica Formulacion de Proyectos Sociales
Produccion de Bio insumos
ASOC
Lineas
• Productivas
• Territoriales
• Sociales
• Económicas
• Inter generacionales

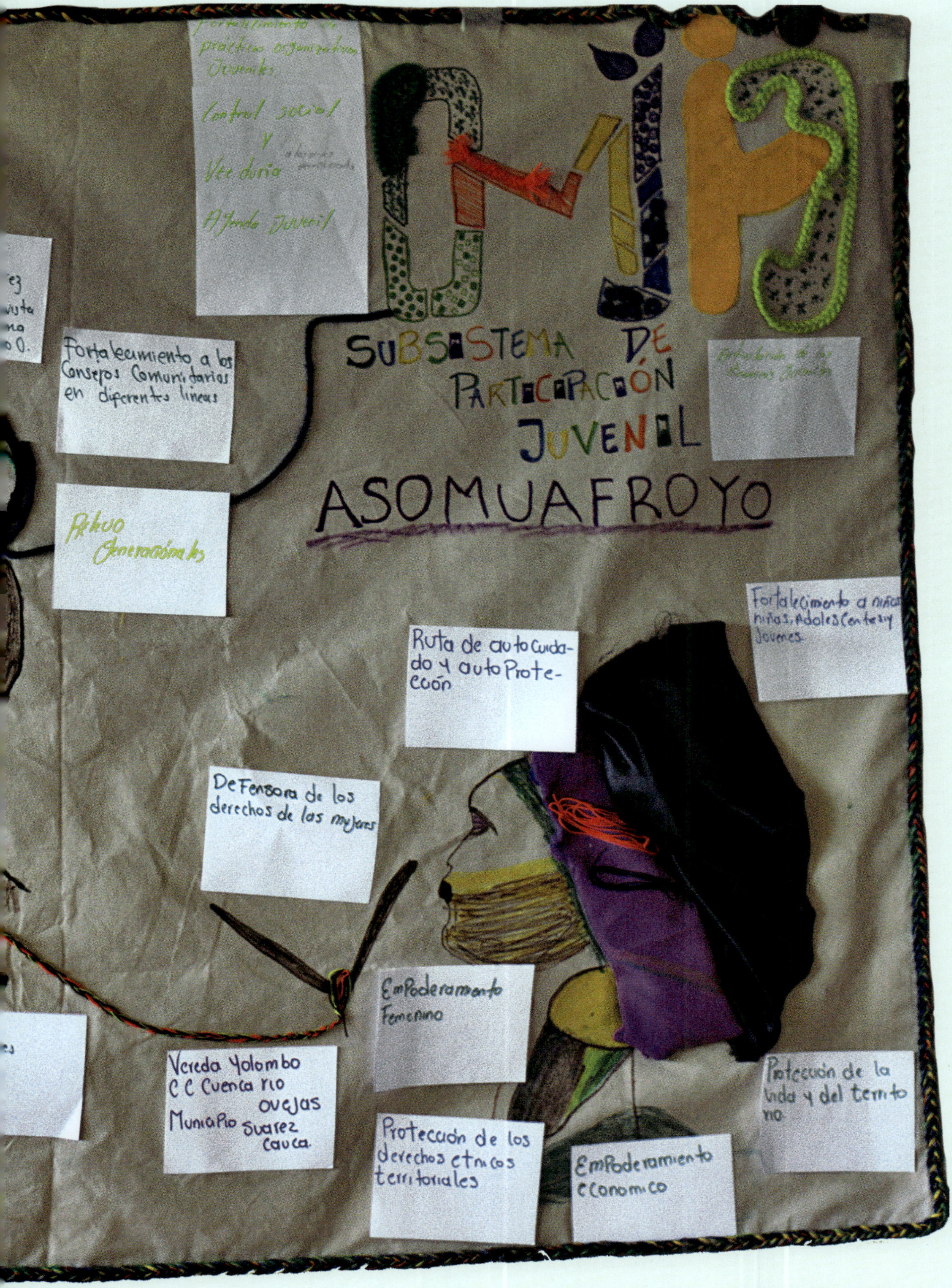

Figura 6, nodos ASOCOMS tejiendo su red de alternativas transformadoras en Suárez, 2023. Cortesía de Anthony Soto.
Figure 6, ASOCOMS hubs weaving their meshwork of transformative alternatives in Suárez, 2023. Courtesy of Anthony Soto.

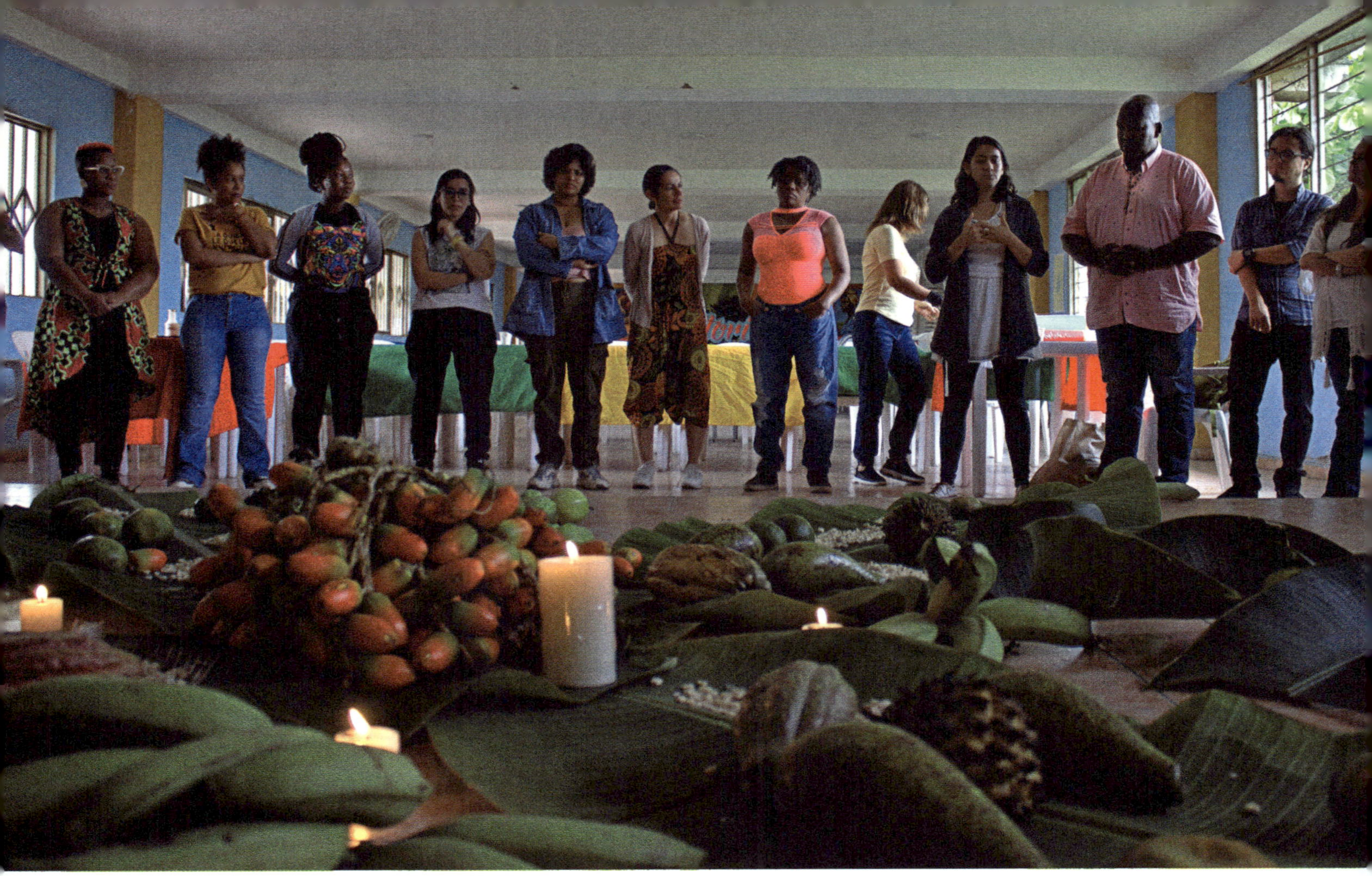

Figure 7, transformative alternatives meeting in Suárez, 2023. Courtesy of Anthony Soto.
Figura 7, encuentro de alternativas transformadoras en Suárez, 2023. Cortesía de Anthony Soto.

One of our main goals is to contribute to a regional **eco-social transition** toward a just society of territorial peace, environmental sustainability, inclusive ecology, diverse culture, and pluriversality, to trigger conversations and actions —*con-versa-acciones*—that incite a mobilization toward new ways of inhabiting the region and the Earth.[17] The essential task is to formulate a **pluriversal** self-understanding of the region, that brings together currently disparate initiatives of transformation, and to call for action under the slogan of "One Cauca river, many worlds: transiting pluriversal territorial peace" (figure 4).[18] The dream-designing, or designing from our dreams, and visioning workshops consider the communicative dimension, which is essential, as well as the language with which we have built the vision of the ongoing world that is leading us to collapse. In the Tejido de Transicionantes we walk the word to move toward another world (figure 5).

We identified three concrete objectives based on the principles of productive transformation, eco-ontological restoration of ecosystems and worlds, and historical reparation within a **pluriversal** and **agropolitan** ethnic-cultural context. The first is to encourage convergences between the transformative alternatives underway in the territories, particularly those focused on water threads: **food sovereignty**, climate change, justice and peace, and territorial planning, aimed at strengthening their capacity for action and coordinated strategies. The next is to co-design counter-hegemonic narratives and media strategies to activate the re-imagination of the region towards other possible futures through art, audiovisual media, audiobooks, graphic design, theater, and collective authorship. The third is to set up a laboratory of critical cartographies and territorial co-design as an experimentation platform

[17] There is a phrase widely used by the elder women of the Pacific: "In the Pacific you don't speak, in the Pacific you sing." *Con-versar*, "to talk" in English, refers to the possibility of words to have rhythm, like the drum that reproduces heartbeats and heal us for us to speak with our whole body, so that they go through our emotionality to co-reason—*co-razonar* in Spanish, related to *corazón*, "heart" in English.

[18] Our former slogan was "Another geographical valley of the Cauca river is possible," but we changed it in 2023 when a conventional politician launched his campaign for mayor with the slogan "Another Cali is possible."

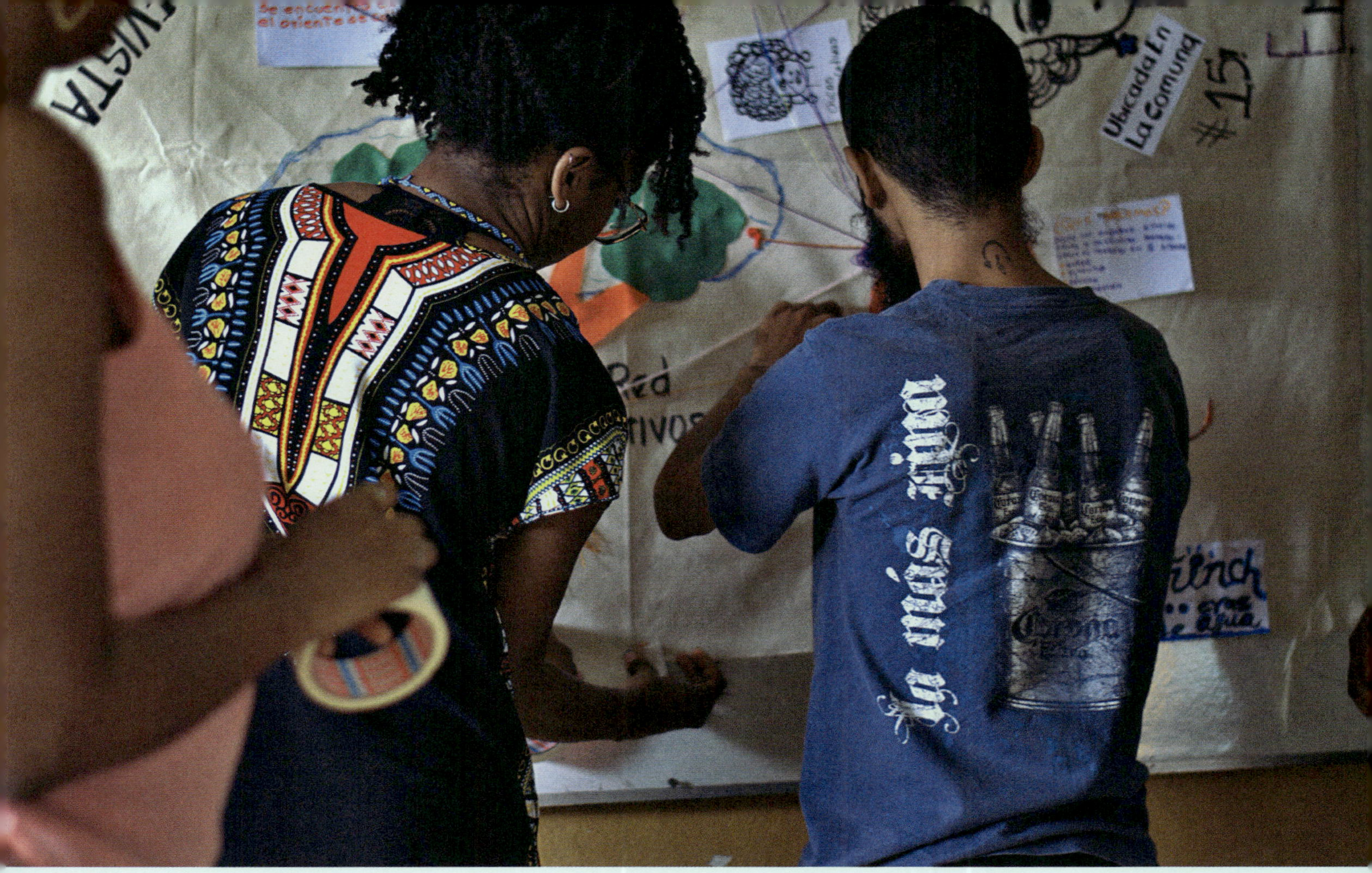

Figura 8, nodos ACCC tejiendo su red de alternativas transformadoras en Suárez, 2023. Cortesía de Anthony Soto.
Figure 8, ACCC hubs weaving their meshwork of transformative alternatives in Suárez, 2023. Courtesy of Anthony Soto.

que, dentro de estas hidropoéticas, resuena en múltiples movimientos organizados en torno a disputas afectivas y poético-políticas[15] bajo lemas como "Ríos libres, pueblos vivos", "Ríos para la vida, no para la muerte", como en Colombia.

La Transicionada: un trayecto/proyecto en el sur geográfico del valle Alto del Cauca
Objetivos y estrategias
Más que un proyecto, concebimos nuestro actuar como un trayecto y lo denominamos La Transicionada. Destacamos la necesidad de imaginarnos otras categorías para nuestro **sentipensaractuar**. Jugar, sentir y co-razonar nos ayudan a crear un universo de comunicación para construir mundos **pluriversales**, más allá de las hegemonías racistas, patriarcales, sexistas, capitalistas y capacitistas existentes.

Uno de nuestros objetivos principales es contribuir con una **transición ecosocial** regional hacia una sociedad justa con paz territorial, ambientalmente sustentable, ecológicamente incluyente, culturalmente diversa y **pluriversal**. Se trata de generar con-versa-acciones capaces de provocar una movilización hacia nuevas formas de habitar la región y la Tierra.[16] La tarea esencial es formular una autocomprensión **pluriversal** de la región que aglutine las iniciativas transformadoras actualmente dispersas y convocar a la acción bajo el lema de "Un río Cauca, muchos mundos: transitando la paz territorial **pluriversal**" (véase la figura 4).[17]

[15] Omar Felipe Giraldo e Ingrid Toro, *Afectividad ambiental: sensibilidad, empatía, estéticas del habitar*, El Colegio de la Frontera Sur/Universidad Veracruzana, México, 2020; Noguera, *Voces del pensamiento ambiental*; Ana Noguera y Jaime Pineda, "Cuerpo-tierra: epojé, disolución humano-naturaleza y nuevas geografías-sur", *Geograficidade*, vol. 4, núm. 1, 2014.

[16] Hay una frase muy utilizada por las mayoras del Pacífico: "En el Pacífico no se habla, en el Pacífico se canta". Con-versar se refiere a la posibilidad de que las palabras tengan ritmo, como el tambor que reproduce los latidos del corazón, y actúen para sanarnos y para que hablemos con todo nuestro cuerpo, para que atraviesen nuestra emocionalidad para co-razonar.

[17] Nuestro lema inicial era "Otro valle geográfico del río Cauca es posible", pero nos vimos en la necesidad de cambiarlo en 2023 cuando un político convencional lanzó su campaña para la alcaldía de Cali con el lema "Otro Cali es posible".

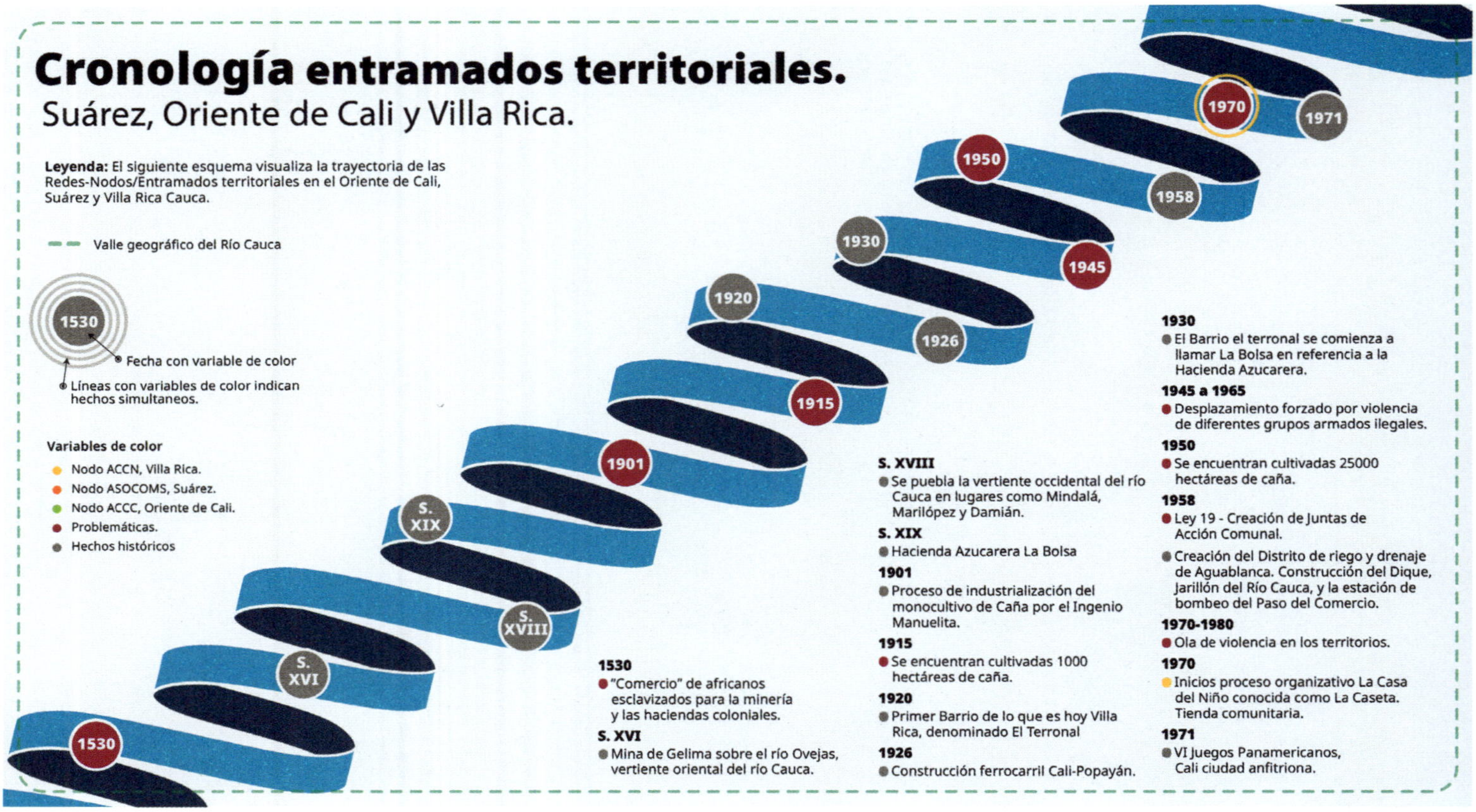

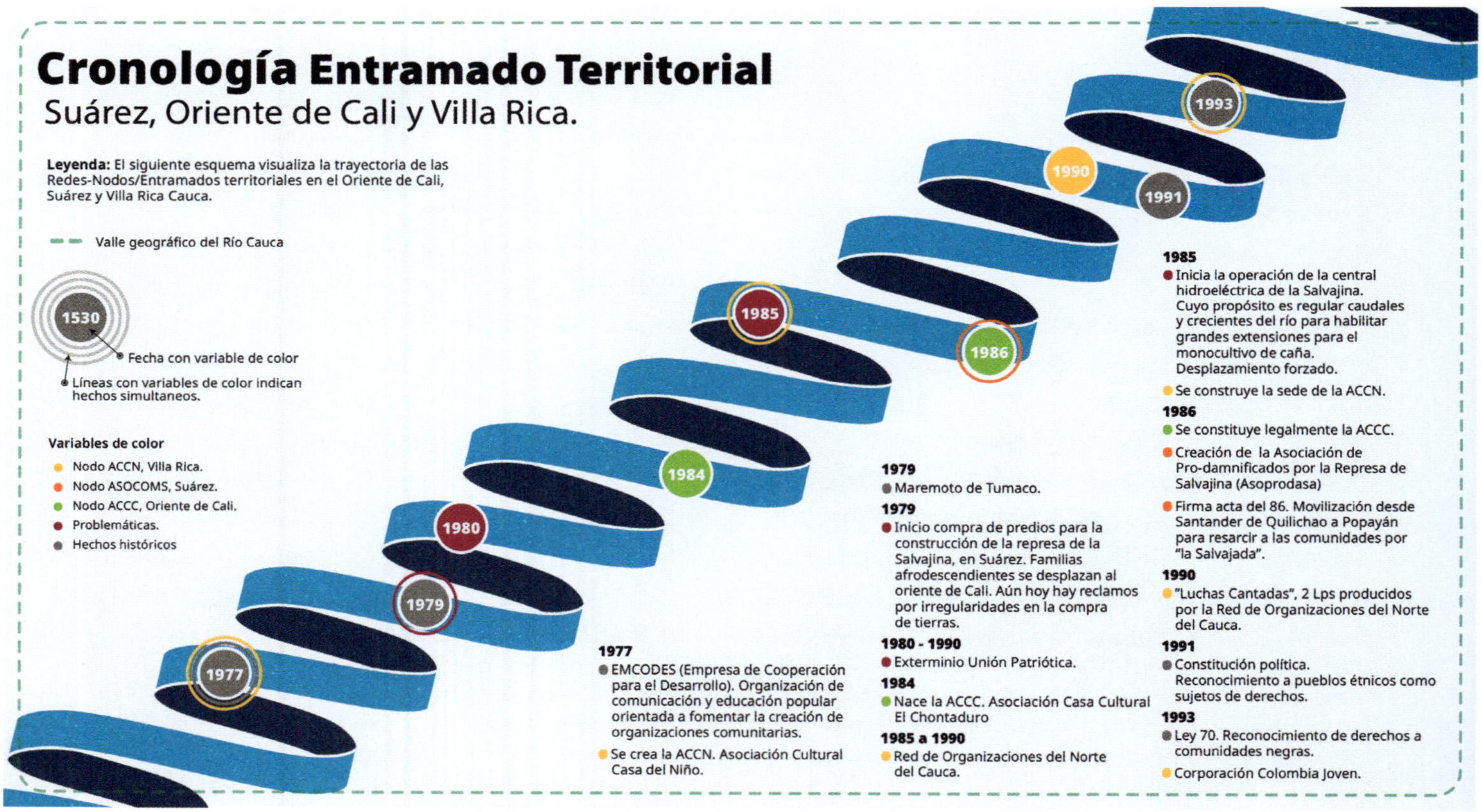

Figure 9, timeline of the community hubs-meshworks of Suárez, Villa Rica and eastern Cali.

Figura 9, cronología de los nodos-entramados comunitarios de Suárez, Villa Rica y oriente de Cali.

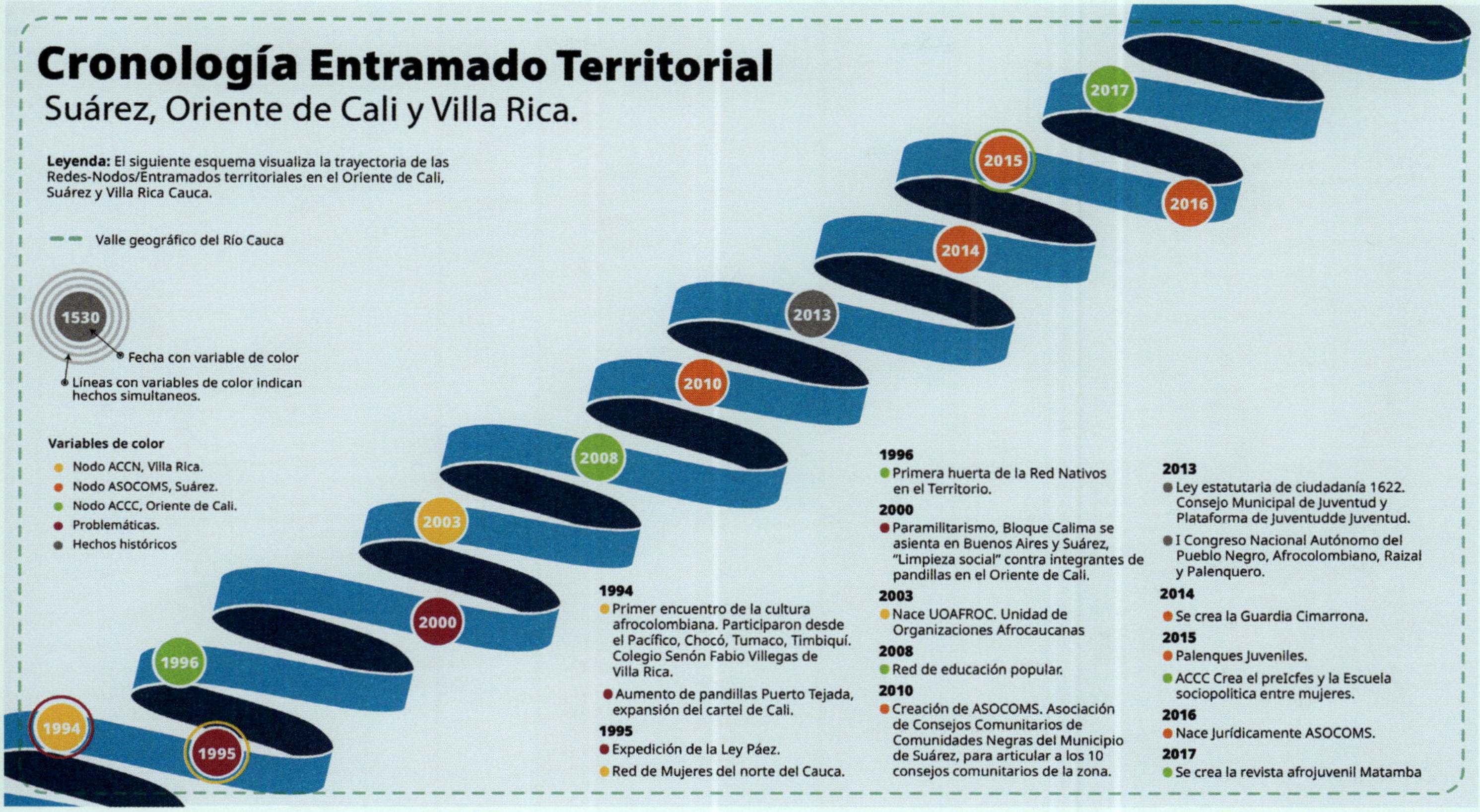
Cronología Entramado Territorial
Suárez, Oriente de Cali y Villa Rica.
Leyenda: El siguiente esquema visualiza la trayectoria de las Redes-Nodos/Entramados territoriales en el Oriente de Cali, Suárez y Villa Rica Cauca.
Valle geográfico del Río Cauca
1530
Fecha con variable de color
Líneas con variables de color indican hechos simultaneos.
Variables de color
Nodo ACCN, Villa Rica.
Nodo ASOCOMS, Suárez.
Nodo ACCC, Oriente de Cali.
Problemáticas.
Hechos históricos
1994
1995
1996
2000
2003
2008
2010
2013
2014
2015
2016
2017
1994
Primer encuentro de la cultura afrocolombiana. Participaron desde el Pacífico, Chocó, Tumaco, Timbiquí. Colegio Senón Fabio Villegas de Villa Rica.
Aumento de pandillas Puerto Tejada, expansión del cartel de Cali.
1995
Expedición de la Ley Páez.
Red de Mujeres del norte del Cauca.
1996
Primera huerta de la Red Nativos en el Territorio.
2000
Paramilitarismo, Bloque Calima se asienta en Buenos Aires y Suárez, "Limpieza social" contra integrantes de pandillas en el Oriente de Cali.
2003
Nace UOAFROC. Unidad de Organizaciones Afrocaucanas
2008
Red de educación popular.
2010
Creación de ASOCOMS. Asociación de Consejos Comunitarios de Comunidades Negras del Municipio de Suárez, para articular a los 10 consejos comunitarios de la zona.
2013
Ley estatutaria de ciudadanía 1622. Consejo Municipal de Juventud y Plataforma de Juventudde Juventud.
I Congreso Nacional Autónomo del Pueblo Negro, Afrocolombiano, Raizal y Palenquero.
2014
Se crea la Guardia Cimarrona.
2015
Palenques Juveniles.
ACCC Crea el preIcfes y la Escuela sociopolitica entre mujeres.
2016
Nace Jurídicamente ASOCOMS.
2017
Se crea la revista afrojuvenil Matamba

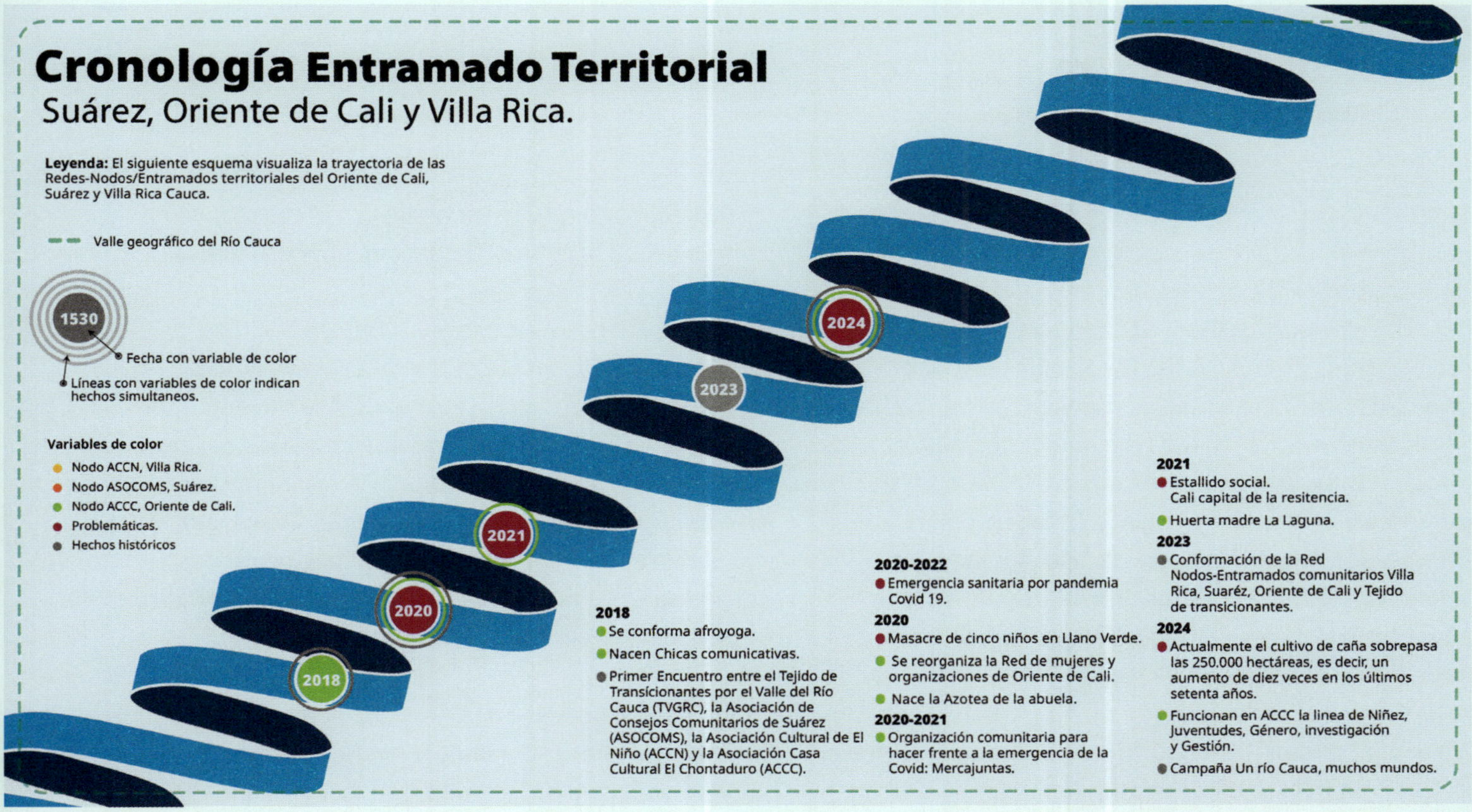
Cronología Entramado Territorial
Suárez, Oriente de Cali y Villa Rica.
Leyenda: El siguiente esquema visualiza la trayectoria de las Redes-Nodos/Entramados territoriales del Oriente de Cali, Suárez y Villa Rica Cauca.
Valle geográfico del Río Cauca
1530
Fecha con variable de color
Líneas con variables de color indican hechos simultaneos.
Variables de color
Nodo ACCN, Villa Rica.
Nodo ASOCOMS, Suárez.
Nodo ACCC, Oriente de Cali.
Problemáticas.
Hechos históricos
2018
2020
2021
2023
2024
2018
Se conforma afroyoga.
Nacen Chicas comunicativas.
Primer Encuentro entre el Tejido de Transicionantes por el Valle del Río Cauca (TVGRC), la Asociación de Consejos Comunitarios de Suárez (ASOCOMS), la Asociación Cultural de El Niño (ACCN) y la Asociación Casa Cultural El Chontaduro (ACCC).
2020-2022
Emergencia sanitaria por pandemia Covid 19.
2020
Masacre de cinco niños en Llano Verde.
Se reorganiza la Red de mujeres y organizaciones de Oriente de Cali.
Nace la Azotea de la abuela.
2020-2021
Organización comunitaria para hacer frente a la emergencia de la Covid: Mercajuntas.
2021
Estallido social.
Cali capital de la resitencia.
Huerta madre La Laguna.
2023
Conformación de la Red Nodos-Entramados comunitarios Villa Rica, Suaréz, Oriente de Cali y Tejido de transicionantes.
2024
Actualmente el cultivo de caña sobrepasa las 250.000 hectáreas, es decir, un aumento de diez veces en los últimos setenta años.
Funcionan en ACCC la linea de Niñez, Juventudes, Género, investigación y Gestión.
Campaña Un río Cauca, muchos mundos.

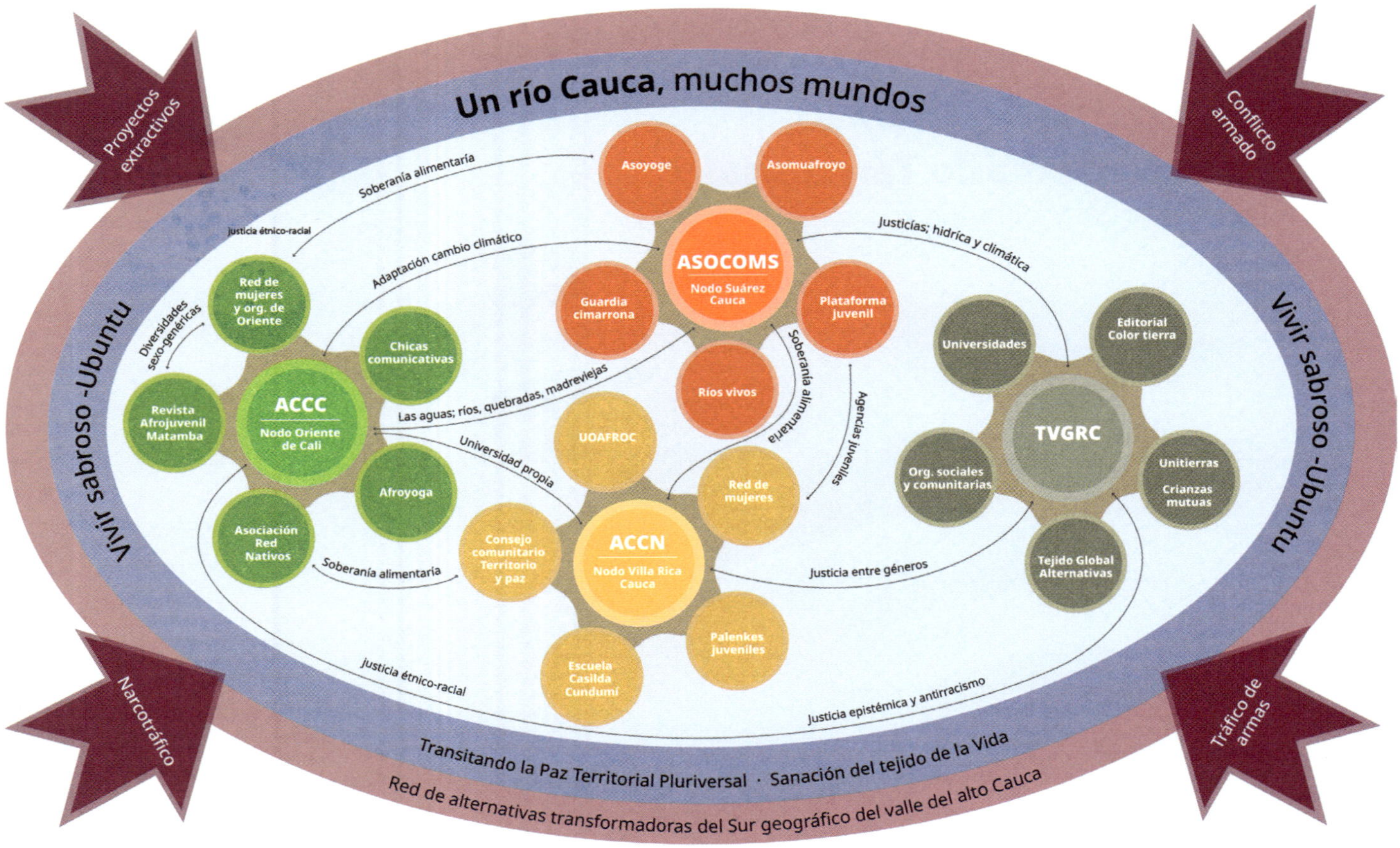

Figure 10, meshwork of transformative alternatives in the geographical south of the Upper Cauca Valley, courtesy of maria campo and CoLab Diseño para la Innovación Social, Grupo de Investigación Diseño & Sociedad, Universidad del Cauca, 2023.
Figura 10, entramado de alternativas transformadoras del sur geográfico del valle del Alto Cauca, cortesía de maria campo y CoLab Diseño para la Innovación Social, Grupo de Investigación Diseño & Sociedad, Universidad del Cauca, 2023.

to build devices for the analysis, understanding, and intervention of the time-space structures that make up the fabric of life of the transformative alternatives, based on the **agropolitan**, **aquapolitan**, and multipolitan territorialites perspectives. These objectives are oriented toward the six axes proposed by Arturo Escobar to advance transitions: the re-communalization of social life; the re-localization of social, economic, and cultural activities; the strengthening of local autonomies; the de-patriarchalization and de-racialization of social relations; the re-integration with the Earth; and the construction of meshworks among transformative initiatives and alternatives.[19] ACCC, ASOCOMS, and ACCN are implementing the strategies in Black Afro-descendant communities in the municipalities of Suárez and Villa Rica, and the Aguablanca district, destination and refuge for hundreds of thousands of people exiled from the Pacific and northern Cauca.

Among the actions we carry out toward the first objective are the consolidation of a meshwork of transformative alternatives opposed to the dominant narratives, the co-design practices for another possible geographical south of the Upper Cauca Valley based on a diagnosis of pluriversal territorial peace, and the elaboration of an atlas—with social and digital cartography—of the regional transformative alternatives recorded in meetings and visits to the territories.

The second objective considers the design and implementation of transmedia strategies with co-design tools, whose function is to make visible the

[19] Arturo Escobar, "Reinterpreting Civilizations: From Critique to Transitions," *ARQ* 111, 25-41, 2022. https://www.scielo.cl/pdf/arq/n111/en_0717-6996-arq-111-24.pdf.

Los talleres de disoñación y visionación atienden la dimensión comunicativa, que es primordial, al igual que el lenguaje con el que hemos construido la visión del mundo actual que nos está llevando al colapso. En el Tejido de Transicionantes hemos caminado la palabra para transitar hacia un mundo otro (véase la figura 5).

Hemos identificado tres objetivos concretos con base en los principios de transformación productiva, restauración eco-ontológica de ecosistemas y mundos, y reparación histórica dentro de un contexto étnico-cultural **pluriversal** y **agropolitano**. El primero es fomentar convergencias entre las alternativas transformadoras en marcha en los territorios, en particular entre aquellas enfocadas en los hilos de agua: **soberanía alimentaria**, cambio climático, justicia y paz, y ordenamiento territorial, tendentes al fortalecimiento de su capacidad de acción y de estrategias coordinadas entre ellas. El siguiente es codiseñar estrategias narrativas y mediáticas contrahegemónicas para activar la re-imaginación de la región hacia otros futuros posibles por medio del arte, producciones audiovisuales, audiolibros, diseño gráfico, teatro y autorías colectivas. Por último, poner en marcha un laboratorio de cartografías críticas y codiseño territorial como plataforma de experimentación para construir dispositivos aplicados al análisis, la comprensión y la intervención de las estructuras espacio-temporales que conforman el tejido de vida de las alternativas transformadoras presentes en el área de interés, con base en las perspectivas de las terriorialidades **agropolitana**, **acuapolitana** y multipolitana. Estos objetivos se orientan hacia los seis ejes que propone Arturo Escobar para avanzar en las transiciones: la recomunalización de la vida social; la relocalización de actividades sociales, económicas y culturales; el fortalecimiento de la autonomía; la simultánea despatriarcalización, desracialización y desclasamiento de las relaciones sociales; la reintegración con la Tierra y la construcción de mallas entre iniciativas transformadoras y alternativas.[18] Las estrategias se están implementando con la ACCC, la ASOCOMS y la ACCN en comunidades integrantes del pueblo negro afrodescendiente: los municipios de Suárez y Villa Rica, y el distrito de Aguablanca, destino y refugio de cientos de miles de personas desterradas del Pacífico y el norte del Cauca.

Entre las acciones que adelantamos para el primer objetivo se encuentran la consolidación de una red de alternativas transformadoras opuesta a las narrativas dominantes, las prácticas de codiseño hacia otro sur geográfico del valle del Alto Cauca posible, a partir de un diagnóstico de paz territorial **pluriversal** y la elaboración con cartografía social y digital de un atlas de las alternativas transformadoras de la región registradas en encuentros y visitas a los territorios.

El segundo objetivo contempla el diseño y puesta en marcha de estrategias transmedia con herramientas de codiseño, cuya función es visibilizar narrativas contrahegemónicas y fomentar la construcción de escenarios de transiciones. Este material detona conversaciones con públicos amplios que contribuyen a crear una masa crítica a partir de la visionación y disoñación de otros valles del río Cauca posibles —un río Cauca, muchos mundos—, en los que pueda emerger una "cosmovisión relacional" para transitar hacia el cultivo de la vida toda. Estas producciones mediáticas son un espacio para contar, imaginar, documentar, escribir, registrar y diseñar de otras maneras.

Las acciones para alcanzar el tercer objetivo son la creación y puesta en funcionamiento de un colaboratorio de diseño territorial con comunidades y organizaciones. Esta iniciativa contempla talleres centrados en el registro de memoria y lugares-hito asociados a narrativas testimoniales con referencias espaciales y temporales que desembocarán en un atlas digital de actores, acciones, capacidades, conflictos y saberes para cada localidad.

Estructura

La energía que mueve nuestro proyecto es la sanación del tejido de la vida. La propuesta de acción-investigación se basa en el principio epistémico-pedagógico de que nadie enseña a nadie, todes aprendemos de todes. Partimos del reconocimiento

[18] Arturo Escobar, "Reinterpretando las civilizaciones: de la crítica a las transiciones", *ARQ*, núm. 111, 24-41, 2022. https://www.scielo.cl/pdf/arq/n111/0717-6996-arq-111-24.pdf.

counter-hegemonic narratives and promote the construction of transition scenarios. This material triggers conversations with broad audiences that contribute to creating a critical perspective, based on the visioning and dream-designing of other possible valleys of the Cauca river—one Cauca river, many worlds—in which a "relational cosmovision" can emerge to move toward the cultivation of all life. These media productions are a space to tell, imagine, document, write, record, and design in other ways.

The actions to achieve the third objective are the creation and implementation of a territorial design laboratory with communities and organizations. This initiative includes workshops focused on the recording of memory and landmark places linked to testimonial stories with spatial and temporal references that will lead into a digital atlas of actors, actions, capacities, conflicts, and knowledge for each locality.

Structure

The energy that moves our project is the healing of the fabric of life. The action-research proposal is based on the epistemic-pedagogical principle that no one teaches anyone; we all learn from everyone. We start from the recognition of the diversity of ways of thinking, doing, and knowing. That is why we speak of *feeling-thinking-acting* in collaborative work of Afro-descendent women and men, and elder thinkers, young people, and intellectuals from Black communities in Colombia, and of a dialogue between transformative alternatives and the Tejido de Transicionantes, which is in itself a transformative alternative at the interface between critical academia, social movements, and the proposals that emerge from the three territorial hubs. We emphasize that justice is plural: epistemic, ethnic-racial, environmental, ecological, gendered and in relation to disability, as paths to territorial peace.

The project has created a governance structure structured around: (a) three territorial hubs, defined by the three organizations already mentioned and the Tejido de Transicionantes, located in the geographical south of the Upper Cauca Valley; (b) three objectives and their respective strategies and actions; (c) five main threads that make up veins of action—water threads, **food sovereignty**, social and **environmental justice**, climate change, and territorial planning—and converge in a conception of **pluriversal** territorial peace, and (d) eighteen transformative alternatives identified in the meetings, workshops, transmedia training activities and mapping workshops. The diagram in figure 10 summarizes this structure.

Brief conclusion

As in other regions of the Global South, we bet for transitions that integrate calls for decarbonization with a broad agenda of **food**, water, and **energy sovereignty**; territorial autonomies; post-extractivist economies, and social, **environmental**, and **pluriversal** justice. Any transition must be oriented towards post-patriarchal, anti-racist, post-capitalist, and **agropolitan** relations, and ways of life rooted in the territories. It is about implementing mobilization strategies capable of healing the fabric of life so that ways of inhabiting the earth—as diverse as the peoples, worlds, and actors of the bioregion's territories—flourish. We think that the best way to face this task is to look at the territories from the perspective of the people who have inhabited, built, loved, and suffered them; to learn their resistance and **re-existence** tactics, from the experience of those who carry out the tasks of care; and to weave territory and community with all the people willing to reconstitute and heal the fabric of life.

Our journey launches a call for a social, ecological, economic, and pluriversal pact, capable of moving toward a more just and egalitarian society, based on a selective post-extractivist de-globalization, coupled with the relocation of key spheres of life, such as eating, healing, learning, and living. It is a commitment to transition in the short, medium, and long term, which proposes a sustained and progressive exit from the **extractivist** model, and substantial changes to the logic of consumerism, suitable to confront **terricide** and heal Mother Earth. Our project calls for us to commit ourselves to a deep transformation that recognizes and opens the way to other ways of existence, in balance and reciprocity with the fabric of life.

de la diversidad de formas de pensar, hacer y conocer. Por eso hablamos del sentipensaractuar en trabajo co-laborativo, de las mujeresnegras y hombresnegros afrodescendientes, mayoras y mayores pensadores, jóvenes e intelectuales del pueblo negro en Colombia, y de un diálogo entre alternativas transformadoras y el Tejido de Transicionantes, que es a su vez una alternativa transformadora en la interfaz entre la academia crítica, los movimientos sociales y las propuestas que emergen de los tres nodos territoriales. Enfatizamos las justicias en plural: epistémica, étnico-racial, ambiental, ecológica, de género y en relación con la discapacidad como caminos hacia la paz territorial.

El proyecto ha generado una estructura de gobernanza estructurada alrededor de: a) los tres nodos territoriales, definidos por las tres organizaciones mencionadas y el Tejido de Transicionantes, localizados en el sur geográfico del valle del Alto Cauca; b) los tres objetivos expuestos y sus respectivas estrategias y acciones; c) cinco hilos principales que conforman vetas de acción –soberanía alimentaria, hilos del agua, justicia social y ambiental, cambio climático y ordenamiento territorial– y convergen en una concepción de paz territorial **pluriversal**, y d) dieciocho alternativas transformadoras identificadas en los encuentros, talleres, actividades de formación en transmedia y talleres de cartografías. El diagrama de la figura 10 resume esta estructura.

Breve conclusión

Como en otras regiones del Sur Global, apostamos por transiciones que integren los llamados a la descarbonización con una agenda amplia de s**oberanía alimentaria**, hídrica y **energética**, autonomías territoriales, economías posextractivistas y justicia social, ambiental y pluriversal. Toda transición debe orientarse hacia relaciones y formas de vida pospatriarcales, antirracistas, poscapitalistas, **agropolitanas** y enraizadas en los territorios. Se trata de poner en marcha estrategias de movilización capaces de sanar el tejido de la vida para que florezcan formas de habitar la tierra tan diversas como los pueblos, mundos y actores de los territorios de la biorregión. Pensamos que la mejor manera de enfrentar esta tarea es volver a mirar los territorios desde la perspectiva de la gente que los ha habitado, construido, amado y sufrido; aprender sus tácticas de resistencia y reexistencia, y de la experiencia de quienes desempeñan las tareas del cuidado, y tejer territorio y comunidad con todas las personas dispuestas a reconstituir y sanar el tejido de la vida.

Nuestro trayecto lanza un llamado a un pacto social, ecológico, económico y **pluriversal**, capaz de transitar hacia una sociedad más justa e igualitaria, basada en una des-globalización selectiva posextractivista, acoplada a la relocalización de esferas clave de la vida, como comer, sanar, aprender y habitar. Se trata de una apuesta de transición a corto, mediano y largo plazo, que contempla una salida sostenida y progresiva del **modelo extractivista** y cambios sustanciales en las lógicas del consumismo, apta para enfrentar el **terricidio** y sanar a la Madre Tierra. Nuestro proyecto convoca a comprometernos con una transformación de fondo que reconozca y abra paso a otros modos de existencia, en equilibrio y reciprocidad con el tejido de la vida.

CARRIZO/COMECRUDO TRIBE OF TEXAS

RIO GRANDE VALLEY

The Carrizo/Comecrudo people have lived along the South Texas Rio Grande delta for centuries. Despite facing cultural suppression, genocide, and forced Christian conversion, they have survived the occupation of their homelands and maintained their spiritual identity. Historically, the Carrizo/Comecrudo have remained largely hidden, whether as a survival strategy or due to poor European documentation and disinterest from anthropologists. Today, they are re-emerging, though still not federally recognized, and face threats from projects like the Texas Liquefied Natural Gas (LNG) export terminal and associated pipelines. Supported by the First Nations Development Institute, they strive to gain recognition, protect their rights, and preserve their lands. A key focus for the tribe is the protection of Garcia Pasture, a sacred site in the Rio Grande Valley containing ancestral remains and cultural artifacts from several nomadic tribes, including the Carrizo/Comecrudo. Listed on the National Register of Historic Places, this site faces environmental threats and neglect. Although not officially recognized as custodians, the Carrizo/Comecrudo actively work to safeguard it from environmental threats.

La tribu Carrizo/Comecrudo ha vivido en el delta del río Grande, en el sur de Texas, durante siglos. A pesar de la represión cultural, el genocidio y la conversión forzada al cristianismo, sobrevivió a la ocupación de sus tierras ancestrales y mantuvo su identidad espiritual. Históricamente, los Carrizo/Comecrudo han permanecido ocultos, ya sea como estrategia de supervivencia o por la escasa documentación de los colonos europeos y el desinterés de los antropólogos. Hoy están resurgiendo, pero todavía no han sido reconocidos por el gobierno federal y enfrentan amenazas como la planta de exportación de gas natural licuado de Texas y los gasoductos asociados. Con el apoyo del First Nations Development Institute, buscan obtener reconocimiento, proteger sus derechos y preservar sus tierras. Un aspecto clave para la tribu es la protección del pastizal Garcia, un sitio sagrado en el valle del río Grande que contiene restos ancestrales y artefactos culturales de varias tribus nómadas, como la suya. Incluido en el Registro Nacional de Lugares Históricos, este enclave está expuesto a amenazas ambientales y negligencia. Aunque los nativos no son reconocidos oficialmente como sus custodios, trabajan activamente para salvaguardarlo.

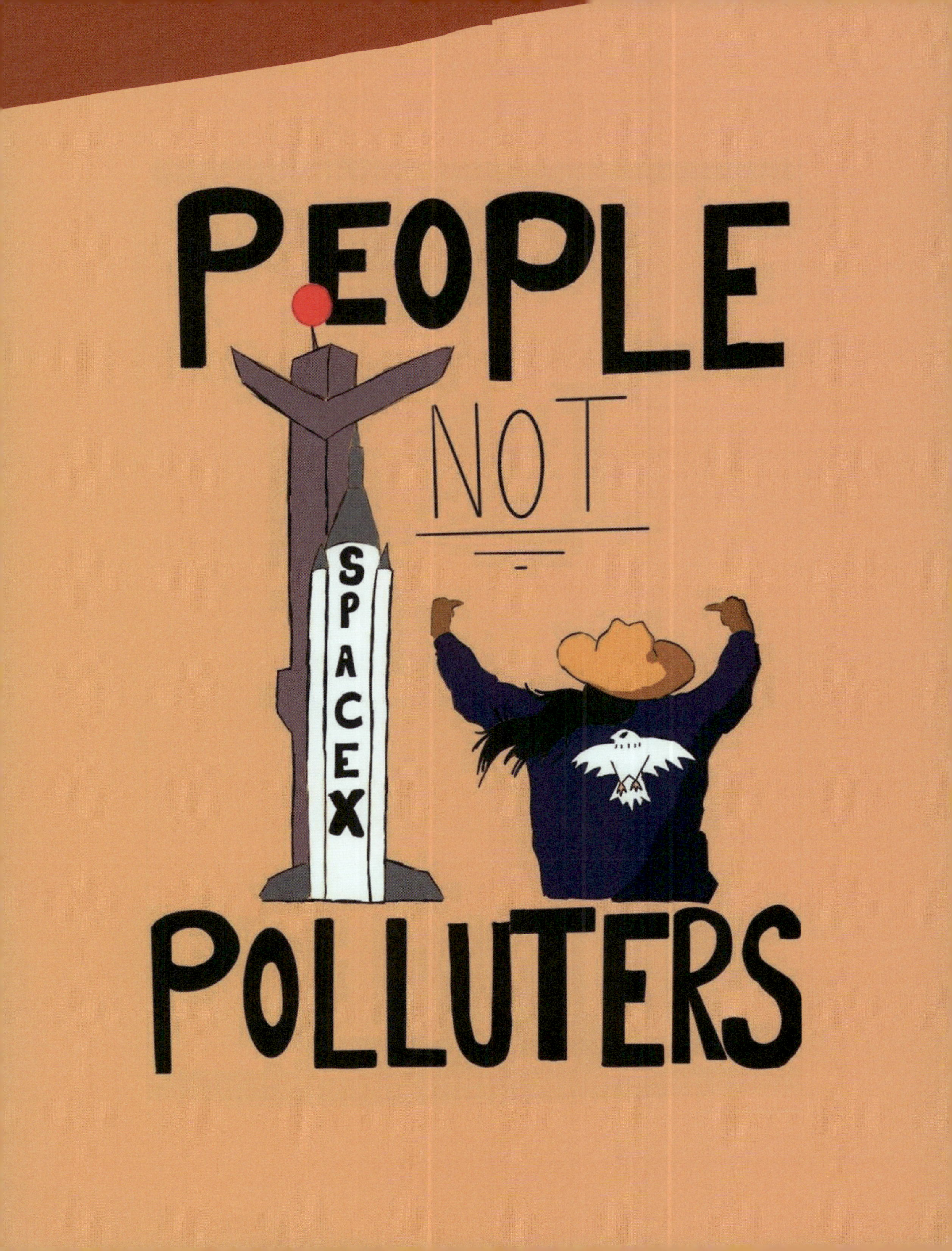
PEOPLE
NOT
SPACEX
POLLUTERS

GARCIA PASTURE'S DESIGNATION IS A WIN FOR OUR TRIBE, AND FOR STRATEGIC PHILANTHROPY

By Juan Mancias, Christa Mancias

April 12, 2022

Earlier this year, the World Monuments Fund (WMF) selected the Garcia Pasture in Brownsville, Texas, to be included on the World Monuments Watch list of heritage sites of cultural significance whose preservation is urgent and vital to local communities. The designation of an area sacred to our people, the Carrizo/Comecrudo Tribe of Texas, gave us renewed pride in our past and hope for our future. Specifically, WMF noted that "the traditional territory of the Carrizo/Comecrudo Tribe of Texas threatened by natural resource extraction and desecration of ancestral lands requires formal legal recognition to ensure its future."

For an outsider, it may be difficult to understand why this vast marshland in South Texas warrants being selected for the World Monuments Watch along with archaeological sites in Belize and ancient water fountains in Nepal. To us, it is obvious: The Garcia Pasture is where our people have gathered for centuries to practice our lifeways. This is where we have fished and hunted, buried our ancestors, performed our dances, and learned about our history. This is where we stop and remember what it means to be stewards of sacred land.

With so many cultural artifacts, including village ruins, rock art, and other reminders of the rich legacy of the land's original inhabitants, the National Park Service highlights this site as "one of the premier prehistoric archaeological sites in Cameron County." In 1972, it was added to the National Register of Historic Places. We are thankful that WMF has also recognized its significance and why it urgently needs protection.

Placing the Garcia Pasture on this watch list helps shine a light on the dangers facing our ancestral land. These threats loom over us both figuratively and literally: Garcia Pasture sits alongside the Brownsville Shipping Channel, a throughway for oil tankers, barges, and shrimper boats. At one time, Garcia Pasture extended well beyond the current boundaries, but when the shipping channel was built, many more village and burial sites, artifacts, and habitat were destroyed in the name of progress. Today, from the pasture, you can see the oil and gas industry's towering facilities in the distance. Pipelines and oil wells threaten to gouge the land, leaving ugly scars, destroying sacred burial grounds, wildlife, and the environment—all for the sake of corporate greed.

In 2019, the Federal Energy Regulatory Commission approved permits for three liquefied natural gas (LNG) terminals in Brownsville, right on top of the Garcia Pasture. One project has been scrapped and another one has been delayed, but the third project is still on course to wreak havoc. Although U.S. Court of Appeals ruled that the commission had failed to consider how these projects would impact the environment and our heritage, it didn't revoke the permits.

LNG facilities are known to leak methane, which threatens to pollute our communities. Unless we stop this path of destruction, our ancestors will be dug up from their graves and their living descendants will choke on polluted air. Methane emissions also contribute to climate change.

Located near Garcia Pasture is the SpaceX Starbase and launch pad, another egregious corporate project that is decimating wildlife habitats and threatening everything sacred to us. Built at the mouth of the Rio Grande River on top of our ancestral village sites, amidst a loma ecology (one of only three places in the entire world where this specific geographic formation exists) and a National Wildlife Refuge for endangered species, SpaceX plans not only to launch rockets to Mars but also build fuel infrastructure and natural gas pipelines from near Garcia Pasture to the site. SpaceX has disregarded federal authority in the past during launches and has never consulted with us regarding any of their activities.

WMF is amplifying a voice that others have tried to silence. Despite our pre-Columbian roots, the Carrizo/Comecrudo tribe is not a federally recognized Tribe, which denies us the legal right to defend our land. Texas is home to three Tribes that are federally recognized, but they are not native to Texas; they are displaced Tribes forced here from other areas. While fossil fuel companies are required to consult with Tribes during the permitting process to verify that their activities will not impact areas of cultural significance, they are only legally required to consult with federally recognized Tribes. In our case, the process completely bypasses the actual Tribe impacted. That has effectively licensed fossil fuel companies to systematically desecrate our sacred lands and wipe out our people.

We are grateful that WMF has pledged to support our efforts to gain federal recognition, a critical step in our fight to preserve the Garcia Pasture and our heritage. By recognizing our struggle to ensure that our sacred land is passed on to the next generation, not sacrificed for profit, the WMF is giving us support that goes far beyond what funding alone could do.

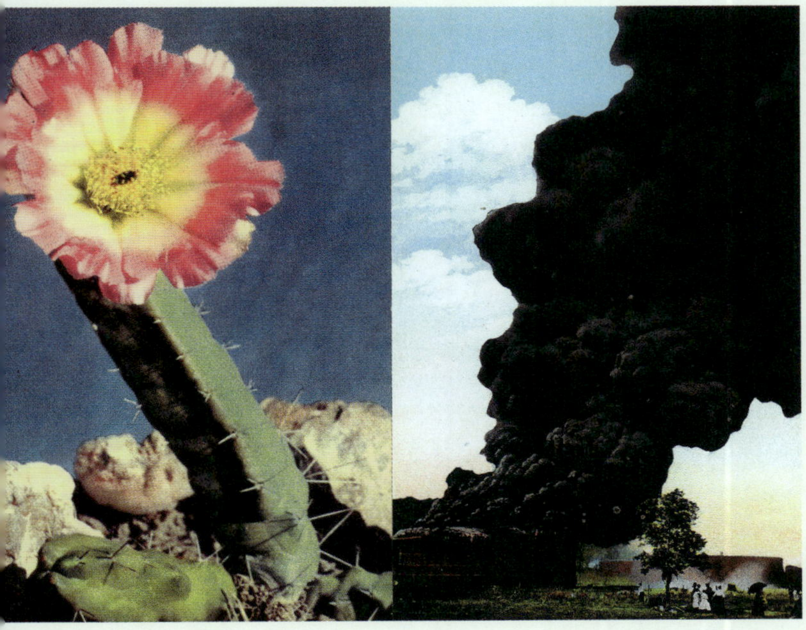

The visibility provided by being named to the World Monuments Watch list has proven to be a powerful tool for galvanizing action in support of preservation. The fund uses its reputation, which is built on nearly six decades of work, to magnify its impact. While the fund has contributed over $110 million to more than 300 sites around the world, the visibility provided by the watch list has raised an additional $300 million from other donors.

To be sure, grantmaking is vitally important and is an essential plank of philanthropic work. But while a checkbook can be a major tool in creating social change, it is not the only tool. We hope this recognition for Garcia Pasture will be proof of that. For example, communications and media support help us tell our story; insightful research provides data and narratives that bring our stories to life. Educating and mobilizing fellow funders not only infuses our work and advocacy with much-needed donor dollars but also helps to amplify our voices as more and more people learn about our work. In terms of strategic philanthropy, assets provided beyond donor dollars are just as invaluable and efficacious as financial resources.

As the world still grapples with the pandemic, many foundations have made strategic shifts to leverage their influence and support their partners beyond grants. WMF's decision to spotlight the Garcia Pasture is a case study in strategic philanthropy. By raising awareness about the injustices our Tribe is facing, one funder is making an uphill battle against powerful interests that much easier. We, the Carrizo/Comecrudo Tribe of Texas, are grateful, and we hope more philanthropic organizations will follow this path to change, going beyond the grant dollar to galvanize action and create a better world.

Juan Mancias is tribal chairman of the Carrizo/Comecrudo Tribe of Texas. His daughter, Christa Mancias, is the tribe's secretary.

CENTROS DE APOYO MUTUO JÍBARO

LARES

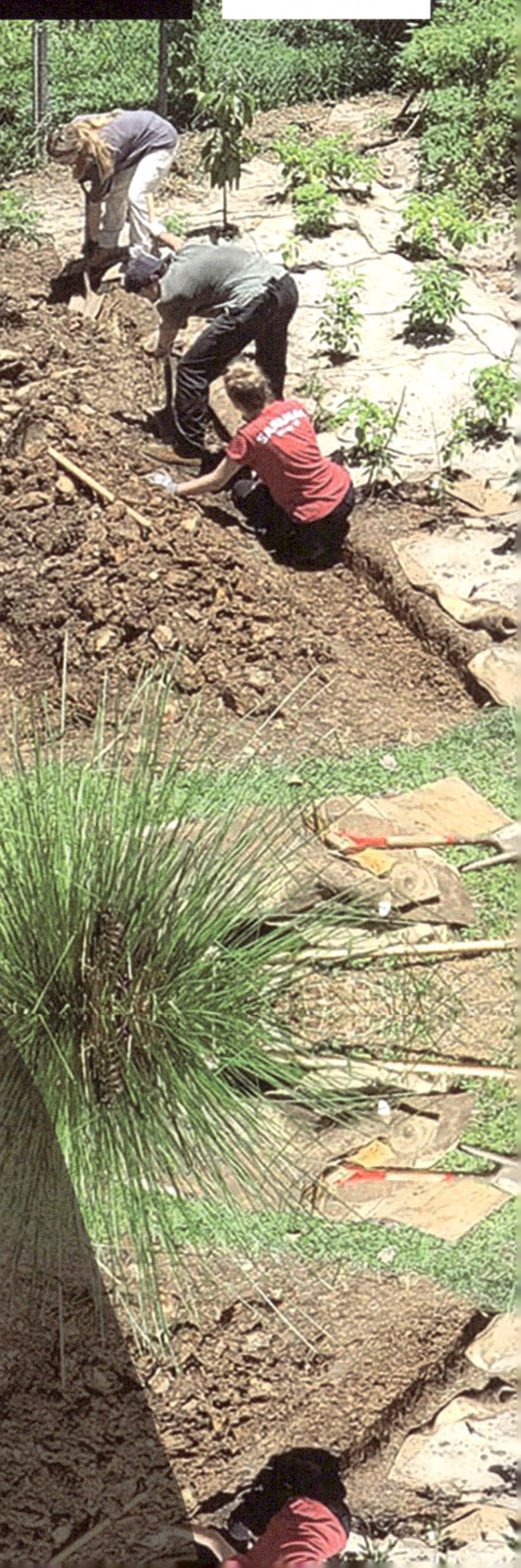

After Hurricane María struck on September 20, 2017, the inadequate federal and local government responses to Puerto Rico's hardest-hit communities exposed the island's long-standing socioeconomic crisis. In response, nine mutual support centers called Centros de Apoyo Mutuo emerged in rural, urban, and mixed environments on the island, taking over abandoned schools and playing a key role in disaster relief, emergency housing, and community care. Centros de Apoyo Mutuo aims to dismantle traditional recovery models that perpetuate dependency, instead promoting self-management and community empowerment. Nearly eight years after the hurricane, many CAMs continue to operate under austerity policies, advancing long-term agendas related to community improvement, health and wellness, housing, education, cultural activities, and sustainability programs. The Centro de Apoyo Mutuo Jíbaro de la Montaña (CAMJI Bartolo) and Centro de Apoyo Mutuo Jíbaro de Lares (CAMJI Lares), both women-led rural centers rooted in Jíbaro self-subsistence identity and practices, have guided efforts on food, water and **energy sovereignties**, ancestral medicine, **agroecology**, housing reconstruction, and cooperative community management.

Después del paso del huracán María, el 20 de septiembre de 2017, las respuestas inadecuadas de los gobiernos federal y local a las comunidades más afectadas de Puerto Rico expusieron una crisis socioeconómica histórica. En respuesta, surgieron nueve Centros de Apoyo Mutuo Jíbaro (CAMJI) en entornos rurales, urbanos y mixtos de la isla, que ocuparon escuelas abandonadas y desempeñaron un papel clave en la asistencia en casos de desastre, vivienda de emergencia y atención comunitaria. Los CAMJI buscan desmantelar los modelos tradicionales de recuperación, que perpetúan la dependencia, y promueven la autogestión y el empoderamiento comunitario. Casi ocho años después del huracán, muchos centros siguen operando con políticas de austeridad e impulsando agendas a largo plazo relacionadas con el mejoramiento de la comunidad, la salud y el bienestar, la vivienda, la educación, las actividades culturales y los programas de sostenibilidad. Los CAMJI Bartolo y Lares, liderados por mujeres y arraigados en la identidad y las prácticas jíbaras de autosuficiencia, han guiado los esfuerzos en materia de **soberanía alimentaria**, hídrica y **energética**, medicina ancestral, **agroecología**, reconstrucción de viviendas y gestión comunitaria cooperativa.

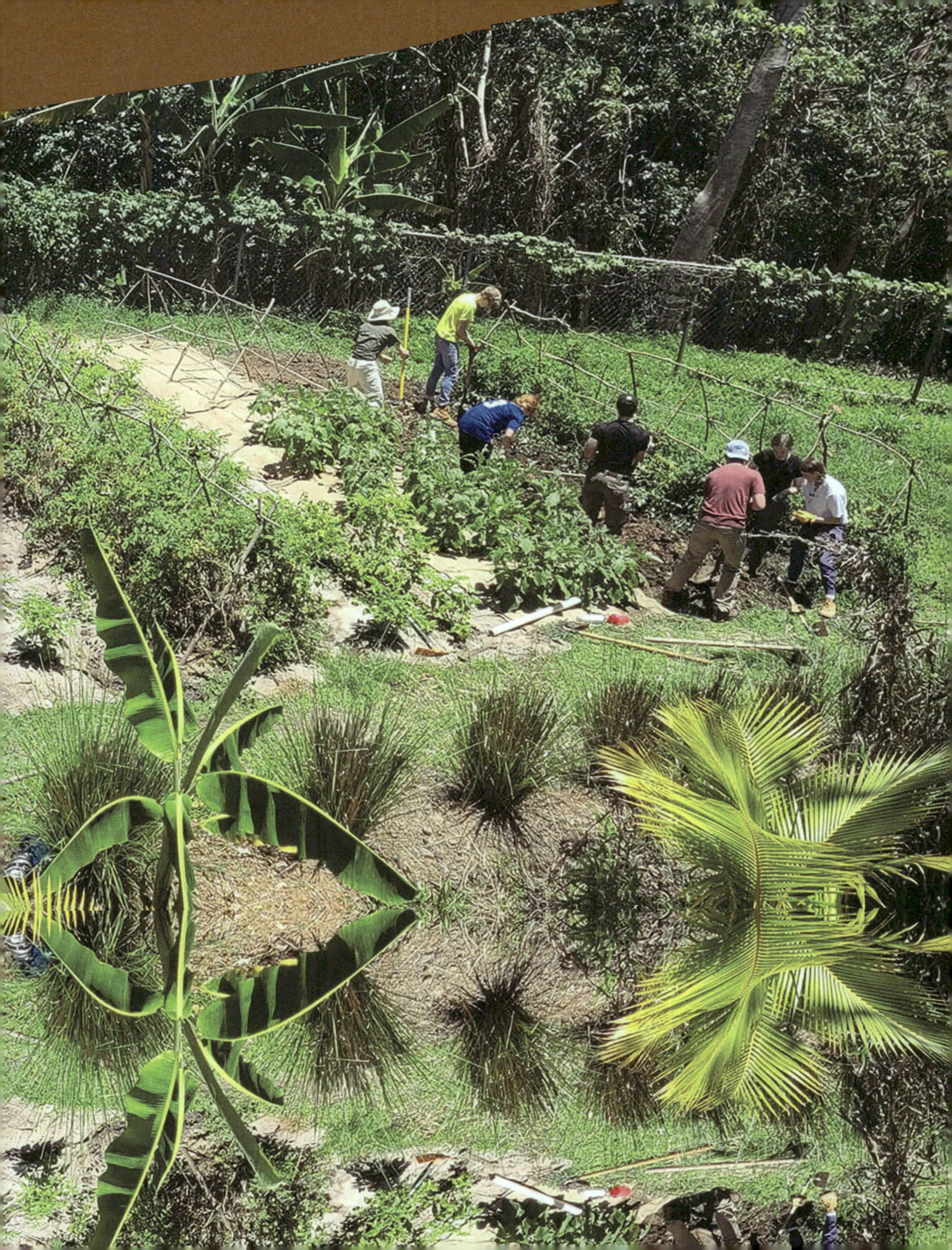

POEMA-MANIFIESTO DE LAS MUJERES RURALES, JÍBARAS-INDÍGENAS Y CAMPESINAS

Por Pluma Bárbara Moreno
CAMJI Lares

Hoy y cada día celebramos a nuestras Mujeres Rurales,
Mujeres Jíbaras-Indígenas y campesinas.
Hoy como todos los días, ofrendamos rostro
a esas caras que continúan silenciadas.
Nuestras MUJERES RURALES
del campo, de la montaña, de sagrados territorios
donde trabajan, cultivan y crían.
Crían y amamantan una matria-patria honorable, grande y bravía.

Nuestras Mujeres Rurales, Jíbaras-Indígenas y campesinas.
Hijas de la Gran Ceiba, que injertan y talan historias y semillas.

Gracias a nuestras Mujeres Rurales que nutren,
que respiran y suspiran nuestro CAMJI,
nuestro Lares, nuestras fincas, conukos, barriadas y Pueblos.
Mujeres de la Ruralía, que paren Centros de Apoyo Mutuo
Jíbaros-Indígenas y Campesinos.
Gracias a todas y cada una de las
MUJERES RURALES de BORIKÉN,
las del Pueblo, las del Campo,
las de la Montaña, las del Barrio.
Mujeres que se resisten a ser calladas, olvidadas y marginadas.
MUJERES que resisten a ser invisibilizadas.
Esas y Éstas que resisten a los gobiernos negligentes,
a la carencia de trabajo digno, de comida saludable,
de vivienda justa, de salud, de educación emancipadora,
de transporte libre, caminos, Tierra y Vida.

Esas Mujeres de la Ruralía que se reinventan a diario,
de noche y de día,
a paso veloz, a paso lento
para insistir, resistir, existir...LIBERAR.

Gracias a tantas Mujeres Rurales, Jíbaras-Indígenas y campesinas.
Gracias a Todas, a tantas por ser, sostener y esperanzar
en cada acción con machete o sin machete,
con azada o sin azada,
con corva o con puño en alto.
Mas siempre en Dignidad, con Dignidad y para la Dignidad.

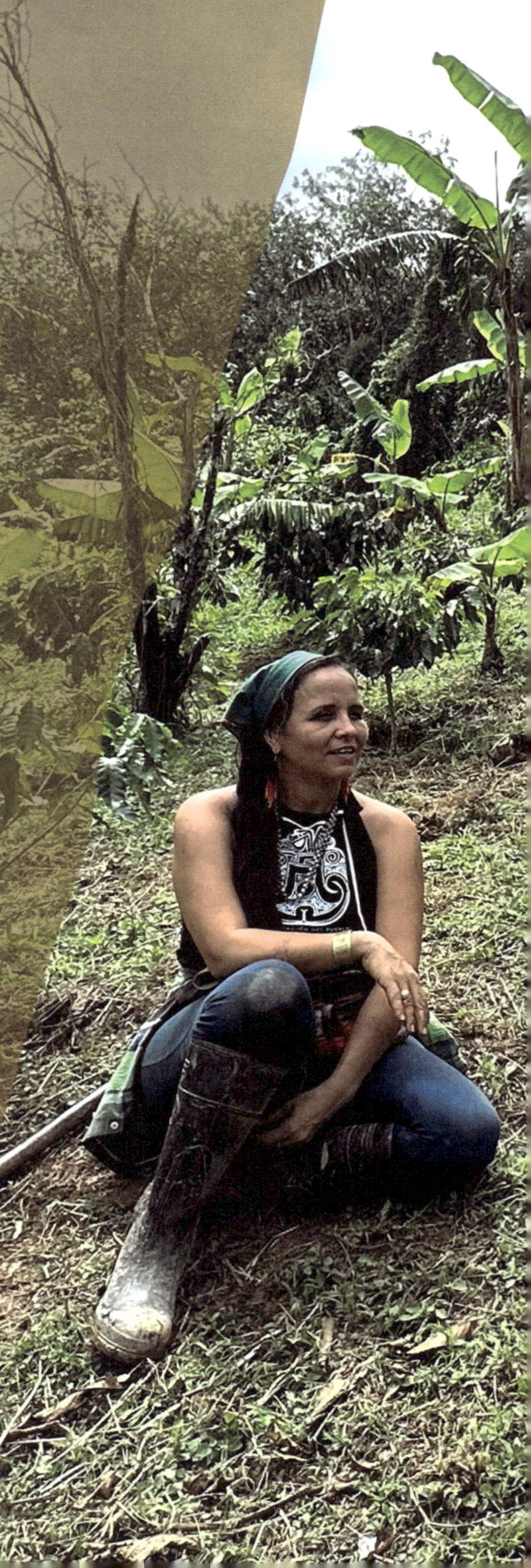

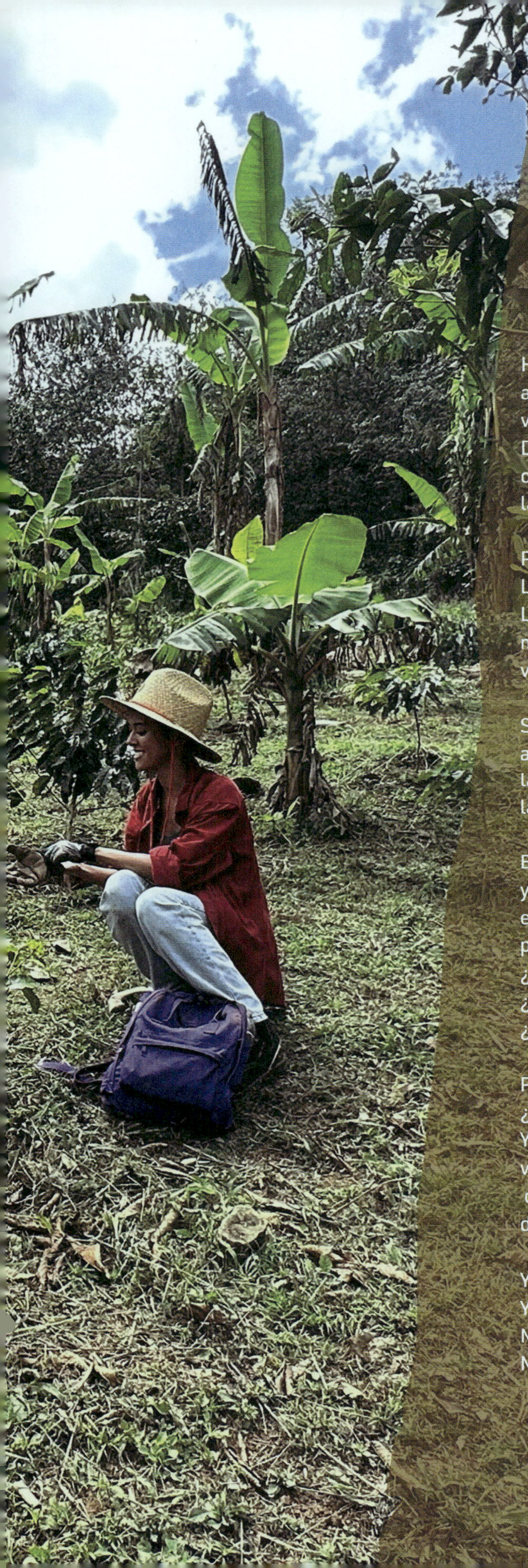

Hoy llamamos a la descentralización...
a desistir de silenciar nuestra palabra,
voces de reclamos, necesidades y derechos.
Derechos ancestrales, derechos de la hijas de la Tierra,
descendencia de la gran madre Atabey,
la gran Cacika madre de Todo, sembradora y cuidadora.

Porque somos las Mujeres Rurales.
Las de antes y las de mañana. Las insurgentes, las subversivas.
Las que heredamos, cuidamos y sostenemos campos,
montañas, cuevas, conukos, valles, montes,
veredas, barriadas, riscos, caceríos y Pueblos.

Somos Esas y Éstas que resistimos
al forzado desplazamiento porque es esta RURALÍA
la que amamos y nos ama, la que amamanta nuestros hijos e hijas,
la que cría sobrinos y sobrinas, la que encamina nietos y nietas.

Esa, ésta ruralía que alimenta nuestra esperanza
y siembra la voluntad de quedarnos aquí
entre montañas, campos, valles y Pueblos...
porque si nos vamos nosotras,
¿Quién queda?
¿Quién sostiene?
¿Quién siembra?

Porque si nos vamos nosotras, Todas
¿Quién amamanta guerreros y guerreras?...Matria-patria.
Y es que somos las Rurales, las Montunas, las Jíbaras Ancestras
vivientes de Yukayekes
de remedios y plantas
de revoluciones y movimientos.

Y es que somos las que fueron, y las que serán.
Y nos llaman
Mujeres Rurales
MUJERES de la RURALÍA.

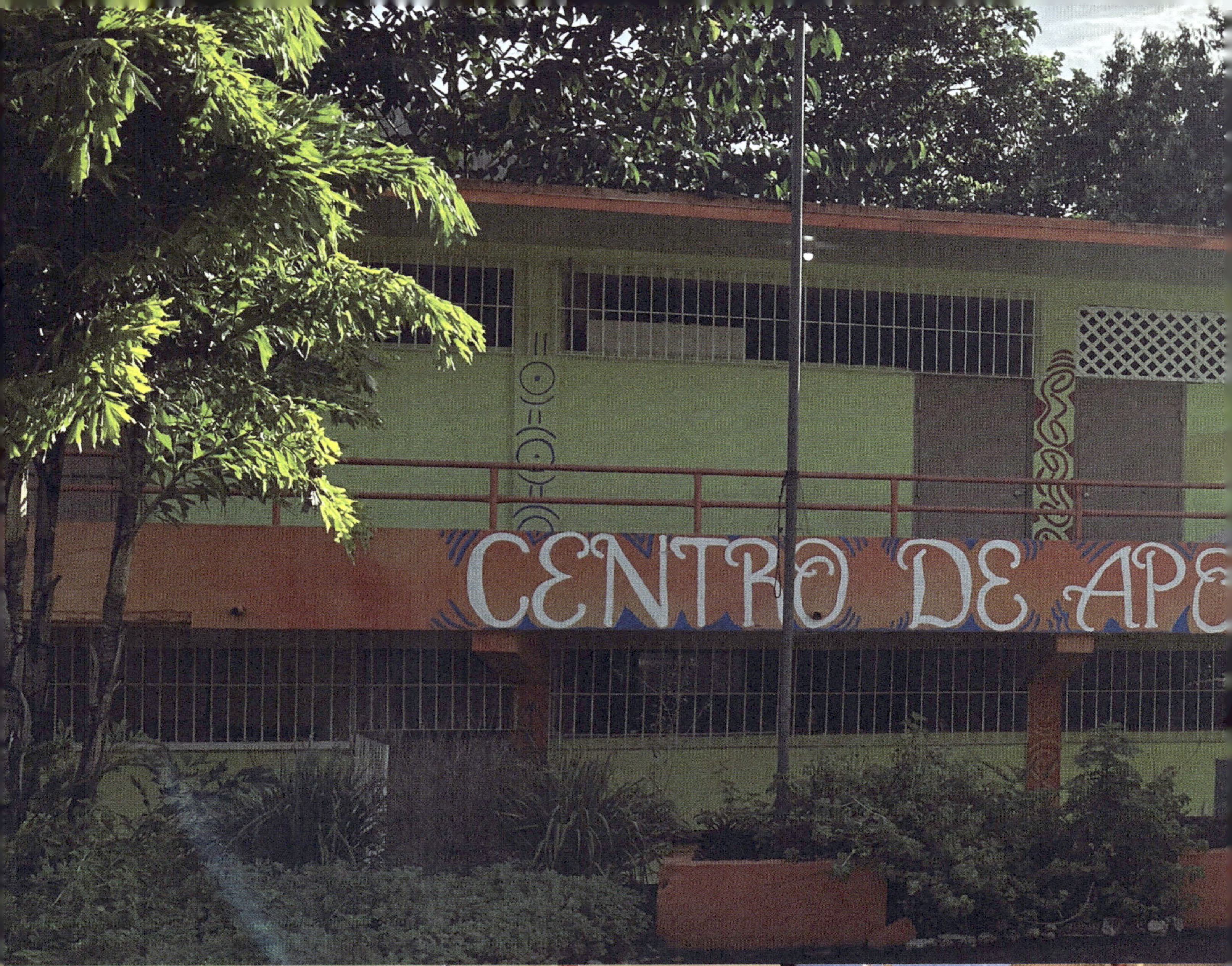
CENTRO DE APE

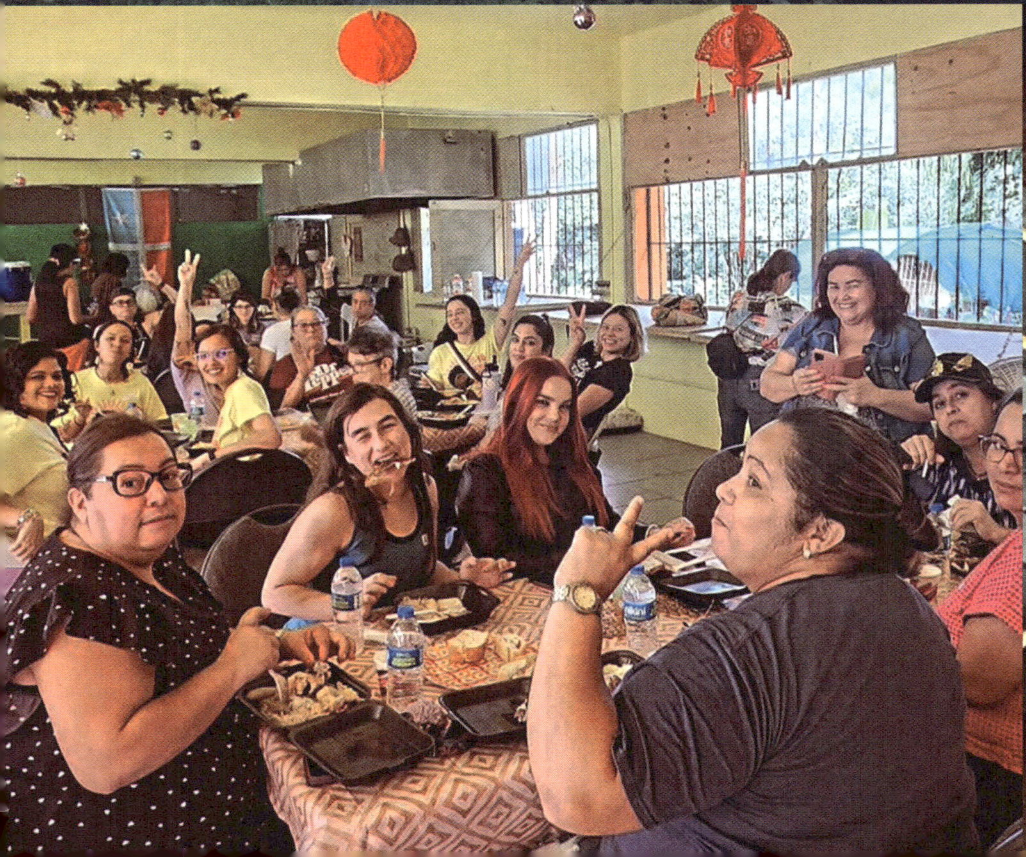

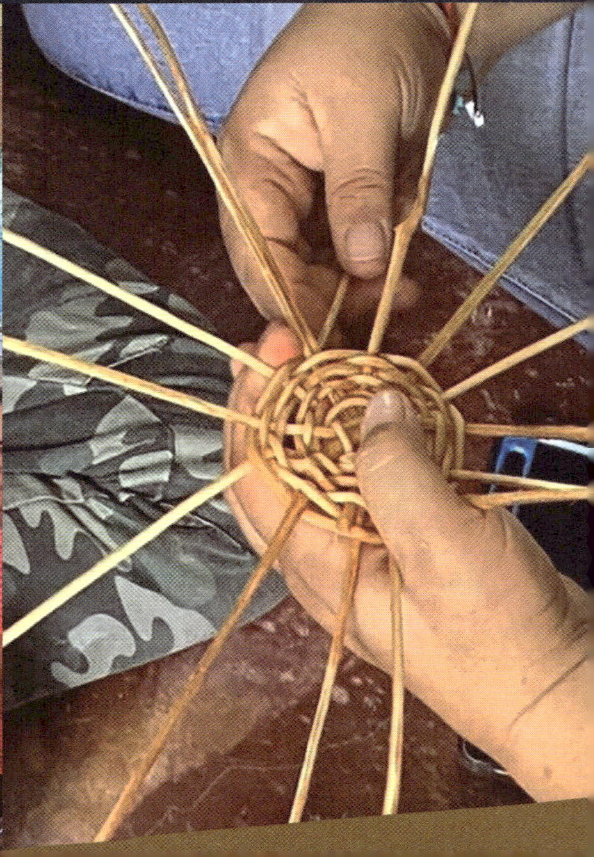

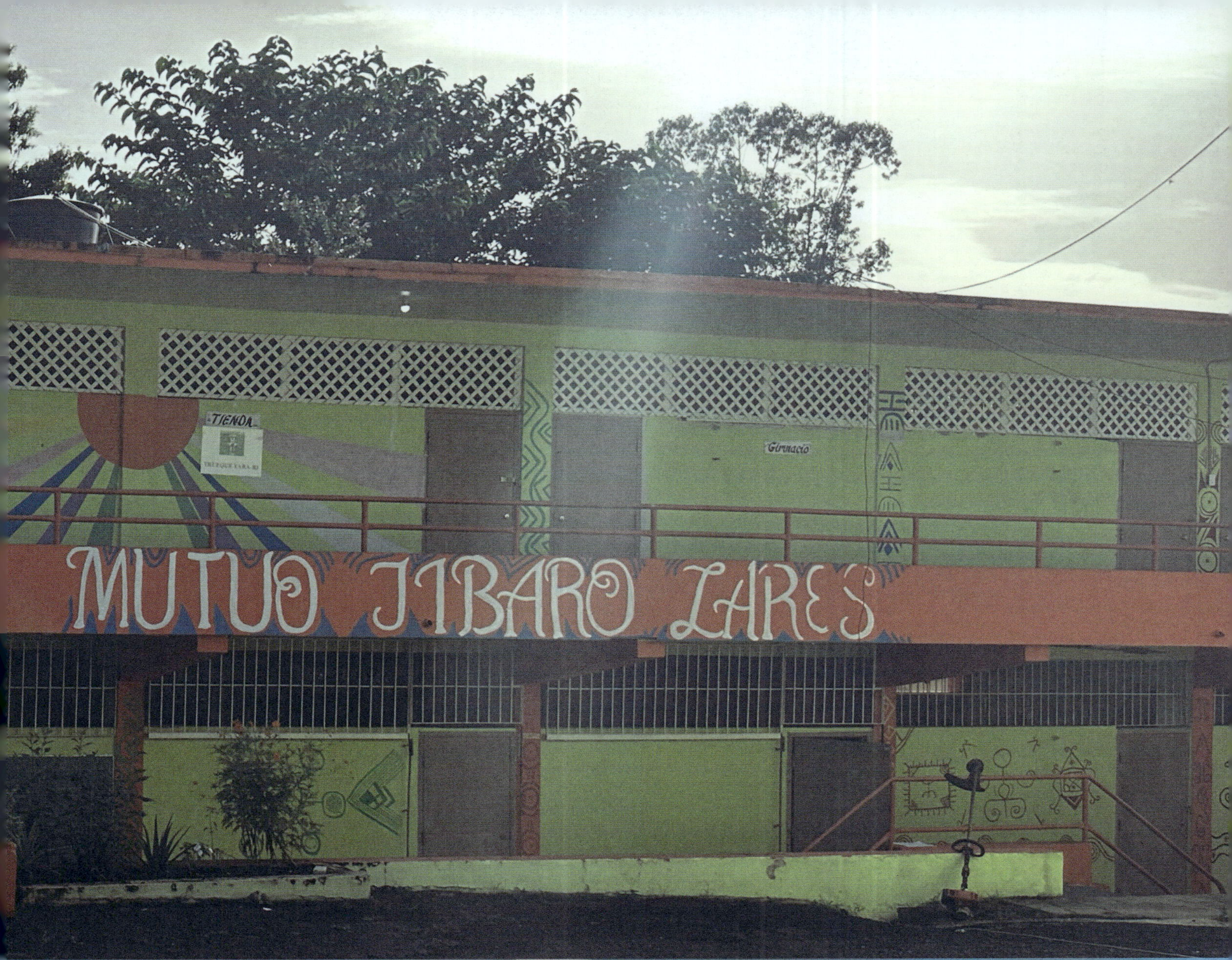
TIENDA
MUTUO JIBARO LARES

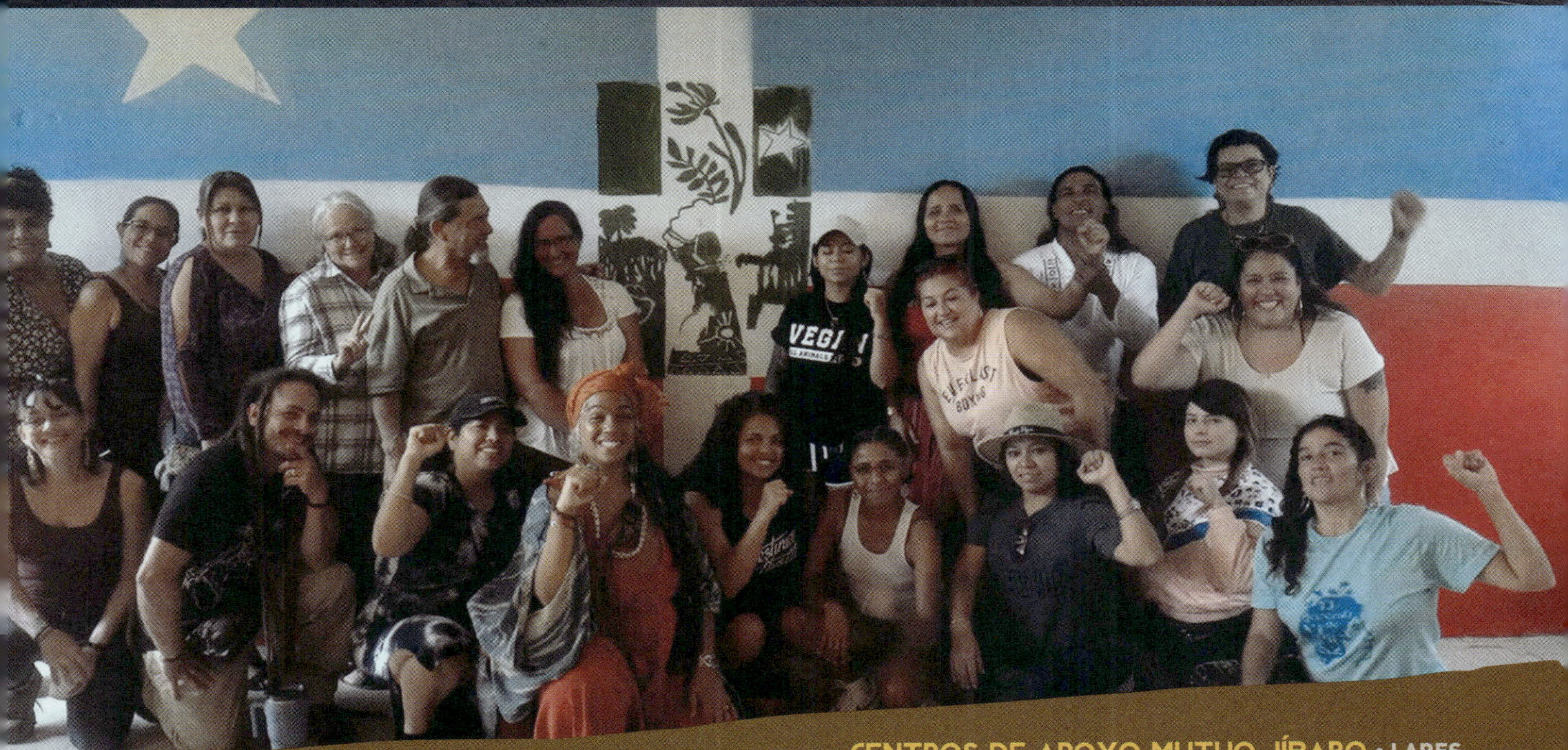

CASA PUEBLO
PUERTO RICO

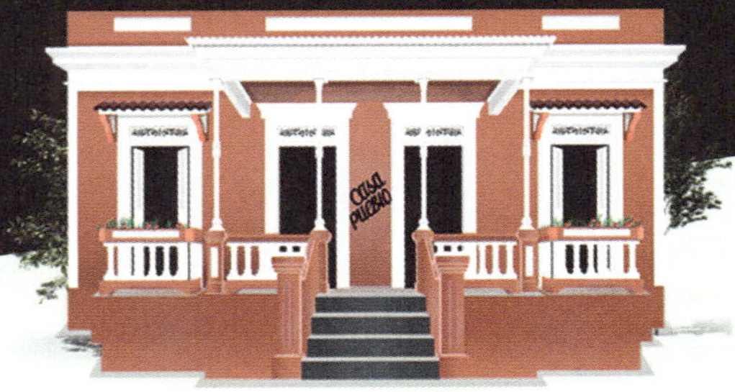

Casa Pueblo is a community self-management project dedicated to protecting the natural, cultural, and human resources of Puerto Rico. It began in 1980 when the Puerto Rican government proposed mining silver, gold, and copper in 17 deposits, which would have caused ecological and social catastrophe across 36,000 acres in Adjuntas, Utuado, Lares, and Jayuya. Founders Tinti Deyá Díaz and Alexis Massol González, along with volunteers, led a 15-year struggle (1980–1995) to halt the mining project. Casa Pueblo has since evolved from protest to proposal, creating the Bosque del Pueblo, Puerto Rico's first forest reserve managed by a community institution. For nearly two decades, Casa Pueblo has managed this forest reserve in agreement with the Department of Natural Resources. Recently, Casa Pueblo has made significant strides in environmental conservation with the creation of the Puerto Rico Model Forest. This initiative protects 300,000 acres across 20 natural areas in 20 municipalities, promoting sustainable economic, agricultural, and tourism development. Endorsed by the World Network of Model Forests, Casa Pueblo remains a key force for environmental protection and **energy sovereignty** in Puerto Rico.

Es un proyecto de autogestión comunitaria dedicado a proteger los recursos naturales, culturales y humanos de Puerto Rico. Comenzó en 1980, cuando el gobierno propuso explotar 17 yacimientos de plata, oro y cobre, lo que hubiera causado una catástrofe ecológica y social en más de 145 kilómetros cuadrados en Adjuntas, Utuado, Lares y Jayuya. Los fundadores Tinti Deyá Díaz y el ingeniero Alexis Massol González, junto a voluntarios, lideraron una lucha de 15 años (1980-1995) para detener la iniciativa minera. Desde entonces, el proyecto ha evolucionado de la protesta a la propuesta, y creó el Bosque del Pueblo, la primera reserva forestal del país que ha administrado durante casi dos décadas en convenio con el Departamento de Recursos Naturales y Ambientales. Recientemente, Casa Pueblo logró avances significativos en la conservación del medio ambiente con la creación del Bosque Modelo Nacional de Puerto Rico, que protege más de 1 200 kilómetros cuadrados en 20 áreas naturales, en 20 municipios, y promueve el desarrollo económico, agrícola y turístico sostenible. Avalada por la Red Internacional de Bosques Modelo, Casa Pueblo sigue siendo una fuerza clave para la protección del medio ambiente y la **soberanía energética** en Puerto Rico.

Bosque Solar: arte con utilidad comunitaria

El Bosque Solar, un proyecto artístico de energía renovable, llegó para ofrecerles seguridad energética a cinco residencias vecinas, servir de oasis para la comunidad y convertirse en punto de interés turístico en Adjuntas.

Este espacio se habilitó gracias a los descendientes de la Familia Frontanés Vázquez, quienes cedieron el uso a perpetuidad del solar aledaño a Casa Pueblo, en la calle Rodulfo González, para este propósito.

Los visitantes pueden utilizar la energía generada por los cuatro árboles hechos de antiguos postes de madera y paneles fotovoltaicos. Además, aprovechan para tomarse fotografías con la escultura. Cuando necesites energía eléctrica, llega al Bosque Solar, siéntate y descubre en sus bancos artesanales receptáculos para tu libre uso.

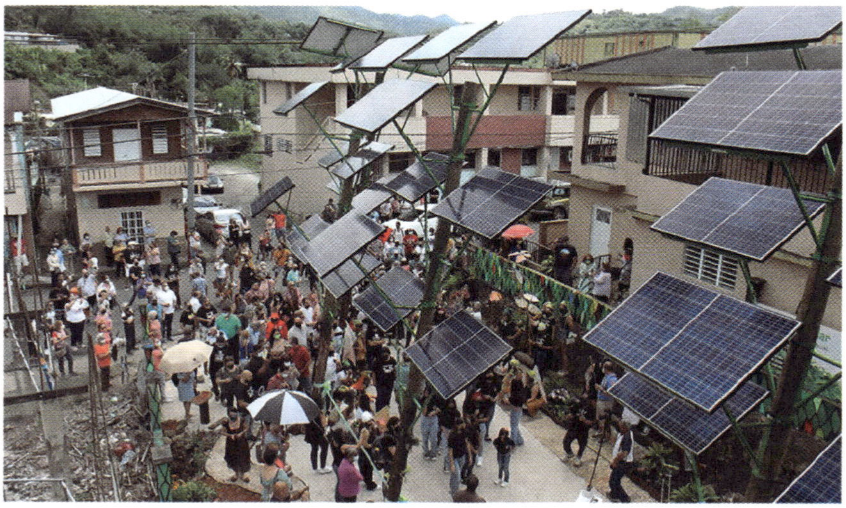

ADJUNTAS PUEBLO SOLAR

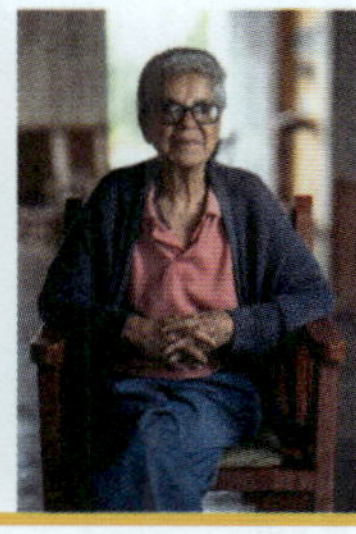

Maestra vida, ¡presente!

Las monarcas están de vuelta

Pág 3

CASA PUEBLO • 2022

AÑO 2 • NÚM. 7

Casa Pueblo y Adjuntas a cinco años de María

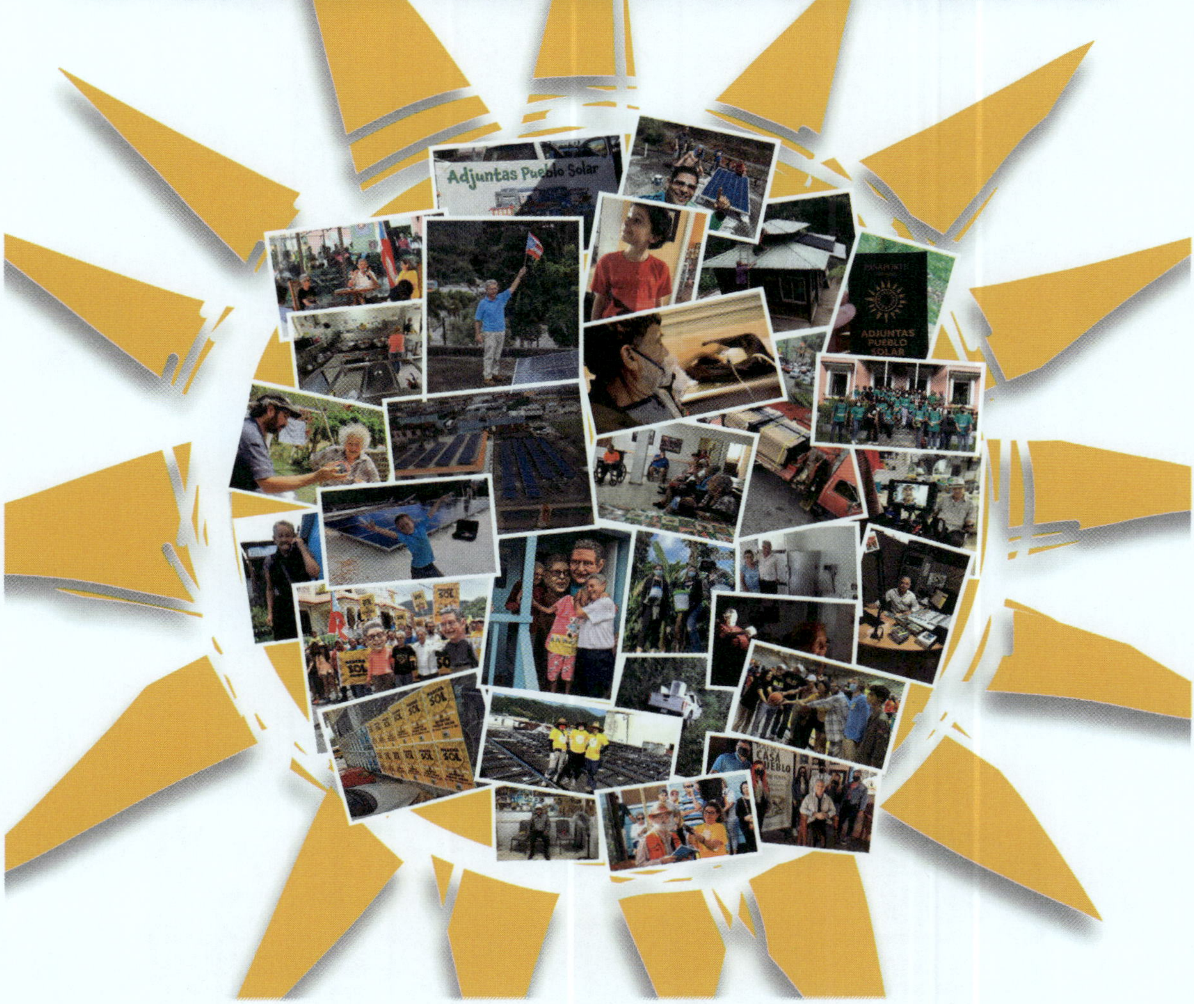

A cinco años del paso del huracán María sobre Puerto Rico, Casa Pueblo le presenta al país un abultado expediente de trabajo comunitario que incluye acciones a corto, mediano y largo plazo que han labrado el camino hacia la seguridad energética de nuestra gente.

La organización no solo prestó ayuda inmediata para salvar vidas en medio de la emergencia, sino que posteriormente lideró un esfuerzo colectivo que ha permitido transformar el paisaje energético de Adjuntas para que su población vulnerable, enfermos y sectores productivos comiencen la transición hacia la estabilidad y gocen de calidad de vida.

A este punto, la infraestructura energética de Casa Pueblo y de Adjuntas muestra un fortalecimiento de tal nivel que se ha convertido en un referente de cambio para el resto del país e incluso en un modelo que ha captado la atención internacional.

Desde las tierras adjuntas se ha trabajado sin pausa, con alianzas y solidaridad, y se ha logrado redefinir el deformado concepto de la resiliencia. En Adjuntas no se fomenta la salvación individual, sino que se establecen las condiciones que crean la fortaleza comunitaria.

La Marcha del Sol surgió en este proceso de recuperación y sigue su curso imparable, sumando aliados y aliadas dentro del terruño, en la diáspora boricua y en otros lugares del globo con el objetivo de que nuestra gente esté mejor preparada para enfrentar las incertidumbres: las que se derivan de las emergencias, pero sobre todo las de la cotidianidad colonial. El resultado es la Insurrección Energética con el sol como protagonista, que permite generar la energía en el punto de consumo en residencias, comercios y la infraestructura crítica que debe seguir operando en medio de situaciones extremas.

ADJUNTAS A 4 AÑOS DE MARÍA

ENERGÍA SOLAR PARA LA SEGURIDAD COMUNITARIA

Proyectos solares en más de 100 casas	10 generadores portátiles de energía solar	Cuatro microredes solares
Sobre 2,000 módulos solares instalados	Sobre 14,000 lámparas solares distribuídas	55 neveras solares

ENERGÍA SOLAR PARA LA INFRAESTRUCTURA CRÍTICA

Bomberos y Emergencias médicas	Radio Casa Pueblo y su torre de comunicaciones	Cine comunitario de 71 butacas con sistema de proyección y audio 7.1.
Escuela elemental	Hogar de adultos mayores	Farmacia

ENERGÍA SOLAR PARA LA ACTIVACIÓN ECONÓMICA

Barbería	Tres ferreterías	Dos mueblerías
Óptica	Tienda artesanías	Tienda equipos digitales
Casa Agrícola	Panadería	50 auditorías energéticas a pequeños negocios

Avanza la insurrección solar

La gente es el motor del cambio hacia la generación de energía renovable en Puerto Rico con más de un millón de paneles fotovoltaicos instalados en techos de residencias.

En menos de una década, el avance ha sido arrollador. La capacidad instalada fotovoltaica para medición neta residencial en la isla creció de 3.8 megavatios en junio de 2014 a 224.6 megavatios en enero de 2022.

Si se asume el costo actual de $2.50 por vatio solar instalado, entonces la inversión ciudadana ha sido equivalente a $561.5 millones. Este potencial solar es casi tres veces más que toda la capacidad instalada por el sector comercial e industrial en el mismo periodo.

Estas cifras fueron reveladas en el informe La insurrección energética: Análisis de medición neta en Puerto Rico (2014-2022) elaborado por Casa Pueblo, producto del análisis de los datos mensuales de la Administración de Información Energética de Estados Unidos.

Y cabe resaltar que, debido a que el análisis no incluyó la contribución de instalaciones solares con contratos de interconexión pendientes, proyectos nuevos y los miles de sistemas solares completamente independientes de la Autoridad de Energía Eléctrica, se sabe que la huella de la insurrección solar es aún mayor.

El informe está disponible en casapueblo.org.

6%
Por ciento de la demanda residencial que representa la capacidad instalada.

$37.2
Millones de dólares que se ahorran anualmente en compra de combustibles fósiles.

10.3
Millones de libras mensuales de gases de efecto invernadero y calentamiento global que se evitan en nuestra huella ecológica.

ADJUNTAS A 4 AÑOS DE MARÍA

ENERGÍA SOLAR PARA LA EDUCACIÓN

Casa Pueblo Universitario
proyectos de educación e investigación con FIU, UCF, Notre Dame, U Michigan, Harvard, U Illinois, Berkeley, UPR, entre otros.

Orientación a comunidades
en Barceloneta, Ponce, Santa Isabel, Culebra, San Juan, entre otras
y Talleres de energía renovable

Periódico Adjuntas Pueblo Solar

Producción del documental
La Insurrección Energética

Archivo histórico Digital con UPR-RP

Programas radiales

Las mujeres y la energía solar
Serie de reportajes especiales

Salones del Bosque Escuela

Galería de Arte Joaquín Parrilla

ENERGÍA SOLAR PARA LA SEGURIDAD ALIMENTARIA

Dos pizzerías

Cinco colmados en los campos

Lechonera

OTROS PROYECTOS ESPECIALES

Siembra de 5 cuerdas de café bajo sombra

Telefonía e internet satelital

Medidas de recuperación del
Bosque del Pueblo y Bosque Escuela La Olimpia

- Participación de la mujer en instalaciones fotovoltaicas
- 300 paneles donados para instalaciones privadas a más de 40 familias

CONSTRUYENDO CAMBIO SOCIAL CON RESPONSABILIDAD PLANETARIA

COMUNIDADES SETAA

ANTIOQUIA

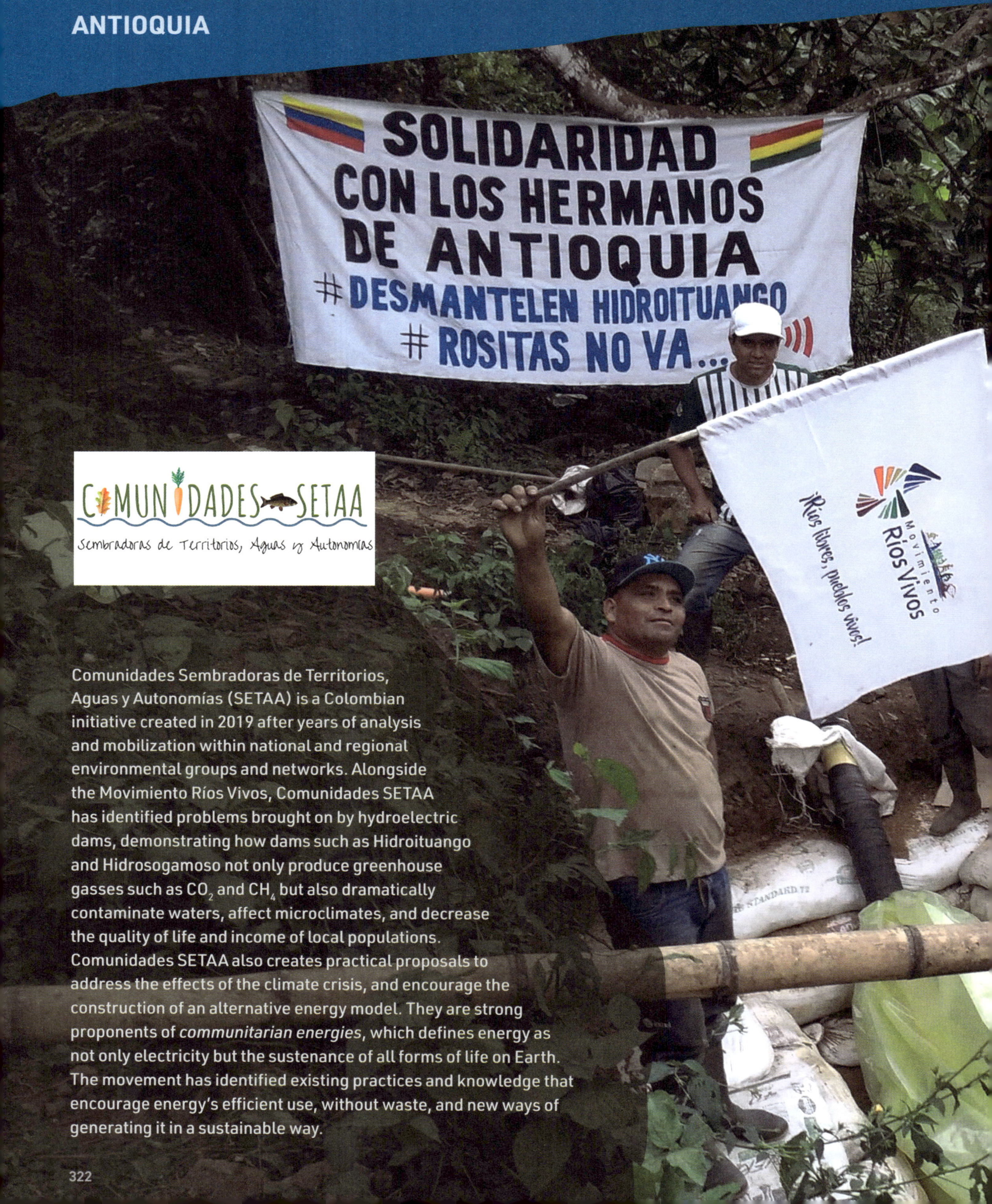

Comunidades Sembradoras de Territorios, Aguas y Autonomías (SETAA) is a Colombian initiative created in 2019 after years of analysis and mobilization within national and regional environmental groups and networks. Alongside the Movimiento Ríos Vivos, Comunidades SETAA has identified problems brought on by hydroelectric dams, demonstrating how dams such as Hidroituango and Hidrosogamoso not only produce greenhouse gasses such as CO_2 and CH_4 but also dramatically contaminate waters, affect microclimates, and decrease the quality of life and income of local populations. Comunidades SETAA also creates practical proposals to address the effects of the climate crisis, and encourage the construction of an alternative energy model. They are strong proponents of *communitarian energies*, which defines energy as not only electricity but the sustenance of all forms of life on Earth. The movement has identified existing practices and knowledge that encourage energy's efficient use, without waste, and new ways of generating it in a sustainable way.

Comunidades Sembradoras de Territorios, Aguas y Autonomías (SETAA) es una iniciativa colombiana creada en 2019 luego de años de análisis y movilización de grupos y redes ambientalistas nacionales y regionales. Con el Movimiento Ríos Vivos, Comunidades SETAA ha detectado problemas provocados por las represas hidroeléctricas y ha demostrado que proyectos como Hidroituango o Hidrosogamoso no sólo producen gases de efecto invernadero, como CO_2 y CH_4, sino que también contaminan drásticamente las aguas, afectan los microclimas y disminuyen la calidad de vida y los ingresos de las poblaciones locales. Las Comunidades SETAA también crean propuestas prácticas para hacer frente a los efectos de la crisis climática e impulsar la construcción de un modelo energético alternativo. Son defensoras de las energías comunitarias y señalan que la energía no es sólo electricidad, sino el sustento de todas las formas de vida en la Tierra. El movimiento ha identificado las prácticas y conocimientos existentes que fomentan el uso eficiente y sin residuos de la energía y nuevas formas de generarla de manera sostenible.

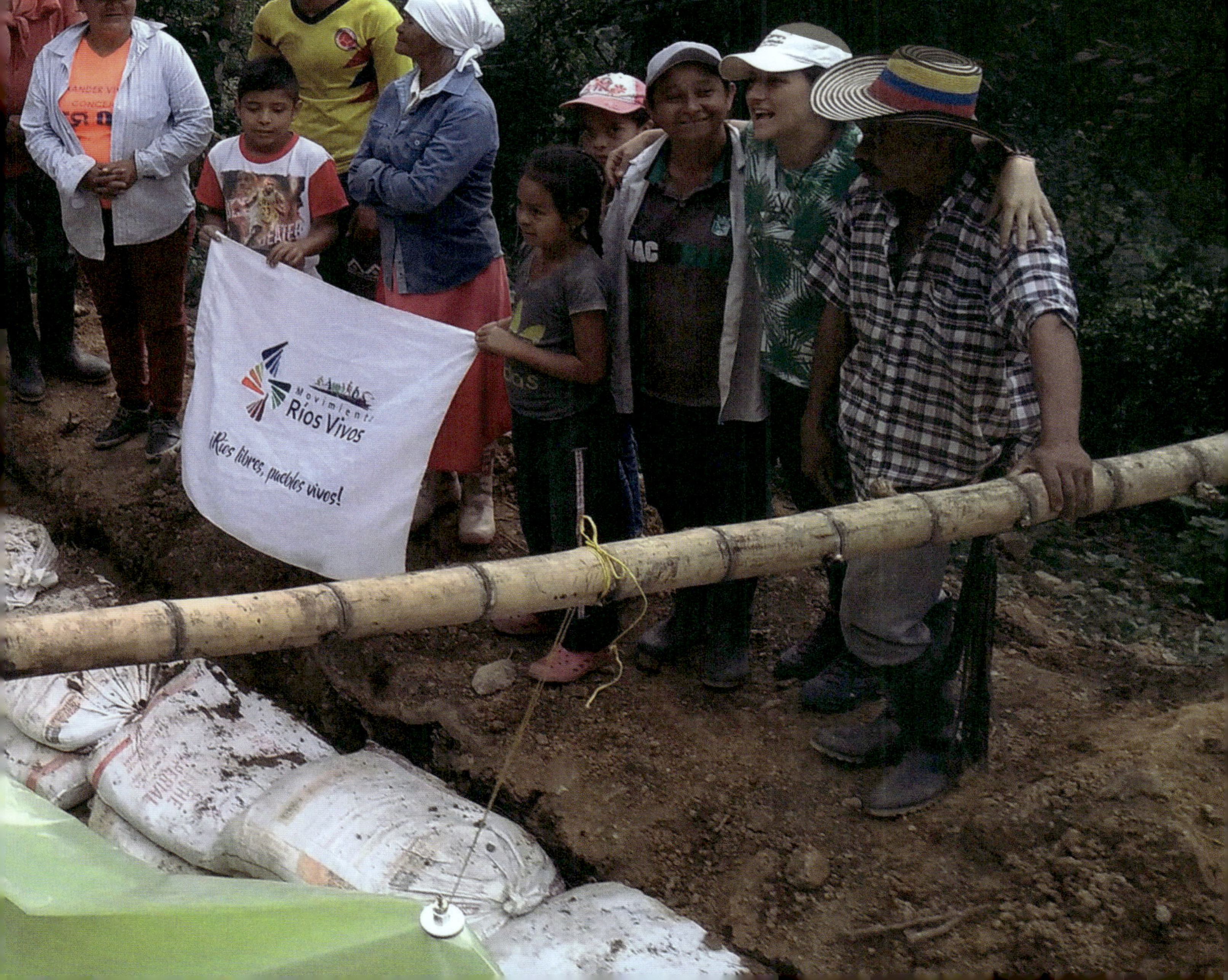

COMMUNITARIAN ENERGIES IN TUNE WITH JUST ENERGY TRANSITION

Comunidades Sembradoras de Territorios, Aguas y Autonomías (SETAA Communities)

Research about climate imbalance has led the international community to identify the burning of fossil fuels, deforestation, and extensive livestock production among the main causes. However, beyond the discussion about the largest emitters of greenhouse gasses, attention should be focused on the structural reasons that led humanity to depend on these forms of energy exploitation and material extraction. In other words, analyzing trash and its harmful effects around the planet is like an end-of-pipe technology[1] that doesn't stop pollution but fuels hope that it will solve the problem one day. Structural causes of waste production are seen from afar while the extinction of species, the biome's destruction, and selective killings move forward.

Boundless consumption patterns in all social strata, sustained by planned obsolescence and characterized by energy waste, justify **extractivism** and the intensive use of energy. Electro-intensive consumption companies are an important part of the problem: they support themselves with the commercialization of goods and services, and they charge users the production cost.

Energy and environmental sustainability is the latest thing that has been thought of, and has been done in terms of economic profitability rather than ecological awareness. Many companies only seek to obtain certifications such as ISO 14001:2015 Environmental Management Systems and ISO 50001:2018 Energy Management Systems, and they do not analyze the crisis facing humanity.

Without giving up technology to achieve better living conditions for people, it is necessary to rethink its cultural dimensions in terms of transition. Cultures are not static, they move all the time, and that movement must point toward the construction of a social paradigm in which respect for all forms of life and

[1] "End-of-pipe technology" refers to methods that are not part of the production process that are used to remove already formed contaminants from air, water, waste, or product, in order to comply with environmental legislation. Water treatment plants, or waste incineration plants, sound absorbers, and filters to retain certain toxic substances are examples of end-of-pipe technologies.

ENERGÍAS COMUNITARIAS EN CLAVE DE TRANSICIÓN ENERGÉTICA JUSTA

Comunidades Sembradoras de Territorios, Aguas y Autonomías (SETAA)

La investigación en torno al desequilibrio climático ha llevado a la comunidad internacional a identificar entre las causas principales la quema de combustibles fósiles, la deforestación y el modelo de ganadería extensiva. No obstante, más allá de discutir sobre los mayores emisores de gases de efecto invernadero, la atención debe centrarse en los motivos estructurales que han llevado a la humanidad a depender de esas formas de explotación de la energía y de extracción de materiales. En otras palabras, analizar la basura y sus efectos nocivos en todo el planeta equivale a una solución de final del tubo[1] que no detiene la contaminación, pero alimenta la esperanza de que la técnica resolverá el problema algún día. En ese trasiego, la extinción de especies, la destrucción de biomas y los asesinatos selectivos avanzan mientras las causas estructurales de la producción de residuos se miran de lejos.

Los patrones de consumo desaforados en todos los estratos sociales, sostenidos por la obsolescencia programada y caracterizados por el despilfarro energético, justifican el **extractivismo** y el uso intensivo de la energía. Las empresas con un consumo electrointensivo son una parte importante del problema: se mantienen de la comercialización de bienes y servicios y al final cargan el precio de la producción a los usuarios.

La sostenibilidad energética y ambiental es lo último en lo que se ha pensado y se ha hecho en clave de rentabilidad económica antes que de conciencia ecológica. Muchas empresas sólo buscan obtener las certificaciones ISO 14001:2015 Sistemas de gestión ambiental e ISO 50001:2018 Sistemas de gestión de la energía, y no se detienen a analizar la crisis que enfrenta la humanidad.

[1] Se refiere a medidas o procedimientos que no forman parte del proceso productivo, que ayudan a cumplir con las legislaciones medioambientales. Las plantas de tratamiento de aguas o incineradoras, las pantallas de sonido y los filtros para retener determinadas sustancias tóxicas son ejemplos de tecnologías de final del tubo.

collective benefit prevail through the implementation of new practices and behaviors that encourage values alternative to capitalism.

Dams and local climate change

When we talk about climate change, we usually mention the average global temperature increase, which already alarms us, but do we know the temperatures in the hottest spots? Where are those places? According to structural causes identified by the Intergovernmental Panel on Climate Change (IPCC), the air pollutant emissions and climate smokestacks are concentrated in places where deforestation has been the common denominator and where large amounts of carbon dioxide (CO_2) and methane (CH_4) are produced. This fact, associated with problems in *campesino* food production, is a warning that the areas with mining-energy megaprojects are the most susceptible to the increase of temperature and pollution levels.

Comunidades Sembradoras de Territorios, Aguas y Autonomías (SETAA),[2] linked to Colombian Movimiento Ríos Vivos, have confirmed that dams such as Hidroituango and Hidrosogamoso, besides producing greenhouse gasses such as CO_2 and CH_4, cause a drastic variation in the microclimate. This is related to relative humidity increase and solar radiation due to deforestation, and to the presence of huge water mirrors and the appearance of traveling clouds or fog at different times of the day, that affect the radiation crops need. These conditions have reduced avocado and coffee production in these areas because the harvest times have changed. Local climate change refers to this: it diminishes the quality of life and income of local populations, and irreversibly alters the social and cultural conditions of the territories where these projects are imposed.

Communitarian energies

Faced with this scenario, it was necessary to create practical proposals to address the effects of the climate crisis, and encourage the construction of an alternative energy model. Social inequality and climate injustice force us to defend the rights of communities and to propose actions to improve habitability in territories facing environmental, economic, social, and cultural challenges.

In these territories, energy self-management practices have emerged, allowing rural and urban inhabitants to pave the way to decentralize supply and avoid energy waste. In SETAA Communities, planting water and reforestation in western and eastern Antioquia were the first actions: we planted more than 16,000 seedlings that increased the flow and availability of water at riverheads, and provided stability to the roads, which resulted in community well-being and biodiversity.

Based on the exchange of experiences and the analysis of the families and productive units' energy needs, biodigesters, efficient wood stoves, and solar dehydrators were installed. A popular educational training process was undertaken as well, so *campesino* communities could improve their skills designing, assembling, maintaining and repairing energy systems.

The methodology developed at the Escuela de Formación de Técnicos Comunitarios en Energías Alternativas—Training School for Community Technicians in Alternative Energies—seeks to reduce dependence on foreign technicians and operating costs, increase efficiency, and encourage the sustainability of community experiences. This entails a permanent modification of methodologies according to the knowledge of each technology in relation to the sociocultural regional context. For example, in a place where there are people with knowledge in construction, the methodology to install an efficient wood stove will be different from the one involved in the design and assembly of photovoltaic systems.

Energy and how to harvest it

A core element of the communitarian energies proposal is to understand that energy is not only electricity but the sustenance of all forms of life on Earth. This reflection made it possible to identify existing practices and knowledge that encourage using energy efficiently, without waste, and generating it sustainably.

[2] Or Communities Sowing Territories, Waters, and Autonomies.

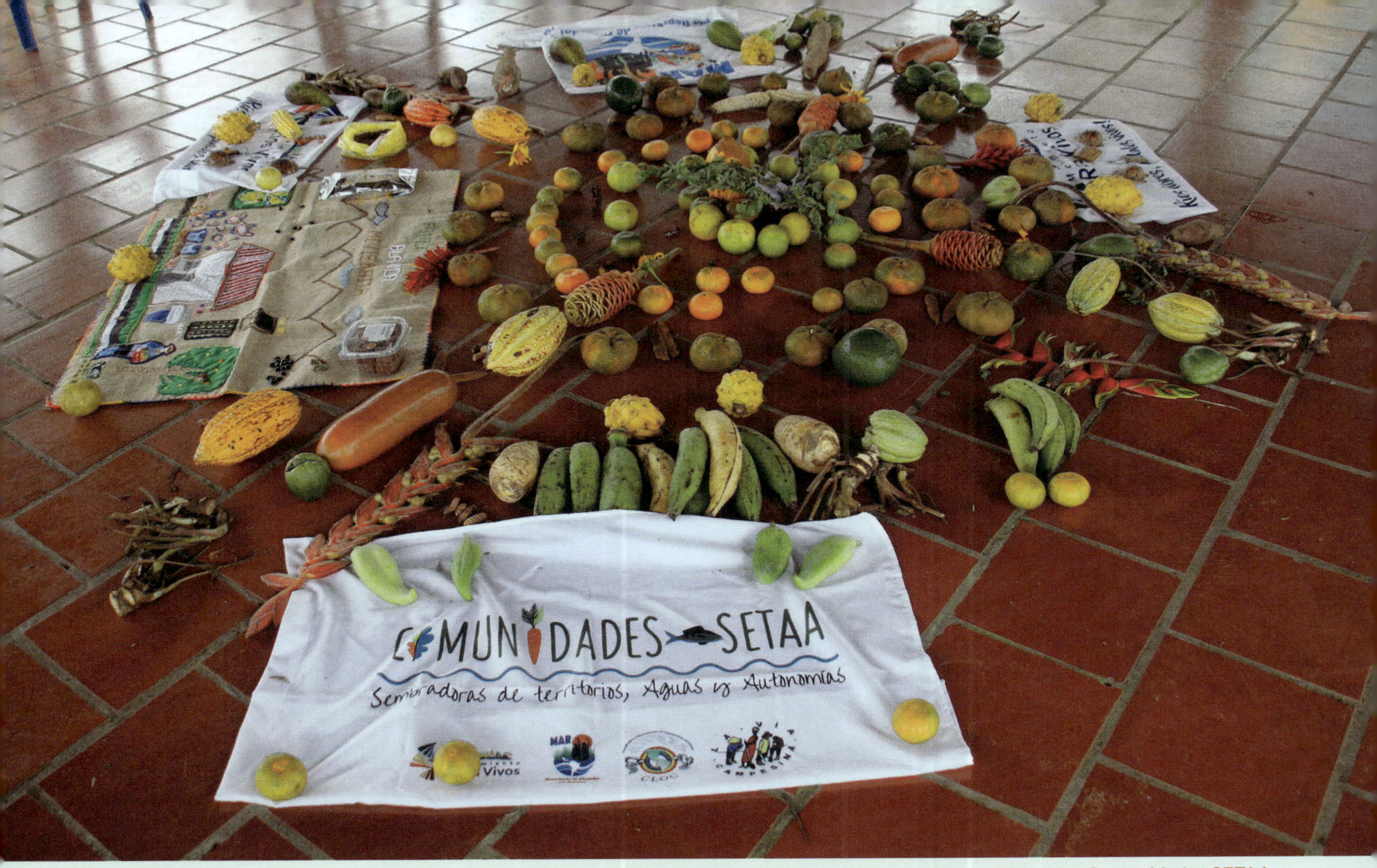

Mandala colectivo de la Escuela de Formación de Técnicos Comunitarios en Energías Alternativas. Foto del Archivo Comunidades SETAA.
Collective mandala at the Training School for Community Technicians in Alternative Energies. Photo from SETAA Communities Archive.

Sin renunciar al uso de la tecnología para lograr mejores condiciones de vida para las personas, es necesario repensar las dimensiones culturales en clave de transición. Las culturas no son estáticas, están en movimiento, y ese movimiento debe orientarse hacia la construcción de un paradigma de sociedad en el que impere el respeto por todas las formas de vida y el beneficio colectivo mediante el establecimiento de nuevas prácticas y comportamientos que fomenten valores alternativos al capitalismo.

Las represas y el cambio climático local

Cuando se habla de cambio climático, por lo general se menciona el incremento de la temperatura global promedio que ya nos alarma, pero ¿a qué temperatura están los sitios más calientes? ¿Cuáles son esos lugares? Según las causas estructurales identificadas por el Grupo Intergubernamental de Expertos sobre el Cambio Climático (IPCC, por sus siglas en inglés), los focos de emisión de contaminantes atmosféricos y las chimeneas climáticas se hallan en enclaves donde la deforestación ha sido el común denominador y donde se producen grandes cantidades de dióxido de carbono (CO_2) y metano (CH_4). Este conocimiento, asociado a los problemas en la producción de alimentos por manos campesinas, nos lleva a advertir que las zonas en las que se desarrollan megaproyectos minero-energéticos son las más susceptibles al aumento de temperatura y niveles de contaminación.

Las Comunidades Sembradoras de Territorios, Aguas y Autonomías (SETAA), articuladas al Movimiento Colombiano Ríos Vivos, han constatado en la práctica que represas como Hidroituango o Hidrosogamoso, además de producir gases de efecto invernadero, como CO_2 y CH_4, causan una variación drástica del microclima. Esto se asocia al aumento de humedad relativa en el ambiente y de la radiación solar por efecto de la deforestación, a la constitución de enormes espejos de agua y la aparición de nubes viajeras o neblinas que afectan la radiación que reciben los cultivos a diferentes horas del día. En otros términos, estas condiciones han mermado la producción de aguacate y café de estas zonas

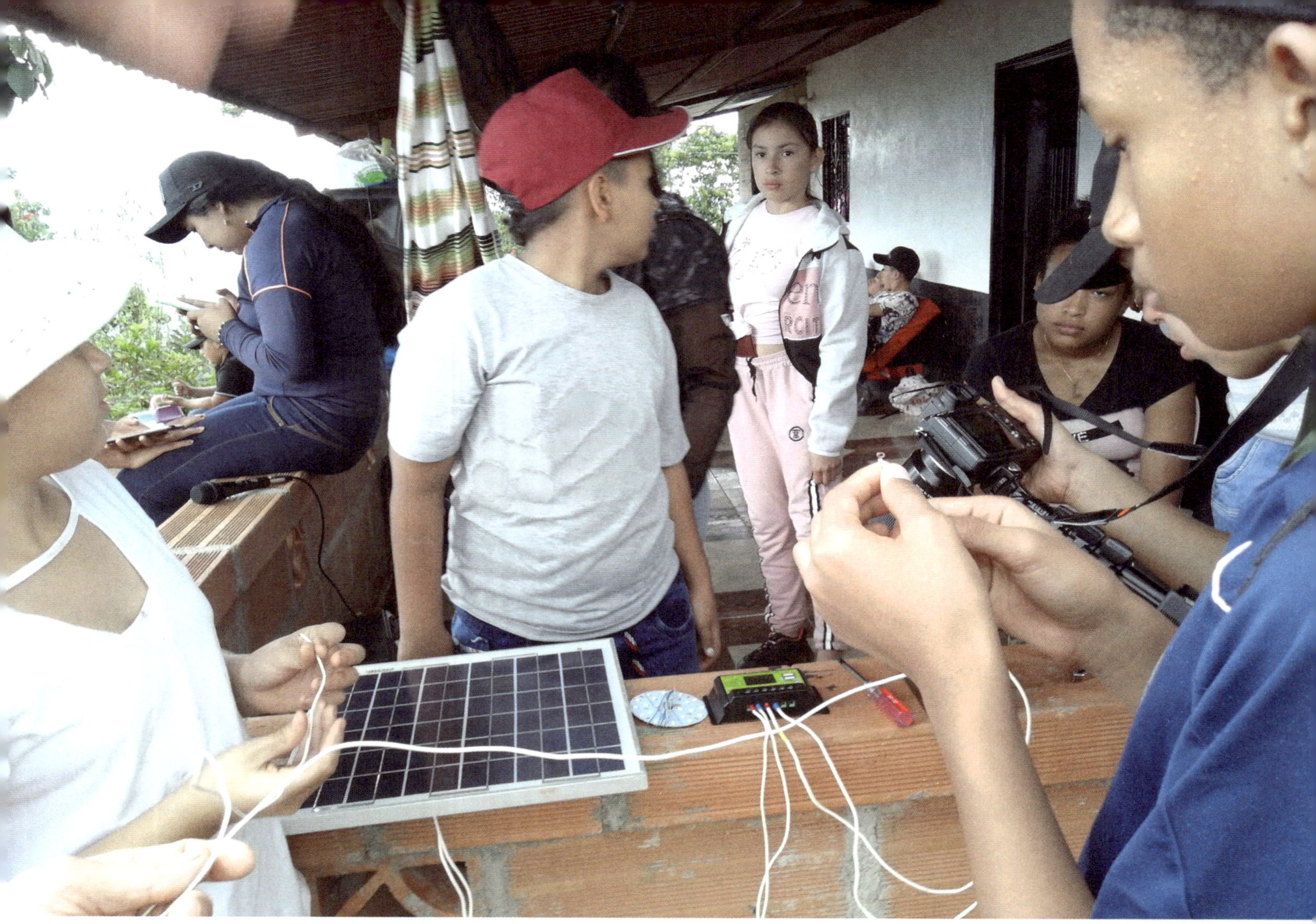

Young people from SETAA Communities in Peque, during the photovoltaic system design module. Photo from SETAA Communities Archive.
Jóvenes de Comunidades SETAA en Peque durante el módulo de aprendizajes de diseño de sistemas fotovoltaicos. Foto del Archivo Comunidades SETAA.

Since the main activity of the people promoting communitarian energies is associated with sowing and harvesting, we decided to categorize the initiatives into four types of community energy harvesting. The sun harvests bring together solar dehydrators, efficient wood-burning stoves and ovens, dendro-energy crops, biodigesters, photovoltaic systems, solar thermal collectors, **agroecological** crops, and fodder banks. Water harvests include community-managed pico and micro hydropower systems, rainwater harvesting systems, non-motor boats to cross rivers, water mills, and reforestation. The harvesting of human energy considers the use of bicycles and bicycle machines, and the organization of *mingas*, collaborative working days or the so-called *brazo cambiado*.[3] The harvests of new relationships refer to the promotion, marketing, and use of local products, the encouragement of **agroecological** *campesino* markets, the consumption of what is necessary, **food sovereignty**, permaculture, self-care, and self-management of health.
It is possible to create new harvest categories by implementing a practice, activity, or action. We are certain that there are many more that have been underway for centuries and have not been classified as such. We must recognize them as alternative, sustainable, and self-sufficient for a just energy transition.

All actions or activities framed in the harvests potentially reduce greenhouse gas emissions, favor carbon sequestration, contribute to the water cycle, and make sustainable energy accessible for rural and neighborhood communities to improve their quality of life and their territory's environmental conditions.

[3] *Minga* refers to community or collaborative work, such as planting the land, building a house or school, solidarity in the event of a natural disaster, festivities, and rituals. See Wilson Javier Torres Puentes, "La minga y la guardia indígena: exigiendo derechos en Colombia," *Maloca. Revista de Estudios Indígenas* 3, 12–15, 2020. *Brazo cambiado* is the reciprocal practice of helping a neighbor to carry out work on their farm or plot.

porque los tiempos de cosecha se han modificado. A esto se refiere el cambio climático local que provoca la disminución de la calidad de vida y de los ingresos de las poblaciones locales, y altera de manera irreversible las condiciones sociales y culturales de los territorios en los que se impone este tipo de proyectos.

Las energías comunitarias

Frente a este escenario, ha sido necesario crear propuestas prácticas para atender los efectos de la crisis climática y promover la construcción de otro modelo energético. Es decir, las situaciones de desigualdad social e injusticias climáticas obligan a actuar por la defensa de los derechos de las comunidades y a crear propuestas que mejoren la habitabilidad en los territorios ante los desafíos ambientales, económicos, sociales y culturales.

En los territorios han surgido prácticas de autogestión de la energía que permiten a pobladores rurales y urbanos cimentar un camino para descentralizar el abastecimiento y evitar el despilfarro energético. En Comunidades SETAA se inició con las siembras de agua y las reforestaciones en el occidente y oriente de Antioquia: sembramos más de 16 000 plántulas que aumentaron el caudal y la disponibilidad de agua en nacimientos de ríos y brindaron estabilidad a las vías, lo que redundó en el bienestar comunitario y de la biodiversidad.

A partir de los intercambios de experiencias y el análisis de las necesidades energéticas de las familias y unidades productivas, se instalaron biodigestores, estufas eficientes de leña y deshidratadores solares, y se emprendió un proceso formativo de educación popular para que las comunidades campesinas mejorara sus habilidades de diseño, montaje, mantenimiento y reparación de sistemas energéticos.

La metodología desarrollada en la Escuela de Formación de Técnicos Comunitarios en Energías Alternativas busca mitigar la dependencia de técnicos foráneos, disminuir costos de operación, aumentar la eficiencia y fomentar la sustentabilidad de las experiencias comunitarias. Esto implica una variación permanente de las metodologías de acuerdo con la facilidad de aprehensión de los conocimientos de cada tecnología en relación con el contexto sociocultural de las regiones. Por ejemplo, la metodología empleada para instalar una estufa eficiente de leña en un lugar donde hay personas con conocimientos en construcción es diferente a la que implica el diseño y montaje de sistemas fotovoltaicos.

La energía y sus cosechas

Un elemento central de la propuesta de energías comunitarias es entender que la energía no es sólo electricidad sino el sustento de las diversas formas de vida en la Tierra. Esta reflexión ha permitido identificar prácticas existentes y conocimientos que fomentan su uso eficiente, sin despilfarro energético, y nuevas formas de generarla de manera sustentable.

Dado que la actividad de quienes promueven las energías comunitarias se asocia a la siembra y la cosecha, decidimos agrupar las implementaciones en cuatro tipos de cosecha de energía comunitaria. Las cosechas de sol reúnen los deshidratadores solares, estufas y hornos eficientes de leña, cultivos dendroenergéticos, biodigestores, sistemas fotovoltaicos, captadores solares, cultivos agroecológicos y bancos forrajeros. Las cosechas de agua engloban las pico y microcentrales hidroeléctricas gestionadas por las comunidades, sistemas colectores de agua de lluvia, planchones para cruzar ríos, molinos de agua y reforestaciones. Las cosechas de energía humana contemplan el uso de bicicletas y bicimáquinas, y la organización de mingas, convites o brazo cambiado.[2] Las cosechas de nuevas relaciones se refieren a la promoción, comercialización y uso de productos locales, el fomento de mercados campesinos agroecológicos, el consumo de lo necesario, la **soberanía alimentaria**, la permacultura, el autocuidado y la autogestión de la salud. Es posible crear nuevos grupos de cosecha al implementar una práctica, actividad o acción. Tenemos la certeza de que hay muchas más en curso desde hace siglos que no se han categorizado así y que debemos reconocer como energías alternativas o de autoabastecimiento energético sustentable para la transición energética justa.

[2] En términos generales, la palabra *minga* se refiere al trabajo comunitario o colaborativo, como la siembra de la tierra, la construcción de una casa o una escuela, la solidaridad frente a un desastre natural, la fiesta o el ritual. Véase Wilson Javier Torres Puentes, "La minga y la guardia indígena: exigiendo derechos en Colombia", *Maloca. Revista de Estudios Indígenas* 3, 12-15, 2020. El brazo cambiado es la práctica recíproca de ayudar a un vecino para adelantar labores en su finca o parcela.

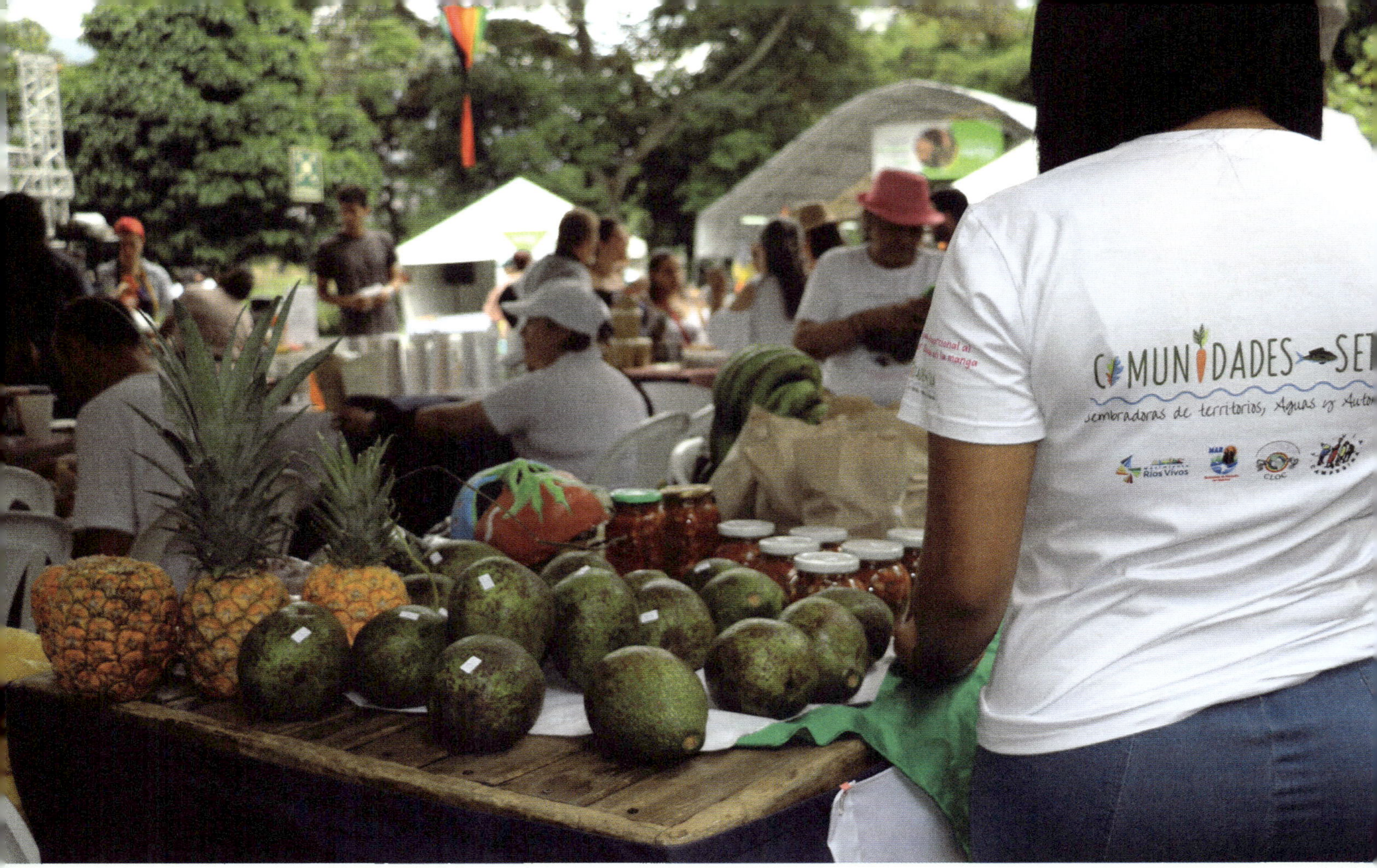

Bazar de la Confianza 2022 Solidarity Market, Medellín. Photo from SETAA Communities Archive.
Mercado Solidario Bazar de la Confianza 2022, Medellín. Foto del Archivo Comunidades SETAA.

Contributions of communitarian energies to crisis mitigation

Specifically, communitarian energies reduce the burning of fossil fuels associated with agricultural supplies and concentrated animal feed transportation, mobility, and food production. They are a real contribution to just energy transition. The implementation of communitarian energies adds value to *campesino* production, fair trade, increased productivity and quality of agricultural products, job creation, reduced deforestation, strengthened social fabric, decontaminated water, and improved health conditions. At the same time, it lowers health care costs and decentralizes water and energy management, among other benefits.

Communitarian energies are the germ of the cultural transformation that humanity requires to build a new social paradigm. They are a starting point for communities to address other fundamental aspects of life, such as the dismantling of patriarchal relationships; individual, family, and community healing; and the motivation for children and young people to remain in their territory and transform the relationships between society and nature.

Todas las acciones o actividades enmarcadas en las cosechas tienen el potencial de contribuir significativamente a la reducción de gases de efecto invernadero, favorecer la captura de carbono, garantizar las condiciones para la reproducción del ciclo del agua y hacer posible que comunidades rurales y barriales accedan a energías sustentables para mejorar su calidad de vida y las condiciones ambientales de sus territorios.

Las aportaciones de las energías comunitarias a la mitigación de la crisis

En concreto, las energías comunitarias reducen la quema de combustibles fósiles asociada al transporte de insumos agrícolas y alimentos concentrados para animales, la movilidad y la cocción de alimentos. Representan una contribución real a lo justa que debe ser la transición energética. Su implementación añade valor a la producción campesina, el comercio justo, el aumento de la productividad y calidad de los productos agrícolas, la creación de empleos, la reducción de la deforestación, el fortalecimiento del tejido social, la descontaminación de aguas y el mejoramiento de las condiciones de salud. Al mismo tiempo, disminuye los costos de la atención de salud y descentraliza la gestión del agua y la energía, entre otros aspectos.

Las energías comunitarias constituyen el germen de la transformación cultural que requiere la humanidad para construir un nuevo paradigma de sociedad. Es un punto de partida para que las comunidades atiendan otros aspectos fundamentales de la vida, como el desmonte de las relaciones patriarcales, la sanación individual, familiar y comunitaria, y la motivación de niños, niñas y jóvenes para permanecer en el territorio y transformar las relaciones entre sociedad y naturaleza.

FUNDAEXPRESIÓN

SANTANDER

FUNDAEXPRESIÓN

FUNDAEXPRESIÓN is a Colombian nonprofit organization founded in 1999 to empower marginalized groups to improve living conditions and social organization and conserve environmental and cultural heritage. The organization has been recognized at regional and national levels for its innovative work with *campesinos*, Indigenous communities, micro-enterprises, schoolteachers, youth, and women's groups. Between 2010 and 2022, FUNDAEXPRESIÓN organized eight festivals known as The Festivals of Rural and Urban Expressions, which have provided opportunities to understand how art and environmental science can be linked to community organization processes. The festivals facilitate rural-urban dialogues that highlight the efforts of marginalized communities to safeguard their cultural and territorial heritage. FUNDAEXPRESIÓN promotes intergenerational solidarity through local food contests and youth participation, emphasizing the role of environmental memory in cultural identity amid **extractive** pressures.

Es una asociación colombiana sin fines de lucro creada en 1999 para empoderar grupos marginados de la sociedad y mejorar sus condiciones de vida, organización social y conservación de su patrimonio ambiental y cultural. Ha sido reconocida en la región y en el país por su trabajo innovador con campesinos, comunidades indígenas, microempresas, maestros de escuela, jóvenes y grupos de mujeres. Entre 2010 y 2022, FUNDAEXPRESIÓN organizó ocho ediciones del Festival de Expresiones Rurales y Urbanas, que han sido una oportunidad para comprender cómo el arte y las ciencias ambientales pueden vincularse con los procesos de organización comunitaria. Los festivales facilitan diálogos entre lo rural y lo urbano que ponen de relieve los esfuerzos de las comunidades marginadas por salvaguardar su patrimonio cultural y territorial. FUNDAEXPRESIÓN promueve la solidaridad intergeneracional mediante concursos de comida local y la participación de jóvenes, con énfasis en el papel de la memoria ambiental en la identidad cultural en medio de las presiones **extractivistas**.

IV FESTIVAL DE EXPRESIONES RURALES Y URBANAS

BUCARAMANGA - SANTANDER (COLOMBIA), 2013

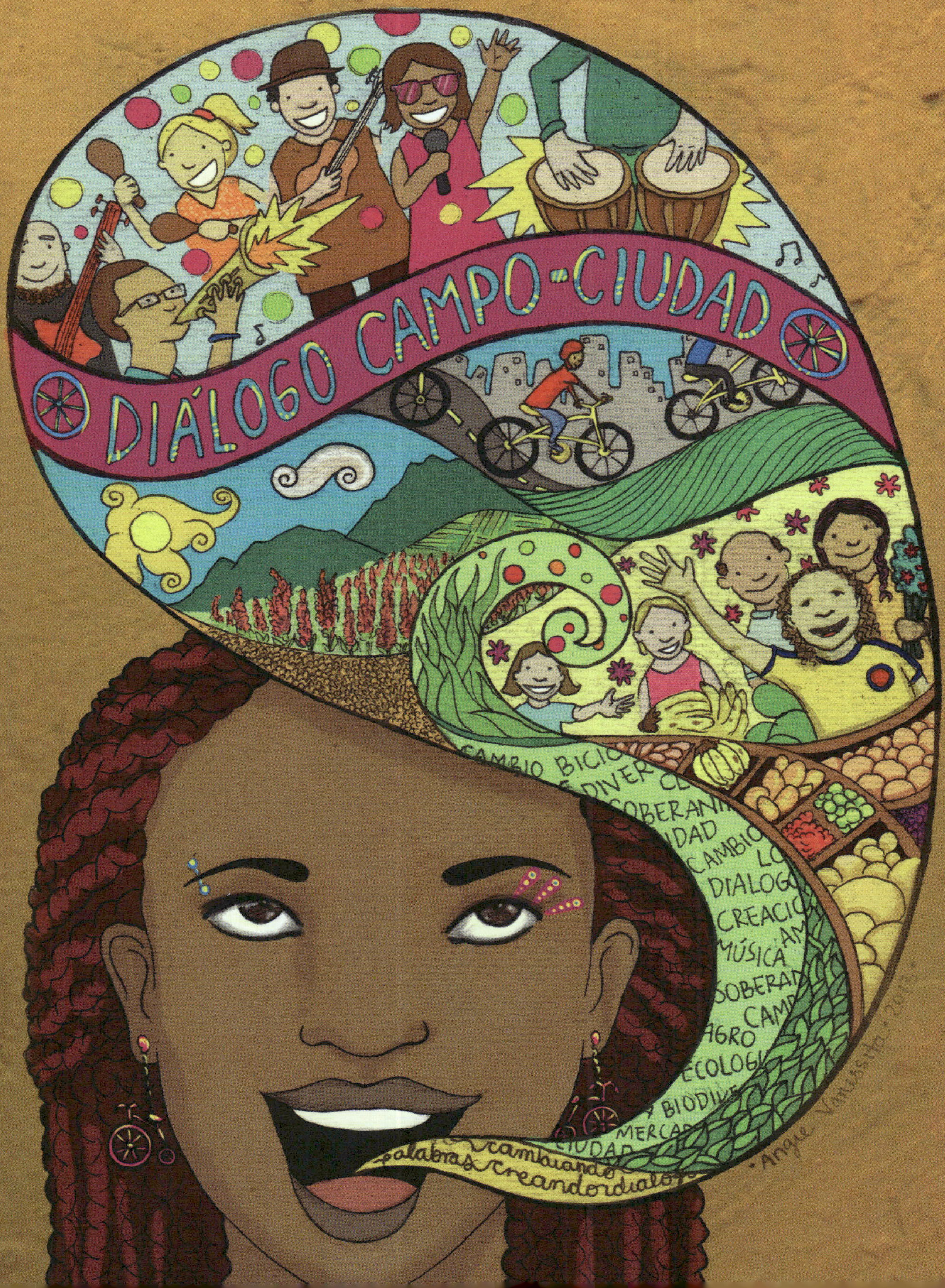

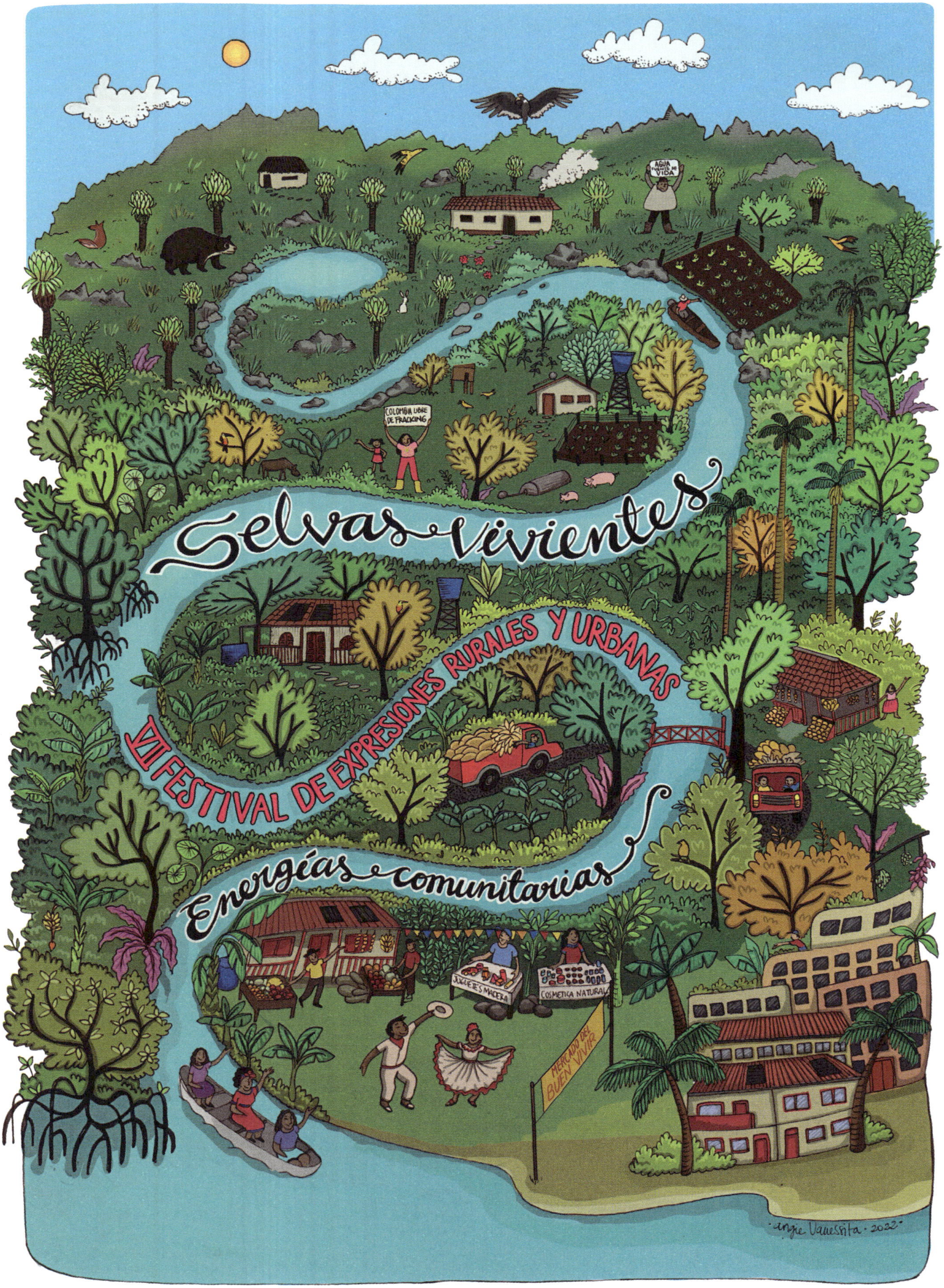
AGUA FUENTE DE VIDA
COLOMBIA LIBRE DE FRACKING
Selvas Vivientes
VII FESTIVAL DE EXPRESIONES RURALES Y URBANAS
Energías comunitarias
JUGUETES MADERA
COSMETICA NATURAL
MERCADO DEL BUEN VIVIR

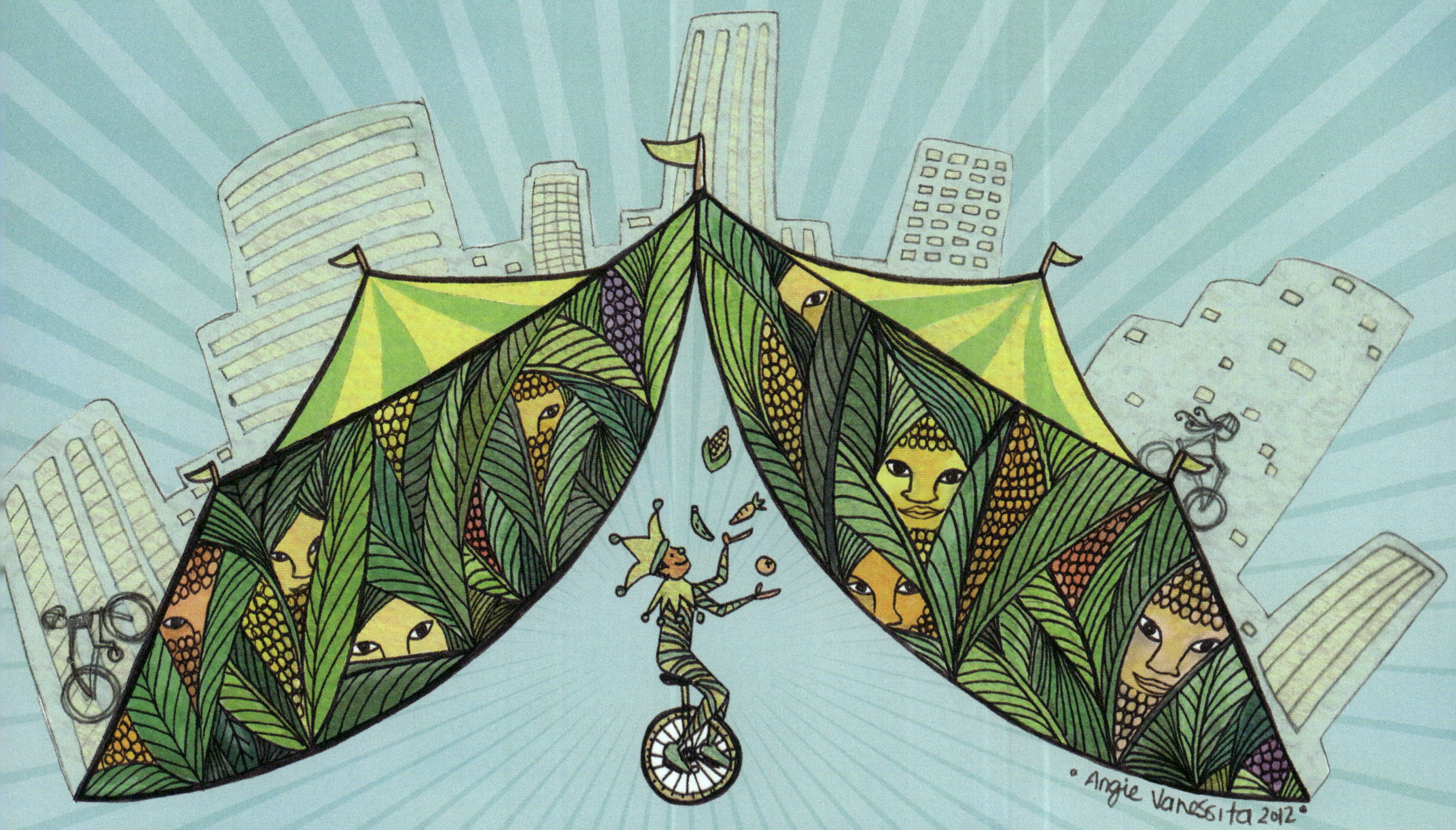

III FESTIVAL

DE EXPRESIONES RURALES Y URBANAS

DIÁLOGO POR LA DIVERSIDAD Y EL BUEN VIVIR

BUCARAMANGA - SANTANDER (COLOMBIA), 2012

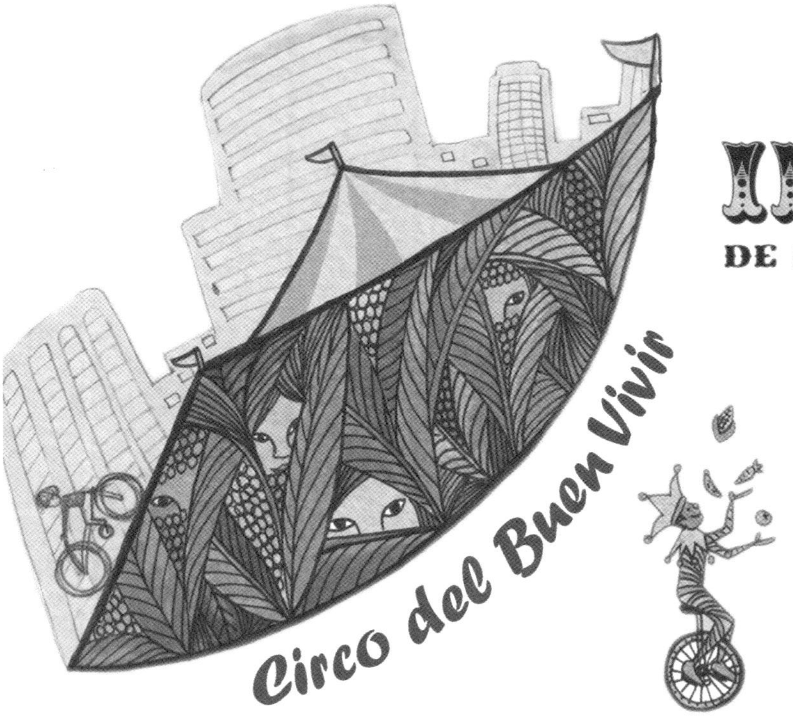

III FESTIVAL

DE EXPRESIONES RURALES Y URBANAS

19, 20 y 21 de octubre de 2012

Diálogo por la diversidad y el Buen Vivir

A1 - TALLER SEMILLAS DE IDENTIDAD: NORMAS Y LEYES DE SEMILLAS

Viernes 19 oct. 3pm a 5pm

Taller para la consolidación de redes de producción, intercambio y comercialización de semillas; promoción del debate sobre las normas y leyes de semillas; y construcción de estrategias y propuestas para enfrentarlas.

**Campaña Nacional Semillas de Identidad – Swissaid // Mauricio García (Ingeniero Agrónomo). Medellín*
**Resguardo Indígena Cañamomo y Lomaprieta. Caldas*
**Colectivo de Reservas Campesinas y Comunitarias de Santander*
**Mano a Mano, intercambio agroecológico e invitados de Mérida, Venezuela*
**Mario Mejía Gutiérrez, Valle del Cauca*

A2 - TALLER DE RECICLAJE: REUSO DEL ROMPECABEZAS

Sábado 20 oct. 10am a 12m

Taller de reciclaje de empaques de productos alimenticios, que muy escasamente son reciclados o reutilizados, para su uso en la técnica artística de mosaico.

**Iván Ortegón (Artista Plástico). Bogotá*

A3 - TALLER DE VIDEO COMUNITARIO: UNA ALTERNATIVA DE DIFUSIÓN Y APOYO

Viernes 19 oct. 3pm a 5pm
Sábado 20 oct. 8am a 10am y 3pm a 5pm

Taller básico para producir un video y su estructura, aprovechando al máximo esta herramienta comunicativa para procesos comunitarios y sociales.

**Juan Pablo Valero (Realizador Audiovisual). Guayaquil, Ecuador*
**Rafael Álvarez – Felo (Artista transdisciplinar). Cuba*
**Fabián Anaya. La Joya, Bucaramanga*
**Ervin Ramírez. La Judía, Floridablanca*

A4 - TALLER DE ANIMACIÓN EN PLASTILINA: LUCES, CÁMARAS, ANIMACCIÓN

Viernes 19 oct. 2pm a 5pm
Sábado 20 oct. 9am a 12am y 3pm a 5pm

Espacio creativo para la producción de un corto de animación en plastilina usando la técnica stop motion o animación cuadro a cuadro.

**Aura Estela Mora Montero (Psicopedagoga y educadora). Bogotá*

A5 - TALLER DE NO VIOLENCIA

Sábado 20 oct. 3pm a 5pm

Taller de sensibilización en la prevención y erradicación de la violencia, dirigido a las y los jóvenes.

**Ruta Pacífica de las Mujeres, Santander*
**Fundación Mujer y Futuro, Bucaramanga*
**Red Metropolitana de Mujeres, Bucaramanga*

A6 - TALLER DE ARTE URBANO: PEGATINAS Y MURAL

Sábado 20 oct. 10am a 12am y 3pm a 5pm

Taller práctico de técnicas de muralismo y arte urbano, donde se tendrá por resultado un diseño en papel para luego realizar la intervención en un espacio público.

**Vane Coco (Ilustradora).*
Clínica Ambiental, Quito - Ecuador // Bogotá

A7 - TALLER DE TÍTERES

Sábado 20 y Domingo 21 oct. 9am a 11am

¿Habrá algo que un niño disfrute más que los títeres? Taller para compartir la historia de los títeres, esencial para nuestra ruta en la creación.

**Luis Carlos Valero (Bailarín, titiritero y teatrero). Bucaramanga*

A8 - TALLER DE CAPOEIRA

Viernes 19 oct. 3pm a 5pm

Taller de capoeira; arte de las culturas afroamericanas que se entrenan a ritmo de berimbau, esencial en los procesos de convivencia en Latinoamérica y vínculo de los esclavos en Brasil.

**Corporación Cultural Mi Raza, Piedecuesta*

A9 - TALLER DE CIRCO

Sábado 20 oct. 9am a 11am y 3pm a 5pm

Taller de acercamiento a las formas tradicionales y elementales del circo: malvares, clown y expresión corporal.

**Compañía La Risueña. Bogotá*
**Corporación Cultural Mi Raza. Piedecuesta*

Cancha Deportiva de la Carrera 13 Occidente, Barrio La Joya

A10 - MUESTRA DE BICICLETAS EN BAMBÚ

19, 20 y 21 oct.

Muestra de bicicletas modelo urbano fabricadas de manera artesanal, usando como materia prima principal el bambú.

**Antonio José Obando. Valparaiso, Antioquia*

A11 - REIKI, CLÍNICA AMBIENTAL

Viernes 19 oct. 3pm a 5pm
Sábado 20 oct. 8am a 10am

Taller de técnicas de sanación Reiki y presentación de la Clínica Ambiental: salud como equilibrio.

**Ana Lozano Feria (Artista).*
Clínica Ambiental, Quito - Ecuador // España

A12 - MI LONCHERA SALUDABLE

Viernes 19 oct. 3pm a 5pm

Encuentro, intercambio y elaboración de recetas sanas, ricas, prácticas y variadas que pueden ser incluidas en la lonchera o el desayuno diario de una familia promedio.

**Volver al Medio, Bucaramanga*
**Colectivo de Reservas Campesinas y Comunitarias de Santander*
**Asociación de Mujeres Campesinas - Ammucale, Lebrija*
**Resguardo Indígena Cañamomo y Lomaprieta, Caldas*
**Cine+Arte Konsciente, Bucaramanga*

A13 - RUTA DE LA ENERGÍA

Viernes 19 oct. 2pm a 5pm
Sábado 20 oct. 8am a 12pm y 2pm a 5pm

¿Qué conflictos provoca la producción, el transportes y la distribución de la energía? ¿Por qué aunque somos un país rico en recursos energéticos gran parte de la población no cuenta con servicio eléctrico?

**Censat Agua Viva. Bogotá*

A14 - ESCUELA JUVENIL: DIÁLOGO CAMPO CIUDAD ENTRE JÓVENES RURALES Y URBANOS

Viernes 19 oct. 9am a 12pm
Domingo 21 oct. 8am a 11am

Intercambio de experiencias entre los jóvenes del campo y la ciudad para encontrar nuevas caminos donde nazcan o se fortalezcan las alternativas de vida que planteamos desde el sentir de la tierra y las comunidades.

**Censat Agua Viva. Bogotá*
**Fundaexpresión*

A15 – ENCUENTRO POR LA SOBERANÍA ALIMENTARIA

Sábado 20 de octubre, 10am a 12m y 3pm a 5pm

Encuentro de experiencias, charlas y videos sobre soberanía alimentaria y mercados locales y campesinos en Ecuador, Colombia y Venezuela.

Mario Mejia Gutierrez. Valle del Cauca
Escuela Agroecológica de Santander
Agrovida. Provincia de García Rovira - Málaga
Mano a Mano. intercambio agroecológico e invitados de Mérida, Venezuela

A16 - MUESTRA DE AGRICULTURA URBANA

Domingo 21 de octubre, 9am a 12m

Muestras de agricultura urbana con hortalizas y plantas medicinales sembradas en recipientes reciclados, vástagos de plátano y superficies diversas.

**Colectivo de Reservas Campesinas y Comunitarias de Santander*
**Escuela Agroecológica de Santander*
**Fundación Mujer y Futuro*

A17 - MUESTRA GASTRONÓMICA: PLATOS TÍPICOS Y VEGETARIANOS

Domingo 21 oct. 10.30am a 2pm

**Comunidad Barrio La Joya*

A18 - CICLOPASEO DIURNO

Domingo 21 de octubre, 8.30am a 11.00am

Recorrido familiar desde el Parque de los Niños por las calles de Bucaramanga (10 km), con el propósito de reconocer la ciudad y promover el uso masivo y la cultura de la bicicleta.

**Ciclaramanga. Bucaramanga*
**Instituto de la Juventud, el Deporte y la Recreación – Inderbu. Bucaramanga*

A19 - PEDALEA LA JOYA

- Sábado 13 oct. 8am a 12m: Taller reparación y mecánica básica de bicicletas

- Sábado 13 y Domingo 14 oct. 8am a 4pm: Laboratorio de creación y reuso de bicicletas

- 16, 17 y 18 oct. 4pm a 7pm: Jornadas de intervención de espacio público y autoconstrucción

Espacio creativo desde la acción urbana y la acción colectiva para la promoción y uso de la bicicleta como medio de transporte de uso cotidiano.

**La Creactiva, Bogotá*
**Ciclaramanga, Bucaramanga*

A20 - MERCADO CAMPESINO E INTERCAMBIO DE SEMILLAS

Domingo 21 oct. 6.30am a 1pm

Mercado local y popular en el que se venden productos que se encuentran en un proceso de transición hacia la producción agroecológica.

**Colectivo de Reservas Campesinas y Comunitarias de Santander*
**Escuela Agroecológica de Santander*
**Asociación de Mujeres Campesinas – Ammucale. Lebrija, Santander*
**Agrovida. Provincia de García Rovira - Málaga*
**Asociaciones de Artesanos*
**Colegio Llano Grande, Girón*
**Asomaklenke, Floridablanca*
**Mano a Mano, Intercambio Agroecológico e invitados de Mérida, Venezuela*

A21 - LOVE STORY: CORTOMETRAJE

Sábado 20 de oct. 7pm

Yorsito va a cumplir 15 años, trabaja como vendedor ambulante y quiere comprar un par de tennis de marca para lograr popularidad en su barrio y así poder invitar a bailar a Wendy el domingo a la miniteca...

**Mario Niño Villamizar. Bucaramanga*

A22 - MUESTRA DE VARIEDADES POR EL BUEN VIVIR

19, 20 y 21 oct. diferentes horas del día

Presentación de muestras artísticas, experiencias de reciclaje, permacultura, proyecciones audiovisuales, cuenteros, elaboración de manillas, stencil, estampados y fotográfía.

**Ecoemprender. La Joya, Bucaramanga*
**Movimientos Ríos Vivos – Colombia*
**Grupo de Jóvenes Censat Agua Viva*
**Colegios Rurales y Urbanos – SENA*
**Participantes e invitados III Festival*

ORGANIZAN: Junta de Acción Comunal La Joya, Fundaexpresión, Corporación Recreativa y Cultural de Santander, CENSAT Agua Viva, INDERBU, Ciclaramanga, Colectivo de Reservas Campesinas y Comunitarias de Santander, Escuela Agroecológica de Santander, Asomaklenke, Corphus, Compañía La Risueña y La Creactiva.

dialogocampociudad@gmail.com

Actividades, entrada libre

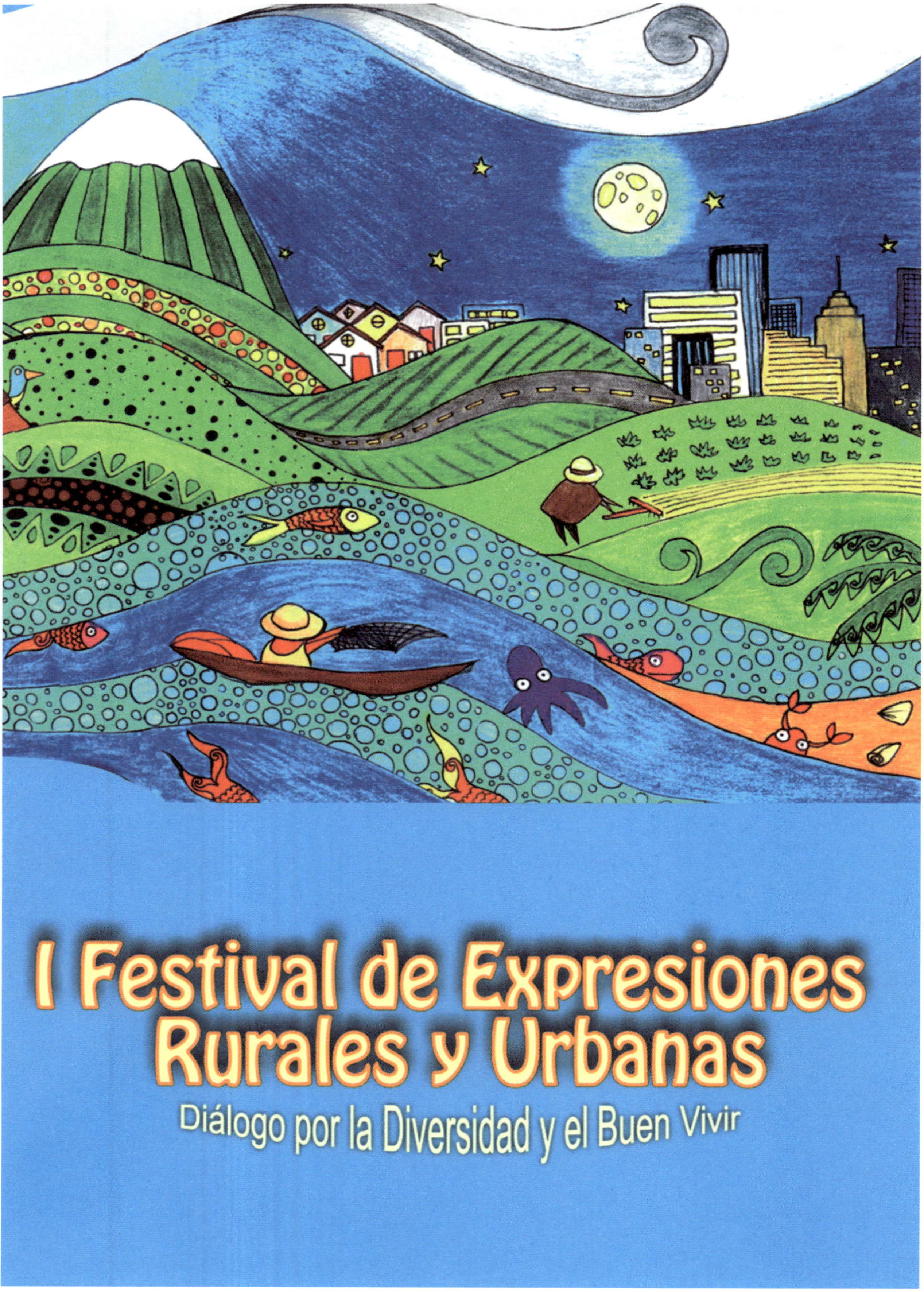

I Festival de Expresiones Rurales y Urbanas

Diálogo por la Diversidad y el Buen Vivir

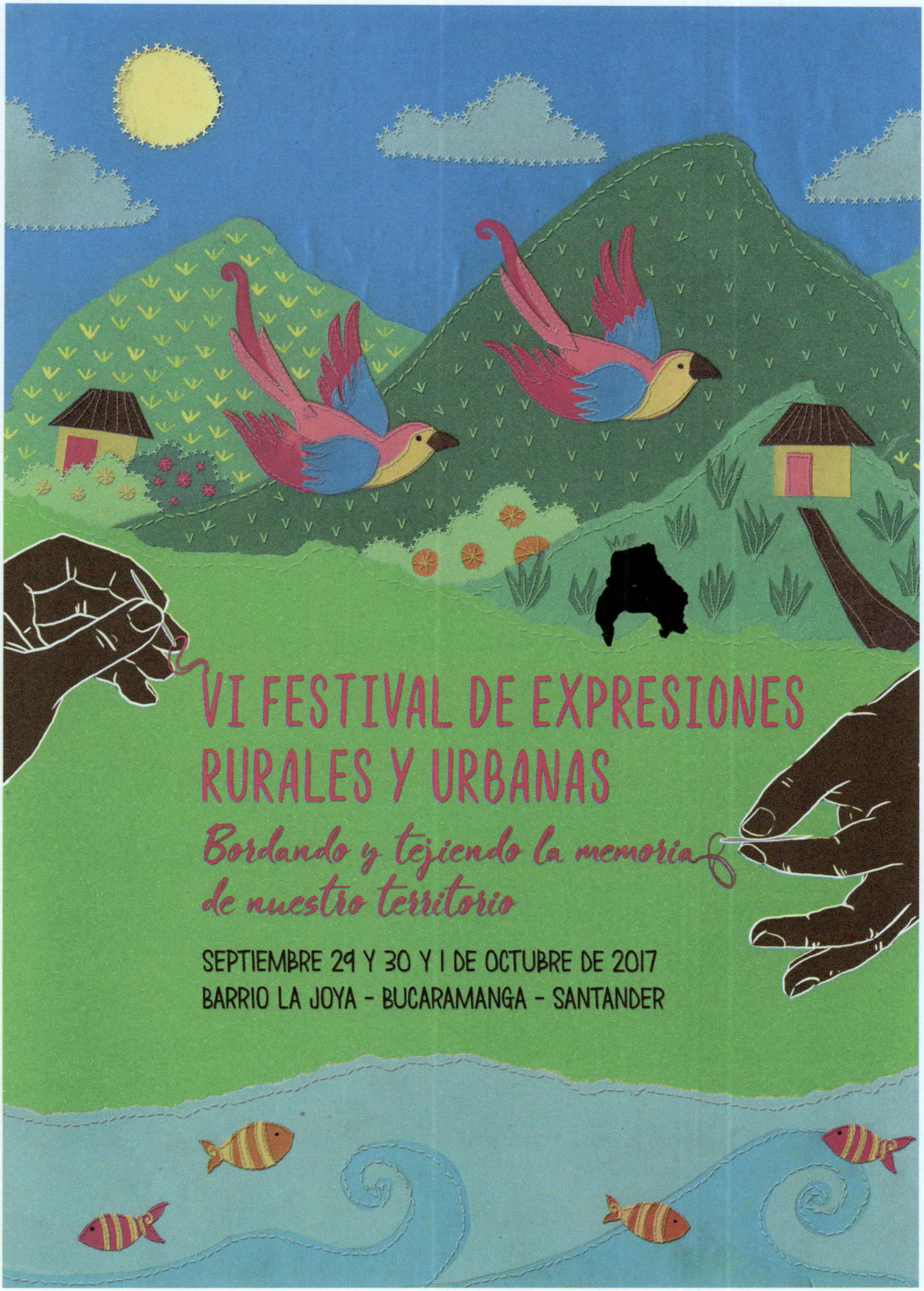
VI FESTIVAL DE EXPRESIONES
RURALES Y URBANAS
Bordando y tejiendo la memoria
de nuestro territorio
SEPTIEMBRE 29 Y 30 Y 1 DE OCTUBRE DE 2017
BARRIO LA JOYA - BUCARAMANGA - SANTANDER

MOVIMIENTO DE LADERAS

MEDELLÍN

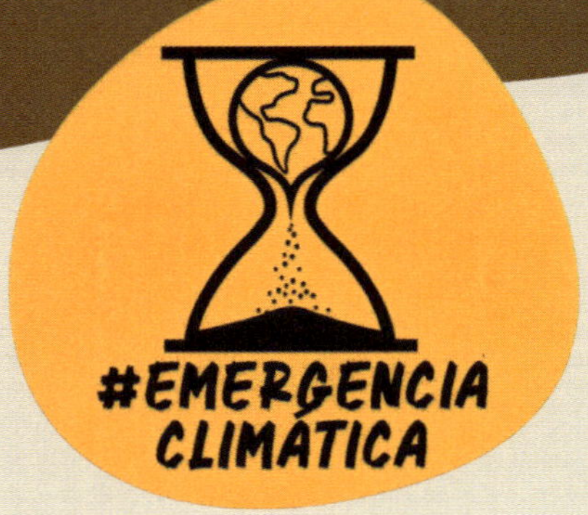

The Movimiento de Laderas in Medellín is an environmental movement advocating for the right to the city and dignified living conditions. It emerged from social, community, and organizational efforts to address risks and unmet needs following the COVID-19 pandemic. La MAR's Escuela Popular de Autonomías (EPA), a public school for communities across the city, disseminated knowledge and activities focused on water, energy, food autonomy, and community risk management. In 2022, the movement called for a climate emergency in Medellín, emphasizing the climate vulnerability of neighborhoods and the need for urgent intervention. This led to the creation of the Escuela Popular Acción Climática and participation in the International Climate Change Convention. The movement also proposed the 30-year Climate Action Plan (PAC Medellín 2020–2050) to prioritize climate justice within public policy, focusing on emissions reduction and risk mitigation across seven sectors, including sustainable transport and mobility, solid waste management, sustainable energy, disaster risk management, ecosystems and rural development, urban planning, and sociocultural measures for climate change management.

Es un movimiento ambientalista de Medellín, Colombia, que aboga por el derecho a la ciudad y condiciones de vida dignas. Surgió de los esfuerzos sociales, comunitarios y organizacionales para atender necesidades insatisfechas y enfrentar riesgos tras la pandemia de COVID-19. La Escuela Popular de Autonomías (EPA) de la Mesa de Atención y Recuperación (MAR), una escuela pública para comunidades de toda la ciudad, difundió conocimientos y actividades centradas en el agua, la energía, la autonomía alimentaria y la gestión de riesgos. En 2022, el movimiento pidió que se declarara emergencia climática en Medellín, en particular por la vulnerabilidad climática de los barrios y la necesidad de una intervención urgente. Esto llevó a la creación de la Escuela Popular Acción Climática y a la participación en la Convención Internacional de Emergencia Climática. El movimiento también propuso el Plan de Acción Climática 2020-2050 para priorizar la justicia climática dentro de las políticas públicas, sobre todo la reducción de emisiones y la mitigación de riesgos en siete áreas: el transporte y la movilidad sostenibles, la gestión de residuos sólidos, la energía sostenible, la gestión del riesgo de desastres, los ecosistemas y el desarrollo rural, la planificación urbana y las medidas socioculturales para la gestión del cambio climático.

Escuela Popular de AUTONOMÍAS

Movimiento de Laderas Medellín

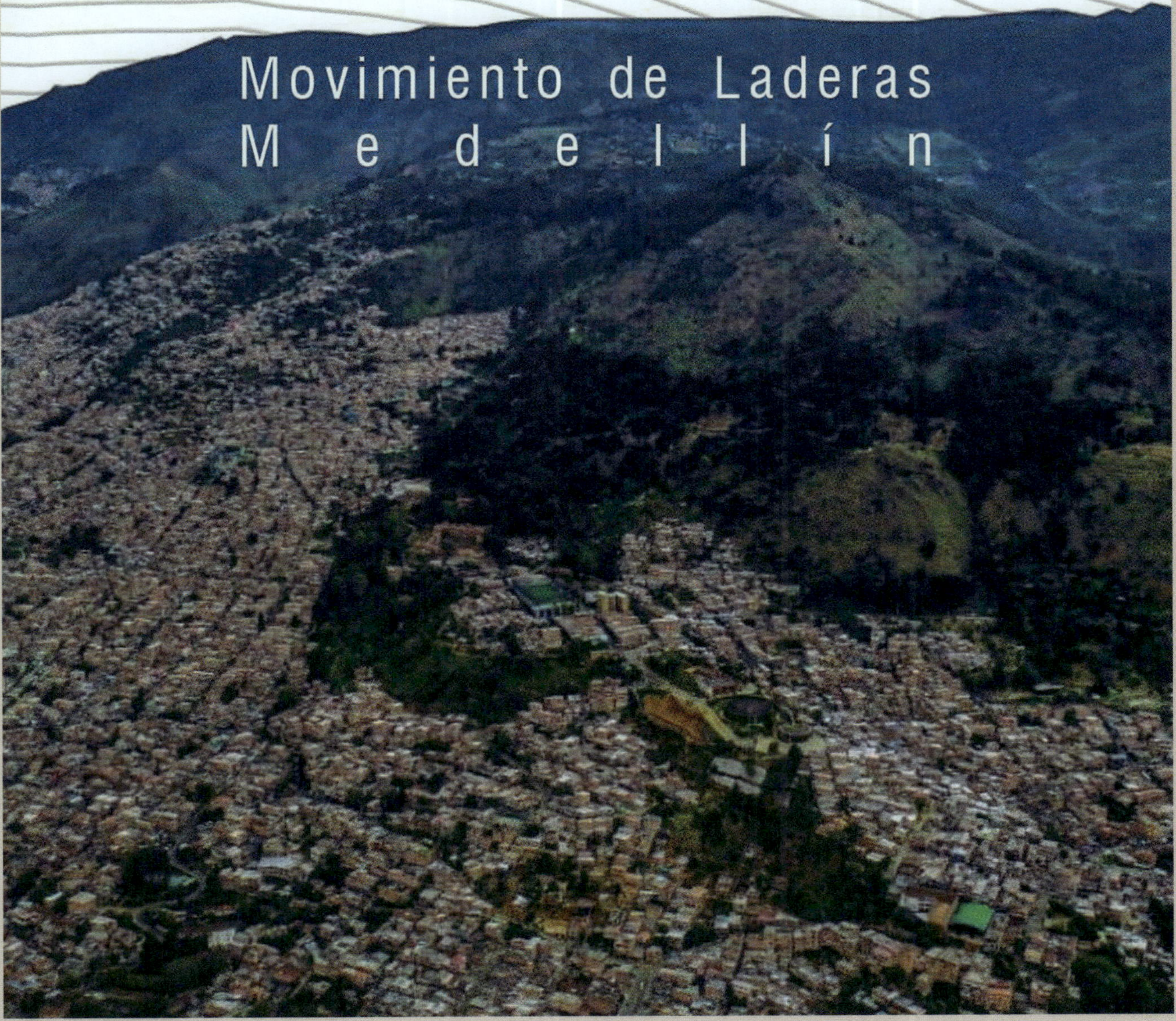

¿DÓNDE ACTÚA EL MOVIMIENTO DE LADERAS Y LA EPA?

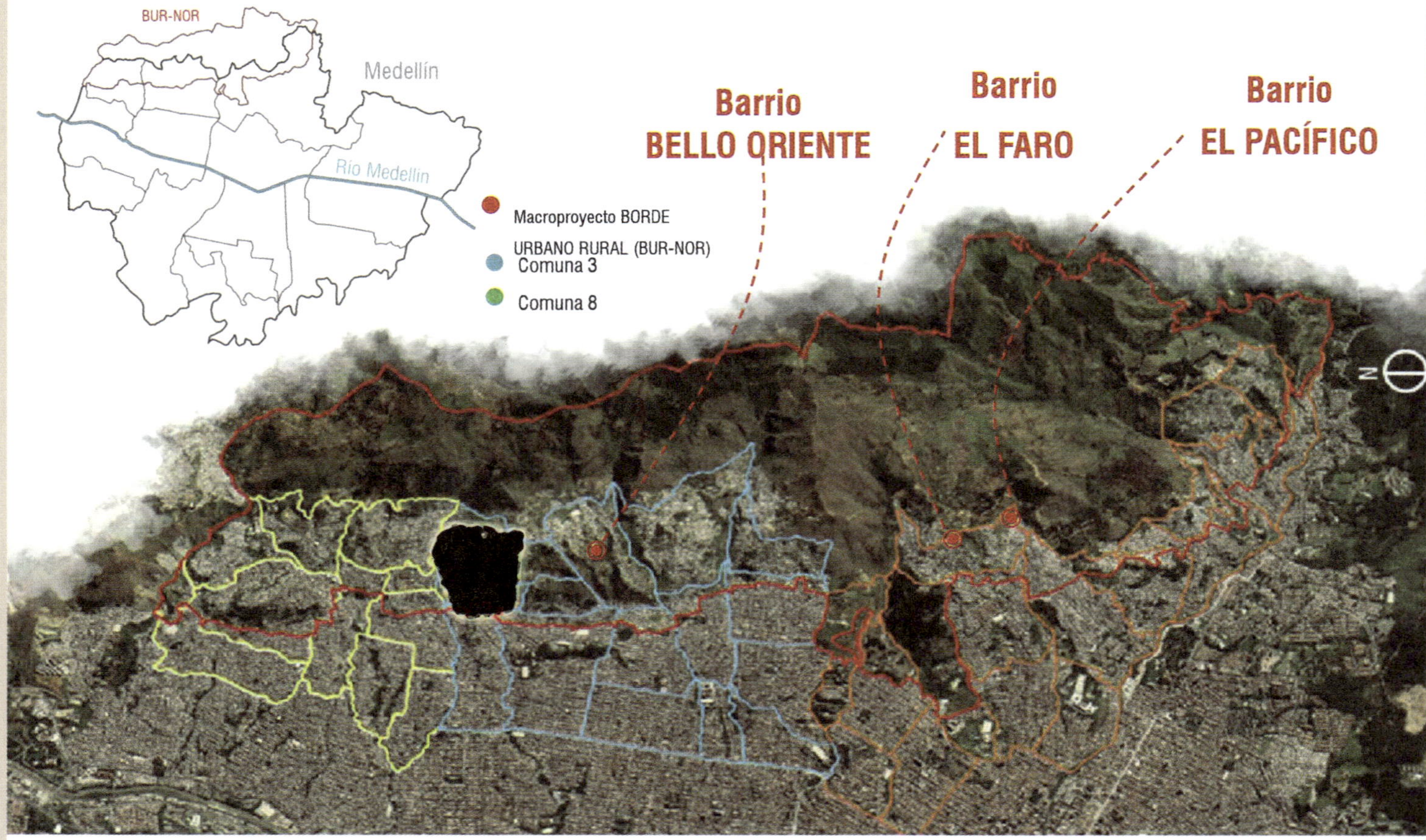

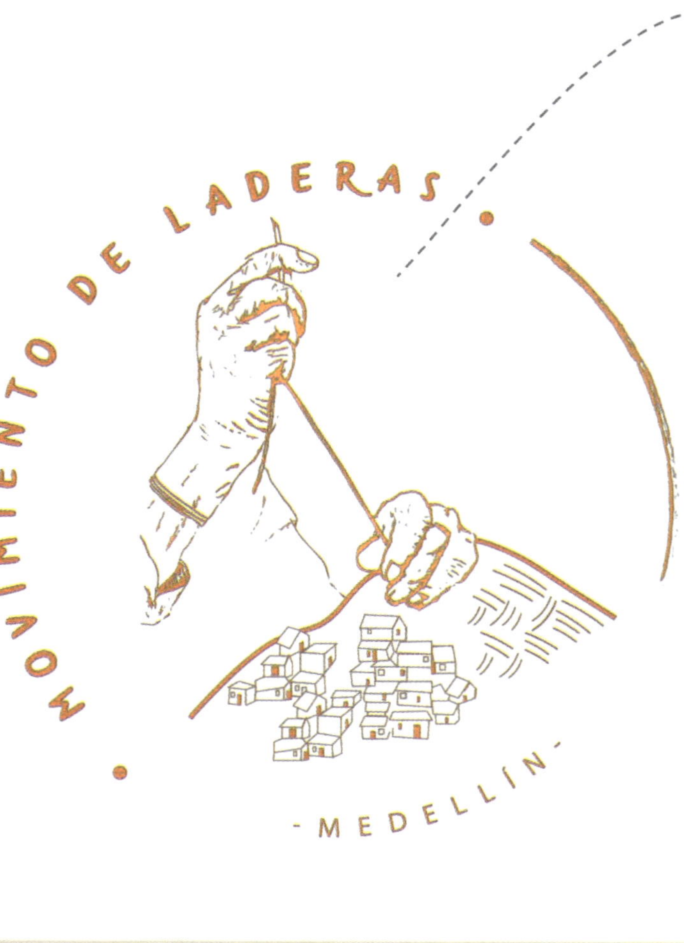

EPA

Escuela
Popular de
AUTONOMÍAS

Es una **ESTRATEGIA FORMATIVA** del Movimiento de Laderas como un ejercicio pedagógico-práctico que se realiza en los barrios de la ladera urbano-rural de las comunas 3 y 8 de la ciudad de Medellín. Nuestro objetivo contribuir a la construcción de propuestas colectivas de acción para la **gestión autonoma** de los territorios.

TEMAS de la Escuela Popular de Autonomías

Autonomía ENERGÉTICA

Barrio EL PACÍFICO / Comuna 8

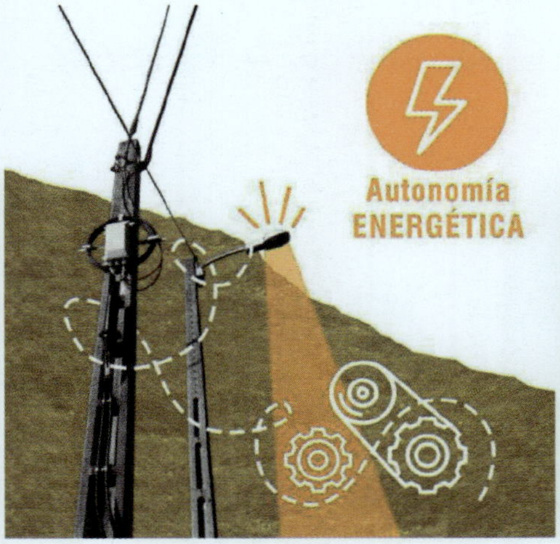

-Recolección baterías en desuso
-Diseño prototípo
-Uso en luminarias

Autonomía ALIMENTARIA

Barrio EL FARO / Comuna 8
Barrio Bello Oriente / Comuna 3

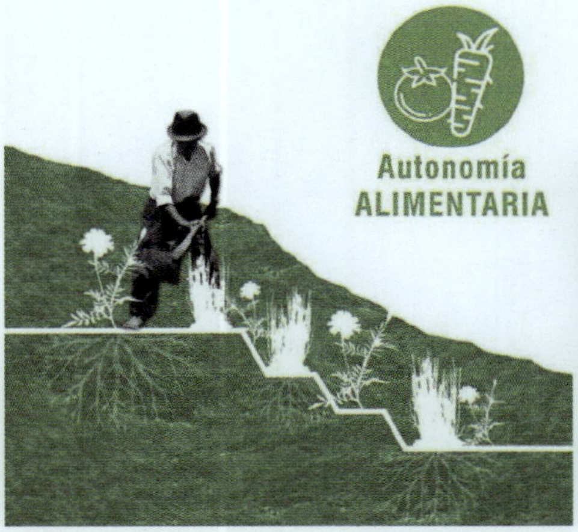

-Diseño Huerta / Mejoramiento del suelo / Abonos orgánicos (paca digestora - Bocashi - lombricultivo - Microorganismos de Montaña) / Siembra

Autonomía HÍDRICA

Barrio EL FARO / Comuna 8

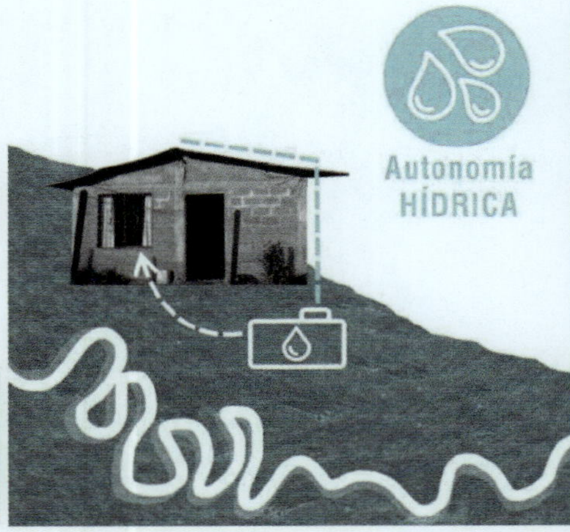

-Cosecha de agua a través de cubiertas.
- Diseño Hidrológico

Barrio EL PACÍFICO **Autonomía ENERGÉTICA.** Esquema de generación de energía.

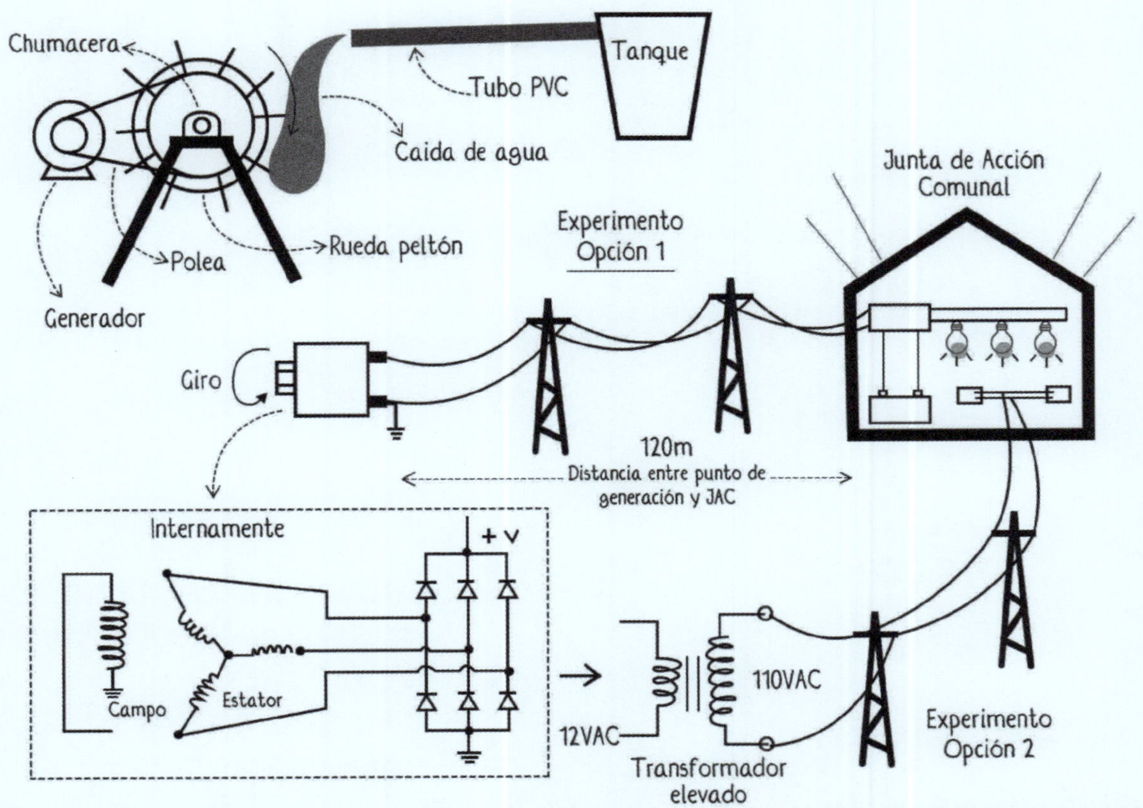

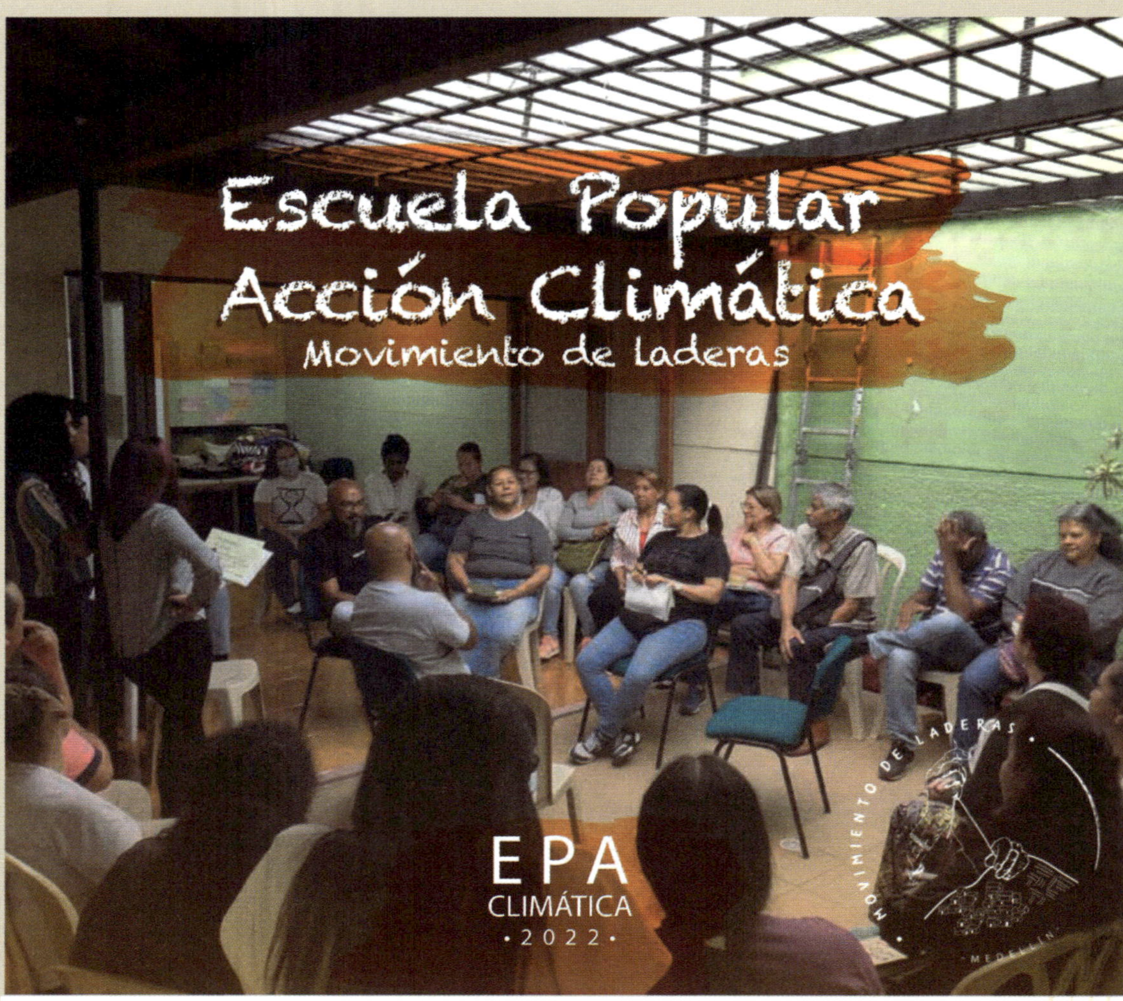

Escuela Popular de Acción Climática
Sistematización del proceso 2022

Movimiento de Laderas: •Colectivo Tejearañas •La Moradía •Corporación Juridica Libertad •Mesa de Vivienda y Habita Comuna 8 •Corporación Contra Corriente •Lógica Viva •Alejandra Serna •Christian Roldán

Equipo pedagógico: Movimiento de Laderas

Equipo sistematización: •Carlos Velásquez •Alejandra Serna •Alejandro Rivera

Participantes Escuela: •Comites Comunitarios de Gestión del Riesgo •Colectivo de Memoria Jairo Maya •Mesa Ambiental Comuna 8 •Comité de Derechos Humanos •Consejo Comunal de Planeación de Victimas y Paz •Junta de Acción Comunal Pacifico •Junta de Acción Comunal Villatina •Mesa Interbarrial de Desconectados •Red de Victimas sobrevivientes C8 •Junta de Acción Comunal El Faro •Junta de Acción Comunal Golondrinas

Diseño y diagramación: Christian Roldán Álvarez

Financia:
misereor
TEJIENDO UN MUNDO JUSTO

Medellín, Colombia, 2023.

EPA
CLIMÁTICA
•2022•

Desde la Escuela Popular de Acción Climática (EPA Climática) como espacio de formación política se avanzó en la comprensión de conceptos asociados al cambio climático, las dinámicas que han causado este fenómeno, así como las maneras diferenciadas en cómo afecta a los barrios autoconstruidos, reconociendo así las situaciones de injusticia y la necesidad de avanzar en una Acción Climática Incluyente.

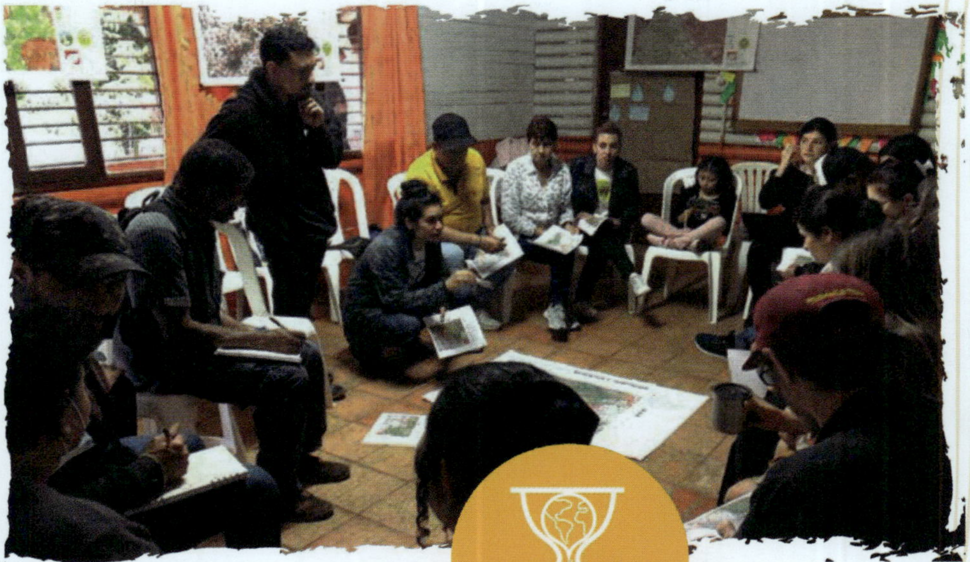

ESCUELA POPULAR DE ACCIÓN CLIMÁTICA

SUMÁRIO

EPA CLIMÁTICA 2022

10 ¿CÓMO LLEGAMOS A LA DECLARATORIA DE EMERGENCIA CLIMÁTICA PARA MEDELLÍN?

El 2020, fue un año que estuvo atravesado no sólo por la pandemia y las múltiples problemáticas que dicha situación agudizó en la comuna 8 y demás sectores populares, sino también por la ocurrencia de eventos climáticos extremos que nos afectaron, como la avenida torrencial en septiembre de ese año en el barrio El Pacifico. Desde allí se instauró la MAR - Mesa de Atención y Recuperación- de El Pacifico, escenario de incidencia desde el que la comunidad ha citado a la institucionalidad de manera regular para discutir acerca de las medidas de manejo y restablecimiento de derechos.

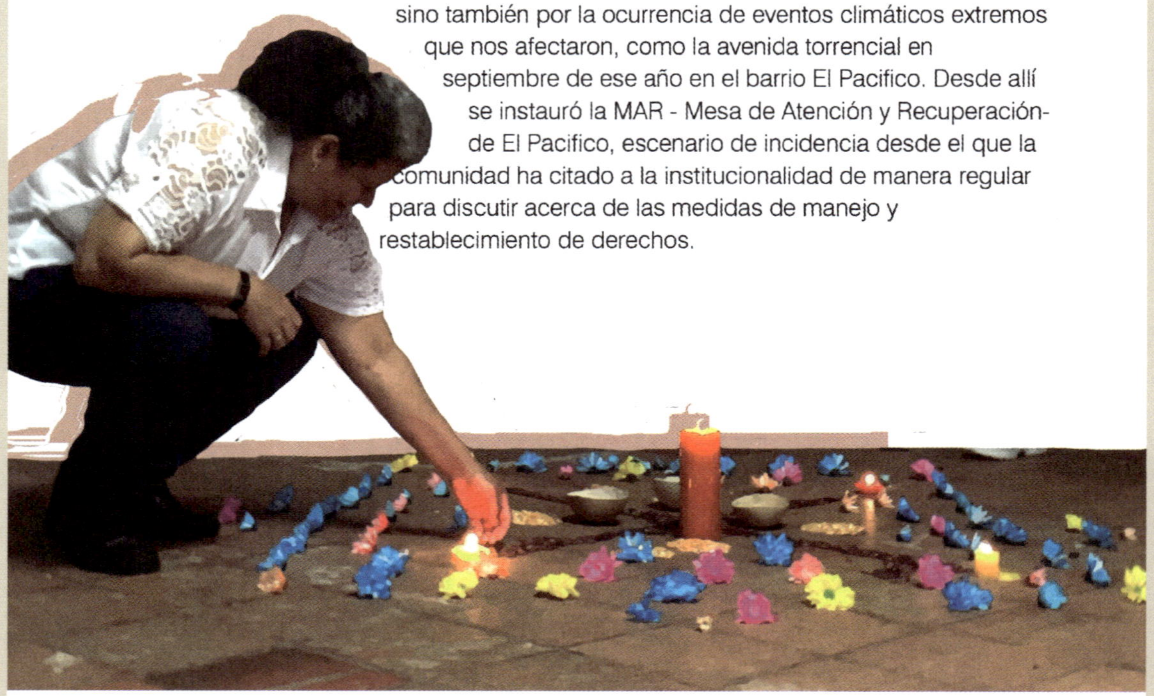

Se hizo necesario considerar el ejercicio de las autonomías comunitarias, con la intención de fortalecer la capacidad colectiva de mitigar las condiciones de riesgo y el aumento de necesidades básicas insatisfechas, pues ante la falta de respuesta gubernamental, sumado a la crisis climática, es fundamental aprender a autogestionar algunas soluciones, para esto se dio inicio a la Escuela Popular de Autonomías (EPA), en torno a la autonomía hídrica, energética, alimentaria y la gestión comunitaria de riesgos.

Durante 2021 se realizó un Cabildo Abierto donde el reclamo puntual fue: "incluya los estudios microzonificados y de detalle en el POT", para de esta forma gestionar las obras y las acciones de mitigación de riesgo; adicional a esto, se realizó una firmatón con la que se solicitó ante el Departamento Administrativo de Planeación la formulación de planes de legalización y regularización urbanística.

En 2022 por iniciativa del Movimiento de Laderas se propuso a la ciudad la declaratoria de Emergencia Climática en Medellín. Con el apoyo del movimiento político Estamos Listas el 15 de julio se presentó ante el Concejo Distrital los argumentos que justifican la implementación de esa medida y donde el Concejo le solicitó al alcalde que declarase la emergencia. Además se lanzó una alerta temprana sobre la vulnerabilidad climática de los barrios y la necesidad de una intervención urgente. Posteriormente, se realizó el foro de Experiencias Comunitarias frente a la emergencia climática que a la vez fue el inicio de la Escuela Popular para la Acción Climática; también hubo participación en la Convención Internacional de cambio climática que hizo la Gobernación de Antioquia.

EPA CLIMÁTICA 2022

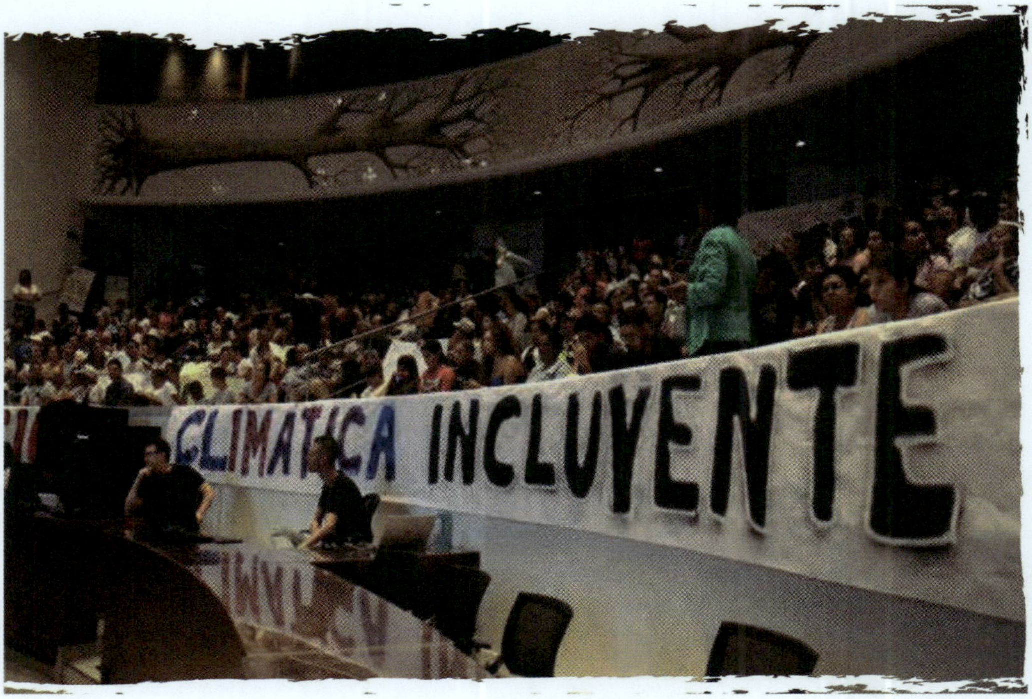

Y en todo esto: ¿Que implica la declaratoria de emergencia climática para los sectores populares? Se aclara que las declaratorias se han dado en diferentes partes del mundo como acciones políticas que la gente hace en cada uno de los territorios. Es un instrumento político más no jurídico como tal, pero que luego tendrá que articularse a lo jurídico, para que se mantenga a largo plazo, por lo tanto, es necesario que se consolide un marco normativo, como un Acuerdo Distrital, para que la implementación de las medidas no dependa del alcalde o funcionarios de turno.

En ese sentido se presentaron cinco propuestas con la intención de orientar las acciones en el marco de la Emergencia Climática:

1. **Priorizar la inversión en gestión del riesgo y adaptación al cambio climático en los diferentes planes, programas y proyectos institucionales. Esto permitiría que en la siguiente administración pueda haber un enfoque de cambio climático.**
2. **Fortalecimiento del Consejo Ambiental de Medellín, donde es importante que podamos participar o al menos tener nuestra voz y voto allí.**
3. **Creación de un Panel de Expertos que pueda ayudar a orientar acciones climáticas en Medellín, en el cual puedan participar organizaciones y comunidades.**
4. **Implementación de la Política pública de protección a moradores, la cual quedó con un capítulo para los afectados por riesgo.**
5. **Plan articulado entre DAGRD e ISVIMED para atender a las familias afectadas por desastres.**

RED COLOMBIANA DE ENERGÍA DE LA BIOMASA (REDBIOCOL)

COLOMBIA

Red Colombiana de Energía de la Biomasa (RedBioCol) is a strategic initiative that connects individuals and organizations dedicated to harnessing biomass technologies to tackle environmental challenges in Colombia. This national network plays a crucial role in promoting **energy sovereignty** and sustainable agricultural technologies such as the biodigester, which is a large vinyl tube that breaks down organic materials to create biofuel, biopower, and bioproducts. In recent years, RedBioCol has adopted the image of a biodigester in the form of a spaceship to serve as a symbolic vehicle for disseminating this technology throughout Colombia, Latin America, and the world. Furthermore, RedBioCol promotes research, establishes synergies among scientists, community members, and policymakers, and strengthens national processes for conserving and sustainability using the country's biodiversity.

La Red Colombiana de Energía de la Biomasa (RedBioCol) es una iniciativa estratégica que conecta a individuos y organizaciones dedicadas a aprovechar las tecnologías de biomasa para enfrentar los desafíos ambientales en Colombia. Esta red nacional juega un papel crucial en la promoción de la **soberanía energética** y las tecnologías agrícolas sostenibles, como el biodigestor, que es un tubo de vinilo de gran tamaño que descompone materiales orgánicos para crear biocombustibles, bioenergía y bioproductos. En los últimos años, RedBioCol ha adoptado la imagen de un biodigestor en forma de nave espacial como metáfora y vehículo para difundir esta tecnología en Colombia, América Latina y el mundo. Además, RedBioCol promueve la investigación, establece sinergias entre científicos, miembros de la comunidad y formuladores de políticas, y fortalece los procesos nacionales para conservar y utilizar de manera sostenible la biodiversidad del país.

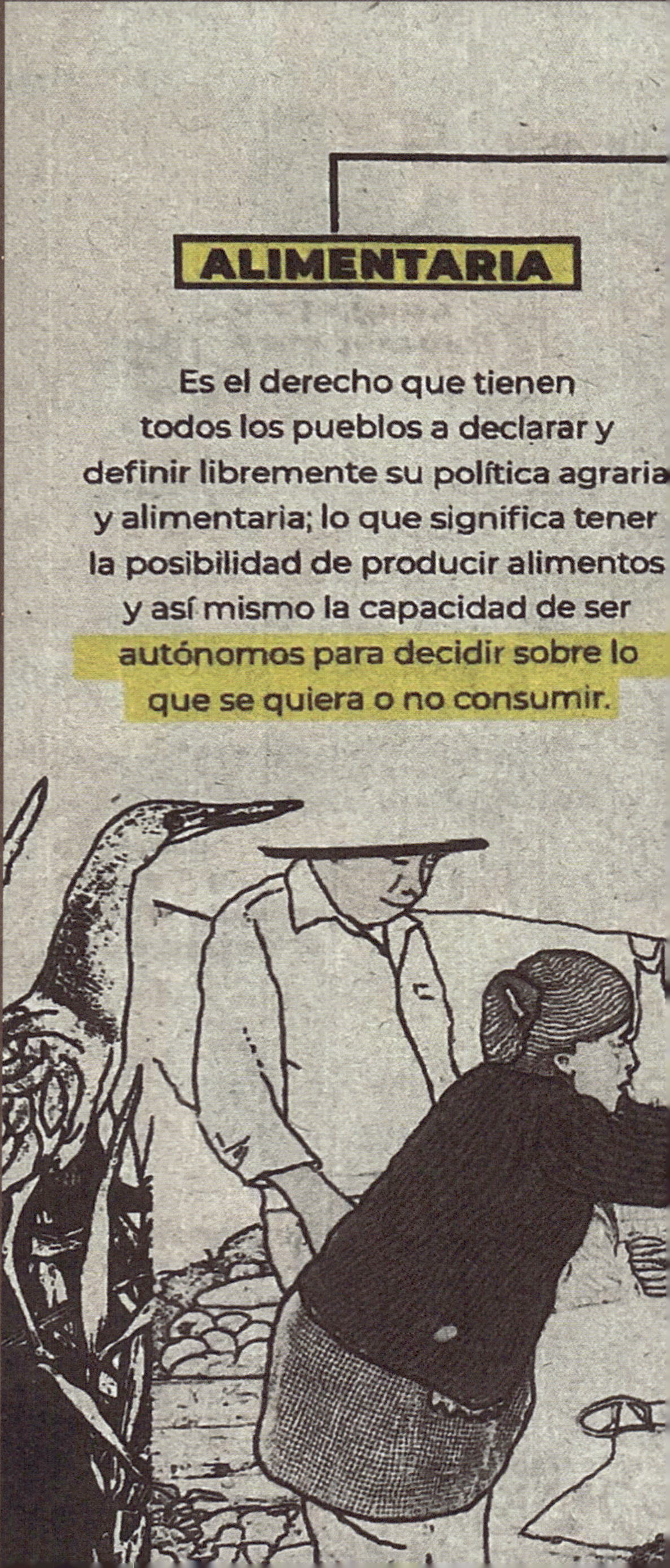

SOBERANÍA

ENERGÉTICA

Es el derecho de los pueblos a tomar sus propias decisiones respecto a la generación, distribución y consumo de energía, de modo que sean apropiadas a las circunstancias ecológicas, sociales, económicas y culturales, siempre y cuando no afecten negativamente a terceros.

ECONÓMICA

Es el derecho de los pueblos a desarrollar una economía propia como alternativa al modelo capitalista. Por ejemplo el trueque, la moneda propia, los mercados campesinos o solidarios y los fondos rotatorios.

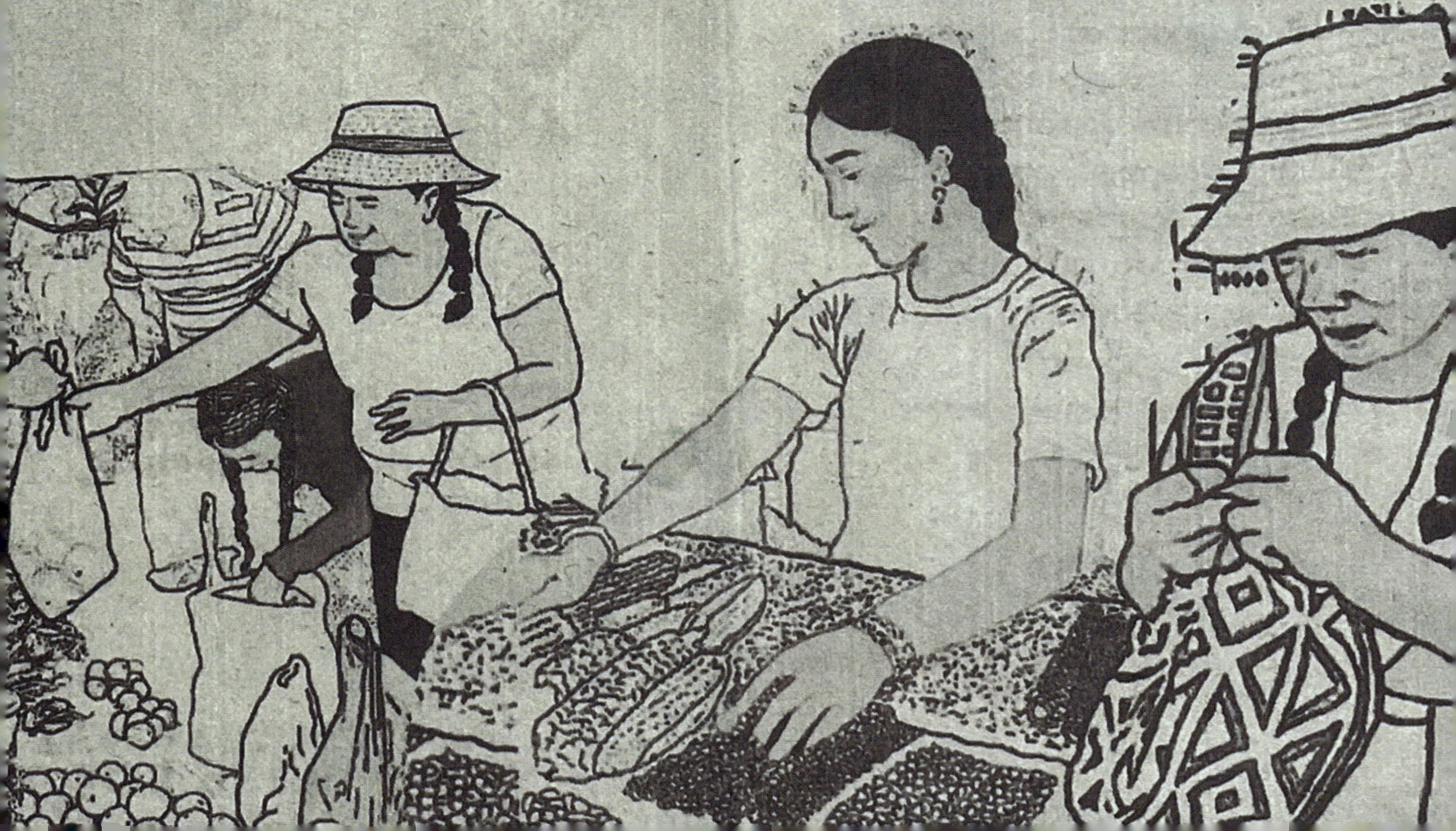

LA ENERGÍA DE LA BIOMASA Y LA TRANSICIÓN ENERGÉTICA JUSTA EN COLOMBIA:

Experiencia de la Red Colombiana de Energía de la Biomasa, RedBioCol

por Lylian Rodríguez Jiménez, Fundación UTA, Equipo Articulador RedBioCol. 2024

La RedBioCol es resultado más de 4 décadas de trabajo de muchas personas del campo y la ciudad, de organizaciones de la sociedad civil, consumidores conscientes, universidades, organizaciones diversas de base comunitaria (campesinas, indígenas, afro, pescadores, organizaciones de mujeres, jóvenes, niñ@s); en lo que hacemos, hay un gran acumulado de saberes y conocimientos, fruto de la articulación. Como RedBioCol, llevamos 12 años engranando experiencias alrededor de las tecnologías energéticas de la biomasa. Por biomasa entendemos todo lo que se produce a través de la fotosíntesis: las plantas que crecen, la madera que se acumula en los bosques, los árboles; el suelo y su vida, biomasa son también los residuos que se generan en los procesos de las actividades humanas y de producción de alimentos en los territorios. Nuestros sistemas producen vida, abundancia de alimentos y hacen un uso eficiente de los residuos produciendo energía y abonos orgánicos para enfrentar los efectos del modelo económico actual.

En la RedBioCol, trabajar tecnologías energéticas de la biomasa comienza con transformar la energía del Sol, la fuente inagotable de energía más preciada que tenemos. La transformamos en alimentos producidos en sistemas agroforestales, integrados y agroecológicos que simulan el bosque, sistemas que son la base de la agricultura familiar campesina, afro, indígena, de los pescadores y en los procesos urbanos.

En la RedBioCol promovemos la conectividad ecológica, que se traduce en aumentar la biodiversidad, capturar carbono y conservar el agua, los saberes y las semillas criollas de vegetales y animales. Para hacer conectividad ecológica, requerimos conectividad social, tejido social.

Los procesos productivos y de la vida diaria generan residuos orgánicos; en la RedBioCol mediante tecnologías apropiadas como la biodigestión, transformamos esos residuos, que son biomasa a través de biodigestores de flujo continuo que generan biogás-metano, el gas combustible; a la vez, los nutrientes se convierten en un abono orgánico líquido de alta calidad que se usa como abono y como riego.

Además, venimos promoviendo la gasificación de la biomasa por medio de gasificadores. Se trata de una tecnología muy interesante que nos permite generar calor en el proceso y un gas de síntesis-hidrógeno; pero, a la vez, se obtiene un residuo: el biocarbono; este es un acondicionador de suelos que promueve la vida en el suelo. El gas de síntesis-hidrógeno y el biocarbono potencian la producción, protegen el suelo y el agua, y contribuyen a reducir la emisión de gases de efecto invernadero.

En la RedBiocol, usamos la energía solar fotovoltaica de manera estratégica para respaldar procesos de valor agregado, para iluminación y el calentamiento de agua, orientados al bienestar humano y animal.

En buena parte de las zonas rurales del mundo, la cocción de alimentos se hace en lo que conocemos como fogón de leña, o fogón 3 piedras. Así que, en la canasta de tecnologías y prácticas, es necesario incluir las estufas eficientes de leña que impacten positivamente la salud, bosques leñeros y además resaltamos que cuando la producción se hace en sistemas agroforestales, la leña también está disponible como un subproducto y no es necesario agotar los bosques para proveerse de ella y el fogón de leña es parte de los usos y costumbres, de la cultura y espiritualidad de los pueblos.

En muchos rincones del país, existen experiencias de producción energética sustentable y **agroecológica** en pequeña escala. Son experiencias de energías comunitarias que lideramos, en muchos casos, mujeres organizadas que le apostamos a otros modos de vida más justos y más equilibrados con el planeta.

La energía más importante es la que ponemos cada uno de los miembros de la RedBioCol en los procesos en cada territorio. El fortalecimiento del individuo, la familia y la proyección a la comunidad, con enfoque de género y generaciones es fundamental para seguir tejiendo. Si hay tejido social fuerte, los procesos se potencian.

La estrategia de la RedBioCol nos ha permitido proteger el suelo, el agua, el aire, las semillas, las plantas, los animales, los saberes y a los seres humanos mediante canastas de tecnologías y prácticas apropiadas que transforman la energía y generan vida y además contribuyen desde lo local a las metas globales, son energías comunitarias resilientes al cambio climático.

Es energía local armónica con el territorio, no hay pérdidas por transmisión, no arrasa comunidades, no contamina, reduce la emisión de gases de efecto invernadero y además se avanza hacia la autosuficiencia energética y alimentaria combinando tecnologías. Las energías comunitarias pueden generar excedentes para procesos de valor agregado comunitarios y en algunos casos se podría inyectar energía a la red eléctrica. Además, estas experiencias facilitan los intercambios de conocimiento en las escuelas del campo, mingas, mercados comunitarios y se asegura que el saber quede en manos de las comunidades que apropian las tecnologías y las adaptan a sus particularidades. De esta manera, las comunidades son gestoras de procesos de energía renovable para la vida.

La RedBioCol se articula con otras redes a nivel nacional e internacional. En la actualidad es parte de la Mesa de Energías Comunitarias MEC, nos articulamos para fortalecer, visibilizar, dignificar y proteger nuestro trabajo y nuestros territorios en el campo y la ciudad. Somos productores de vida, de aire, de agua de suelos saludables, de alimentos y energía para la vida.

Cada persona, ciudadana y ciudadano en el campo y la ciudad, necesita, merece y debe aprender a hacerse responsable de sus residuos, conocer alternativas; esto no pueden asumirlo solamente quienes saben **agroecología**, es tarea y compromiso de todas las personas.

Hoy, el planeta demanda un cambio y la institucionalidad está abocada a contribuir en esta transición energética justa, con las comunidades, con la gente trabajadora, pensando en el ambiente y tomando consciencia en materia de tecnologías y prácticas locales que le apuesten a preservar la vida en todos sus sentidos.

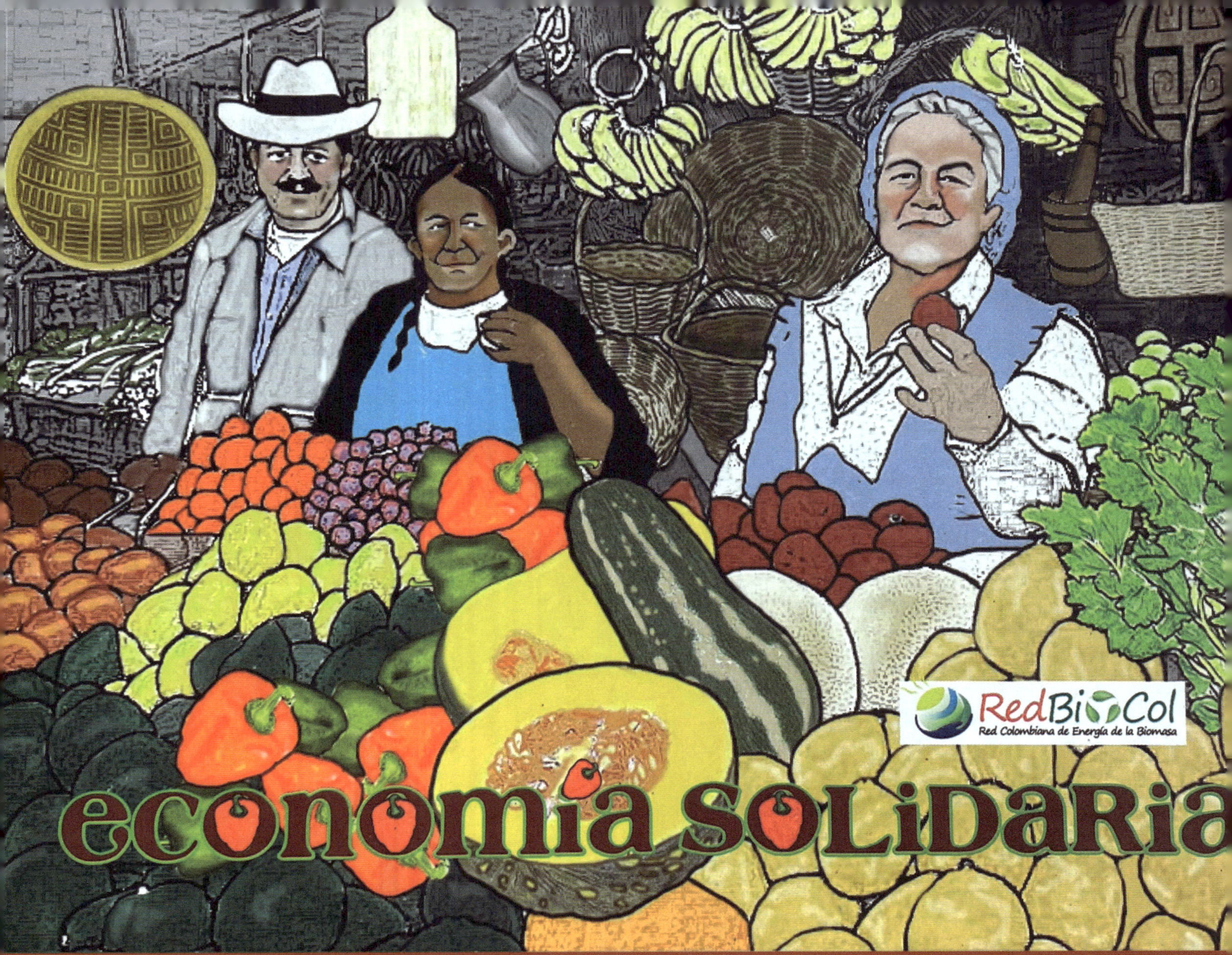

En la RedBioCol tenemos un sello de confianza para los productos de fincas en las que tenemos prácticas agroecológicas con las que cuidamos la vida: "Proceso respaldado por la RedBioCol." Para la Red, es de gran importancia garantizar un balance energético, ambiental, social, cultural y económico justo. Mujeres y familias organizadas jóvenes que le han apostado al campo y a la agricultura urbana lideran las experiencias.

Como RedBioCol, seguiremos aplicando y practicando las tecnologías apropiadas que promuevan sistemas de producción de vida, a nivel nacional, de Latinoamérica y el Caribe y del mundo.

¡La resistencia seguirá haciéndose, como dice el pueblo Nasa, hasta que se apague el Sol!

¡Bienvenidos a la Bionave!

Tenemos que pensar globalmente y actuar localmente.

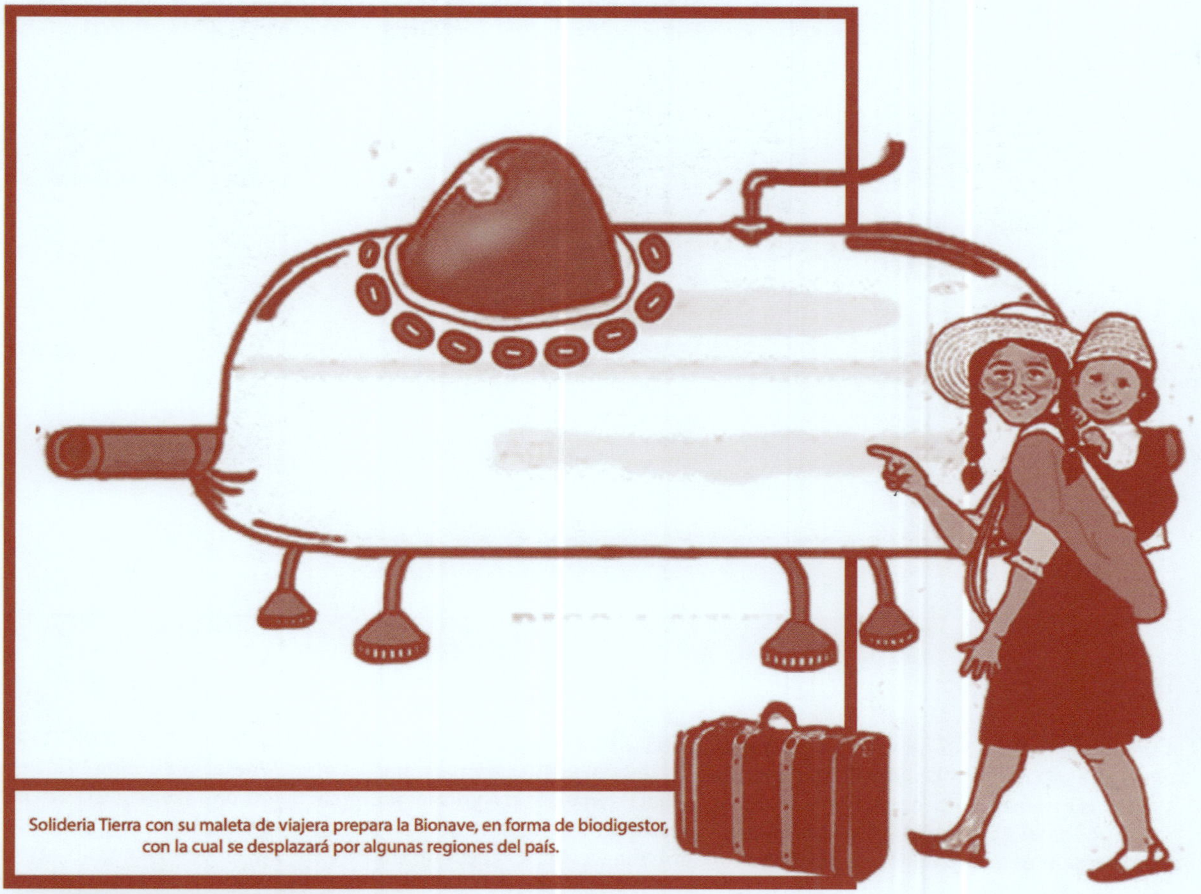

Solideria Tierra con su maleta de viajera prepara la Bionave, en forma de biodigestor, con la cual se desplazará por algunas regiones del país.

8

Cerro de La Teta en Buenos Aires, Cauca.

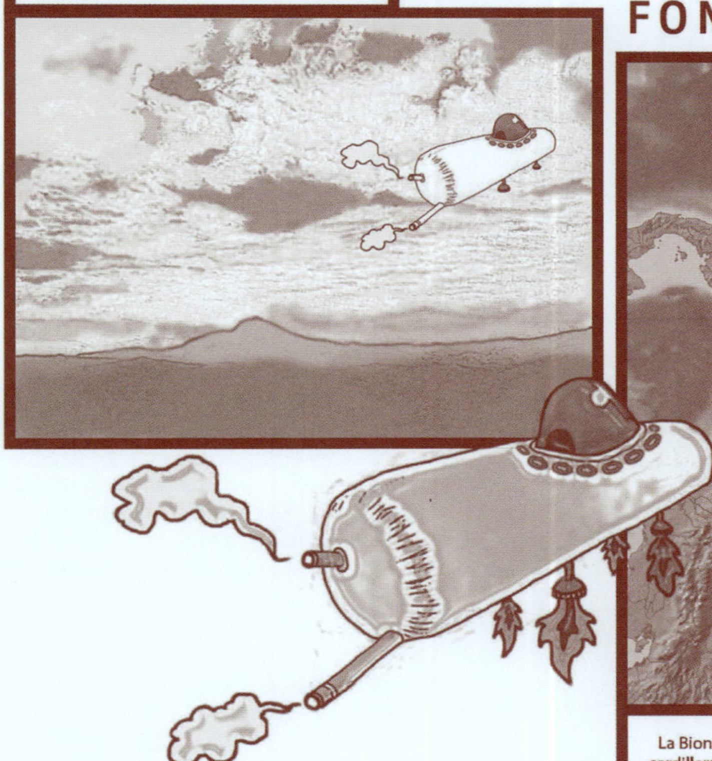

FONDOS ROTATORIOS

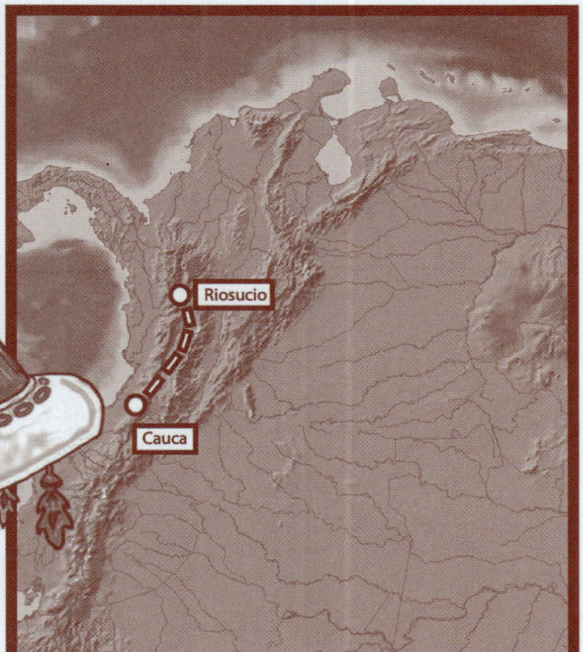

La Bionave sale del departamento del Cauca y se dirige por toda la cordillera central hacia el noroccidente hasta llegar a Riosucio, Caldas.

GLOSSARY

Researched and compiled by Gwennhael Huesca Reyes

In recent decades we have witnessed the resurgence of ancestral worldviews and their respective frameworks of knowledge, which result in practices associated with the well-being of the human species and all natural entities that inhabit the planet. It is urgent to recognize that concepts anchored in Western epistemological traditions are insufficient or inadequate for naming these experiences, their propositions, and the transitions they materialize, and that the appropriation of language is another facet of the struggles that seek to change the world. It is essential to create words that name this alternative vision of existences and their ways of relating to each other. We propose this glossary so that the understanding of the contents of the exhibition and of this publication expands toward a more fair reality for the living beings of our planet.

Agroecology: Hybrid discipline that combines knowledge from the natural and social sciences to offer solutions for serious environmental and food production issues caused by modern industrialized agriculture or agribusiness. It develops across three fields or dimensions: (1) ecological and agricultural scientific research, which is reflected in publications and initiatives; (2) empirical agricultural practices, which promote traditional techniques and knowledge, and (3) the development of an approach with and for rural social movements, in which *campesinos* or fieldworkers, rural households, Indigenous peoples, landless rural workers, and women claim and defend their territories and natural resources, their lifestyles, and their biocultural heritage.

Agroecology is also defined as a transcultural, participatory, and action-oriented approach, representing an innovative manifestation of participatory action research. Practitioners of agroecology establish an intercultural dialogue and recognize traditional worldviews, knowledge, and practices as a basis for scientific and technological innovation.

Agroecology is a fundamental political, scientific, technological, intercultural, and social instrument that faces the ecological and social crises of the contemporary world and aspires to achieve a postindustrial and alternative modernity.[1]

Agropolitan, model: Implies overcoming the city/territory dichotomy which separates the urban from the rural. Agropolitan models contemplate multisectoral, multidisciplinary, and multidimensional territorial development, highlighting urban-rural partnerships and promoting the potency of small nuclei around major metropolises, which may become sites for agricultural and non-agricultural activities. The resulting Agropolis is an intelligent territory that maintains structural symbiosis between the city and the countryside, fosters scenarios that facilitate the advancement of the main functions of the agricultural sector, and contributes to the region's competitiveness.[2,3]

Aquapolitan, perspective: Understands the bioregion of the Geographic Valley of the Cauca River as a territory deeply shaped and organized around water—including its river system and other bodies of water comprising it, such as streams, old riverbeds, and groundwater—and as the site of important struggles for environmental justice seeking to ensure the well-being of their towns and communities. El Tejido de Transicionantes (ETDT) through the Geographic Valley of the Cauca River has developed their perspective with references to other works, such as "Vital Communities, Water Communities," presented by Ati Quigua, former council member of Bogotá, at the III Foro Internacional Hacia la Nueva Cultural del Agua y la Paz, held in Bogotá on May 25, 2021.

1 Víctor M. Toledo, "Agroecología," *Pluriverso: Un diccionario del posdesarrollo*, eds. Ashish Kothari, Ariel Salleh, Arturo Escobar, Federico Demaria, and Alberto Acosta (Barcelona: Icaria, 2019), 163–166.

2 Ariosto Ardila Silva and Wilson Vergara Vergara, "El modelo de agrópolis frente a la dialéctica ciudad-campo," *Revista de la Universidad de La Salle 57* (2012): 83–95.

3 Elda A. Torres-Reyes, Leonardo H. Talero-Sarmiento, and Luis E. Becerra-Ardila, "Las agrópolis como instrumento de desarrollo de la competitividad," proceedings of the International Conference on Innovation, Documentation and Education 2021, *Editorial Universitat Politècnica de València* (2022): 469–476.

GLOSARIO

Investigación y compilación de Gwennhael Huesca Reyes

En décadas recientes hemos atestiguado el resurgimiento de cosmovisiones ancestrales y sus marcos de conocimiento respectivos, que derivan en prácticas asociadas al bienestar de la especie humana y la totalidad de entes naturales que habitan el planeta. Es urgente reconocer que los conceptos anclados en las tradiciones epistemológicas occidentales son insuficientes o inadecuados para nombrar estas experiencias, sus propuestas y las transiciones que materializan, y que la apropiación del lenguaje es otra faceta de las luchas que buscan cambiar el mundo. Es indispensable crear palabras que nombren esta visión alternativa de las existencias y sus maneras de relacionarse. Proponemos este glosario para que la comprensión de los contenidos de la exhibición y de esta publicación se expanda hacia la importancia de transitar una realidad más justa para los seres vivientes de nuestro planeta.

Acuapolitana, perspectiva: Entiende la biorregión del valle geográfico del río Cauca como un territorio profundamente moldeado por su ordenamiento alrededor del agua —incluyendo el sistema río y los cuerpos de agua, como quebradas, madreviejas y aguas subterráneas— y como el espacio de importantes luchas por la justicia ambiental para garantizar el buenvivir de sus pueblos y comunidades. El Tejido de Transicionantes por el valle geográfico del río Cauca ha elaborado esta perspectiva con referencias de otros trabajos, como "Comunidades vitales, comunidades del agua", presentado por Ati Quigua, exconcejala de la ciudad de Bogotá, en el III Foro Internacional Hacia la Nueva Cultura del Agua y la Paz, celebrado en Bogotá, el 25 de mayo de 2021.

Agroecología: Disciplina híbrida que combina conocimientos de las ciencias naturales y sociales para ofrecer soluciones a los problemas ambientales y de producción de alimentos ocasionados por la agricultura industrializada o la agroindustria. Se desarrolla en tres esferas: 1) investigación científica ecológica y agrícola, expresada en publicaciones e iniciativas; 2) prácticas agrícolas empíricas, que impulsan técnicas y conocimientos tradicionales; y 3) desarrollo de un enfoque con y para los movimientos sociales rurales, para que campesinos, hogares rurales, pueblos indígenas, trabajadores rurales sin tierra y mujeres reclamen y defiendan sus territorios y recursos naturales, sus estilos de vida y su patrimonio biocultural.

Se define también como un enfoque transcultural, participativo y orientado a la acción, una nueva expresión de la investigación-acción participativa. Quienes practican la agroecología establecen un diálogo intercultural y reconocen las cosmovisiones, los conocimientos y las prácticas tradicionales como base para la innovación científica y tecnológica.

La agroecología es un instrumento político, científico, tecnológico, intercultural y social fundamental que afronta las crisis ecológicas y sociales del mundo contemporáneo, y aspira a alcanzar una modernidad posindustrial y alternativa.[1]

Agropolitano, modelo: Implica superar la dicotomía ciudad/territorio que separa lo rural de lo urbano. Los modelos agropolitanos contemplan un desarrollo territorial, multisectorial, multidisciplinario y multidimensional; resaltan los vínculos urbano-rurales y promueven la potencia de pequeños núcleos alrededor de las grandes metrópolis, que pueden constituirse en motor de actividades agrícolas y no agrícolas. Las agrópolis resultantes son territorios inteligentes que mantienen una simbiosis estructural entre la ciudad y el campo, propician escenarios que facilitan el avance de las principales funciones del sector agropecuario y contribuyen a la competitividad de la región.[2,3]

1 Víctor M. Toledo, "Agroecología", *Pluriverso: Un diccionario del posdesarrollo*, ed. Ashish Kothari, Ariel Salleh, Arturo Escobar, Federico Demaria y Alberto Acosta (Barcelona: Icaria, 2019), 163–166.

2 Ariosto Ardila Silva y Wilson Vergara Vergara, "El modelo de agrópolis frente a la dialéctica ciudad-campo", *Revista de la Universidad de La Salle* 57 (2012): 83–95.

3 Elda A. Torres-Reyes, Leonardo H. Talero-Sarmiento y Luis E. Becerra-Ardila, "Las agrópolis como instrumento de desarrollo de la competitividad", *Proceedings of the International Conference on Innovation, Documentation and Education 2021* (Valencia: Universitat Politècnica de València, 2022), 469–476.

***Buen Vivir* (good living):** Definition under construction which brings together South American perspectives that radically question modernist infrastructural development and its other components while offering alternatives. It is plural—that is, there is no singular mode of *Buen Vivir*—because it includes different versions, specific to each historical and ecological social context, which results in innovation, tied to and hybridized from concepts which derive from some Indigenous traditions and from critical positions on modernity. It aims to decolonize knowledge and rescue other subordinated or invisibilized epistemologies.

Buen Vivir (good living) does not accept modernity's separation between society and nature and displaces humans as the central and only subjects with political agency and as the sole source of all valuation. Its ethical and political openness recognizes intrinsic value in the nonhuman and accepts extended communities of humans and nonhumans—animals, plants, mountains, spirits, etc.—in specific territories.

Criticism for and alternatives to *Buen Vivir* share components: they question the concept of progress and the understanding of a singular linear universal history, and object to all varieties of development for their obsession with economic growth, consumerism, commodification of nature, etc. The alternatives are open to multiple, parallel, nonlinear, even circular historical processes, and are both post-capitalist and post-socialist. They focus on the complete satisfaction of human needs based on austerity. Feminist alternatives are proposed to recover the key role of women in the defense of communities and nature.[4]

Care economy: Care refers to goods and activities that allow people to feed themselves, educate themselves, be healthy, and live in a favorable habitat. Associating the concept of care with that of the economy implies concentrating on the aspects of this field that contribute to generating economic value. What interests the care economy is the relationship between the way in which societies organize the care of their members and the functioning of the economic system. Unpaid labor carried out in the home is linked to the notion of social reproduction, fundamentally understood as the reproduction of the labor force. This implies assuming that care is the core of this process. From this point of view, the care economy refers to a largely undefined field of goods, services, activities, relationships, and values relative to basic necessities and relevant for the existence and reproduction of people in the societies in which they live.[5]

Citizen science or community science: Scientific research and monitoring guided by the scientific method, driven and controlled by a community, and characterized by place-based knowledge and social learning, collective action, and empowerment. Its objective is to negotiate, improve, or transform governance for administration and socio-ecological sustainability.

The difference between citizen science and community science is discussed in English-speaking countries. The first is attributed to research processes instituted by a researcher or a team of external researchers, such as scientific professionals, not by a community. The second is led by the community, which decides whether or not to relate to a scientific expert, internal or external. In Spanish-speaking countries, the concept of citizen science (*ciencia ciudadana*) encompasses both definitions.[6,7,8]

***Cimarronaje*:** Historical movement against the institutionalization of slavery in Latin America. The escape of enslaved individuals from plantations with no intention of returning. *Cimarrones*—individuals born in Africa or of African descent born in the Americas, and indigenous peoples—often would join others and form small societies in difficult-to-access areas known as *palenques* in Spanish colonies, *quilombos* or *mocambos* in the Portuguese colonies, and "maroon towns" in the English colonies. These communities tried to recreate their traditional societies to the extent made possible from their collective memories, fragmented by the transatlantic crossing and genocide, and within the material limits of their social and political context(s).

Cimarronaje can be conceived as the escape from the dehumanizing institutions of European modernity through a decolonial political praxis which seeks to reconfigure the sociopolitical order.[9]

Defuturing: Term coined by Tony Fry, who considers that the current contributions of design create systemic conditions of structured unsustainability which eliminate possible futures.[10]

Degrowth: In the 1960s the population bomb exploded and the ecological alarm sounded. This impacted two ideological pillars of Western civilization: the principle of progress driven by the power of science and technology at the service of capital accumulation, and the myth of unlimited economic growth. The environmental crisis questioned humanity's supremacy over other creatures on the planet, the right to dominate and exploit nature for mankind's benefit, and the meaning of human existence based on economic growth and technological progress.

Degrowth arises from the failure of proposals such as sustainable development and the incontrovertible evidence that the globalized economic process is unsustainable, since eco-efficiency does not

4 Mónica Chuji, Grimaldo Rengifo, and Eduardo Gudynas, "Buen Vivir," in *Pluriverso: Un diccionario del posdesarrollo*, eds. Ashish Kothari, Ariel Salleh, Arturo Escobar, Federico Demaria, and Alberto Acosta (Barcelona: Icaria, 2019), 188–192.

5 Corina Rodríguez Enríquez, "Economía del cuidado, equidad de género y nuevo orden económico internacional," in *Del sur hacia el norte: economía política del orden económico internacional emergente*, eds. Alicia Girón and Eugenia Correa (Buenos Aires: Consejo Latinoamericano de Ciencias Sociales, 2007), 229–240.

6 Anthony Charles, Laura Loucks, Fikret Berkes, and Derek Armitage, "Community science: A typology and its implications for governance of social-ecological systems," *Environmental Science & Policy* 106 (2020): 77–86.

7 European Citizen Science Association, "Ten Principles of Citizen Science" (2015).

8 M. V. Eitzel et al., "Citizen Science Terminology Matters: Exploring Key Terms," *Citizen Science: Theory and Practice* 2, no. 1 (2017): 1–20.

9 Pedro Lebrón Ortiz, "Teorizando una filosofía del cimarronaje," *Tabula Rasa* 35 (2020): 133–156.

10 Vania Susana Calle Quispe, "El diseño regenerativo local para la transición, un enfoque desde la biomímesis," *Cuaderno 195*, (2023): 167–180.

Buen Vivir, o vivir bien: Definición en construcción que reúne perspectivas sudamericanas acerca de cuestionamientos radicales al desarrollo y otros componentes de la modernidad, y ofrece alternativas. Es plural porque incluye versiones específicas para cada contexto social, histórico y ecológico, que resultan de la innovación, vinculación e hibridación de conceptos de algunas tradiciones indígenas y posturas críticas de la modernidad. Apunta a descolonizar saberes y rescatar otras epistemologías subordinadas o invisibilizadas.

El Buen Vivir no acepta la separación entre sociedad y naturaleza, y desplaza la centralidad de los humanos como únicos sujetos con agencia política y fuente de toda valoración. Su apertura ética y política reconoce valores intrínsecos en lo no humano y acepta comunidades ampliadas de humanos y no humanos —animales, plantas, montañas, espíritus, etcétera— en territorios específicos.

La crítica y las alternativas comparten componentes: cuestionan el concepto de progreso y el entendimiento de una única historia universal lineal, y objetan todas las variedades de desarrollo por su obsesión con el crecimiento económico, el consumismo, la mercantilización de la naturaleza, etcétera. Las alternativas se abren a procesos históricos múltiples, paralelos, no lineales, incluso circulares, y son poscapitalistas y postsocialistas a la vez. Se enfocan en la satisfacción completa de las necesidades humanas con base en la austeridad. Se postulan alternativas feministas para recuperar el papel clave de las mujeres en la defensa de las comunidades y la naturaleza.[4]

Ciencia comunitaria o ciudadana: Se refiere a la investigación científica y el monitoreo guiados por el método científico, impulsados y controlados por una comunidad, caracterizados por el conocimiento basado en el lugar y el aprendizaje social, la acción colectiva y el empoderamiento, con el objetivo de negociar, mejorar o transformar la gobernanza para la administración y la sostenibilidad socioecológica.

En países de habla inglesa se discute la diferencia entre ciencia ciudadana —*citizen science*— y ciencia comunitaria —*community science*—. A la primera se le atribuyen procesos de investigación instituidos por un investigador externo, no por una comunidad. La segunda es liderada por la comunidad, que decide si se relaciona o no con un experto científico, interno o externo. En países de habla hispana, el concepto *ciencia ciudadana* abarca ambas definiciones.[5,6,7]

Cimarronaje: Manifestación contra la institución de la esclavitud en Latinoamérica. Fuga de sujetos esclavizados de las plantaciones sin intenciones de volver. Estos cimarrones —sujetos nacidos en África o de ascendencia africana nacidos en las Américas e indígenas— por lo regular se unían a otros y formaban pequeñas sociedades en áreas de difícil acceso conocidas como palenques en las colonias españolas, quilombos o mocambos en las colonias portuguesas, y *maroon towns* en las colonias inglesas. Estas comunidades trataron de recrear sus sociedades en la medida de lo posible a partir de sus memorias colectivas, fragmentadas por la travesía transatlántica y el genocidio, dentro de los límites materiales de su contexto social y político.

Se puede concebir como la huida de las instituciones deshumanizantes de la modernidad europea por medio de una praxis política descolonial en la que se busca reconfigurar el orden sociopolítico.[8]

Colonialismo de asentamientos: Este tipo de colonialismo se concentra en la necesidad de controlar el territorio y sus recursos, y no contempla la incorporación de sus habitantes originarios en el nuevo arreglo sociopolítico. Se gesta sobre el imperativo de remover, y de ser necesario eliminar o deportar, a los habitantes del territorio con miras a implantar un modelo de desarrollo económico y social completamente nuevo. Las poblaciones indígenas se enfrentan a distintos modos de violencia genocida que busca su subyugación o su exterminio total.

Los promotores del colonialismo de asentamientos buscan no sólo dominar el territorio, sino también transformarlo de manera definitiva. Con la constante expansión del extractivismo y la agroindustria, y la implantación de un régimen de propiedad individual y capitalista, las tierras ocupadas por los colonos atraviesan un proceso dramático de cambio definido por la eliminación de especies y paisajes autóctonos, y la creación de espacios enteramente nuevos, delimitados con claridad y explotados según una racionalidad de mercado.[9]

Conocimiento ecológico indígena (CEI): Cuando se relaciona con la ecología, el conocimiento indígena (CI) incluye el conocimiento ecológico tradicional y el conocimiento ecológico indígena (CEI). Se considera que el CI es un conjunto de saberes ligados a un lugar, acumulado ahí y transmitido de generación en generación en contextos culturales específicos. El conocimiento indígena se distingue de la ciencia, el conocimiento local y la ciencia ciudadana ya que incluye la observación directa y la interacción con plantas, animales y ecosistemas, y un amplio espectro de conocimientos y valores culturales y espirituales que sustentan las relaciones entre el ser humano y el medio ambiente. Los conocimientos indígenas a menudo se complementan con observaciones y experiencias contemporáneas que permiten la flexibilidad y la adaptabilidad en el contexto del cambio ambiental y social.

El CEI pone énfasis en las relaciones éticas con la naturaleza, fomenta un profundo respeto por el medio ambiente y la necesidad de prácticas sostenibles. Abarca campos como las tecnologías indígenas, los métodos de clasificación y gestión del suelo, las técnicas de conservación del agua y la gestión de bosques, entre otros. Su uso mantiene la diversidad cultural y biológica del mundo; aporta información invaluable y llena los vacíos en los sistemas de

4 Mónica Chuji, Grimaldo Rengifo y Eduardo Gudynas, "Buen Vivir", en *Pluriverso: Un diccionario del posdesarrollo*, ed. Ashish Kothari, Ariel Salleh, Arturo Escobar, Federico Demaria, y Alberto Acosta (Barcelona: Icaria, 2019), 188-192.

5 Anthony Charles, Laura Loucks, Fikret Berkes y Derek Armitage, "Community Science: A typology and its implications for governance of social-ecological systems", *Environmental Science & Policy* 106 (2020): 77-86.

6 European Citizen Science Association, "Ten Principles of Citizen Science" (2015).

7 M. V. Eitzel *et al.*, "Citizen Science Terminology Matters: Exploring Key Terms", *Citizen Science: Theory and Practice* 2, núm. 1 (2017): 1-20.

8 Pedro Lebrón Ortiz, "Teorizando una filosofía del cimarronaje," *Tabula Rasa* 35 (2020): 133-156.

9 Daniel Kent Carrasco, "Heridas en la tierra", en *Colonización, racismo y agroindustria en México*, (México: Universidad Nacional Autónoma de México-Instituto de Investigaciones Históricas, 2024), 12, 18, 28, 29.

solve the problem of a perpetually growing economy in a world of finite resources. The degrowth project aspires to no other growth or type of development—sustainable, social, nor fair—rather to the construction of a society of frugal abundance, a society of post-growth or prosperity without growth. Degrowth questions the hegemony of economic growth and calls for a redistributive and democratically managed reduction of production and consumption in industrialized countries as a way to achieve environmental sustainability, social justice, and well-being. Degrowth design can take the form of a virtuous circle of sobriety represented by the 8 Rs: reevaluate, reconceptualize, restructure, relocate, redistribute, reduce, reuse, and recycle.[11, 12]

Earth spirituality: Belief system encompassing nature and its nonhuman beings' sensitivity, sacredness, and conscious action. It aligns with ancestral and Indigenous conceptions of nature, and contrasts with the materialist scientific vision of a nature that is governed by impersonal forces, populated by animals and plants that lack a complete existential condition.

Because development has largely meant the commodification of nature, earth spirituality is an anti-developmental or post-developmental belief system. If animals, plants, soil, water, mountains, rivers, etc., are sensitive subjects, we can no longer treat them as instruments of human utility; we must take into account their well-being, integrity, and dignity, and not treat them as mere resources.

The dominant form of Euromodernity is sustained by fundamental dualisms: the division between culture and nature—between "us" and "them," the West and the rest, the modern and the non-modern, the civilized and the savages, etc.—and between subject and object, or mind and body. The hierarchies established between culture/nature and subject/object lead to the suppression, devaluation, subordination, and even destruction of forms of knowledge and beings that do not conform to the dominant form of European-derived modernity.

In both the academic and social/activist worlds we witness a renewed interest in the historically subordinate side of dualisms in a whole spectrum of their manifestations, as important dimensions of what constitutes life itself. These definitions may include life as emotions, feelings, the spiritual, non-scientific knowledge, body and place, nonhumans, inorganic life, and death.[13,14,15]

Ecological balance: Ideas about natural or ecological balance arose from religious assumptions of divinely determined stability in natural systems. This concept credits nature with the ability to achieve a balance between disparate forces. To this day, the notion of ecological balance plays a role in modern ecology and in political movements such as environmentalism, despite not being precisely defined within the scientific community.

In article 3 of the General Law of Ecological Balance and Environmental Protection of Mexico, it is defined as "the relationship of interdependence between the elements that make up the environment that makes possible the existence, transformation and development of man and other living beings."

According to the Concept Space of the National Agricultural Library Thesaurus, operated by the United States Department of Agriculture, ecological balance is "the state of dynamic equilibrium in a community of organisms, in which genetic, species, and ecosystem diversities remain relatively stable, subject to gradual changes through natural succession."[16,17,18]

Eco-social transition: Process of change in industrial and consumption models that implies an ethical consideration of human dependence on ecosystems. It enacts all social, economic, and professional initiatives constituted as alternatives to the prevailing economic system, with egalitarian, fair, and respectful intervention models between people and the environment. The objective is to center social well-being as the engine of the real economy.[19]

Energy sovereignty: Political projects and visions aimed at the fair generation, distribution, and control of energy sources—understood as a natural common good and as a basis of life for all—with ecological and cultural foundations among mobilized communities in ways that do not affect others and that respect ecological cycles. Energy sovereignty includes the plurality of systemic alternatives that challenge the dominant energy paradigm controlled by centralized powers. It defends the right to decide what energy source to exploit, how much to produce, how, by whom, where, and for whom.

The concept of energy sovereignty has been used to question the privatization of essential services by transnational companies and the corporatization of state companies, and has been the response against extractivism, energy poverty, corporate oligopoly,

11 Enrique Leff, "Decrecimiento o desconstrucción de la economía: hacia un mundo sustentable," *Polis* 7, no. 21 (2008): 81–90.

12 Víctor M. Toledo, "Agroecología" in *Pluriverso*: *Un diccionario del posdesarrollo*, eds. Ashish Kothari, Ariel Salleh, Arturo Escobar, Federico Demaria, and Alberto Acosta (Barcelona: Icaria, 2019), 204–207.

13 Charles Eisenstein, "Espiritualidad de la tierra," in *Pluriverso: Un diccionario del posdesarrollo*, ed. Ashish Kothari, Ariel Salleh, Arturo Escobar, Federico Demaria, and Alberto Acosta (Barcelona: Icaria, 2019), 284–287.

14 Arturo Escobar, "En el trasfondo de nuestra cultura: la tradición racionalista y el problema del dualismo ontológico," *Tabula Rasa* 18 (2013): 15–42.

15 Arturo Escobar, "Desde abajo, por la izquierda y con la Tierra: la diferencia de Abya Yala/Afro/Latino-América," in *Rescatar la esperanza. Más allá del neoliberalismo y el progresismo* (Barcelona: Entrepueblos/Entrepobles/Entrepobos/Herriarte, 2016), 336–369.

16 Corinne Zimmerman and Kim Cuddington, "Ambiguous, circular and polysemous: students' definitions of the 'balance of nature' metaphor," *Public Understanding of Science* 16, (2007): 393–406.

17 Presidencia de la República, Ley General del Equilibrio Ecológico y la Protección al Ambiente, article 3, *Diario Oficial de la Federación*, January 28, 1988.

18 US National Agricultural Library Thesaurus, "ecological balance," 2020.

19 Lara María Espinar, Sara López Gómez, and Lidia Peralta García, "La transición ecosocial en las cadenas generalistas de televisión en España: presencia y temáticas," *Revista Mediterránea de Comunicación* 14, no. 2 (2023): 83-103.

conocimiento científico, y es sinónimo de justicia social, soberanía, autonomía e identidad de los pueblos indígenas.[10,11,12]

Conocimiento ecológico tradicional (CET): Se refiere al conocimiento, la práctica y la creencia en la relación de los seres vivos entre sí y con el entorno físico que poseen las personas, en sociedades con relativamente poca tecnología y en dependencia directa de los recursos locales. Existe en todas las sociedades indígenas del mundo y nace de la intimidad y observación del lugar de origen, en el que las personas están material y espiritualmente integradas con su paisaje.

Es un conocimiento racional y confiable desarrollado por varias generaciones de pueblos nativos. Se le reconoce el mismo estatus que al conocimiento científico, pero ha sido marginado históricamente por la comunidad científica.

El alcance del CET incluye información detallada de la biología de poblaciones, la evaluación y el monitoreo de recursos, las dinámicas sucesionales, los patrones de fluctuación del clima y los recursos, las interacciones entre especies, la etnotaxonomía, la recolección sostenible y la gestión adaptativa, y la manipulación de los regímenes de disturbios. En el CET las observaciones tienden a ser cualitativas y crean una base de datos diacrónica –registro de observaciones de un sólo lugar durante un periodo largo–; los observadores suelen ser los mismos usuarios de los recursos, por ejemplo, cazadores, pescadores y recolectores. Las observaciones científicas son cuantitativas, a cargo de un grupo de profesionales y a menudo representan datos sincrónicos o registros simultáneos de una amplia gama de sitios, sin perspectiva a largo plazo en su mayoría.[13]

Decrecimiento: En la década de 1960 explotó la bomba poblacional y sonó la alarma ecológica. Esto impactó en dos pilares ideológicos de la civilización occidental: el principio del progreso impulsado por la ciencia y la tecnología al servicio de la acumulación de capital, y el mito del crecimiento económico ilimitado. Se puso en entredicho la supremacía de la humanidad sobre las demás criaturas y su derecho de dominar y explotar la naturaleza.

El decrecimiento se plantea ante el fracaso de propuestas como el desarrollo sostenible y la evidencia de que la ecoeficiencia no resuelve el problema de una economía en crecimiento perpetuo en un mundo de recursos finitos. El proyecto del decrecimiento no aspira a otro crecimiento ni a otro tipo de desarrollo –sostenible, social, justo–, sino a la construcción de una sociedad de abundancia frugal, una sociedad de poscrecimiento o de prosperidad sin crecimiento.

El decrecimiento cuestiona la hegemonía del crecimiento económico y reclama una reducción redistributiva y democráticamente gestionada de la producción y el consumo en los países industrializados como una vía para alcanzar la sostenibilidad ambiental, la justicia social y el bienestar. El diseño del decrecimiento puede tomar la forma de un círculo virtuosos de sobriedad representado por las 8R: reevaluar, reconceptualizar, reestructurar, relocalizar, redistribuir, reducir, reutilizar y reciclar.[14,15]

Desfuturizante: Término acuñado en inglés –*defuturing*– por Tony Fry, quien considera que las contribuciones actuales del diseño crean condiciones sistémicas de insostenibilidad estructurada, que eliminan futuros posibles.[16]

Economía de los cuidados: El cuidado se refiere a los bienes y actividades que permiten a las personas alimentarse, educarse, estar sanas y vivir en un hábitat propicio. Asociar el concepto *cuidado* al de *economía* implica concentrarse en los aspectos de este espacio que contribuyen a generar valor económico. Lo que interesa a la economía del cuidado es la relación entre la manera en que las sociedades organizan el cuidado de sus miembros y el funcionamiento del sistema económico. El trabajo no remunerado en el ámbito del hogar se vincula a la noción de reproducción social, entendida fundamentalmente como reproducción de la fuerza de trabajo. Esto implica asumir que los cuidados son el núcleo de este proceso. Desde este punto de vista, la economía del cuidado se refiere a un espacio bastante indefinido de bienes, servicios, actividades, relaciones y valores relativos a las necesidades más básicas y relevantes para la existencia y reproducción de las personas en las sociedades en las que viven.[17]

Equilibrio ecológico: Las ideas acerca del equilibrio de la naturaleza o equilibrio ecológico surgieron de las suposiciones religiosas de una estabilidad determinada por la divinidad en los sistemas naturales. En esta metáfora, a la naturaleza se le atribuye la capacidad de lograr un equilibrio entre fuerzas dispares. Hasta la actualidad, esta noción desempeña un papel en la ecología moderna y en movimientos políticos como el ecologismo a pesar de no estar definida con precisión dentro de la comunidad científica.

En el artículo 3 de la Ley General del Equilibrio Ecológico y la Protección al Ambiente de México se define como "la relación de

[10] Richard Guto, "A Meta-Analytical Review of the Role of Indigenous Knowledge on Environmental Conservation and Climate Change in Kenya", *Regional Journal of Information and Knowledge Management* 5, núm. 2 (2020): 65-84.

[11] Tyler D. Jessen, Natalie C. Ban, Nicholas XEMŦOLTW Claxton y Chris T. Darimont, "Contributions of Indigenous Knowledge to Ecological and Evolutionary Understanding", Frontiers in *Ecology and the Environment* 20, núm. 2 (2022): 93-101.

[12] S. Yuanyi, "Indigenous Ecological Knowledge: Preserving traditional wisdom for conservation", *Ukrainian Journal of Ecology* 13, núm. 7 (2023): 19-21.

[13] Robin Wall Kimmerer, "Weaving Traditional Ecological Knowledge into Biological Education: A Call to Action", *BioScience* 52, núm. 5 (2002).

[14] Enrique Leff, "Decrecimiento o desconstrucción de la economía: hacia un mundo sustentable", *Polis* 7, núm. 21 (2008): 81-90.

[15] Víctor M. Toledo, "Agroecología", en *Pluriverso: Un diccionario del posdesarrollo*, ed. Ashish Kothari, Ariel Salleh, Arturo Escobar, Federico Demaria y Alberto Acosta (Barcelona: Icaria, 2019), 204-207.

[16] Vania Susana Calle Quispe, "El diseño regenerativo local para la transición, un enfoque desde la biomímesis," *Cuaderno* 195 (2023): 167-180.

[17] Corina Rodríguez Enríquez, "Economía del cuidado, equidad de género y nuevo orden económico internacional", en *Del sur hacia el norte: economía política del orden económico internacional emergente*, ed. Alicia Girón y Eugenia Correa (Buenos Aires: Consejo Latinoamericano de Ciencias Sociales, 2007), 229-240.

privatization, wars, and crimes committed to ensure the supply of fossil fuels.[20]

Environmental justice: The equitable distribution of environmental burdens and benefits among all people in society, which recognizes the community situation and capabilities of community members and their participation in the adoption of decisions that affect them. The goal of the social movement for environmental justice is to pursue collective demands to protect human health from the adverse effects of environmental pollution caused by industries. The global discussion on environmental justice is based on claims against governments and multinational corporations for the abuses they have historically inflicted in relation to Indigenous peoples and the conditions of poverty in non-hegemonic countries.[21,22]

Extractivism: A type of appropriation of natural resources in large volumes and/or at high intensity in which half or more of these resources are exported as raw material without industrial processing. It is incorrect to speak of "extractive industries" because no industrial transformation exists. Nothing is produced; only extraction occurs. Industries are always anchored in a local area, where resources are located, but they only materialize when they are exported to be inserted into global marketing and manufacturing networks. The regulation of national governments is difficult because the expansion or contraction of extractivism is determined by international factors. Furthermore, exports must comply with the rules and structures of international governance, and states must accept them.

Extractivism has been organized under two political perspectives: the adjusted conservative one—with liberalization and privatization reforms, a central place for companies and the market, and some measures of corporate responsibility in mining—and the progressive one or neo-extractivism—with greater prominence of state regulation, tax reforms in some sectors, and the participation of state companies.

In addition to all kinds of environmental damage, the local impacts of these ventures are the disruption of local trade and production, the increase in wage asymmetries, community displacement and the breakdown of relationships, and the erosion of Indigenous worldviews. This causes criminalization in the countryside, an increase in violence with greater crime, prostitution, corruption networks, smuggling, etc. The spillover effects are the modification of regulations and public policies, economic performance, and understandings of justice and democracy, or conceptions about nature. Extreme situations have led to the death of protesters by public or private security forces or the murder of local leaders.[23,24]

Food sovereignty: People's right to healthy and culturally appropriate food produced using ecologically respectful and sustainable methods, and the right to define their food and agricultural systems. Food sovereignty prioritizes local and national economies and markets. It empowers *campesino* and family agriculture, artisanal fishing, pastoral-led grazing, and food production, distribution, and consumption based on environmental, social, and economic sustainability. Food sovereignty promotes transparent trade that guarantees a fair income for all people and the right of consumers to control their food and nutrition. It ensures that the rights to use and manage lands, territories, water, seeds, livestock, and biodiversity are in the hands of those who produce food. Food sovereignty implies new social relations free of oppression and inequality between people, peoples, racial groups, social and economic classes, and different generations.[25]

Indigenous ecological knowledge (IEK): When related to ecology, Indigenous knowledge (IK) includes traditional ecological knowledge (TEK) and Indigenous ecological knowledge (IEK). IK is knowledge linked to a place, accumulated there, and transmitted from generation to generation in specific cultural contexts. Indigenous knowledge is distinguished from science, local knowledge, and citizen science. It includes direct observation and interaction with plants, animals, and ecosystems, and a broad spectrum of cultural and spiritual knowledge and values underpinning the relationships between beings, humans, and the environment. Indigenous knowledge is often complemented by contemporary observations and experiences that allow for flexibility and adaptability in the context of environmental and social change.

IEK places emphasis on ethical relationships with nature and fosters a deep respect for the environment and the need for sustainable practices. It covers fields such as Indigenous technologies, soil classification and management methods, water conservation techniques, and forest management, among others. Its use maintains the cultural and biological diversity of the world. IEK provides invaluable information, fills gaps in scientific knowledge systems, and is synonymous with social justice, sovereignty, autonomy, and identity of Indigenous peoples.[26,27,28]

20 Daniela Del Bene, Juan Pablo Soler, and Tatiana Roa, "Soberanía energética," in *Pluriverso: Un diccionario del posdesarrollo*, eds. Ashish Kothari, Ariel Salleh, Arturo Escobar, Federico Demaria, and Alberto Acosta (Barcelona: Icaria, 2019), 435–438.

21 Dominique Hervé Espejo, "Noción y elementos de la justicia ambiental: directrices para su aplicación en la planificación territorial y en la evaluación ambiental estratégica," *Revista de Derecho* 23, no. 1 (2010): 9–36.

22 Sonia J. Ramírez Guevara, María G. Galindo Mendoza, and Carlos Contreras Servín, "Justicia ambiental. Entre la utopía y la realidad social," *Culturales* 3, no. 1 (2015): 225–250.

23 Eduardo Gudynas, "Neo-extractivismo y crisis civilizatoria," in *América Latina: avanzando hacia la construcción de alternativas*, ed. Guillermo Ortega (Asunción: BASE Investigaciones Sociales/Fundación Rosa Luxemburgo, 2017), 29–54.

24 "Extractivismos: el concepto, sus expresiones y sus múltiples violencias," *Papeles de Relaciones Ecosociales y Cambio Global* 143, (2018): 61–70.

25 "¿Qué es la soberanía alimentaria?," La Vía Campesina, https://viacampesina.org/es/que-es-la-soberania-alimentaria/.

26 Richard Guto, "A Meta-Analytical Review of the Role of Indigenous Knowledge on Environmental Conservation and Climate Change in Kenya," *Regional Journal of Information and Knowledge Management* 5, no. 2 (2020): 65–84, 2020.

27 Tyler D. Jessen, Natalie C. Ban, Nicholas XEMŦOLTW Claxton, and Chris T. Darimont, "Contributions of Indigenous Knowledge to Ecological and Evolutionary Understanding," *Frontiers in Ecology and the Environment* 20, no. 2 (2022): 93–101, 2022.

28 S. Yuanyi, "Indigenous Ecological Knowledge: Preserving traditional wisdom for conservation," *Ukrainian Journal of Ecology* 13, no. 7 (2023): 19–21, 2023.

interdependencia entre los elementos que conforman el ambiente que hace posible la existencia, transformación y desarrollo del hombre y demás seres vivos".

Según el Espacio Conceptual del National Agricultural Library Thesaurus, operado por el Departamento de Agricultura de Estados Unidos, el equilibrio ecológico es "el estado de equilibrio dinámico en una comunidad de organismos, en el cual las diversidades genética, de especies y ecosistémica permanecen relativamente estables, sujetas a cambios graduales a través de la sucesión natural".[18,19,20]

Espiritualidad de la tierra: Sistema de creencias que abarca la sensibilidad, lo sagrado y la acción consciente de la naturaleza y sus seres no humanos. Se alinea con las concepciones ancestrales e indígenas de la naturaleza y contrasta con la visión científica materialista de una naturaleza que se rige por fuerzas impersonales, poblada por animales y plantas que carecen de una condición existencial plena. Es posdesarrollista o se opone al desarrollo, porque éste ha implicado la conversión de la naturaleza en mercancía. Si los animales, las plantas, el suelo, el agua, las montañas, los ríos, etcétera, son sujetos sensibles, ya no podemos tratarlos como instrumentos de utilidad humana, debemos tener en cuenta su bienestar, integridad y dignidad, y no tratarlos como meros recursos.

La forma dominante de la euromodernidad se sostiene por dualismos: naturaleza y cultura, "nosotros" y "ellos" —el occidente y el resto, los civilizados y los salvajes, etcétera—, y entre sujeto y objeto, o mente y cuerpo. La clasificación jerárquica de las diferencias lleva a la supresión, devaluación, subordinación o incluso destrucción de las formas de conocimiento y de ser que no se ajusten a los preceptos de la forma dominante de modernidad. Tanto en el mundo académico como en el social/activista presenciamos un interés renovado en el lado subordinado de los dualismos en todo un espectro de sus manifestaciones, como dimensiones importantes de lo que constituye la vida misma, por ejemplo, las emociones, los sentimientos, lo espiritual, los conocimientos no científicos, el cuerpo y el lugar, los no humanos, la vida inorgánica y la muerte.[21,22,23]

Extractivismo: Es un tipo de apropiación de recursos naturales en grandes volúmenes y/o alta intensidad, en el que la mitad o más se exporta como materia prima, sin procesamiento industrial. Es incorrecto hablar de "industrias extractivas" porque no hay transformación industrial, nada se produce, sólo existe la extracción. Esta actividad se ancla donde se localizan los recursos, pero sólo se concreta cuando estos son exportados para insertarse en redes globales de comercialización y manufactura. La regulación de los gobiernos nacionales se dificulta porque la expansión o contracción de los extractivismos es determinada por factores internacionales; además, las exportaciones cumplen reglas y estructuras de la gobernanza internacional, y los Estados deben aceptarlas.

Los extractivismos se han organizado bajo dos perspectivas políticas: la conservadora reajustada —con reformas de liberalización y privatización, un lugar central para las empresas y el mercado, y algunas medidas de responsabilidad empresarial en la minería— y la progresista o neoextractivista —con mayor protagonismo de la regulación estatal, reformas tributarias en algunos sectores y la participación de empresas estatales—. Además de todo tipo de daños ambientales, los impactos locales de estos emprendimientos son la ruptura del comercio y la producción local, el aumento de las asimetrías en los salarios, el desplazamiento de comunidades y la ruptura de sus relaciones, y la erosión de cosmovisiones indígenas. Esto causa la criminalización en el campo, el aumento de la violencia con mayor criminalidad, prostitución, redes de corrupción, contrabando, etcétera. Los efectos derrames son la modificación de normativas y políticas públicas, el funcionamiento de la economía y los entendidos de la justicia y la democracia, o las concepciones sobre la naturaleza. Las situaciones extremas han llegado a la muerte de manifestantes por fuerzas de seguridad pública o privada, o el asesinato de líderes locales.[24,25]

Justicia ambiental: Es la distribución equitativa de las cargas y beneficios ambientales entre todas las personas de la sociedad, que reconoce la situación comunitaria y las capacidades de esas personas y su participación en la adopción de las decisiones que las afectan. El objetivo del movimiento social por la justicia ambiental es llevar adelante demandas colectivas para proteger la salud humana de los efectos adversos de la contaminación del medio ambiente causada por las industrias.

La discusión global sobre la justicia ambiental tiene su base en los reclamos contra los gobiernos y las corporaciones multinacionales por los abusos en los que han incurrido históricamente en relación con los pueblos indígenas y las condiciones de pobreza de los países no hegemónicos.[26,27]

[18] Corinne Zimmerman y Kim Cuddington, "Ambiguous, Circular and Polysemous: Students' definitions of the 'balance of nature' metaphor", *Public Understanding of Science* 16 (2007): 393-406.

[19] Presidencia de la República, Ley General del Equilibrio Ecológico y la Protección al Ambiente, artículo 3, *Diario Oficial de la Federación*, 28 de enero de 1988.

[20] National Agricultural Library Thesaurus, "Equilibrio ecológico", (2020).

[21] Charles Eisenstein, "Espiritualidad de la tierra", en *Pluriverso: Un diccionario del posdesarrollo*, ed. Ashish Kothari, Ariel Salleh, Arturo Escobar, Federico Demaria y Alberto Acosta (Barcelona: Icaria, 2019), 284-287.

[22] Arturo Escobar, "En el trasfondo de nuestra cultura: la tradición racionalista y el problema del dualismo ontológico", *Tabula Rasa* 18 (2013): 15-42.

[23] Arturo Escobar, "Desde abajo, por la izquierda y con la Tierra: la diferencia de Abya Yala/Afro/Latino-América", en *Rescatar la esperanza. Más allá del neoliberalismo y el progresismo* (Barcelona: Entrepueblos/Entrepobles/Entrepobos/Herriarte, 2016), 336-369.

[24] Eduardo Gudynas, "Neo-extractivismo y crisis civilizatoria", en *América Latina: avanzando hacia la construcción de alternativas*, ed. Guillermo Ortega (Asunción: BASE Investigaciones Sociales/Fundación Rosa Luxemburgo, 2017), 29-54.

[25] Eduardo Gudynas, "Extractivismos: el concepto, sus expresiones y sus múltiples violencias", *Papeles de Relaciones Ecosociales y Cambio Global* 143 (2018): 61-70.

[26] Dominique Hervé Espejo, "Noción y elementos de la justicia ambiental: directrices para su aplicación en la planificación territorial y en la evaluación ambiental estratégica", *Revista de Derecho* 23, núm. 1 (2010): 9-36.

[27] Sonia J. Ramírez Guevara, María G. Galindo Mendoza y Carlos Contreras Servín, "Justicia ambiental. Entre la utopía y la realidad social", *Culturales* 3, núm. 1 (2015): 225-250.

Juvenicide: Systematic and brutal assassination of young people deemed dispensable based on their social situation and identity, including diverse forms of economic, social, cultural, and identity precariousness. Juvenicide results from processes of annihilation strategically orchestrated by states and other actors, particularized according to local realities, like stigmatization, prejudice, and social labeling, which are precursors of biological death and symbolic modes of death in the social sphere.[29]

Neo-extractivism: A variant of extractivism adopted by left-leaning Latin American governments at the beginning of the 21st century to finance social reforms. The term shows that the essence of this type of appropriation of natural resources remains, and the rules of profit maximization, competitiveness, efficiency, and externalization of impacts prevail. The state assumes a leading role in the productive process, and its civic responsibilities degrade as it prioritizes the conditions for accumulation.

Neo-extractivism increased the number and scale of projects, the types of activity, and the national and transnational actors involved, but it also triggered great social resistance that elaborated other languages and narratives in the face of dispossession and defended values such as land, territory, common goods, and nature.[30,31,32]

Pluriverse: A political vision of a world in which many worlds fit. This worldview was shared globally with the public by the Ejército Zapatista de la Liberación Nacional (Zapatista Army of National Liberation) during the Fourth Declaration of the Lacandon Jungle on January 1, 1996. Western epistemologies and hermeneutics universalized their own concepts of universality and rejected the idea that all known civilizations had been founded on the universality of their cosmologies. Through its universalizing tendency, Western epistemology claimed a superior position for itself. The pluriverse consists of seeing beyond this pretension of superiority and perceiving the world as constituted by pluriversality. That is, pluriversality becomes a way of addressing forms of knowledge and meaning that exceed the regulatory limitations of Western epistemology and hermeneutics.[33]

Post-development: An era or approach in which development no longer serves as an organizing principle of social life. Post-development is normalized and integrated into modern discourse through its presentation as a civilizing advance and the door to a future of unlimited consumption. Still, it has become a paradox betraying its initial promise which is belied by global inequality, with a privileged minority that consumes the wealth generated by the overexploitation of labor and ecosystems. The development project concealed the role of colonial exploitation in the rise of the West, and excluded other meanings and uses of land to privilege investors over user rights.

Initiatives with post-development principles promote natural regeneration to restore biodiversity based on local responsibility, the sequestration of emissions rather than their release into the atmosphere, and the conversion of energy rather than its consumption.[34]

Prosumer: Marshall McLuhan and Barrington Nevitt, in the book *Take Today: The Executive as a Dropout* (1972), outlined the figure of the prosumer by pointing out that electronic technology would allow the consumer to simultaneously perform the functions of producer and consumer of content. In his work *The Third Wave* (1980), Alvin Toffler formally introduces the concept of prosumer—a portmanteau of producer and consumer—and defines it as a user who has an active role in producing the products and services they consume. In 2006, Heidi Toffler and Alvin Toffler insisted on the necessity of situating the prosumer within the imaginary of the collaborative economy based on new technologies and networks and on people's needs and collaborations.[35,36,37]

Re-existence: The power to begin again, regenerate, give new meanings, or renew the meanings of existence. Social groups forced to be subaltern not only resist in the midst of conflictive power relations but are in a permanent movement of reinvention and reorganization. Through re-existence, previous knowledge and practices, traditions, and customs are reviewed and reformulated in light of new experiences that correct, enrich, deny, or affirm them, thus transforming them into collective meanings.

Re-existence is a form of integral transformation that allows the reinvention and reconstruction of historically implemented realities to counteract the colonialism imposed on impoverished and racialized peoples such as Black and Indigenous people. Re-existence recovers humanity, restores awareness thereof, and values displaced peoples' ways of seeing the world and of resisting. Art is a form of re-existence of racialized peoples.

29 Andrea Bonvillani, "Juvenicidio: un concepto parido por el dolor. Reflexiones desde una revisión bibliográfica," *Revista Latinoamericana de Ciencias Sociales, Niñez y Juventud* 20, no. 3 (2022), 1–26.

30 Eduardo Gudynas, "Neo-extractivismo y crisis civilizatoria," in *América Latina: avanzando hacia la construcción de alternativas*, ed. Guillermo Ortega (Asunción: BASE Investigaciones Sociales/Fundación Rosa Luxemburgo, 2017), 29–54.

31 Maristella Svampa, *Las fronteras del neoextractivismo en América Latina* (Guadalajara: Editorial de la Universidad de Guadalajara, 2019).

32 Samantha Hargreaves, "Neoextractivismo," in *Pluriverso: Un diccionario del posdesarrollo*, ed. Ashish Kothari, Ariel Salleh, Arturo Escobar, Federico Demaria, and Alberto Acosta (Barcelona: Icaria, 2019), 144–147.

33 Walter Mignolo, "On Pluriversality and Multipolarity," foreword to *Constructing the Pluriverse*, ed. Bernd Reiter (Durham: Duke University Press, 2018), ix–xv.

34 Philip McMichael, "América del Norte," in *Pluriverso: Un diccionario del posdesarrollo*, eds. Ashish Kothari, Ariel Salleh, Arturo Escobar, Federico Demaria, and Alberto Acosta (Barcelona: Icaria, 2019), 63–66.

35 Amaia Arribas and Octavio Islas, "El prosumidor en la economía colaborativa: nueva manera de participar en el mercado de consumo," *Palabra Clave* 24, no. 2 (2021).

36 Roberto Aparici and David García-Marín, "Prosumidores y emirecs: análisis de dos teorías enfrentadas," *Comunicar* 26, no. 55 (2018).

37 Rodrigo González Reyes, "Las otras caras del prosumidor: una revisión a los conceptos fundacionales de pro-am (amateur profesional) y maker," *Comunicación y Sociedad* (2021).

Juvenicidio: Asesinato sistemático y brutal de personas jóvenes, como consecuencia y conclusión de diversas formas de precarización económica, social, cultural e identitaria de sujetos que devienen prescindibles a partir de su situación social y sus repertorios de identidad. Esta categoría pone en evidencia otras dimensiones que resultan de procesos de aniquilamiento estratégicamente orquestados por Estados u otros actores particularizados según realidades locales, como estigmatización, prejuicio y etiquetamiento social, que son precursoras de la muerte física o de modos simbólicos de muerte en lo social.[28]

Neoextractivismo: Variante del extractivismo adoptada por gobiernos latinoamericanos de tendencia izquierdista a principios del siglo XXI, para financiar reformas sociales. El término evidencia que se mantiene la esencia de ese tipo de apropiación de recursos naturales y prevalecen las reglas de maximización de beneficios, competitividad, eficiencia y externalización de los impactos. El Estado asume un papel protagónico en el proceso productivo y sus responsabilidades ciudadanas se degradan a medida que prioriza las condiciones de acumulación.

El neoextractivismo incrementó la cantidad y escala de los proyectos, los tipos de actividad, y los actores nacionales y transnacionales involucrados, pero también detonó grandes resistencias sociales que elaboran otros lenguajes y narrativas frente al despojo, y defienden valores como la tierra, el territorio, los bienes comunes y la naturaleza.[29,30,31]

Pluriverso: Visión política de un mundo en el que quepan muchos mundos, compartida por el Ejército Zapatista de Liberación Nacional en la Cuarta Declaración de la Selva Lacandona, el 1 de enero de 1996. La epistemología y la hermenéutica de Occidente universalizaron su propio concepto de universalidad y descartaron que todas las civilizaciones conocidas se habían fundado en la universalidad de sus propias cosmologías. La tendencia universalizadora de Occidente reclamaba para sí una posición superior. El pluriverso consiste en ver más allá de esta pretensión de superioridad y percibir el mundo como pluriversalmente constituido. Es decir, la pluriversalidad se convierte en la forma descolonial de tratar las formas de conocimiento y significado que exceden las regulaciones limitadas de la epistemología y la hermenéutica.[32]

Posdesarrollo: Era o enfoque en el que el desarrollo ya no sirve como principio organizador de la vida social. Presentado como un avance civilizador y como la puerta a un futuro de consumo ilimitado, el desarrollo se normalizó en el discurso moderno, pero traicionó su promesa inicial y se ha convertido en una paradoja que muestra el enriquecimiento de una minoría privilegiada que consume las riquezas generadas por la sobreexplotación de mano de obra y de los ecosistemas. El proyecto de desarrollo encubrió el papel de la explotación colonial en el auge de Occidente y excluyó otros significados y usos de la tierra para privilegiar a los inversores por encima de los derechos de los usuarios.

Las iniciativas con principios posdesarrollistas promueven la regeneración natural para restaurar la biodiversidad a partir de la responsabilidad local, el secuestro de emisiones en lugar de su liberación a la atmósfera, y la conversión de la energía en lugar de su consumo.[33]

Prosumidor: Marshall McLuhan y Barrington Nevitt, en el libro *Take Today: The Executive as a Dropout* (1972), esbozaron la figura del prosumidor al señalar que la tecnología electrónica daría paso a las funciones simultáneas de producir y consumir contenidos. En su obra *La tercera ola* (1980), Alvin Toffler introduce el concepto de prosumidor formalmente —acrónimo de *producer* y *consumer*—: un usuario con un papel activo en la producción de los productos y servicios que consume.

En 2006, Heidi Toffler y Alvin Toffler insistieron en ubicar al prosumidor en el imaginario de la economía colaborativa, fundamentada en las nuevas tecnologías y redes, y en las necesidades y la colaboración entre las personas.[34,35,36]

Reexistencia: Se entiende como el poder de recomenzar, regenerar, dar nuevos sentidos o renovar los sentidos de la existencia. Los grupos sociales obligados a ser subalternos no sólo resisten en medio de las relaciones de poder conflictivas, sino que están en un movimiento permanente de reinvención y reorganización, revisan y reformulan los saberes y haceres anteriores, las tradiciones y costumbres, a la luz de experiencias nuevas que los corrigen, los enriquecen, los niegan o los afirman para convertirlos en sentidos colectivos.

Es una forma de transformación integral que permite la reinvención y la reconstrucción de las realidades implantadas históricamente, para contrarrestar el colonialismo impuesto a los pueblos

[28] Andrea Bonvillani, "Juvenicidio: un concepto parido por el dolor. Reflexiones desde una revisión bibliográfica", *Revista Latinoamericana de Ciencias Sociales, Niñez y Juventud* 20, núm. 3 (2022): 1-26.

[29] Eduardo Gudynas, "Neo-extractivismo y crisis civilizatoria", en *América Latina: avanzando hacia la construcción de alternativas*, ed. Guillermo Ortega (Asunción: BASE Investigaciones Sociales/Fundación Rosa Luxemburgo, 2017), 29-54.

[30] Maristella Svampa, *Las fronteras del neoextractivismo en América Latina* (Guadalajara: Editorial de la Universidad de Guadalajara, 2019).

[31] Samantha Hargreaves, "Neoextractivismo", en *Pluriverso: Un diccionario del posdesarrollo*, ed. Ashish Kothari, Ariel Salleh, Arturo Escobar, Federico Demaria y Alberto Acosta (Barcelona: Icaria, 2019), 144-147.

[32] Walter Mignolo, "On Pluriversality and Multipolarity", en *Constructing the Pluriverse*, ed. Bernd Reiter (Durham: Duke University Press, 2018), ix-xv.

[33] Philip McMichael, "América del Norte", en *Pluriverso: Un diccionario del posdesarrollo*, ed. Ashish Kothari, Ariel Salleh, Arturo Escobar, Federico Demaria y Alberto Acosta (Barcelona: Icaria, 2019), 63-66.

[34] Amaia Arribas y Octavio Islas, "El prosumidor en la economía colaborativa: nueva manera de participar en el mercado de consumo," *Palabra Clave* 24, núm. 2 (2021).

[35] Roberto Aparici y David García-Marín, "Prosumidores y emirecs: análisis de dos teorías enfrentadas", *Comunicar* 26, núm. 55 (2018).

[36] Rodrigo González Reyes, "Las otras caras del prosumidor: una revisión a los conceptos fundacionales de pro-am (amateur profesional) y *maker*", *Comunicación y Sociedad* e8072 (2021).

Re-existence is constructed by and between women and men as political subjects.[38,39,40,41]

***Sentipensar, sentipensaractuar*:** words composed of the verbs "feel" (sentir), "think" (pensar), and "act" (actuar), used by Afro-descendent people and fishermen from numerous coastal communities in Colombia. As sociologist Orlando Fals Borda documented during the 1980s, "It means acting with your heart [while] using your head." To act in coherence with what one feels and thinks. It is a radical vision and practice of the world that questions the abrupt separations that capitalist modernity establishes between mind and body, reason and emotion, humans and nature, secular and sacred, and life and death. It expresses an active resistance to the capitalist triad of dispossession, war, and corruption, which erases the ancestral worldviews, sometimes ancient, that accompany people's struggles.

Afro-Latinx forms of resistance call us to feel with the land and listen to the feelings of the territories and their peoples instead of paying attention to the decontextualized categories of development and growth. *Sentipensar* and *sentipensaractuar* occur in traditional Indigenous and Afro-descendant forms of collective work, oriented toward post-development and *Buen Vivir*. Feeling with the territory implies thinking from the heart and mind.[42]

Settler colonialism: This type of colonialism focuses on the need to control the territory and its resources and does not contemplate the incorporation of its original inhabitants in the new sociopolitical arrangement. It is based on the imperative to remove and, if necessary, eliminate or deport the inhabitants of a territory to implement a completely new economic and social development model. Indigenous populations face different forms of genocidal violence that seek their subjugation or total extermination.

The promoters of settler colonialism seek not only to dominate the territory, but also to transform it definitively. With the constant expansion of extractivism and agroindustry and the implementation of an individual and capitalist property regime, the lands occupied by settlers are going through a dramatic process of change defined by the elimination of native species and landscapes and the creation of spaces entirely new, clearly delimited, and exploited according to market rationality.[43]

Sumak kawsay: *Sumak* is translated from Kichwa to English as "full, beautiful, gorgeous, splendid, excellent," and *kawsay*, as "life, existence, even culture."

It represents the ideal of the Indigenous social project, understood as an epistemic proposal based on the Andean-Amazonian institutions and ways of life. In permanent construction, it oscillates between the reappropriation of the original peoples and the Indigenous movement, and the readaptation of the academy. It has been translated as *Buen Vivir*.

At the beginning of the 21st century, Quechua and Aymara intellectuals spread the *sumak kawsay* and *sum qamaña* concepts as a form of economic, social, and cultural organization alternative to development and their ways of life. These concepts later passed into the sphere of debates in the constituent assemblies of Bolivia (2006–2009) and Ecuador (2007–2008), to later be reflected in their respective constitutions.

Sumak kawsay brings together contributions from three sources: the Indigenist or neo-Indigenist current, for which *sumak kawsay* is part of the ancient thought of the people of Abya Yala, transmitted through various means from generation to generation, which has managed to position itself in moments of crisis as an authentic Latin American alternative with universal reach; the socialist current, that is, of those who promote the citizen revolution and *Buen Vivir* as a criticism of and an alternative to capitalism, basically Ecuadorian and Bolivian politicians and intellectuals; and the ecological current that finds it a comprehensive human and environmental solution to the problems of global warming and the significant deterioration of the environment.[44,45,46]

***Swaraj*:** In 1909, Mohandas Karamchand Gandhi wrote the text *Hind Swaraj*. The following year, an English translation titled *Indian Home Rule* was published. *Hind Swaraj* referred to the independence of India: Swaraj speaks of "freedom," "self-government," "self-control," and "autonomy." *Raj* is the "kingdom," "government," and "regime" of the Hindus. One of the text's objectives was to convince the majority of Hindus in South Africa and India of the convenience of adopting the method of *satyagraha*—"the force of truth," which represented a more aggressive and offensive proposal of nonviolent direct action in relation to the traditional Hindu passive resistance—as a path to their liberation. The *Hind Swaraj* put the issue of autonomy first and foremost on a national scale in terms of the material and moral recovery of the dignity of each Hindu and their ancient civilization.

[38] Lina Maria Hurtado and Carlos Walter Porto-Gonçalves, "Resistir y re-existir," *GEOgraphia* 24, no. 53 (2022).

[39] "Escuela Sociopolítica entre Mujeres," webpage for the Asociación Casa Cultural El Chontaduro, last modified 2019, https://www.elchontaduro.org/genero/escuela-socio-politica-de-mujeres/.

[40] Betty Ruth Lozano Lerma, *Aportes a un feminismo negro decolonial* (Quito: Editorial Abya-Yala, 2019).

[41] Adolfo Albán, "Pedagogías de la re-existencia. Artistas indígenas y afrocolombianos," in *Pedagogías decoloniales. Prácticas insurgentes de resistir, (re) existir y (re)vivir*, ed. Catherine Walsh (Quito: Abya-Yala, 2013), 443–468.

[42] Patricia Botero Gómez, "Sentipensar," in *Pluriverso: Un diccionario del posdesarrollo*, eds. Ashish Kothari, Ariel Salleh, Arturo Escobar, Federico Demaria, and Alberto Acosta (Barcelona: Icaria, 2019), 431–434.

[43] Daniel Kent Carrasco, "Heridas en la tierra," in *Colonización, racismo y agroindustria en México* (Mexico City: Editorial Universidad Nacional Autónoma de México-Instituto de Investigaciones Históricas, 2024), 12, 18, 28, 29.

[44] *Shimiyukkamu diccionario*: kichwa-español, español-kichwa (Quito: Casa de la Cultura Ecuatoriana, 2007).

[45] Rickard Lalander and Javier Cuestas-Caza, "El Sumak Kawsay y el Buen-t," *Trayectorias Humanas Trascontinentales* 3, (2018), https://www.unilim.fr/trahs/1060.

[46] René Patricio Cardoso-Ruiz, Luz del Carmen Gives-Fernández, María Enriqueta Lecuona-Miranda, and Rubén Nicolás-Gómez, "Elementos para el debate e interpretación del Buen vivir/Sumak kawsay," *Contribuciones desde Coatepec* 31, (2016).

empobrecidos y racializados como negros e indígenas. Con la reexistencia se recupera la humanidad y se adquiere consciencia de ella, y se valoran las formas de ver el mundo y de resistir de los pueblos desterrados. El arte es una forma de reexistencia de los pueblos racializados. La reexistencia se construye por y entre mujeres y hombres como sujetos políticos.[37,38,39,40]

Seguridad hídrica: Es la capacidad de una población para salvaguardar el acceso al agua en cantidades adecuadas y con la calidad apropiada para sostener la salud de la gente y los ecosistemas, así como para asegurar la protección eficaz de vidas y bienes durante desastres hídricos. Se orienta al mantenimiento de la estructura y funcionamiento de las cuencas y cursos de agua para seguir disfrutando de los servicios que provee el ciclo hidrológico.[41]

Sentipensar, sentipensaractuar: Palabra utilizada por personas y pescadores afrodescendientes de numerosas comunidades ribereñas de Colombia, que significa "actuar con el corazón usando la cabeza", como documentó el sociólogo Orlando Fals Borda a mediados de la década de 1980. Actuar en coherencia con lo que siento y pienso. Es una visión y una práctica radical del mundo, que cuestiona la abrupta separación que la modernidad capitalista establece entre mente y cuerpo, razón y emoción, humanos y naturaleza, secular y sagrado, vida y muerte. Expresa una resistencia activa a la desposesión, la guerra y la corrupción, que borran las cosmovisiones ancestrales, a veces milenarias, que acompañan las luchas de los pueblos.

Las formas afrolatinas de resistencia nos llaman a sentipensar con la tierra y escuchar el *sentipensamiento* de los territorios y sus pueblos, en lugar de prestar atención a las categorías descontextualizadas del desarrollo y el crecimiento. Sentipensar y sentipensaractuar tienen lugar en las formas de trabajo colectivo tradicional indígena y afrodescendiente, orientadas al posdesarrollo y el Buen Vivir. Sentipensar con el territorio implica pensar desde el corazón y la mente.[42]

Soberanía alimentaria: Es el derecho de los pueblos a alimentos saludables y culturalmente apropiados, producidos mediante métodos ecológicamente respetuosos y sostenibles, y a definir sus sistemas alimentarios y agrícolas. Prioriza las economías y los mercados locales y nacionales, y empodera la agricultura campesina y familiar, la pesca artesanal, el pastoreo liderado por pastores y la producción, distribución y consumo de alimentos basados en la sostenibilidad ambiental, social y económica. Promueve un comercio transparente que garantiza ingresos justos para todos los pueblos, así como el derecho de les consumidores a controlar su alimentación y nutrición. Asegura que los derechos de uso y gestión de tierras, territorios, aguas, semillas, ganado y biodiversidad estén en manos de quienes producen alimentos. La soberanía alimentaria implica nuevas relaciones sociales libres de opresión y desigualdad entre las personas, pueblos, grupos raciales, clases sociales y económicas, y distintas generaciones.[43]

Soberanía energética: Alude a proyectos políticos y visiones orientados a la generación, distribución y control justos de las fuentes de energía —entendida como un bien común natural y como base de vida para todos— con fundamentos ecológicos y culturales entre comunidades movilizadas, en formas que no afecten a otros y que respeten los ciclos ecológicos. Se refiere a la pluralidad de alternativas sistémicas que desafían el paradigma energético dominante controlado por poderes centralizados. La soberanía energética defiende el derecho a decidir qué fuente de energía explotar, cuánto producir, cómo, por quién, dónde y para quién.[44]

Sumak kawsay: Concepto en kichwa. *Sumak* significa "plena, bella, hermosa, espléndida, excelente", y *kawsay*, "vida, existencia, incluso cultura". Representa el ideal del proyecto social indígena, entendido como una propuesta epistémica basada en las instituciones y las formas de vida andino-amazónicas. En construcción permanente, oscila entre la reapropiación de los pueblos originarios y el movimiento indígena, y la readaptación de la academia. Se ha asumido como Buen Vivir.

A principios del siglo XXI, intelectuales quechuas y aymaras difundieron los conceptos *sumak kawsay y suma qamaña* como una forma de organización económica, social y cultural alternativa al desarrollo y sus formas de vida, que pasó al ámbito de los debates de las asambleas constituyentes de Bolivia (2006-2009) y Ecuador (2007-2008), para después plasmarse en sendas constituciones.

Reúne aportaciones de tres fuentes: la corriente indigenista o neoindigenista, para la que *sumak kawsay* es parte del pensamiento milenario de los pueblos del Abya Yala, transmitido de generación en generación, que ha logrado posicionarse en momentos de crisis como una alternativa latinoamericana auténtica de alcance universal; la corriente socialista, básicamente políticos e intelectuales ecuatorianos y bolivianos que promueven la revolución ciudadana y proclaman el Buen Vivir como crítica y alternativa al capitalismo, y la corriente ecologista que ve en el

37 Lina Maria Hurtado y Carlos Walter Porto-Gonçalves, "Resistir y re-existir", *GEOgraphia* 24, núm. 53 (2022).

38 "Escuela Sociopolítica entre Mujeres", Asociación Casa Cultural El Chontaduro, https://www.elchontaduro.org/genero/escuela-socio-politica-de-mujeres/.

39 Betty Ruth Lozano Lerma, *Aportes a un feminismo negro decolonial* (Quito: Abya-Yala, 2019).

40 Adolfo Albán, "Pedagogías de la re-existencia. Artistas indígenas y afrocolombianos", en *Pedagogías decoloniales. Prácticas insurgentes de resistir, (re) existir y (re)vivir*, ed. Catherine Walsh (Quito: Abya-Yala, 2013), 443-468.

41 Fernando J. González Villarreal, Eduardo Vázquez Herrera, Enrique Aguilar Amilpa y Jorge Alberto Arriaga Medina, *Perspectivas del agua en México. Propuestas hacia la seguridad hídrica* (México: Centro Regional de Seguridad Hídrica y Agua Capital, 2022).

42 Patricia Botero Gómez, "Sentipensar", en *Pluriverso: Un diccionario del posdesarrollo*, ed. Ashish Kothari, Ariel Salleh, Arturo Escobar, Federico Demaria y Alberto Acosta (Barcelona: Icaria, 2019), 431-434.

43 "¿Qué es la soberanía alimentaria?", La Vía Campesina, https://viacampesina.org/es/que-es-la-soberania-alimentaria/.

44 Daniela Del Bene, Juan Pablo Soler y Tatiana Roa, "Soberanía energética", en *Pluriverso: Un diccionario del posdesarrollo*, ed. Ashish Kothari, Ariel Salleh, Arturo Escobar, Federico Demaria y Alberto Acosta (Barcelona: Icaria, 2019), 435-438.

For Gandhi, authentic self-governance was only possible if the self could be sovereign. *Swaraj* is incompatible with mass politics since it is nourished by the communities in which the individual can develop through filial, cultural, social, political, economic, and ecological relationships with those around him or her, including nonhuman sentient beings. The Gandhian concept of *Swaraj* refers to a person's or community's autonomy in determining their choices. Applied to our world, conditioned by the market and incited by the media, *Swaraj* would force us to first assume ecological and cultural responsibility for our desires and explore their origins in the passions that advertising encourages. Such manipulation of desire is the opposite of freedom for any defender of *Swaraj*.[47,48]

Terricide: The systematic extermination of all forms of life, tangible and spiritual ecosystems, and the peoples that inhabit them. The concept points to the responsibility of states and companies in genocidal practices against the planes of existence and life, which can be considered crimes against humanity. Term coined by the *weychafe* Moira Millán on behalf of her people in the People's Climate Camp Against Terricide in the Lof Pillañ Mahuiza Puel Willimapu (liberated Mapuche territory in Chubut, Argentina, in February 2020). The struggle at the Lof Pillañ Mahuiza Puel Willimapu led to the formation of The People's Movement Against Terricide. Terricide is the synthesis of genocide, ecocide, epistemicide, feminicide, transfeminicide, and transvesticide. In these terms, genocide is expressed as hunger, malnutrition, racist violence, repression, pollution, and neglect against Indigenous peoples. Terricide includes ecocide because entire territories are destroyed, looted, and contaminated irreversibly and indiscriminately. It includes epistemicide because colonizing practices have eliminated ways of understanding and conceiving life and systematically oppress the manifestations of Indigenous identities, such as languages, clothing, rituals, and medicine. Terricide also includes feminicide, transfeminicide, and transvesticicide, due to the violation and elimination of dissident bodies and women based on hidden segregationism and institutional apathy that assumes that certain lives are worth more than others.

In the fight against terricide, it is urgent to recognize other ways of existing, starting with recovering ancestral knowledge to build the necessary transition to guarantee the right to life and strengthen ties between peoples to promote actions that promote concrete and real solutions, respectful of pre-existing and decolonizing nations.[49, 50]

Traditional ecological knowledge (TEK): The knowledge, practice, and belief in the relationship of living beings with each other and with the physical environment, which people have in societies with relatively little technology, and in direct dependence on local resources. It exists in all Indigenous societies in the world and is born from the intimacy and observation of the place of origin, in which people are materially and spiritually integrated with their landscape.

TEK is rational and reliable knowledge developed by several generations of Native peoples. It is recognized as having the same status as scientific knowledge, but has historically been marginalized by the scientific community.

The scope of TEK includes detailed information on population biology, resource assessment and monitoring, successional dynamics, climate and resource fluctuation patterns, species interactions, ethnotaxonomy, sustainable harvesting, adaptive management, and the manipulation of riot regimes. In TEK, the observations tend to be qualitative and create a diachronic database—a record of observations from a single place over a long period. Observers such as hunters, fishermen, and gatherers are often resource users. Scientific observations are quantitative, carried out by a group of professionals, and often represent synchronous data or simultaneous recordings from a wide range of sites, mostly without long-term perspective.[51]

***Ubuntu*:** In the Nguni languages of the Zulu, Xhosa, and Ndebele spoken in South Africa, *Ubuntu* derives from the expression *Umuntu ngumuntu ngabanye Bantu*, which suggests that a person's humanity is best expressed in relation to others. It is a way of expressing personhood: "We are, therefore, I am." It is anti-humanist, because it defines being human as a process of becoming in relation to other human beings and "nonhuman nature." In other words, becoming human is dependent on other human beings and the cosmos.

Ubuntu has a normative connotation that establishes a moral obligation to care for others because when they are harmed, we are harmed. These cultural values were eroded or eliminated with Africa's colonization; nonetheless, *Ubuntu* and its equivalents have been invoked in postcolonial Africa as part of a decolonization project.

Ubuntu conveys that it is not possible to express the true self through exploitation, deceit, or unjust actions toward others. Playing, using the senses, imagining, thinking, reasoning, producing works, and having control over the environment are not possible without the presence of others. It proposes that human creativity and freedom should only be limited when they harm others.

Ubuntu is the manifestation of the inner power of all beings, which serves to improve life and not to frustrate it. It is a productive power that connects and engenders care and compassion. It is the power of the crowd that drives social movements. In *Ubuntu*, self, community and nature are inextricably linked to one another: healing in one realm results in healing in all dimensions. The struggle for individual freedom, social justice, and environmental sustainability is one."[52]

47 Pietro Ameglio, "Prólogo" [Prologue], in *Hind Swaraj*, by Mahatma Gandhi, trans. Pietro Ameglio (Cuernavaca: Universidad Autónoma del Estado de Morelos, 2014), 11–18.

48 Aseem Shrivastava, "Prakritik Swaraj," in *Pluriverso: Un diccionario del posdesarrollo*, eds. Ashish Kothari, Ariel Salleh, Arturo Escobar, Federico Demaria, and Alberto Acosta (Barcelona: Icaria, 2019), 397–399.

49 Movimiento de Mujeres Indígenas por el Buen Vivir, "Documento para la convocatoria a la Caminata Basta de Terricidio," *Alter-nativa*, no. 11 (2021): 68–69.

50 Vanessa Dourado, "Terricidio: mujeres indígenas luchando por justicia y construyendo sueños colectivos," *Amazonas* (April 20, 2020): https://www.revistaamazonas.com/2020/04/20/terricidio-mujeres-indigenas-luchando-po r-justicia-y-construyendo-suenos-colectivos/.

51 Robin Wall Kimmerer, "Weaving Traditional Ecological Knowledge into Biological Education: A Call to Action", *BioScience* 52, no. 5 (2002).

52 Lesley Le Grange, "Ubuntu," in *Pluriverso: Un diccionario del posdesarrollo*, eds. Ashish Kothari, Ariel Salleh, Arturo Escobar, Federico Demaria, and Alberto Acosta (Barcelona: Icaria, 2019), 470–473.

postulado una salida integral a los problemas del calentamiento global y el gran deterioro del medio ambiente.[45,46,47]

Swaraj: En 1909, Mohandas Karamchand Gandhi escribió el texto *Hind Swaraj*. Al año siguiente, se publicó la traducción al inglés *Indian Home Rule*. *Hind Swaraj*, que hace referencia a la independencia de la India: *swaraj* habla de "libertad", "autogobierno", "dominio de sí mismos", "autonomía"; es el *raj* –"reino", "gobierno", "régimen"– de los hind o hindúes. Uno de los objetivos del texto era convencer a los hindúes en Sudáfrica y la India de la conveniencia de adoptar el método del *satyagraha* –"la fuerza de la verdad", una propuesta más agresiva y ofensiva de la acción directa no violenta– como camino para su liberación. El *Hind Swaraj* colocaba la autonomía en una escala nacional, en términos de la recuperación material y moral de la dignidad de cada hindú y de su civilización milenaria.

Para Gandhi, el autogobierno auténtico sólo era posible si el yo era capaz de ser su propio soberano. *Swaraj* es incompatible con la política de masas ya que se nutre de las comunidades en las que el individuo puede desarrollarse mediante relaciones filiales, culturales, sociales, políticas, económicas y ecológicas con quienes que le rodean, incluidos los seres no humanos. Tiene que ver con la autonomía de una persona o comunidad para determinar sus elecciones. En la actualidad, nos obligaría a asumir la responsabilidad ecológica y cultural de nuestros deseos, y explorar sus orígenes en las pasiones alentadas por la publicidad. La manipulación del deseo es para cualquier defensor de *swaraj* lo opuesto a la libertad.[48,49]

Terricidio: Exterminio sistemático de todas las formas de vida, los ecosistemas tangibles y espirituales, y de los pueblos que los habitan. Señala la responsabilidad de los Estados y las empresas en prácticas genocidas contra los planos de la existencia y la vida, que pueden considerarse crímenes de lesa humanidad. Término acuñado por la *weychafe* Moira Millán en representación de su pueblo, en el Campamento Climático de los Pueblos Contra el Terricidio en el lof Pillañ Mahuiza Puel Willimapu, territorio mapuche liberado en Chubut, Argentina, en febrero de 2021, donde se conformó el Movimiento de los Pueblos Contra el Terricidio.Es la síntesis de: genocidio, expresado como hambre, desnutrición, violencia racista, represión, contaminación y desidia contra los pueblos originarios; ecocidio, por la destrucción, saqueo y contaminación irreversibles e indiscriminadas de territorios enteros; epistemicidio, por las prácticas colonizadoras que eliminan formas de entender y concebir la vida, y oprimen sistemáticamente las manifestaciones de la identidad indígena, como lenguas, indumentaria, ritualidad y medicina; feminicidio, transfeminicidio y travesticidio, por la vulneración y eliminación de cuerpos disidentes y de mujeres con base en el segregacionismo solapado y la desidia institucional que asume que ciertas vidas valen más que otras.

En la lucha contra el terricidio es urgente reconocer otras formas de existir, recuperar saberes ancestrales para construir la transición necesaria para garantizar el derecho a la vida y fortalecer los vínculos entre los pueblos para potenciar acciones que promuevan salidas concretas y reales, descolonizadoras y respetuosas con las naciones preexistentes.[50,51]

Transición ecosocial: Proceso de cambio de los modelos industriales y de consumo que implica una consideración ética de la dependencia humana de los ecosistemas. Participan todas las iniciativas sociales, económicas y profesionales que se constituyen como alternativas al sistema económico imperante con modelos de intervención igualitarios, justos y respetuosos entre las personas y el entorno. El objetivo es colocar en el centro el bienestar social como motor de la economía real.[52]

Ubuntu: Deriva de la expresión *Umuntu ngumuntu ngabanye Bantu* en las lenguas nguni de los zulúes, xhosa y ndebele de Sudáfrica, y sugiere que la humanidad de una persona se expresa idealmente en relación con los demás: "Somos, por lo tanto, soy". Es antihumanista porque define la condición de ser humano como un proceso de llegar a ser en relación con otros seres humanos y la "naturaleza no humana": convertirse en humano depende de otros seres humanos y del cosmos.

Tiene una connotación normativa que establece la obligación moral de cuidar de los demás porque cuando se ven perjudicados, nosotros nos vemos perjudicados; cuando daño a la naturaleza, me daño a mí mismo. Estos valores culturales fueron erosionados o eliminados con la colonización de África; sin embargo, *Ubuntu* y sus equivalentes se han invocado como parte de un proyecto de descolonización.

Ubuntu transmite que no es posible expresar el verdadero yo con explotación, engaños o acciones injustas hacia los demás. Jugar, usar los sentidos, imaginar, pensar, razonar, producir obras, tener control sobre el entorno no es posible sin la presencia de los demás. Propone que la creatividad y la libertad humanas sólo deben limitarse cuando perjudican a otros.

Ubuntu es la manifestación del poder interior de todos los seres para mejorar la vida y no para frustrarla; es un poder productivo que conecta y engendra cuidado y compasión; es el poder de la

45 Shimiyukkamu. *Diccionario: kichwa-español*, español-kichwa (Quito: Casa de la Cultura Ecuatoriana, 2007).

46 Rickard Lalander y Javier Cuestas-Caza, "El Sumak Kawsay y el Buen Vivir", *Trayectorias Humanas Trascontinentales* 3 (2018), https://www.unilim.fr/trahs/1060.

47 René Patricio Cardoso-Ruiz, Luz del Carmen Gives-Fernández, María Enriqueta Lecuona-Miranda y Rubén Nicolás-Gómez, "Elementos para el debate e interpretación del Buen Vivir/Sumak kawsay", *Contribuciones desde Coatepec* 31 (2016).

48 Pietro Ameglio, "Prólogo," en *Hind Swaraj*, Mahatma Gandhi, trad. Pietro Ameglio (Cuernavaca: Universidad Autónoma del Estado de Morelos, 2014), 11-18.

49 Aseem Shrivastava, "Prakritik Swaraj", en *Pluriverso: Un diccionario del posdesarrollo*, ed. Ashish Kothari, Ariel Salleh, Arturo Escobar, Federico Demaria y Alberto Acosta (Barcelona: Icaria, 2019), 397-399.

50 Movimiento de Mujeres Indígenas por el Buen Vivir, "Documento para la convocatoria a la Caminata Basta de Terricidio", *Alter-nativa*, 11 (2021), 68-69.

51 Vanessa Dourado, "Terricidio: mujeres indígenas luchando por justicia y construyendo sueños colectivos," Amazonas, 20 de abril de 2020, https://www.revistaamazonas.com/2020/04/20/terricidio-mujeres-indigenas-luchando-po r-justicia-y-construyendo-suenos-colectivos/.

52 Lara María Espinar, Sara López Gómez y Lidia Peralta García, "La transición ecosocial en las cadenas generalistas de televisión en España: presencia y temáticas", *Revista Mediterránea de Comunicación* 14, núm. 2 (2023): 83-103.

***Vivir sabroso* (living joyfully):** In the worldview of Afro-Colombians, this notion is recognized as a life project built from long-term processes in response to daily struggles. Life and territory are elements in continuous development that risk destruction; therefore, it is necessary to defend them. Around this construction and defense, *vivir sabroso* articulates practices to resist war while reaffirming life.

Vivir sabroso emerges as an alternative to hegemonic development and adjusts to the ontological principles of otherness and alterity. It constitutes its own vision of the world, reality, life, and a relationship of interdependence with people. Although it is not a response to the multiple historical violences, it has been built in relation to them because the trajectories of existence, resistance, and memory of *vivir sabroso* have been interrupted.[53, 54, 55]

Water security: The ability of a population to safeguard access to water in adequate quantities and of appropriate quality to sustain the health of people and ecosystems, as well as to ensure the effective protection of lives and property during water disasters. It is aimed at maintaining the structure and functioning of basins and water courses to continue enjoying the resources provided by the hydrological cycle.[56]

Water vulnerability: There is an inversely proportional relationship between socio-environmental vulnerability and water security. Vulnerability refers to that which can be hurt or receive injury, physical or moral. It represents the interface of exposure to threats to human well-being and the capacity of people and communities to control them. Vulnerability is the process through which the human population and ecosystems are subject to risk from damage or threats caused by biophysical and social factors. Water vulnerability leads to a limited or no response capacity in the face of such a contingency and the difficulties that arise in adapting to the new scenario generated by the materialization of the risk.

Socio-environmental vulnerability is the process that leads to critical and irreversible situations regarding the quality and quantity of water resources that put human development and the functioning of ecosystems at risk. It can be an indicator of the water security in the region, that is, of society's capacity to guarantee: (a) an adequate quantity and quality of water for the functioning of ecosystems; (b) food production and self-sufficiency; (c) the satisfaction of the basic needs of the population; and (d) the reduction and adequate management of conflicts and disputes over water.[57]

[53] Natalia Quiceno Toro, Introduction *Vivir Sabroso: Luchas y movimientos afroatrateños*, en Bojayá, Chocó, Colombia (Bogotá: Editorial Universidad del Rosario, 2016).

[54] Germán Moriones Polanía, "Quiceno Toro, Natalia. 2016. Vivir Sabroso: luchas y movimientos afroatrateños, en Bojayá, Chocó, Colombia," *Mana* 25, no. 1 (2019).

[55] Freddy Moreno, "'Investigar sabroso': Aproximación a la metáfora 'vivir sabroso' desde la noción de Natalia Quiceno Toro," *Salutem Scientia Spiritus* 8, no. 3 (2022).

[56] Fernando J. González Villarreal, Eduardo Vázquez Herrera, Enrique Aguilar Amilpa, and Jorge Alberto Arriaga Medina, *Perspectivas del agua en México. Propuestas hacia la seguridad hídrica* (Mexico City: Centro Regional de Seguridad Hídrica y Agua Capital, 2022).

[57] Patricia Ávila García, "Agua y vulnerabilidad socioambiental," *Carta Económica Regional* 17, no. 90 (2004).

multitud que impulsa los movimientos sociales. En *Ubuntu*, el yo, la comunidad y la naturaleza están inextricablemente vinculados entre sí: la curación en un ámbito resulta en la curación en todas las dimensiones. La lucha por la libertad individual, la justicia social y la sostenibilidad ambiental es una sola.[53]

Vivir sabroso: En la cosmovisión de los afrocolombianos, esta noción se reconoce como un proyecto de vida construido a partir de un proceso de larga duración en respuesta a las luchas cotidianas. La vida y el territorio son elementos en continua elaboración, que corren el riesgo de ser destruidos, por eso es necesario defenderlos. En torno a esta construcción y defensa, la vida sabrosa articula prácticas para resistir a la guerra al mismo tiempo que se reafirma la vida.

Vivir sabroso surge como alternativa al desarrollo hegemónico y se ajusta a los principios ontológicos de la otredad y la alteridad, se constituye en una visión propia del mundo, la realidad y la vida, y su vínculo de interdependencia con las personas. Aunque no es una respuesta a las múltiples violencias históricas, sí se ha construido en relación con ellas porque las trayectorias de existencia, resistencia y memoria del vivir sabroso se han visto interrumpidas.[54,55,56]

Vulnerabilidad hídrica: Existe una relación inversamente proporcional entre vulnerabilidad socioambiental y seguridad hídrica. La vulnerabilidad se refiere a aquello que puede ser herido o recibir lesión, física o moral, y representa la interfase de la exposición a amenazas para el bienestar humano y la capacidad de las personas y comunidades para controlarlas. La vulnerabilidad es el proceso por medio del cual la población humana y los ecosistemas están sujetos a un riesgo por daños o amenazas ocasionadas por factores biofísicos y sociales. Esto conduce a una situación de capacidad de respuesta limitada o nula frente a tal contingencia y grandes dificultades para adaptarse al nuevo escenario generado por la materialización del riesgo.

La vulnerabilidad socioambiental es el proceso que lleva a situaciones críticas e irreversibles en torno a la calidad y cantidad de los recursos hídricos que ponen en riesgo el desarrollo humano y el funcionamiento de los ecosistemas, y puede ser un indicador de la seguridad hídrica, es decir, de la capacidad de la sociedad para garantizar: a) una adecuada cantidad y calidad de agua para el funcionamiento de los ecosistemas; b) la producción y autosuficiencia alimentaria; c) la satisfacción de las necesidades básicas de la población, y d) la reducción y manejo adecuado de los conflictos y disputas por el agua.[57]

[53] Lesley Le Grange, "*Ubuntu*", en *Pluriverso*: *Un diccionario del posdesarrollo*, ed. Ashish Kothari, Ariel Salleh, Arturo Escobar, Federico Demaria y Alberto Acosta (Barcelona: Icaria, 2019), 470–473.

[54] Natalia Quiceno Toro, "Introducción" *Vivir Sabroso: Luchas y movimientos afroatrateños, en Bojayá, Chocó, Colombia* (Bogotá: Editorial Universidad del Rosario, 2016).

[55] Germán Moriones Polanía, "*Quiceno Toro, Natalia. 2016. Vivir Sabroso: luchas y movimientos afroatrateños, en Bojayá, Chocó, Colombia*", *Mana* 25, núm. 1 (2019).

[56] Freddy Moreno, "'Investigar sabroso': Aproximación a la metáfora 'vivir sabroso' desde la noción de Natalia Quiceno Toro", *Salutem Scientia Spiritus* 8, núm. 3 (2022).

[57] Patricia Ávila García, "Agua y vulnerabilidad socioambiental", *Carta Económica Regional* 17, núm. 90 (2004).

CONTRIBUTORS

Carolina Caycedo is a multidisciplinary artist based in Los Angeles. Her practice and research focus on the future of our shared resources, eco-social transition, and biocultural diversity. Her art installations, performances, videos, sculptures, and artist's books examine complex social and environmental issues and contribute to the construction of environmental and historical memory. She has exhibited internationally and has developed publicly engaged projects in Los Angeles, Mexico City, Bogotá, San Juan, New York, London, and Paris, among others. Caycedo received a 2023 Soros Arts Fellowship and was the 2023–2024 Artist in Residence at the Getty Research Institute. She received an MFA from the University of Southern California in 2014 and a BFA from Universidad de los Andes, Bogotá, in 1999.

Joseph Daniel Valencia is Curator at the Vincent Price Art Museum at East Los Angeles College. A scholar and writer of the contemporary art and politics of the Americas, his projects include *We Place Life at the Center / Situamos la vida en el centro* (2024-2025), *Sonic Terrains in Latinx Art* (2022), and *Liberate the Bar! Queer Nightlife, Activism, and Spacemaking* (2019). He has contributed to international art journals and exhibition publications. He holds a Master of Arts in Curatorial Practice from the University of Southern California and a Bachelor of Arts in Art History and Latin American studies from California State University, Fullerton.

Steven Y. Wong is Director of the Vincent Price Art Museum at East Los Angeles College. An artist, curator, and arts administrator in Los Angeles for over three decades, he was previously Curator at the Los Angeles Municipal Art Gallery (LAMAG), and Interim Executive Director and senior staff curator at the Chinese American Museum (CAM), where he developed and implemented both contemporary art and historical exhibitions. Wong has additionally had adjunct teaching positions at UC Santa Barbara, Ventura College, and Pasadena City College. He received a MFA in Art from UC Santa Barbara, a MA in Asian American Studies from UCLA, and a BA in Art from UCLA. He attended the Santa Monica College of Design, Art, and Architecture before transferring to UCLA.

Nicolás Gómez Echeverri is an artist, curator, and art historian with an art degree from the Universidad de los Andes in Bogotá and a Master of Research in art history from Goldsmiths University in London. He is currently the Director of the Arts and Other Collections Unit for the Office of Cultural Affairs of Banco de la República, where he manages art and numismatic collections and exhibitions in the Miguel Urrutia Museum of Art, the Botero Museum, Casa de Moneda Museum, and other institutional spaces. Between 2018 and 2023 he acted as Director of the Museo de Arte Contemporáneo (MAC Lima) in Lima, Peru. He regularly publishes essays and critical and historical articles on modern and contemporary Latin American art.

María Wills Londoño is an internationally recognized curator and researcher living and working in Bogotá, Colombia. From 2020 to 2024, she was Director and Curator at Large for the Banco de la República Art Museums, overseeing institutions such as the Museo de Arte, Museo Botero, and the Museo Casa de Moneda. Her curatorial focus delves into the instability of contemporary image and a reassessment of official historical narratives in art. Her recent notable projects include *Mapa Teatro* (2022–2023) and *Sembrar la duda: Indicios sobre las representaciones indígenas en Colombia* (2023–2024), both on view at the Miguel Urrutia Art Museum, Bogotá. She was the lead curator of *MOMENTA | Biennale de l'image*: *The Life of Things* (2019) in Canada. Wills was awarded the Simón Bolívar Prize for Journalism in 2019.

Daniel H. Rey curates, programs, and writes across soils and Wi-Fis. He embraces Spanish, Arabic, and Norwegian to study the formation of diasporas across territories, climates, and the Internet. In this vein, his research progressively centers migrant artists while historicizing how Ibero-American idiosyncrasies expand, translate, and produce new global imaginaries. Daniel has led visual culture projects in Asunción, Dubai, Lima, Madrid, and Oslo. An active speaker and editor, he has previously practiced as Assistant Curator of Public Programs with Art Jameel in the United Arab Emirates, and has contributed texts for the 60th Venice Biennale, among other miscellaneous publications and platforms.

Mercedes Dorame is a multidisciplinary artist who calls on her Tongva ancestry to engage the problematics of (in)visibility and ideas of cultural construction. Her work engages the land and cosmos to empower the expansion of perception, experience, and imagination. Born in Los Angeles, California, she received her MFA from the San Francisco Art Institute and her undergraduate degree from UCLA. She is currently faculty at CalArts and is part of the initial cohort of *Unseen California*. She received a Creative Capital Award and was commissioned by the Getty for her sculptural installation *Woosha'aaxre Yaangaro* as the inaugural Rotunda Commission. Dorame's work is in the permanent collections of Getty, the Hammer Museum, LACMA, and SFMOMA, among others.

COLABORADORES

Carolina Caycedo es una artista multidisciplinaria radicada en Los Ángeles. Su práctica e investigación se centran en el futuro de nuestros recursos compartidos, la transición ecosocial y la diversidad biocultural. Sus instalaciones artísticas, *performances*, videos, esculturas y libros de artista examinan cuestiones sociales y ambientales complejas, y contribuyen a la construcción de la memoria ambiental e histórica. Ha expuesto en varios países y ha desarrollado proyectos de participación pública en Los Ángeles, Ciudad de México, Bogotá, San Juan, Nueva York, Londres y París, entre otras ciudades. Recibió el Soros Arts Fellowship en 2023 y fue artista residente en 2023-2024 en el Getty Research Institute. Se graduó de la maestría en Bellas Artes en la University of Southern California en 2014, y de la licenciatura en Bellas Artes de la Universidad de Los Andes, Bogotá, en 1999.

Joseph Daniel Valencia es curador del Vincent Price Art Museum en East Los Angeles College. Es académico y escritor acerca de arte y política contemporánea en las Américas. Sus proyectos incluyen *We Place Life at the Center/Situamos la vida en el centro* (2024- 2025), *Sonic Terrains in Latinx Art* (2022) *y Liberate the Bar! Queer Nightlife, Activism, and Spacemaking* (2019). Ha contribuido con publicaciones de exposiciones y revistas de arte internacionales. Tiene una maestría en Práctica Curatorial por la University of Southern California y una licenciatura en Historia del Arte y Estudios Latinoamericanos por la California State University, Fullerton.

Steven Y. Wong es director del Vincent Price Art Museum en East Los Angeles College. Ha trabajado como artista, curador y administrador artístico en Los Ángeles durante más de tres décadas. Fue curador de Los Angeles Municipal Art Gallery y director ejecutivo interino y curador *senior* del Chinese American Museum, donde desarrolló e implementó exposiciones tanto de arte contemporáneo como históricas. Ha sido profesor adjunto en la University of California (UC) Santa Barbara, el Ventura College y el Pasadena City College. Asistió al Santa Monica College of Design, Art, and Architecture y continuó su formación con una licenciatura en Arte y una maestría en Estudios Asiático-Americanos en la UC Los Ángeles, y una maestría en Arte en la UC Santa Barbara.

Nicolás Gómez Echeverri es un artista, curador e historiador de arte, egresado de Arte de la Universidad de los Andes (Bogotá) y el MRes en Historia del Arte de Goldsmiths University (Londres). Actualmente es el Director de la Unidad de Artes y Otras Colecciones de la Subgerencia Cultural del Banco de la República; donde tiene a su cargo la gestión de colecciones y exposiciones de arte y numismática en el Museo de Arte Miguel Urrutia, el Museo Botero, el Museo Casa de Moneda y otros espacios de la institución. Entre 2018 y 2023 se desempeñó como Director del Museo de Arte Contemporáneo - MAC Lima (Lima, Perú). Regularmente publica ensayos y artículos históricos y críticos sobre arte latinoamericano moderno y contemporáneo.

María Wills Londoño es una curadora e investigadora reconocida internacionalmente, que vive y trabaja en Bogotá, Colombia. De 2020 a 2024, fue directora y curadora de los Museos de Arte del Banco de la República, supervisando instituciones como el Museo de Arte Miguel Urrutia, el Museo Botero y el Museo Casa de Moneda. Su enfoque curatorial profundiza en la inestabilidad de la imagen contemporánea y la reevaluación de las narrativas históricas oficiales en el arte. Entre sus proyectos más recientes se encuentran el *Mapa Teatro* (2022-2023) y *Sembrar la duda: Indicios sobre las representaciones indígenas en Colombia* (2023-2024), ambos expuestos en el Museo de Arte Miguel Urrutia, Bogotá. Fue la curadora principal de MOMENTA | Biennale de l'image: *The Life of Things* (Canadá, 2019). Recibió el Premio de Periodismo Simón Bolívar en 2019.

Daniel H. Rey es un curador, programador público y autor que ejerce entre suelos y sistemas Wi-Fi. Entre el español, el árabe y el noruego, estudia la formación de diásporas a través de territorios, climas e internet. Su investigación se centra progresivamente en artistas migrantes al mismo tiempo que historiza cómo las idiosincrasias iberoamericanas se expanden, se traducen y producen nuevos imaginarios globales. Ha liderado proyectos de cultura visual en Asunción, Dubai, Lima, Madrid y Oslo. Conferenciante y editor activo, ha ejercido como curador asistente de programas públicos en la organización Art Jameel, en los Emiratos Árabes Unidos, y ha contribuido con textos para la 60a. Bienal de Venecia, entre otras publicaciones y plataformas diversas.

Mercedes Dorame es una artista multidisciplinaria que recurre a su ascendencia Tongva para tratar el problema de la (in)visibilidad y las ideas de construcción cultural. Su trabajo involucra la tierra y el cosmos para potenciar la expansión de la percepción, la experiencia y la imaginación. Nacida en Los Ángeles, California, estudió la maestría en Bellas Artes en el San Francisco Art Institute y la licenciatura en la University of California Los Angeles. Actualmente

Joel Garcia (Huichol) is an Indigenous artist, cultural organizer, educator, cofounder, and Director of Meztli Projects, an Indigenous-based arts and culture collaborative centering Indigeneity into the creative practice of Los Angeles. In various artistic roles, he has worked with Indigenous communities across borders to support land, access, and self-determination issues. His art explores healing and reconciliation, as well as memory and place, garnering national press in publications such as the *LA Times*, *New Yorker*, and *Artforum*, among others. He's a current Stanton Fellow and formerly an artist-in-residence or fellow at Monument Lab, Intercultural Leadership Institute, OXY ARTS, and other acclaimed projects.

Megan Dorame is a Tongva poet. She lives and writes in Southern California.

Camila Marambio is a curator and researcher whose work traverses the fields of environmental humanities, decolonial nature conservation, contemporary art, and performativity. In 2010, she founded Ensayos in partnership with the Wildlife Conservation Society of Chile, a collective research practice that brings together artists, scientists, and activists to conceptualize long-term, process-based projects focused on ecocultural conservation work in Tierra del Fuego and other archipelagos. With Ensayos and WCS-Chile, she organized *The Venice Agreement* (2022), a historic agreement for the worldwide preservation and restoration of peatlands for the benefit of the climate. She served as Guest Curator of the Cisneros Institute at the Museum of Modern Art (MoMA) and curated *Turba Tol Hol-Hol Tol* the Chilean Pavilion at the 2022 Venice Biennale. She holds a PhD in Curatorial Practice from Monash University, Australia (2019), a Master of Experiments in Arts and Politics from Sciences Po, Paris (2012), and an MA in Modern Art: Critical and Curatorial Studies from Columbia University (2004). Currently, she is Curator of New Perspectives at Para La Naturaleza in Borikén, Puerto Rico. Her book *Cancer Ecologies* will be published early 2025 (Bloomsbury Press).

Bárbara Saavedra is a biologist with a Doctorate in Ecology and Evolutionary Biology from the University of Chile, who focuses her career on biodiversity conservation. Since 2005, she has directed the Wildlife Conservation Society-Chile, leading efforts in conservation and promoting biodiversity's value for Chilean society and the economy. She spearheaded the establishment of Karukinka Natural Park in Tierra del Fuego and Chile's first protected marine area there. Saavedra has also been instrumental in advancing environmental legislation and programs, including the Biodiversity and Protected Areas Service and the Peatland Law. She contributes to various international and Chilean groups, including the Chile-California Council and the National Council of Science, Technology, Knowledge, and Innovation. Saavedra cofounded the "Ecological Constitutionalism Network" to influence Chile's new Constitution and served as president of the Ecological Society of Chile. Since 2011, she has been involved in the curatorial program Ensayos.

Hema'ny Molina Vargas is an Indigenous woman of the Selk'nam People of Tierra del Fuego, Chile, and a writer, poet, traditional educator, and activist who works for the demands of the rights of the Selk'nam People in Chile, and the territorial and environmental rights from Tierra del Fuego. She is President of the Selk'nam Corporation Chile, formed in 2015, which aims to dislodge the Indigenous community from the stigma of "extinction." She is a member of the Covadonga Ona Indigenous community. She has contributed to several publications, including *Voyaging Southward from the Strait of Magellan* by Rockwell Kent (translated edition with reflection articles, Editorial Pehuén 2023), *Magallanes 1520–2020: Historias, Pueblos, Imágenes* (De social-Editors 2022), and the article "Selk'nam People: Yesterday, Today, and Tomorrow" for the book *Turba Tol Hol-Hol Tol* (Venice Biennale 2022), among others.

Bárbara Santos is a visual artist and independent researcher. Her work focuses on making transformation processes visible using the conjunction between art and technology under the guidance of ancestral knowledge in the Amazon. She has acquired living experiences in the jungles since 2005 in the Vaupés and Putumayo regions (Colombian Amazon). She is the author of the book *La curación como tecnología* (2019), facilitator of the exhibition *Bosquesinas-campesinas* (2021) with ex-combatant women of the Colombian peace agreement, and co-editor of the interactive book *~Kii Rɨkɨ Bare Hako* authored by the women's group ACAIPI, among others. Her long-term collective projects, such as the *Cuenco de Cera*, are intertwined with the intention of questioning traditional structures and formats of contemporary art through the strengthening of aesthetic ruptures that can arise from the encounter between complex cultures. She has a Master's degree in Visual and Fine Arts from the National University of Colombia.

Carolina Duque Alzate is an anthropologist from the Universidad de Los Andes, with a Master's degree in Environmental Management, and studies public management for territorial planning and the protection of traditional knowledge. Her career has focused on strengthening ethnic communities by protecting traditional knowledge, cultural heritage, sacred sites, legal security of collective territories, diversity, and the environment, from a gender perspective. She is co-editor of the interactive book *~Kii Rɨkɨ Bare Hako*, about the care of sacred ancestral feminine knowledge, co-authored with women from four towns along the Pirá Paraná River in the Colombian Amazon. She is cofounder of the *Fundación Paz*, an organization dedicated to promoting peace and preserving cultural diversity in Colombia.

Arturo Escobar is an activist-researcher from Cali, Colombia, working on territorial struggles against extractivism; post-developmentalist, post-capitalist, and non-patriarchal/non-racist transitions; and ontological design. He was a professor of anthropology and political ecology at the University of North Carolina, Chapel Hill, until 2018, and is currently affiliated with the PhD Program in Design and Creation, Universidad de Caldas, Manizales, Colombia, and the PhD Program in Environmental Sciences, Universidad del Valle, Cali. Over the past twenty-five years, he has worked closely with several Afro-Colombian, environmental, and feminist organizations on territorial struggles against extractivism. He is the co-editor of *Pluriverse: A Post-Development Dictionary* (2019), and author of *Encountering Development: The Making and Unmaking of the Third World* (1995, 2nd Ed. 2011), *Designs for the Pluriverse: Radical Interdependence, Autonomy, and the Making of Worlds* (2018), and *Pluriversal Politics: The Real and the Possible* (2020), among others.

Diana Alexandra Bernal is an environmental activist with a PhD in Geography, and postdoctoral researcher in Just Transitions. She is a member of the Transitioners' Network for the Geographic Valley of the Cauca River, the Brazilian Cultural Humanistic Geography Research Group, and the Environmental Thought Research Network Group and Center of the National University of Colombia. Bernal is a Professor at the National University of Colombia. She works with phenomenological, critical, and *métodoestesis* perspectives on topics such as place and territory, sensitive river, water vulnerability, hydropoetics, geopolitics, environmental philosophy, territorial peace, and just transitions.

es profesora en CalArts y forma parte del grupo fundador de Unseen California. Recibió el premio Creative Capital Award y el Getty le comisionó la instalación escultórica *Woosha'aaxre Yaangaro* como la pieza inaugural de la serie Rotunda Commissions. Su trabajo se encuentra en las colecciones permanentes del Getty, el Hammer Museum, Los Angeles County Museum of Art y el San Francisco Museum of Modern Art, entre otros.

Joel Garcia es un artista indígena huichol, gestor cultural, educador, cofundador y director de Meztli Projects, un colectivo de arte y cultura indígena que centra la indigeneidad en la práctica creativa de Los Ángeles. Ha trabajado con comunidades indígenas a través de fronteras ejerciendo diversas funciones artísticas para apoyar conflictos de tierra, acceso y autodeterminación. Su arte explora la sanación y la reconciliación, la memoria y el lugar. Su trabajo ha sido reseñado en publicaciones como *LA Times*, *The New Yorker* y *Artforum*, entre otras. Fue artista residente de Monument Lab, Intercultural Leadership Institute, OXY ARTS y otros proyectos aclamados. Actualmente es becario Stanton.

Megan Dorame es una poeta Tongva. Vive y escribe en el sur de California.

Camila Marambio es curadora e investigadora. Su trabajo atraviesa los campos de estudio de las humanidades ambientales, la conservación descolonial de la naturaleza, el arte contemporáneo y la performatividad. En 2010 fundó Ensayos en alianza con la Wildlife Conservation Society (WCS) Chile, una práctica de investigación colectiva que reúne artistas, científicas y activistas para conceptualizar proyectos de largo plazo basados en procesos de conservación ecocultural en Tierra del Fuego y otros archipiélagos. Con Ensayos y WCS Chile organizó el *Acuerdo de Venecia* (2022), un compromiso histórico para la preservación y restauración mundial de turberas en beneficio del medio ambiente. Se desempeñó como curadora invitada del Cisneros Institute en el Museum of Modern Art de Nueva York y fue curadora de *Turba Tol Hol-Hol Tol*, el Pabellón de Chile en la 59a. Bienal de Venecia. Tiene un doctorado en Práctica Curatorial por la Monash University (Melbourne, 2019), una maestría en Experimentos en Artes y Política por el instituto Sciences Po (París, 2012) y una maestría en Arte Moderno: Estudios Críticos y Curatoriales por la Universidad de Columbia (Nueva York, 2004). Actualmente es curadora de Nuevas Perspectivas en Para La Naturaleza, en Borikén, Puerto Rico, y Bloomsbury Press publicará su libro *Cancer Ecologies* principios de 2025.

Bárbara Saavedra es bióloga, doctora en Ecología y Biología Evolutiva por la Universidad de Chile. Centra su carrera en la conservación de la biodiversidad. Desde 2005 dirige la Wildlife Conservation Society Chile, donde lidera esfuerzos en conservación y promoción del valor de la biodiversidad para la sociedad y la economía chilena. Encabezó el establecimiento del Parque Natural Karukinka en Tierra del Fuego, así como la primera área marina protegida en esa región. Ha jugado un papel decisivo en el avance de la legislación y los programas ambientales, incluido el Servicio de Biodiversidad y Áreas Protegidas y la Ley de Turberas. Contribuye con diversos grupos internacionales y chilenos, como el Consejo Chile-California y el Consejo Nacional de Ciencia, Tecnología, Conocimiento e Innovación. Cofundó la Red de Constitucionalismo Ecológico para influir en la nueva constitución de su país y se desempeñó como presidente de la Sociedad Ecológica de Chile. Ha estado involucrada en el programa curatorial Ensayos desde 2011.

Hema'ny Molina Vargas es una mujer indígena del Pueblo Selk'nam de Tierra del Fuego, Chile. Es escritora, poeta, educadora tradicional y activista por las demandas de los derechos del Pueblo Selk'nam en Chile y por los derechos territoriales y ambientales en Tierra del Fuego. Es presidenta de la Corporación Selk'nam Chile, formada en 2015, cuyo objetivo es retirar el estigma de que el pueblo Selk'nam está extinto. Es miembro de la comunidad indígena Covadonga Ona. Ha colaborado en varias publicaciones, entre ellas *Voyaging Southward from the Strait of Magellan,* de Rockwell Kent (Editorial Pehuén 2023); *Magallanes 1520-2020: historias, pueblos, imágenes* (Social-Ediciones, 2022), y el ensayo "El pueblo Selk'nam: ayer, hoy y mañana" para *Turba Tol Hol-Hol*, Pabellón de Chile en la 59a. Bienal de Venecia, entre otros.

Bárbara Santos es artista visual e investigadora independiente. Su trabajo se centra en visibilizar procesos de transformación utilizando la conjunción entre arte y tecnología bajo la guía de conocimientos ancestrales en la Amazonía colombiana. Ha adquirido importantes vivencias en las selvas desde 2005, en las regiones de Vaupés y Putumayo. Es autora del libro *Curación como tecnología* (Idartes, 2019), activadora de la exposición interactiva *Bosquesinas-campesinas* (2021) con mujeres excombatientes del acuerdo de paz colombiano, y coeditora del libro interactivo *~Kii Rikɨ Bare Hako* de la Asociación de Capitanes y Autoridades Tradicionales Indígenas del Río Pirá Paraná, entre otros. Sus proyectos colectivos a largo plazo, como *Cuenco de Cera*, se entrelazan con la intención de cuestionar las estructuras tradicionales y los formatos del arte contemporáneo mediante el fortalecimiento de rupturas estéticas que pueden surgir del encuentro entre culturas complejas. Tiene una maestría en Artes Plásticas y Visuales por la Universidad Nacional de Colombia.

Carolina Duque Alzate es antropóloga por la Universidad de Los Andes, con una maestría en Gerencia Ambiental y estudios en gestión pública para el ordenamiento territorial y la protección de conocimientos tradicionales. Su carrera se ha centrado en el fortalecimiento de las comunidades étnicas y la protección de los conocimientos tradicionales, el patrimonio cultural, los sitios sagrados, la seguridad jurídica de los territorios colectivos, el medio ambiente y la diversidad, desde una perspectiva de género. Es coeditora del libro interactivo *~Kii Rikɨ Bare Hako* sobre el cuidado del saber sagrado ancestral femenino, en autoría con mujeres de cuatro pueblos del Río Pirá Paraná en la Amazonia colombiana. Es cofundadora de la Fundación Paz, organización dedicada a promover la paz y preservar la diversidad cultural en Colombia.

Arturo Escobar es un activista-investigador de Cali, Colombia, que trabaja en luchas territoriales contra el extractivismo; transiciones posdesarrollistas, poscapitalistas y no patriarcales/no racistas, y diseño ontológico. Fue profesor de antropología y ecología política en la University of North Carolina, Chapel Hill, hasta 2018. Actualmente está afiliado al programa de doctorado en Diseño y Creación de la Universidad de Caldas (Manizales) y al programa de doctorado en Ciencias Ambientales de la Universidad del Valle (Cali). Durante los últimos 25 años, ha trabajado estrechamente con organizaciones afrocolombianas, ambientalistas y feministas en luchas territoriales contra el extractivismo. Es coeditor de *Pluriverso: Un diccionario del posdesarrollo* (Icaria, 2019) y autor de *La invención del Tercer Mundo: construcción y deconstrucción del desarrollo* (2a. ed., Norma, 2011), *Designs for the Pluriverse: Radical Interdependence, Autonomy, and the Making of Worlds* (Duke University Press, 2018), y *Pluriversal Politics: The Real and the Possible* (Duke University Press, 2020), entre otros.

Diana Alexandra Bernal es activista ambiental, doctora en Geografía e investigadora posdoctoral en Transiciones Justas.

maria campo is a Black feminist and activist advocating for the defense of ethnic-territorial rights and the rights of Black and Indigenous ethnicized and racialized women. Her lived experiences across the Northern Pacific region of Cauca and Eastern Cali in Colombia inform her reflections on the territorial logics of Black people, the implications of the racist capitalist patriarchal system in the lives of women, and the paths of re-existence that stand up against various modes of oppression. Her concern for oppression from her place of enunciation —a Black woman of African descent— led her to meet and take root with the collective *otras negras... y ¡feministas!* (other black women... and feminists!), the *Asociación Casa Cultural El Chontaduro* (El Chontaduro Cultural House Association) and the *Tejido de transicionantes por la región del valle del geográfico río Cauca* (Transitioners' Network of the Geographical Valley of the Cauca River). She attended school to study Philosophy and Environmental Administration and earned a Master's degree in Regional Development and Territorial Planning. She has been the author and co-author of several articles and books.

Comunidades Sembradoras de Territorios, Aguas y Autonomías (SETAA), or Communities Sowing Territories, Waters, and Autonomies, is a Colombian initiative associated with the Colombian Movement Rios Vivos, and the Movement of People Affected by Dams of Latin America-MAR. Created in 2019, Comunidades SETAA develops projects and processes of energy self-sufficiency, reforestation, water sowing and harvesting, agroecology, and self-healing and well-being.

Pluma Bárbara Moreno is a Nabolia-Tekina woman and Indigenous activist from the Jíbaro-Taino nation of Borikén (Puerto Rico). She is the granddaughter of Minga and Paula, midwives from Lares, and the daughter of Maria Torres, farmer and caregiver. She is a sociologist, rural farmer, and field worker, and is trained in international mechanisms for Indigenous Human Rights. She is a cofounder of the Centro de Apoyo Mutuo Jíbaro de Lares (Mutual Aid Center of Lares, CAMJiLares), the Organization of the Can-Jíbaro Indigenous People of Borikén, the Borikua Indigenous Alliance in Resistance, and the Indigenous Human Rights Defense Council of Borikén and the Antilles. She coordinates the agro-political training project *Escuela Jibara Agrícola de Lares* and one of the first national projects documenting rural oral history, called *Our Jíbara Voices, between the Agrarian and the Indigenous*. She is a facilitator of collective councils for land return and reparations within interterritorial alliances against the decolonization of the Borikén archipelago and the Caribbean Antilles. She is responsible for organizing Borikén´s alliances with the international fieldworker organization CLOC-Vía Campesina.

Gwennhael Huesca Reyes is a freelance editor and literary translator from English and Swedish into Spanish. She holds a Master of Arts in editorial design and production, and specializes in editing social science, architecture, and art-related content, as well as coordinating and producing independent publishing and printed art projects. She collaborates with public and private universities, international organizations, research centers, nongovernmental organizations, artistic collectives, publishing houses, and independent and self-publishing projects. As a translator, she has been awarded grants from the literary exchange agencies of the governments of Sweden and Finland. Her most recent collaborations are the translation and copyediting of the books *Dancehall Queen: Erotic Subversion/ Subversión erótica* (FIEBRE Ediciones/Dancehall Archive and Research Initiative), and *Atea10* (Atea, A. C.).

Caycedo's Exhibition Collaborators

Pavel Acevedo is a printmaker, muralist, and art educator based in Los Angeles. He started as a self-taught artist off the coast of Oaxaca, continued his formal education as a printmaking and painting student in Rufino Tamayo's studio, and concluded his studies at the Fine Arts School in Oaxaca City. He opened his own print studio after emigrating from Oaxaca to Riverside. As an independent art educator, he has been part of community education programs with nonprofit organizations such as I Learn America, Self-Help Graphics, and Plaza de la Raza. He's been an artist in residence at Self-Help Graphics, KALA Art Institute, Fullerton Community College, Art Share LA, College of the Canyons, and Horned Toad Print Shop. He has worked on commissioned murals in public spaces in Los Angeles, Rancho Cucamonga, and Riverside. His work is in the collections at The Cheech Marin Center for Chicano Art and Culture, Center for the Study of Political Graphics, the Wignall Museum of Contemporary Art, Mexic-Arte, El Paso Museum of Art, The Huntington Library, and the Thomas J. Watson Library at the Metropolitan Museum of Art.

Azita Banu is an urban farmer-activist and seed doula located in Los Angeles. She is passionate about raising awareness around ecological conservation and regenerative solutions through home landscaping and guerilla gardening. She currently teaches students and families from kindergarten to college. You can join her at the Westchester Holy Nativity Community Pantry Garden on Thursdays, 4-6pm, for volunteer harvest hours.

David de Rozas is an artist-filmmaker, researcher, and PhD student in the Media Arts and Practice program at the University of Southern California School of Cinematic Arts. His research investigates the politics of memory by looking at places, bodies, and materialities (both human and more than human) as sites implicitly or explicitly shaped by the unfolding historical authority, regimes of truth, and institutions of power. His award-winning films have been screened in festivals and curated series worldwide, including MoMA, Visions du Réel, FullFrame, Sheffield Doc/Fest, True/False, Kassel DocFest, and the Smithsonian African American Film Festival. He was a Flaherty Fellow in 2019, a VIA Art Fund Production grantee in 2020, an artist-in-residence at Headlands Center for the Arts in 2021, and an Annenberg Fellow in 2023.

Integrante del Tejido de Transicionantes por el Valle Geográfico del Río Cauca, el Grupo de Pesquisa de Geografia Humanista Cultural Brasileira y el Grupo y Centro Red de Investigación de Pensamiento Ambiental de la Universidad Nacional de Colombia, donde también es docente de cátedra. Trabaja con perspectivas fenomenológicas, críticas y metodoestésicas en temas como lugar y territorio, río sensible, vulnerabilidad hídrica, hidropoéticas, geopoéticas, filosofía ambiental, paz territorial y transiciones justas.

maria campo es una feminista negra y activista por la defensa de los derechos étnico-territoriales y de las mujeres etnitizadas y racializadas como negras e indígenas. Sus experiencias vividas en la región del Pacífico colombiano, norte del Cauca y el oriente de Cali, configuran sus reflexiones acerca de las lógicas territoriales del pueblo negro, las implicaciones del sistema patriarcal capitalista racista en las vidas de las mujeres y los caminos de reexistencia para plantarse frente a opresiones diversas. Su preocupación por las opresiones en su lugar de enunciación —mujernegra afrodescendiente— la llevó a encontrarse y enraizarse con el colectivo Otras negras y... ¡feministas!, la Asociación Casa Cultural El Chontaduro y el Tejido de Transicionantes por la Región del Valle Geográfico del Río Cauca. Estudió Filosofía y Administración Ambiental, y la maestría en Desarrollo Regional y Planificación del Territorio. Es autora y coautora de varios artículos y libros.

Comunidades Sembradoras de Territorios, Aguas y Autonomías (SETAA) es una iniciativa colombiana asociada al Movimiento Ríos Vivos Colombia y al Movimiento de Afectados por Represas de América (MAR). Creada en 2019, desarrolla proyectos y procesos de autosuficiencia energética, reforestación, siembra y cosecha de agua, agroecología y autosanación y bienestar.

Pluma Bárbara Moreno es una mujer Nabolia-Tekina, activista indígena de la nación Jíbaro-Taino de Borikén, Puerto Rico. Nieta de Minga y Paula, comadronas lareñas. Hija de María Torres, agricultora y cuidadora. Socióloga, agricultora rural y campesina, se formó en mecanismos internacionales de derechos humanos indígenas. Es cofundadora del Centro de Apoyo Mutuo Jíbaro de Lares, de la Organización del Pueblo Indígena Can-Jíbaro de Borikén, de la Alianza Borikua Indígena en Resistencia y el Consejo de Defensa de Derechos Humanos Indígenas de Borikén y las Antillas. Coordina el proyecto de formación agropolítica Escuela Jibara Agrícola de Lares y el primer proyecto nacional de documentación rural de historia oral Nuestras Voces Jíbaras, entre lo Agrario y lo Indígena. Es facilitadora de consejos colectivos por devoluciones y reparaciones de tierra en alianzas interterritoriales contra la descolonización del archipiélago de Borikén y el Caribe antillano. Es responsable de articular las alianzas de Borikén con la Coordinadora Latinoamericana de Organizaciones del Campo-La Vía Campesina.

Gwennhael Huesca Reyes es editora independiente y traductora literaria de inglés y sueco a español. Es maestra en diseño y producción editorial, y se especializa en publicaciones de ciencias sociales, arquitectura y arte, así como en la producción de proyectos editoriales independientes. Colabora con instituciones académicas y centros de investigación, organismos internacionales, organizaciones no gubernamentales, casas editoriales y proyectos independientes y de autopublicación. Como traductora, ha recibido becas de las agencias de intercambio literario de los gobiernos de Suecia y Finlandia. Sus colaboraciones más recientes son: la traducción y el cuidado editorial de *Dancehall Queen: Erotic Subversion/Subversión erótica* (FIEBRE Ediciones/Dancehall Archive and Research Initiative, 2023) y la corrección de estilo y la traducción de español a inglés del libro conmemorativo *Atea10* (Atea, A. C., 2024), premiado en la XIII Bienal Iberoamericana de Arquitectura y Urbanismo.

Colaboradores de Caycedo en la exposición

Pavel Acevedo es grabador, muralista y educador de arte radicado en Los Ángeles. Comenzó como artista autodidacta en la costa de Oaxaca, continuó su educación formal como estudiante de grabado y pintura en el estudio de Rufino Tamayo, y concluyó sus estudios en la Escuela de Bellas Artes de la ciudad de Oaxaca. Abrió su propio estudio de grabado después de migrar a Riverside. Como educador independiente ha formado parte de programas de educación comunitaria con organizaciones sin fines de lucro, como I Learn America, Self-Help Graphics y Plaza de la Raza. Ha sido artista residente en Self-Help Graphics, KALA Art Institute, Fullerton Community College, Art Share LA, College of the Canyons y Horned Toad Print Shop. Ha pintado murales por encargo en espacios públicos en Los Ángeles, Rancho Cucamonga y Riverside. Su trabajo se encuentra en las colecciones del Centro Cheech de Arte y Cultura Chicana, el Centro para el Estudio de Gráfica Política, el Museo Contemporáneo Wignall, Mexic-Arte, el Museo de Arte de El Paso, la Biblioteca Huntington y la Biblioteca Thomas J. Watson del Metropolitan Museum of Art de Nueva York.

Azita Banu es una activista agricultora urbana y doula de semillas que vive en Los Ángeles. Le apasiona crear conciencia sobre la conservación ecológica y las soluciones regenerativas por medio de jardines domésticos y de guerrilla. En la actualidad, enseña a familias y estudiantes, de infantes a universitarios. Cada jueves, de 16 a 18 h, se encuentra en el jardín comunitario Holy Nativity de Westchester, coordinando la cosecha voluntaria.

David de Rozas es un artista-cineasta, investigador y estudiante de doctorado en el programa de Artes y Prácticas Mediáticas de la Escuela de Artes Cinematográficas de la University of Southern California (USC). Su investigación indaga en las políticas de la memoria al observar lugares, cuerpos y materialidades (tanto humanas como no humanas), como sitios implícita o explícitamente moldeados por la autoridad histórica en desarrollo, los regímenes de la verdad y las instituciones de poder. Sus películas se han proyectado y han sido premiadas en festivales y series de cine comisariadas en todo el mundo, incluidos el Museum of Modern Art de Nueva York, Visions du Réel, FullFrame, Sheffield True/False Film Festival, Kassel DokFest y el Festival de Cine Afroamericano del Smithsonian. Fue becario Flaherty en 2019, artista becario de producción del VIA Art Fund en 2020, artista residente en el Headlands Center for the Arts en 2021 y becario de la Annenberg School for Communication de la USC en 2023.

EXHIBITION CHECKLIST

VISUALIZING ECOLOGIES / VISUALIZANDO ECOLOGÍAS

Seres del río al mar, 2024
Site-specific mural / Mural de sitio específico
Created in collaboration with / creado en colaboración con Carolina Caycedo Pavel Acevedo, Seres de Río, East Los Angeles College students / estudiantes
Commissioned by / Comisionado por Vincent Price Art Museum at East Los Angeles College

Carolina Caycedo
Sap, 2018
From the series / De la serie *Cosmotarrayas*
Hand-dyed fishing net, paracord, plastic rope, steel, metal chain / Red de pesca artesanal teñida a mano, paracord, cuerda de plástico, acero, cadena metálica
132 × 132 × 12 in
Courtesy of the artist and / Cortesía de la artista y del Instituto de Visión, Bogotá, New York City

From the series *Water Portraits* / De la serie *Retratos del agua*

San Gabriel, 2019
Photo collage printed on cotton canvas / Collage fotográfico impreso sobre lienzo y algodón
670 × 63 in

Wanaawna Meets Salty Waters, 2019
Photo collage printed on cotton silk / Collage fotográfico impreso sobre algodón de seda
692 × 58 in

Courtesy of the artist and / Cortesía de la artista y del Commonwealth and Council

From the series *Plant Portraits* / De la serie *Retratos de plantas*

In Yarrow We Trust, 2021
Inkjet print and colored pencil on paper / Impresión de inyección de tinta y lápiz de color sobre papel
11 × 13 ½ in, framed / enmarcado: 13 × 16 × 1 ½ in
Collection of / Colección de Ann Soh Woods

Mamma Nettle Wheel, 2021
Inkjet print and colored pencil on paper / Impresión de inyección de tinta y lápiz de color sobre papel
19 ½ ×19 ½ in; framed / enmarcado: 22 × 22 × 1 ½ in
Courtesy of the artist and / Cortesía de la artista y del Commonwealth and Council

Sembrando humedad / Sowing Moisture, 2023
HD Video, 5min 6s
Song by / canción de Hema'ny Molina Vargas
Produced with the support of / Producido con el apoyo de Ensayos, Fundación Hach Saye, Wildlife Conservation Society Chile

Anti-Inflammatory, 2021
Inkjet print and colored pencil on paper / Impresión de inyección de tinta y lápiz de color sobre papel
22 × 22 in

Uterine Tonic, 2021
Inkjet print and colored pencil on paper / Impresión de inyección de tinta y lápiz de color sobre papel
22 × 22 in

Nan Dendalggeyi Q'ai Musgo Memori Moss, 2021
Inkjet print on paper / Impresión de inyección de tinta sobre papel
22 × 28 in

Reproduced with permission and courtesy of the artist / Reproducido con el permiso y cortesía de la artista

Movimiento Social en Defensa de los Ríos Sogamoso y Chucurí, articulado al Movimiento Ríos Vivos

Ramphastos Uranus (Tucan), 2021–2022
Embroidery and appliqué on burlap / Bordado y aplicación sobre arpillera
22 × 15 ½ in

Amazona Ochrocephala (Loro), 2021–2022
Embroidery and appliqué on burlap / Bordado y aplicación sobre arpillera
21 ½ × 16 in

Lyrurus Tetrix (Gallo de Monte), 202–2022
Embroidery and appliqué on burlap / Bordado y aplicación sobre arpillera
19 ½ × 13 ½ in

Thraupis Episcopus (Azulejo), 2021–2022
Embroidery and appliqué on burlap / Bordado y aplicación sobre arpillera
20 ½ × 15 ¼ in

Diptera Stratiomyidae, 2021–2022
Embroidery and appliqué on burlap / Bordado y aplicación sobre arpillera
20 × 16 inches

Hemiptera Naucoridae, 2021–2022
Embroidery and appliqué on burlap / Bordado y aplicación sobre arpillera
19 × 15 ½ inches

Odonata Coenagrionidae, 2021–2022
Embroidery and appliqué on burlap / Bordado y aplicación sobre arpillera
19 × 15 inches

Courtesy of / Cortesía de Galería por los Ríos Polinizamos Biodiversidad, Escuelas Polinizando el Territorio

LISTA DE OBRAS EN LA EXPOSICIÓN

Samal Tayag
Coyotl + Macehualli Logo, 2022
Inkjet print on paper / Impresión de inyección de tinta sobre papel
24 × 24 in
Reproduced with permission from the artist /
Reproducido con el permiso de le artista

Tatiana Ixchel Luboviski-Acosta
Save the El Sereno Hills, 2021
Sumi ink on paper / Tinta sumi sobre papel
20 × 16 in

Lombardy & Eastern, 2021
Sumi ink on paper and mixed media /
Tinta Sumi sobre papel y técnica mixta
20 × 16 in
Reproduced with permission from the artist /
Reproducido con el permiso de le artista

Nadine Huguez
Nut Formed Inside the Fruit, 2022
Colored pencil on paper / Lápiz de color sobre papel
16 × 20 in

Half Open Nut Shell, 2022
Colored pencil on paper / Lápiz de color sobre papel
16 × 20 in

Round Fruit Provides Food, 2022
Colored pencil on paper / Lápiz de color sobre papel
16 × 20 in
Reproduced with permission from the artist /
Reproducido con permiso de la artista

Takaape' Waashut Northeast Los Angeles Black Walnut Day, 2022
Event poster by / Afiche del evento de Coyotl + Macehualli. Featuring /
Presentando Endangered Small Tree by / de Nadine Huguez
Colored pencil on paper / Lápiz de color sobre papel
20 × 16 in
Reproduced with permission from the artist and /
Reproducido con permiso de la artista y Coyotl + Macehualli

PLANTING PROMISES / SEMBRANDO PROMESAS

Azita Banu & Carolina Caycedo
Life at the Center, 2024
Wood, seed, flowers, tissue paper, black tea and coffee dye, wheat paste / Madera, semillas, flores, papel de seda, tinte de té negro y café, pasta de trigo
95 × 47 in
Commissioned by / Comisionado por Vincent Price Art Museum at East Los Angeles College
Courtesy of the artists / Cortesía de las artistas

Carolina Caycedo & Ruta del Castor
Geocoreografía Maicera, 2024
Geochoreography in / Geocoreografía en Xochimilco, México
Drone photography on vinyl / Fotografía de dron sobre vinilo
Courtesy of the artist and / Cortesía de la artista y Ruta del Castor

Mercedes Dorame
From the series / De la serie *Everywhere Is West*
Algae Portal - Shooxar Tukuupar, 2022
Inkjet print on paper /
Impresión de inyección de tinta sobre papel
36 × 45 in

Pathway Through - Paakyan, 2023
Inkjet print on paper /
Impresión de inyección de tinta sobre papel
37 ½ × 30 in

Imprint - Xamee-evet III, 2023
Inkjet print on paper /
Impresión de inyección de tinta sobre papel
37 ½ × 30 in

Imprint - Xamee-evet I, 2023
Inkjet print on paper /
Impresión de inyección de tinta sobre papel
30 × 30 in
Courtesy of the artist / Cortesía de la artista

RESISTANCE AND TRANSITIONS / RESISTENCIA Y TRANSICIONES

Carolina Caycedo
Elwha's Healing, 2022
Satellite photo collage mural on vinyl /
Mural con *collage* de imágenes de satélite sobre vinilo
129 × 495 in

Reciprocal Sacrifice, 2022
HD Video, 12min 40s
Courtesy of the artist / Cortesía de la artista

The Salute of the Fish, 2022
From the series / De la serie *Cosmotarrayas*
Artisanal hand-dyed cast net, embroidered patches, aluminum wire, hemp cord, thread, steel, acrylic paint, lead weights /
Red artesanal teñida a mano, parches bordados, alambre de aluminio, cuerda de cáñamo, hilo, acero, pintura acrílica, pesas de plomo
73 × 60 × 11 in
Collection of / Colección de Ignacio Lopez y Laura Guerra

From the Bottom of the River I, 2020
From the series / De la serie *Cosmotarrayas*
Hand-painted blown glass, artisanal fishing net, lead weights / Vidrio soplado pintado a mano, red de pesca artesanal, pesas de plomo
25 × 25 × 6 in each / cada uno
Collection of / Colección de Sean Leffers

From the series *We Save Our Seed for the Following Season* / De la serie *Guardamos nuestra semilla para la próxima siembra*
En función de la vida sabrosa (ABIF), 2023
Jacquard weaving, UV acrylic printed cotton twill / Tejido jacquard, sarga de algodón con estampado acrílico UV
36 × 50 in

Cada sorbo de café será una bendición para ti (Tinti), 2023
Jacquard weaving, UV acrylic printed cotton twill, paper flowers, wood / Tejido jacquard, sarga de algodón con impresión acrílica UV, flores de papel, madera
Tapestry dimensions / Dimensiones del tapiz: 40 x 60 in
Wood table dimensions /Dimensiones de la mesa de madera: 4 × 70 × 27 in
Courtesy of the artist and / Cortesía de la artista e Instituto de Visión, Bogotá, New York City

Bionave Flotilla, 2024
One biodigester mother-ship and seven minibionaves / Una nave nodriza biodigestora y siete minibionaves
Paper mache and minibionaves in collaboration with / Papel maché y minibionaves en colaboración con Izzy Cardiff
Artisanal biodigester, plastic, plastic tubes, papier-mâché, laser jet print on paper, greenhouse tape, duct tape, rubber, wood, metal, metal mesh, foam, fabric, paint, card, computer fan / Biodigestor artesanal, plástico, tubos de plástico, papel maché, impresión láser sobre papel, cinta de invernadero, cinta aislante, caucho, madera, metal, malla metálica, espuma, tela, pintura, cartulina, ventilador de ordenador
281 ½ × 135 × 48 in; various dimensions / varias dimensiones
Produced with permission of / Producido con permiso de Red Colombiana de Energía de la Biomasa (RedBioCol) & Fundación Para la Producción Agropecuaria Tropical Sostenible (UTA)
Commissioned by / Comisionado por Vincent Price Art Museum at East Los Angeles College
Courtesy of the artist and RedBioCol / Cortesía de la artista y RedBioCol

From the series *Mineral Intensive* / De la serie *Mineral Intensivo*
Titanium Intensive, 2024
Paper, colored pencil, metal leaf (aluminum and copper) / Papel, lápiz de color, hoja de metal (aluminio y cobre)
35 × 50 in

Indium Intensive, 2024
Colored pencil on paper / Lápiz de color sobre papel
30 x 50 in

Chromium Intensive, 2024
Paper, colored pencil, metal leaf (aluminum; copper; 22 carat gold; variegated type C01 and C02) / Papel, lápiz de color, hoja de metal (aluminio; cobre; oro de 22 quilates; abigarrado tipo C01 y C02)
70 × 50 in
Courtesy of the artist / Cortesía de la artista

Iron Intensive, 2024
Paper, colored pencil, metal leaf (aluminum; copper; 22 carat gold; variegated type C01 and C02) / Papel, lápiz de color, hoja de metal (aluminio; cobre; oro de 22 quilates; abigarrado tipo C01 y C02)
70 × 50 in

Zinc Intensive, 2024
Paper, colored pencil, aluminum leaf / Papel, lápiz de color, hoja de aluminio
33 × 50 in
Courtesy of the artist and / Cortesía de la artista y Commonwealth and Council

Amulets for Fair Energy Transition, 2022
Seven of nine original amulets, five acrylic stands / Siete de nueve amuletos originales, cinco soportes acrílicos
El litio es del pueblo / *Lithium Belongs to the People*
Copper, lithium quartz, fine silver, velvet / Cobre, cuarzo de litio, plata fina, terciopelo
1 × 2 ¼ × 1 ¾ in

Burj
Carved graphite / Grafito tallado
4 ¼ × 2 ¾ × 3 in

Postponing the End of the World
Blown glass, raw gold / Vidrio soplado, oro bruto
1 × 2 ½ × 1 in

Protective Rolla
Copper, copper phosphorus / Cobre, fósforo de cobre
5 × 5 ¾ × 8 ¾ in

A Call From Earth's Womb
Cobalt, copper, heavy copper-plated brass / Cobalto, cobre, latón cobrizo pesado
2 ¼ × 2 ¾ × ¼ in

Nazar
Carved garnierite and nickel ore / Garnierita tallada y piedra de níquel
2 ½ × 3 ½ × 2 ¼ in

Pulsera y perla
Bronze, patina, lacquer, epoxy, sand, pearl / Bronce, pátina, laca, resina epóxica, arena, perla
1 × 2 × 2 ¼ in
Courtesy of the artist and / Cortesía de la artista e Instituto de Visión, Bogotá, New York City

Fuel to Fire, 2023
HD Video, 7min 34s
Courtesy of the artist / Cortesía de la artista, Commonwealth and Council and / e Instituto de Visión, Bogotá, New York City

Carolina Caycedo & Ruta del Castor
¿A qué aguas perteneces?, 2024
Drone photography on vinyl / Fotografía de dron sobre vinilo
Courtesy of the artist and / Cortesía de la artista y Ruta del Castor

Carolina Caycedo & David de Rozas

Somi Se'k, The Land of the Sun, La Tierra del Sol, 2022
Inkjet print and colored pencil on paper /
Impresión de inyección de tinta y lápiz de color sobre papel
70 × 94 in
Reproduced with permission from the artists /
Reproducido con permiso de los artistas

Annelia Hillman

No Amount of Stalling Will Stop The Dams From Falling, 2009
Oil on canvas / Óleo sobre lienzo
14 × 18 in

USFS Out of Indian Territory, 2012
Oil on wood / Óleo sobre madera
17 × 9 in

Resist Assimilation, 2012
Oil on wood / Óleo sobre madera
17 × 9 ½ in

Stop the Killing, 2011
Ink and pencil on paper / Tinta y lápiz sobre papel
13 × 17 in

Klamath River Rise Up!, 2018
Ink and pencil on paper / Tinta y lápiz sobre papel
13 × 17 in

Courtesy of the artist / Cortesía de la artista

Paul Robert Wolf Wilson

Elwha Undammed, 2019
Inkjet print on paper /
Impresión de inyección de tinta sobre papel
24 × 30 inches

Redwoods Return, 2018
Inkjet print on paper /
Impresión de inyección de tinta sobre papel
24 × 30 in

Copco Scars, 2023
Inkjet print on paper /
Impresión de inyección de tinta sobre papel
24 × 30 in

Reproduced with permission from the artist /
Reproducido con el permiso del artista

Juan José López Negrete

Soñadores, 2017
Inkjet print on paper /
Impresión de inyección de tinta sobre papel
30 × 40 in

Territorios Anfibios, 2019
Inkjet print on paper /
Impresión de inyección de tinta sobre papel
24 × 30 in

Cosecha de agua, 2019
Inkjet print on paper /
Impresión de inyección de tinta sobre papel
24 × 30 in

El arte de sembrar arroz, 2018
Inkjet print on paper /
Impresión de inyección de tinta sobre papel
30 × 40 in

Diálogo de saberes, 2019
Inkjet print on paper /
Impresión de inyección de tinta sobre papel
30 × 40 in

*El arte de la pesca artesana*l, 2019
Inkjet print on paper /
Impresión de inyección de tinta sobre papel
18 × 24 in

Seres del río, 2017
Inkjet print on paper /
Impresión de inyección de tinta sobre papel
18 × 24 in

Creadoras de fuego, 2017
Inkjet print on paper /
Impresión de inyección de tinta sobre papel
24 × 30 in

Reproduced with permission from the artist and /
Reproducido con permiso del artista y ASPROCIG

Mulheres do Movimento dos Atingidos por Barragens

Privatizaçao das Águas na Natureza, 2017
Embroidery and appliqué on burlap /
Bordado y aplicación sobre arpillera
29 ¾ × 29 ½ in
Collection of / Colección de Atingidas pelos projetos na reião oeste de Bahia

Juntas Somos Fortes - Rio Formoso, 2020
Embroidery and appliqué on burlap /
Bordado y aplicación sobre arpillera
17 × 24 in
Collection of / Colección de Atingidas pelos projetos na reião oeste de Bahia

Watu (Rio Doce) - Watu Morreu, 2019
Embroidery and appliqué on burlap /
Bordado y aplicación sobre arpillera
17 × 23 in
Collection of / Colección de Mulheres Atingidas de São Paulo durante oficina de produção de Arpilleras no Sesc Consolação

IMAGE LIST

Fieldwork Images / Imágenes de trabajo de campo

Karukinka Peatbog / Turba en Karukinka, Chile, 2022, courtesy of / cortesía de Carolina Caycedo, photo by / foto de Carolina Caycedo

CAMJI Mutual aid brigade / CAMJI Brigada de ayuda mutua, Barranquitas, Puerto Rico, 2022, courtesy of / cortesía de Carolina Caycedo, photo by / foto de Carolina Caycedo

Talking map workshop, Black Walnut Day / Taller del mapa hablante, Día del Nogal Negro, Debs Park, Los Angeles, 2023, courtesy of / cortesía de Carolina Caycedo, photo by / foto de Carolina Caycedo

Biodigester in Tosoly Farm / Biodigestor en Finca Tosoly, Santander, Colombia, 2023, courtesy of / cortesía de Carolina Caycedo, photo by / de Carolina Caycedo

ABIF Acquaponic / Acuapónico en ABIF, Córdoba, Colombia, 2022, courtesy of / cortesía de Carolina Caycedo, photo by / foto de Carolina Caycedo

ABIF El Piñal, Córdoba, Colombia, 2022, courtesy of / cortesía de Carolina Caycedo, photo by / foto de Carolina Caycedo

Tool Library / Agroteca, Departamento de la Comida, Caguas, Puerto Rico, 2022, courtesy of / cortesía de Carolina Caycedo, photo by / foto por Carolina Caycedo

Solar Forest / Bosque Solar, Casa Pueblo, Adjuntas Puerto Rico, 2022, courtesy of / cortesía de Carolina Caycedo, photo by / foto de Carolina Caycedo

Klamath River and Trinity River meeting / Encuentro de los ríos Klamath y Trinity, Weitchpec, California, 2023, courtesy of / cortesía de Carolina Caycedo, photo by / foto de Carolina Caycedo

Camila & Carolina, Karukinka, Tierra del Fuego, Chile, 2022, courtesy of / cortesía de Carolina Caycedo, photo by / foto de Barbara Saavedra

Don José Martínez, Miguel Barbosa Herrera & Carolina Caycedo, Vereda El Playón, Córdoba, Colombia, 2022, courtesy of / cortesía de Carolina Caycedo, photo by / foto de Naudel González

Páramo El Verjón, Bogotá, Colombia, 2018, courtesy of / cortesía de Carolina Caycedo, photo by / foto de Bárbara Santos

Editors' Note / Nota editorial

Participants of *Sembrando humedad/Sowing Moisture*, an educational gathering in Mexico City organized by Carolina Caycedo and Ruta del Castor in collaboration with VPAM / Participantes de *Sembrando humedad*, un encuentro educativo en la Ciudad de México, organizado por Carolina Caycedo y Ruta del Castor en colaboración con VPAM, 2024, photos by / fotos de Andrés Jurado, Eduardo Velazco, courtesy of / cortesía de Ruta del Castor

Chapter 1 / Capítulo 1

Seres de Río, Comparsa *Festival por el Agua*, 2023, photos by / fotos de Sari Dennise, courtesy of / cortesía de Colectiva Seres de Río

Colectiva Seres de Río, *Ríos Vivos Pueblos Libres*, 2017, mural, courtesy of / cortesía de Colectiva Seres de Río

Colectiva Seres de Río, mural (detail / detalle), 2017–2019, courtesy of / cortesía de Colectiva Seres de Río

Colectiva Seres de Río, *Memoria de saberes medicinales*, posters / afiches, 2021, courtesy of / cortesía de Colectiva Seres de Río

Colectiva Seres de Río, *Jagua de Colores*, 2017, mural festival, courtesy of / cortesía de Colectiva Seres de Río

Movimento dos Atingidos por Barragens (MAB), Woman embroidering / Mujeres bordando courtesy of / cortesía de MAB, photo by / foto de Alexania Rossato

Movimento dos Atingidos por Barragens (MAB), *Privatização das Águas na Natureza*, 2017, embroidery and appliqué on burlap / bordado y aplicación sobre arpillera, 27 × 29 in, courtesy of / cortesía de MAB, photos/fotos de MAB archives / Archivos de MAB

Mulheres Atingidas por Barragens (MAB), *Mulheres, água e energia não são mercadorias*, embroidery and appliqué on burlap / bordado y aplicación sobre arpillera, 15 × 19 in, courtesy of / cortesía de MAB, photos / fotos de MAB archives / Archivos de MAB

Movimento dos Atingidos por Barragens (MAB), *Watu Morreu*, embroidery and appliqué on burlap / bordado y aplicación sobre arpillera, 17 × 23 in, courtesy of / cortesía de MAB, photos/fotos de MAB archives / Archivos de MAB

Movimiento Social en Defensa de los Ríos Sogamoso y Chucurí, *Hemiptera Naucoridae*, 2021–2022, embroidery and appliqué on burlap / bordado y aplicación sobre arpillera, 20 × 16 in, courtesy of / cortesía de Galería por los Ríos Polinizamos Biodiversidad, Escuelas Polinizando el Territorio

Movimiento Social en Defensa de los Ríos Sogamoso y Chucurí, *Ramphastos Uranus* (Tucán), 2021–2022, Embroidery and appliqué on burlap / bordado y aplicación sobre arpillera, 22 × 15 ½ in, courtesy of / cortesía de Galería por los Ríos Polinizamos Biodiversidad, Escuelas Polinizando el Territorio

Movimiento Social en Defensa de los Ríos Sogamoso y Chucurí, *Thraupis Episcopus* (Azulejo), 2021–2022, embroidery and appliqué on burlap / bordado y aplicación sobre arpillera, 20 ½ × 15 ¼ in, courtesy of / cortesía de Galería por los Ríos Polinizamos Biodiversidad, Escuelas Polinizando el Territorio

LISTA DE IMÁGENES

Movimiento Social en Defensa de los Ríos Sogamoso y Chucurí, *Diptera Stratiomyidae*, 2021–2022, embroidery and appliqué on burlap / bordado y aplicación sobre arpillera, 20 × 16 in, courtesy of / cortesía de Galería por los Ríos Polinizamos Biodiversidad, Escuelas Polinizando el Territorio

Movimiento Social en Defensa de los Ríos Sogamoso y Chucurí, *¿Cómo sueñas tu cuerpo-territorio?*, 2022, courtesy of / cortesía de Movimiento Social en Defensa de los Ríos Sogamoso y Chucurí

Movimiento Social en Defensa de los Ríos Sogamoso y Chucurí, Map "before" the construction of / Mapa "de antes" de la construcción de Hidrosogamoso, 2022, courtesy of / cortesía de Movimiento Social en Defensa de los Ríos Sogamoso y Chucurí

Movimiento Social en Defensa de los Ríos Sogamoso y Chucurí, Map "after" the construction of / Mapa "de después" de la construcción de Hidrosogamoso, 2022, courtesy of / cortesía de Movimiento Social en Defensa de los Ríos Sogamoso y Chucurí

Movimiento Social en Defensa de los Ríos Sogamoso y Chucurí, *Dibujar Nuestro Cuerpo - Rio*, 2022, courtesy of / cortesía de Movimiento Social en Defensa de los Ríos Sogamoso y Chucurí

Juan José López Negrete, *Bee Honey* / *Miel de abejas*, photo / foto, courtesy of / cortesía de ASPROCIG

Juan José López Negrete, *Nets* / *Redes*, photo / foto, courtesy of / cortesía de ASPROCIG

Juan José López Negrete, *Group photo* / *Foto grupal*, photo / foto, courtesy of / cortesía de ASPROCIG

Juan José López Negrete, ABIF with boys and father / ABIF con niños y padre, photo / foto, courtesy of / cortesía de ASPROCIG

Juan José López Negrete, *Water View* / *Vista del agua*, photo / foto, courtesy of / cortesía de ASPROCIG

Juan José López Negrete, *Exhibition View* / *Vista de exposición* de ASPROCIG, photo / foto, courtesy of / cortesía de ASPROCIG

Juan José López Negrete, *Territorios anfibios*, 2019, photo / foto, courtesy of / cortesía de ASPROCIG

Annelia Hillman, *Klamath River Rise Up*, 2024, ink and pencil on paper / tinta y lápiz sobre papel, 13 × 17 in , courtesy of / cortesía de Annelia Hillman

Annelia Hillman, *No Amount of Stalling*, 2024, ink and pencil on paper / tinta y lápiz sobre papel, 14 × 18 in, courtesy of / cortesía de Annelia Hillman

Annelia Hillman, *USFS Out of Indian Territory*, 2024, ink and pencil on paper / tinta y lápiz sobre papel, 17 × 9 in, courtesy of / cortesía de Annelia Hillman

Annelia Hillman, *Resist Assimilation*, 2024, oil on wood / óleo sobre madera, 17 × 9 ½ in, courtesy of / cotesía de Annelia Hillman

Annelia Hillman, *Stop the Killing*, 2024, ink and pencil on paper / tinta y lápiz sobre papel, 13 × 17 in, courtesy of / cortesía de Annelia Hillman

Chapter 2 / Capítulo 2

Charley Reed, *SCS Releases Traditional Ecological Knowledge, Science & Management Junior High School Curriculum*, press release in / comunicado de prensa en California Water Justice News, courtesy of / cortesía de Save California Salmon

Save California Salmon, *TEK Curriculum: Traditional Ecological Knowledge, Science & Management*, excerpt / extracto, courtesy of / cortesía de Save California Salmon

Save California Salmon, *Advocacy & Water Protection in Native California Curriculum*, excerpt / extracto, courtesy of / cortesía de Save California Salmon

Tongva Taraxat Paxaavxa Conservancy, *The People's Land Homepage* / *Página de inicio*, website / sitio web, courtesy of / cortesía de Tongva Taraxat Paxaavxa Conservancy

Tongva Taraxat Paxaavxa Conservancy, *Purpose and Vision* / *Propósito y visión*, website / sitio web, courtesy of / cortesía de Tongva Taraxat Paxaavxa Conservancy

Tongva Taraxat Paxaavxa Conservancy, *The Land You Live On* / *La tierra en la que vives*, website / sitio web, courtesy of / cortesía de Tongva Taraxat Paxaavxa Conservancy

Tongva Taraxat Paxaavxa Conservancy, *Kuuy Nahw'a*, website / sitio web, courtesy of / cortesía de Tongva Taraxat Paxaavxa Conservancy

Tongva Taraxat Paxaavxa Conservancy, 2023 *Achievements* / *Logros 2023*, website / sitio web, courtesy of / cortesía de Tongva Taraxat Paxaavxa Conservancy

Rachele Hayward from / de Resource Media, *Bolsa Chica Mesa Returned to Indigenous Stewardship Tribal Leaders Herald Historic First Land Return in Orange County*, press release / comunicado de prensa, 2023, courtesy of / cortesía de Acjachemen Tongva Conservancy

Acjachemen Tongva Land Conservancy, *Homepage* / *Página de inicio*, website / sitio web, 2024, courtesy of / cortesía de Acjachemen Tongva Conservancy

Acjachemen Tongva Conservancy, *Iniciatives* / *Iniciativas*, website / sitio web, 2024, courtesy of / cortesía de Acjachemen Tongva Conservancy

Grupo Semillas, photos / fotos, courtesy of / cortesía de Grupo Semillas, photos by / fotos de Jhon Fredy Sánchez Cruz

Grupo Semillas, *¿Semillas registradas y certificadas o semillas campesinas, nativas y criollas?*, brochure / folleto, courtesy of / cortesía de Grupo Semillas

Grupo Semillas, *Red de Semillas Libres de Colombia*, booklet / folleto, courtesy of / cortesía de Grupo Semillas

El Departamento de la Comida, graphic / gráfico, courtesy of / cortesía de El Departamento de la Comida

El Departamento de la Comida, *Agroteca: Programa de Recursos*, website / sitio web, courtesy of / cortesía de El Departamento de la Comida

El Departamento de la Comida, *Cocina: Programa de Alimentos*, website / sitio web, courtesy of / cortesía de El Departamento de la Comida

El Departamento de la Comida, *Abono: Programas de apoyo*, website / sitio web, courtesy of / cortesía de El Departamento de la Comida

Sacred Places Institute for Indigenous People, *Homepage / Página de inicio*, website / sitio web, courtesy of / cortesía de Sacred Places Institute for Indigenous People

Sacred Places Institute for Indigenous People, *Programs / Programas*, website / sitio web, courtesy of / cortesía de Sacred Places Institute for Indigenous People

Sacred Places Institute for Indigenous People, *Indigenous Just Transition*, web excerpt / extracto del sitio web, courtesy of / cortesía de Sacred Places Institute for Indigenous People

Chapter 3 / Capítulo 3

Camp Tabonuco, photos / fotos, courtesy of / cortesía de Camp Tabonuco

Camp Tabonuco, About Us / Sobre nosotros, webpage / sitio web, courtesy of / cortesía de Camp Tabonuco

Camp Tabonuco, Educational Pillars / Pilares educativos, webpage / sitio web, courtesy of / cortesía de Camp Tabonuco

Camp Tabonuco, Thematic Approaches / Enfoques temáticos, webpage / sitio web, courtesy of / cortesía de Camp Tabonuco

Camp Tabonuco, Tabonuco's Farm Project / El proyecto La Finca de Tabonuco, webpage / sitio web, courtesy of / cortesía de Camp Tabonuco

Camp Tabonuco, Our History / Nuestra historia, webpage / sitio web, courtesy of / cortesía de Camp Tabonuco

Almárcigo, Aguas Viejas, photo / foto, courtesy of / cortesía de Almárcigo

Almárcigo, Glosario Herbal, glossary / glosario, courtesy of / cortesía de Almárcigo

Tatiana Ixchel Luboviski-Acosta, Save the El Sereno Hills, 2021, sumi ink on paper / tinta sumi sobre papel, 20 × 16 inches, courtesy of / cortesía de Tatiana Ixchel Luboviski-Acosta

Coyotl + Macehualli, Coyotl + Macehualli timeline / línea de tiempo, courtesy of / cortesía de Coyotl + Macehualli

Coyotl + Macehualli, Talking Map image captions, text/texto, courtesy of / cortesía de Coyotl + Macehualli

Coyotl + Macehualli, Talking Map, digital layers / capas digitales, courtesy of / cortesía de Coyotl + Macehualli

Coyotl + Macehualli, Takaape Waashut Black Walnut Day 2023 Master Program in English, 2023, booklet / folleto, courtesy of / cortesía de Coyotl + Macehualli

Coyotl + Macehualli, Guarde la Fecha con Takaape' Waashut, flyer / volante, courtesy of / cortesía de NELA Black Walnut Day Committee

Para la Naturaleza, Annual Report 2020, 2020, graphic / gráfico, courtesy of / cortesía de Para la Naturaleza

Para la Naturaleza, Mapa-33, graphic / gráfico, courtesy of / cortesía de Para la Naturaleza

Para la Naturaleza, storyboard / guión gráfico, courtesy of / cortesía de Para la Naturaleza

Para la Naturaleza, Calendario Ecológico 2019, graphic / gráfico, courtesy of / cortesía de Para la Naturaleza

Para la Naturaleza, Calendario Ecológico 2021, 2021 graphic / gráfico, courtesy of / cortesía de Para la Naturaleza

Para la Naturaleza, Calendario Ecológico 2020, 2020, graphic / gráfico, courtesy of / cortesía de Para la Naturaleza

Paul Robert Wolf Wilson, *Salmon Runners*, 2021, photo / foto, courtesy of / cortesía de Paul Robert Wolf Wilson

Paul Robert Wolf Wilson, *Fire Medicine*, 2022, photo / foto, courtesy of / cortesía de Paul Robert Wolf Wilson

Paul Robert Wolf Wilson, *Selected poems and texts* 2024, poemas y textos, courtesy of / cortesía de Paul Robert Wolf Wilson

Paul Robert Wolf Wilson, *C'iyals*, 2020, photo / foto, courtesy of / cortesía de Paul Robert Wolf Wilson

Paul Robert Wolf Wilson, *Redwoods Return*, 2019, photo / foto, courtesy of / cortesía de Paul Robert Wolf Wilson

Paul Robert Wolf Wilson, *Copco Scars*, 2023, photo / foto, courtesy of / cortesía de Paul Robert Wolf Wilson

Paul Robert Wolf Wilson, *Elwha Undammed*, 2019, photo / foto, courtesy of / cortesía de Paul Robert Wolf Wilson

Turba Tol Hol-Hol Tol, *The Venice Agreement*, photos by / fotos de Nicolò Miana courtesy of / cortesía de The Venice Agreement / Acuerdo de Venecia

The Venice Agreement, poster / cartel, courtesy of / cortesía de The Venice Agreement / Acuerdo de Venecia

Carolina Caycedo & Ruta del Castor, *¿A qué aguas perteneces?*, 2024, photo by / foto de Benjamín Alcántara courtesy of / cortesía de Ruta del Castor

Carolina Caycedo & Ruta del Castor, *Sembrando humedad / Sowing Moisture text* / texto, 2024, courtesy of / cortesía de Ruta del Castor

Ruta del Castor, *Sembrando humedad, Chinampa*, 2024, photo / foto, courtesy of / cortesía de Ruta del Castor, photos by / fotos de Ándres Jurado, Eduardo Velazco

Ruta del Castor, *Sembrando Humedad Radio Nopal 2*, 2024, photo / foto, courtesy of / cortesía de Ruta del Castor, photos by / fotos de Ándres Jurado, Eduardo Velazco

Ruta del Castor, *Sembrando humedad, Humedalia*, 2024, photos / fotos, courtesy of / cortesía de Ruta del Castor, photos by / fotos de Ándres Jurado, Eduardo Velazco

Collective Action / Acción Colectiva, *Geocoreografía Maicera*, 2024, Geochoreography in / Geocoreografía en Xochimilco, 2024, photo by / foto de Benjamín Alcántara, courtesy of / cortesía de Ruta del Castor

Carolina Caycedo & Ruta del Castor, *Sembrando humedad program / programa*, 2024, courtesy of / cortesía de Ruta del Castor, photos by / fotos de Ándres Jurado, Eduardo Velazco, Benjamín Alcántara

Carolina Caycedo & Ruta del Castor, *Sowing Moisture / Sembrando humedad program / programa*, design / diseño Esteban Silva, courtesy of / cortesía de Ruta del Castor

Chapter 4 / Capítulo 4

Carrizo/Comecrudo Tribe of Texas, *People Not Polluters*, 2022, poster / afiche, courtesy of / cortesía de Carrizo/Comecrudo Tribe of Texas

Juan Mancias, Christa Mancias, *Garcia Pasture's designation is a win for our Tribe, and for strategic philanthropy*, courtesy of / cortesía de Carrizo/Comecrudo Tribe of Texas, originally published in / publicado originalmente en *Philanthropy News Digest*, 12 April /abril 2022

Carolina Caycedo & David de Rozas, *Bloom Bloom*, 2020, collage, courtesy of the artists / cortesía de los artistas

CAM-JI Lares, *Gardening*, photo by / foto de Pluma Bárbara Moreno

Pluma Bárbara Moreno, *Manifesto de las Mujeres Rurales*, poem / poema, courtesy of / cortesía de Pluma Bárbara Moreno

CAMJI Mutual Aid Brigade / Brigada de ayuda mutua de CAMJI, photo by / foto de Carolina Caycedo, courtesy of / cortesía de Carolina Caycedo

CAMJI Lares, photo by / foto de Carolina Caycedo, courtesy of / cortesía de Carolina Caycedo

CAMJI Lares, *Asamblea de Mujeres Rurales*, photo / foto, courtesy of / cortesía de Pluma Bárbara Moreno

CAMJI Bartolo, *Machete, Picota, y Azada*, photo / foto, courtesy of / cortesía de CAMJI Bartolo, photos by / fotos de Luis Lopez, Elias Carmona, Ernesto Roble, Elisa Sanchez, Doel Vazquez

CAMJI Lares, *Alianza organizaciones Mapuche e internacionales*, photo / foto, courtesy of / cortesía de Pluma Bárbara Moreno

Casa Pueblo de Adjuntas, graphics / gráficos, courtesy of / cortesía de Casa Pueblo de Adjuntas

Casa Pueblo de Adjuntas, *Casa Pueblo* magazine cover / cubierta de revista de *Casa Pueblo*, 2022, courtesy of / cortesía de Casa Pueblo de Adjuntas

Comunidades SETAA, *Siembra de biodigestor en Peque*, 2019, courtesy of / cortesía de Juan Pablo Soler

Festival de Expresiones Rurales y Urbanas, 2013, graphic / gráfico, courtesy of / cortesía de FUNDAEXPRESIÓN-Colombia, illustrations by / ilustraciones de Angie Vanessa Cárdenas Roa

Festival de Expresiones Rurales y Urbanas, 2022, graphic / gráfico, courtesy of / cortesía de FUNDAEXPRESIÓN-Colombia, illustrations by / ilustraciones de Angie Vanessa Cárdenas Roa

Festival de Expresiones Rurales y Urbanas, 2012, flyer / volante, courtesy of / cortesía de FUNDAEXPRESIÓN-Colombia, illustrations by / ilustraciones de Angie Vanessa Cárdenas Roa

Festival de Expresiones Rurales y Urbanas, 2012, program / programa, courtesy of / cortesía de FUNDAEXPRESIÓN-Colombia, illustrations by / ilustraciones de Angie Vanessa Cárdenas Roa

Festival de Expresiones Rurales y Urbanas, graphic / gráfico, courtesy of / cortesía de FUNDAEXPRESIÓN-Colombia, illustrations by / ilustraciones de Angie Vanessa Cárdenas Roa

Festival de Expresiones Rurales y Urbanas, 2017, graphic / gráfico, courtesy of / cortesía de FUNDAEXPRESIÓN-Colombia, illustrations by / ilustraciones de Angie Vanessa Cárdenas Roa

Movimiento de Laderas Medellín, *Escuela Popular de Autonomías*, pamphlet excerpts / extractos del folleto, courtesy of / cortesía de Movimiento de Laderas Medellín

Movimiento de Laderas Medellín, *Escuela Popular de Acción Climática*, pamphlet excerpts / extractos del folleto, courtesy of / cortesía de Movimiento de Laderas Medellín

RedBioCol, pamphet / folleto, courtesy of / cortesía de Lylian Rodríguez Jiménez

Lylian Rodríguez Jiménez, Fundación UTA, Equipo Articulador RedBioCol, 2021, *La energía de la biomasa y la transición energética justa en Colombia: Experiencia de la Red Colombiana de Energía de la Biomasa* text extract/ extracto de texto, courtesy of / cortesía de Lylian Rodríguez Jiménez

RedBioCol, *Economía solidaria*, booklet cover / cubierta de folleto, illustration / ilustración, courtesy of / cortesía de Lylian Rodríguez Jiménez, Fundación UTA, Equipo Articulador RedBioCol, 2021

RedBioCol, *Bionave*, illustrations / ilustraciones, courtesy of / cortesía de Lylian Rodríguez Jiménez

Carolina Caycedo, Sowing Moisture / *Sembrando humedad*, 2023 video still / fotograma, courtesy of the artist / cortesía de la artista

ACKNOWLEDGMENTS

As editors and organizers of *We Place Life at the Center*, we would like to extend our deepest gratitude to all who have been involved in the research, project development, exhibition, publication, educational platform, and ecological balancing initiatives. This project would not be possible without the collaboration, friendship, support, and teaching of so many people dedicated to fighting for climate justice and shifting paradigms to promote the betterment of our earth. Thank you and we will continue placing life at the center of our work!

ESTUDIO CAROLINA CAYCEDO
Studio Team (past and present) / Equipo de estudio (pasado y presente)
Studio Manager / Gerente de taller: Sean Grattan
Head of Drawing / Jefa de dibujo: Fleurette West
Production Assistant / Asistente de producción: Pablo Lazala
Drawing Team / Equipo de dibujo: Noor Ahmed, Rachel Borenstein, Gina Candemil, Michelle Sauer, Sam Sklar
Current Archivist and Registrar / Archivista y registradora actual: Jessica Carolina González
Former Archivist and Registrar / exarchivista y registradora: Daniela Reyes
Former Studio Managers and Assistants / Exgerentes de taller y exasistentes: Hugo Cervantes, Jalal Ghias Beygi, Joaquín Guzmán Velez, Jocelyn Lopez-Anleu, Lupita Limón Corrales, Mónica Rodríguez

VINCENT PRICE ART MUSEUM, EAST LOS ANGELES COLLEGE
Leadership / Directorio
President / Presidente: Alberto J. Román
Deans / Decanos: Ming-huei Lam, Steven Reynolds
Art Department Chair/ Presidente del Departamento de Arte: Chris Turk
Anthropology, Geography, and Geology Department Chair/ Presidente del Departamento de Antropología, Geografía y Geología: Stephen Koletty

VPAM Foundation Board of Directors / Junta Directiva de la Fundación VPAM
Cynthia Fuentes, Dan Guerrero, Barbara Hensleigh, Tony Hernandez, Miguel Angel Luna, Alberto Román, Adrian Rivas, Panney Wei, George Yin

VPAM Team (past and present) / Equipo del VPAM (pasado y presente)
Museum Director / Director del museo: Steven Wong
Foundation Director/ Directora de la fundación: Hataya Tubtim
PST ART Project Manager / Gestora de proyecto PST ART: Nadia Estrada
Curatorial Assistant / Asistente curatorial: Gloria Ortega
Registrar / Encargada de registro: Chelsea Shi-Chao Liu
Preparators / Preparadores: Ferderico Barrajas, Harvey Opgenorth, Victor Parra, Neal Reinalda, Mario R. Toledo, Kal Tuerxun Kalibinuer, Steve Vasquez, Lillian Wimberly
Curator of Educational Programs / Curadora de programas educativos: Miranda Ynez
Office Assistant / Asistente de oficina: Pablo Limon
Communications team / Equipo de comunicación: Elizabeth Hinckley, Katie Dunham, Eva Recinos
Former Museum Director / Exdirectora del museo: Pilar Tompkins Rivas
Former Development Manager / Exgestora de desarrollo: Sonia Mak
Former Curator of Education Programs / Excuradora de programas educativos: Nathalie Sanchez
Former Registrar / Exencargada de registro: Rebeca Vega
Former Research Assistant / Exasistente de investigación: Javier Arellano Vences
Former Getty Intern / Expasante del Getty: Anaís Martínez Castañeda
Museum Guides / Guías de museo: Yulene Alarcon, Abby Arellano, Jayde De Leon, Stephanie Fuentes, Su Latt Naing, Eddie Nuñez, Nydya Palma, Sofia Quintero, Syndell Romero, Chelseaa Vuong

Research Advisors / Asesores de investigación
Cindi Alvitre, Djuradj Babic, T. J. Demos, Arturo Escobar, Macarena Gómez-Barris, Camila Marambio, Angela Mooney D'Arcy, Bárbara Santos, Tatiana Roa Avendaño

Exhibiting artists and environmental movements / Artistas y movimientos ambientalistas en la exposición
Pavel Acevedo, ASPROCIG, Azita Banu, Carolina Caycedo, Coyotl + Macehualli, David de Rozas, Mercedes Dorame, Annelia Hillman, Crystal Nadine Huguez, Juan José López Negrete, Tatiana Luboviski-Acosta, Hema'ny Molina, Movimiento Social en Defensa de los Ríos Sogamoso y Chucurí, Movimento dos Atingidos por Barragens, RedBioCol, Ruta del Castor, Seres de Río, Samal Tayag, Paul Robert Wolf Wilson
ELAC students and associates / estudiantes y asociados de ELAC: Mariela Bárcenas, Anaid Garcia, gobbi lynn, Anaís Martínez Castañeda, Jimmy Saldivar, Mara Vera, Yajaira Vilchis-Alvarez, Christine Sepulveda

Lending organizations and private collections / Organizaciones y colecciones privadas con obras en préstamo
Commonwealth and Council, Instituto de Visión, Sean Leffers, Ignacio López and Laura Guerra, Ann Soh Woods

Exhibition Grant Funders / Becas y subvenciones de la exposición
Getty Foundation, Mellon Foundation, LA County Department of Arts and Culture

ELAC Directed Study Course and Travel Program / Curso de estudios dirigidos y programa de viaje de ELAC (Spring/Primavera 2024)
Instructors / Profesores: Christine Sepulveda, Joseph Daniel Valencia
Selection Committee Members / Miembros del comité de selección: Julienne Bernard, Tiffany Seely, Steven Y. Wong
Students / Estudiantes: Mariela Barcenas, Anaid Garcia, gobbi lynn, Jimmy Saldivar, Mara Vera, Yajaira Vilchis-Alvarez
Travel Coordination/ Coordinación de viaje: Norma Vega, Lynn Vogel-Zuiderweg, Jonathan Frankel, Brent Hunter

EXPRESIONES DE GRATITUD

Como editores y organizadores de *Situamos la vida en el centro*, nos gustaría extender nuestro más profundo agradecimiento a todas las personas que han participado en la investigación, el desarrollo de proyectos, la exposición, la publicación, la plataforma educativa y las iniciativas de equilibrio ecológico. Este proyecto no sería posible sin la colaboración, la amistad, el apoyo y la enseñanza de tantas personas dedicadas a luchar por la justicia climática y a cambiar paradigmas, promoviendo el mejoramiento de nuestro planeta. ¡Gracias y seguiremos situando la vida en el centro de nuestro trabajo!

SOWING MOISTURE / SEMBRANDO HUMEDAD (Xochimilco)
Ruta del Castor team / Equipo de Ruta del Castor
Co-directors / Codirectoras: Sofía Casarin, Andrea de la Torre
Program and Project Manager / Coordinadora de proyectos y programas: Fernanda Angulo
Communications and Design / Comunicaciones y diseño: Esteban Silva
Curator / Curadora: Sofía Bastidas Vivar
Psychologist / Psicóloga: María Tovar

Interpreters / Intérpretes: Andrea Camargo González, Luis Daniel Gómez Carrillo

Participating Collectives and Organizations / Colectivos y organizaciones participantes
Almárcigo, Cocina Colaboratorio, Colectivo Amasijo, Centro de Educación Ambiental y Desarrollo Sostenible Humedalia A.C., Centro de Investigaciones Biológicas y Acuícolas de Cuemanco (UAM-X), East Los Angeles College, Hildegard von Bingen Society for Gardening Companions, Radio Nopal, Colectiva Seres de Río, Tecnológico de Monterrey, Un Salto de Vida

RESPIRE / EL RESPIRO
Respire Design and Facilitation / Diseño y facilitación de *El Respiro*
Fundación Cultural Libre Colibrí: Jorge Caycedo Sánchez, Diana Figueroa

Interpreters and Translators / Intérpretes y traductores:
Alexia Veytia-Rubio, Jen Hofer, Leah Vincent, Yajaira Villareal, Livia Calixto, Lupita Limón Corrales, Andrea Camargo González

Technical Support / Soporte técnico: Yanis Paikos

Respire Cohort / Cohorte de *El Respiro*
Brazil: Movimento dos Atingidos por Barragens
Chile: Ensayos, Fundación Hach Saye, Mujeres del Agua Modatima, Wildlife Conservation Society Chile
Colombia: Asociación de Pescadores Campesinos Indígenas y Afrodescendientes para el Desarrollo Comunitario de la Ciénaga Grande del Bajo Sinú, Comunidades Sembradoras de Territorios Aguas y Autonomías, Cuenco de Cera, FUNDAEXPRESIÓN, Fundación Macuáticos, Fundación para la Producción Agropecuaria Tropical Sostenible, Grupo Semillas Tolima, Movimiento de Laderas de Medellín, Movimiento Social en Defensa de los ríos Sogamoso y Chucurí, Red Colombiana de la Energía de la Biomasa, Colectiva Seres de Río (formerly / anteriormente Jaguos por el Territorio), Tejido de Transicionantes por el Valle Geográfico del Río Cauca
Mexico: Almárcigo, Humedalia, Mujeres Pescadoras del Golfo, Ruta del Castor
Puerto Rico: Asociación de Residentes Camino Pagán, Camp Tabonuco, Casa Pueblo, Centro de Apoyo Mutuo Jíbaro Lares, Departamento de la Comida, Para La Naturaleza
USA: Annelia Hillman, Azita Banu, Carrizo/Comecrudo Tribe of Texas, Coyotl+Macehualli, Nellie-Jo David, Mercedes Dorame, Vincent Price Art Museum

Respiro Supporters / Apoyaron *El Respiro*
Wrigley Institute for Environment and Sustainability, University of Southern California
Director / Director: Joe Árvai
Executive Director / Directora Ejecutiva: Jessica Dutton
Curator / Curadora: Allison Agsten

Institute for Arts and Sciences, University of California Santa Cruz
Director and Chief Curator / Directora y curadora en jefe: Rachel Nelson
Curator of Academic Programs / Curadora de programas académicos: Alexandra Moore

Friedlaender Lab, University of California Santa Cruz
Principal Investigator / Investigador principal: Ari Friedlaender

Respire Grant Funders / Becas y subvenciones de *El Respiro*
Anonymous Was A Woman Award
Soros Arts Fellowship, Open Society Foundations
Visions and Voices, University of Southern California

MUSEO DE ARTE MIGUEL URRUTIA, BANCO DE LA REPÚBLICA, COLOMBIA
Director Arts Unit / Director de la Unidad de Artes: Nicolás Gómez Echeverri
Head of Technical and Curatorial Section / Jefe de la Sección Técnica y Curatorial: Laura Zarta
Former Director Arts Unit / Exdirectora de la Unidad de Artes: Maria Wills Londoño

Additionally, Carolina Caycedo wishes to personally thank / Además, Carolina Caycedo desea agradecer personalmente a
David de Rozas, Una Santiago-Caycedo, Niko de Rozas Caycedo, Sari Dennise, Michy Marxuach, Jona Luna, Arturo Massol, Juan Mancias, Andy Marx, Dani Hohn, Sonia Mara Maranho, Diana Giraldo, Juan Pablo Soler, Lylian Rodríguez y Ricardo Granados-Finca Tosoly, Juan José López Negrete, Fernando Castrillón, Ruby Lerner, Tatiana Mouarbes, Ayoka Wiles, Vincent Price Art Museum Foundation, Joan Weinstein, Getty Research Institute, Lucia Fabio, Krista Smith, Charo Lanao, Anandi Caycedo Figueroa, Airú Caycedo Figueroa, Jorge Caycedo Cardona, Celia Hernández, Carlos de Rozas, Beatriz López, Young Chung, Omayra Alvarado, María Paula Bastidas, Kibum Kim, Breanne Bradley

WE PLACE LIFE AT THE CENTER

First edition of 750 copies published by X Artists' Books and Vincent Price Art Museum in association with Banco de la República, Colombia
Primera edición de 750 ejemplares publicada por X Artists' Books y Vincent Price Art Museum, en asociación con el Banco de la República, Colombia

Editors / Editores: Carolina Caycedo, Joseph Daniel Valencia
Artist and Researcher / Artista e investigadora principal: Carolina Caycedo
Exhibition Curator / Curador de la exposición: Joseph Daniel Valencia
Design and Typesetting / Diseño y tipografía: Marcela Guadiana
Translation / Traducción: Natalia Affonso, Javier Arellano Vences, Carolina Caycedo, Gwennhael Huesca Reyes
Copyediting / Corrección de estilo: Gwen Davis-Barrios, Nadia Estrada, Nicole Hervás Ibañez, Gwennhael Huesca Reyes
Publication Research Assistants / Asistentes de investigación para la publicación: Nahui Garcia, Gloria Ortega, Anaís Martínez Castañeda, Daniela Reyes
Developmental Editors / Editoras de desarrollo: Alexandra Grant, Gwennhael Huesca Reyes, Addy Rabinovitch

Project Management / Gestión de proyecto: Gwen Davis-Barrios, Nadia Estrada, Nicole Hervás Ibañez, Joseph Daniel Valencia
Editorial Support / Apoyo editorial: Nadia Estrada
Proofreading / Corrección de pruebas: Gwennhael Huesca Reyes, Olivia Weber-Stenis
Printing and Binding / Impresión y encuadernación: Comersia Impresiones SA de CV
Color Correction / Corrección de color: Mark Robson, Alta Image
Typeset in Revolution and URW Din family. The book is printed on brown cardboard lining paper for the cover and white opaline for the interior.
Tipografía en Revolution y familia URW Din. El libro está impreso en papel cartulina café para la cubierta y opalina para el interior.

Vincent Price Art Museum
East Los Angeles College
1301 Avenida Cesar Chavez
Monterey Park, CA 91754
www.vincentpriceartmuseum.org

X Artists' Books
PO Box 3424
South Pasadena, CA 91031
www.xartistsbooks.com

Banco de la República, Colombia
Museo de Arte Miguel Urrutia
Calle 11 #4-21, La Candelaria
Bogotá, Colombia
banrepcultural.org

SITUAMOS LA VIDA EN EL CENTRO

We Place Life at the Center / Situamos la vida en el centro is organized by the Vincent Price Art Museum at East Los Angeles College. The exhibition is curated by Joseph Daniel Valencia with the assistance of Nadia Estrada and Gloria Ortega, and runs from September 28, 2024 to March 1, 2025. It will also show at Museo de Arte Miguel Urrutia, Banco de la República, Bogotá, Colombia, April 3 to July 21, 2025.
We Place Life at the Center / Situamos la vida en el centro es una exposición organizada por el Vincent Price Art Museum en East Los Angeles College. La exposición está comisariada por Joseph Daniel Valencia con la asistencia de Nadia Estrada y Gloria Ortega. Estará abierta del 28 de septiembre de 2024 al 1 de marzo de 2025. También se mostrará en el Museo de Arte Miguel Urrutia, Banco de la República, en Bogotá, desde el 3 de abril al 21 de julio de 2025.

We Place Life at the Center / Situamos la vida en el centro is among more than 70 exhibitions and programs presented as part of PST ART. Returning in September 2024 with its latest edition, PST ART: *Art & Science Collide*, this landmark regional event explores the intersections of art and science, both past and present. PST ART is presented by Getty. For more information about PST ART: *Art & Science Collide*, please visit pst.art.
We Place Life at the Center / Situamos la vida en el centro forma parte de las más de 70 exposiciones y programas presentados como parte de PST ART. De regreso en septiembre de 2024 con su última edición, PST ART: *Art & Science Collide* (El arte y la ciencia se encuentran), este evento regional de referencia explora las intersecciones del arte y la ciencia, tanto en el pasado como en el presente. PST ART es presentado por Getty. Para más información sobre PST ART: *Art & Science Collide*, visita pst.art.

Library of Congress Control Number / Número de control para el catálogo bibliográfico de la Biblioteca del Congreso de Estados Unidos: 2024948357
ISBN: 9798990698529

PST ART
ART & SCIENCE COLLIDE

Presented by Getty

Mellon Foundation

LA County ARTS & CULTURE

This publication and exhibition are generously supported by Getty. Additional support for this project is provided by the Mellon Foundation and the LA County Department of Arts and Culture as part of Creative Recovery LA, an initiative funded by the American Rescue Plan. All exhibitions at the Vincent Price Art Museum are underwritten by the Vincent Price Art Museum Foundation and East Los Angeles College. Vincent Price Art Museum proudly participated in the PST ART Climate Impact Program. Learn more at pst.art/climate.

Esta publicación y exposición cuentan con el generoso apoyo de Getty. Este proyecto cuenta con el apoyo adicional de la Mellon Foundation y del Departamento de Arte y Cultura del Condado de Los Ángeles como parte de Creative Recovery LA (Recuperación creativa LA), una iniciativa financiada por el American Rescue Plan (Plan de Rescate Estadounidense). Todas las exposiciones en el Vincent Price Art Museum están financiados por la Fundación del Vincent Price Art Museum y East Los Angeles College. Vincent Price Art Museum orgullosamente participó en el PST ART Climate Impact Program (Programa de impacto climático). Más información en pst.art/climate.

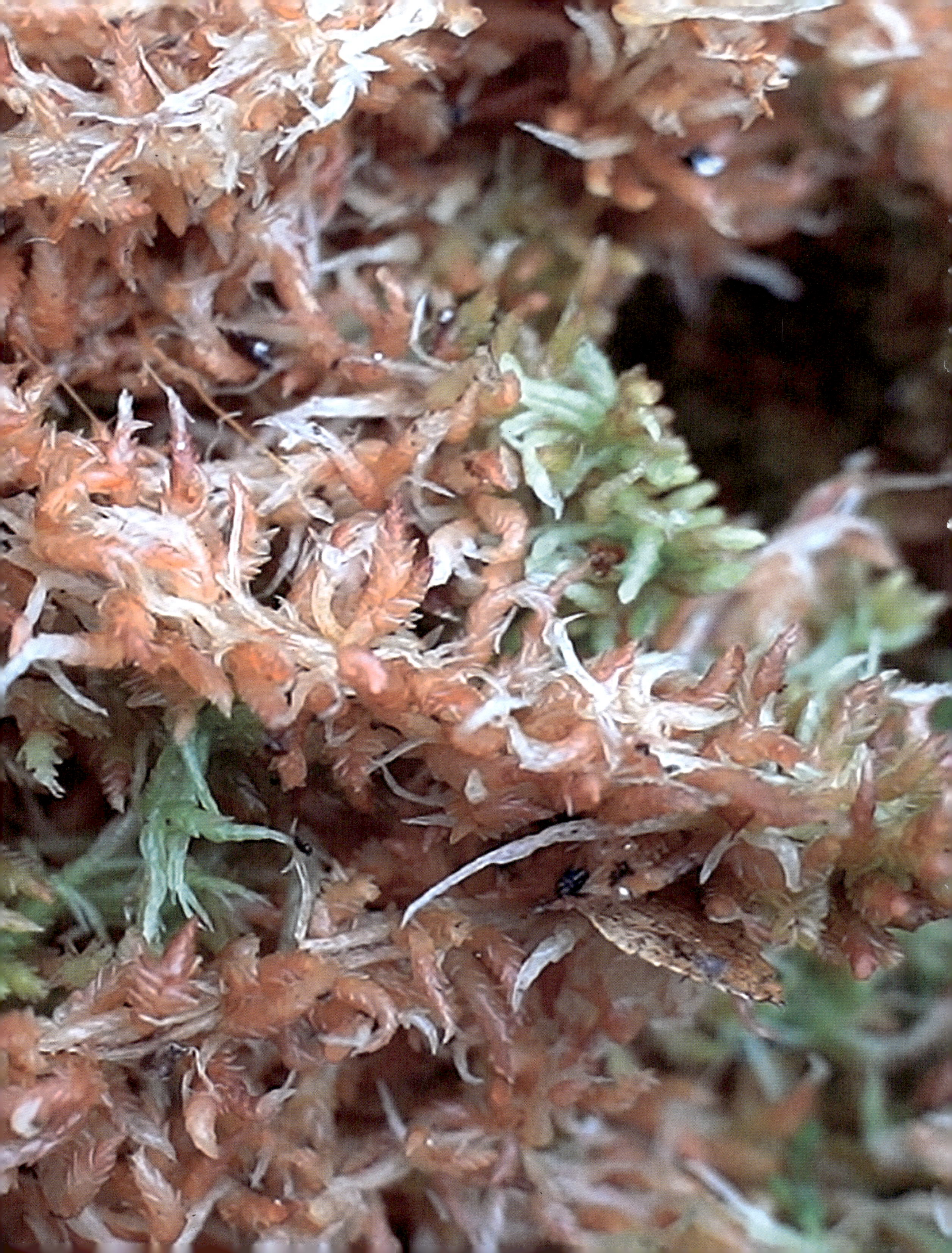